Ancient architectural detail CAD construction atlas

古建细部CAD施工图集 1

王博 林园◎主编

牌楼 门 廊架 窗

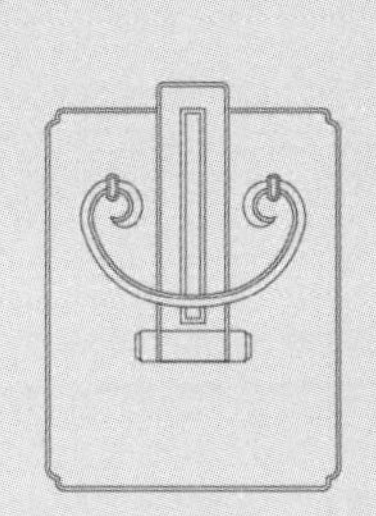

中国林业出版社

图书在版编目（CIP）数据

古建细部CAD施工图集. I / 王博，林园主编. -- 北京：中国林业出版社，2016.5（2020.9重印）
ISBN 978-7-5038-8490-0

Ⅰ. ①古… Ⅱ. ①王… ②林… Ⅲ. ①古建筑－细部设计－计算机辅助设计－AutoCAD
软件－图集 Ⅳ. ①TU201.4-39

中国版本图书馆CIP数据核字(2016)第082895号

本书编委会

主　　编： 王　博　林　园
副 主 编： 郭　超　杨仁钰　廖　炜
编委人员： 郭　金　王　亮　文　侠　王秋红　苏秋艳　孙小勇　王月中　周艳晶　黄　希　朱想玲　谢自新　谭冬容　邱　婷　欧纯云　郑兰萍　林仪平　杜明珠　陈美金　韩　君　李伟华　欧建国　潘　毅

支持单位： 北京筑邦园林景观工程有限公司
北京久道景观设计有限责任公司
原朴建筑园林设计工程有限公司
《世界园林》杂志
《新楼盘》杂志

中国林业出版社·建筑家居出版分社
责任编辑：李　顺　唐　杨
出版咨询：（010）83143569

出　版：中国林业出版社（100009 北京西城区德内大街刘海胡同7号）
网　站：https://www.forestry.gov.cn/lycb.html
印　刷：河北京平诚乾印刷有限公司
发　行：中国林业出版社
电　话：（010）83143500
版　次：2016年6月第1版
印　次：2020年9月第2次
开　本：889mm×1194mm 1 / 16
印　张：17.25
字　数：200千字
定　价：128.00元

源文件下载链接：https://pan.baidu.com/s/1stjPoL-aeUjUZL41ORPVGg
提取码：zas0

目录 Contents

绪论 INTRODUCTION

中国悠久的历史创造了灿烂的古代文化，而古建筑便是其重要组成部分。中国古代涌现出许多建筑大师和建筑杰作，营造了许多传世的宫殿、陵墓、庙宇、园林、民宅。中国古代建筑不仅是我国现代建筑设计的借鉴，而且早已产生了世界性的影响，成为举世瞩目的文化遗产。从建筑类别上说，中国古建筑包括皇家宫殿、寺庙殿堂、宅居厅室、陵寝墓葬及园林建筑等。其中宫殿、寺庙、陵墓等都采用相近的建筑形式与总体布局方式即对称齐整，主次分明。以一条中轴线将个个封闭四合院落贯束起来，表现出封闭严谨含蓄的民族气质或可以说是地道的儒家风范。

一、中国古建筑结构及样式

中国古建筑从总体上说是以木结构为主，以砖、瓦、石为辅发展起来的。从建筑外观上看，每个建筑都由上、中、下三部分组成。上为屋顶，下为基座，中间为柱子、门窗和墙面。在柱子之上屋檐之下还有一种由木块纵横穿插，层层叠叠组合成的构件——斗拱，斗拱是东方建筑所特有的构件，它既可承托屋檐和屋内的梁与天花板，也具有较强的装饰效果（图 1）。

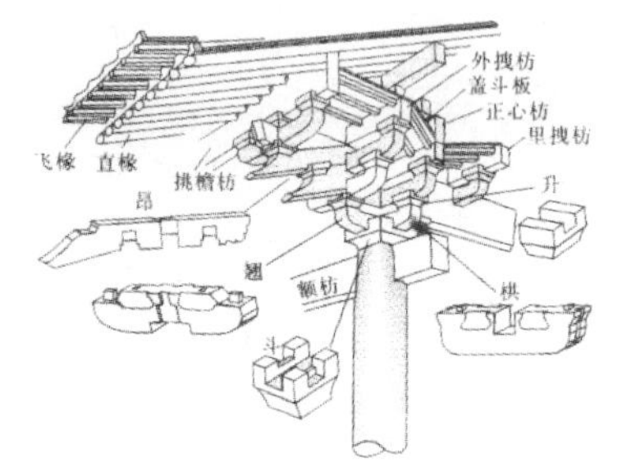

图 1 斗拱基本构造

中国古建筑的屋顶样式可有多种。分别代表着一定的等级；等级最高的是庑殿顶，特点是前后左右共四个坡面，交出五个脊，又称五脊殿或吴殿（图 2）。这种屋顶只有帝王宫殿或赐建寺庙等方能使用；等级次于庑殿顶的是歇山顶，系前后左右四个坡面，在左右坡面上各有一个垂直面，故而交出九个脊，又称九脊殿，这种屋顶多用在建筑性质较为重要，体量较大的建筑上（图 3）；等级再次的屋顶主要有悬山顶（只有前后两个坡面且左右两端挑出山墙之外）。硬山顶（亦是前后两个坡面但左右两端并不挑出山墙之外）。还有攒尖顶（所有坡面交出的脊均攒于一点）等。所有屋顶皆具有优美舒缓的屋面曲线。

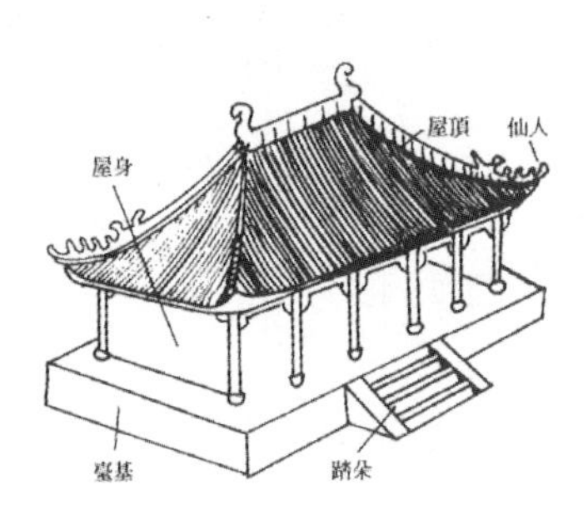

图 2 庑殿顶基本构造

二、中国古建筑木构架的类别

中国古建筑以木构架结构为主，此结构方式，由立柱、横梁及顺檩等主要构件组成。各构件之间的结点用榫卯相结合，构成了富有弹性的框架。中国古代木结构主要有二种形式：一是“穿斗式”，是用穿枋、柱子相穿通接斗而成，便于施工，最能抗震，但较难建成大形殿阁楼台，所以我国南方民居和较小的殿堂楼阁多采用这种形式；二是“抬梁式”（也称为叠梁式），即在柱上抬梁，梁上安柱（短柱），柱上又抬梁的结构方式。这种结构方式的特点是可以使建筑物的面阔和进深加大，以满足扩大室内空间的要求，成了大型宫殿、坛庙、寺观、王府、宅第等豪华壮丽建筑物所采取的主要结构形式。有些建筑物还采用了抬梁与穿斗相结合的形式，更为灵活多样。

“墙倒屋不塌”这一句中国民间俗语，充分表达了中国古建筑梁柱式结构体系的特点。由于这种结构主要以柱梁承重，墙壁只作间隔之用，并不承受上部屋顶的重量，因此墙壁的位置可以按所需室内空间的大小而安设，并可以随时按需要而改动。正因为墙壁不承重，墙壁上的门窗也可以按需要而开设，可大可小，可高可低，甚至可以开成空窗、敞厅或凉亭。

三、中国古建筑的特点

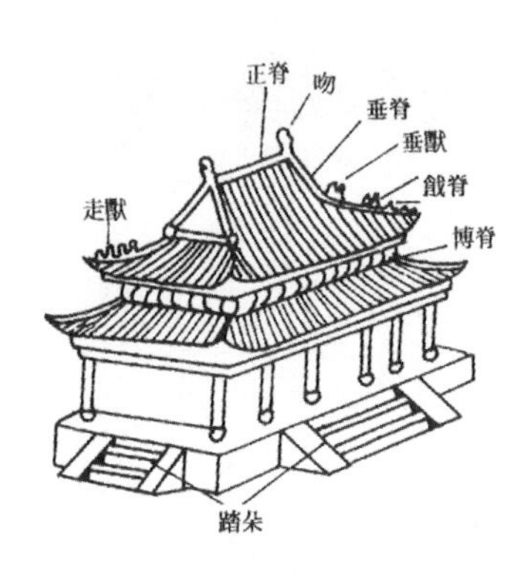

图 3 歇山顶基本构造

中国古代建筑以它优美柔和的轮廓和变化多样的形式而引人注意，令人赞赏。但是这样的外形不是任意造成的，而是适应内部结构的性能和实际用途的需要而产生的。如像那些亭亭如盖、飞檐翘角的大屋顶，即是为了排除雨水、遮阴纳阳的需要，适应内部结构的条件而形成的。在建筑物的主要部分柱子的处理上，一般是把排列的柱子上端做成柱头内倾，让柱脚外侧的“侧脚”呈现上小下大的形式，还把柱子的高度从中间向外逐渐加高，使之呈现出柱头外高内低的曲线形式。这些做法既解决了建筑物的稳定功能，又增加了建筑物外形的优美曲线，把实用与美观恰当地结合起来，可以说是适用与美观的统一佳例。

中国古建筑的平面、立面和屋顶的形式丰富多彩，有方形的、长方形的、三角形的、六角形的、八角形的、十二角形的、圆形的、半圆形的、日形的、月形的、桃形的、扇形的、梅花形，圆形、菱形相套的等等。屋顶的形式有平顶、坡顶、圆拱顶、尖顶等。坡顶中又分庑殿、歇山、悬山、硬山、攒尖、十字交叉等种类。还有的把几种不同的屋顶形式组合成复杂曲折、变化多端的新样式。

四、中国古代建筑的色彩

中国古代建筑的色彩非常丰富。有的色调鲜明，对比强烈，有的色调和谐，纯朴淡雅。建筑师根据不同需要和风俗习尚而选择施用。大凡宫殿、坛庙、寺观等建筑物多使用对比强烈，色调鲜明的色彩：红墙黄瓦（或其他颜色的瓦）衬托着绿树蓝天，再加上檐下的金碧彩画，使整个古建筑显得分外绚丽。在表现中国古建筑艺术的特征中，琉璃瓦和彩画是很重要的两个方面。

五、中国古建筑丰富的雕塑装饰

中国古建筑有着丰富的雕塑装饰。古建筑的雕塑一般分作两类，一类是在建筑物身上的，或雕刻在柱子、梁枋之上，或塑制在屋顶、梁头、柱子之上的。题材有人物、神佛故事、飞禽、走兽、花鸟、鱼虫等等，龙凤题材更被广泛采用。雕塑的材料根据建筑物本身的用材而定，有木有石，有砖有瓦，有金有银，有铜有铁。另一类是在建筑物里面或两旁或前后的雕塑，它们大多是脱离建筑物而存在的，是建筑的保藏物或附属物。建筑物内的雕塑多为佛、道寺院内的佛、道教内容。

六、中国古建筑与环境的配合

中国古建筑在建筑与环境的配合和协调方面有着很高的成就，有许多精辟的理论与成功的经验。古人不仅考虑建筑物内部环境主次之间、相互之间的配合与协调，而且也注意到它们与周围大自然环境的协调。中国古代建筑中有一种讲究阴阳五行的“堪舆”之学，也就是看风水之学，其中虽然夹杂了不少封建迷信的东西，但其中讲地形、风向、水文、地质等部分，还是很有参考价值的。特别是中国古代建筑设计师和工匠们，在进行规划设计和施工的时候，都十分注意周围的环境，对周围的山川形势、地理特点、气候条件、林木植被等，都要认真进行调查研究，务使建筑的布局、形式、色调、体量等与周围的环境相适应。

古建筑是社会发展的记忆，是历史的见证者，它承载着文化积淀。一旦损毁，文物本体及其承载的历史文化都将不复存在、总之，只有把古建筑保护好，维修好，让它们以其原有的面貌长久地保存下去，才能发挥“实物的史书”、“历史的年鉴”、“文化的载体”等作用。保护古建筑，让古建筑流芳千古，古为今用，为后人服务，这是我们每一个人应付的社会责任。

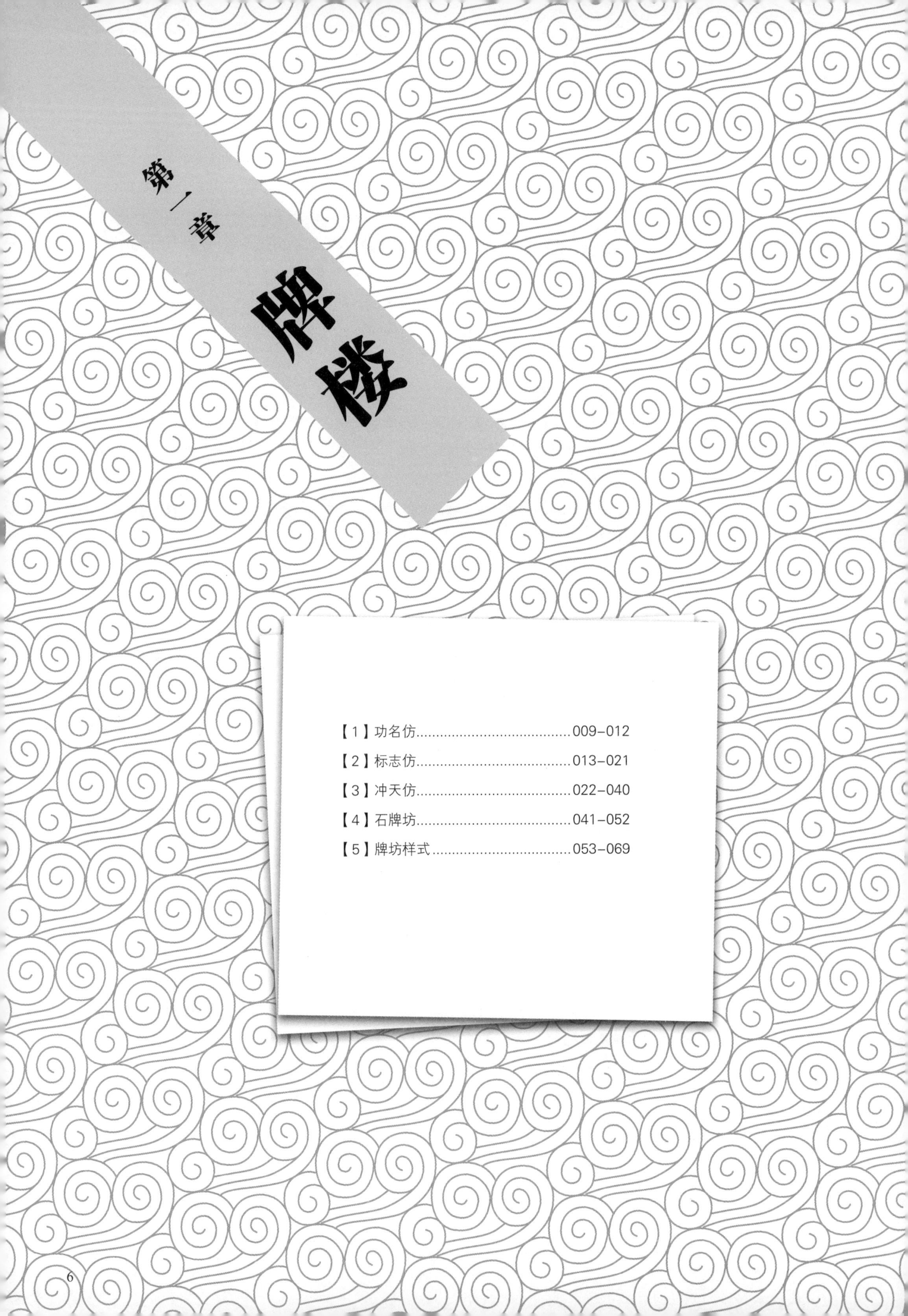

第一章 牌楼

中国古代建筑——牌坊

牌坊，是封建社会为表彰功勋、科第、德政以及忠孝节义所立的建筑物。也有一些宫观寺庙以牌坊作为山门的，还有的是用来标明地名的。又名牌楼，为门洞式纪念性建筑物，宣扬封建礼教，标榜功德。牌坊也是祠堂的附属建筑物，昭示家族先人的高尚美德和丰功伟绩，兼有祭祖的功能。

牌坊是由棂星门衍变而来的，开始用于祭天、祀孔。棂星原作灵星，灵星即天田星，为祈求丰年，汉高祖规定祭天先祭灵星。宋代则用祭天的礼仪来尊重孔子，后来又改灵星为棂星。牌坊滥觞于汉阙，成熟于唐、宋，至明、清登峰造极，并从实用衍化为一种纪念碑式的建筑，被极广泛地用于旌表功德标榜荣耀，不仅置于郊坛、孔庙，以及用于宫殿、庙宇、陵墓、祠堂、衙署和园林前和主要街道的起点、交叉口、桥梁等处，景观性也很强，起到点题、框景、借景等效果。

一、符号与文化内涵

牌坊不只是起着一个点缀装饰的作用，其中蕴涵的文化内涵也很深刻。中国的古人立牌坊是一件极其隆重的事，每一座牌坊都蕴含着丰富的内涵和象征意义，而这些内涵和象征，主要是通过牌坊上雕刻彩绘的各种图案花纹，用隐喻手法表现出来的。例如牌坊上常有这些图案：龙凤：如果你看到哪个牌坊上刻有龙凤，那一定与皇家有着密切的联系。因为龙乃百兽之尊，是封建社会中作为至高无上的皇帝的象征；凤乃百鸟之首，封建社会中常用来作为高贵的皇后的象征。蝙蝠：因“蝠”字与“福”字谐音，因而成为好运气和幸福的象征，人们常常以五只蝙蝠组成图案雕绘在牌坊上，以象征长寿、健康、富裕、平安、人丁兴旺及子孙满堂等五种天赐之福。鹿：与“禄”字谐音，常被用作牌坊雕绘的图案，以象征升官晋爵、高官厚禄。鱼：与“余”谐音，常与水塘、荷莲一起组成图案被雕绘在牌坊上，以象征金玉（鱼）满堂或连（莲）年有余；同时，鲤鱼跳龙门又是读书人金榜题名、荣登仕途的代名词，因此，鲤鱼腾浪也常被用于雕绘牌坊的图案，以象征科举及第、金榜题名。松、鹤、龟、麒麟、荷花、荷叶、牡丹、如意等具有象征意义的动物、花卉和器物也常被刻绘在牌坊上，表达长寿、幸福、健康、吉祥、如意等丰富内涵。

除了这些动植物的图案外，牌坊最大的特色还有“坊眼”。比如北京中山公园进口出的牌坊，上面就有郭沫若题写的“保卫和平”四个字，为的就是表明这座牌坊的建造对象和建造原因，否则就失去了建造的意义和价值。另外还会在牌坊上注明牌坊是为谁建的、为什么事建的、由谁建的和什么时候建的等内容，有的还会题写对联。这些文字，可都是中国封建社会中人们的人生理念及封建礼教、传统道德观念的集中表现。

二、各地的特色

老北京的牌楼比别的城市多。数百年国都，使北京牌楼也就多起来。元大都时，全城分为五十坊，明代分为四城三十六坊，清代分五城，但坊没变，这也是北京牌楼多的一个原因。北京有东单、西单、东四、西四几处热闹的商业区，都因有过一座或四座牌楼而得名。后来人们慢慢地把牌楼二字省略，50年代初这些牌楼又被认为有碍交通而被拆。但是“老北京”仍很难把它们从记忆中抹去，因为这些牌楼与附近街道建筑群构成的场所，不仅仅是交易之处，而且是露天客厅，富有人情味。澳门“大三巴牌坊”是澳门的象征，也是澳门的标志性建筑之一。历史上苏州街巷中也多立牌坊，可惜解放后大量拆除移建。昆明金碧路上的金马坊与碧鸡坊，据说设计神秘，六十年出现一次双影交错的现象，几乎成了老昆明的象征和镇城之宝，视为昆明的“凯旋门”，可还是在 20 世纪 60 年代被毁。

在皖南徽州地区，牌坊是与民居、祠堂并列的闻名遐迩的建筑，被誉为古建“三绝”，几乎成了徽州的标志。古徽州享有“礼仪之邦”美誉，原有牌坊一千多个，现尚存有百余个，形态各异，被誉为“牌坊之乡”。树牌坊是旌表德行，承沐后恩，流芳百世之举，是古人一生的最高追求。

现代城市建设中牌坊则多被用为有传统特色的标志物，建于风景区或街区等入口位置其中粗制滥造、比例失调者众多，但也不乏精美壮观的成功之作。

三、牌楼及牌坊

牌楼：一种有柱子像门形的建筑物，一般比较高大。旧时多见于路口或要道，以为装饰。牌楼有木牌楼、石牌楼、琉璃牌楼、木石混合、木砖混合几种。现在一些大的庆祝活动中，也有用竹、木等扎彩搭成的临时牌楼。牌楼是北京古城的独特景观，又是中国特有的建筑艺术和文化载体。北京现存明清时期的牌楼有 65 座，其中有琉璃砖牌楼 6 座、木牌楼 42 座、石牌楼 17 座。现存街道上的牌楼仅有 6 座，即国子监街上的 4 座牌楼、朝阳门外神路街东岳庙前的琉璃砖牌楼、颐和园东宫门前的牌楼。

在老北京的街道上，曾横亘着不少牌楼，最著名、最典型的有东单牌楼、西单牌楼，东四牌楼、西四牌楼，东、西长安街牌楼，前门五牌楼等。这些牌楼多在五十年代因妨碍交通而拆除。

牌楼也叫牌坊，最早见于周朝，最初用于旌表节孝的纪念物，后来在园林、寺观、宫苑、陵墓和街道均有建造，北京是中国牌楼最多的城市。

牌坊是古代官方的称呼，我们老百姓俗称它为牌楼。作为中华文化的一个象征，牌坊的历史源远流长。据考察分析，牌坊在周朝的时候就已经存在了，《诗　陈风　衡门》：“衡门之下，可以栖迟。”《诗经》编成于春秋时代，大抵是周初至春秋中叶的作品，由此可以推断，“衡门”至迟在春秋中叶即已出现。衡门是什么呢？当时是以两根柱子架一根横梁的结构存在的，旧称“衡门”也就是我们现在所说的牌坊的老祖宗。其实牌坊与牌楼是有显著区别的，牌坊没有“楼”的构造，即没有斗拱和屋顶，而牌楼有屋顶，它有更大的烘托气氛。但是由于它们都是我国古代用于表彰、纪念、装饰、标识和导向的一种建筑物，而且又多建于宫苑、寺观、陵墓、祠堂、衙署和街道路口等地方，再加上长期以来老百姓对“坊”、“楼”的概念不清，所以到最后两者成为一个互通的称谓了。

牌坊在古时候其实就是一个门的称谓，但是到什么时候确定它为牌坊的呢，这要从唐代说起。唐代，我国城市都采用里坊制，城内被纵横交错的棋盘式道路划分成若干块方形居民区，这些居民区，唐代称为“坊”。坊是居民居住区的基本单位，“坊”与“坊”之间有墙相隔，坊墙中央设有门，以便通行，称为坊门。后来因为门没有太大的作用，所以就只剩下现在这种形式，于是老百姓逐渐地称这种坊门为牌坊。

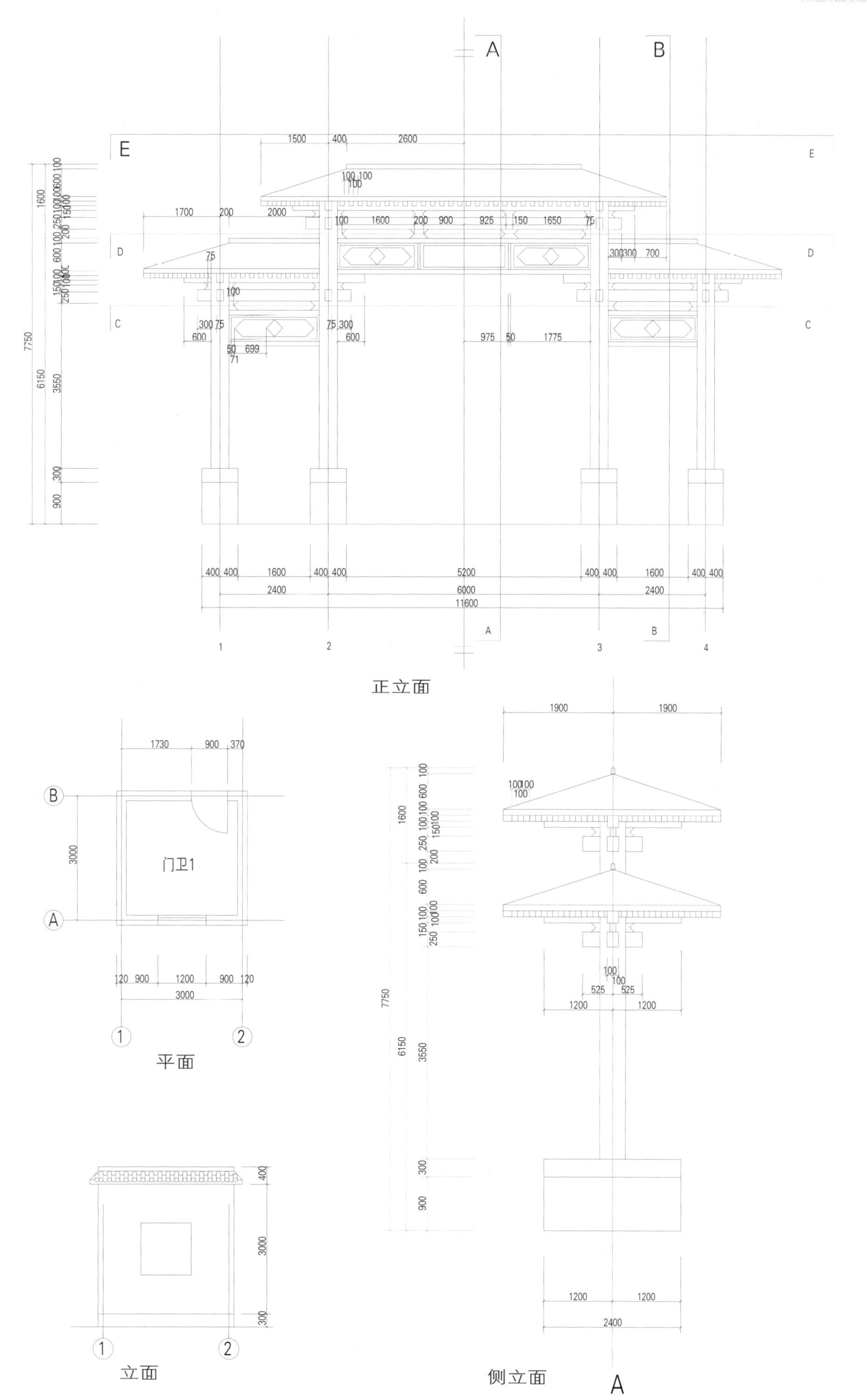

正立面
平面
门卫1
立面
侧立面

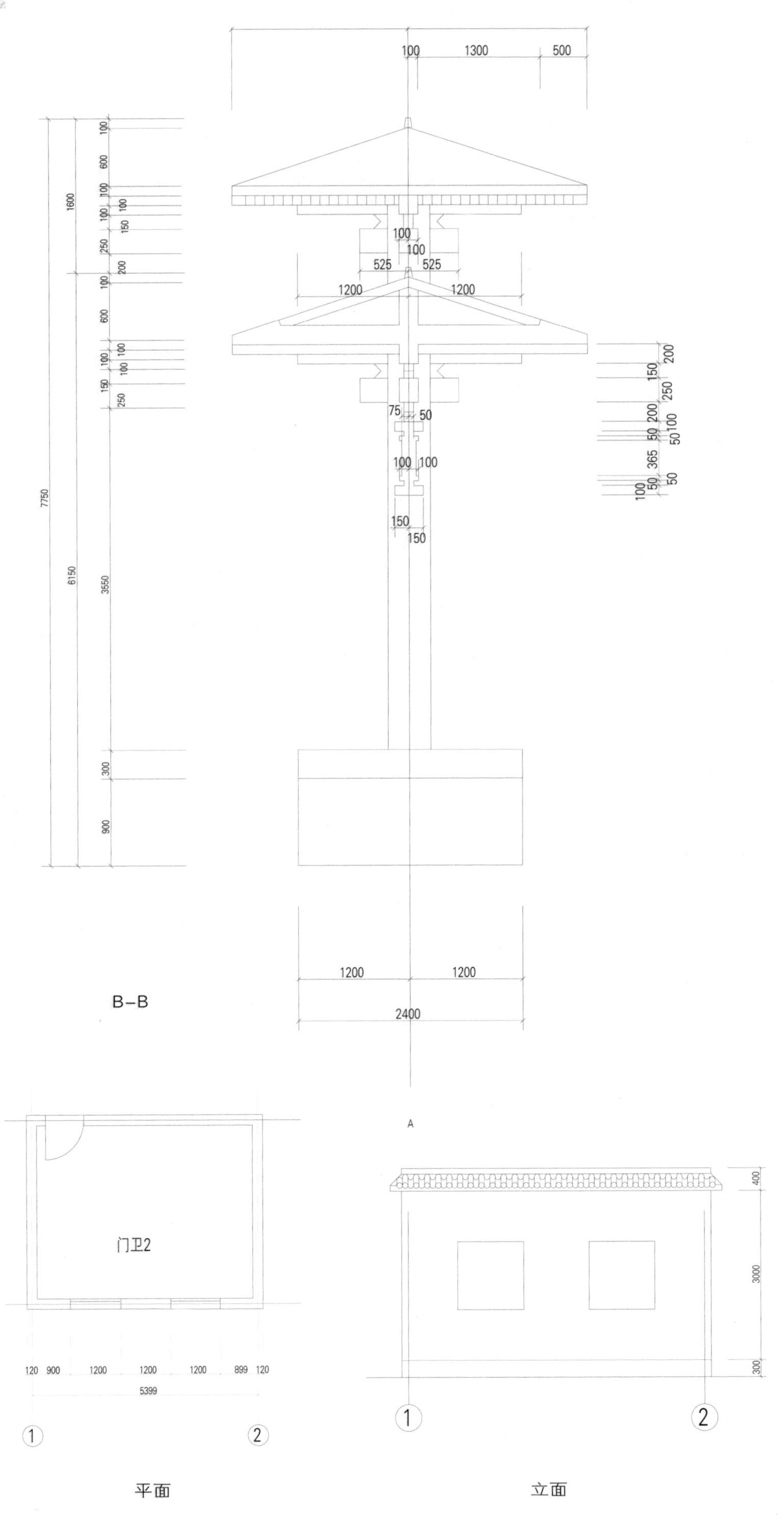
B–B
门卫2
平面
立面

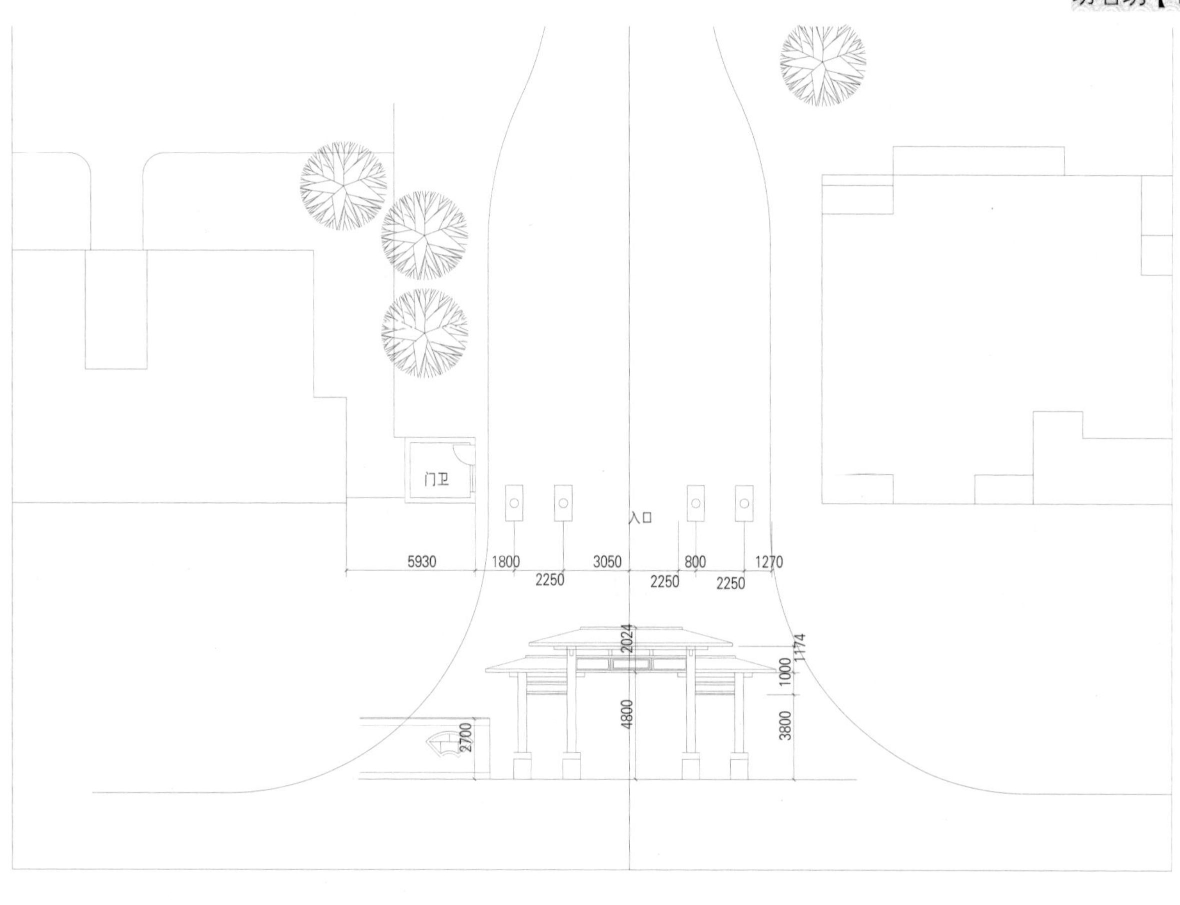
门卫
入口
5930
1800
2250
3050
2250
800
2250
1270
2024
1174
1000
4800
3800
2700

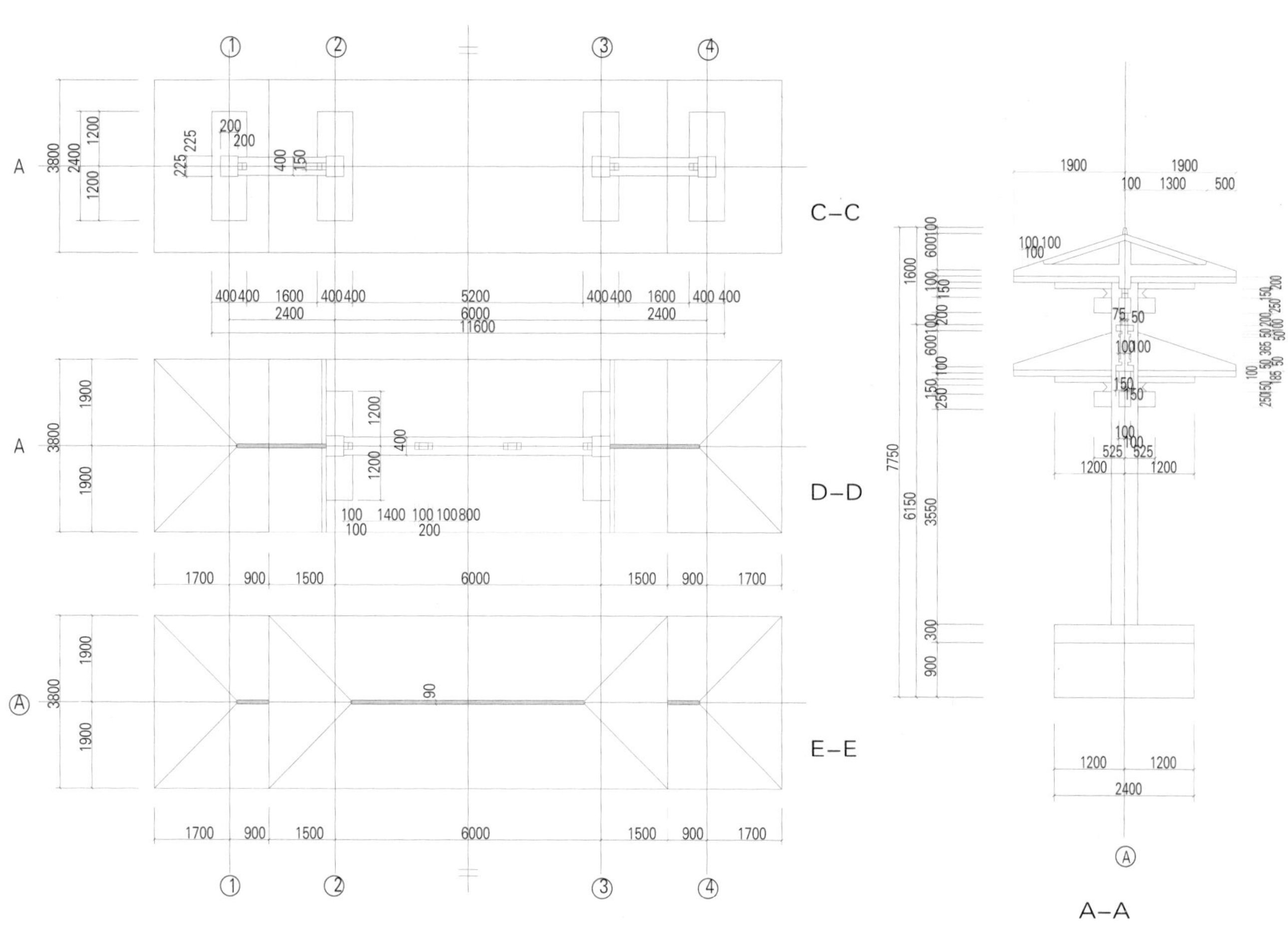
C–C
D–D
E–E
A–A
11600
6000
5200
2400
1700
900
1500
7750
6150
3550
1900
1200
2400

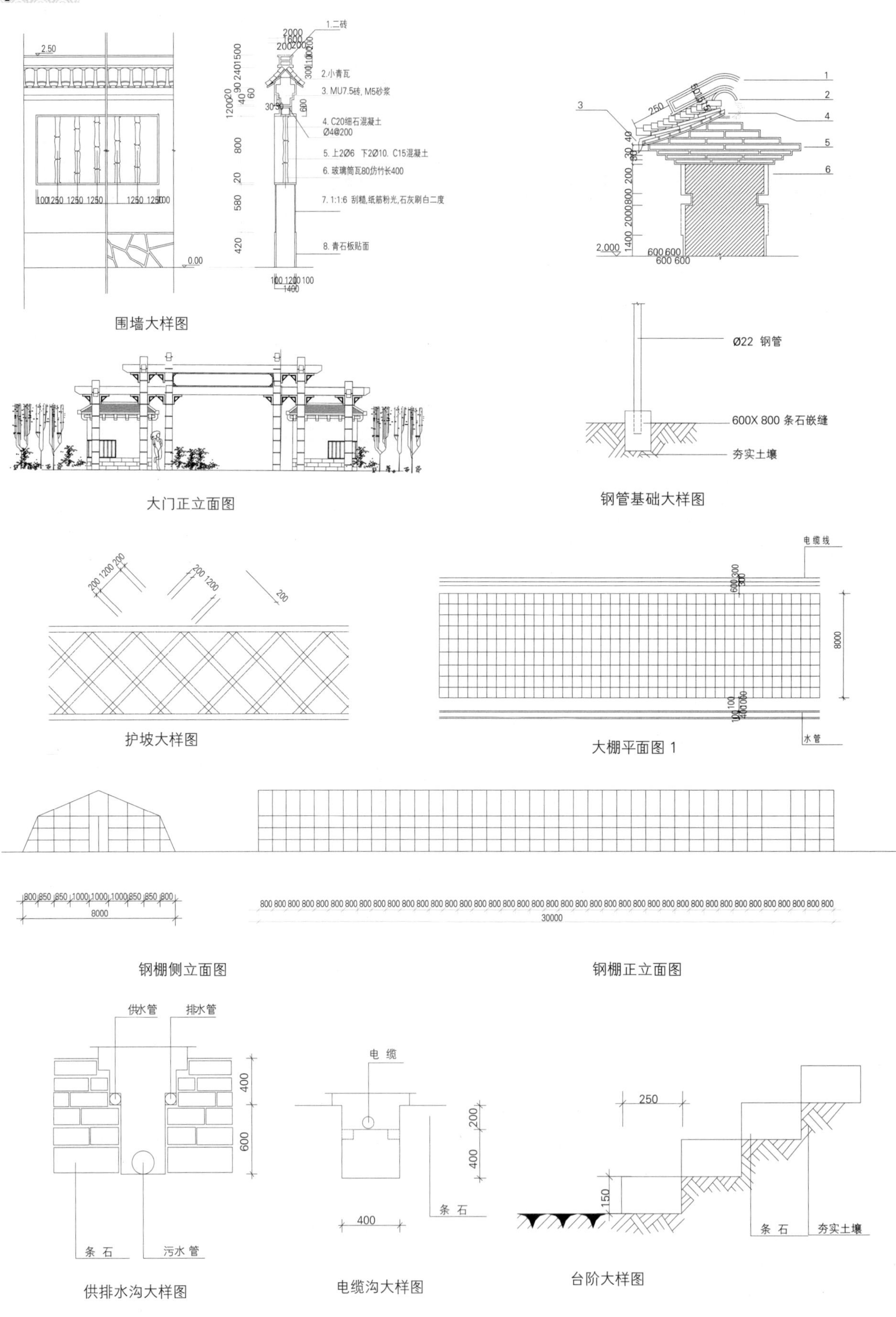

围墙大样图

大门正立面图

钢管基础大样图

护坡大样图

大棚平面图 1

钢棚侧立面图

钢棚正立面图

供排水沟大样图

电缆沟大样图

台阶大样图

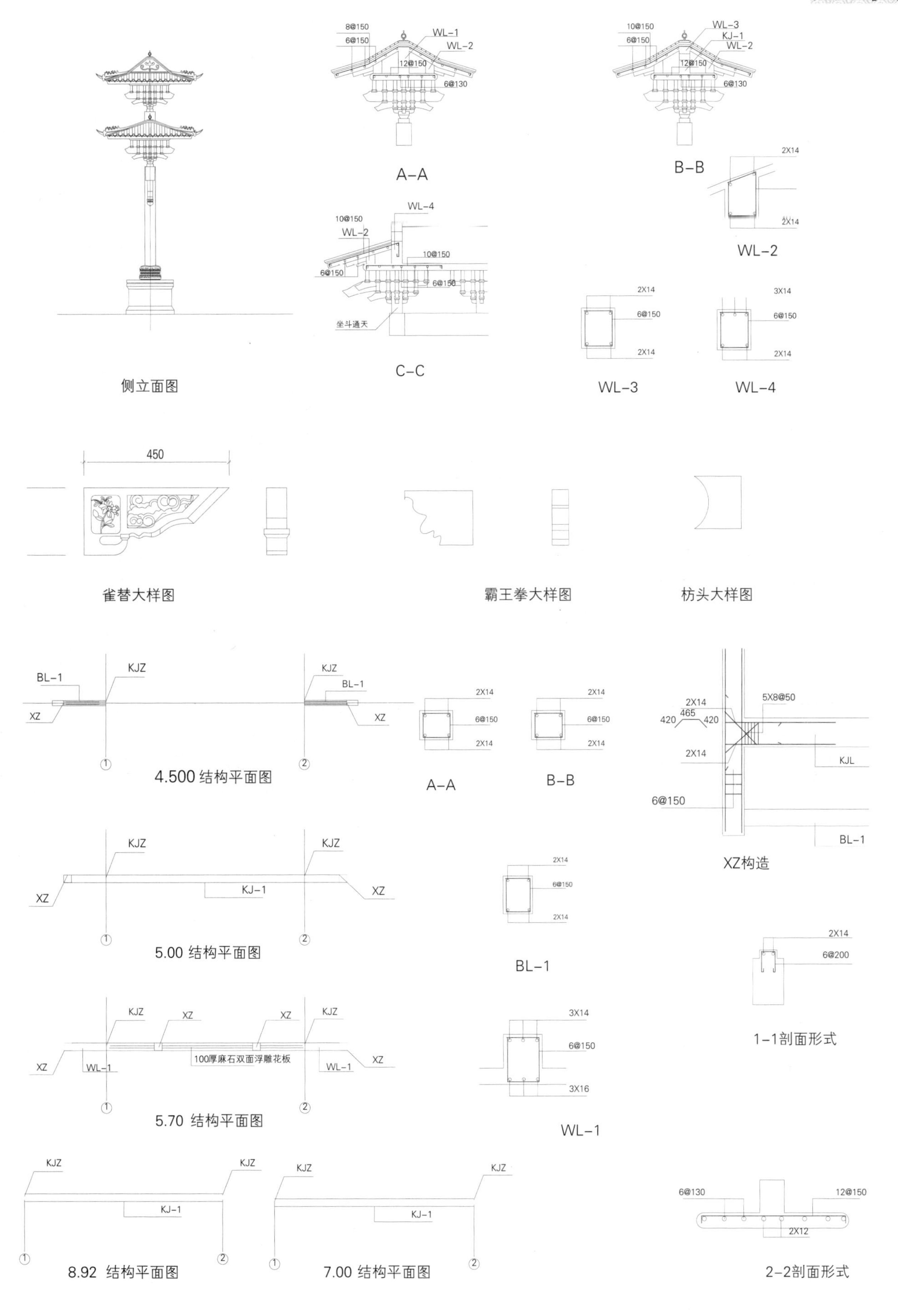

8@150
6@150
WL-1
WL-2
12@150
6@130
A-A
10@150
6@150
WL-3
KJ-1
WL-2
12@150
6@130
B-B
2X14
2X14
WL-2
10@150
WL-4
WL-2
10@150
6@150
6@150
坐斗通天
C-C
2X14
6@150
2X14
WL-3
3X14
6@150
2X14
WL-4
侧立面图
450
雀替大样图
霸王拳大样图
枋头大样图
BL-1
KJZ
XZ
KJZ
BL-1
XZ
4.500 结构平面图
2X14
6@150
2X14
A-A
2X14
6@150
2X14
B-B
2X14
465
420
420
2X14
5X8@50
KJL
6@150
BL-1
XZ构造
KJZ
KJZ
XZ
KJ-1
XZ
5.00 结构平面图
2X14
6@150
2X14
BL-1
2X14
6@200
1-1剖面形式
KJZ
XZ
XZ
KJZ
XZ
WL-1
100厚麻石双面浮雕花板
WL-1
XZ
5.70 结构平面图
3X14
6@150
3X16
WL-1
KJZ
KJZ
KJ-1
8.92 结构平面图
KJZ
KJZ
KJ-1
7.00 结构平面图
6@130
12@150
2X12
2-2剖面形式

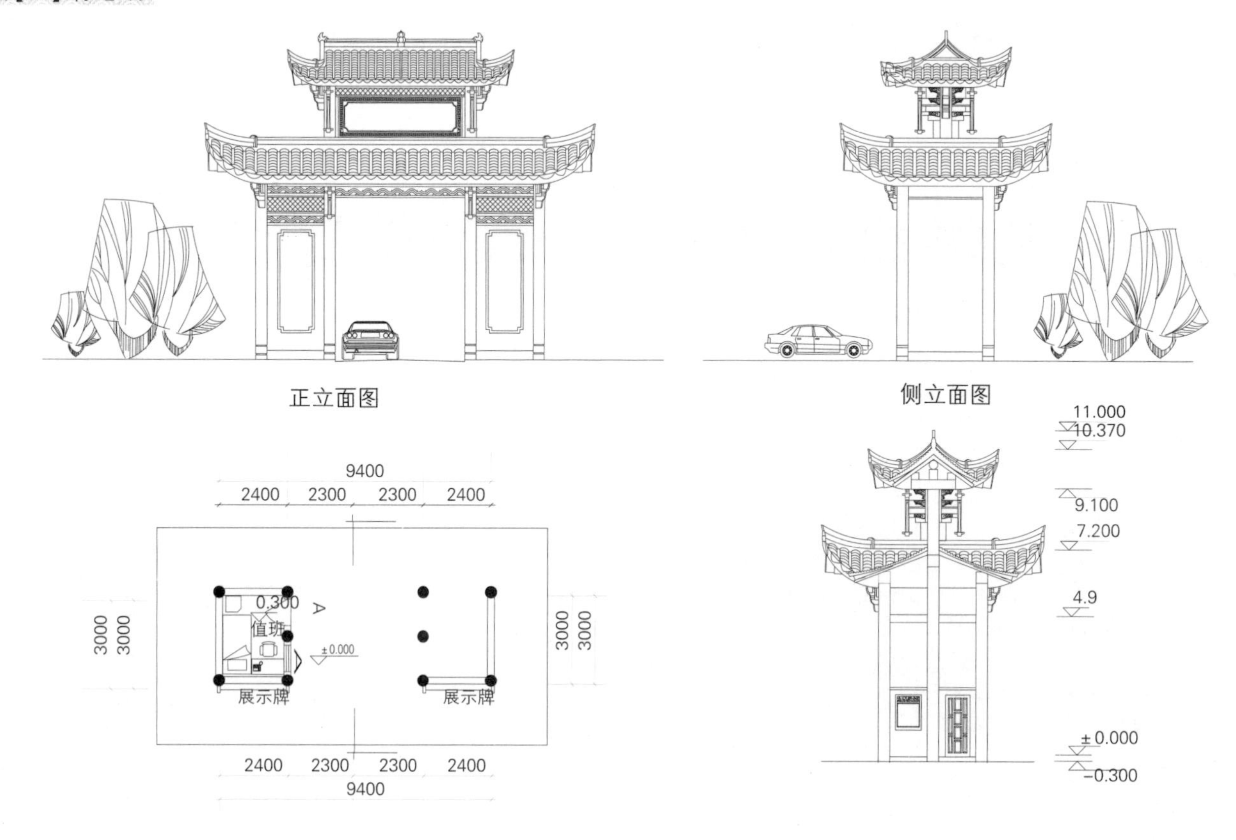

正立面图

侧立面图

平面图

剖面图

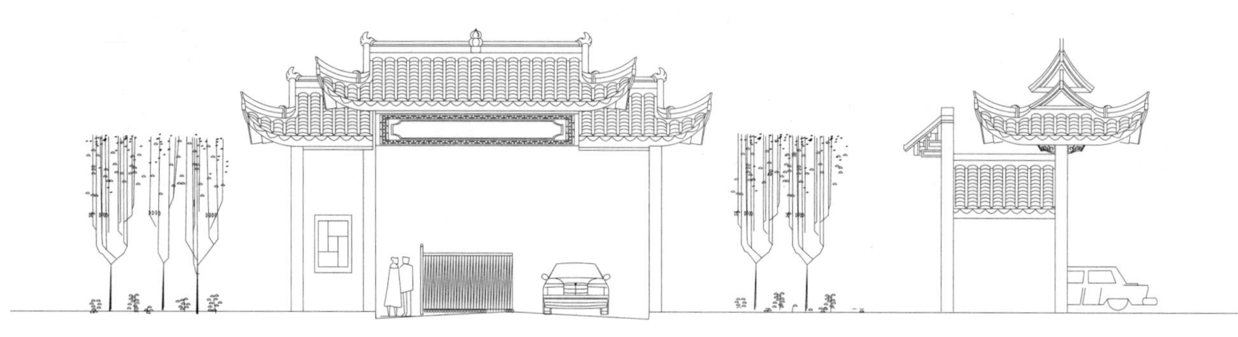

正立面图

侧立面图

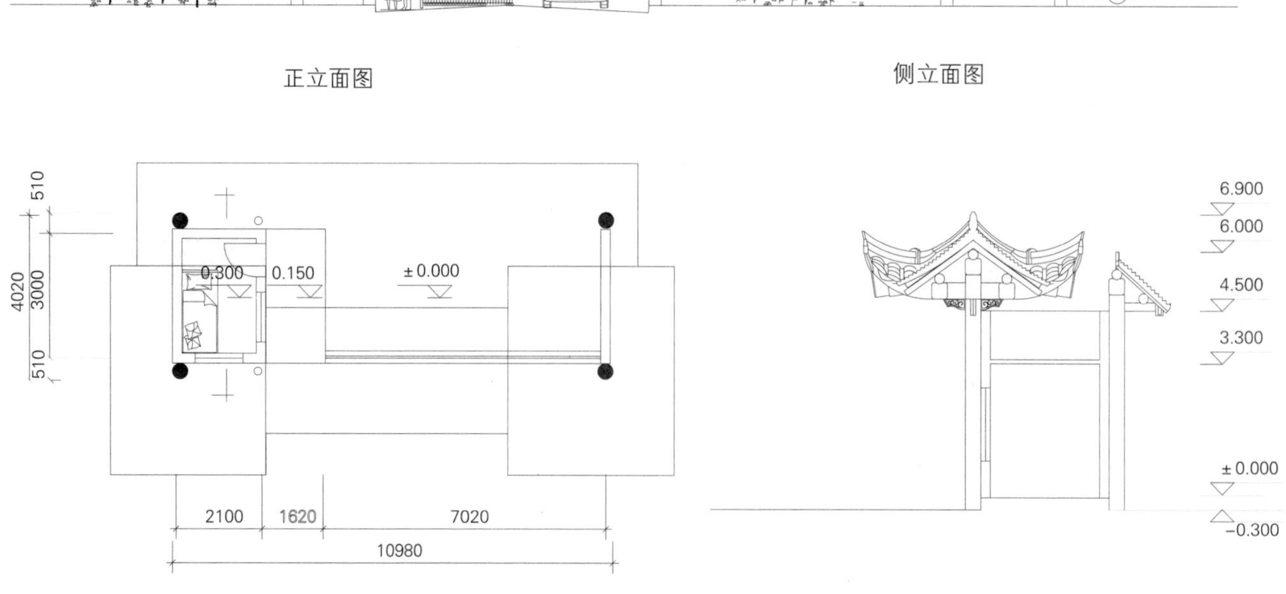

平面图

剖面图

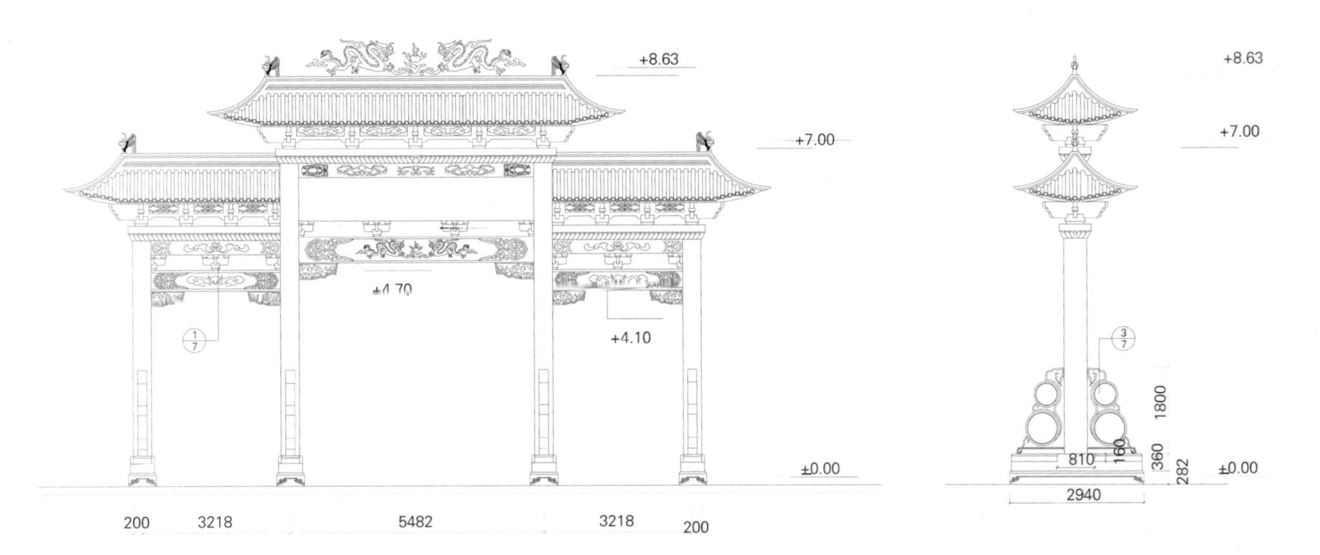

牌坊二正立面图

牌坊二侧立面图

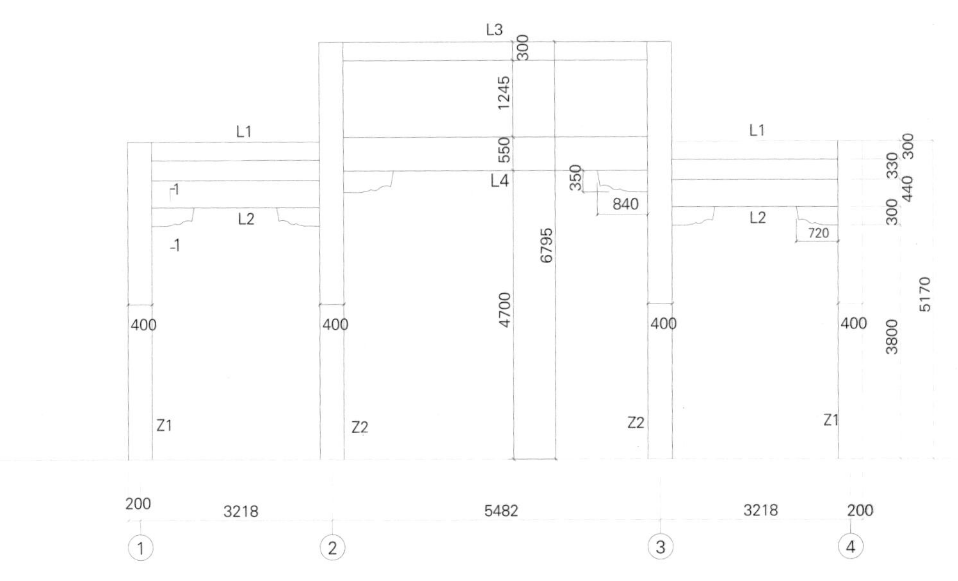

牌坊二结构立面图

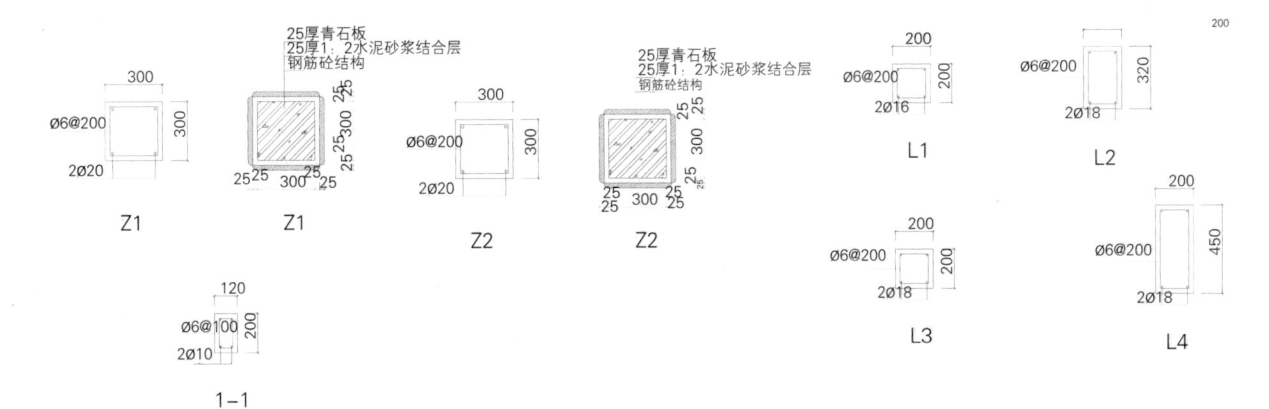

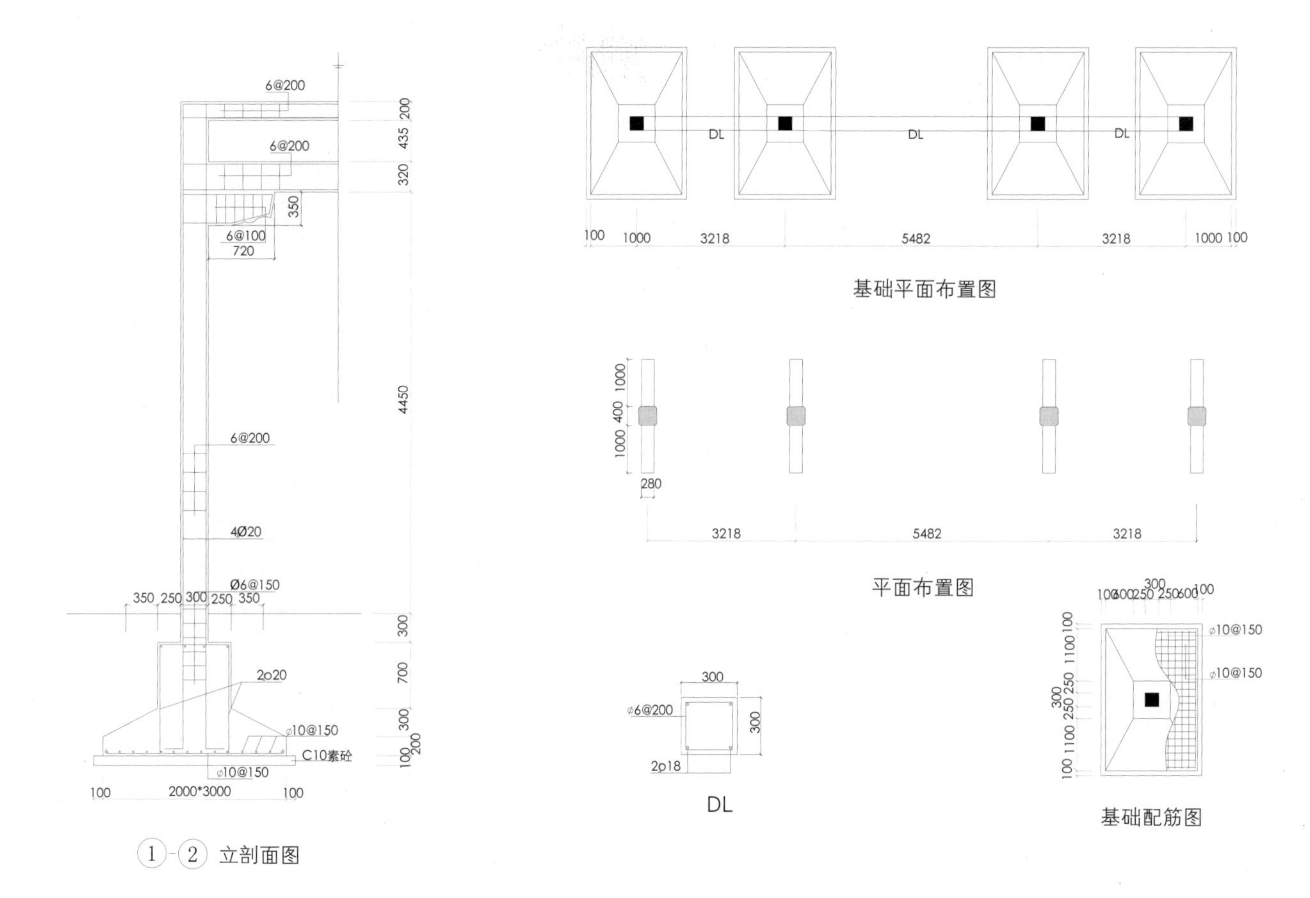

基础平面布置图

平面布置图

DL

基础配筋图

①-② 立剖面图

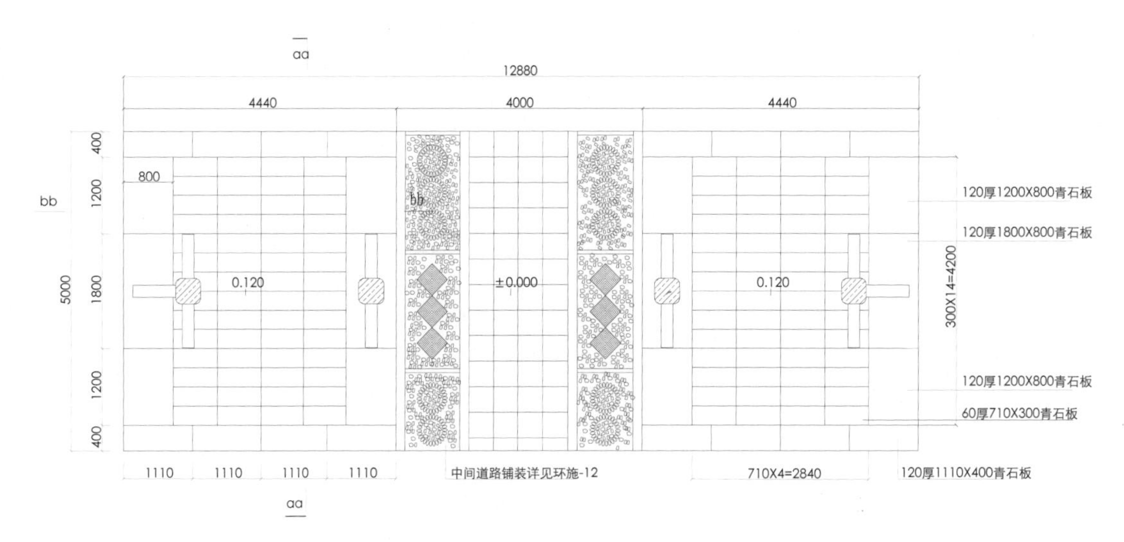

石牌坊地坪铺装平面图

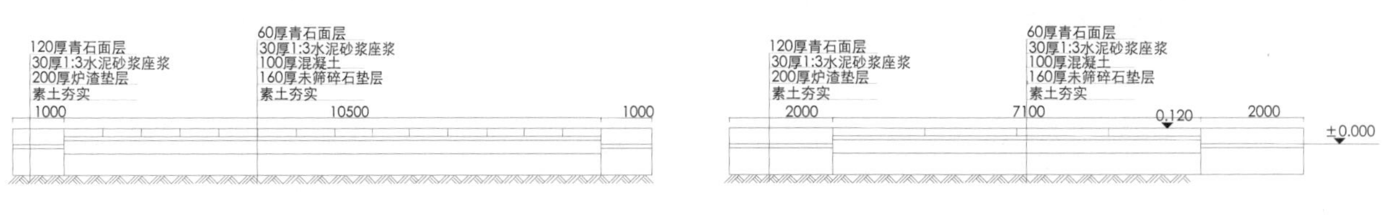

aa-aa断面图

bb-bb断面图

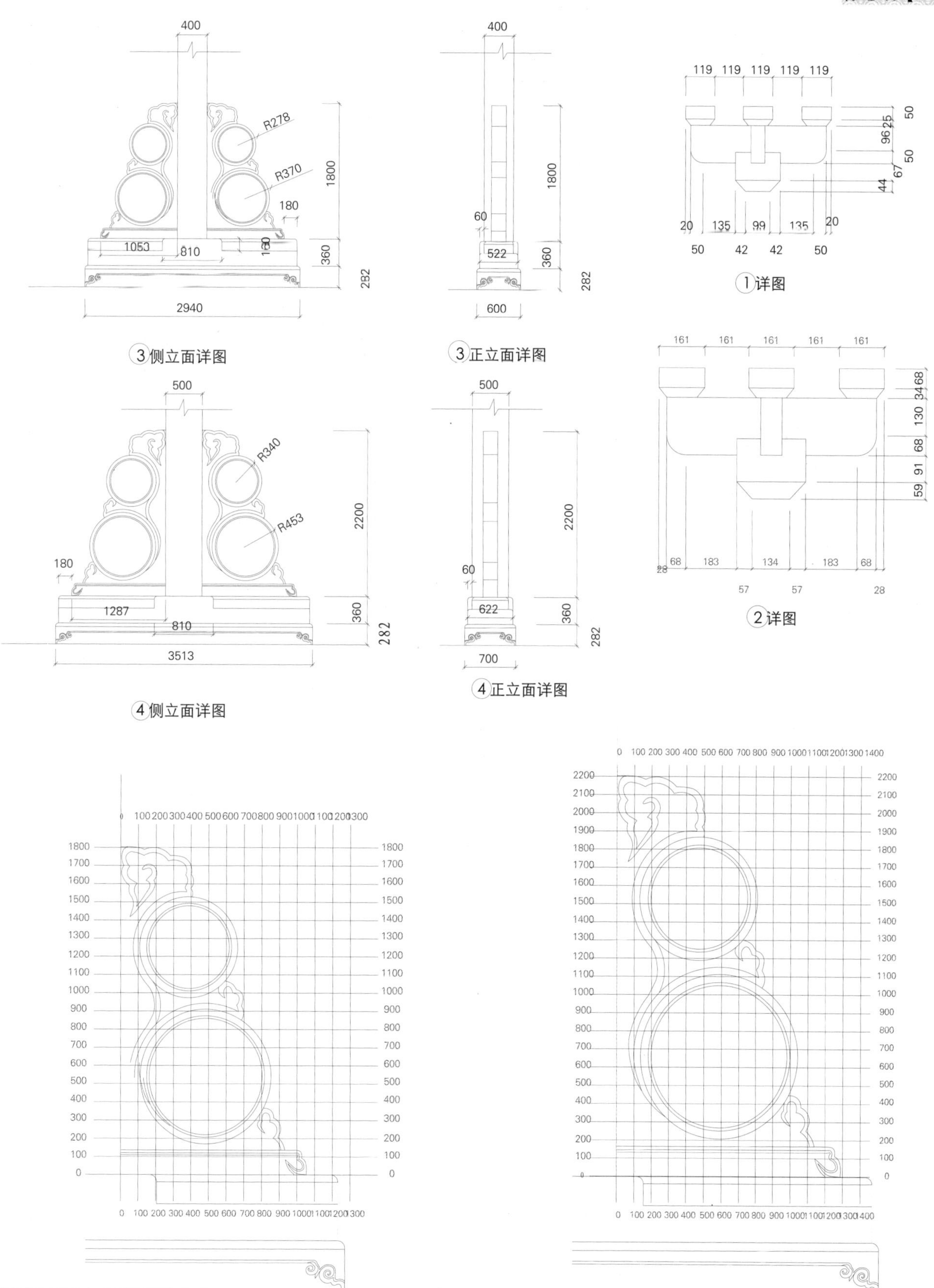

3侧立面详图

3正立面详图

1详图

2详图

4侧立面详图

4正立面详图

牌坊二抱鼓石详图

牌坊一抱鼓石详图

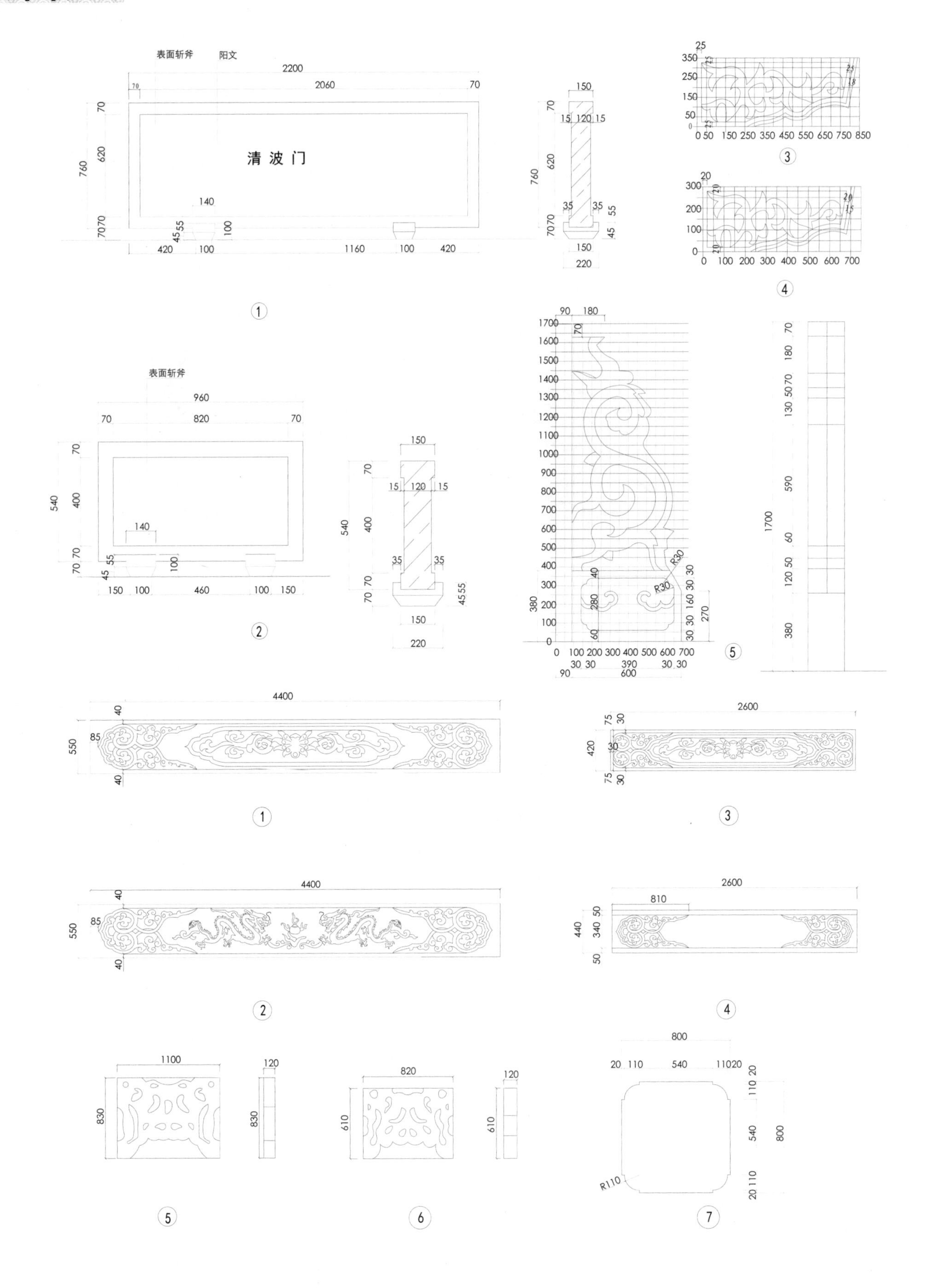

表面斩斧
阳文
清波门
表面斩斧

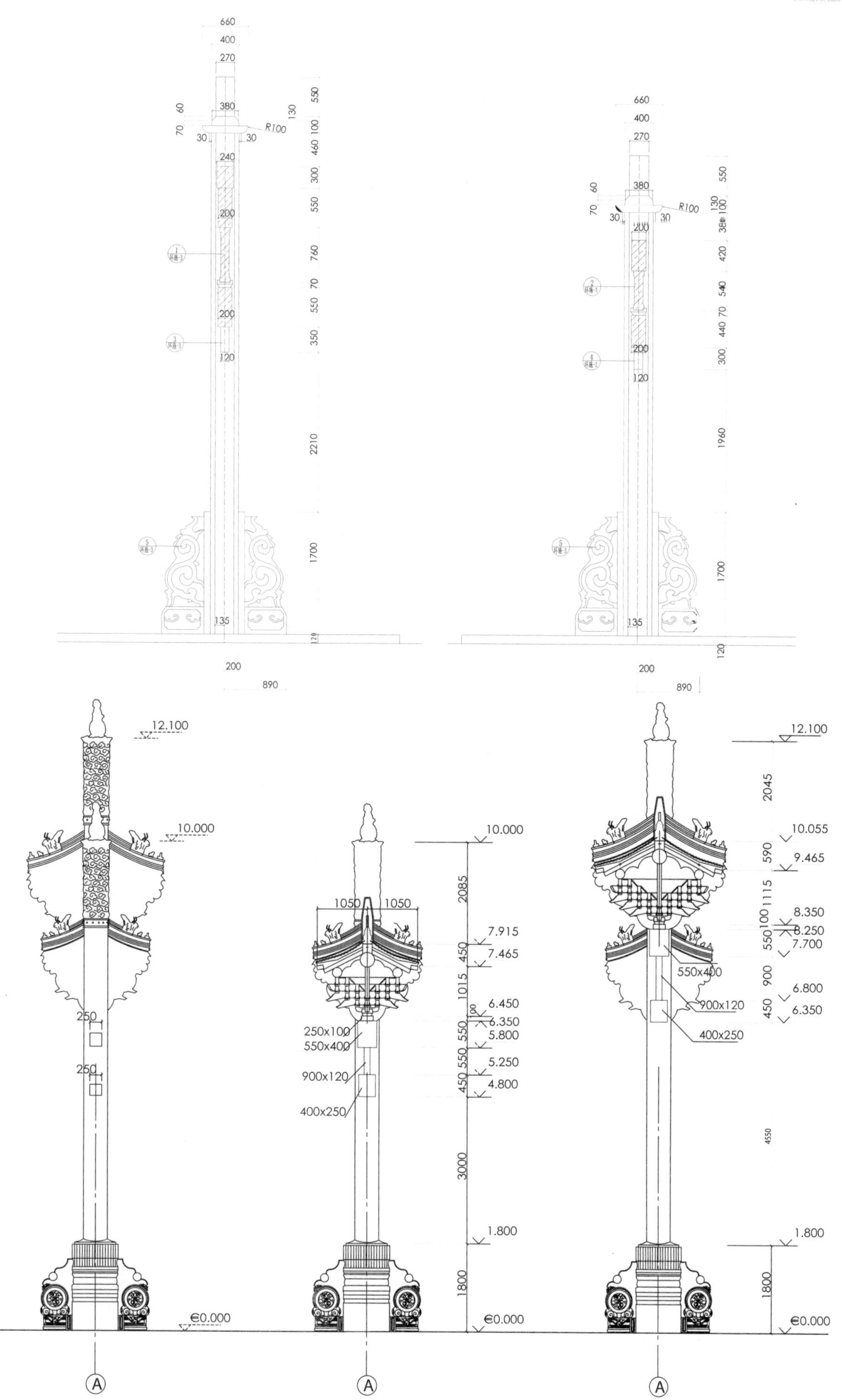

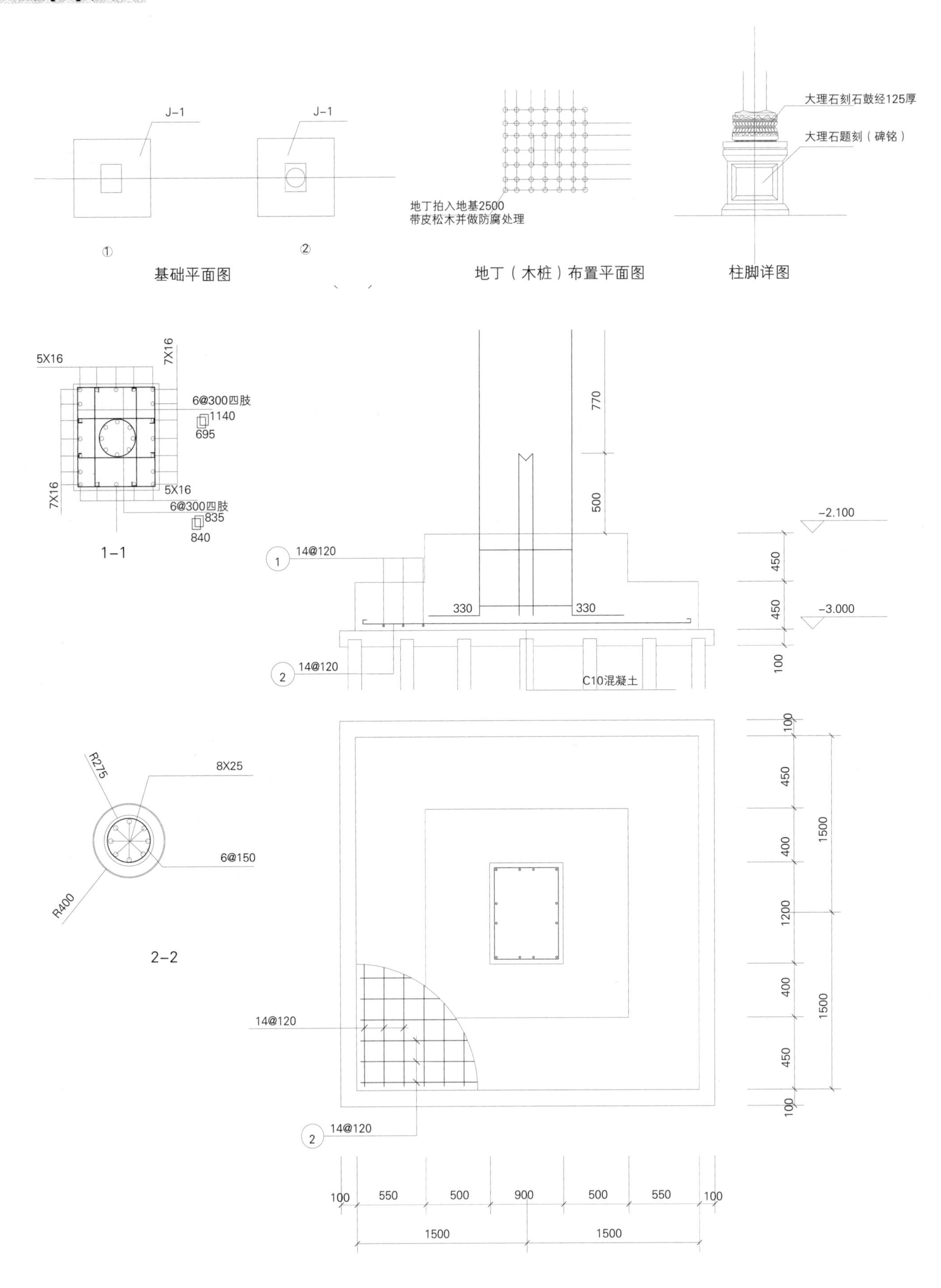
J-1
J-1
①
②
基础平面图
地丁拍入地基2500
带皮松木并做防腐处理
地丁（木桩）布置平面图
大理石刻石鼓经125厚
大理石题刻（碑铭）
柱脚详图
5X16
7X16
6@300四肢
1140
695
7X16
5X16
6@300四肢
835
840
1-1
770
500
14@120
330
330
14@120
C10混凝土
-2.100
-3.000
450
450
100
R275
8X25
6@150
R400
2-2
14@120
14@120
100
450
400
1200
400
450
100
1500
1500
100
550
500
900
500
550
100
1500
1500

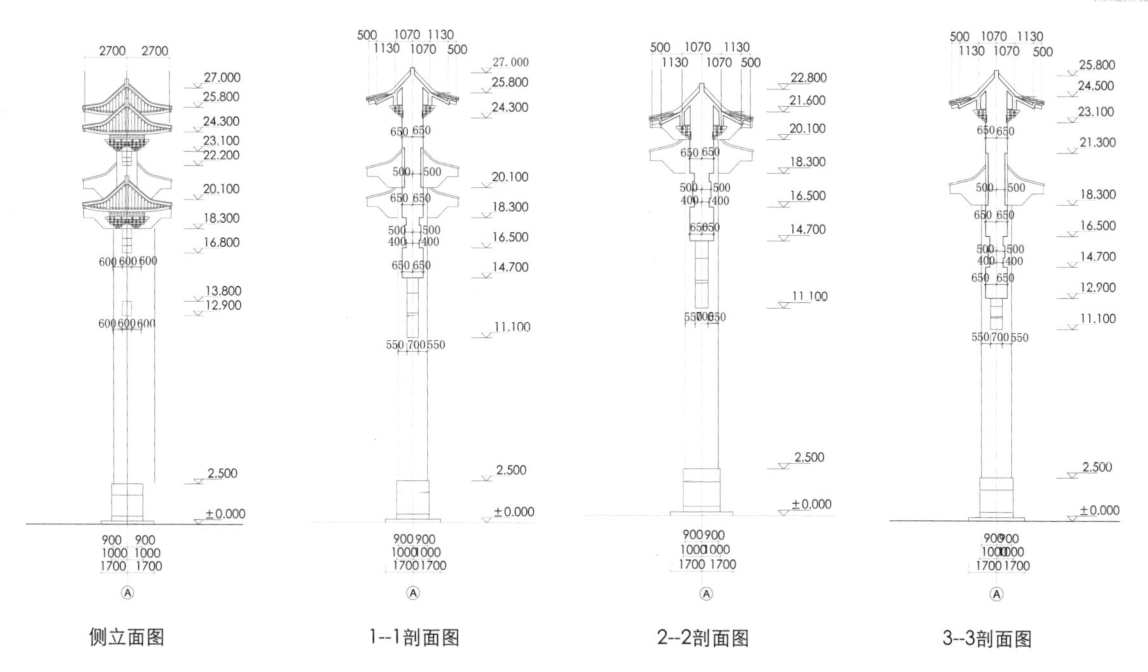

侧立面图　　1--1剖面图　　2--2剖面图　　3--3剖面图

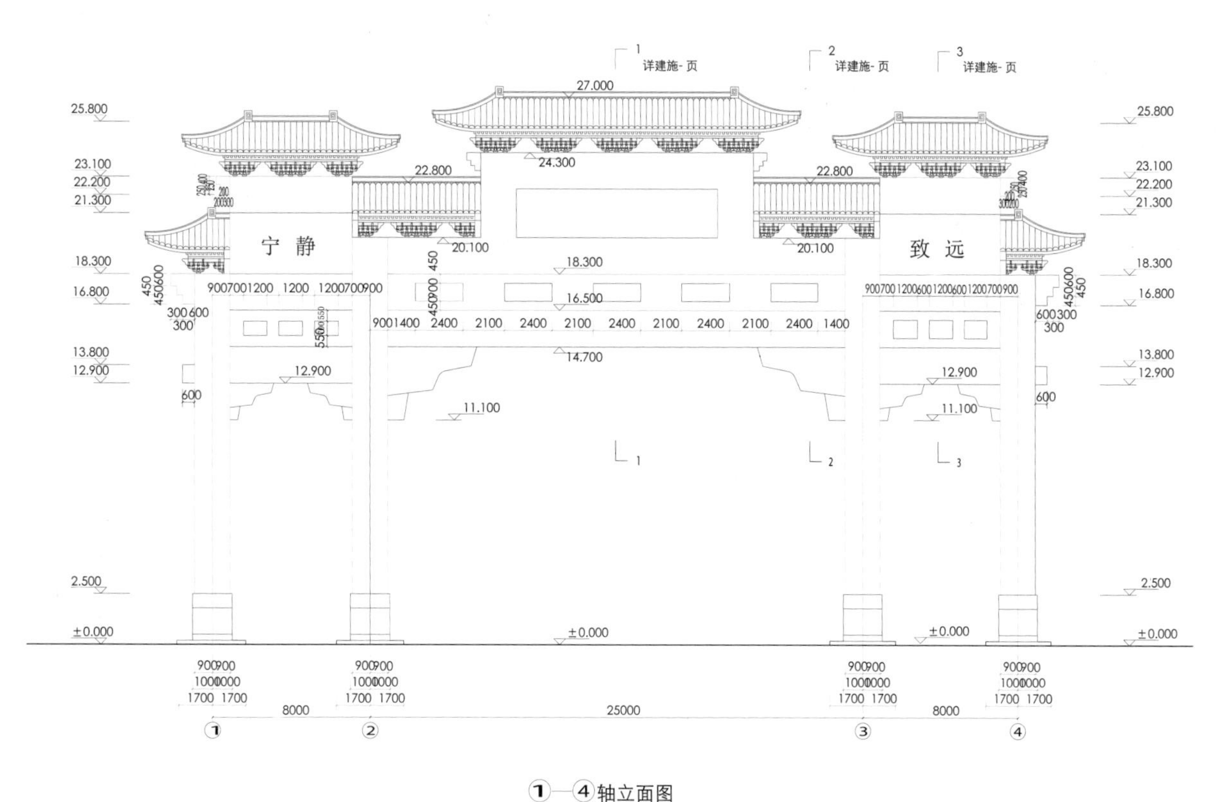

①—④轴立面图

平 面 图

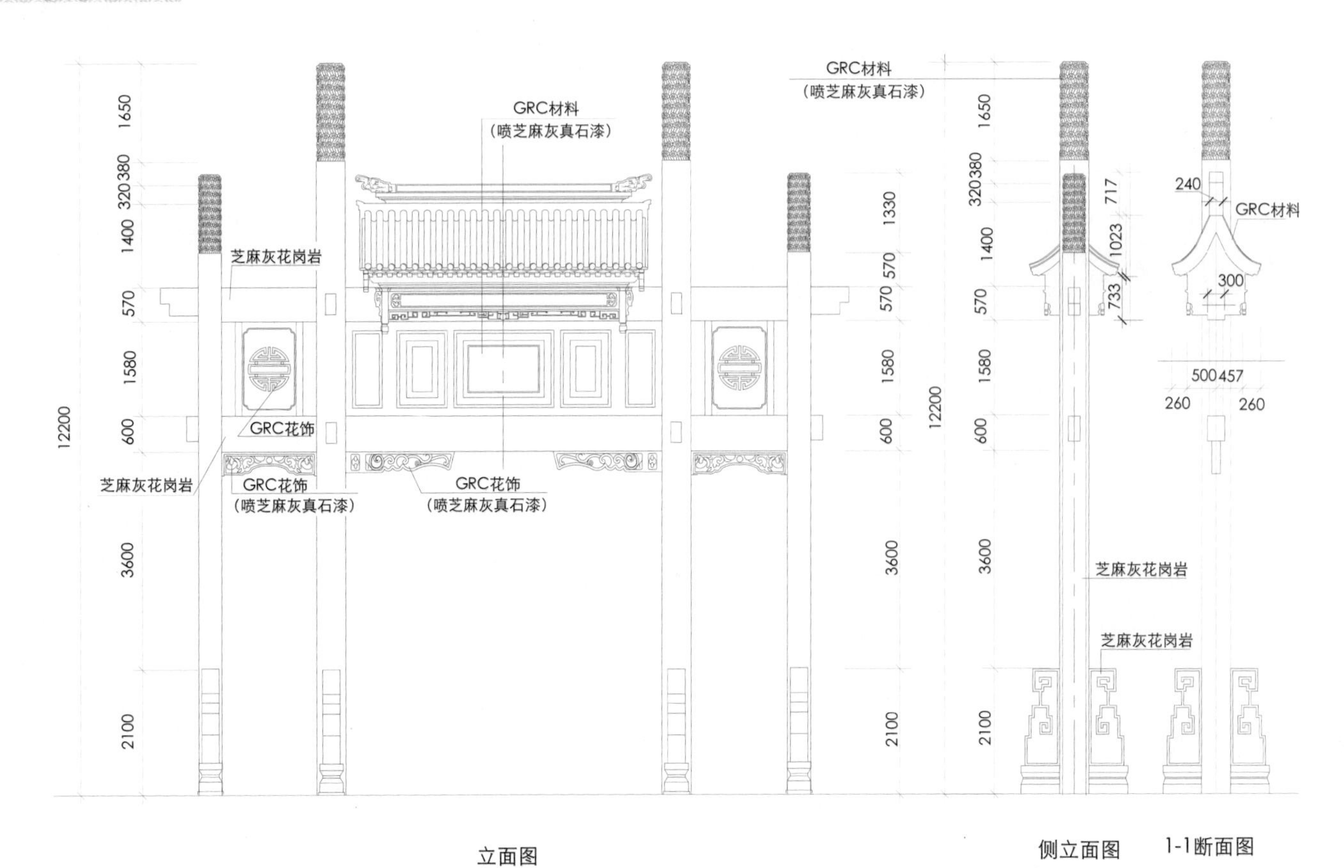

立面图

侧立面图　1-1断面图

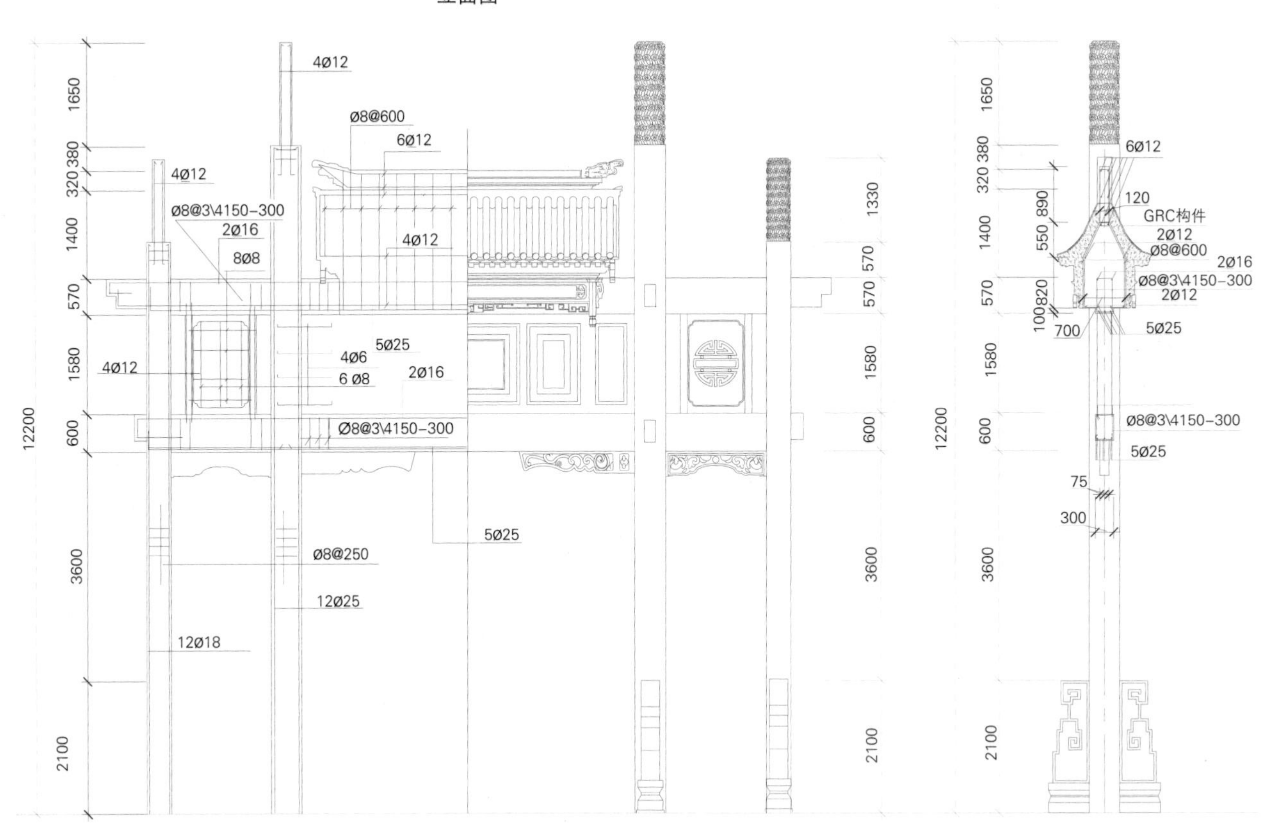

排架结构图

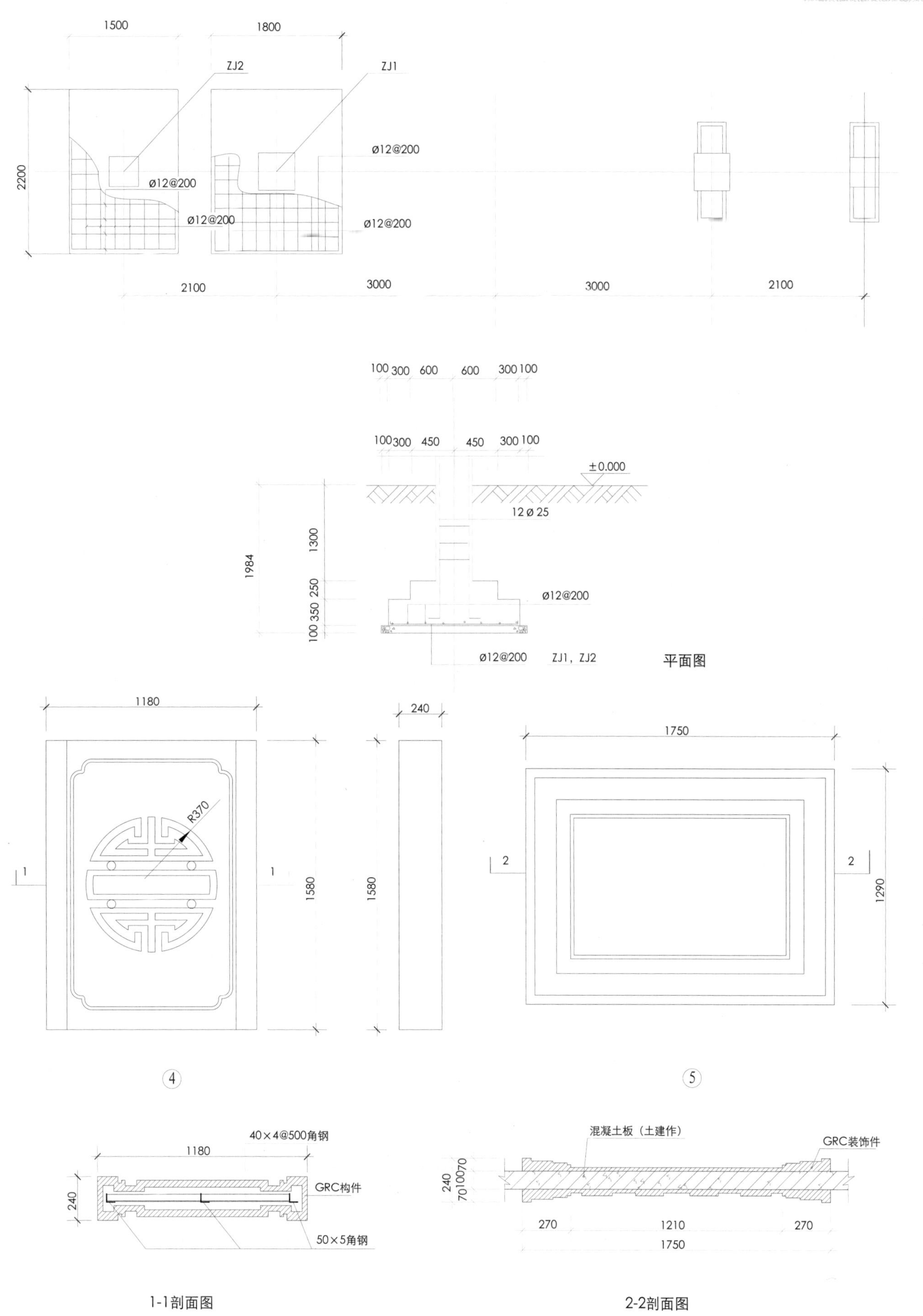
1500
1800
ZJ2
ZJ1
2200
ø12@200
ø12@200
ø12@200
ø12@200
2100
3000
3000
2100
100 300 600 600 300 100
100 300 450 450 300 100
±0.000
12ø25
1984
1300
250
350
100
ø12@200
ø12@200
ZJ1，ZJ2
平面图
1180
240
R370
1
1
1580
1580
1750
2
2
1290
4
5
40×4@500角钢
1180
GRC构件
240
50×5角钢
1-1剖面图
混凝土板（土建作）
GRC装饰件
240
70
100
70
270
1210
270
1750
2-2剖面图

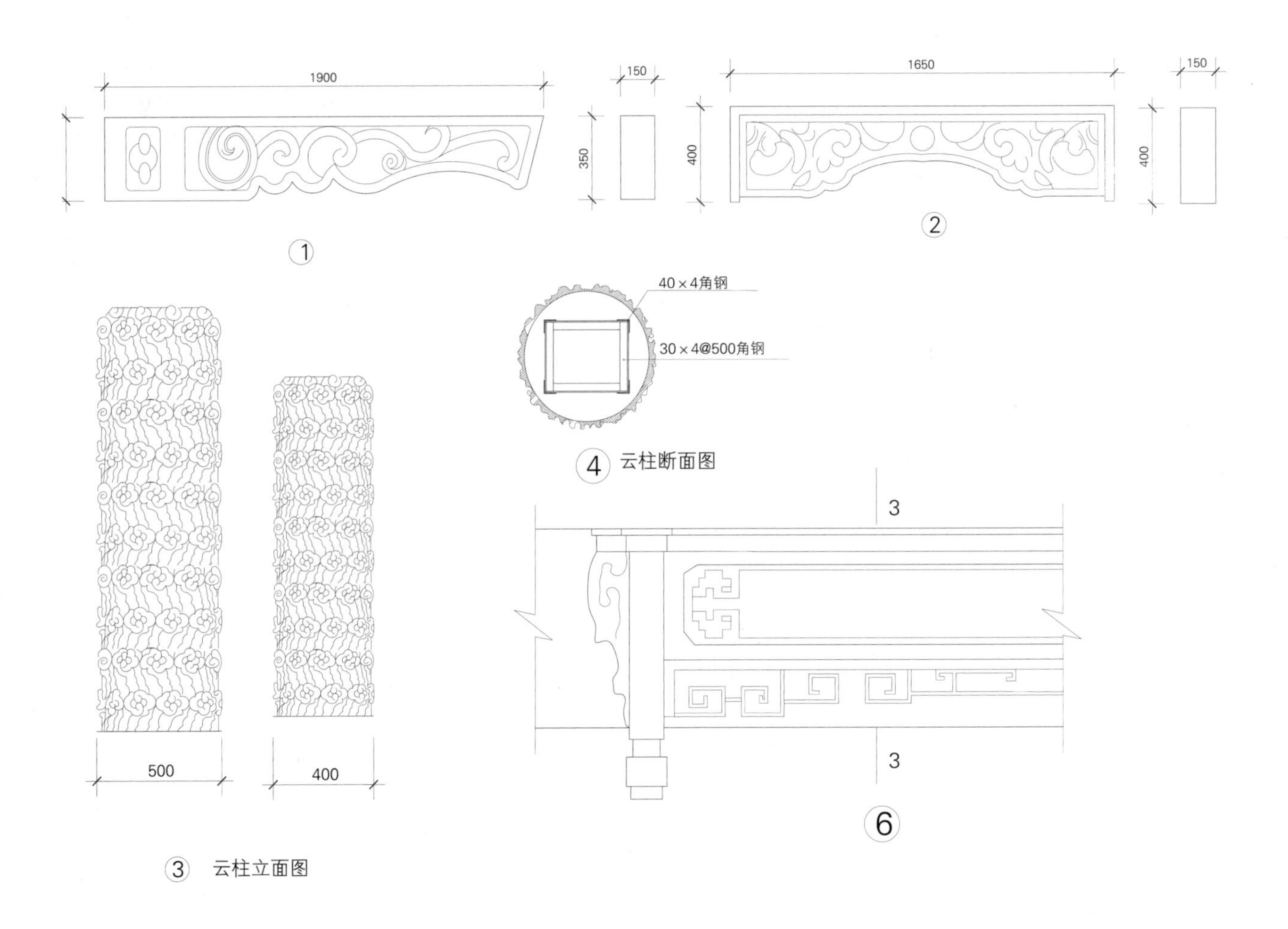

③ 云柱立面图

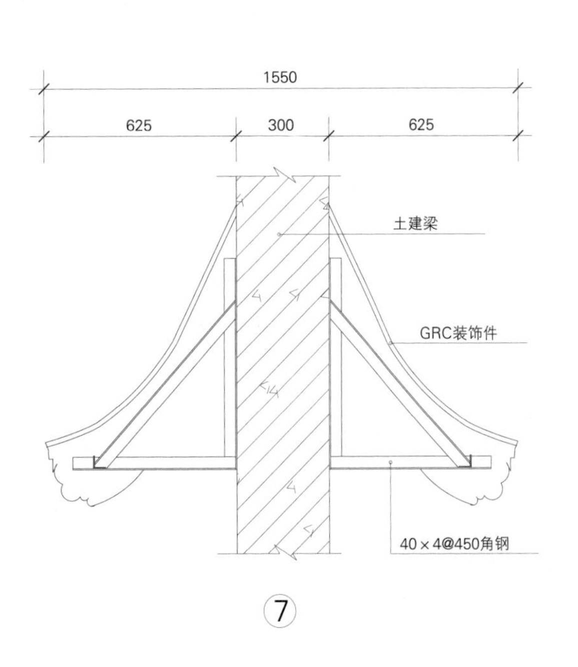

⑦

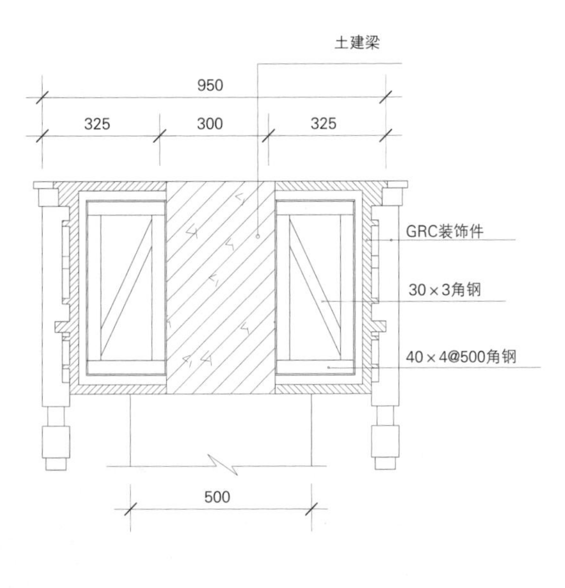

3-3剖面图

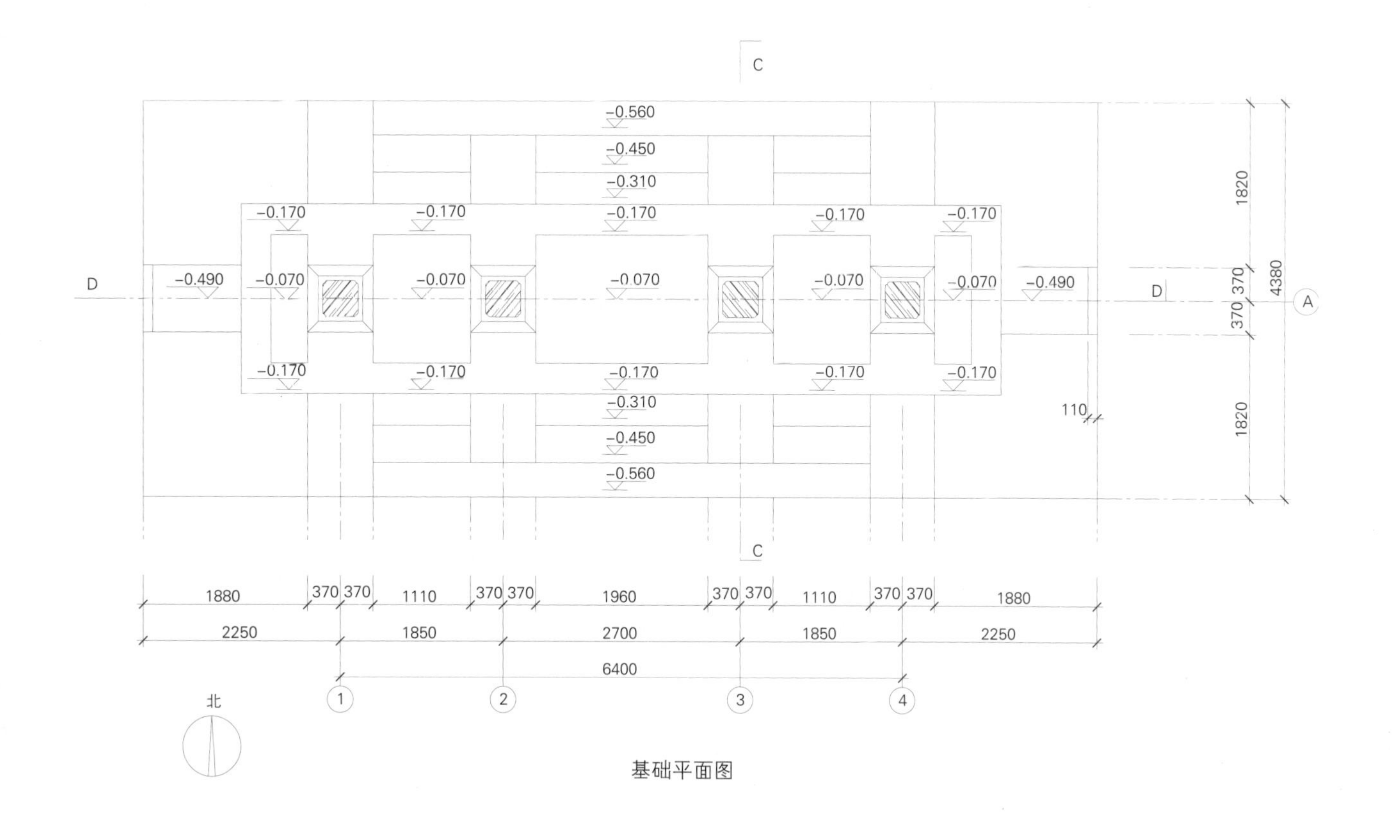
C
-0.560
-0.450
-0.310
-0.170
-0.070
-0.490
D
A
1820
370
4380
110
1880
370
1110
1960
2250
1850
2700
6400
1
2
3
4
北

基础平面图

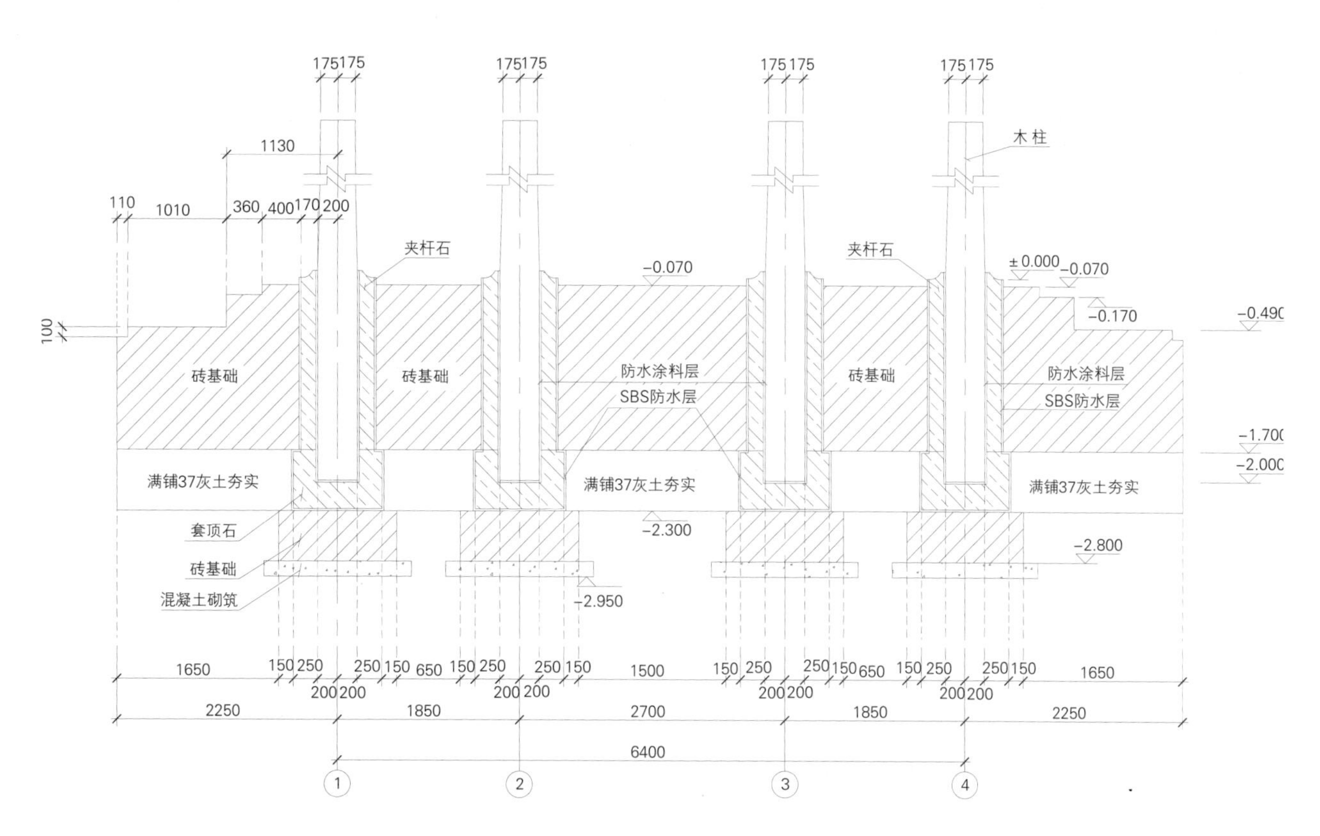
175
1130
110
1010
360
400
170
200
木柱
夹杆石
-0.070
±0.000
-0.170
-0.490
100
砖基础
防水涂料层
SBS防水层
-1.700
-2.000
满铺37灰土夯实
套顶石
-2.300
-2.800
混凝土砌筑
-2.950
1650
150
250
200
650
1500
2250
1850
2700
6400
1
2
3
4

D-D 剖面图

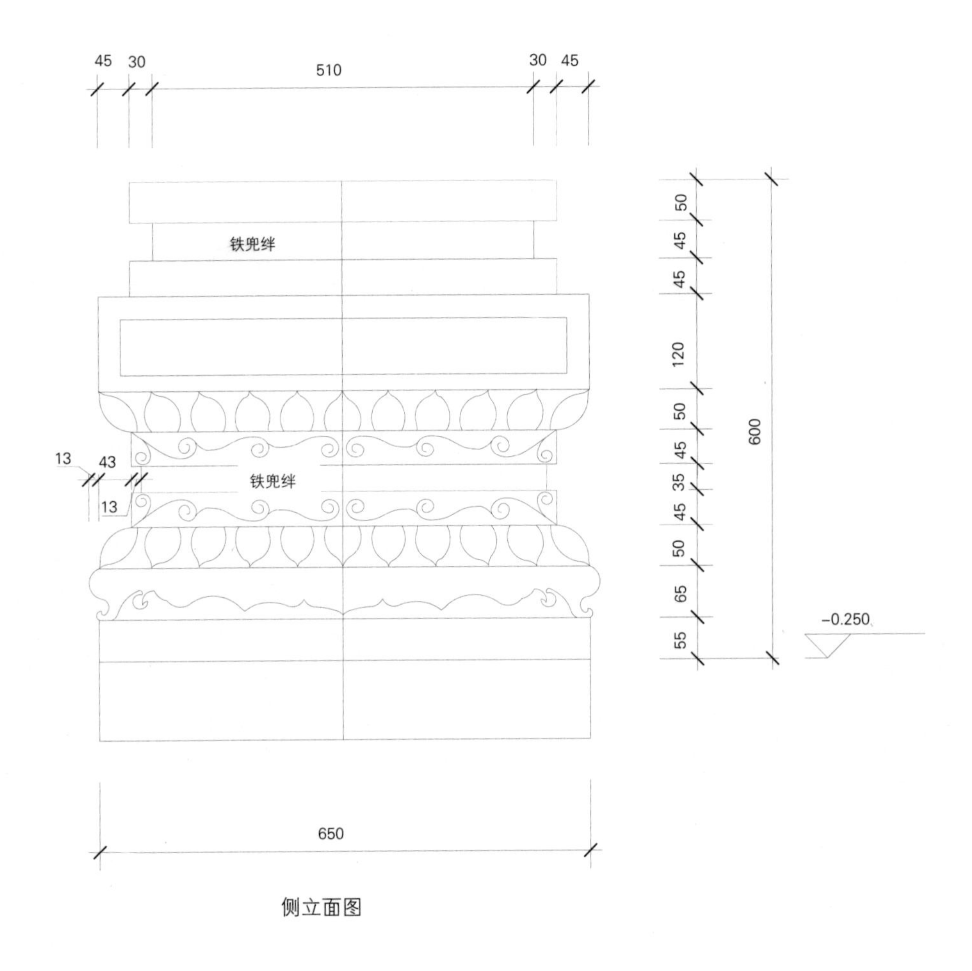
45
30
510
30
45
铁兜绊
13
43
13
铁兜绊
50
45
45
120
50
45
35
45
50
65
55
600
-0.250
650

侧立面图

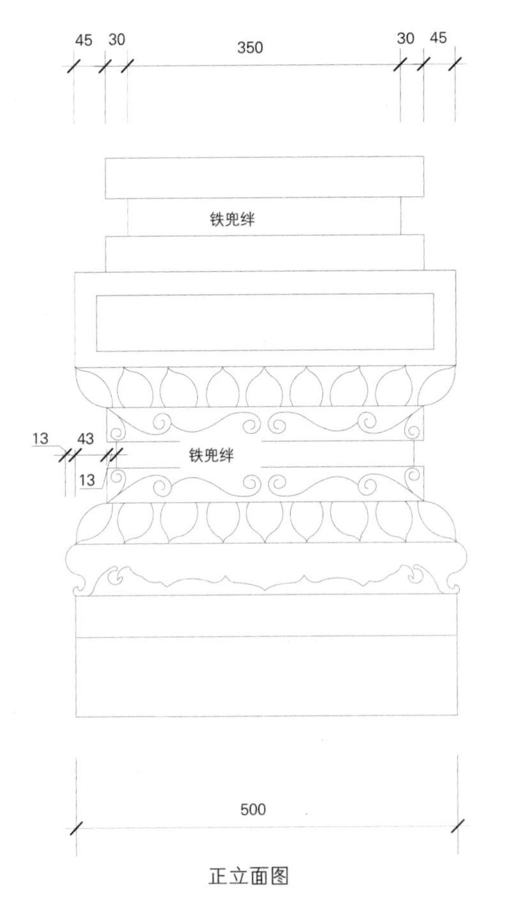
45
30
350
30
45
铁兜绊
13
43
13
铁兜绊
500

正立面图

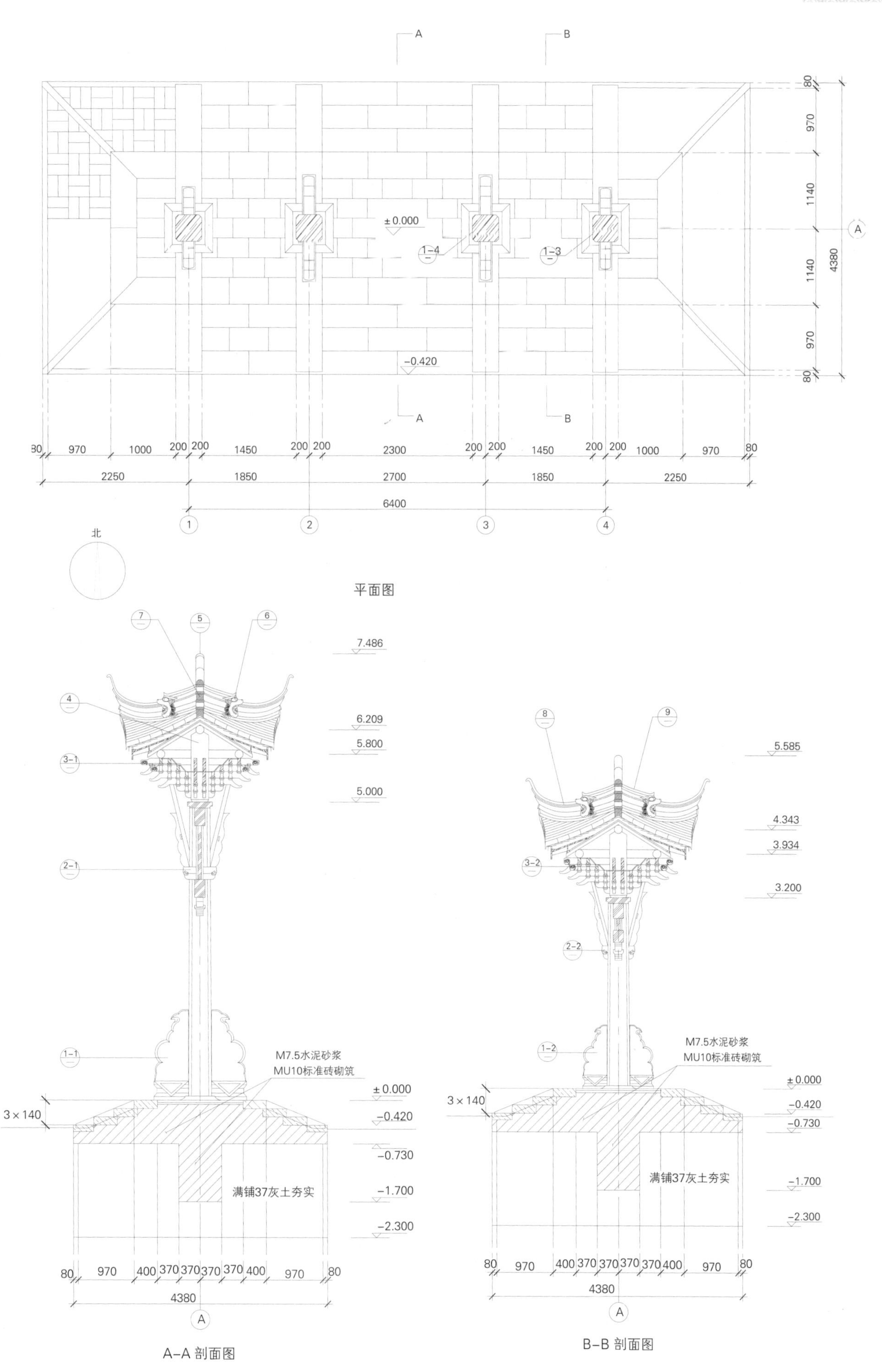

平面图

A–A 剖面图

B–B 剖面图

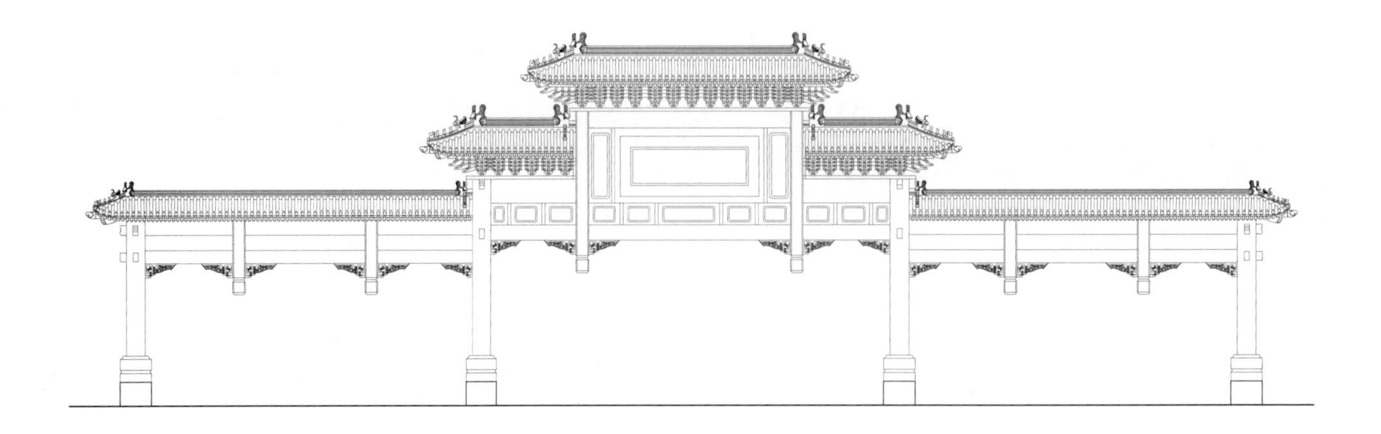

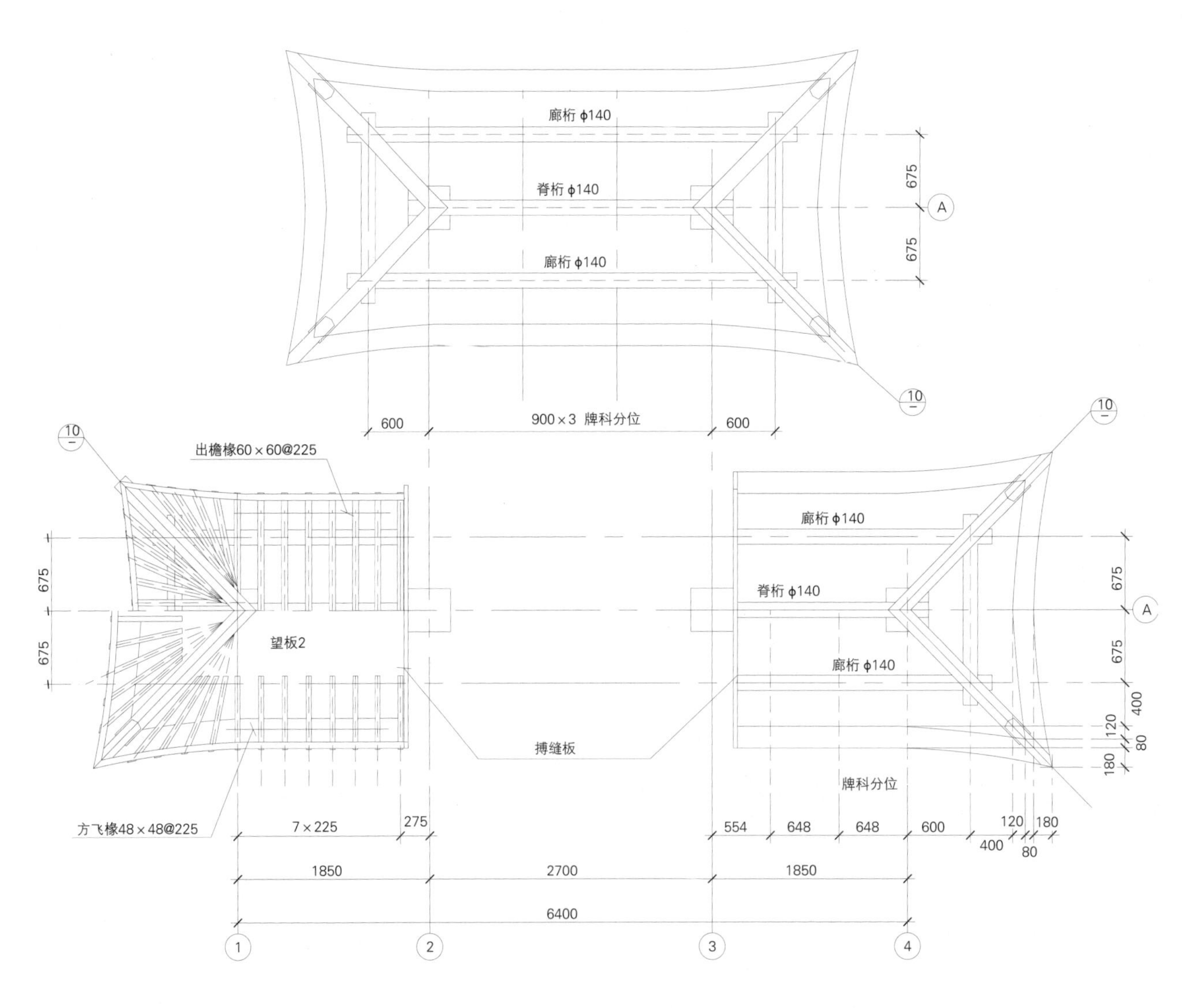
廊桁 ϕ140
脊桁 ϕ140
廊桁 ϕ140
675
675
A
10
600
900×3 牌科分位
600
10
10
出檐椽60×60@225
675
675
望板2
廊桁 ϕ140
脊桁 ϕ140
廊桁 ϕ140
675
675
A
400
120
80
180
搏缝板
牌科分位
方飞椽48×48@225
7×225
275
554
648
648
600
120
180
400
80
1850
2700
1850
6400
1
2
3
4

屋盖结构图

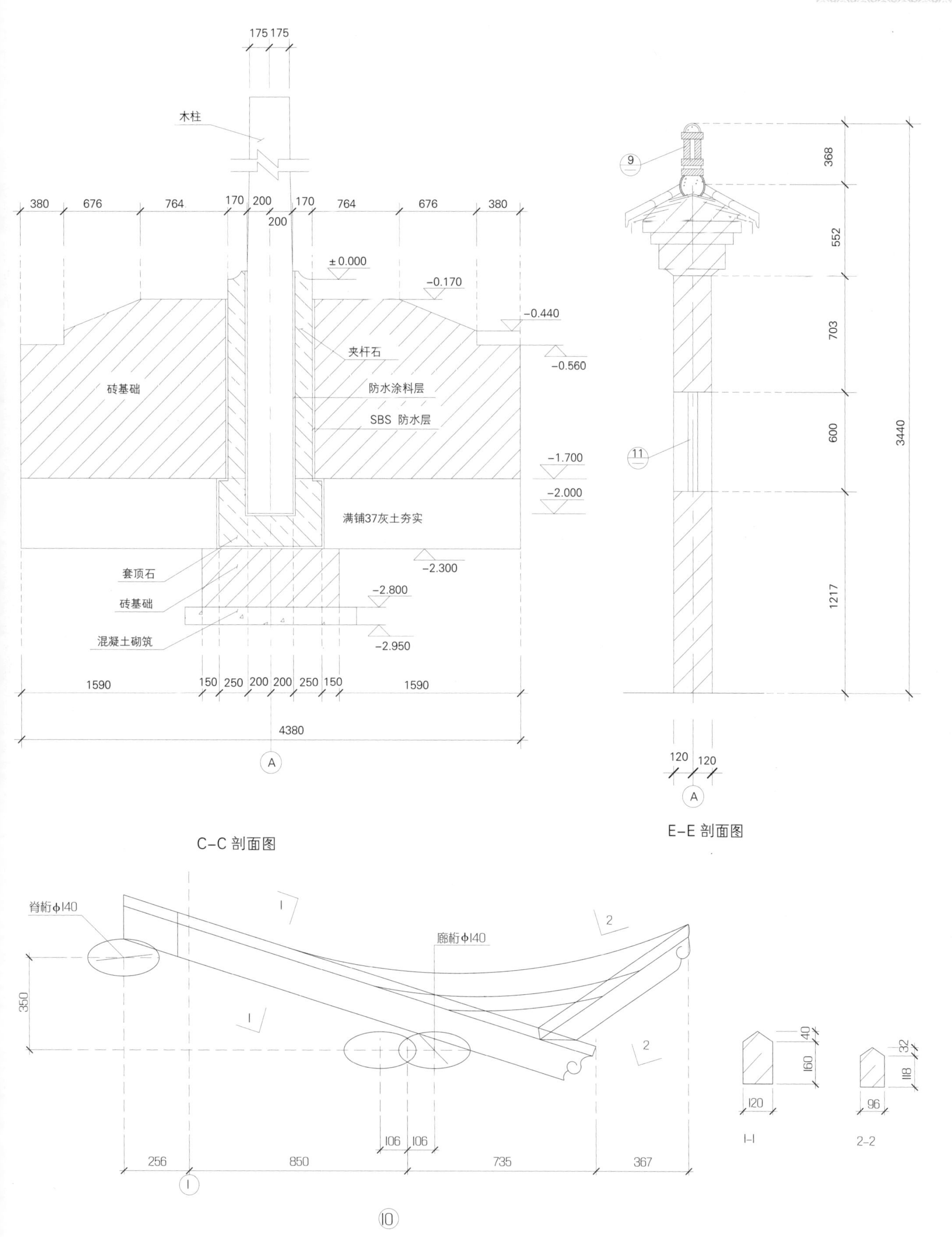

175 175
木柱
380 676 764 170 200 170 764 676 380
200
±0.000
-0.170
-0.440
-0.560
夹杆石
砖基础
防水涂料层
SBS 防水层
-1.700
-2.000
满铺37灰土夯实
-2.300
套顶石
-2.800
砖基础
混凝土砌筑
-2.950
1590 150 250 200 200 250 150 1590
4380
A
9
368
552
703
600
3440
11
1217
120 120
A
E-E 剖面图
C-C 剖面图
脊桁ϕ140
廊桁ϕ140
350
106 106
256 850 735 367
1-1
2-2
120
40
160
96
32
118
10

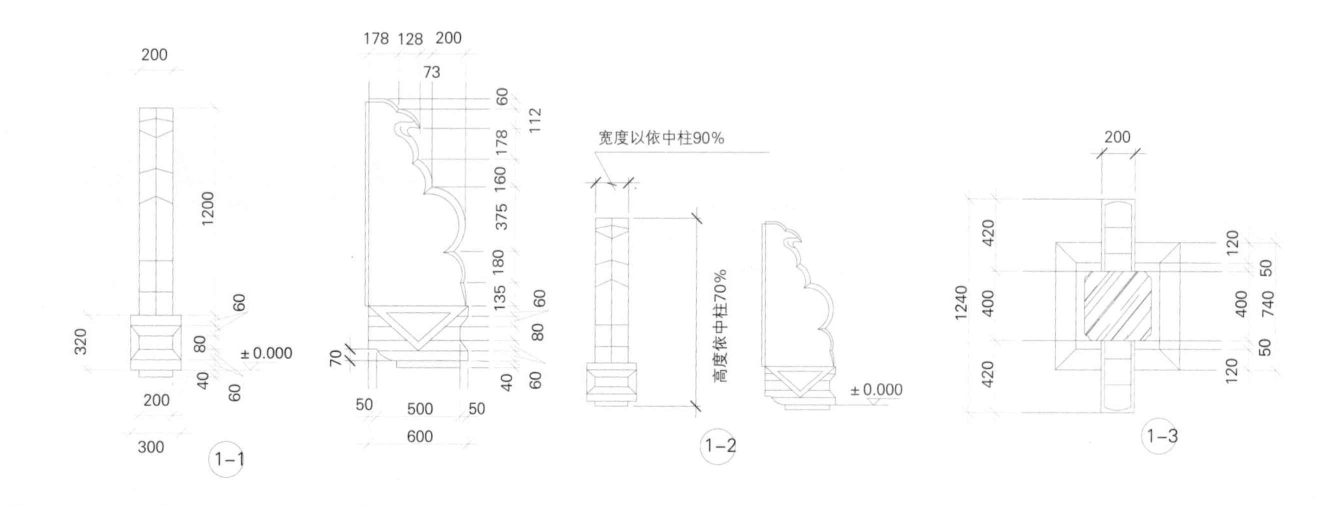
200
1200
60
320
80
±0.000
40
60
200
300
1–1
178 128 200
73
60
112
178
160
375
180
135
60
80
40
60
70
50 500 50
600
宽度以依中柱90%
高度依中柱70%
±0.000
1–2
200
420
1240
400
420
120
50
400 740
50
120
1–3

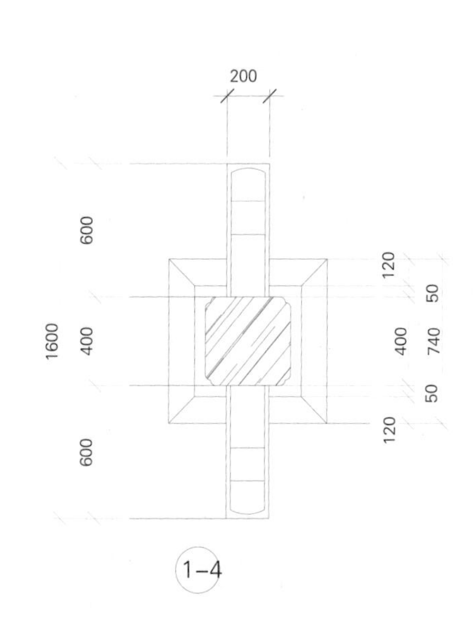
200
600
1600
400
600
120
50
400 740
50
120
1–4

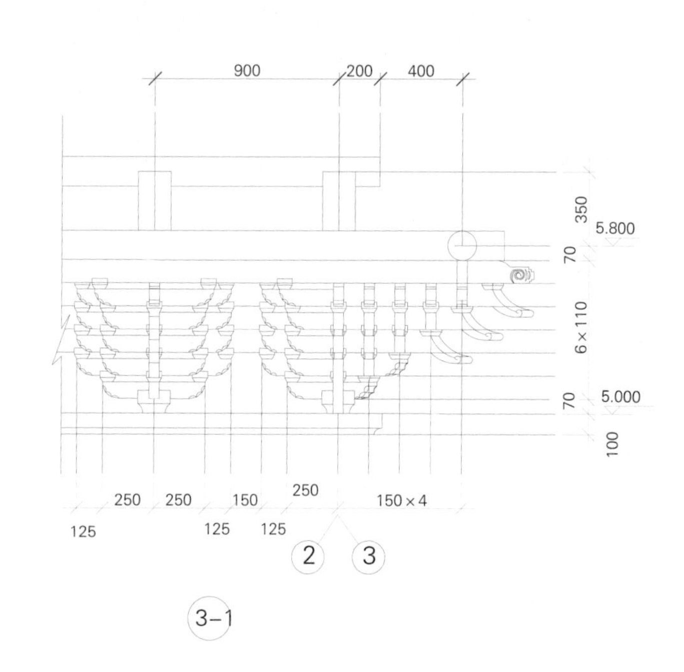
900 200 400
350
5.800
70
6×110
70
5.000
100
250 250 150 250 150×4
125 125 125
2
3
3–1

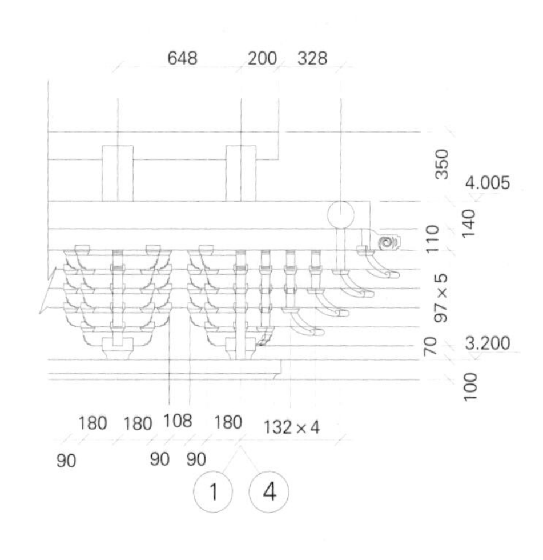
648 200 328
350
4.005
140
110
97×5
70
3.200
100
180 180 108 180 132×4
90 90 90
1
4
3–2

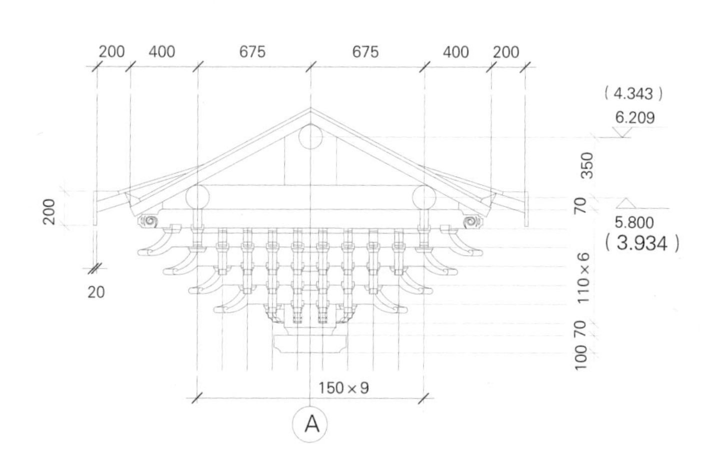
200 400 675 675 400 200
(4.343)
6.209
350
200
70
5.800
(3.934)
110×6
20
100 70
150×9
A
4

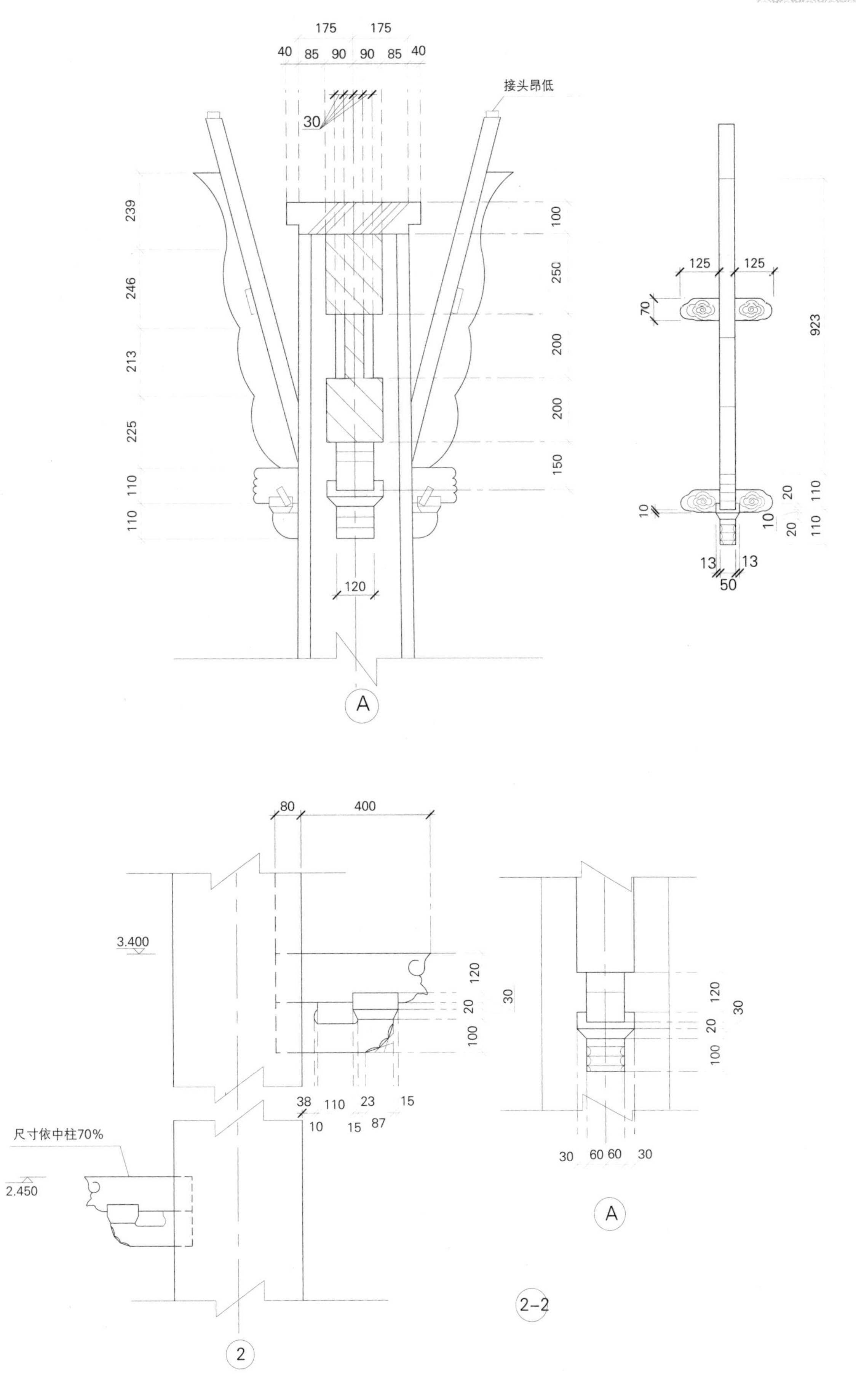
175
175
40
85
90
90
85
40
接头昂低
30
239
246
213
225
110
110
100
250
200
200
150
120
A
125
125
70
923
10
20
110
10
20
110
13
13
50
80
400
3.400
120
20
100
38
110
23
15
10
15
87
尺寸依中柱70%
2.450
2
30
120
30
20
100
30
60
60
30
A
2-2

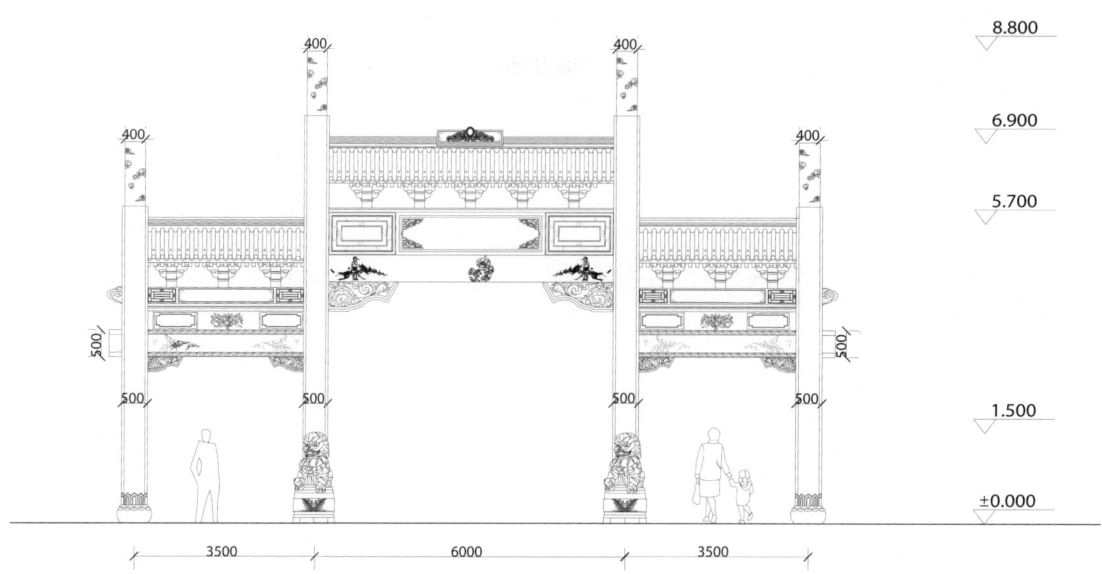

牌坊立面

牌坊平面

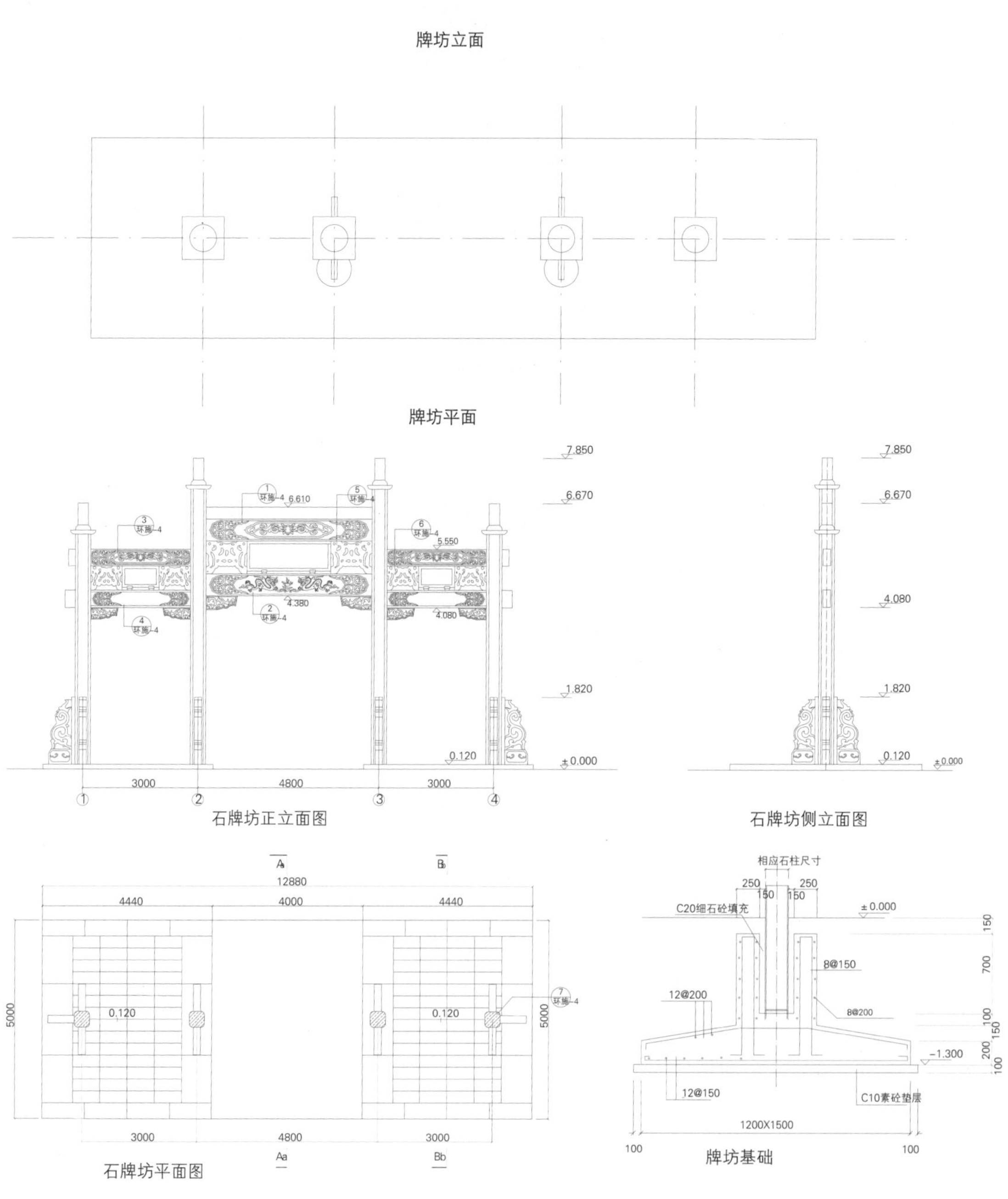

石牌坊正立面图

石牌坊侧立面图

石牌坊平面图

牌坊基础

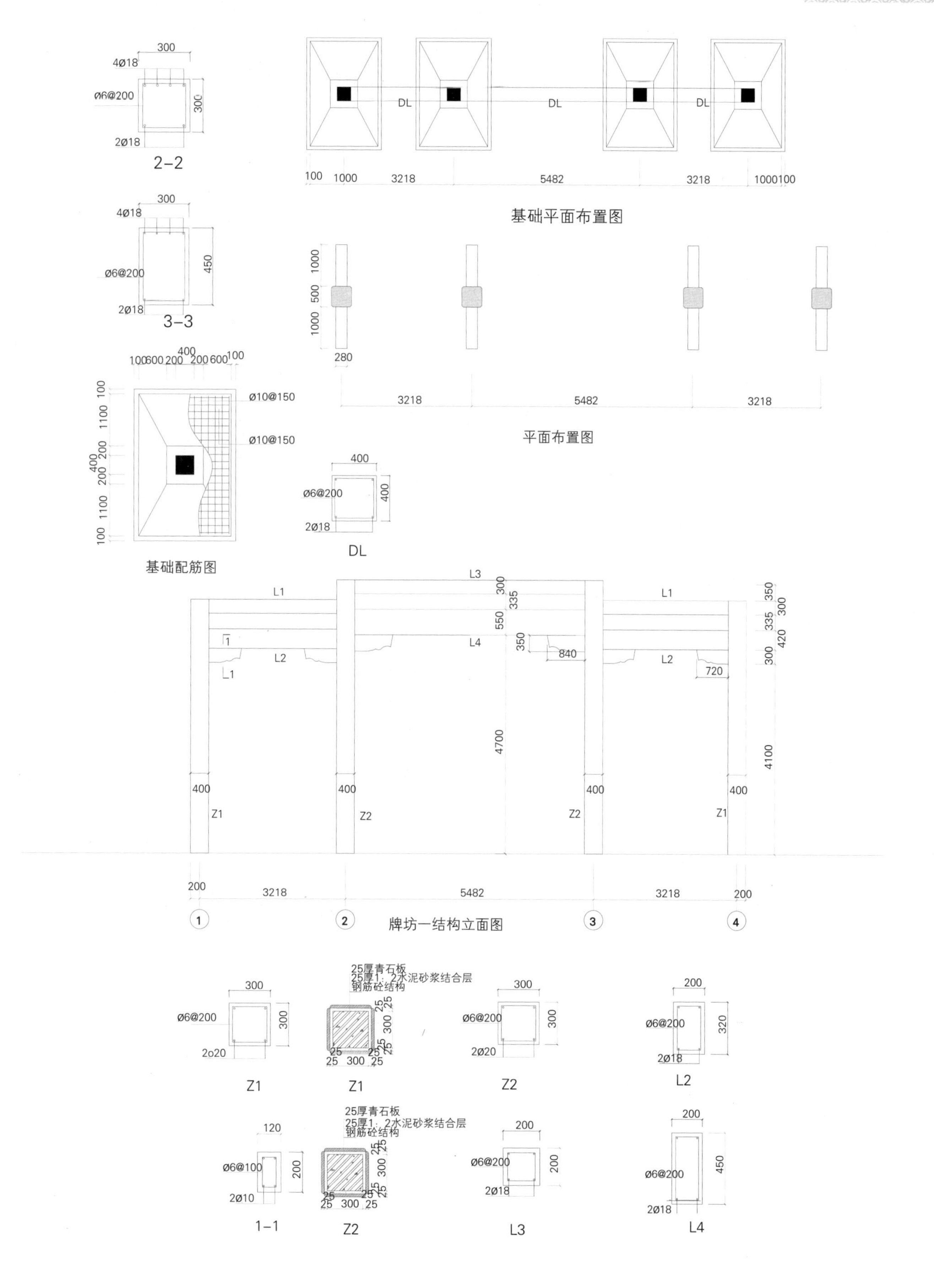

300
4Ø18
Ø6@200
300
2Ø18
2–2
300
4Ø18
Ø6@200
450
2Ø18
3–3
DL
100 1000 3218 5482 3218 1000100
基础平面布置图
1000
500
1000
280
3218
5482
3218
平面布置图
400
100600200 200600100
Ø10@150
Ø10@150
100 1100 200 400 200 1100 100
基础配筋图
400
Ø6@200
400
2Ø18
DL
L3
L1
L1
L4
L2
L2
300
335
550
350
840
720
350
300
335
420
300
4700
4100
400
Z1
Z2
Z2
Z1
200
3218
5482
3218
200
1
2
3
4
牌坊一结构立面图
25厚青石板
25厚1：2水泥砂浆结合层
钢筋砼结构
300
Ø6@200
2Ø20
Z1
25 300 25
Z2
Ø6@200
2Ø20
L2
200
320
Ø6@200
2Ø18
120
Ø6@100
2Ø10
1–1
L3
Ø6@200
2Ø18
L4
450

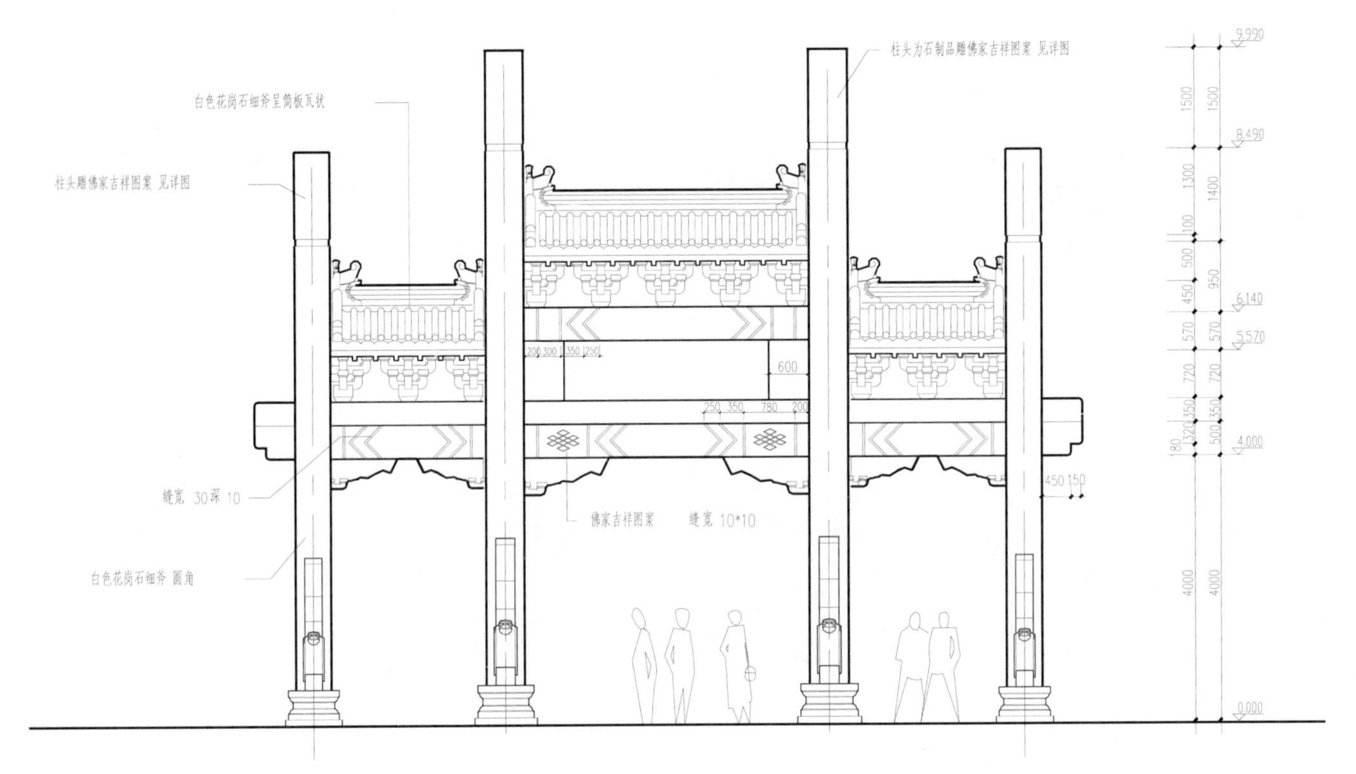
柱头为石制品雕佛家吉祥图案 见详图
白色花岗石细斧呈筒板瓦状
柱头雕佛家吉祥图案 见详图
缝宽 30深 10
佛家吉祥图案
缝宽 10*10
白色花岗石细斧 圆角
200 300
350 250
600
250 350 780 200
450 150
9.990
8.490
6.140
5.570
4.000
0.000
1500
1300
1400
100
500
950
450
570
720
350
320
500
180
4000

正背立面图

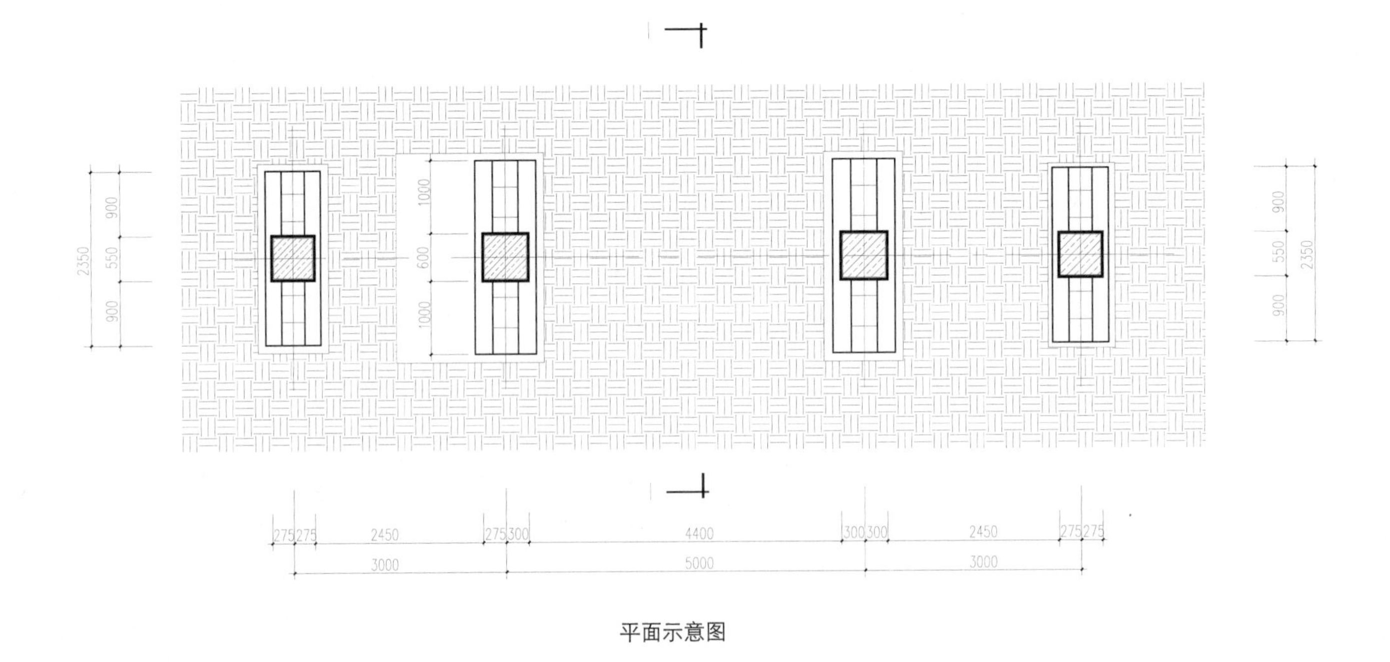
2350
900
550
900
1000
600
1000
275 275
2450
275 300
4400
300 300
2450
275 275
3000
5000
3000

平面示意图

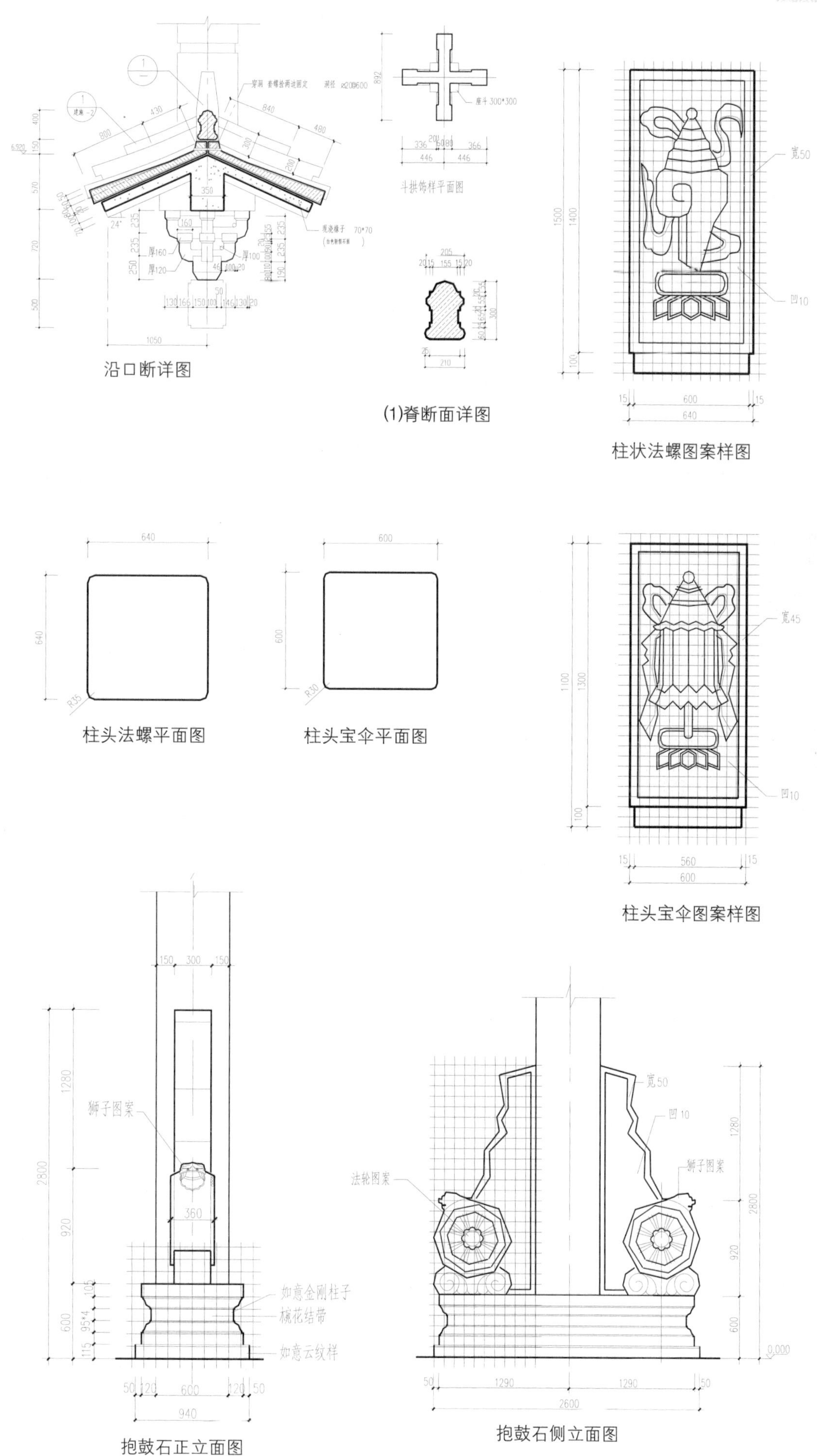

沿口断详图

(1)脊断面详图

柱状法螺图案样图

柱头法螺平面图

柱头宝伞平面图

柱头宝伞图案样图

抱鼓石正立面图

抱鼓石侧立面图

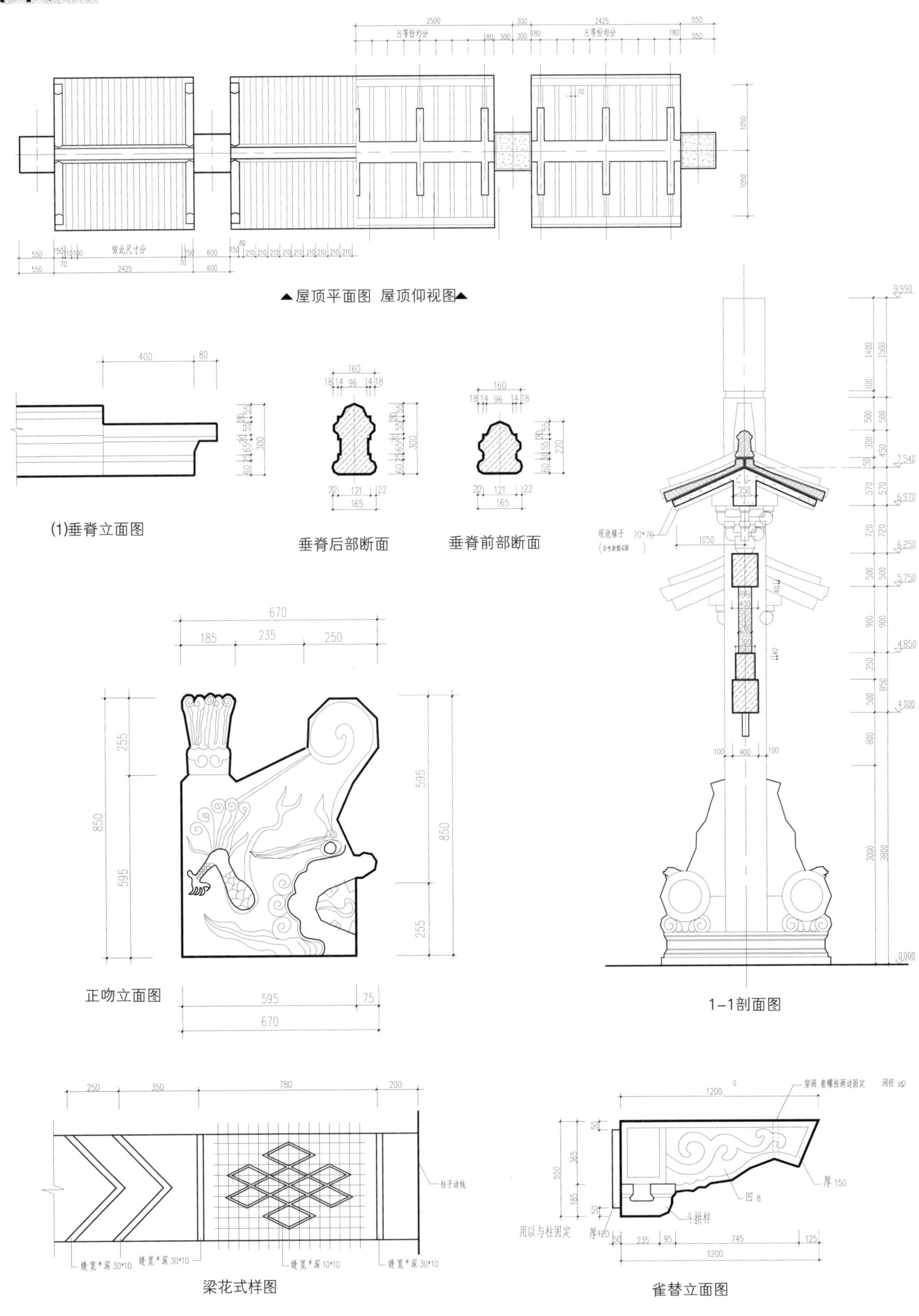

屋顶平面图 屋顶仰视图
(1)垂脊立面图
垂脊后部断面
垂脊前部断面
正吻立面图
1-1剖面图
梁花式样图
雀替立面图

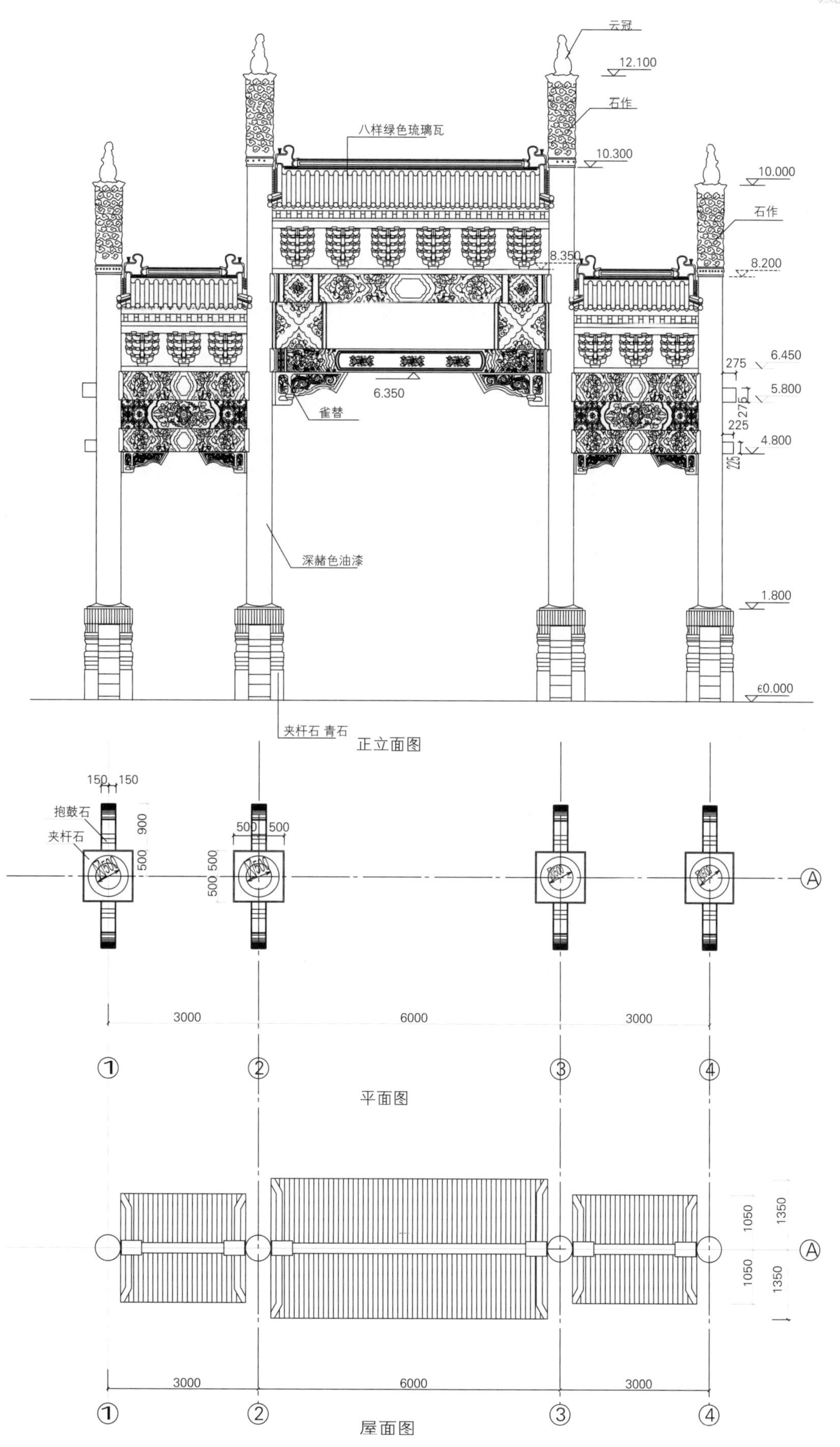

云冠
12.100
石作
八样绿色琉璃瓦
10.300
10.000
石作
8.350
8.200
6.450
275
5.800
275
225
4.800
225
6.350
雀替
深赭色油漆
1.800
±0.000
夹杆石 青石
正立面图
150
150
抱鼓石
900
夹杆石
500
500
500
500
500
500
3000
6000
3000
①
②
③
④
Ⓐ
平面图
1050
1350
1050
1350
Ⓐ
3000
6000
3000
①
②
③
④
屋面图

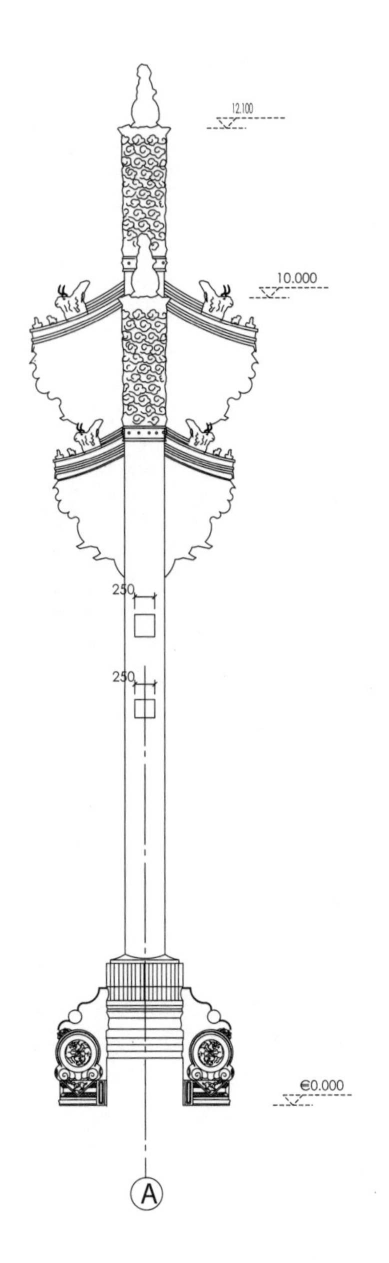
12.100
10.000
250
250
€0.000
A

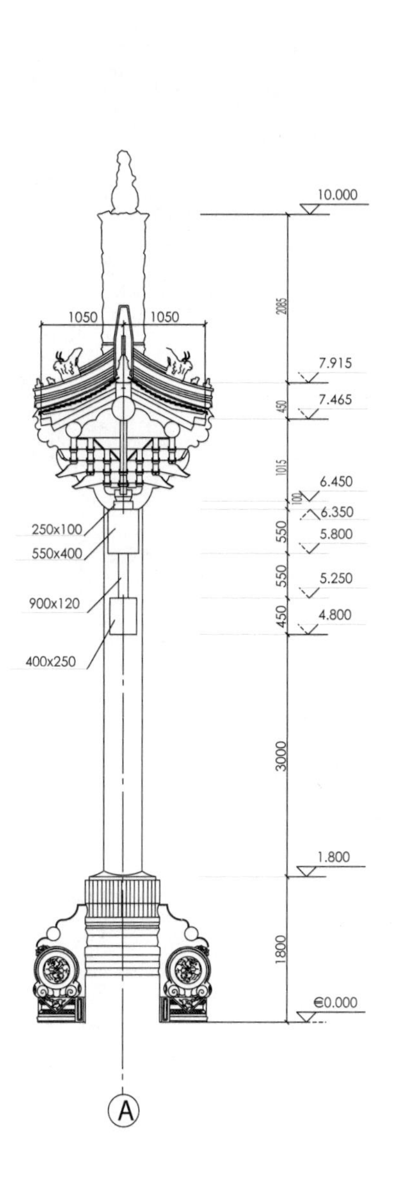
10.000
1050
1050
2085
7.915
450
7.465
1015
6.450
100
6.350
250x100
550
5.800
550x400
550
5.250
900x120
450
4.800
400x250
3000
1.800
1800
€0.000
A

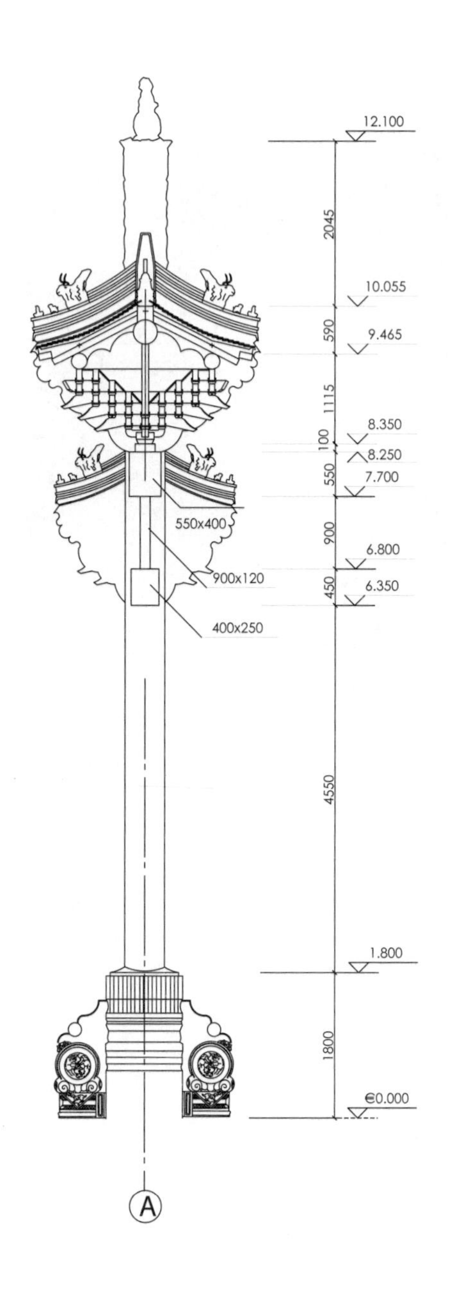
12.100
2045
10.055
590
9.465
1115
8.350
100
8.250
550
7.700
550x400
900
6.800
900x120
450
6.350
400x250
4550
1.800
1800
€0.000
A

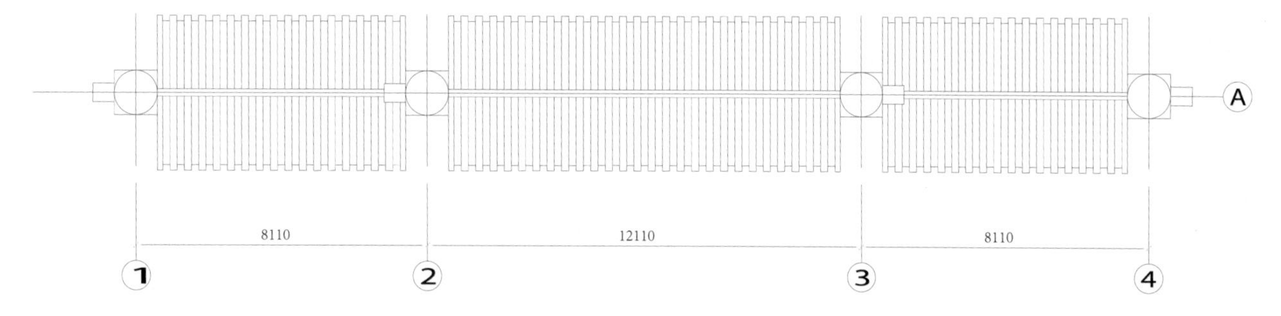

门顶平面图

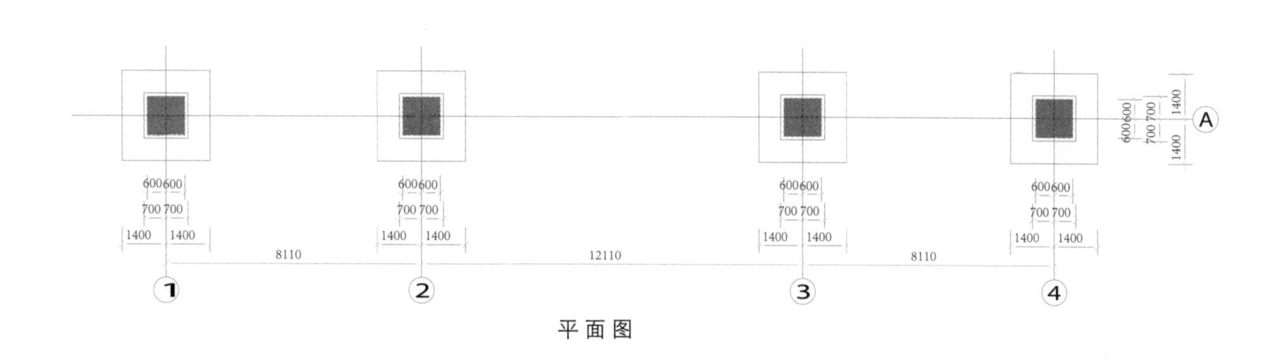

平 面 图

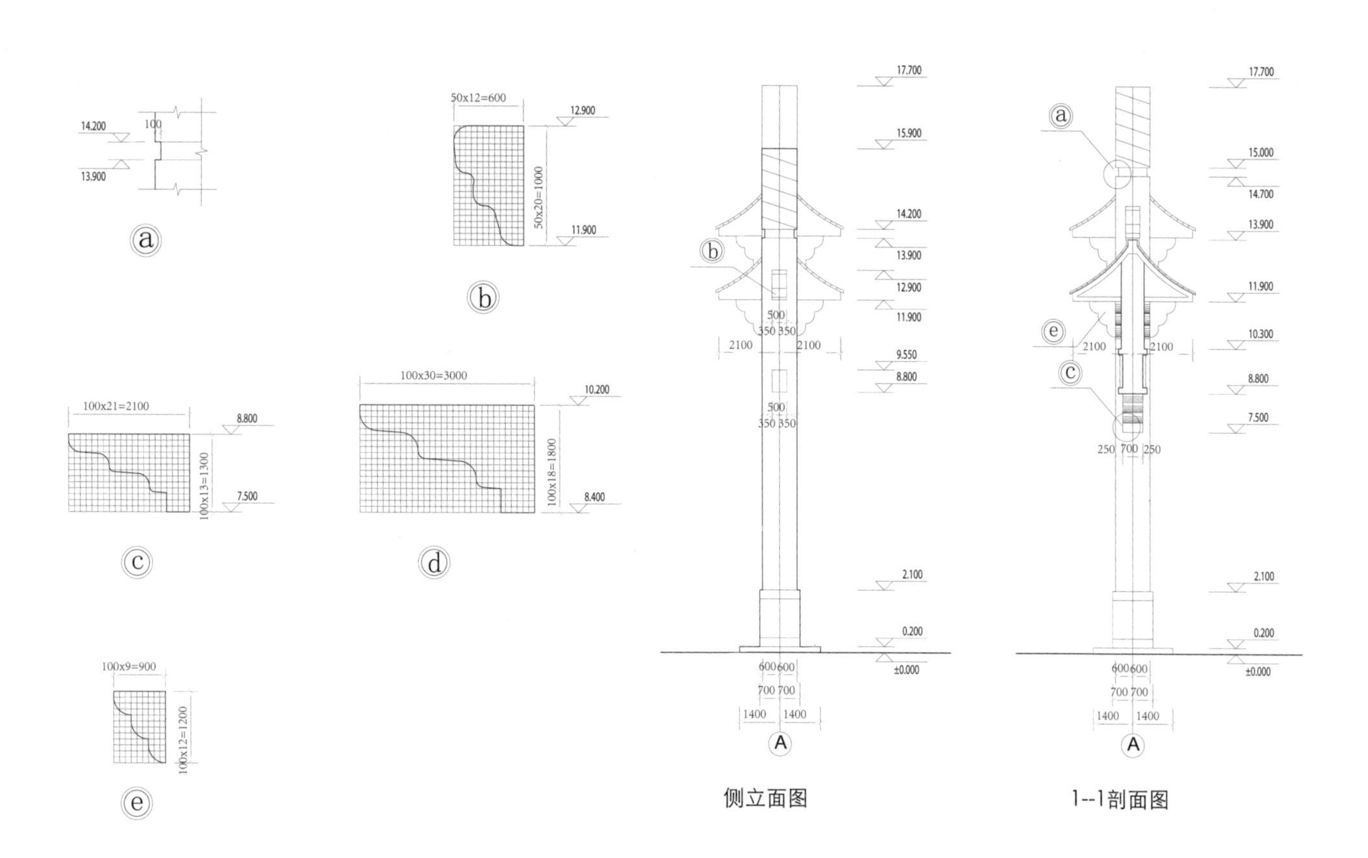

侧立面图

1--1剖面图

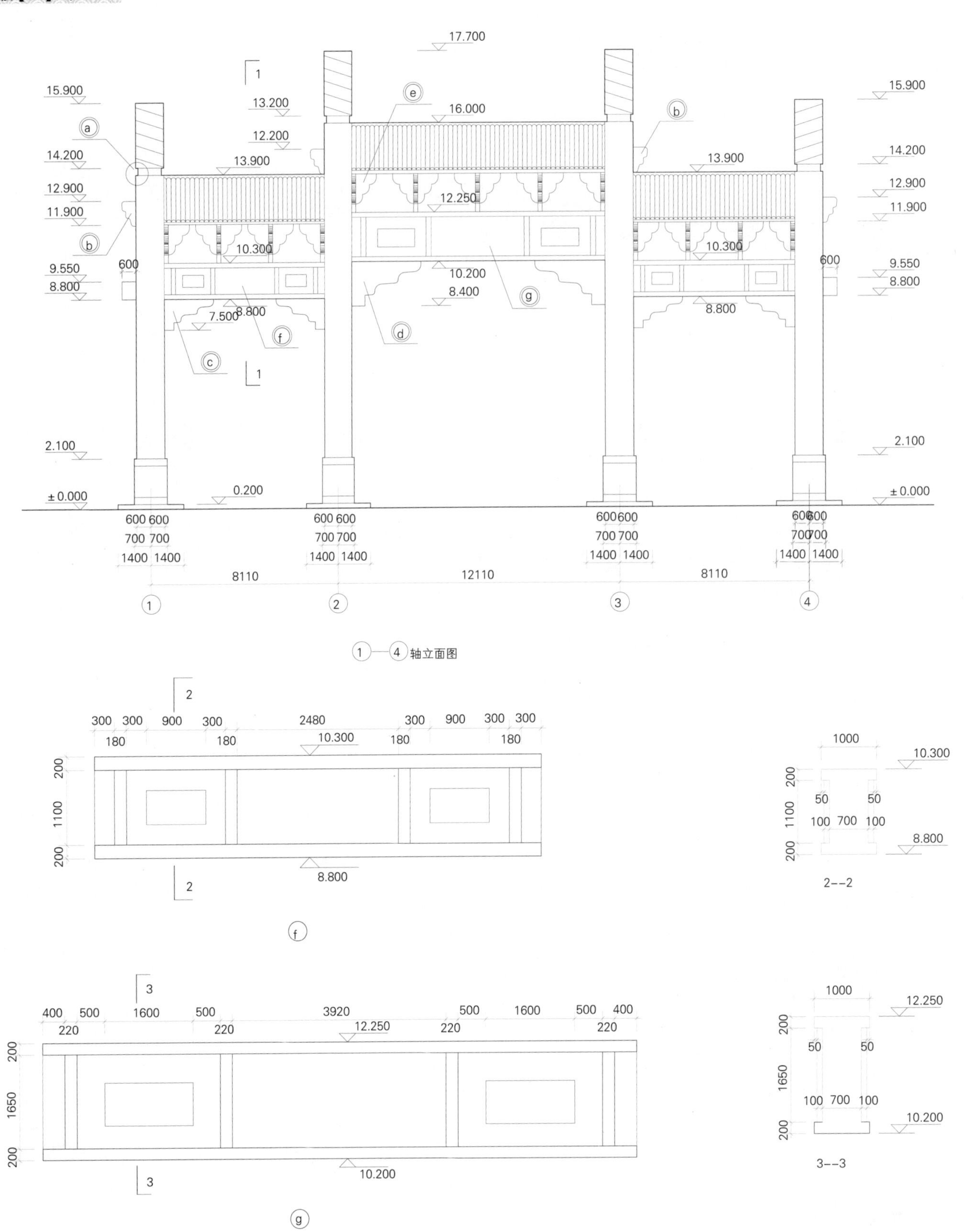
17.700
15.900
13.200
12.200
16.000
14.200
13.900
12.900
11.900
12.250
10.300
9.550
8.800
10.200
8.400
7.500
2.100
±0.000
0.200
600
700
1400
8110
12110
a
b
c
d
e
f
g
1
2
3
4
300
900
2480
180
200
1100
50
100
700
1000
2--2
400
500
1600
3920
220
1650
3--3

①—④轴立面图

ⓕ

ⓖ

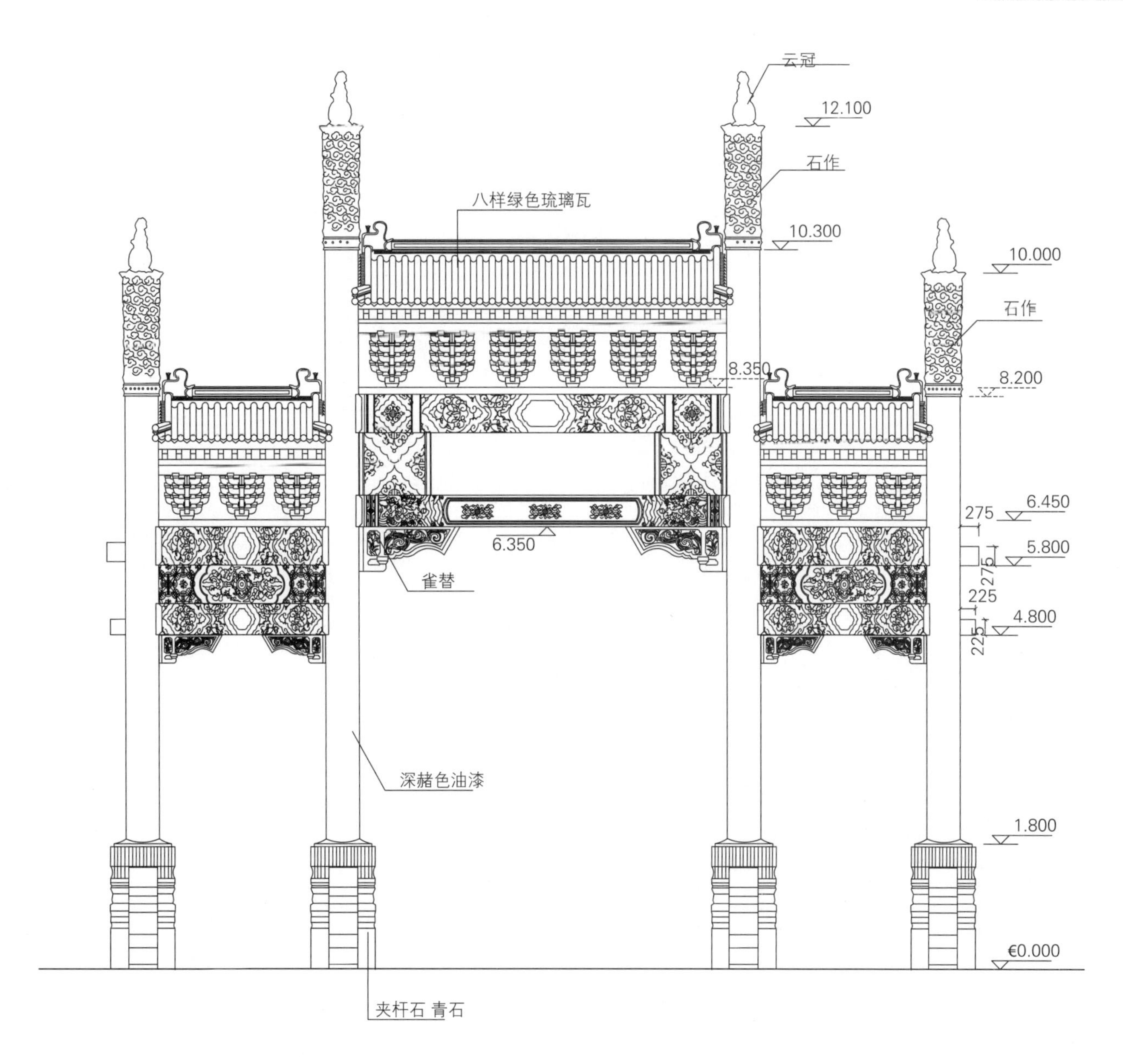
云冠
12.100
石作
八样绿色琉璃瓦
10.300
10.000
石作
8.350
8.200
275
6.450
6.350
5.800
275
雀替
225
4.800
225
深赭色油漆
1.800
€0.000
夹杆石 青石

正立面图

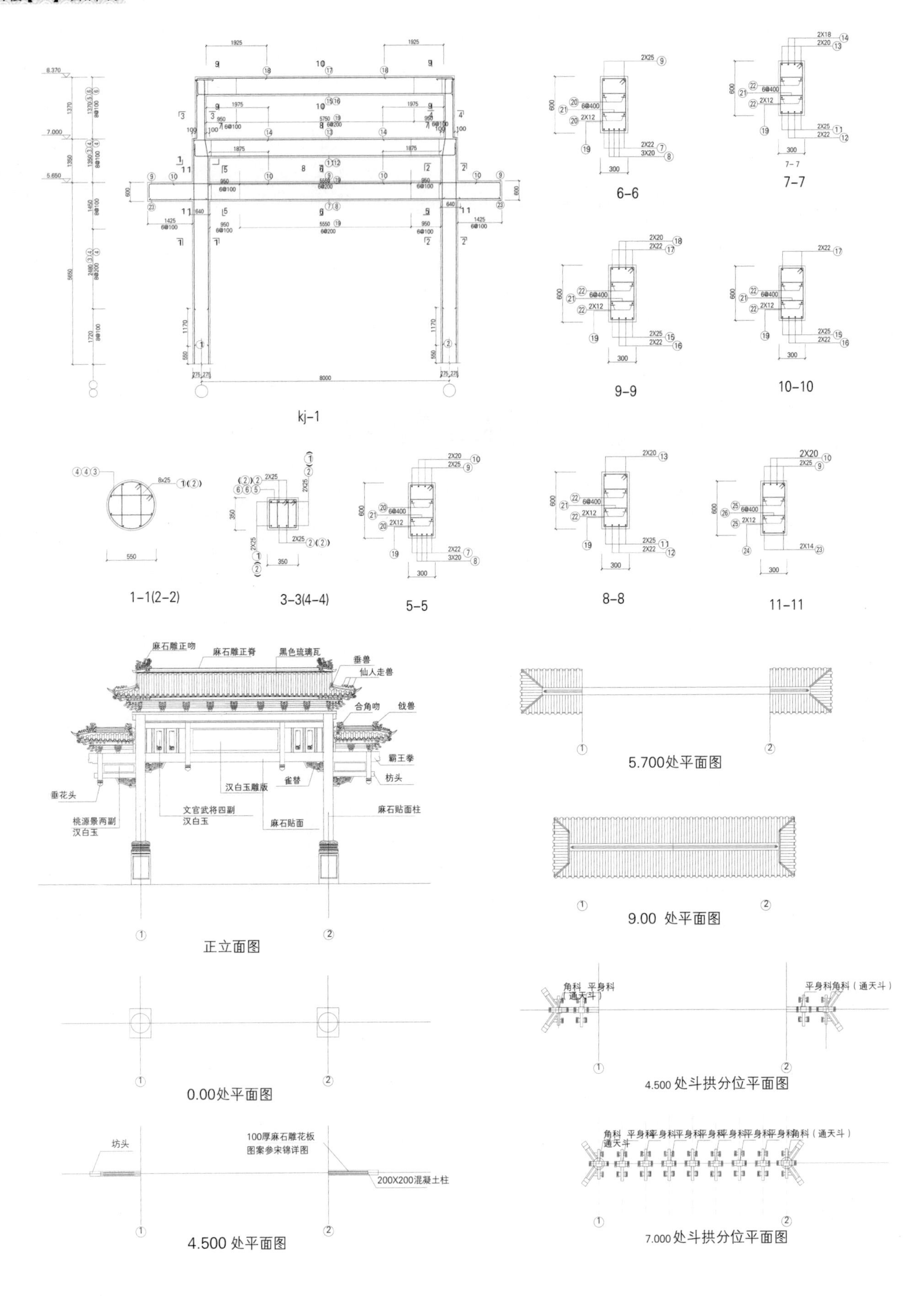
kj-1
6-6
7-7
9-9
10-10
1-1(2-2)
3-3(4-4)
5-5
8-8
11-11
麻石雕正吻
麻石雕正脊
黑色琉璃瓦
垂兽
仙人走兽
合角吻
戗兽
霸王拳
枋头
雀替
汉白玉雕版
垂花头
文官武将四副
汉白玉
桃源景两副
汉白玉
麻石贴面
麻石贴面柱
正立面图
5.700处平面图
9.00 处平面图
角科
平身科
（通天斗）
平身科角科（通天斗）
4.500 处斗拱分位平面图
0.00处平面图
坊头
100厚麻石雕花板
图案参宋锦详图
200X200混凝土柱
4.500 处平面图
7.000 处斗拱分位平面图

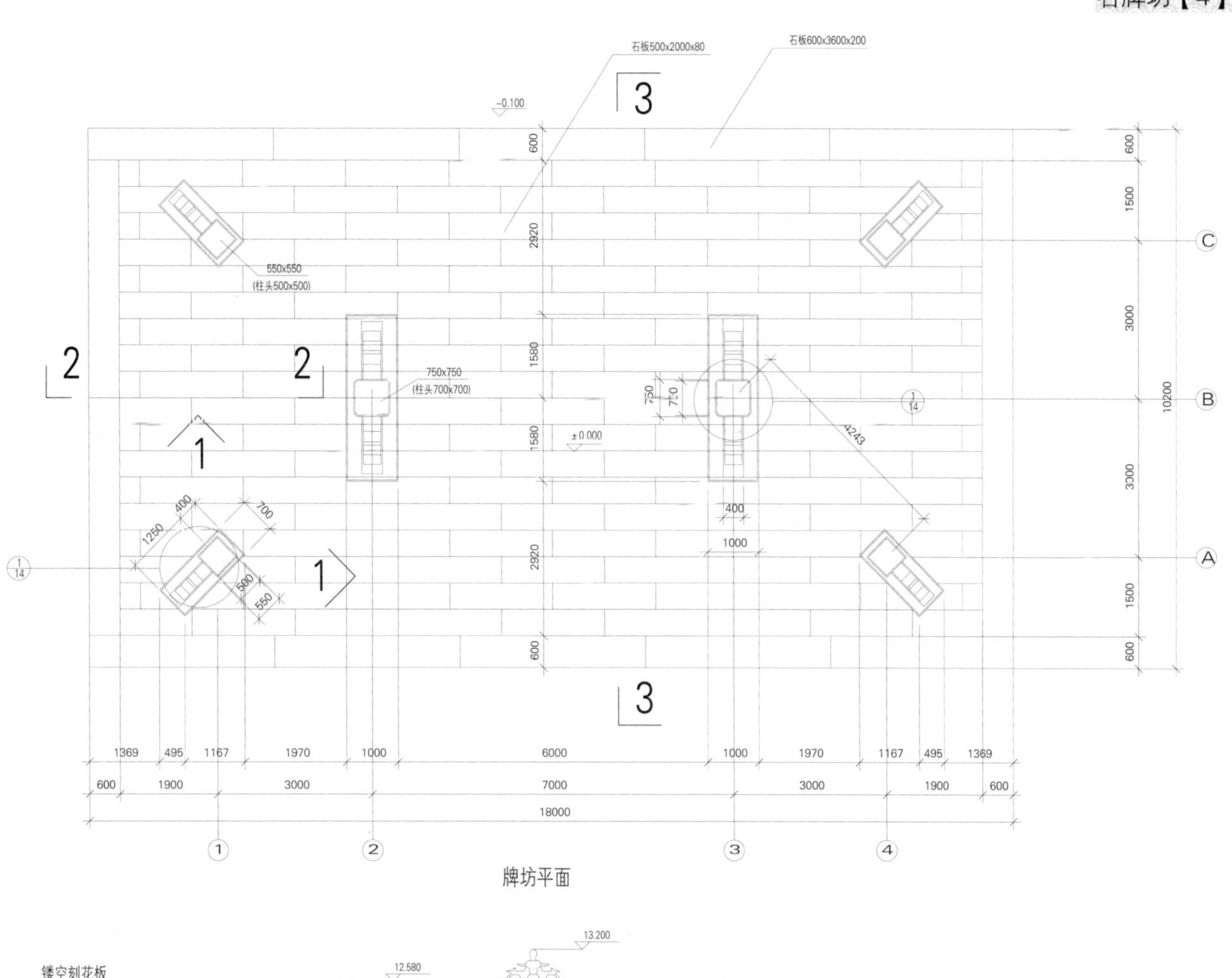
石板500x2000x80
石板600x3600x200
-0.100
550x550
(柱头500x500)
750x750
(柱头700x700)
±0.000
4243
1369
495
1167
1970
1000
6000
600
1900
3000
7000
18000

牌坊平面

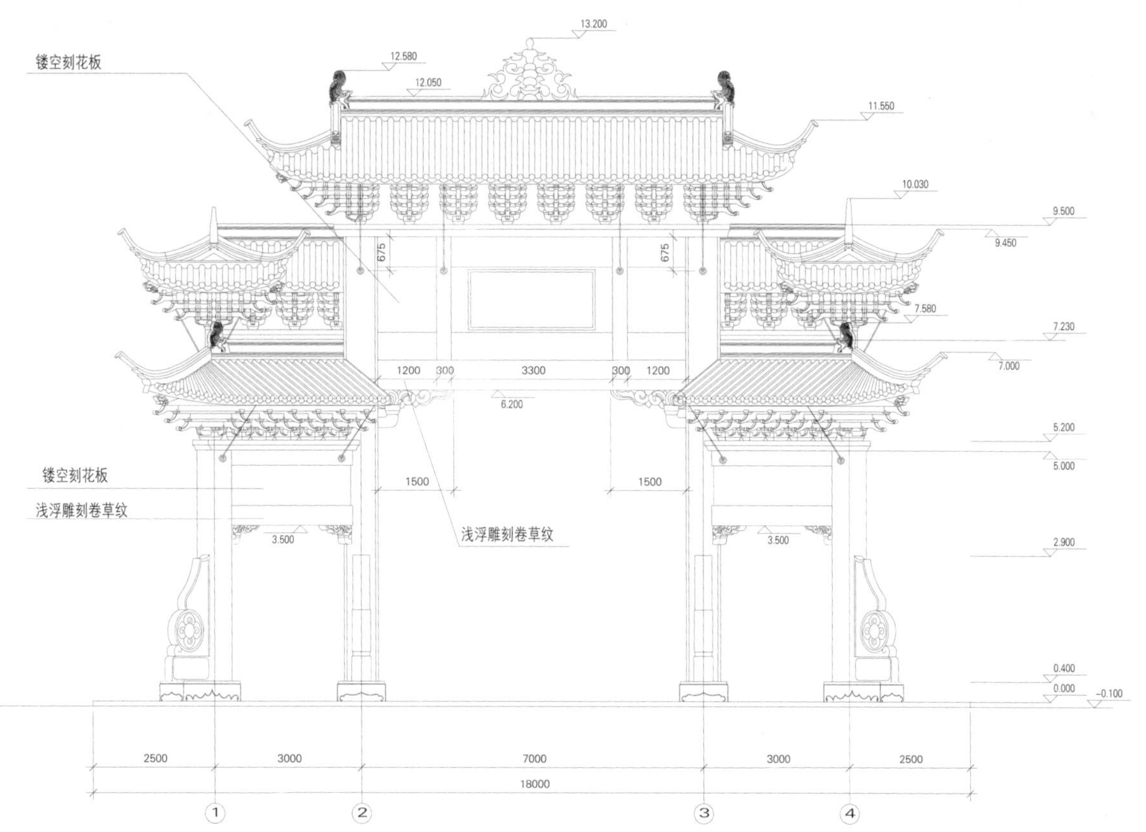
13.200
12.580
12.050
11.550
10.030
9.500
9.450
7.580
7.230
7.000
6.200
5.200
5.000
3.500
2.900
0.400
0.000
-0.100
镂空刻花板
浅浮雕刻卷草纹
1200
300
3300
1500
2500
3000
7000
18000

牌坊正立面

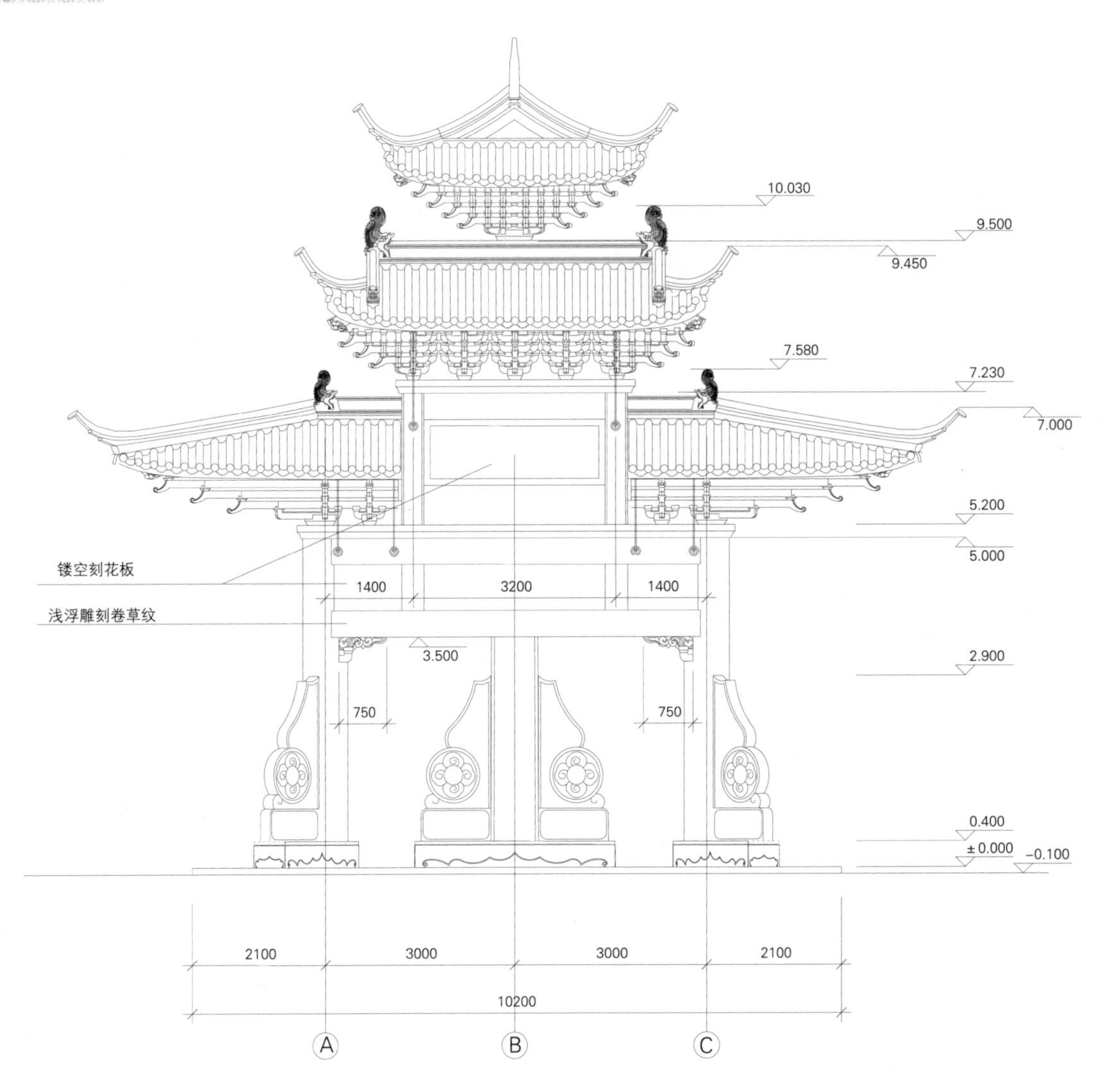

牌坊侧立面

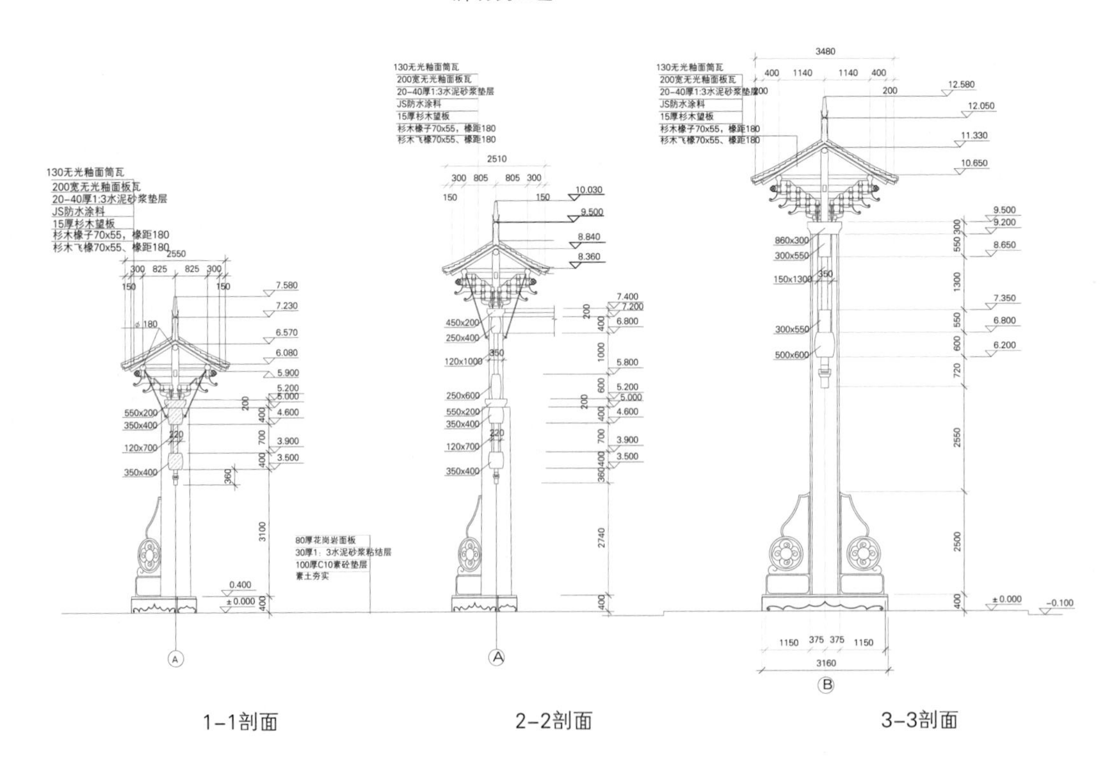

1-1剖面　2-2剖面　3-3剖面

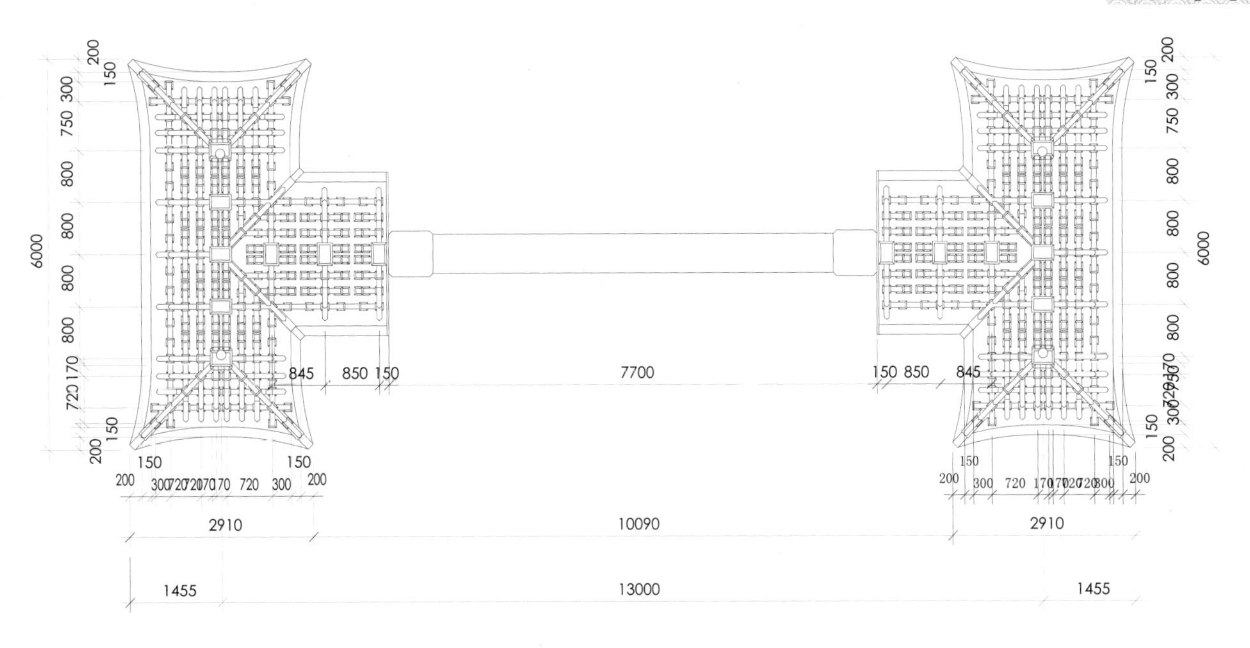
200
150
300
750
800
800
800
800
720
170
150
200
6000
845
850
150
7700
150
850
845
2910
10090
2910
1455
13000
1455

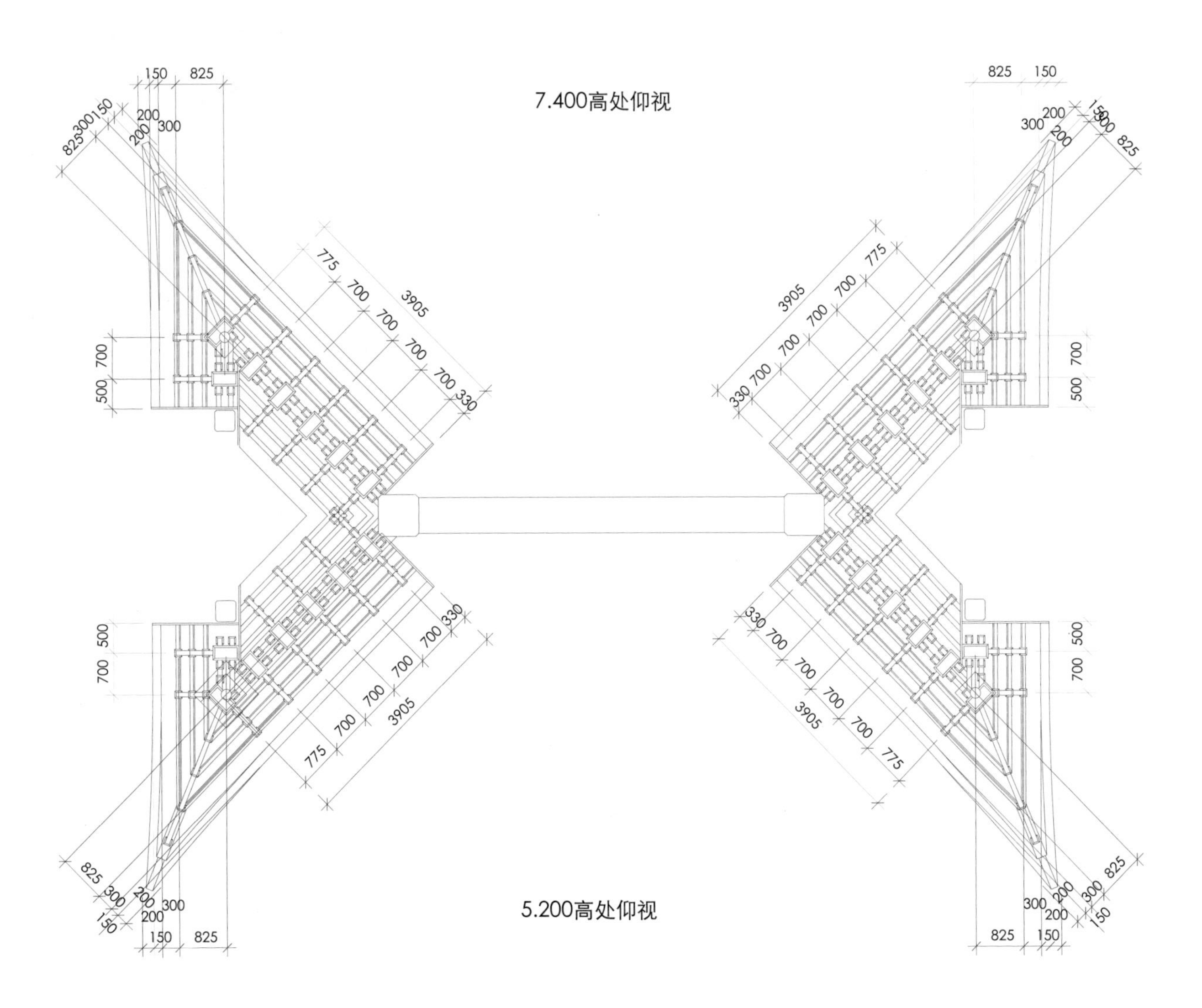
7.400高处仰视
150
825
300
200
775
700
700
700
700
330
3905
500
5.200高处仰视

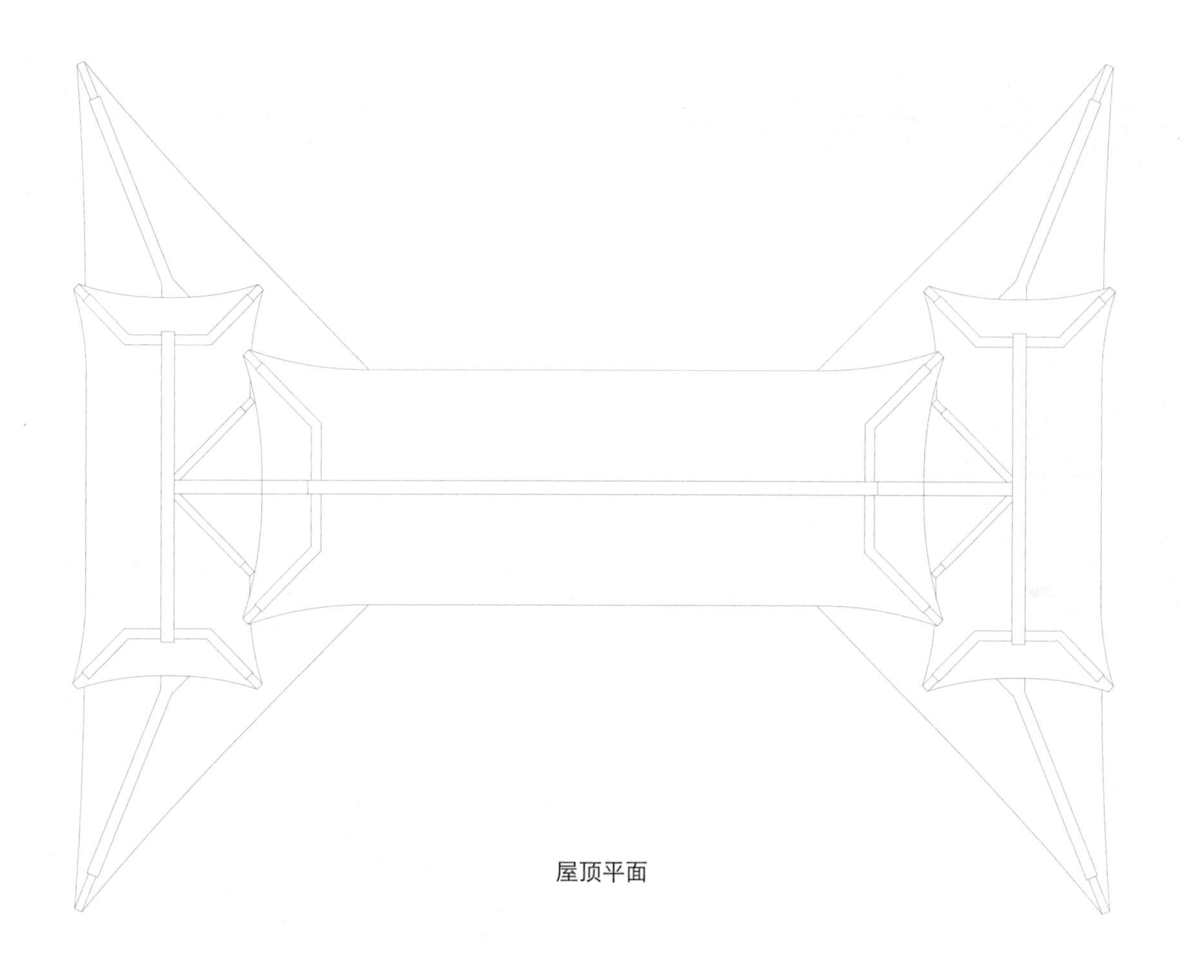

屋顶平面

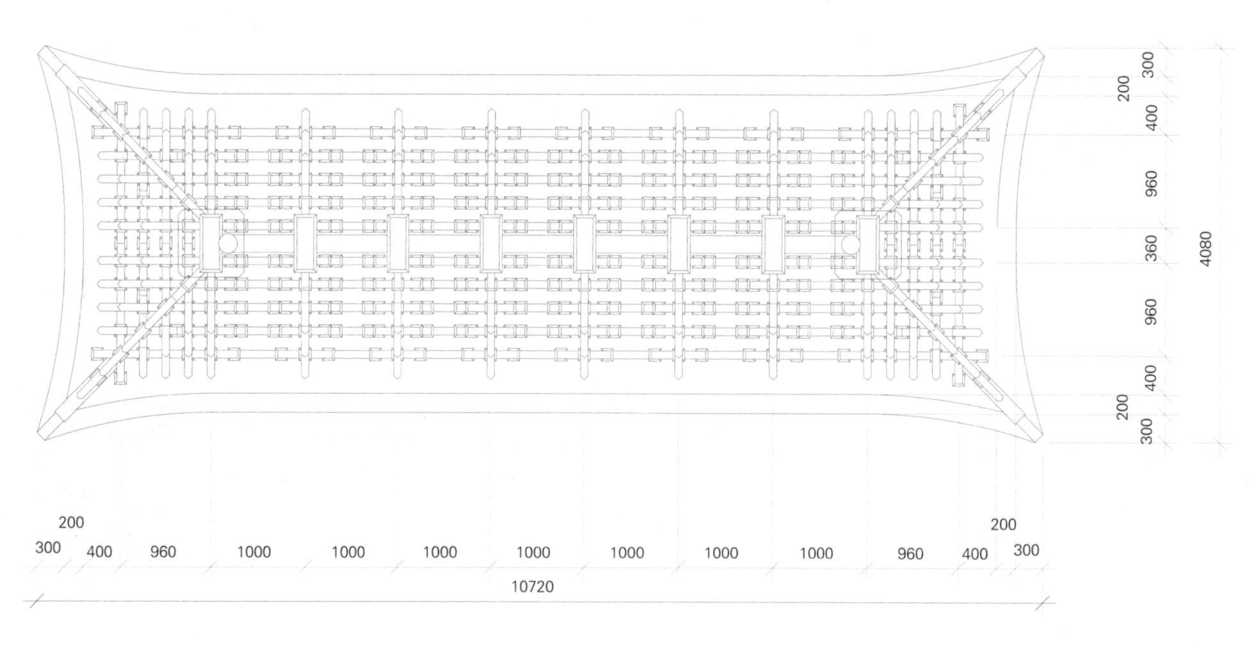

9.500高处仰视

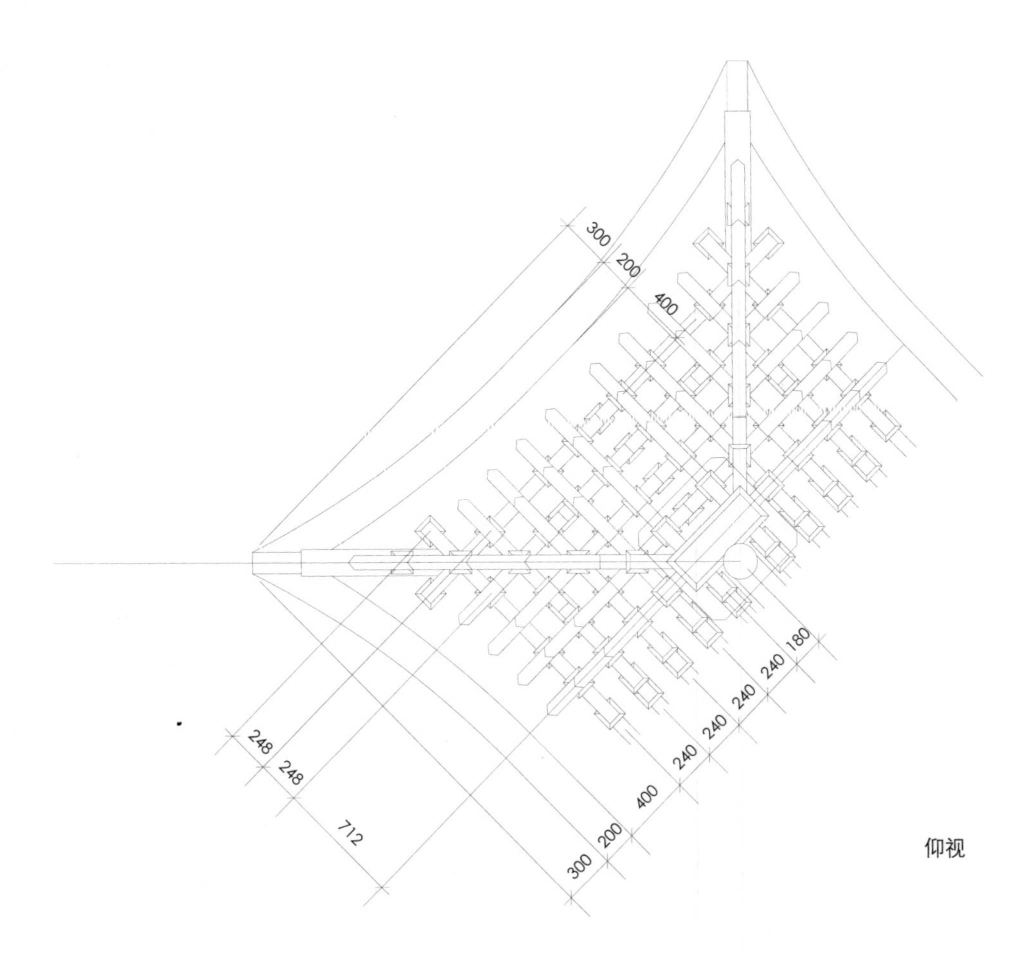

仰视

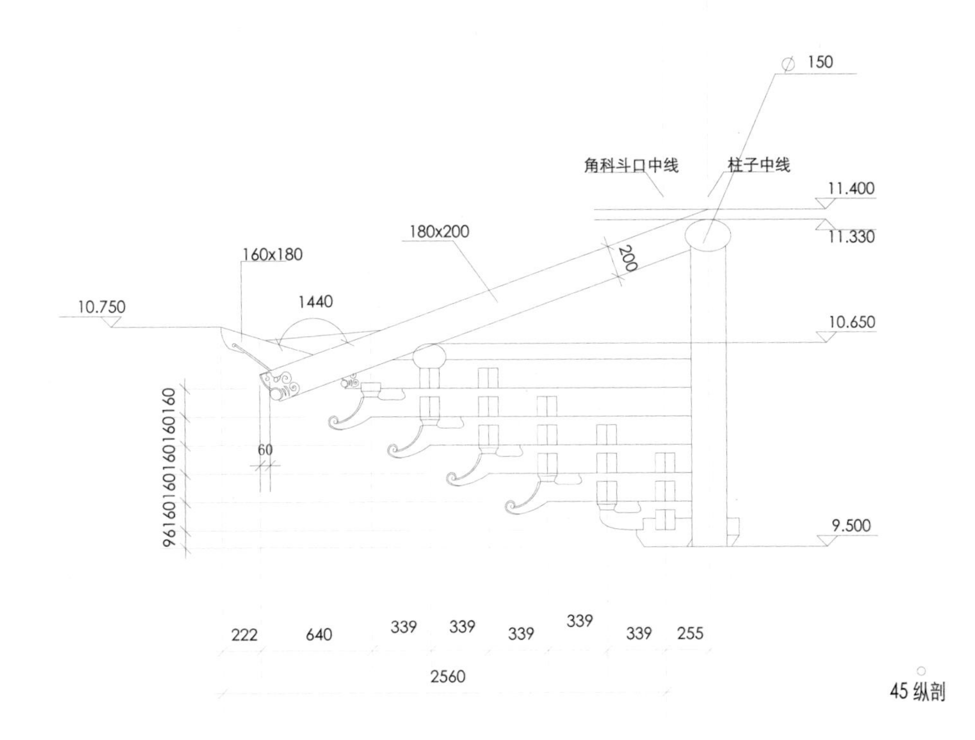

45°纵剖

明间角科大样

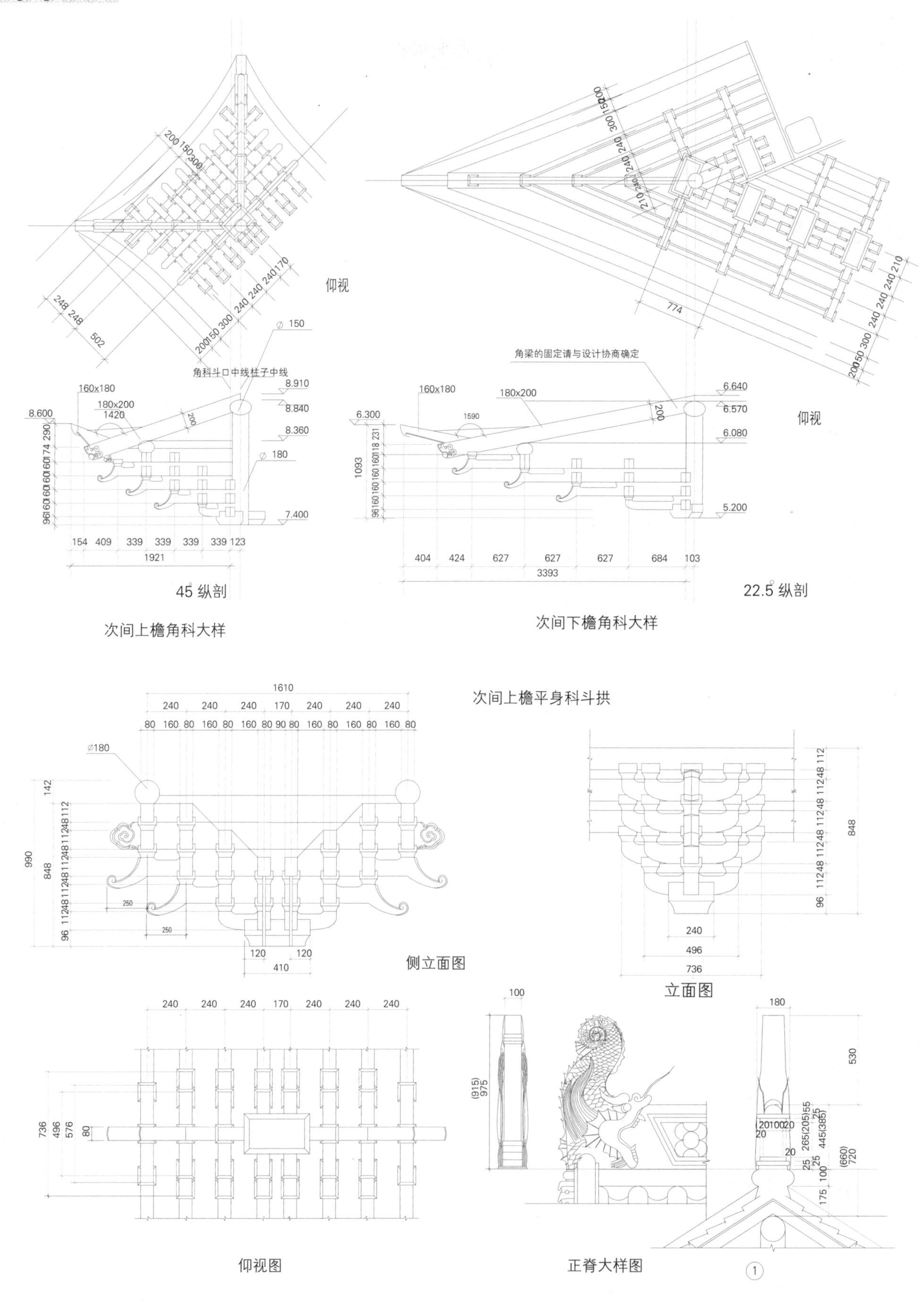
仰视
角科斗口中线柱子中线
角梁的固定请与设计协商确定
仰视
45 纵剖
22.5 纵剖
次间上檐角科大样
次间下檐角科大样
次间上檐平身科斗拱
侧立面图
立面图
仰视图
正脊大样图

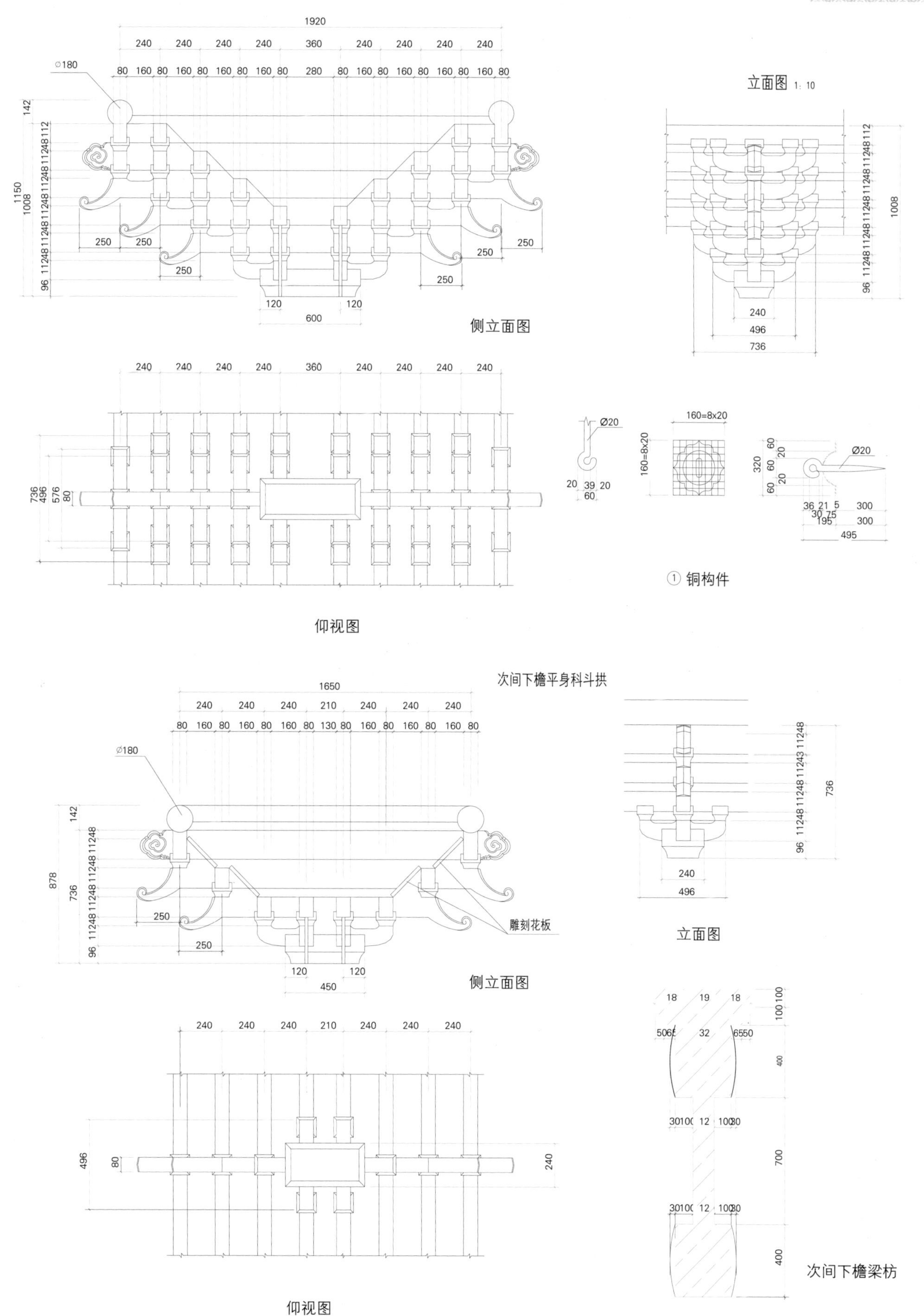
立面图 1:10
侧立面图
仰视图
① 铜构件
次间下檐平身科斗拱
雕刻花板
立面图
侧立面图
仰视图
次间下檐梁枋

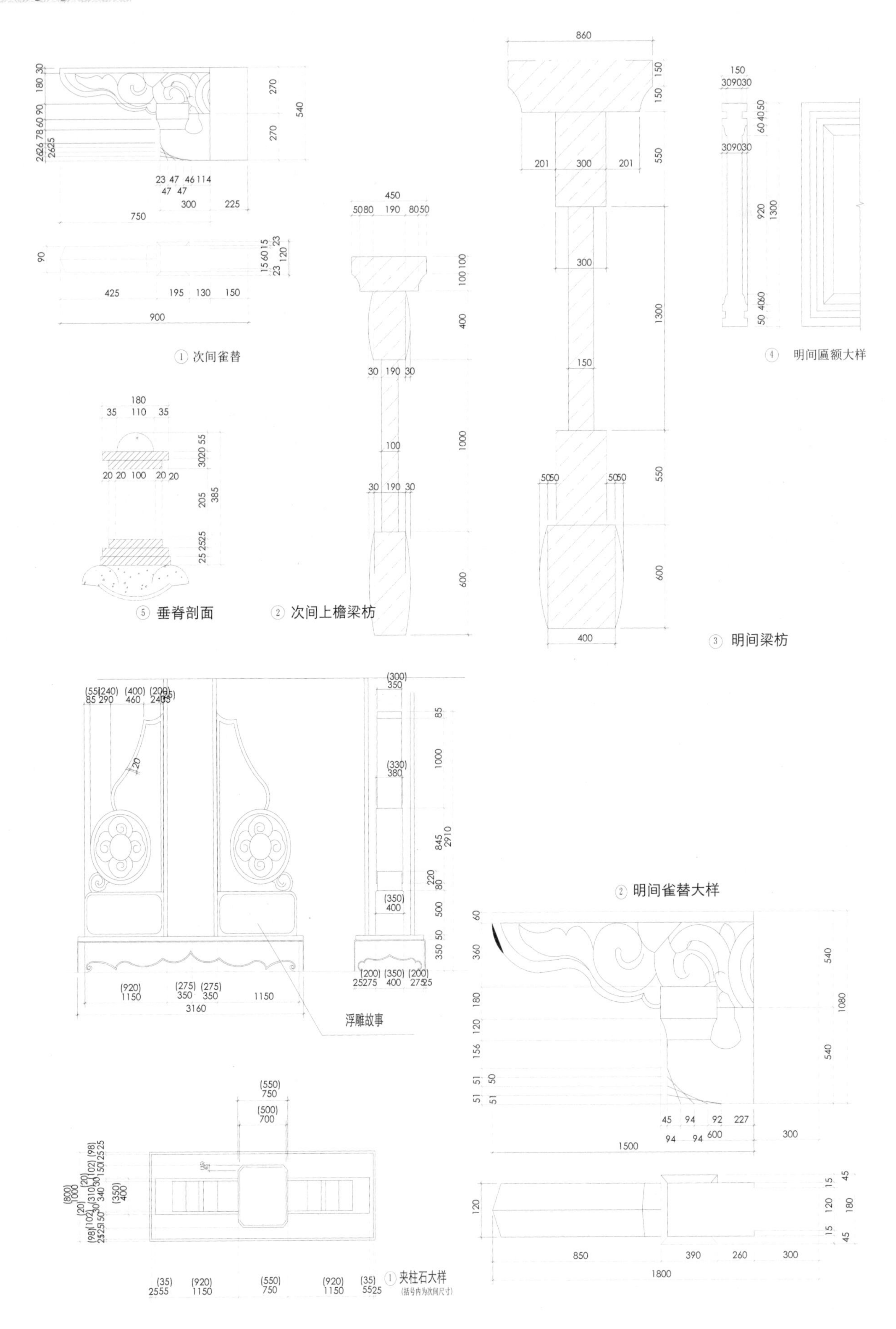

① 次间雀替

② 次间上檐梁枋

③ 明间梁枋

④ 明间匾额大样

⑤ 垂脊剖面

② 明间雀替大样

① 夹柱石大样

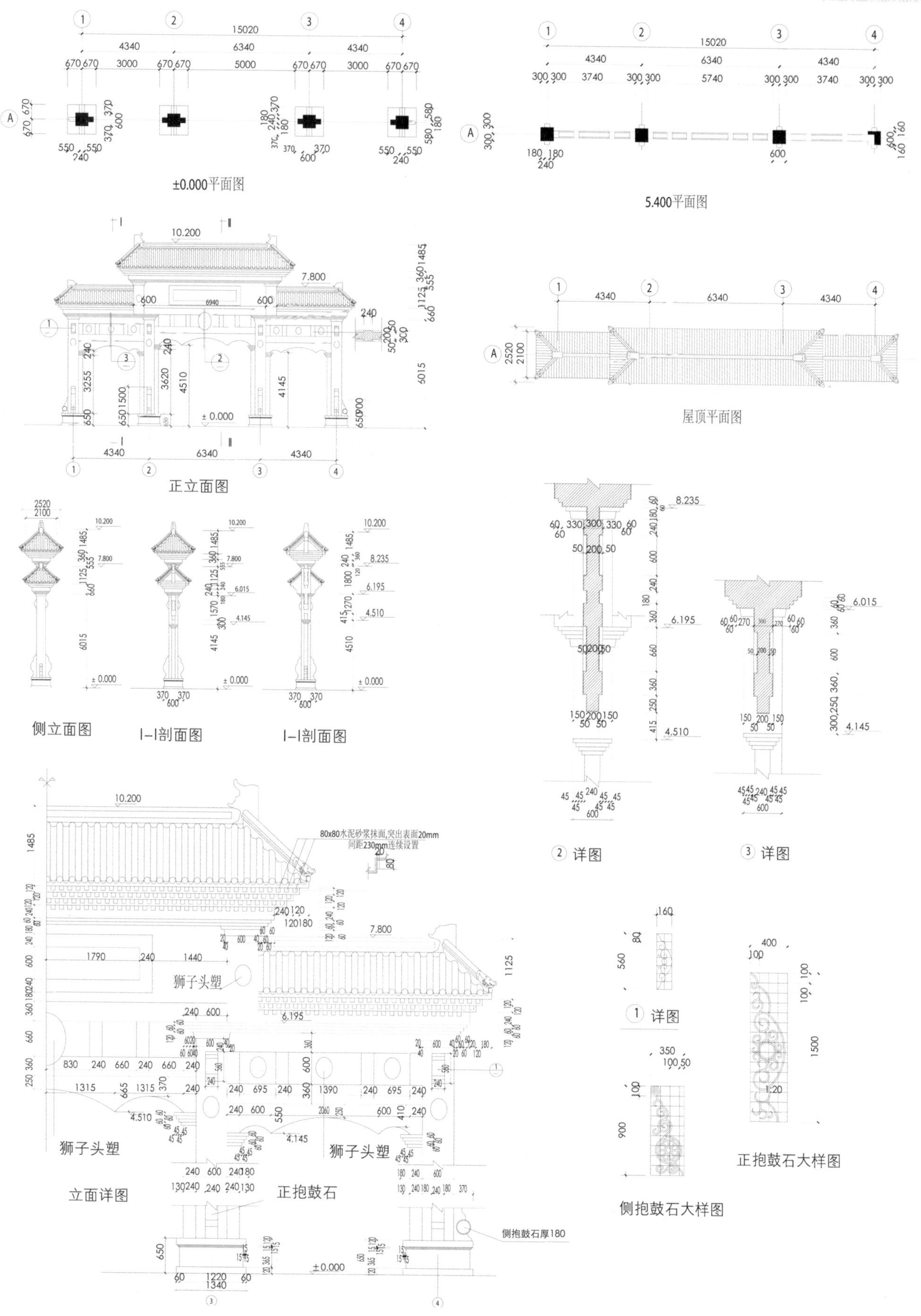

±0.000平面图
5.400平面图
屋顶平面图
正立面图
侧立面图
I–I剖面图
I–I剖面图
② 详图
③ 详图
80x80水泥砂浆抹面,突出表面20mm
间距230mm连续设置
狮子头塑
狮子头塑
狮子头塑
立面详图
正抱鼓石
侧抱鼓石厚180
① 详图
侧抱鼓石大样图
正抱鼓石大样图

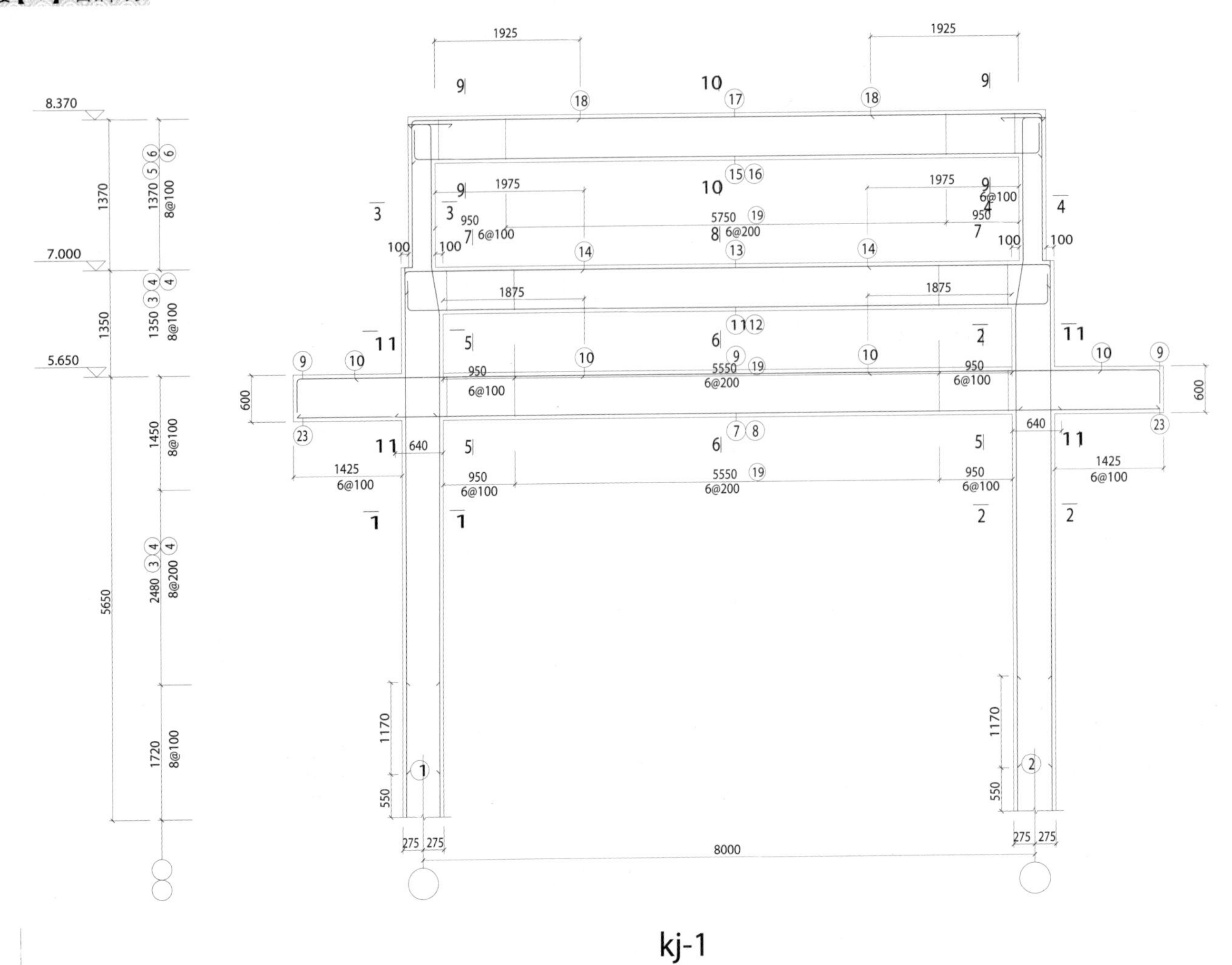

kj-1

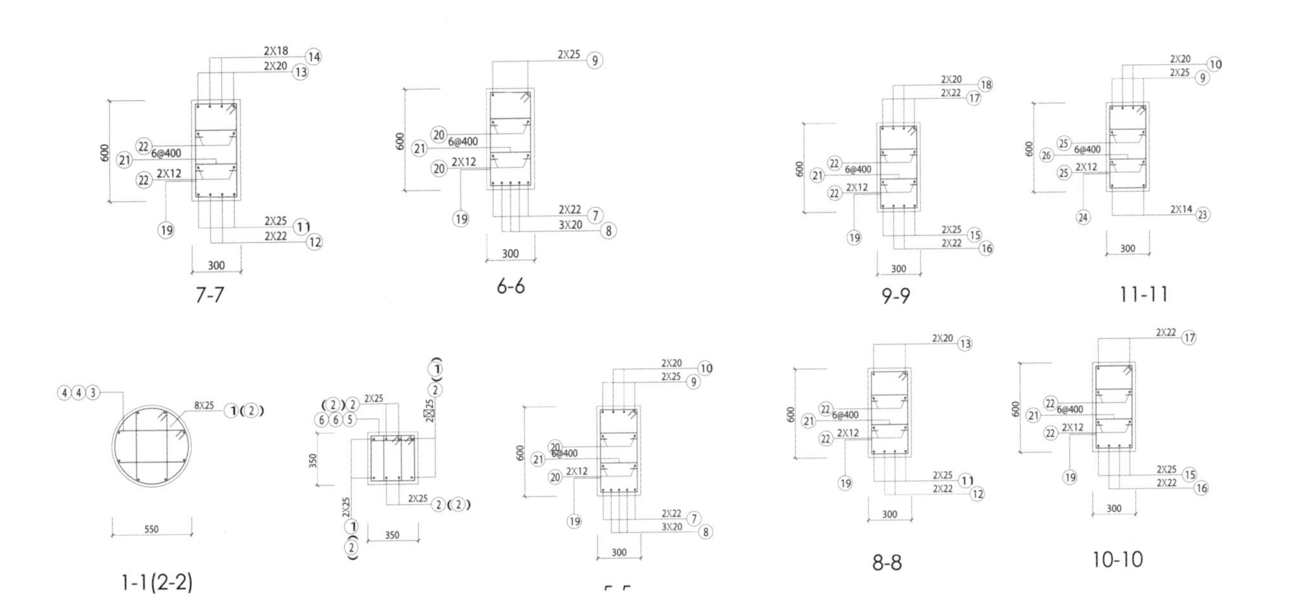

7-7　6-6　9-9　11-11

1-1(2-2)　5-5　8-8　10-10

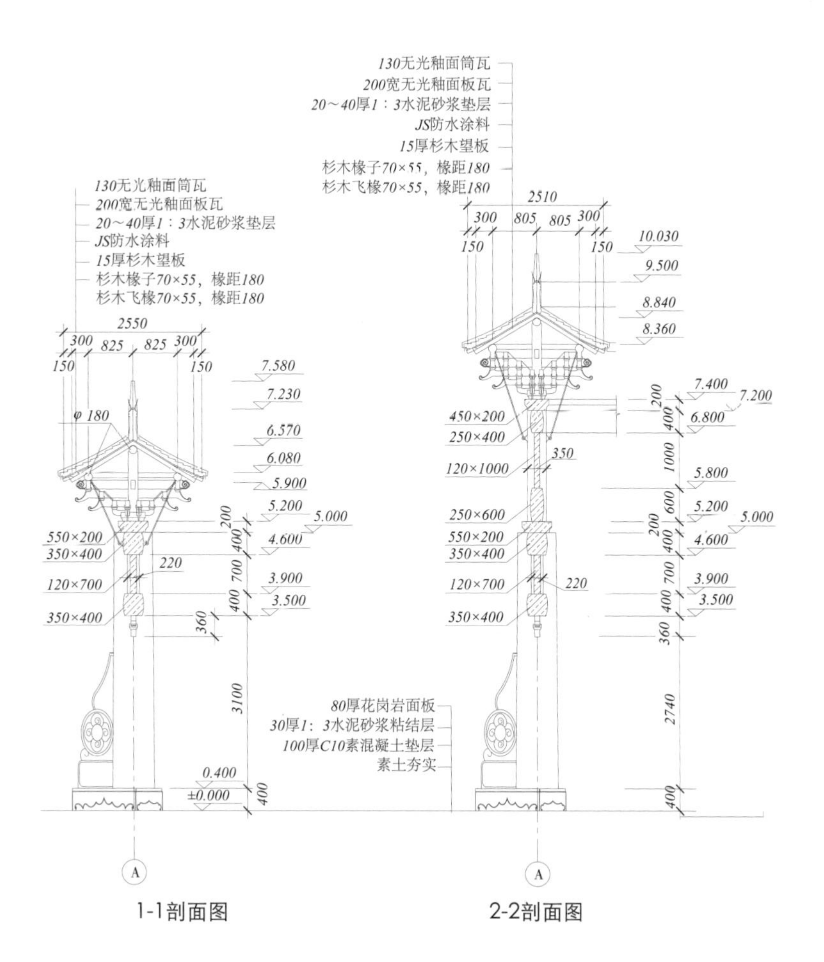
130无光釉面筒瓦
200宽无光釉面板瓦
20～40厚1：3水泥砂浆垫层
JS防水涂料
15厚杉木望板
杉木椽子70×55，椽距180
杉木飞椽70×55，椽距180
2550
300 825 825 300
150 150
φ 180
7.580
7.230
6.570
6.080
5.900
5.200
5.000
4.600
3.900
3.500
550×200
350×400
220
120×700
350×400
200 400 700 400 360
3100
0.400
±0.000
400
80厚花岗岩面板
30厚1：3水泥砂浆粘结层
100厚C10素混凝土垫层
素土夯实
A
1-1剖面图
130无光釉面筒瓦
200宽无光釉面板瓦
20～40厚1：3水泥砂浆垫层
JS防水涂料
15厚杉木望板
杉木椽子70×55，椽距180
杉木飞椽70×55，椽距180
2510
300 805 805 300
150 150
10.030
9.500
8.840
8.360
7.400
7.200
6.800
5.800
5.200
5.000
4.600
3.900
3.500
450×200
250×400
350
120×1000
250×600
550×200
350×400
120×700
220
350×400
200 400 1000 600 200 400 700 400 360
2740
400
A
2-2剖面图

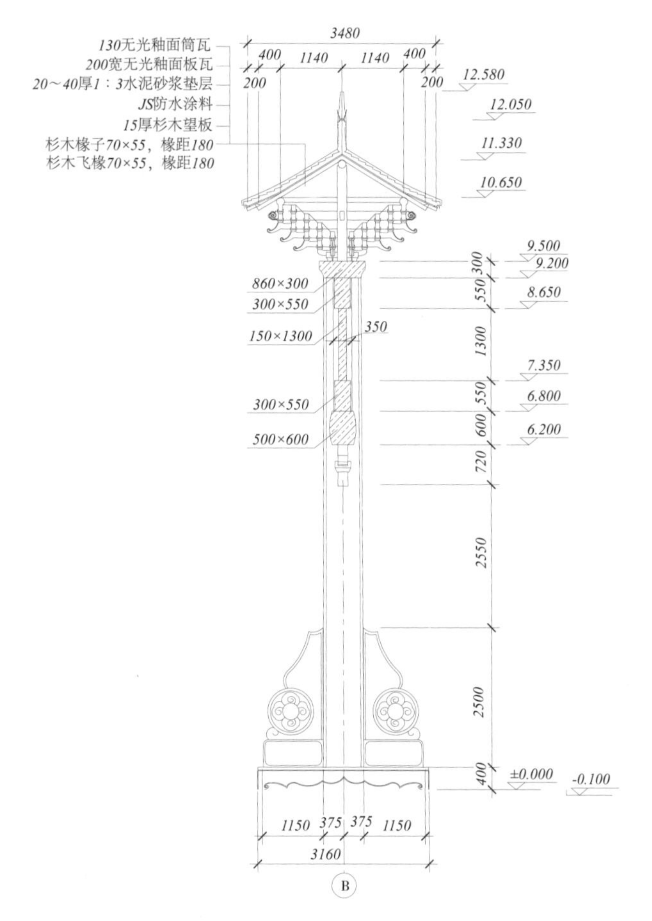
130无光釉面筒瓦
200宽无光釉面板瓦
20～40厚1：3水泥砂浆垫层
JS防水涂料
15厚杉木望板
杉木椽子70×55，椽距180
杉木飞椽70×55，椽距180
3480
400 1140 1140 400
200 200
12.580
12.050
11.330
10.650
9.500
9.200
8.650
7.350
6.800
6.200
860×300
300×550
350
150×1300
300×550
500×600
300 550 1300 550 600 720
2550
2500
400
±0.000
-0.100
1150 375 375 1150
3160
B

3-3剖面图

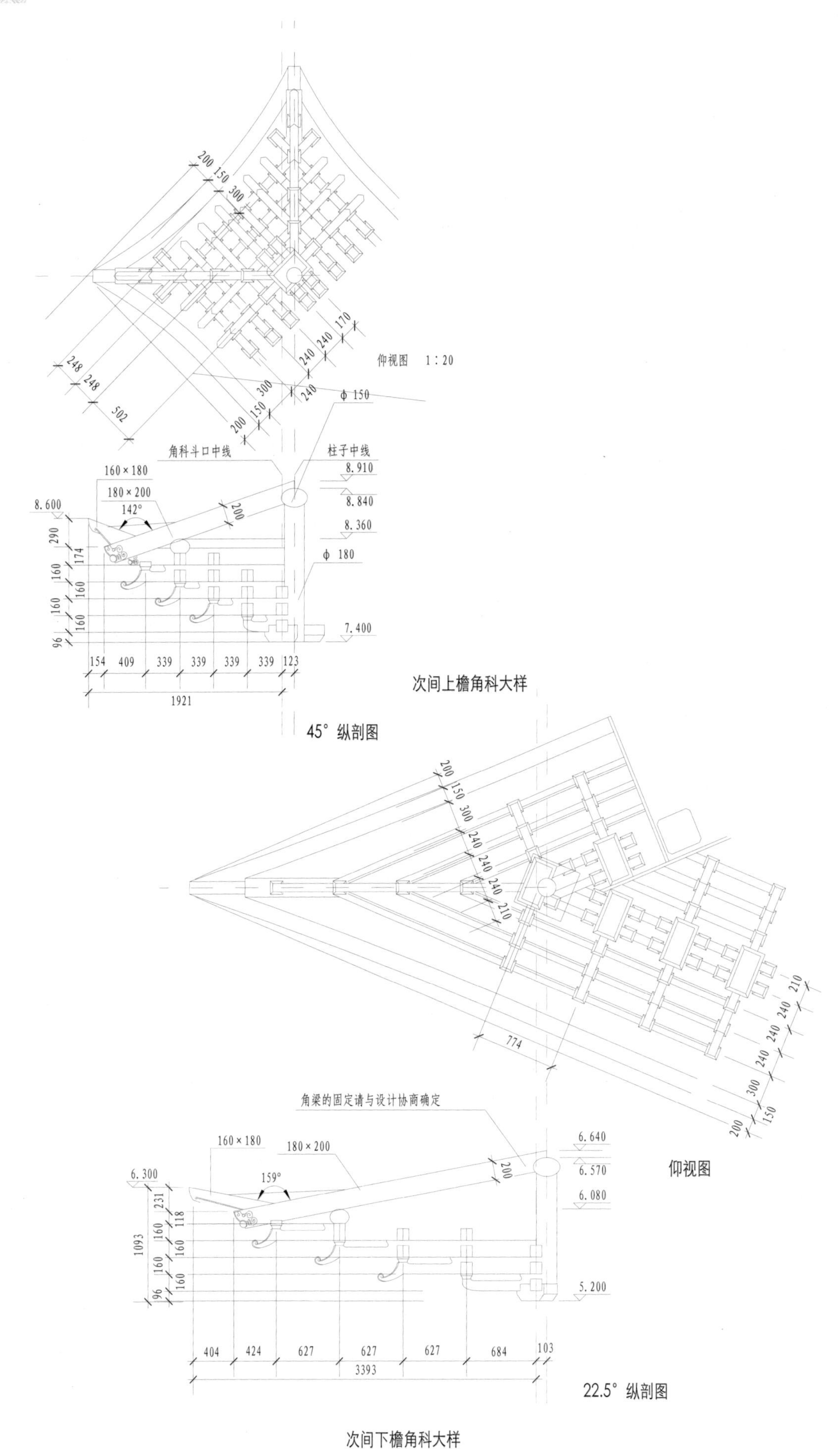

次间上檐角科大样

次间下檐角科大样

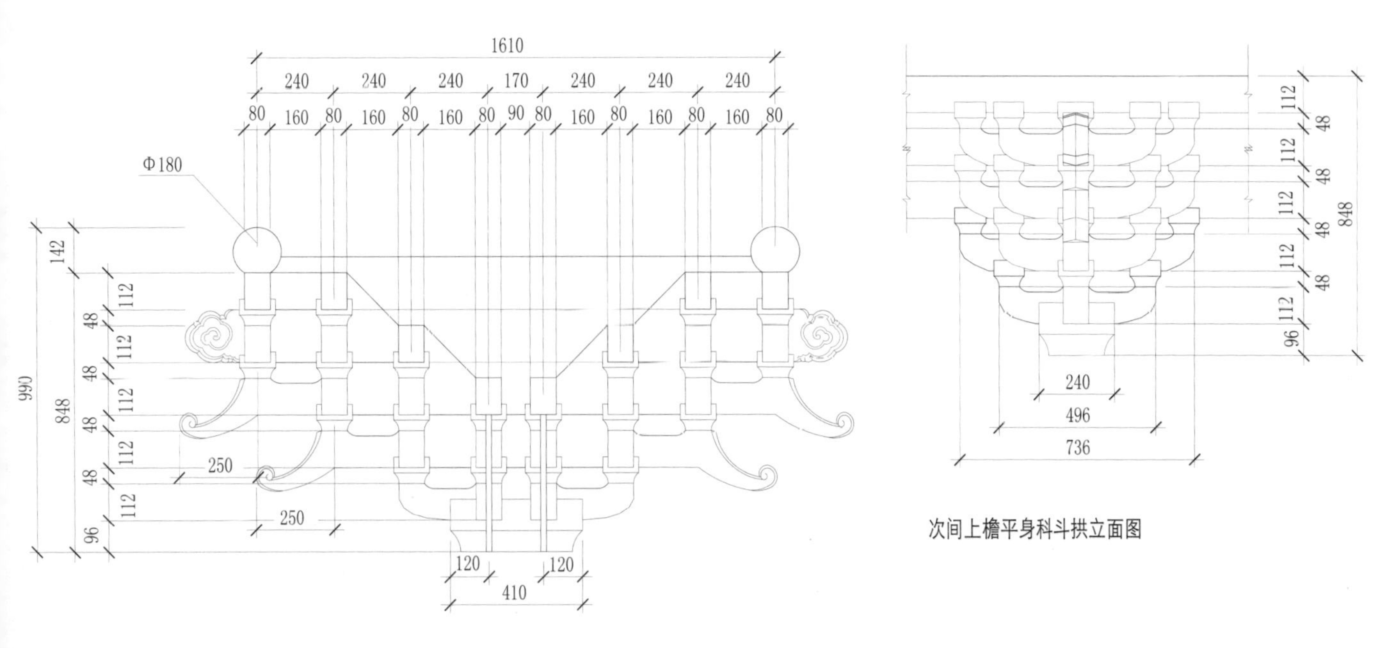

次间上檐平身科斗拱侧立面图

次间上檐平身科斗拱立面图

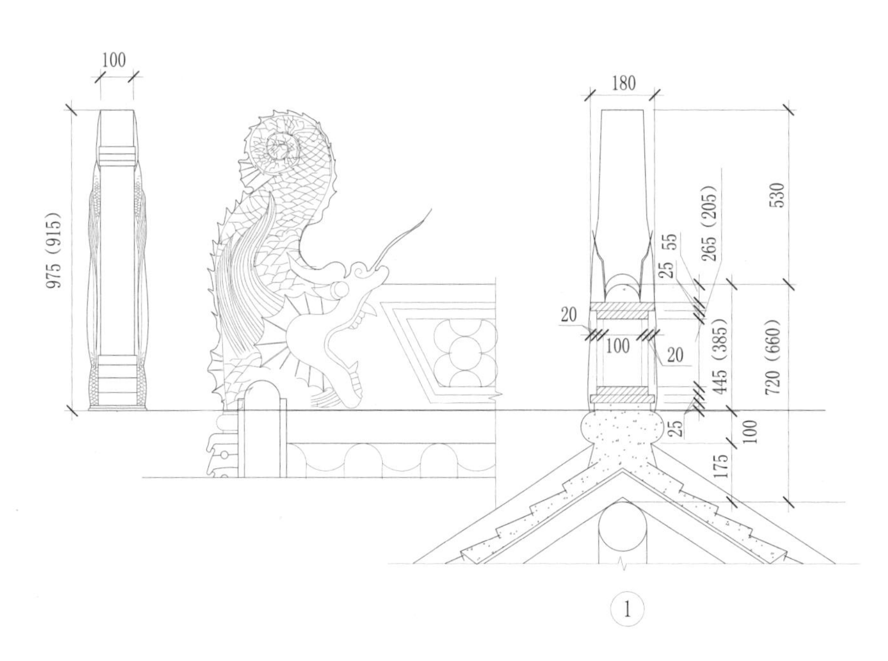

正脊大样图

注：括号内为次间正脊尺寸。

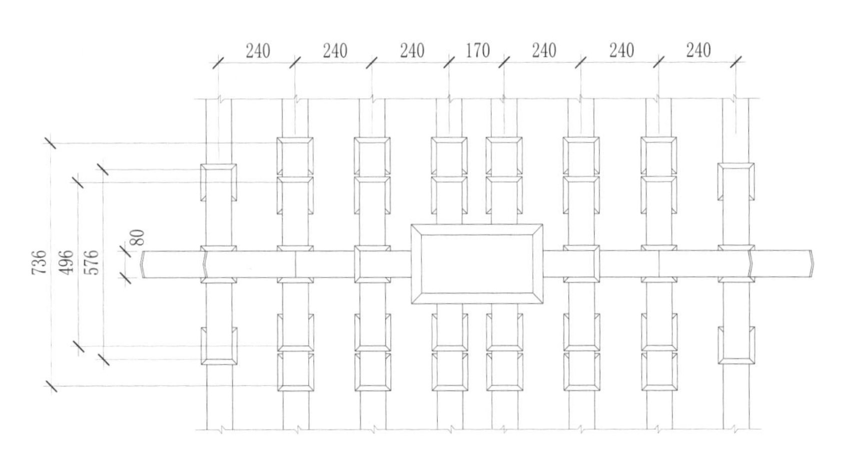

仰视图

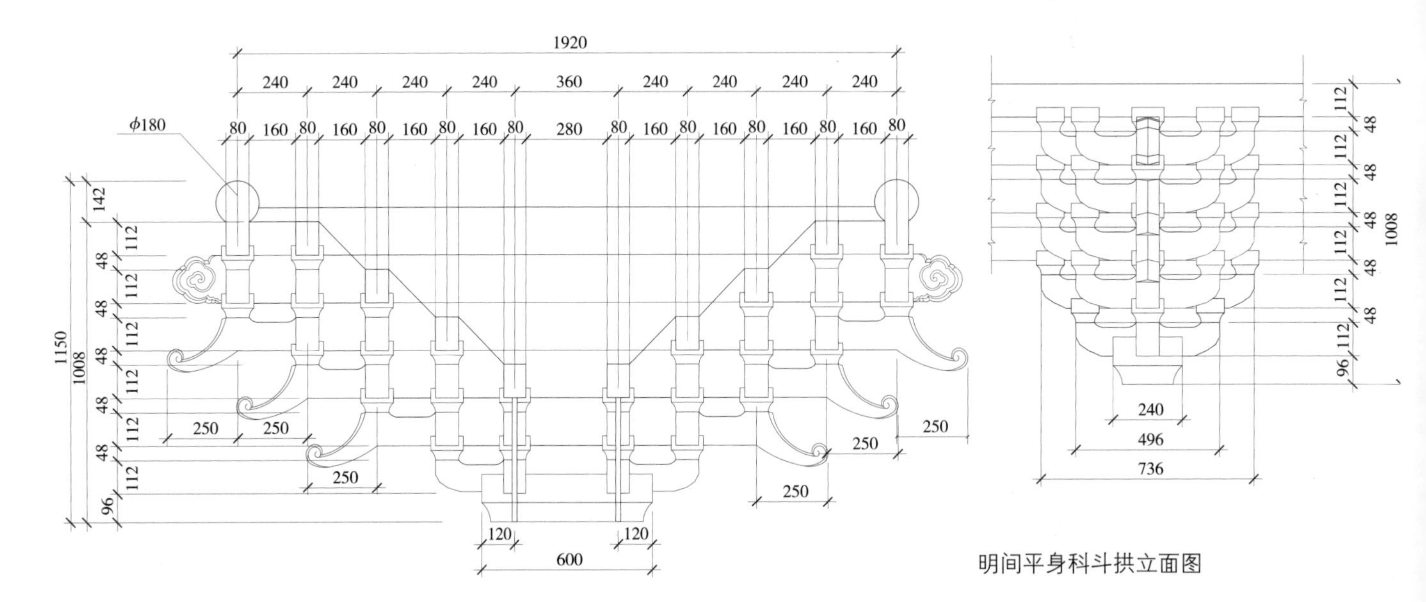

明间平身科斗拱立面图

明间平身科斗拱侧立面图

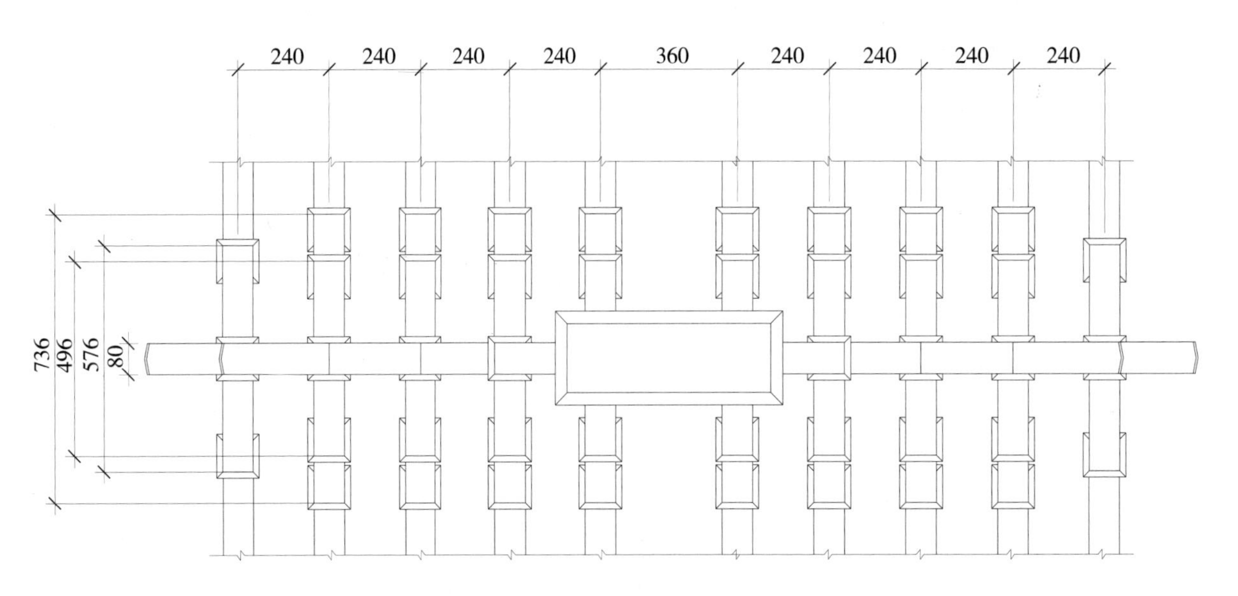

明间平身科斗拱仰视图

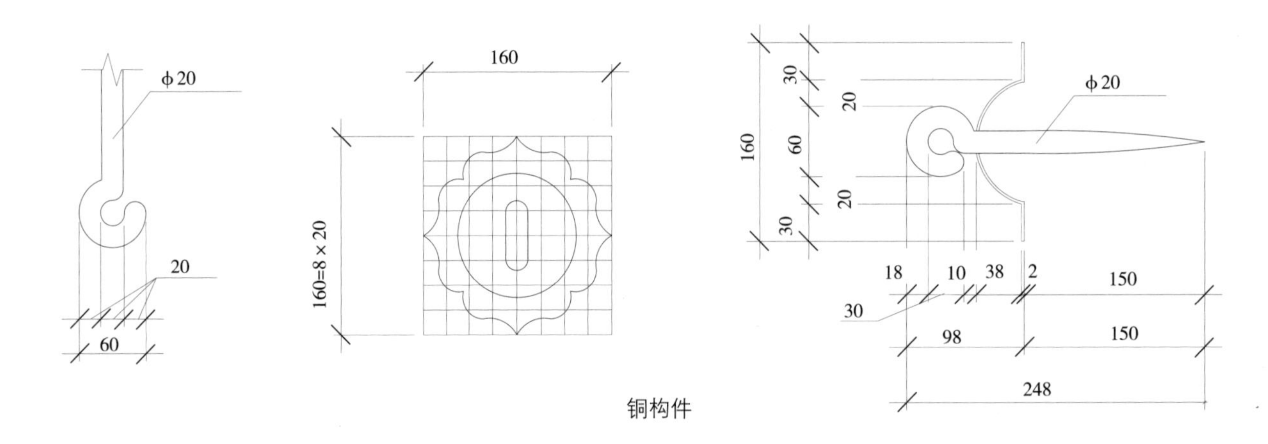

铜构件

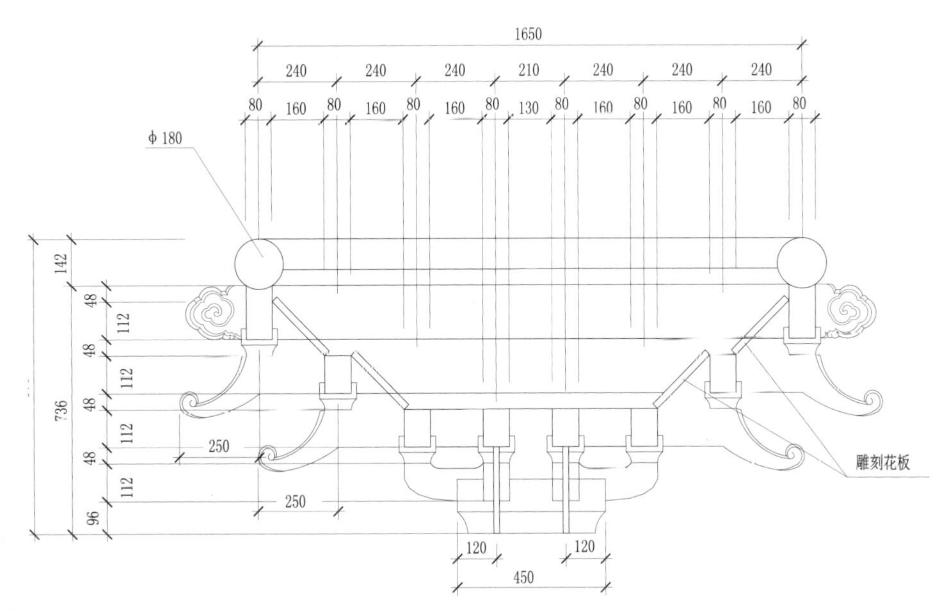

次间下檐平身科斗拱侧立面图

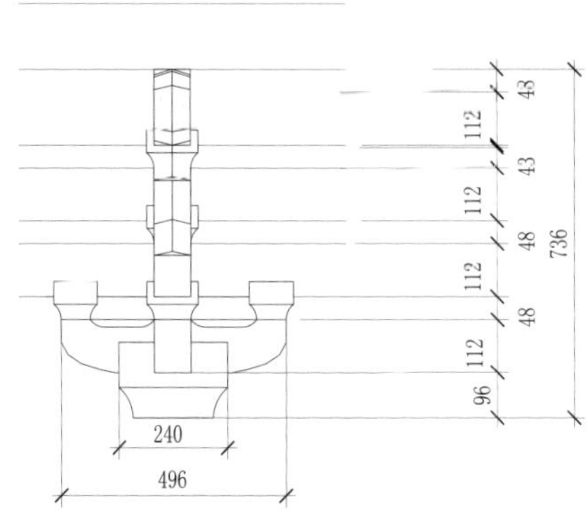

次间下檐平身科斗拱立面图

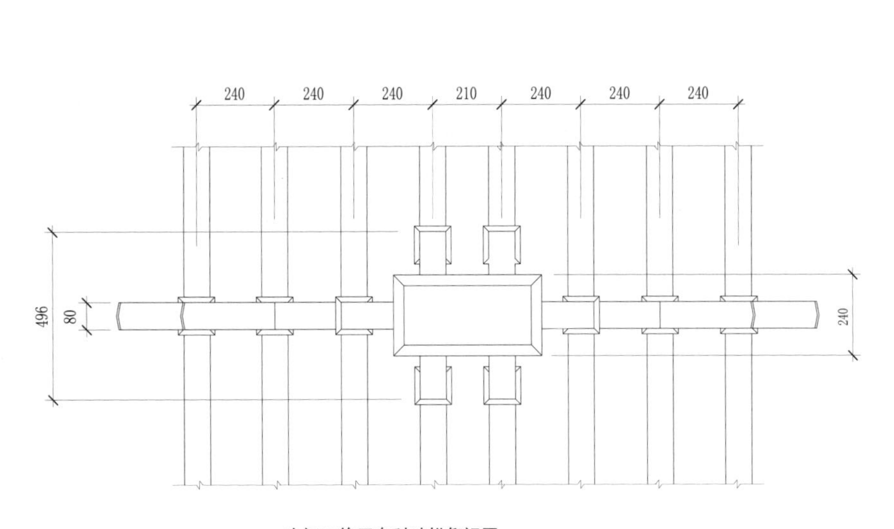

次间下檐平身科斗拱仰视图

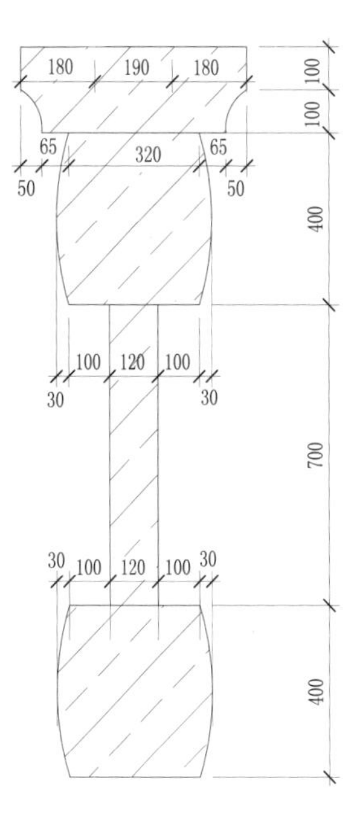

次间下檐梁枋

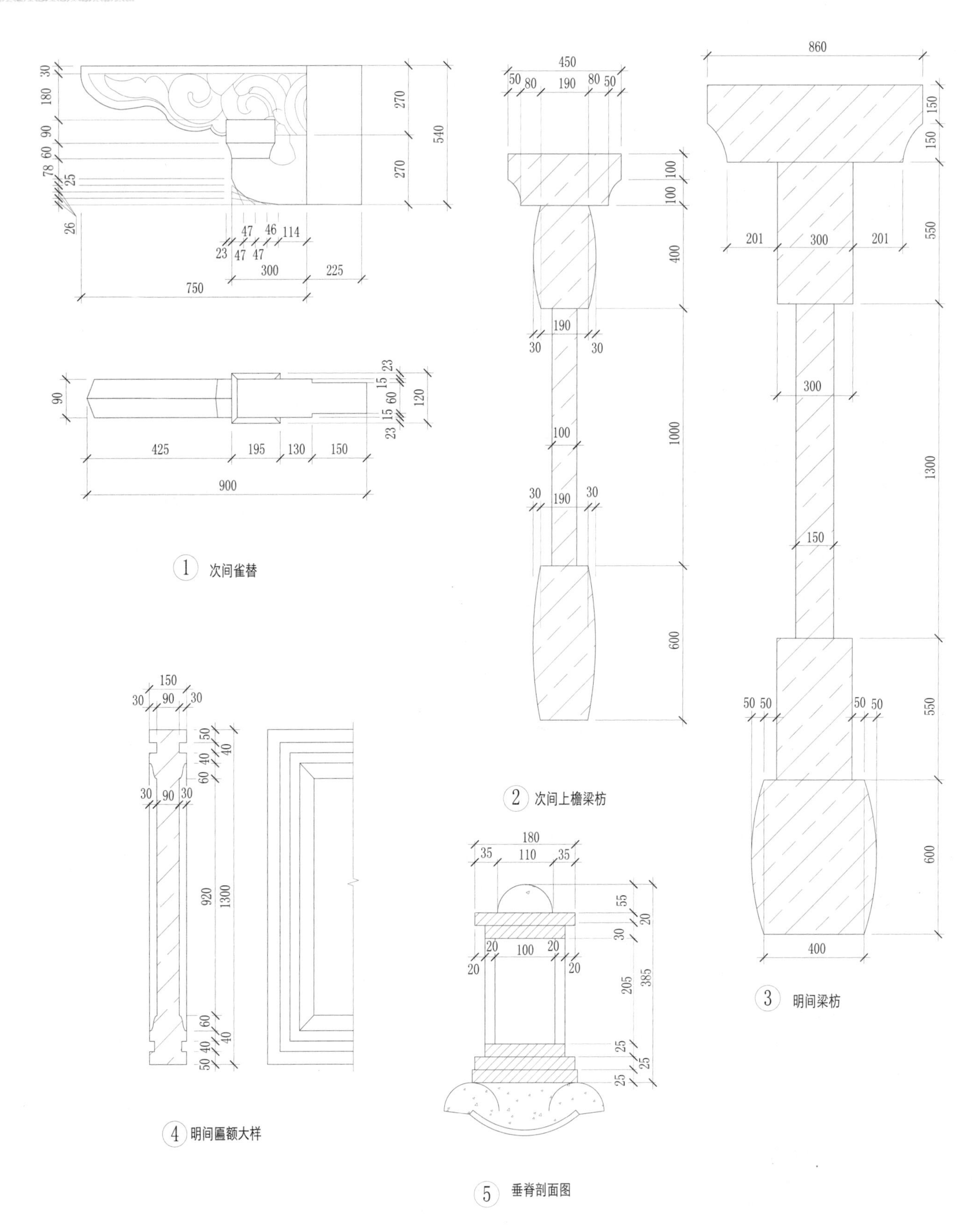

1 次间雀替

2 次间上檐梁枋

3 明间梁枋

4 明间匾额大样

5 垂脊剖面图

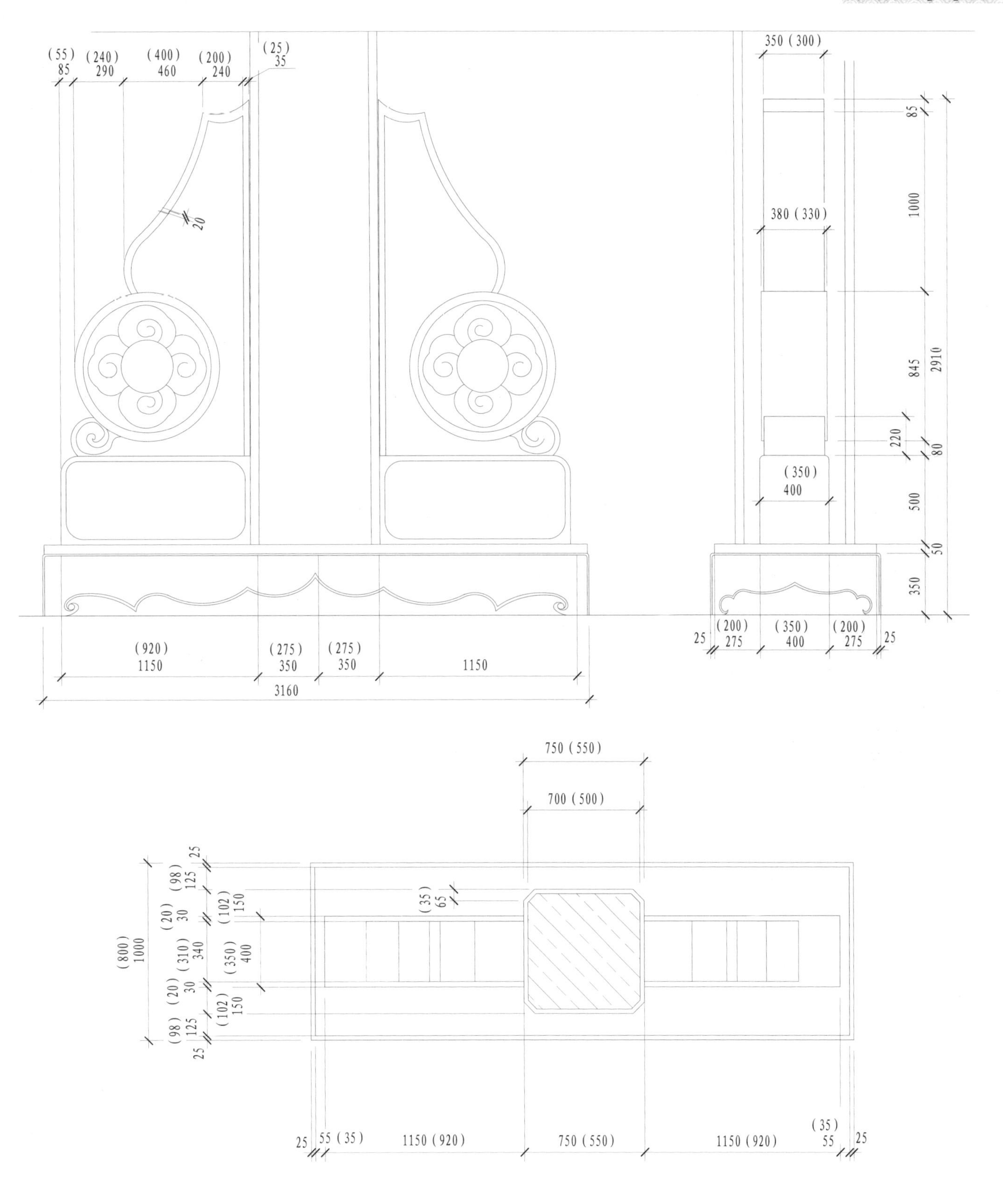
(55)
85
(240)
290
(400)
460
(200)
240
(25)
35
20
350 (300)
380 (330)
85
1000
845
2910
220
80
(350)
400
500
50
350
(920)
1150
(275)
350
(275)
350
1150
3160
25
(200)
275
(350)
400
(200)
275
25
750 (550)
700 (500)
25
(98)
125
(35)
65
(102)
150
(20)
30
(800)
1000
(310)
340
(350)
400
(20)
30
(102)
150
(98)
125
25
25
55 (35)
1150 (920)
750 (550)
1150 (920)
(35)
55
25

1 夹柱石大样

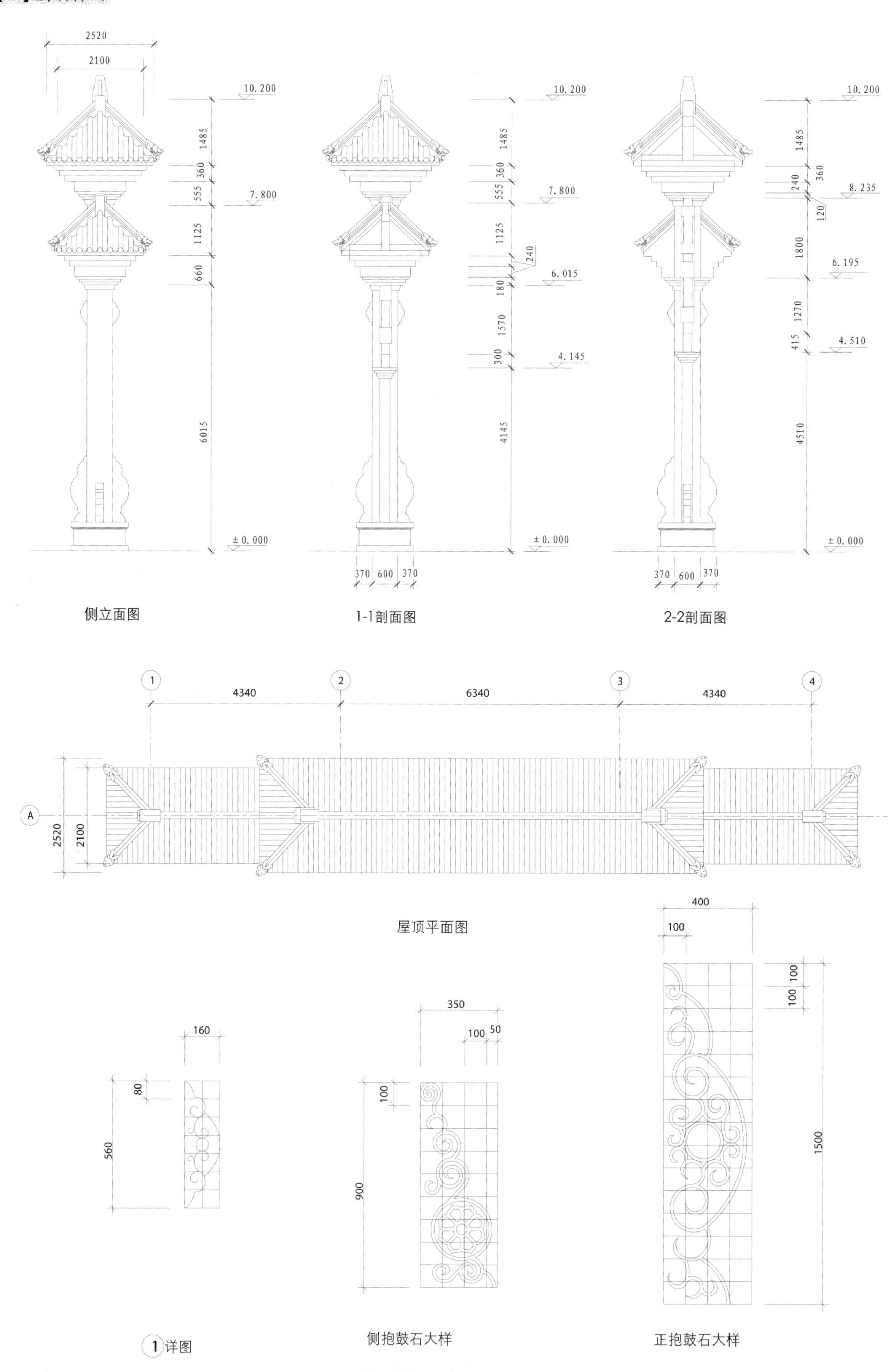

侧立面图

1-1剖面图

2-2剖面图

屋顶平面图

1 详图

侧抱鼓石大样

正抱鼓石大样

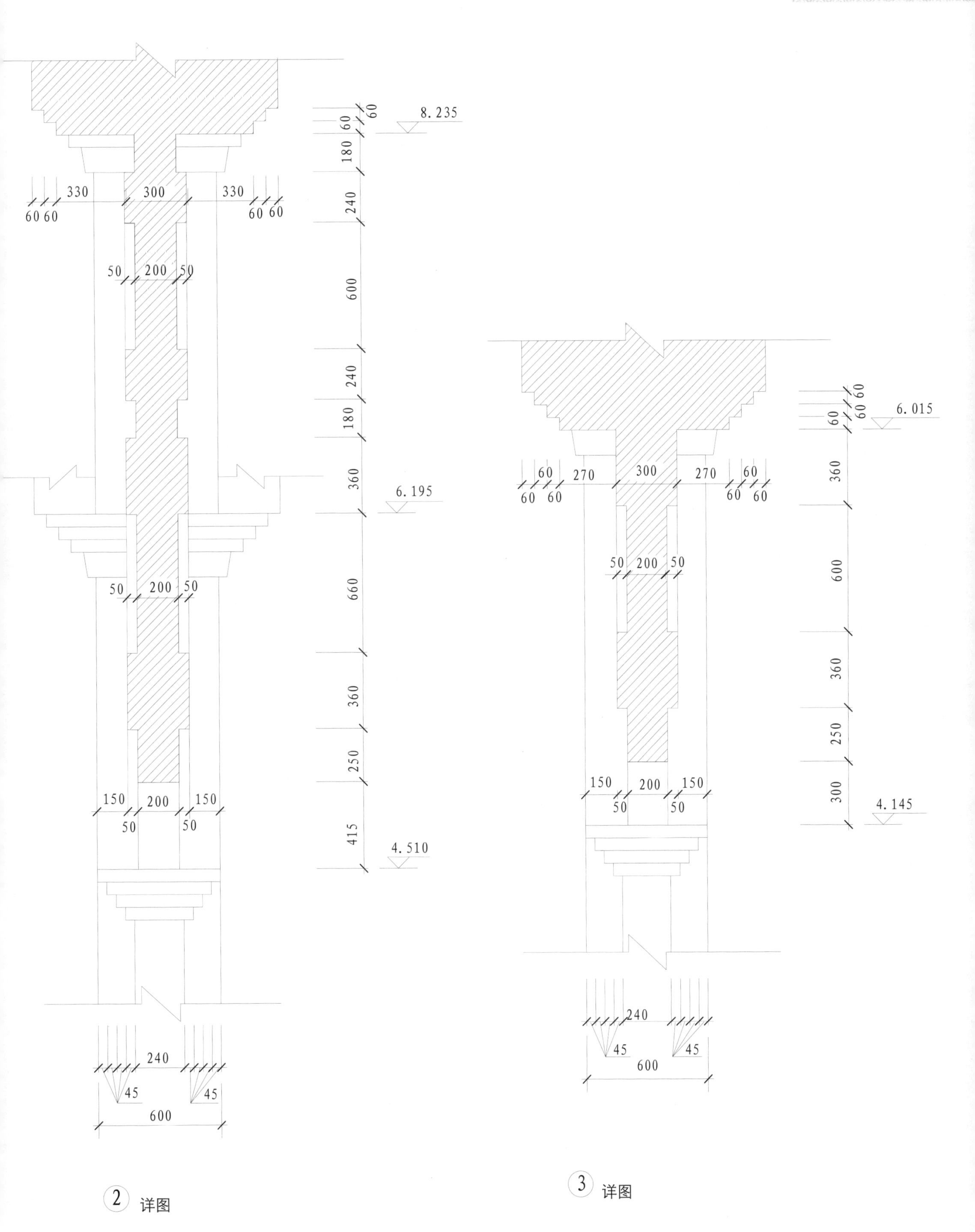

2 详图

3 详图

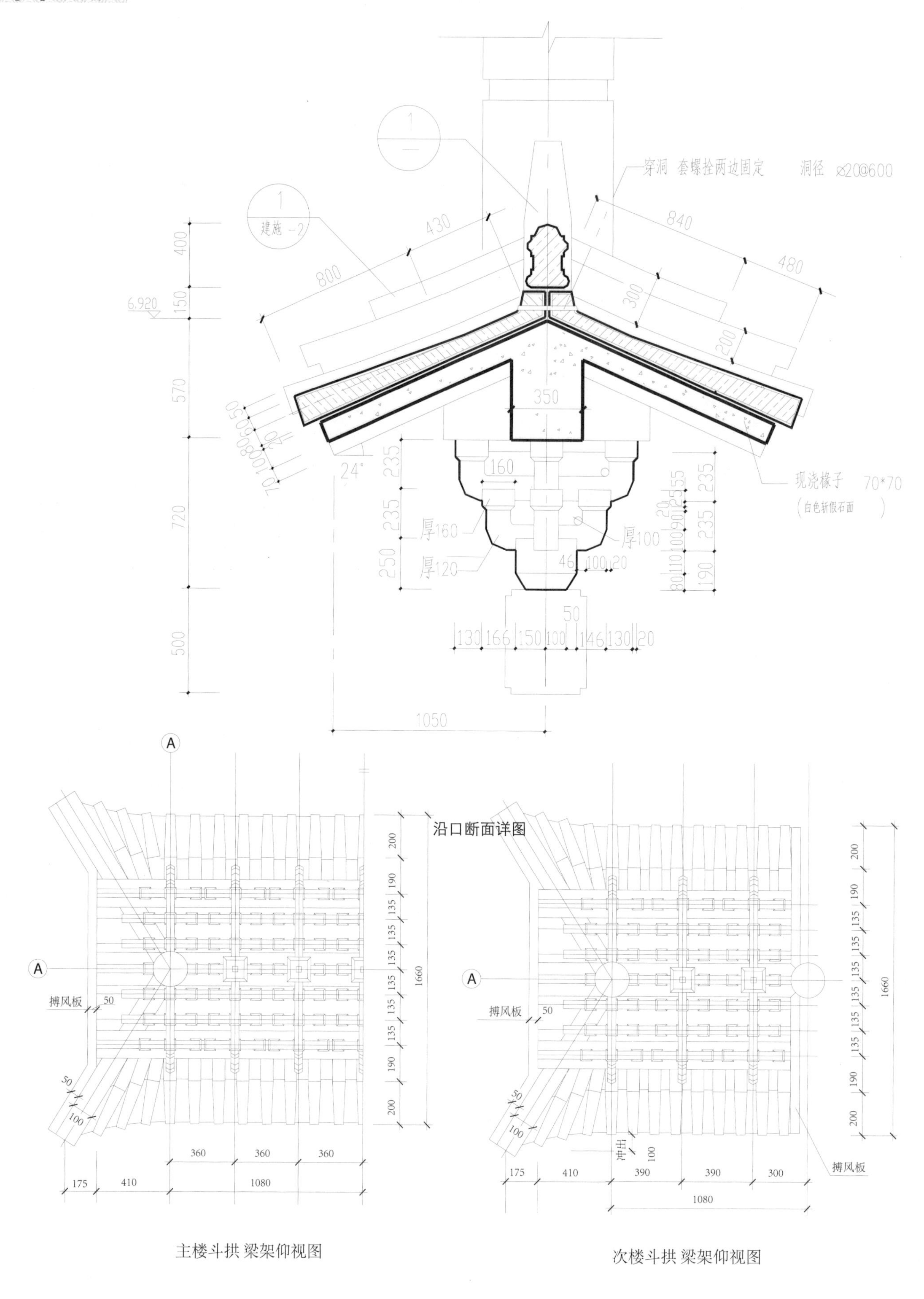

主楼斗拱 梁架仰视图

次楼斗拱 梁架仰视图

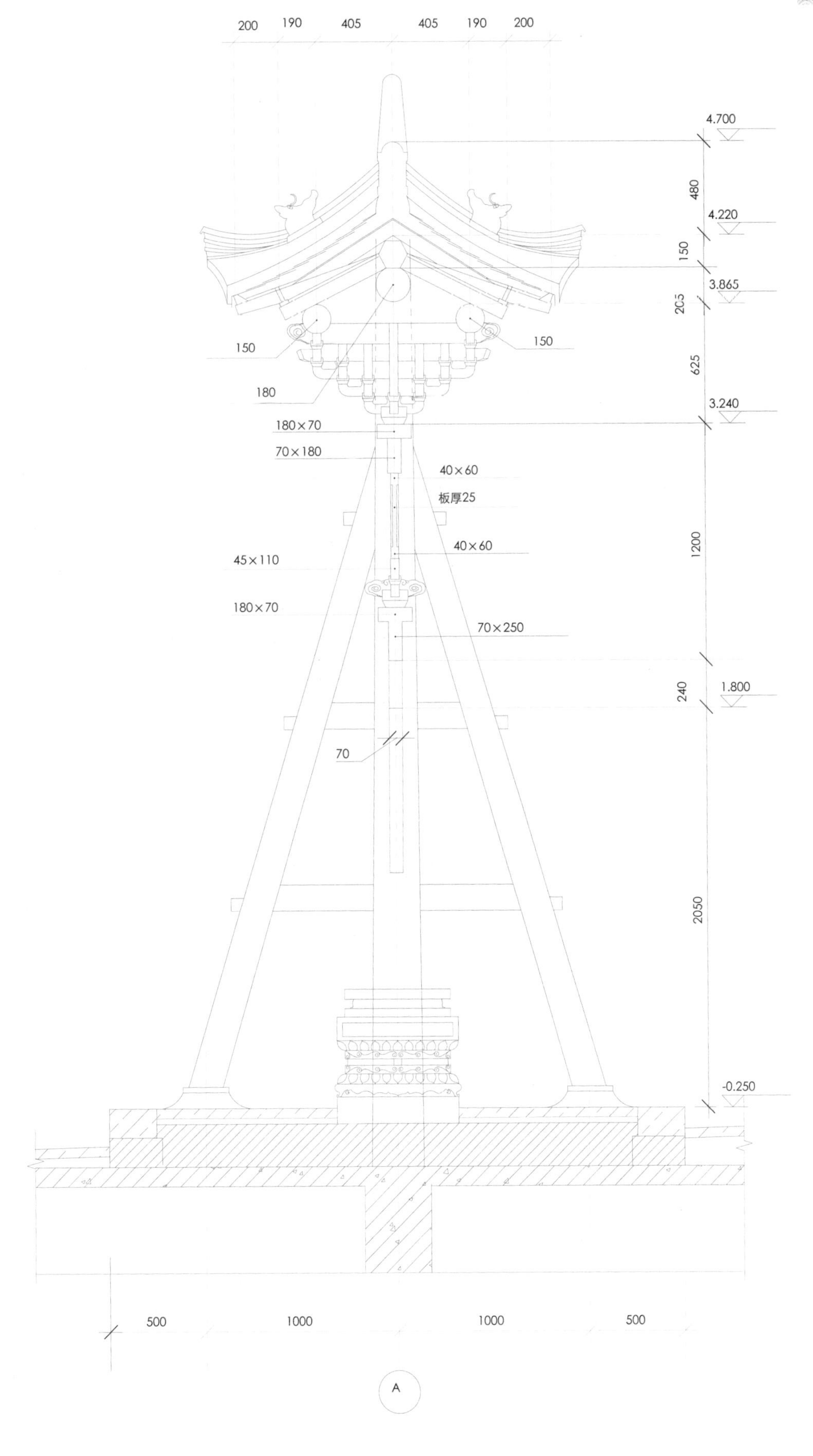
200
190
405
405
190
200
4.700
480
4.220
150
3.865
205
150
150
625
180
3.240
180×70
70×180
40×60
板厚25
1200
40×60
45×110
180×70
70×250
240
1.800
70
2050
-0.250
500
1000
1000
500
A

1-1 剖面图

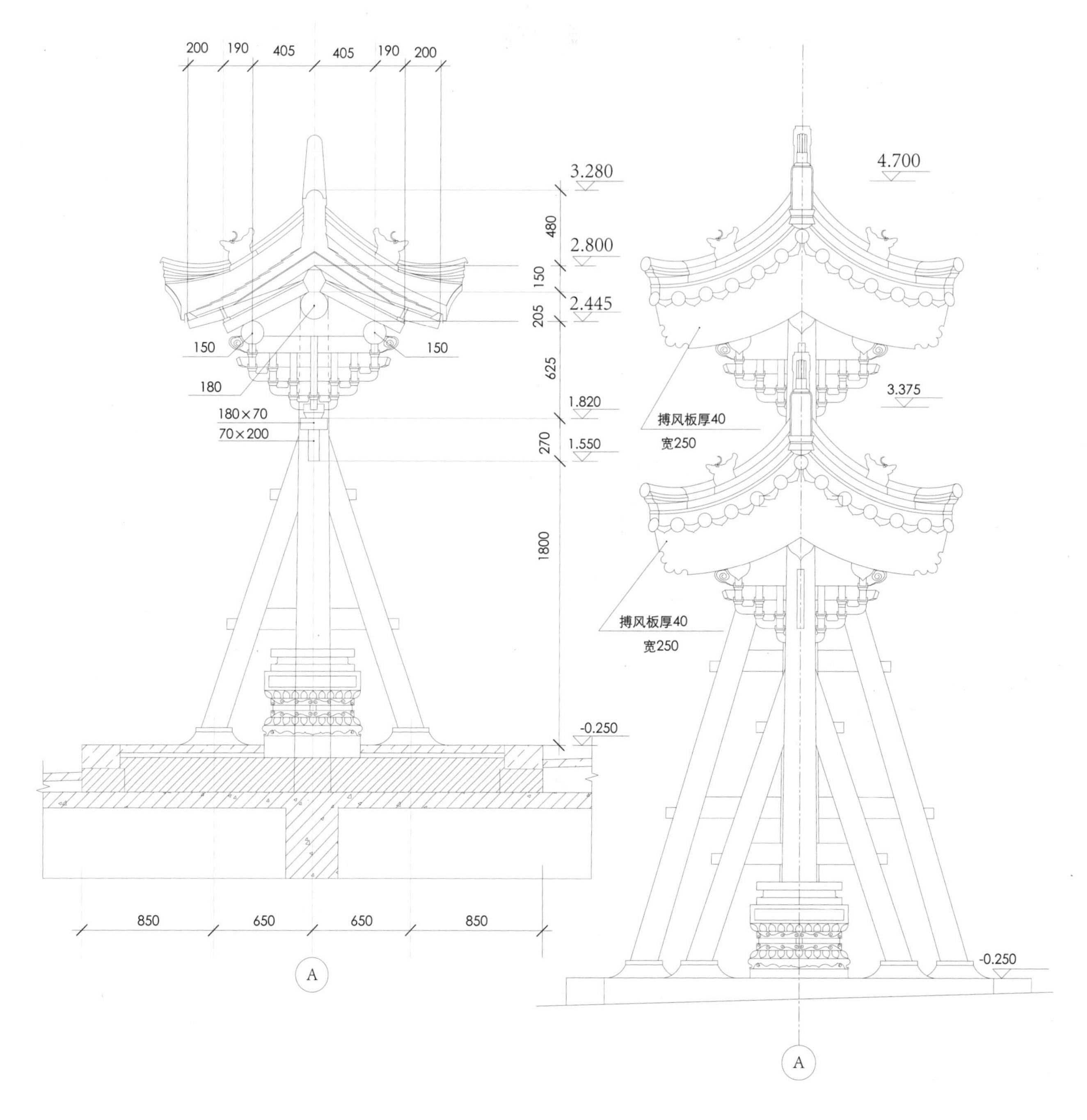
200
190
405
405
190
200
3.280
480
2.800
150
2.445
205
150
150
180
625
1.820
180×70
70×200
270
1.550
1800
-0.250
850
650
650
850
A
4.700
3.375
搏风板厚40
宽250
搏风板厚40
宽250
-0.250
A

2-2 剖面图

侧立面图

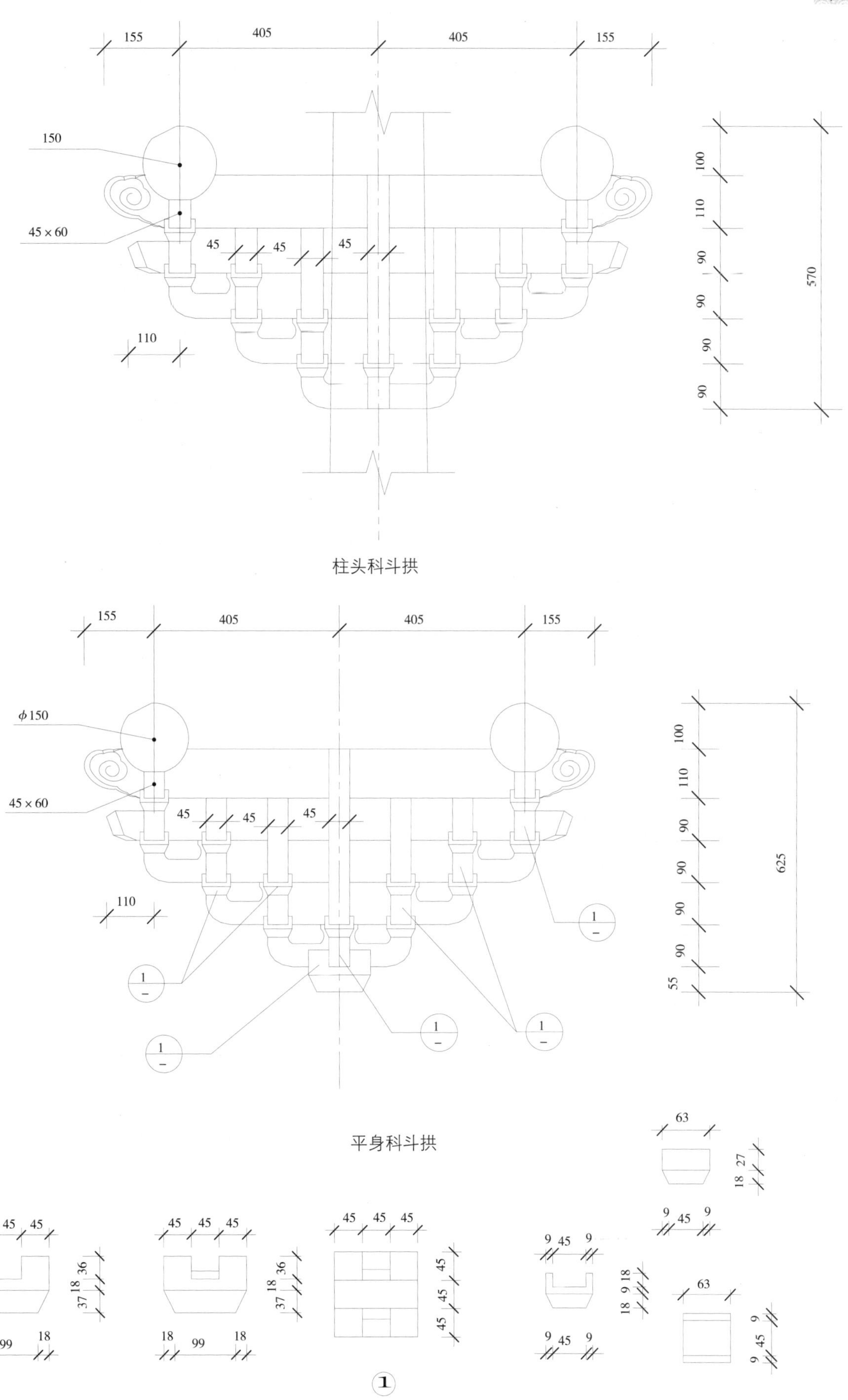
155
405
405
155
150
45 × 60
45
45
45
110
100
110
90
90
90
90
570
155
405
405
155
ϕ150
45 × 60
45
45
45
110
100
110
90
90
90
90
55
625
63
27
18
45
9
9
45
45
45
36
18
37
18
99
18
9
45
9
18
9
18
63
9
45
9

柱头科斗拱

平身科斗拱

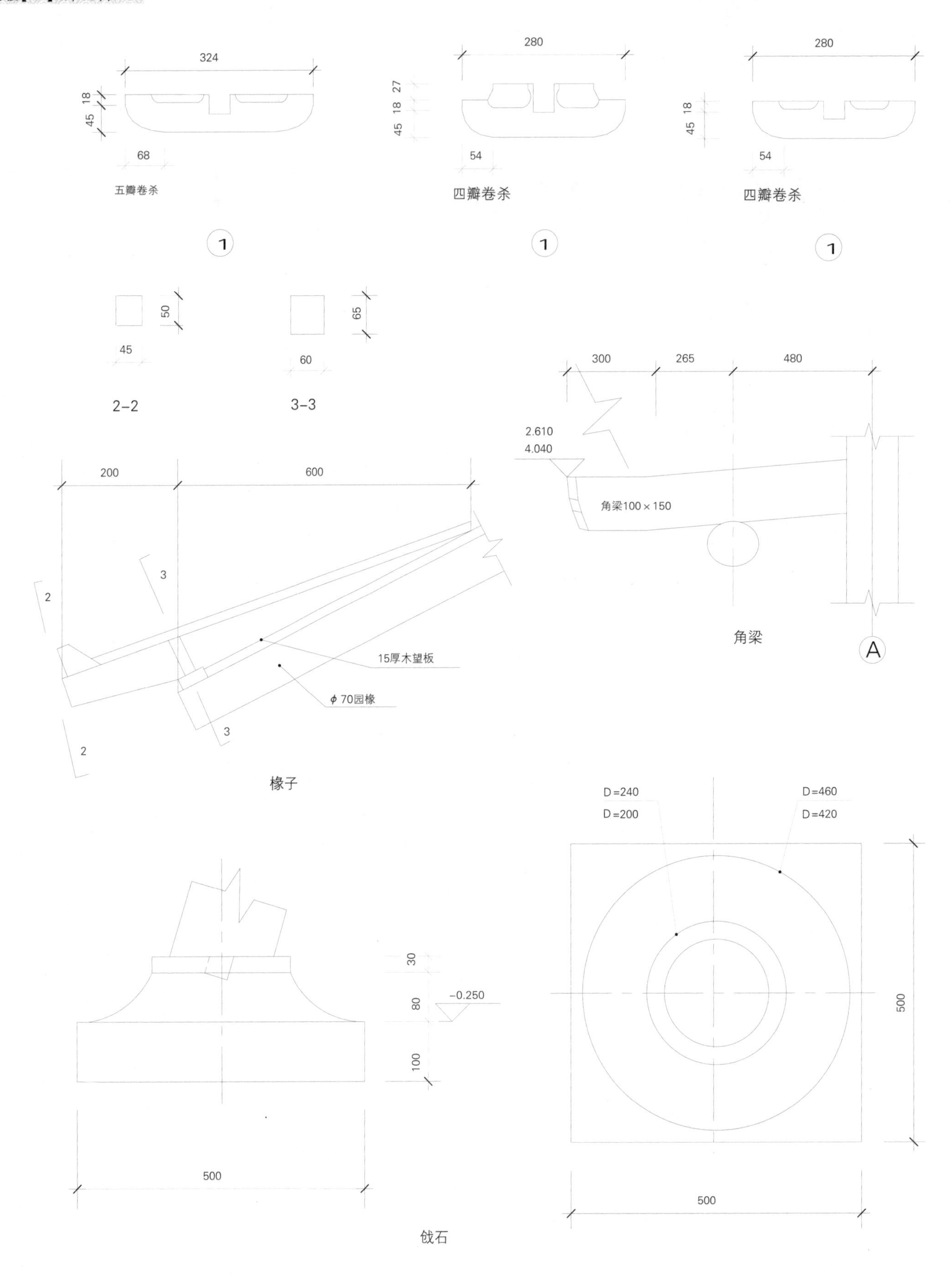
324
18
45
68
五瓣卷杀
1
280
27
18
45
54
四瓣卷杀
1
280
18
45
54
四瓣卷杀
1
50
45
2–2
65
60
3–3
300
265
480
2.610
4.040
角梁100×150
角梁
A
200
600
3
2
15厚木望板
ϕ 70园椽
3
2
椽子
D=240
D=200
D=460
D=420
30
80
-0.250
100
500
500
500
硊石

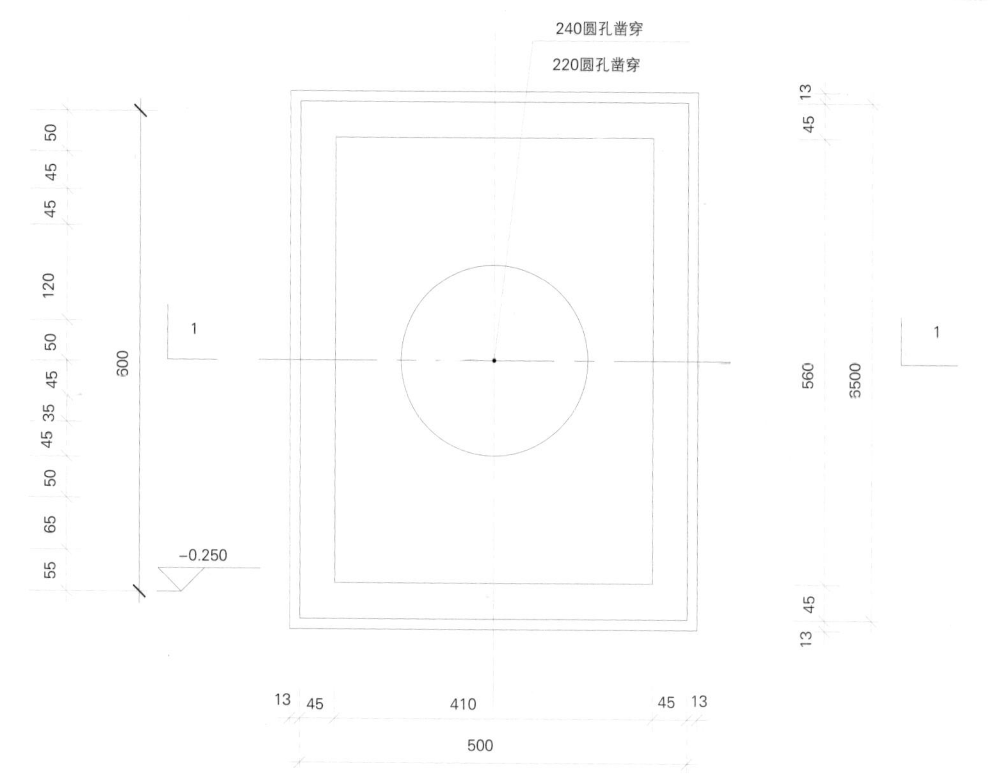
240圆孔凿穿
220圆孔凿穿
50
45
45
120
50
45
35
45
50
65
55
600
1
-0.250
13
45
560
5500
45
13
13 45
410
45 13
500

夹杆石平面图

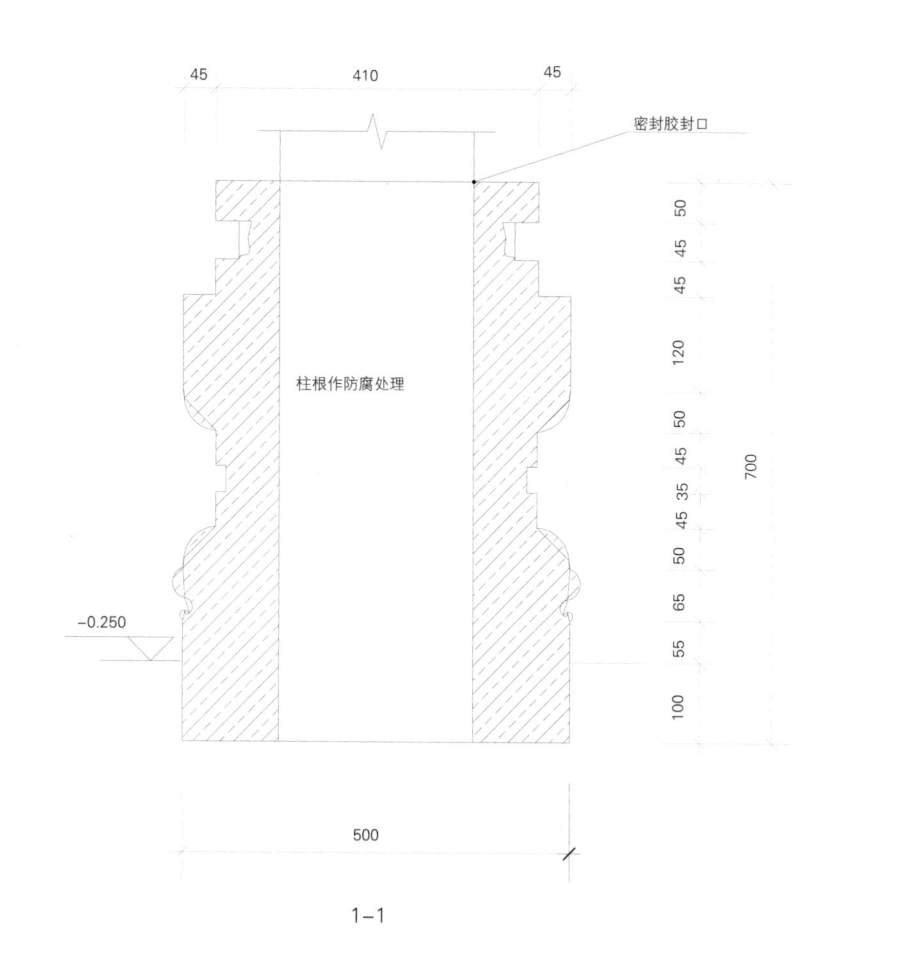
45
410
45
密封胶封口
柱根作防腐处理
50
45
45
120
50
45
35
45
50
65
55
100
700
-0.250
500

1-1

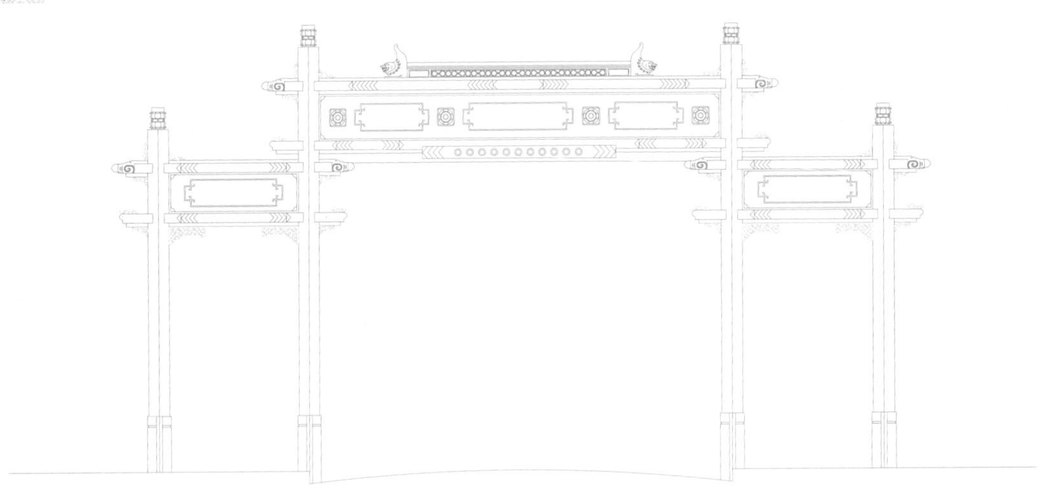

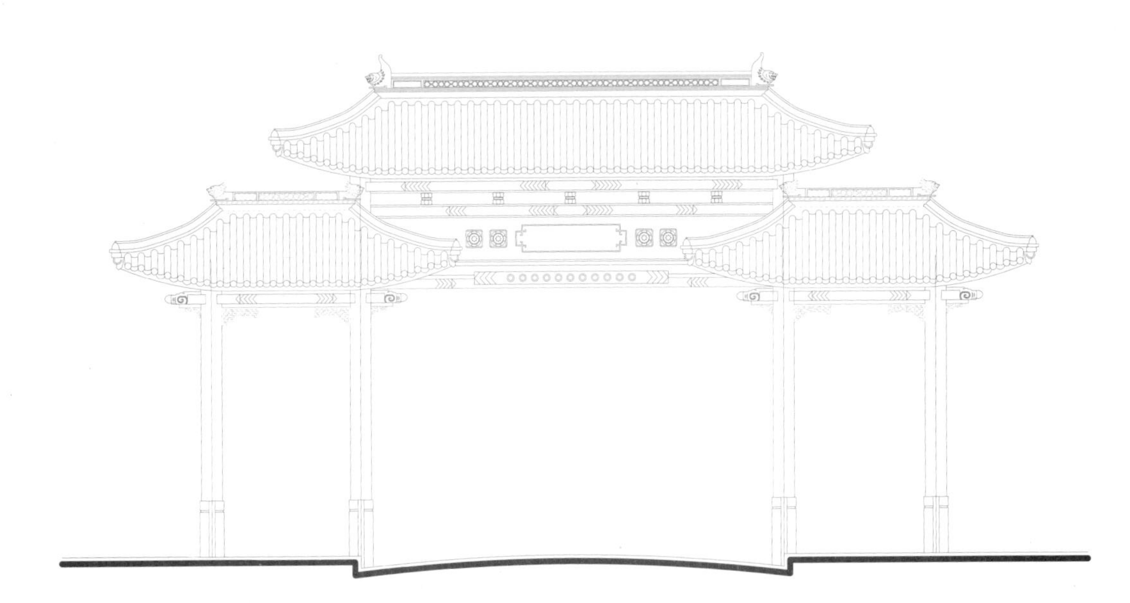

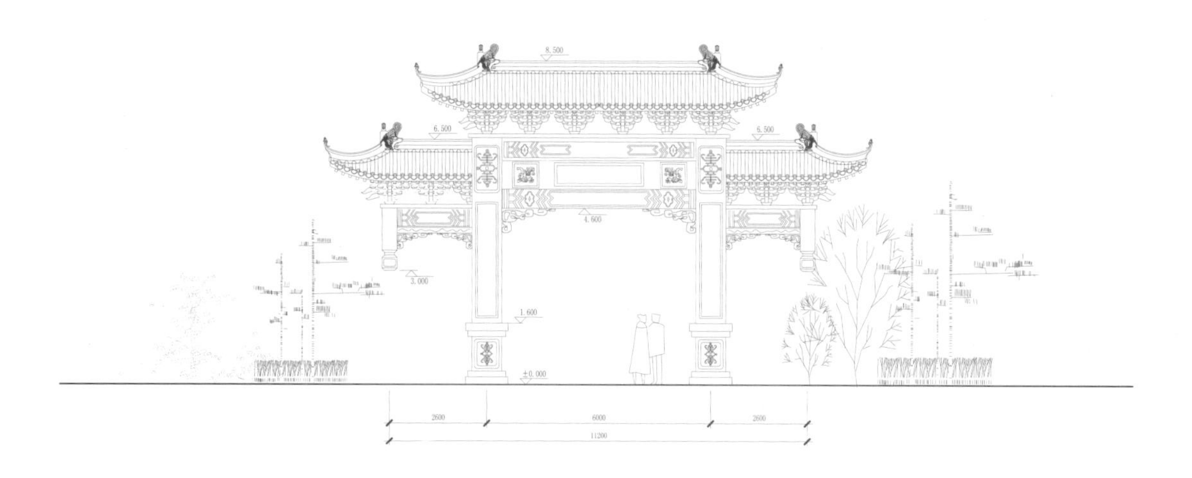

牌坊正立面

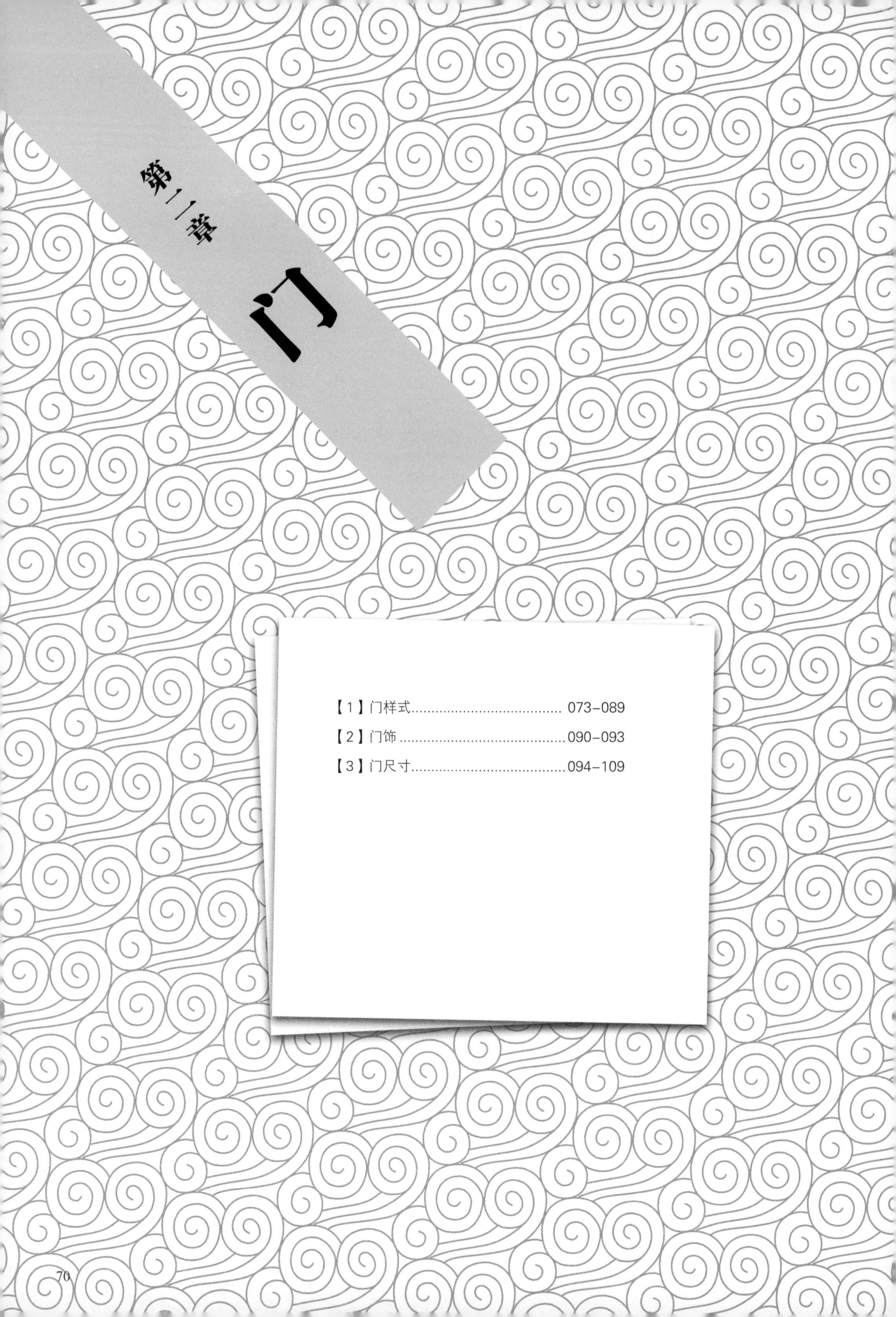

第二章 门

中国古代建筑构件——门

中国传统古建中“门”是不可或缺的重要组成部分，其作用主要是供人出入和防卫保护。除此之外，门的形制也体现了封建社会严格的等级制度，因此也是社会地位和官级品阶的象征。

建筑中的门，随其所处位置的不同，而有众多的名称，在皇宫大内称宫门，在官府治所称衙门，在寺庙道观称山门，在军营行辕称辕门，在普通住宅叫门楼。而随着门的形制和功用的不同，又有门阙、城门、台门、屋宇式大门、衡门、屏门、格扇门、牌坊门、垂花门、棂星门等不同类型的区别。真可谓是绚丽多彩、千姿百态。不过统而括之，中国的门均属于两大系统，一是划分区域的门，二是建筑物自身的一个组成部分。

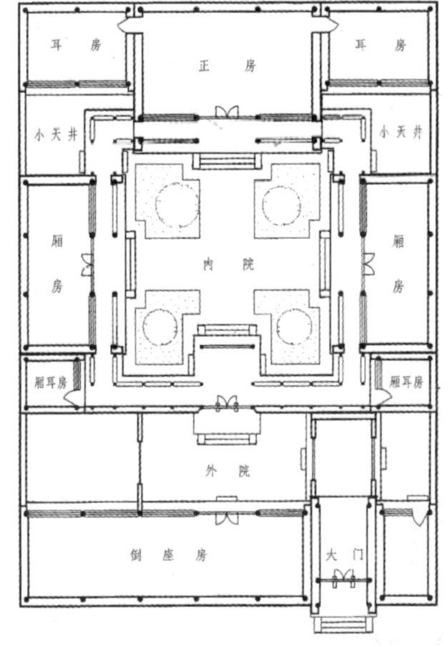

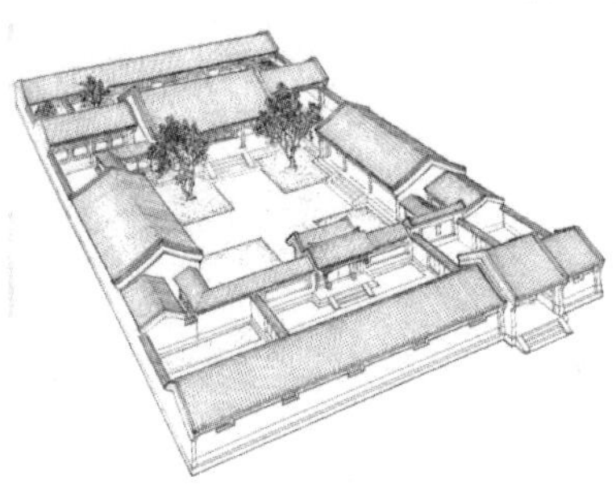

清代典型四合院

一、古建宅门基本形制

宅门作为中式院落的门面，常给人最为直观的第一印象，无论从造型、结构，还是雕刻、装饰，都是中国传统古代建筑艺术最为集中的体现。

中式四合院一般坐北朝南，院门位于东南角，即八卦中的“巽”位，代表“风”；而正房在北面的“坎”位，代表“水”。古人有“坎宅巽门”之说，现在所谓的“风水”也是这个意思。

中国古建宅门中最常见是屋宇式大门和墙垣门两种，前者应用广泛，从皇亲国戚至黎民百姓均有应用，后者只用于低等小院。

屋宇式大门的基本形式与房屋类似，采用梁架结构，上承屋顶，盖瓦起脊，是一座完全独立的单体建筑。按形制大小和等级高低可分为王府大门、广亮大门、金柱大门、蛮子门和如意门。而墙垣门等级最低，形式简单，没有梁柱，也称为“随墙门”。

王府大门是屋宇式大门中的最高等级，常坐落在主宅院的中轴线上，宏伟气派。按等级分有五间三启门和三间一启门两种。

2. 广亮大门

广亮大门的房梁暴露在外，因此又称“广梁大门”，等级上仅次于王府大门，高于金柱大门，是具有相当品级的官宦人家采用的宅门形式。

广亮大门为五檩中柱式，门扉立于两根中柱之间，前檐枋檩装饰苏式彩绘，下有雀替，门由抱框、余塞、走马板、抱鼓石、板门等组成。

门簪。中槛配四颗门簪，常雕饰春兰夏荷秋菊冬梅，也有刻“吉祥如意”等字样。

3. 金柱大门

金柱大门在等级低于广亮大门，因门扉立于前檐金柱间而得名，其余构造与广亮大门相同，只是规模不及后者，一般应用在品阶稍低的官员宅邸。

区分广亮大门与金柱大门的就是看门扉的安装位置，前者安在中柱间，门内外的空间相同；而后者安在金柱之间，门外的空间就比前者小一个柱间的距离。

4. 蛮子门

蛮子门的门扉安在前檐柱之间，梁枋结构与门成一体，没有彩绘和雀替的位置，因此一般无过多装饰，仅留四颗门簪，这是一般高商富户常用的宅门形式。

蛮子门的名称来源虽无确据可考，但有一种说法是说这些商户多来自南方，也是他们把这种南方民居的特色带到北方来，而北方人多称他们为“南蛮子”，因此建的宅门也称为“蛮子门”。

五间三启门

5. 如意门

如意门是屋宇式大门中等级最低的，但也是使用广泛的，大部分百姓人家的院门均采用这种形制。

如意门的门扉同样安在前檐柱之间，但与蛮子门不同的是大门正面全用砖墙遮挡，仅留一个尺寸适中的门洞来安装抱框和门板。

如意门虽然等级低，但雕刻却常常华丽精美。门洞左右上角砍磨成如意形状，中槛两颗门簪也常雕刻“如意”两字，这可能是其名称来源。

如意门的形制较小，门板宽不到一米，俗语有“门宽二尺八，死活一齐搭”的说法，指的就是这样的宽度已经可以满足红白喜事各种需求了。

6. 墙垣门

墙垣门是宅门中等级最低，最为简单朴素的一种。已无梁柱结构，仅在门扉两侧砌筑两个墙垛，顶上起脊挂瓦，通体无装饰，顺墙而开，因此也称为“随墙门”。在北方的市井小巷中经常可见。

7. 西洋门楼

在各式墙垣门中还有一种西洋式门楼，体现出浓郁的异国风情。这些都是在明末清初之际，西方艺术的传入，与传统中式建筑融合后的产物。

8. 垂花门

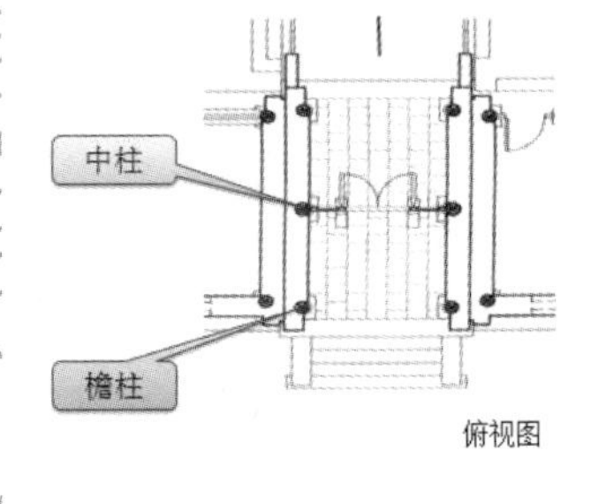

俯视图

垂花门是四合院中内宅与外宅前院的分界线和唯一通道。因其檐柱不落地，垂吊在屋檐下，称为垂柱，通常彩绘为花瓣的形式，故被称为垂花门。

垂花门主要有两种，即一殿一卷式和独立柱担梁式。前者较为简单，仅有一排立柱；而后者为最常见的一种，勾连搭式顶棚，分别采用起脊和卷棚式，前檐安门扉，后檐常以屏门相隔。

9. 影壁

影壁也叫照壁，是传统建筑用于遮挡视线的墙壁。最常见的是一字影壁，在大门内外都可安放。

另有一种位于大门外两侧，呈八字形，因此称为“反八字影壁”，也叫“撇山影壁”，更显宏伟气派。

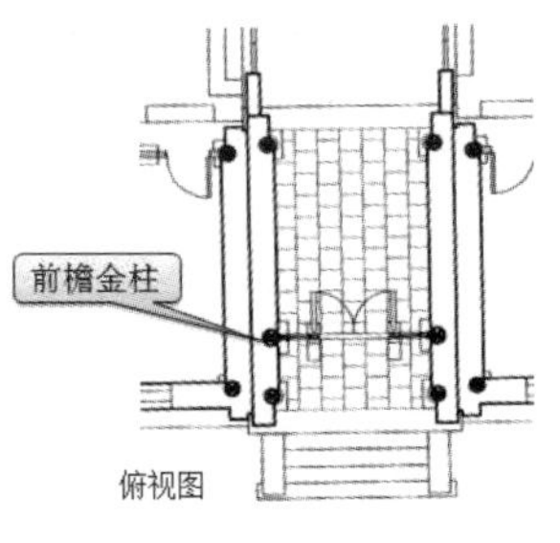

俯视图

二、古建宅门主要部件

1. 下槛和门枕

下槛是紧贴于地面的横木，也叫“门限”。而门枕是下槛两侧安装及稳固门扉转轴的一个功能构件，因最初常雕成枕头的形状而得名。

现在的门枕多雕成抱鼓石，外形优美，图案讲究，具有很高的艺术效果。

2. 中槛和门簪

中槛作为大门上端的框架，横跨两根门柱，也叫挂空槛。横披则安装在中槛之上，讲究的还要在上面绘制图案。

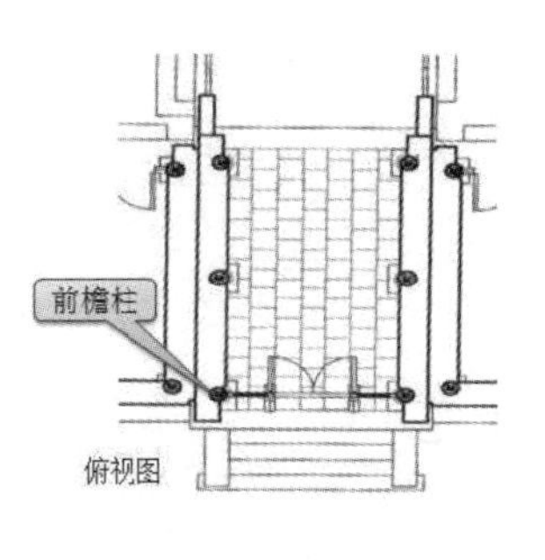

俯视图

门簪安在街门的中槛之上，用两个或四个，如大木的销钉结合在门框上，多用六方形，正面或雕刻，或描绘，饰以花纹图案，也可写“吉祥如意”或“天下太平”等文字保佑家宅平安。

3. 门钹和门钉

门钹成对安装在大门正面居中位置，因形状如同民乐中的“钹”而得名。来客可敲击门钹来告知主人，在官宦人家，门钹常做成兽面，亦称作“铺首”，另有驱妖避邪之功用。

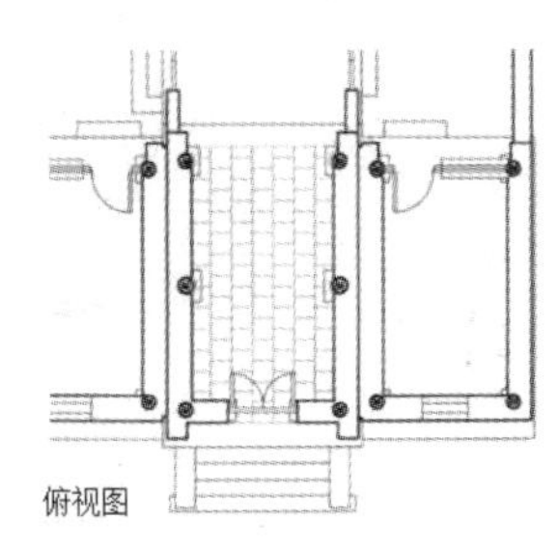
俯视图

门钉开始只起加固作用，因门板多为拼合而成，在结合部安装门钉来加固。在清代，门钉数量也是主人身份的象征：“亲王府制，门钉纵九横七”；“世子府制，门钉减亲王七之二”；“郡王、贝勒、贝子、镇国公、辅国公与世子府同”；“公门钉纵横皆七，侯以下至男递减至五五，均以铁。

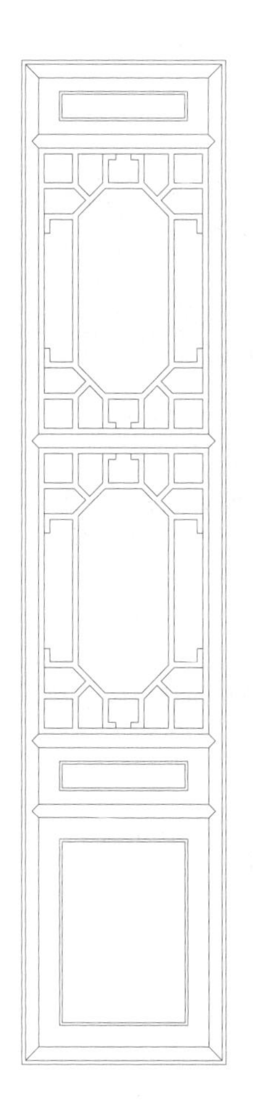

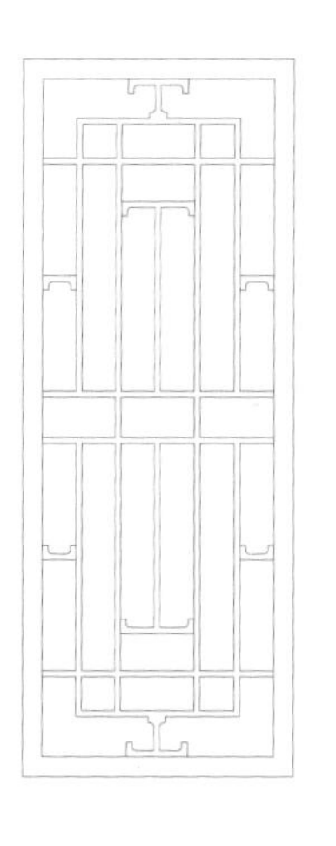

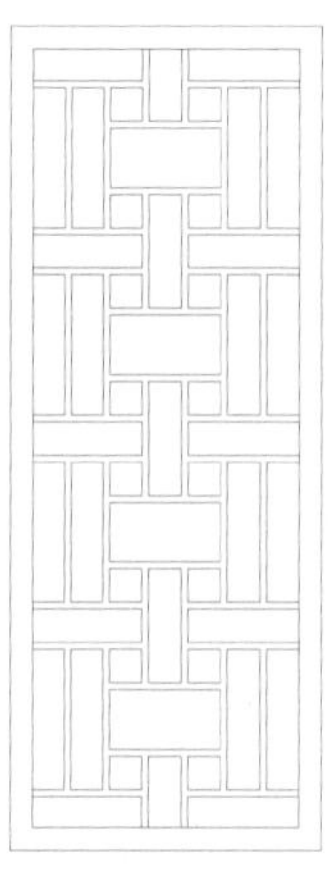

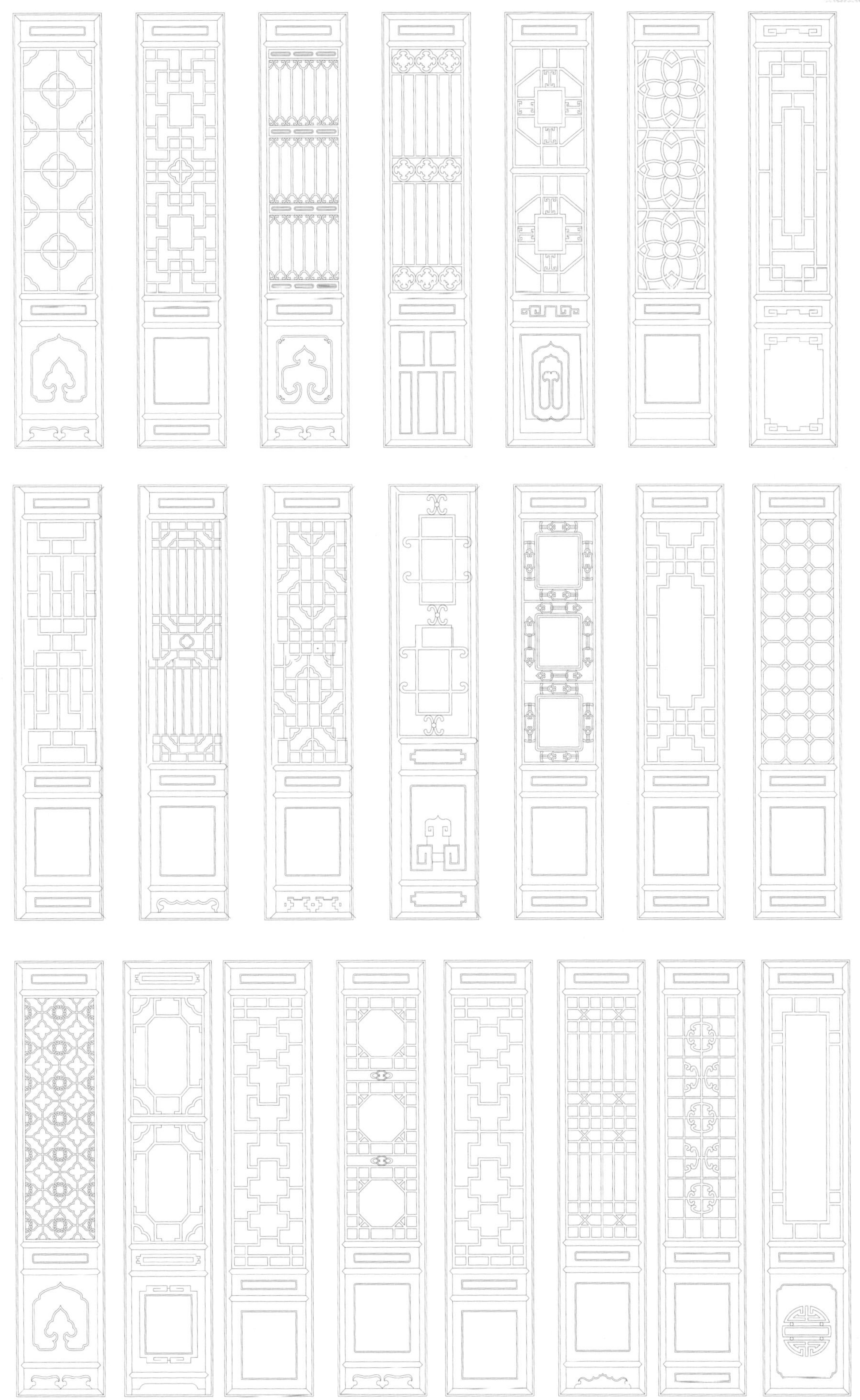

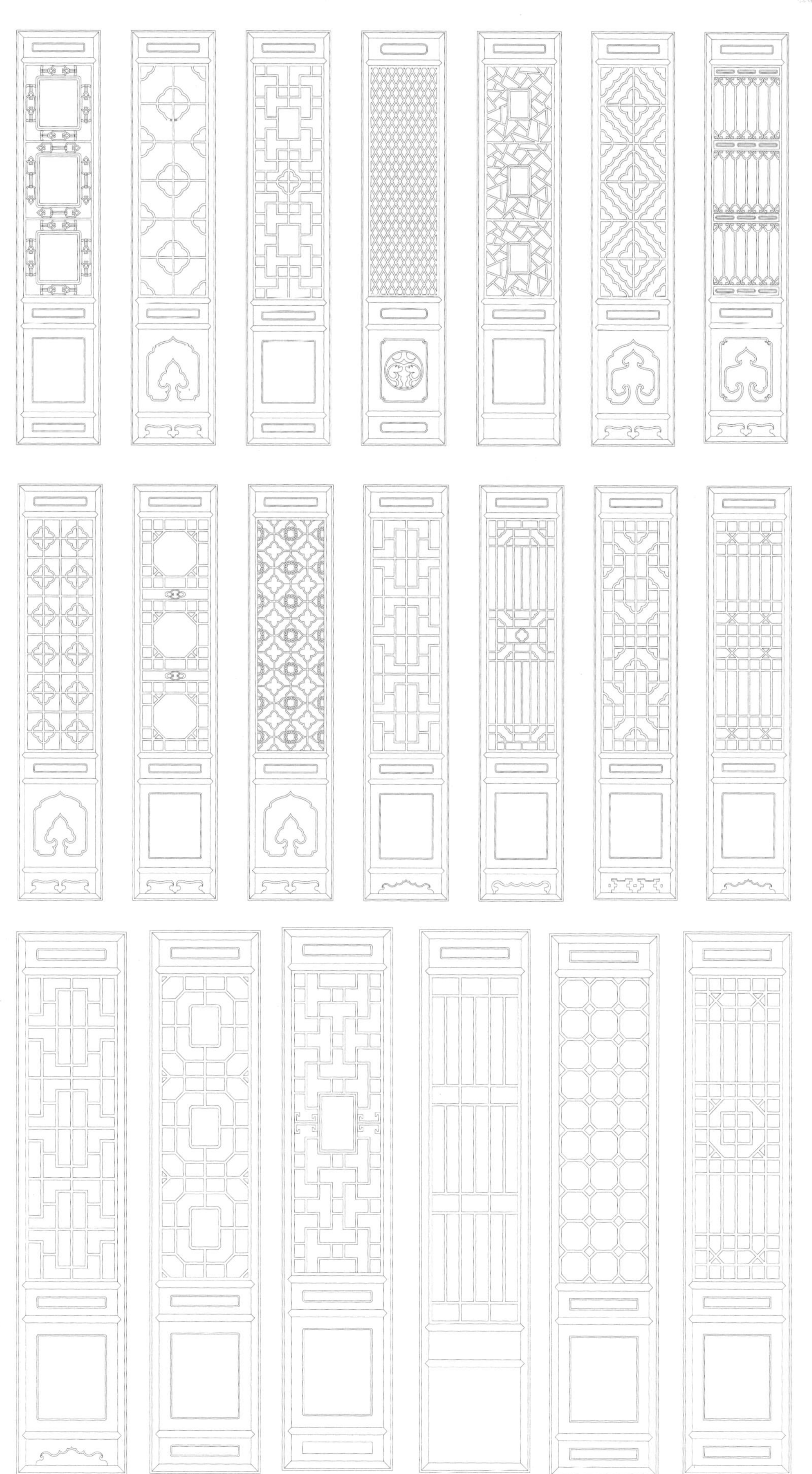

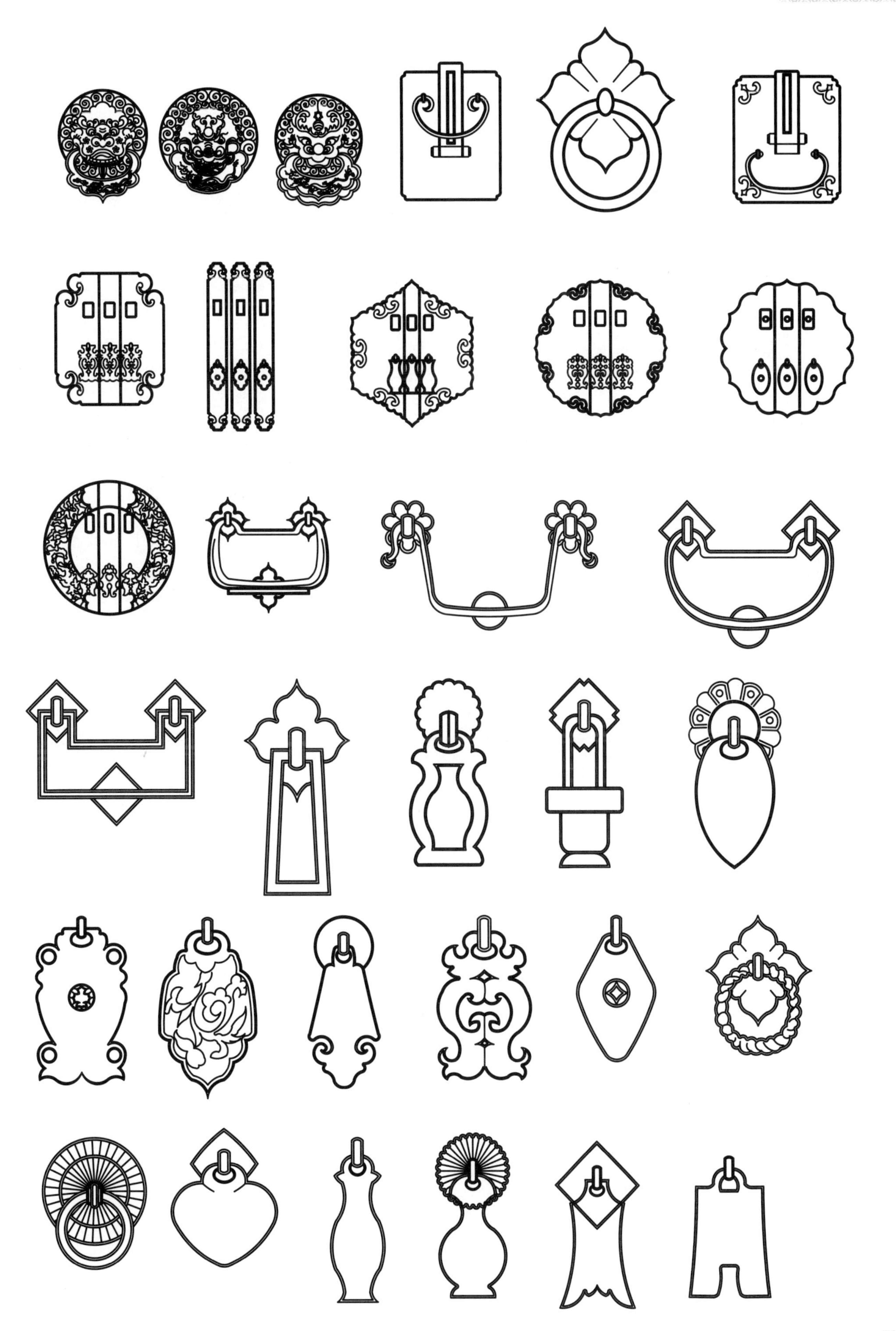

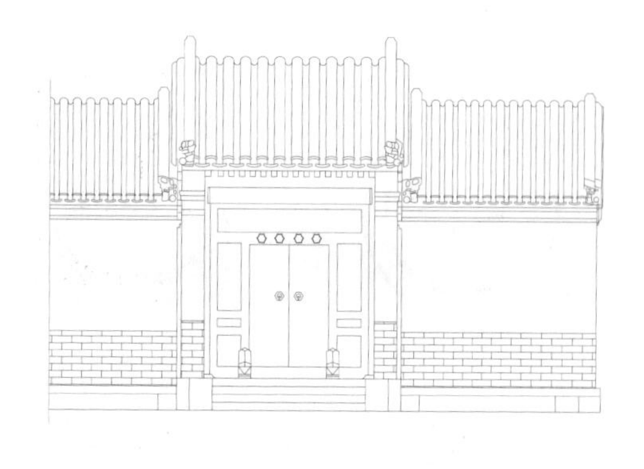

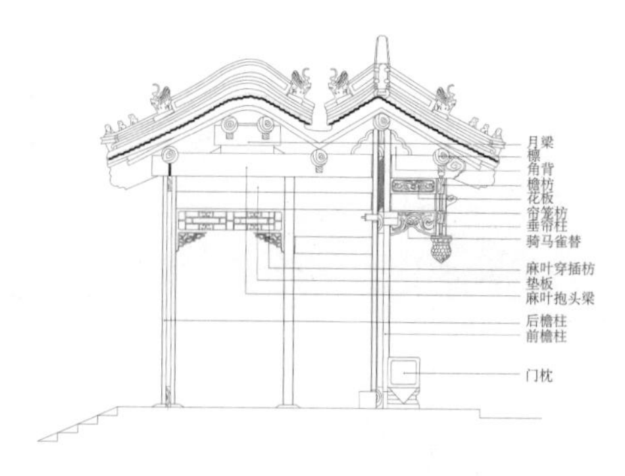
月梁
檩
角背
檐枋
花板
帘笼枋
垂帘柱
骑马雀替
麻叶穿插枋
垫板
麻叶抱头梁
后檐柱
前檐柱
门枕

立面图

平面图

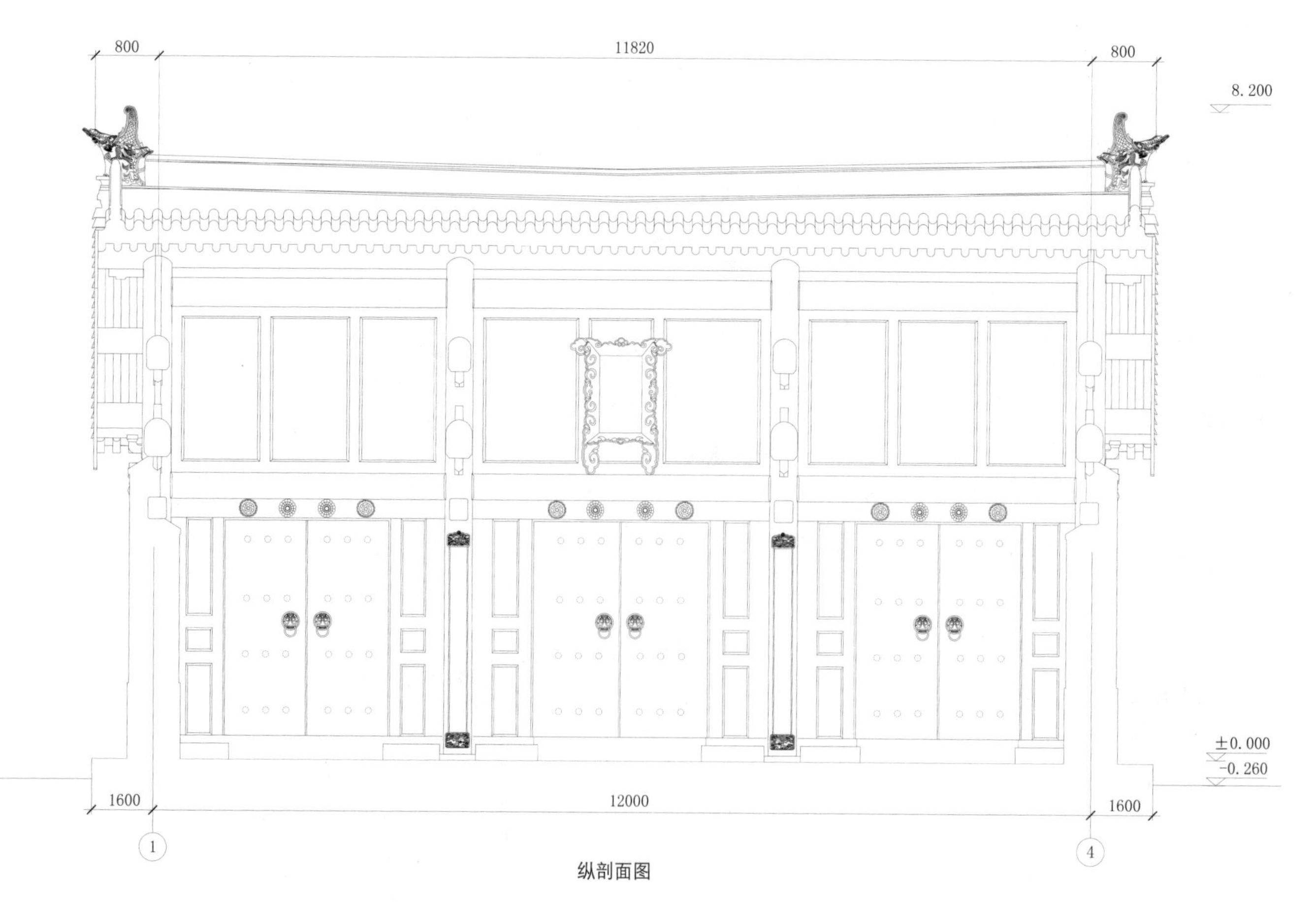
800
11820
800
8.200
±0.000
-0.260
1600
12000
1600
1
4

纵剖面图

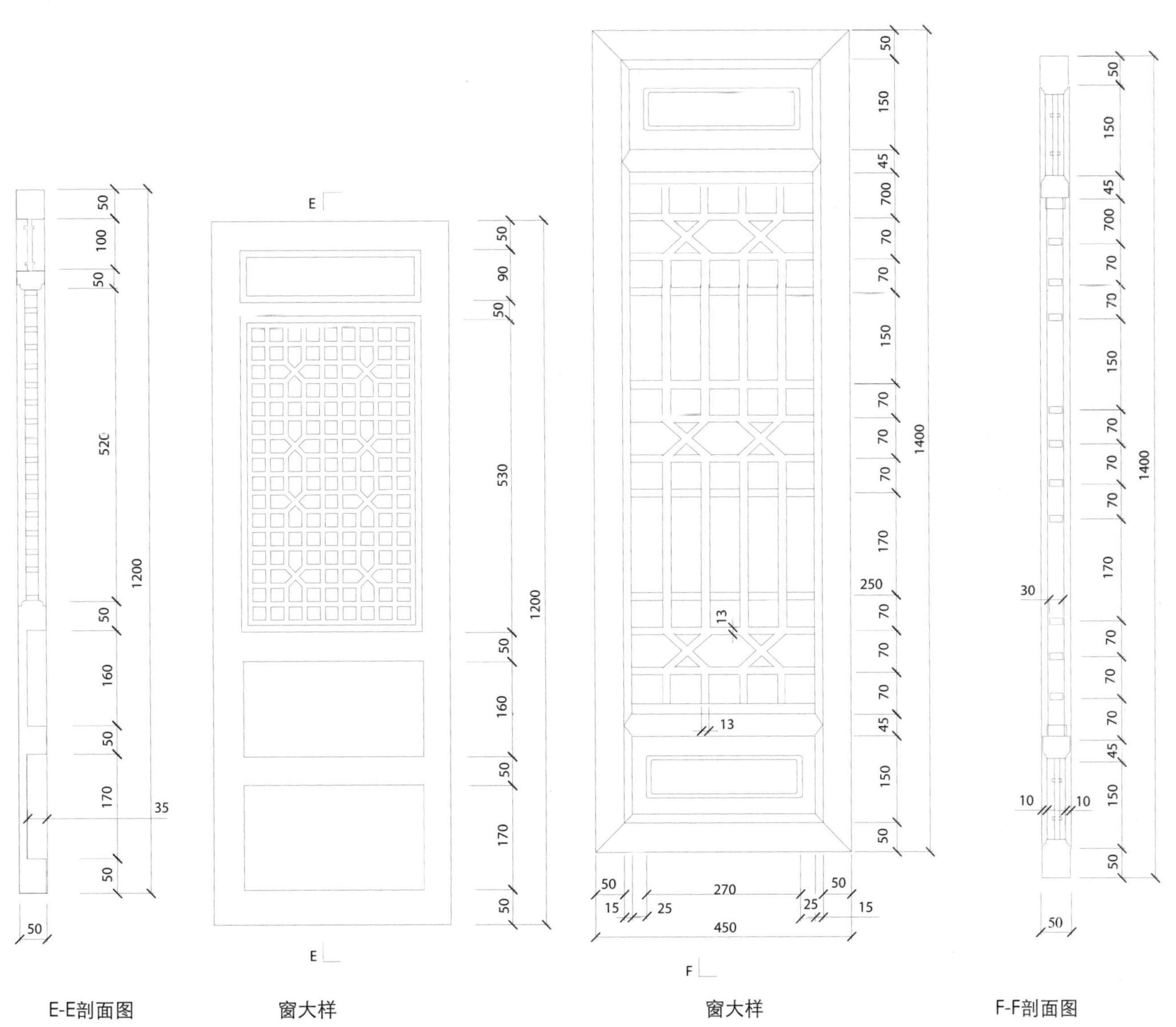

E-E剖面图　　窗大样　　窗大样　　F-F剖面图

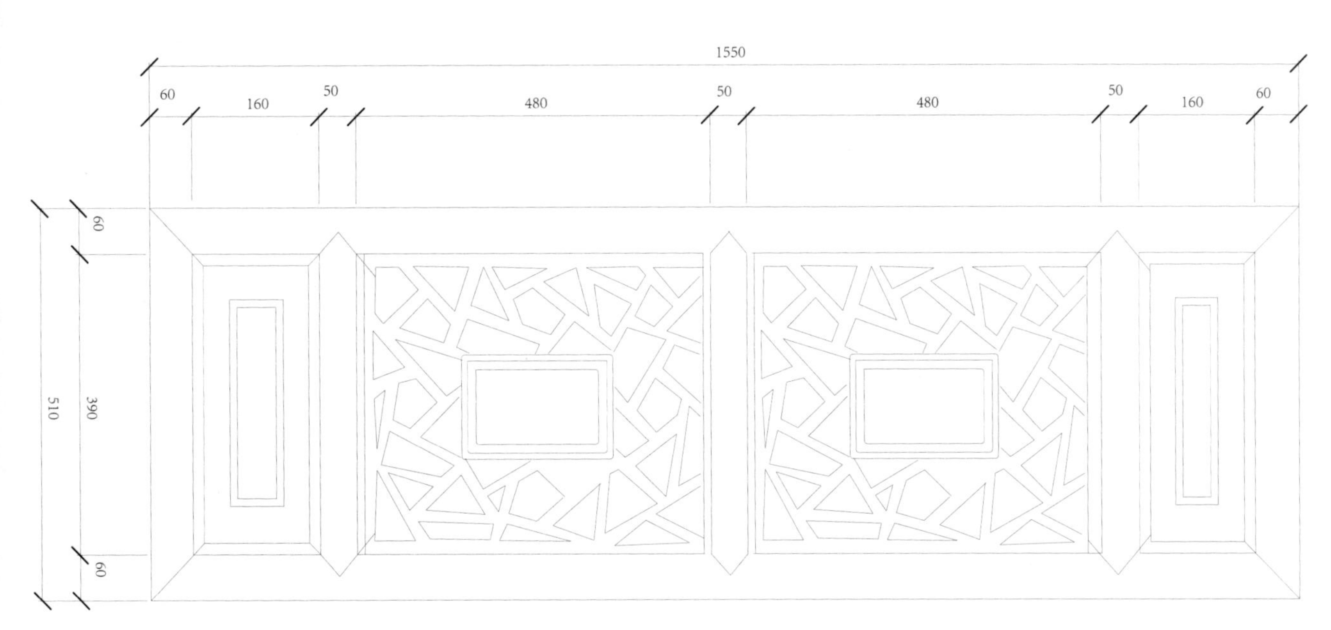

窗大样

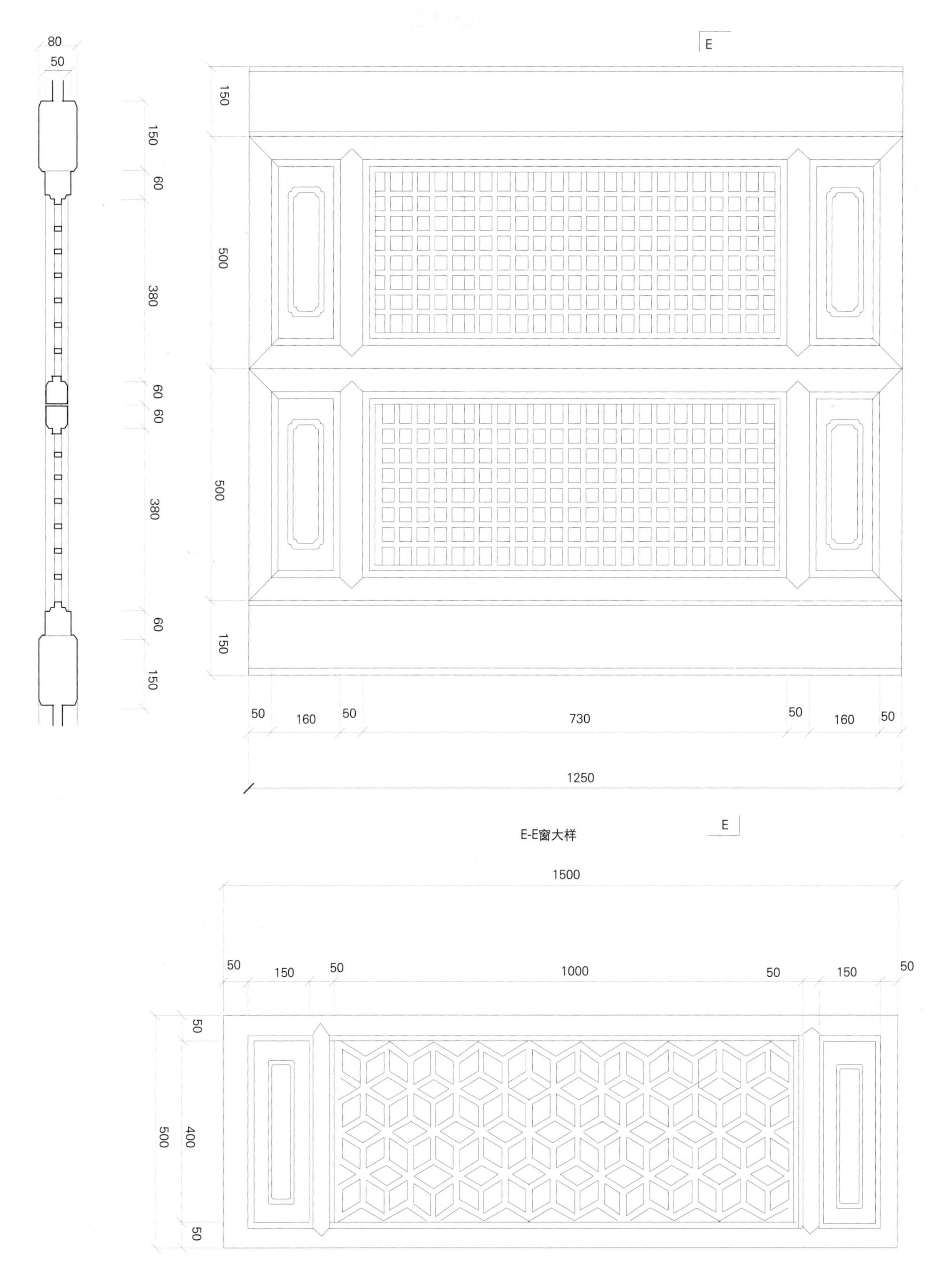

80
50
150
60
380
60
60
380
60
150
E
150
500
500
150
50
160
50
730
50
160
50
1250
E-E窗大样
E
1500
50
150
50
1000
50
150
50
50
500
400
50
窗大样

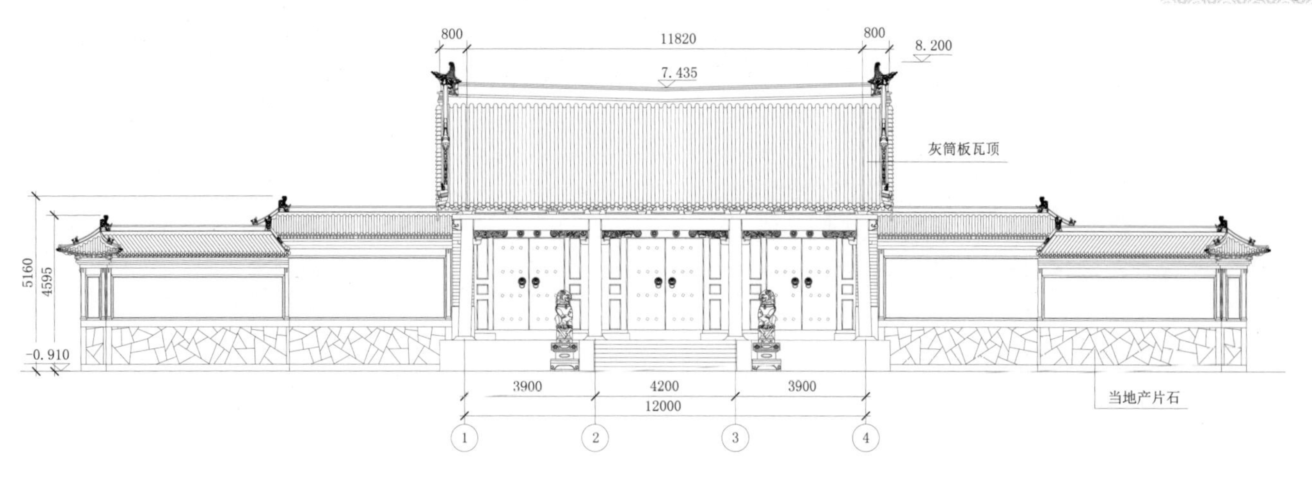

正立面图 1:100

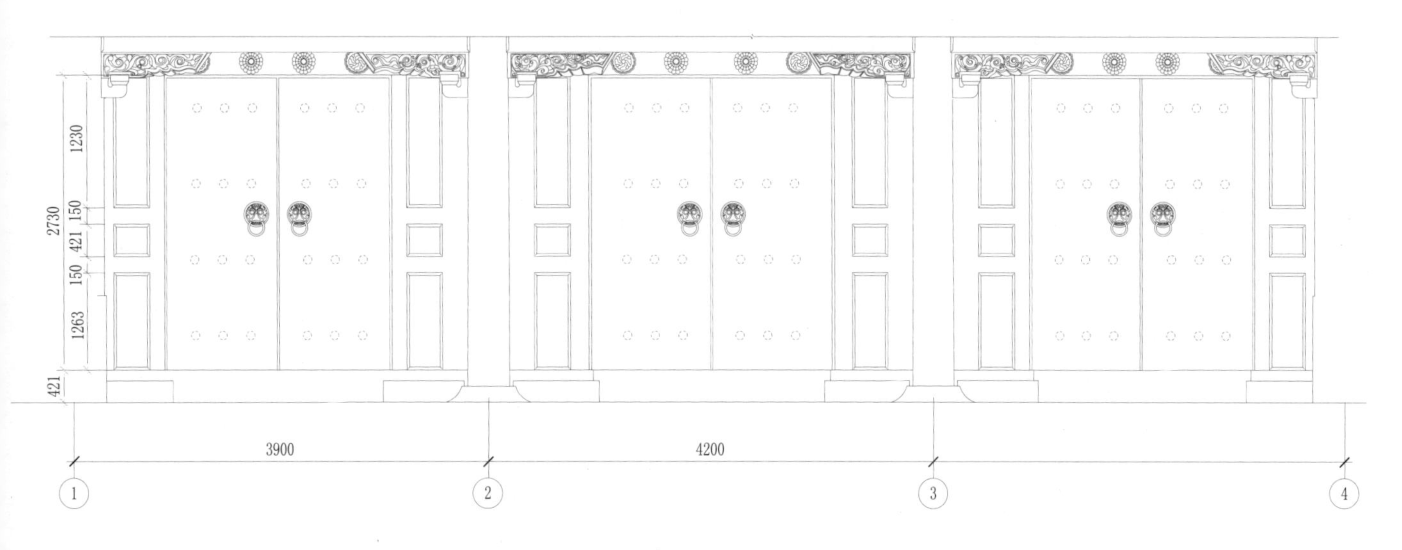

正立面

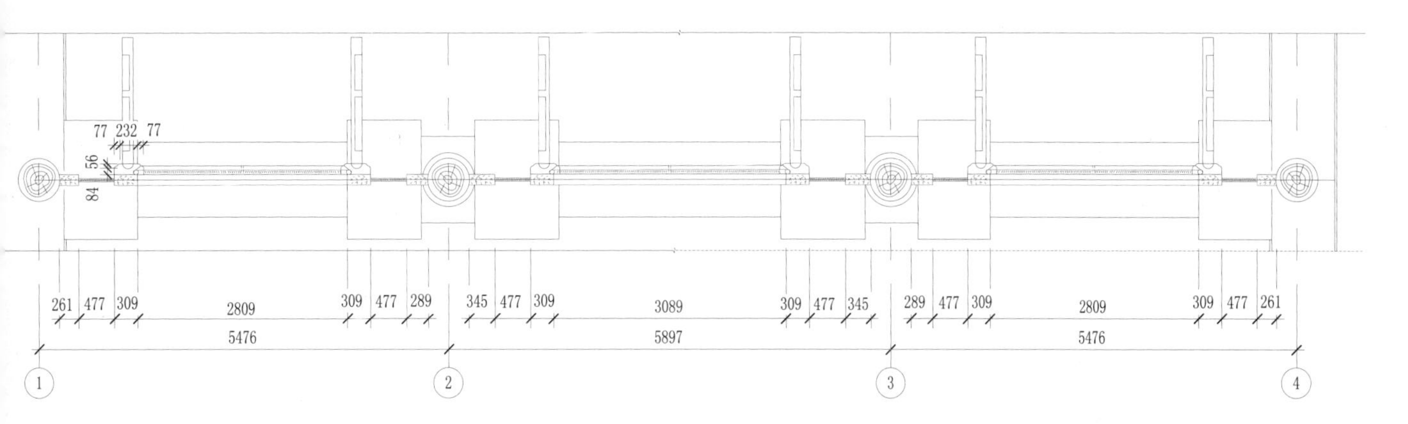

格扇门大样

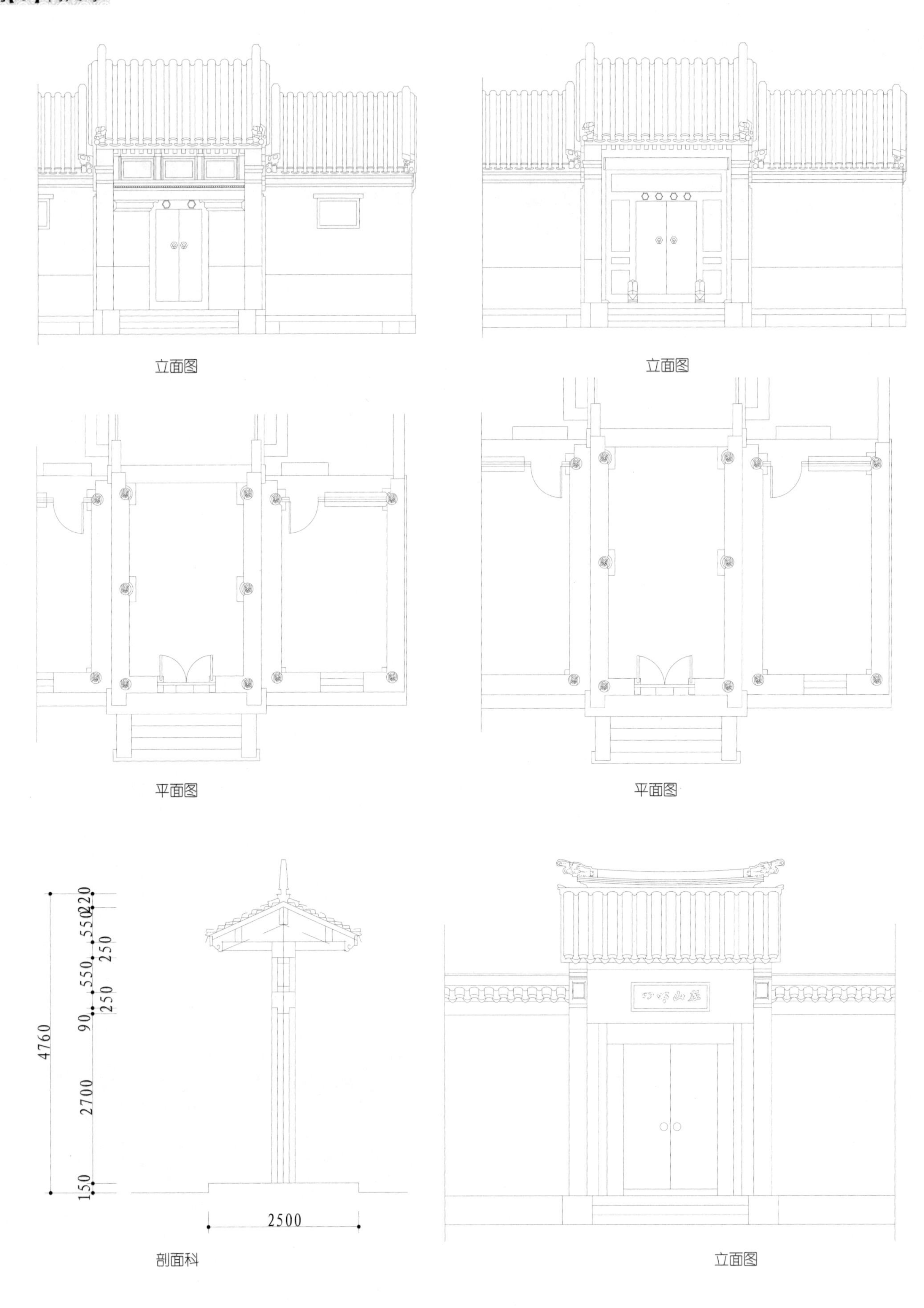

立面图

立面图

平面图

平面图

剖面科

立面图

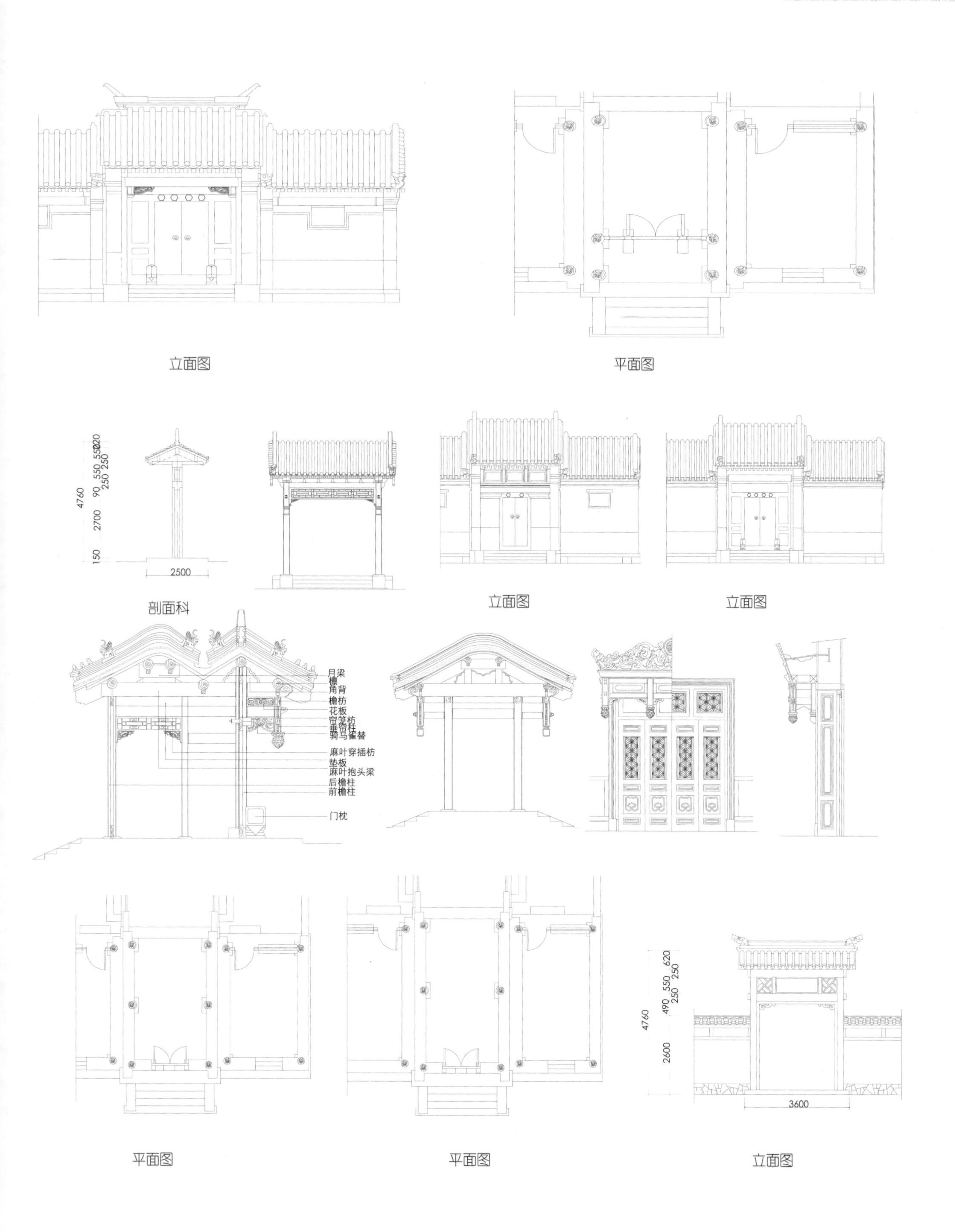
立面图
平面图
4760
620
550 550
90 250 250
2700
150
2500
剖面科
立面图
立面图
月梁
檩
角背
檐枋
花板
帘笼枋
垂帘柱
骑马雀替
麻叶穿插枋
垫板
麻叶抱头梁
后檐柱
前檐柱
门枕
4760
620
550 250
490 250
2600
3600
平面图
平面图
立面图

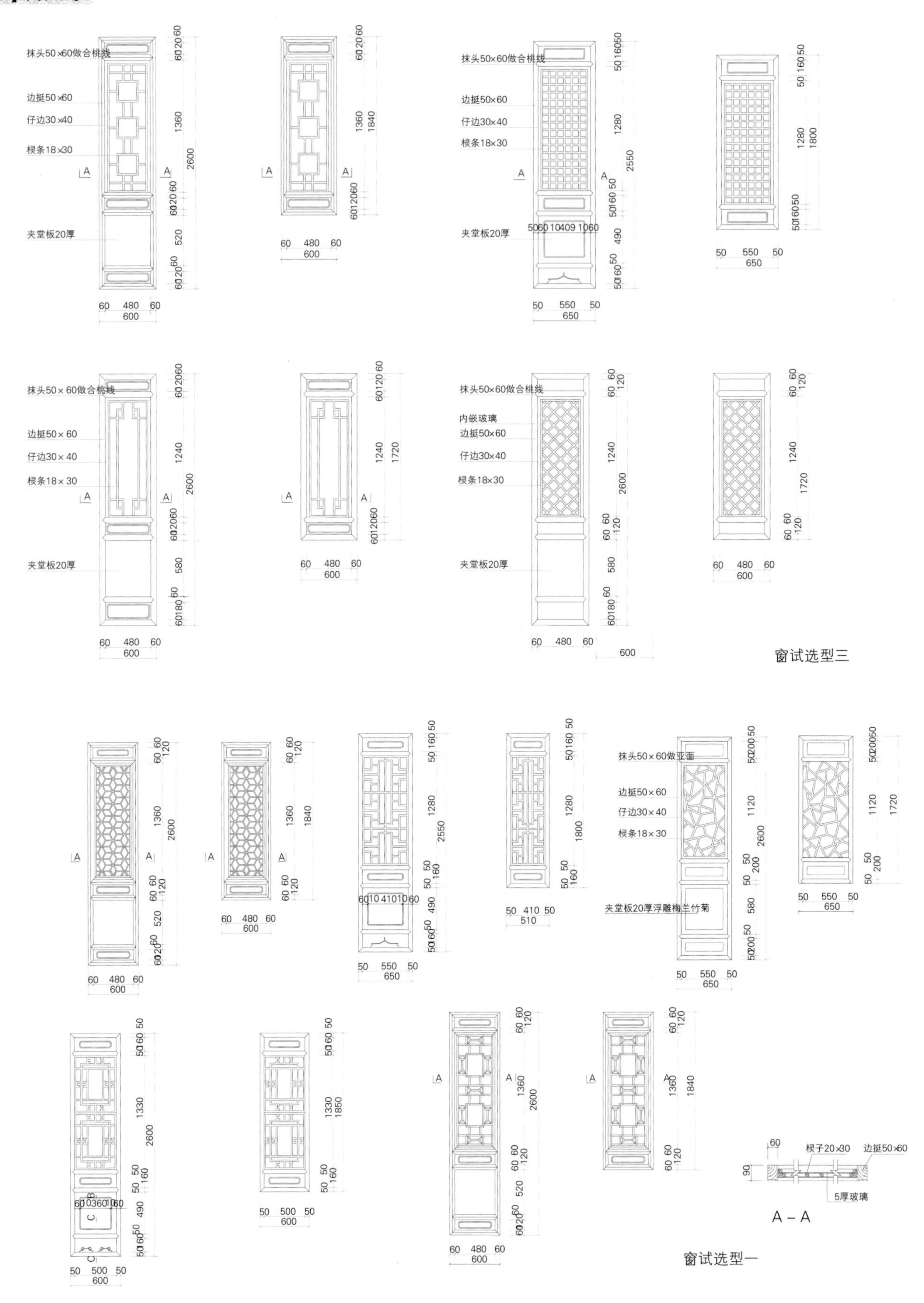
抹头50×60做合桃线
边挺50×60
仔边30×40
棂条18×30
夹堂板20厚
窗试选型三
抹头50×60做亚面
夹堂板20厚浮雕梅兰竹菊
棂子20×30
边挺50×60
5厚玻璃
内嵌玻璃
A – A
窗试选型一

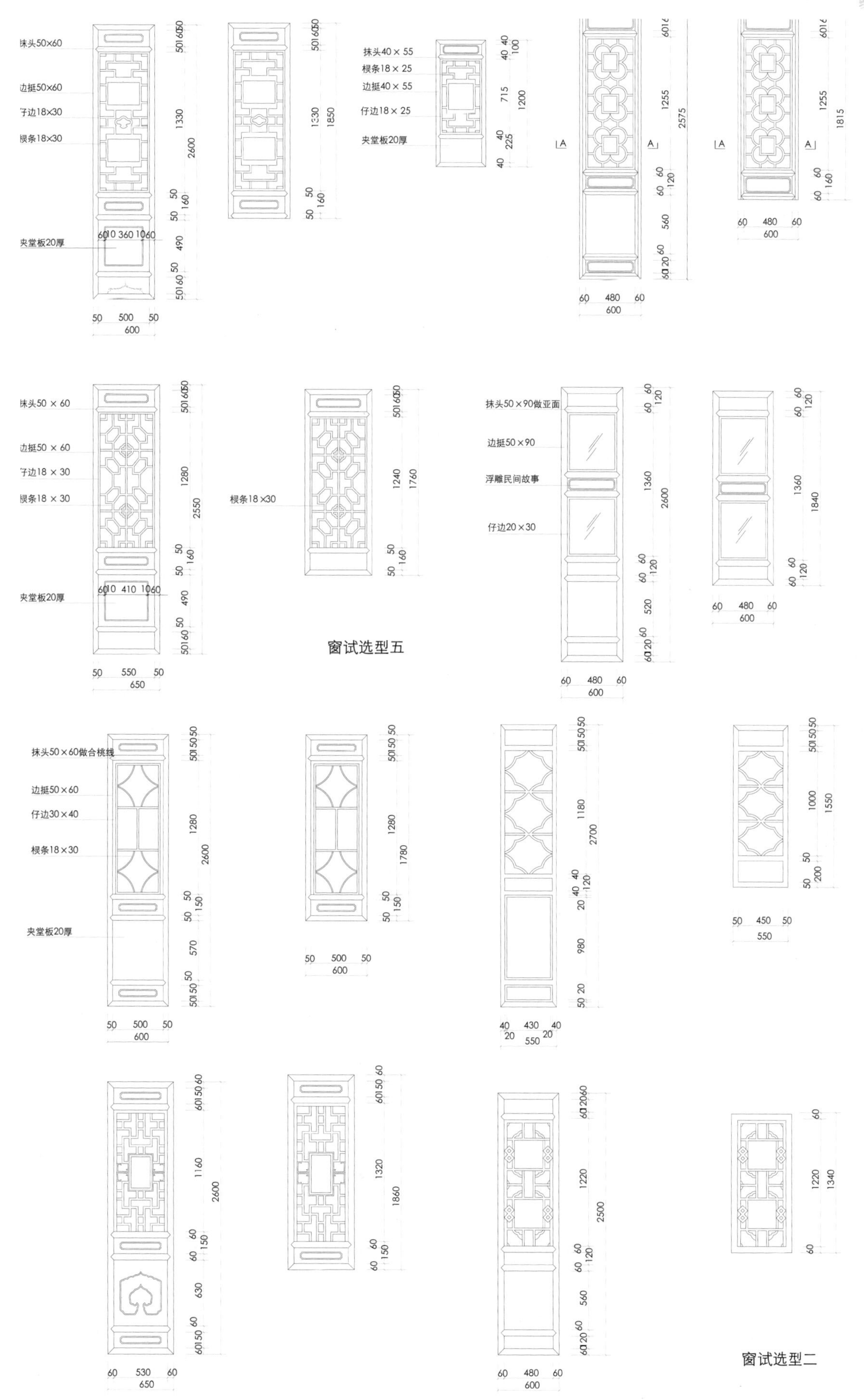
抹头50×60
边挺50×60
子边18×30
棂条18×30
夹堂板20厚
抹头40×55
棂条18×25
边挺40×55
仔边18×25
夹堂板20厚
抹头50×60
边挺50×60
子边18×30
棂条18×30
夹堂板20厚
棂条18×30
窗试选型五
抹头50×90做亚面
边挺50×90
浮雕民间故事
仔边20×30
抹头50×60做合桃线
边挺50×60
仔边30×40
棂条18×30
夹堂板20厚
窗试选型二

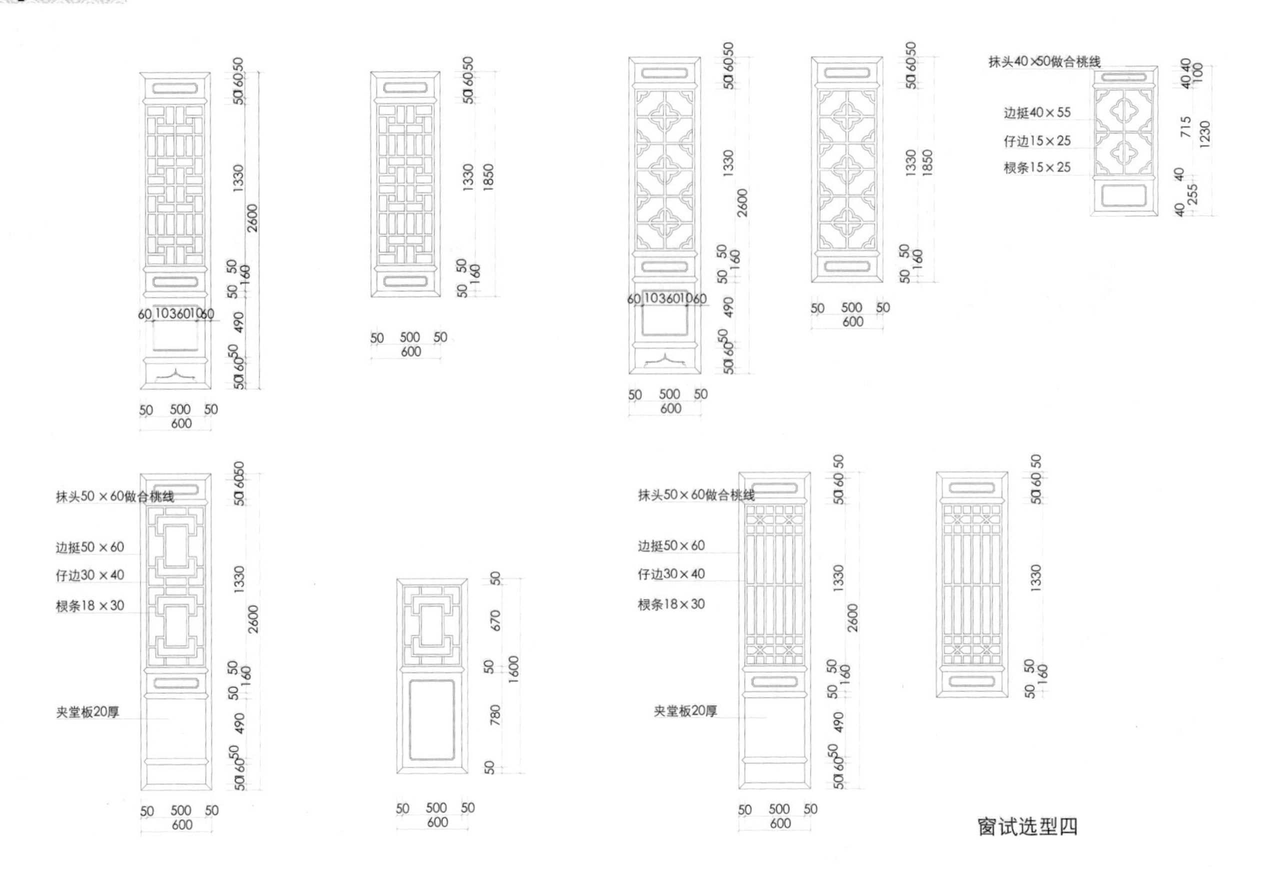

窗试选型四

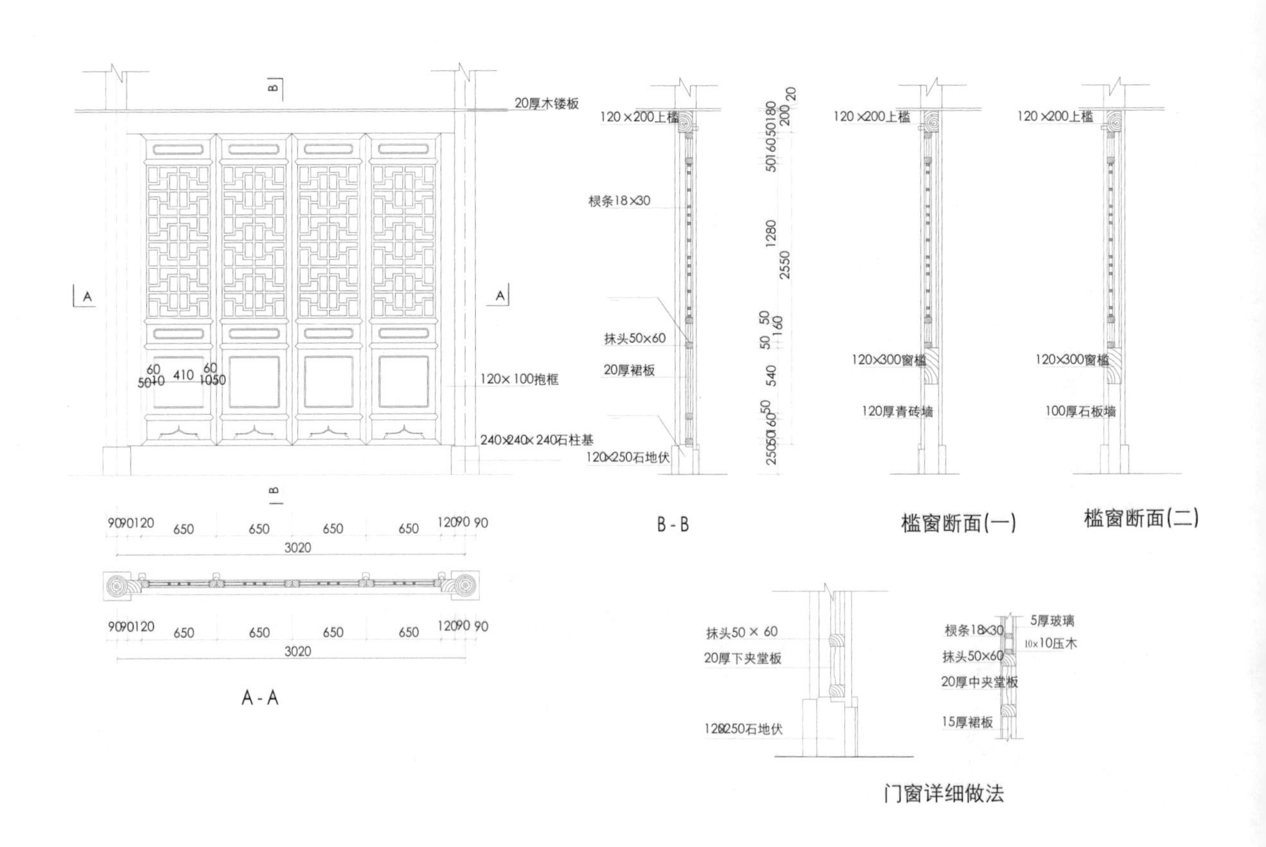

A-A

B-B

槛窗断面(一)

槛窗断面(二)

门窗详细做法

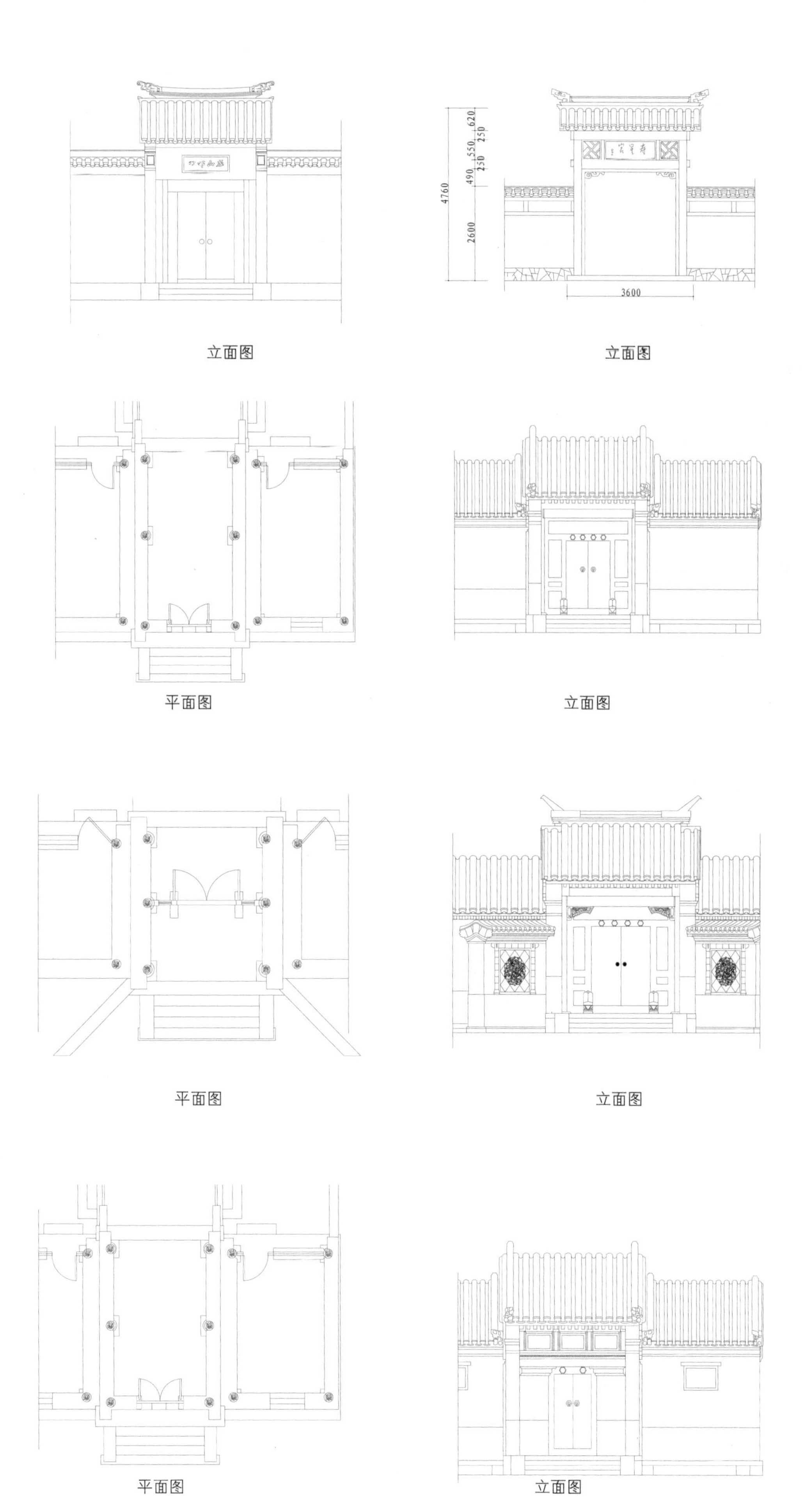

立面图

立面图

平面图

立面图

平面图

立面图

平面图

立面图

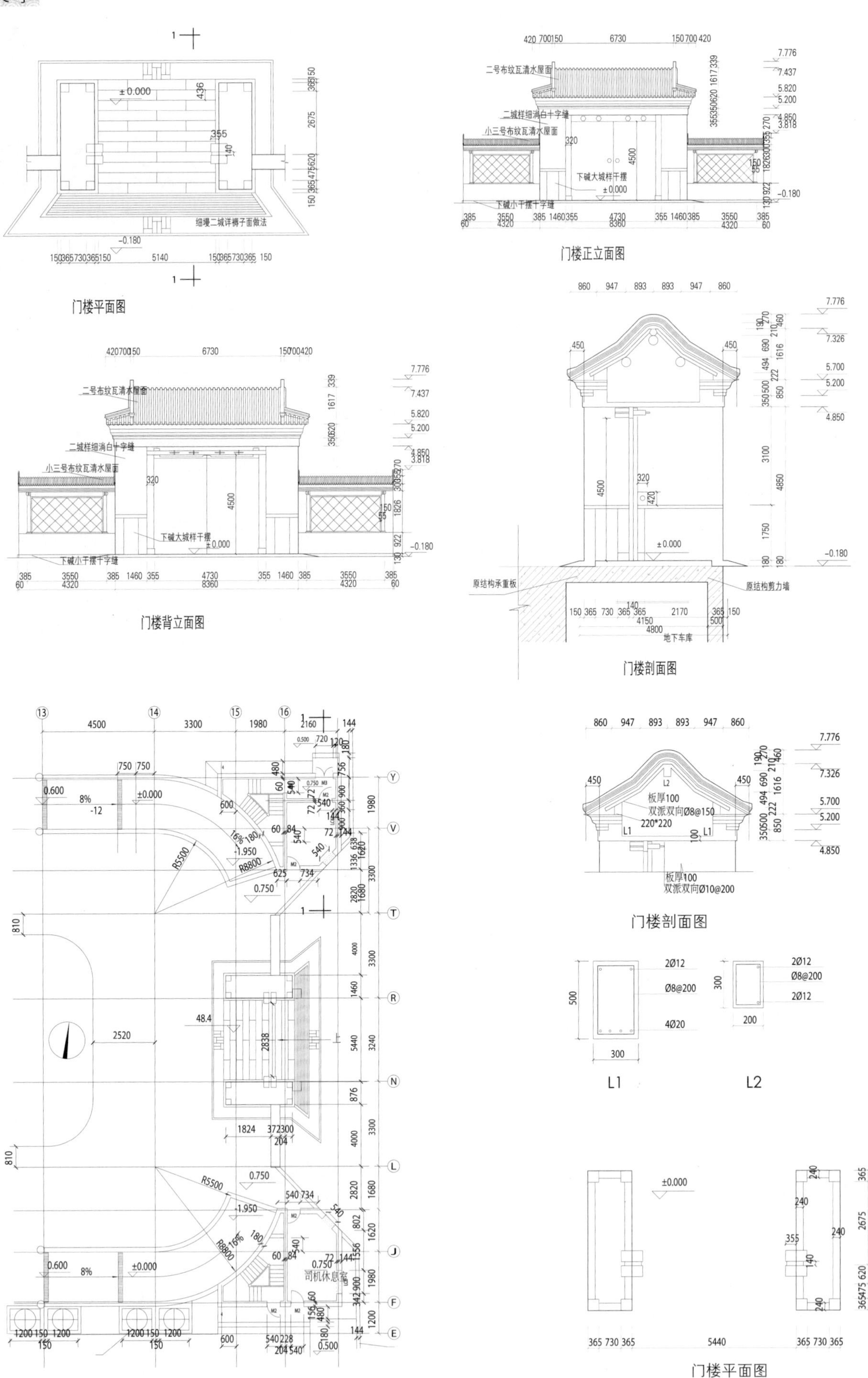

门楼平面图

门楼正立面图

门楼背立面图

门楼剖面图

宾馆入口平面图

门楼剖面图

门楼平面图

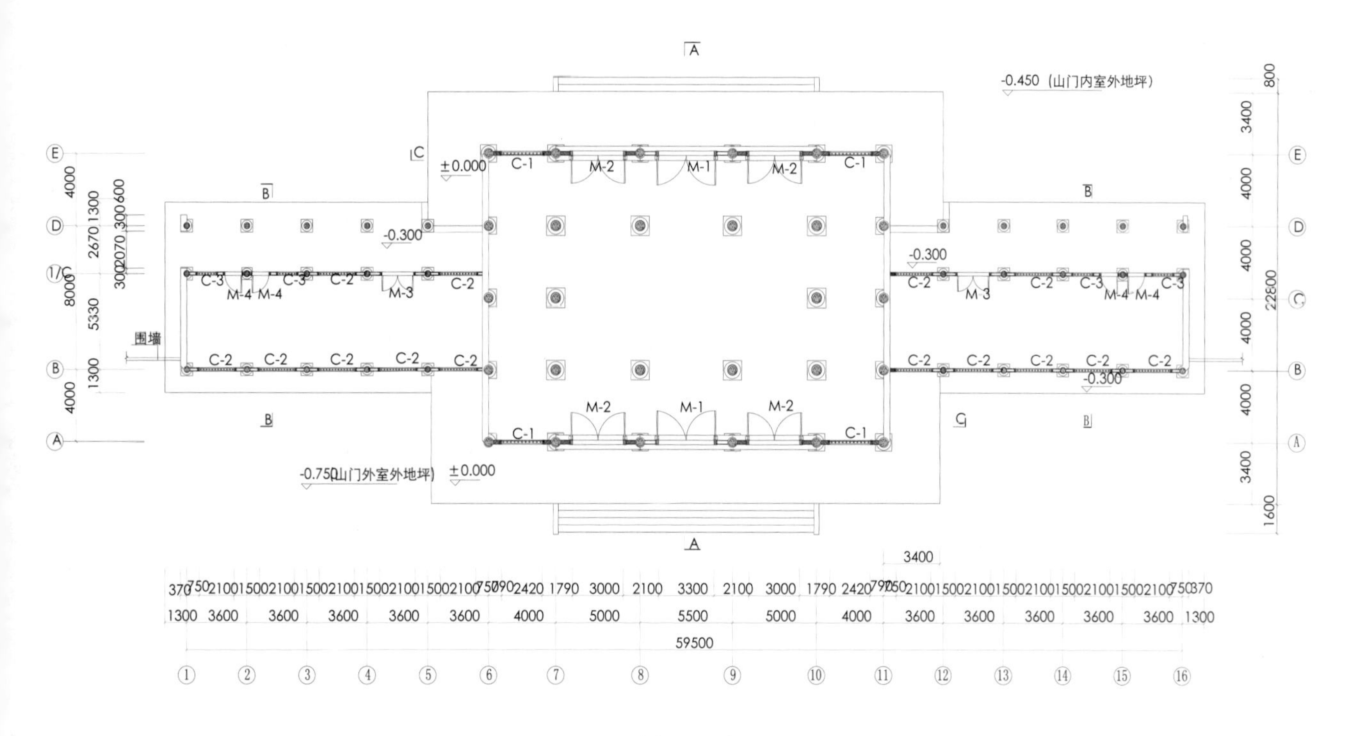

山门、厢房平面

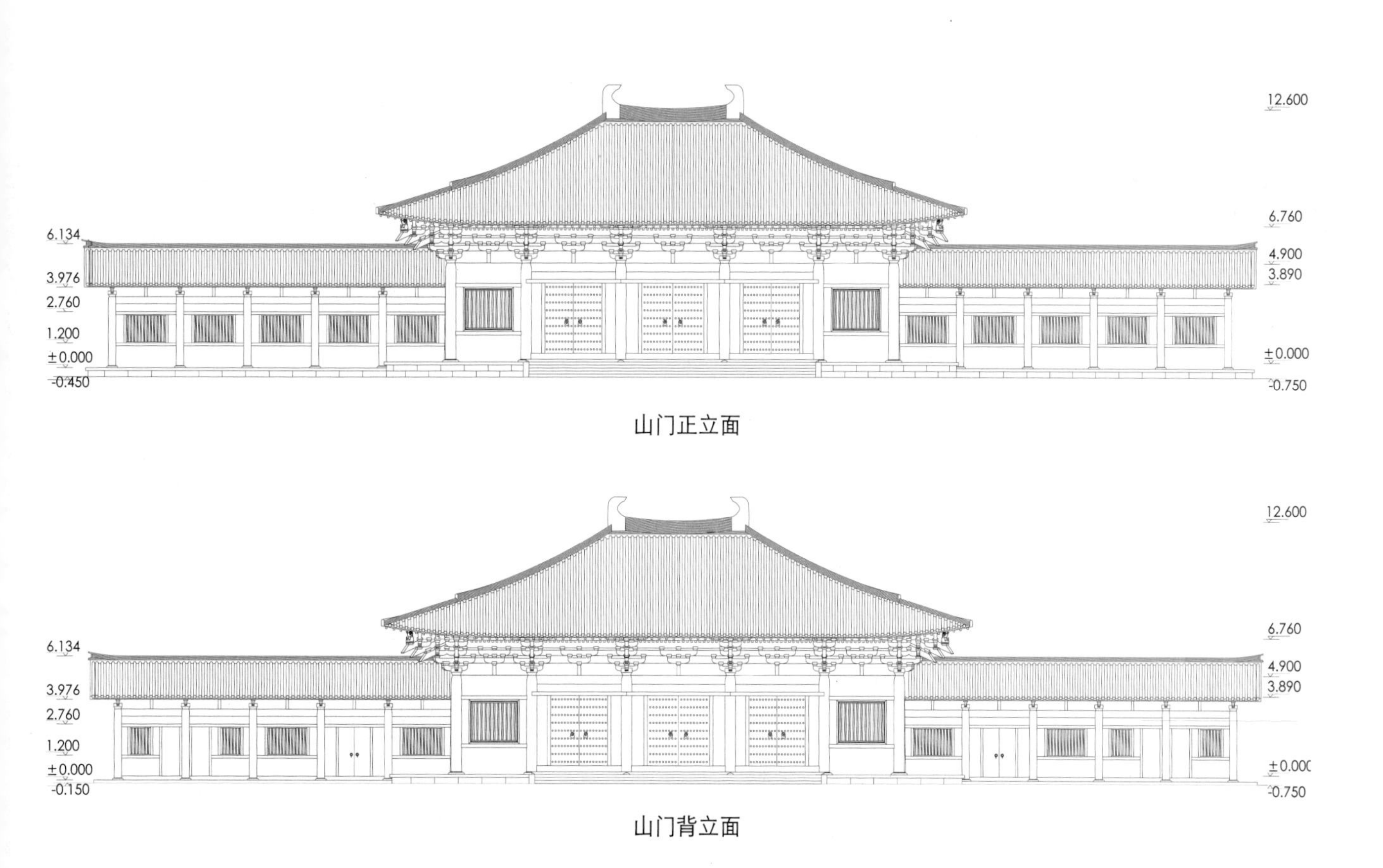

山门正立面

山门背立面

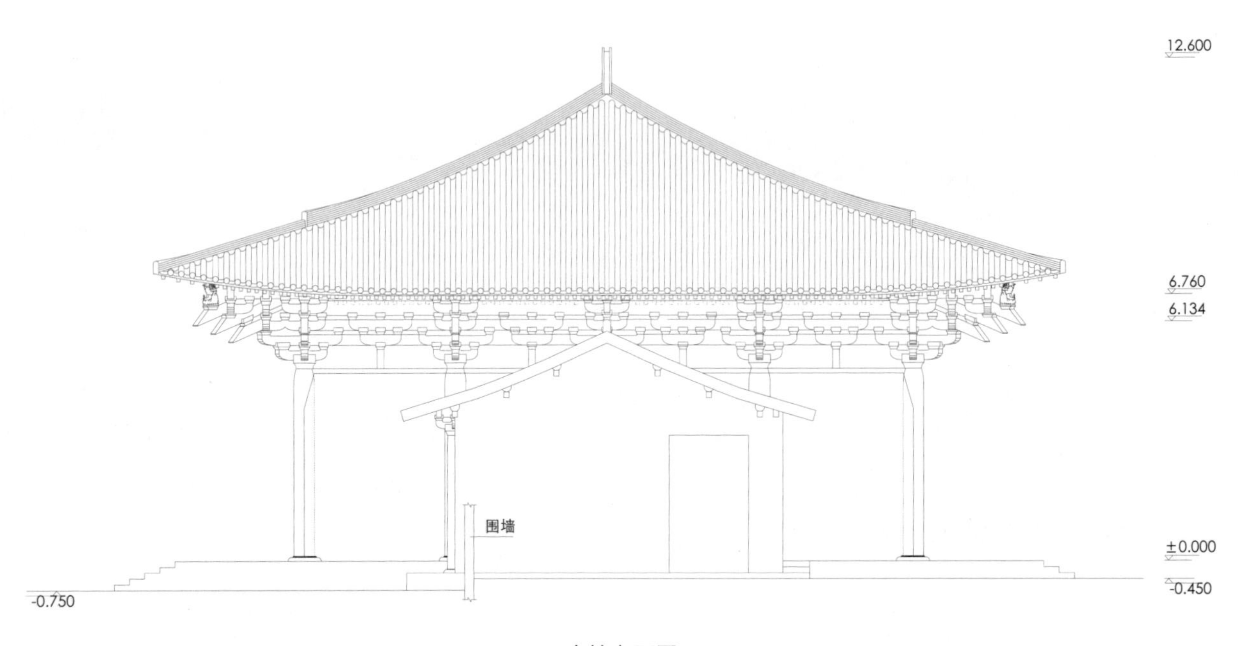
12.600
6.760
6.134
围墙
±0.000
-0.450
-0.750

山墙立面图

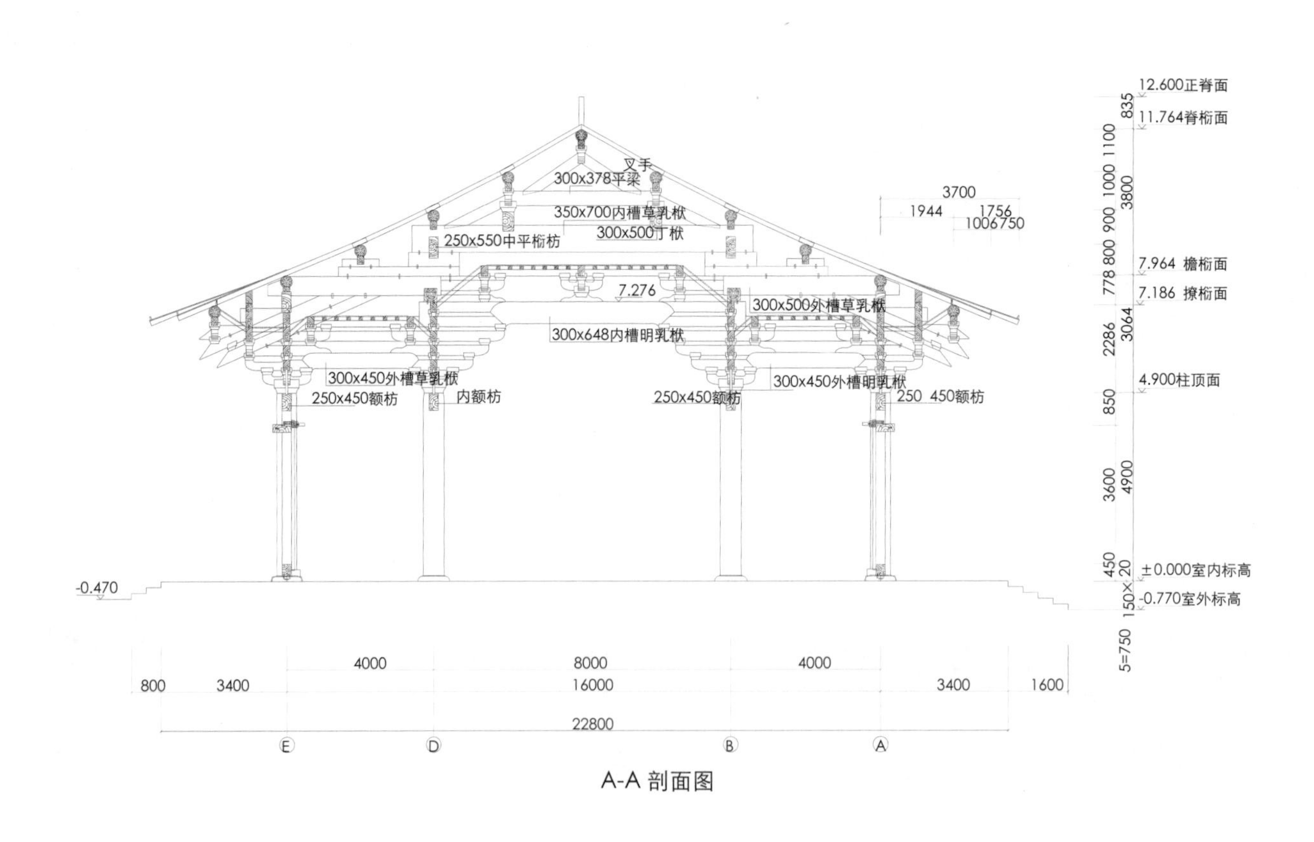
12.600正脊面
11.764脊桁面
叉手
300x378平梁
350x700内槽草乳栿
250x550中平榭枋
300x500丁栿
3700
1944
1756
1006750
7.964 檐桁面
7.186 撩桁面
7.276
300x500外槽草乳栿
300x648内槽明乳栿
300x450外槽草乳栿
300x450外槽明乳栿
250x450额枋
内额枋
250x450额枋
250 450额枋
4.900柱顶面
±0.000室内标高
-0.770室外标高
-0.470
835
1100
1000
1000
900
800
778
3800
2286
3064
850
3600
4900
450
150×20
5=750
4000
8000
4000
800
3400
16000
3400
1600
22800
E
D
B
A

A-A 剖面图

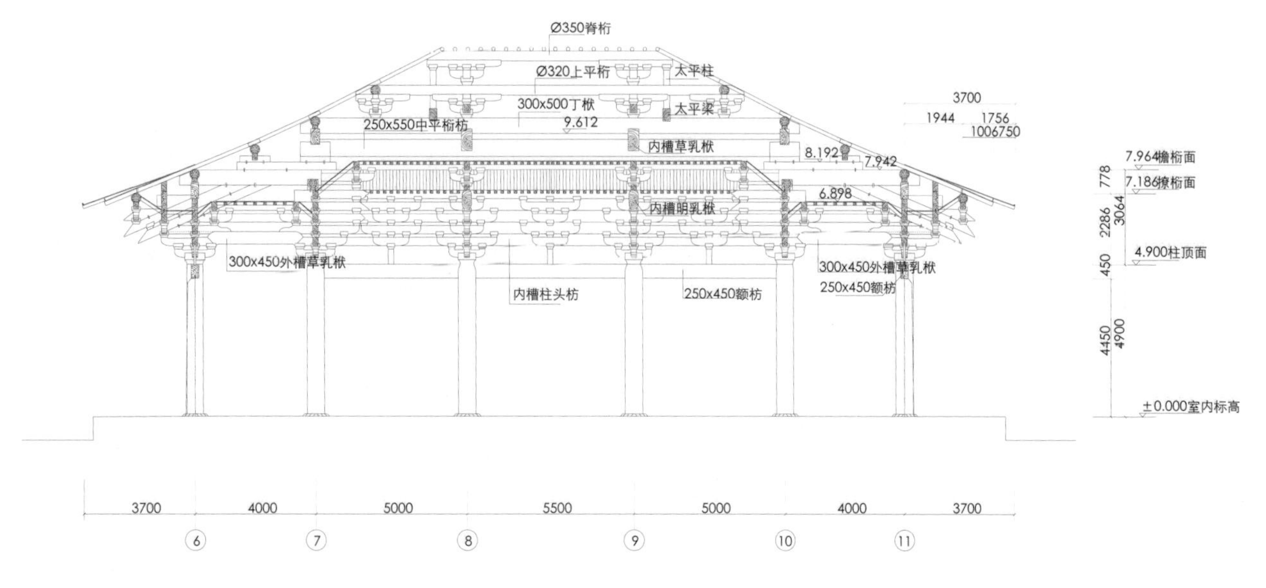
Ø350脊桁
Ø320上平桁
太平柱
300x500丁栿
太平梁
250x550中平桁枋
9.612
内槽草乳栿
3700
1944 1756
1006750
8.192
7.942
7.964檐桁面
7.186撩桁面
778
2286
3064
6.898
内槽明乳栿
300x450外槽草乳栿
300x450外槽草乳栿
250x450额枋
4.900柱顶面
450
内槽柱头枋
250x450额枋
4450
4900
±0.000室内标高
3700 4000 5000 5500 5000 4000 3700
6 7 8 9 10 11

C-C 剖面图

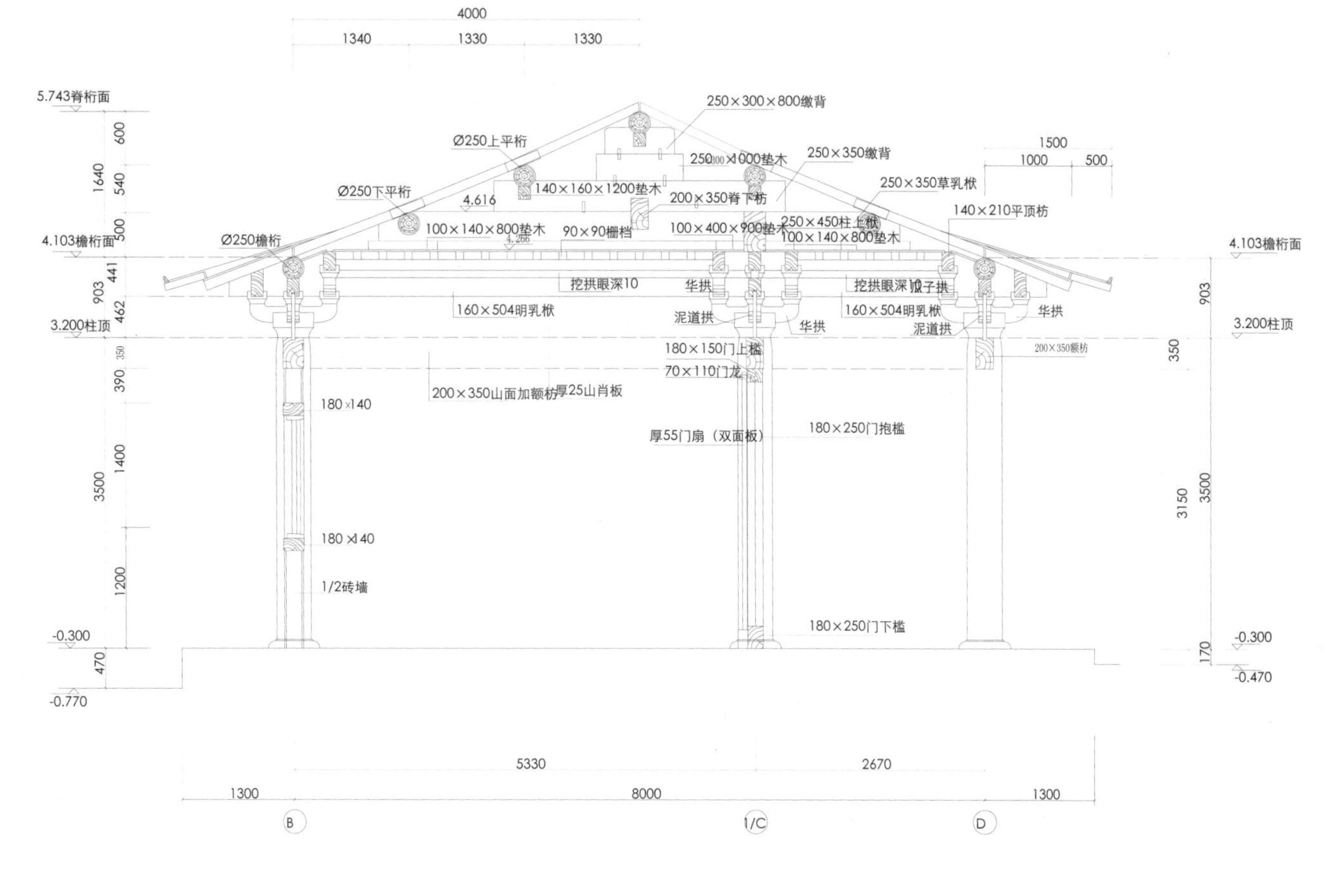
4000
1340 1330 1330
5.743脊桁面
600
1640
540
500
250×300×800缴背
Ø250上平桁
250×100×1000垫木
250×350缴背
1500
1000 500
140×160×1200垫木
Ø250下平桁
4.616
200×350脊下枋
250×350草乳栿
140×210平顶枋
100×140×800垫木
90×90栅档
100×400×900垫木
250×450柱上栿
100×140×800垫木
4.266
4.103檐桁面
Ø250檐桁
4.103檐桁面
441
903
462
挖拱眼深10
华拱
挖拱眼深10
瓜子拱
160×504明乳栿
泥道拱
160×504明乳栿
华拱
华拱
泥道拱
3.200柱顶
3.200柱顶
180×150门上槛
200×350额枋
350
390
70×110门龙
903
200×350山面加额枋
厚25山肖板
180×140
厚55门扇（双面板）
180×250门抱槛
1400
3500
3150
3500
180×140
1200
1/2砖墙
180×250门下槛
-0.300
-0.300
470
170
-0.770
-0.470
5330 2670
1300 8000 1300
B 1/C D

B - B

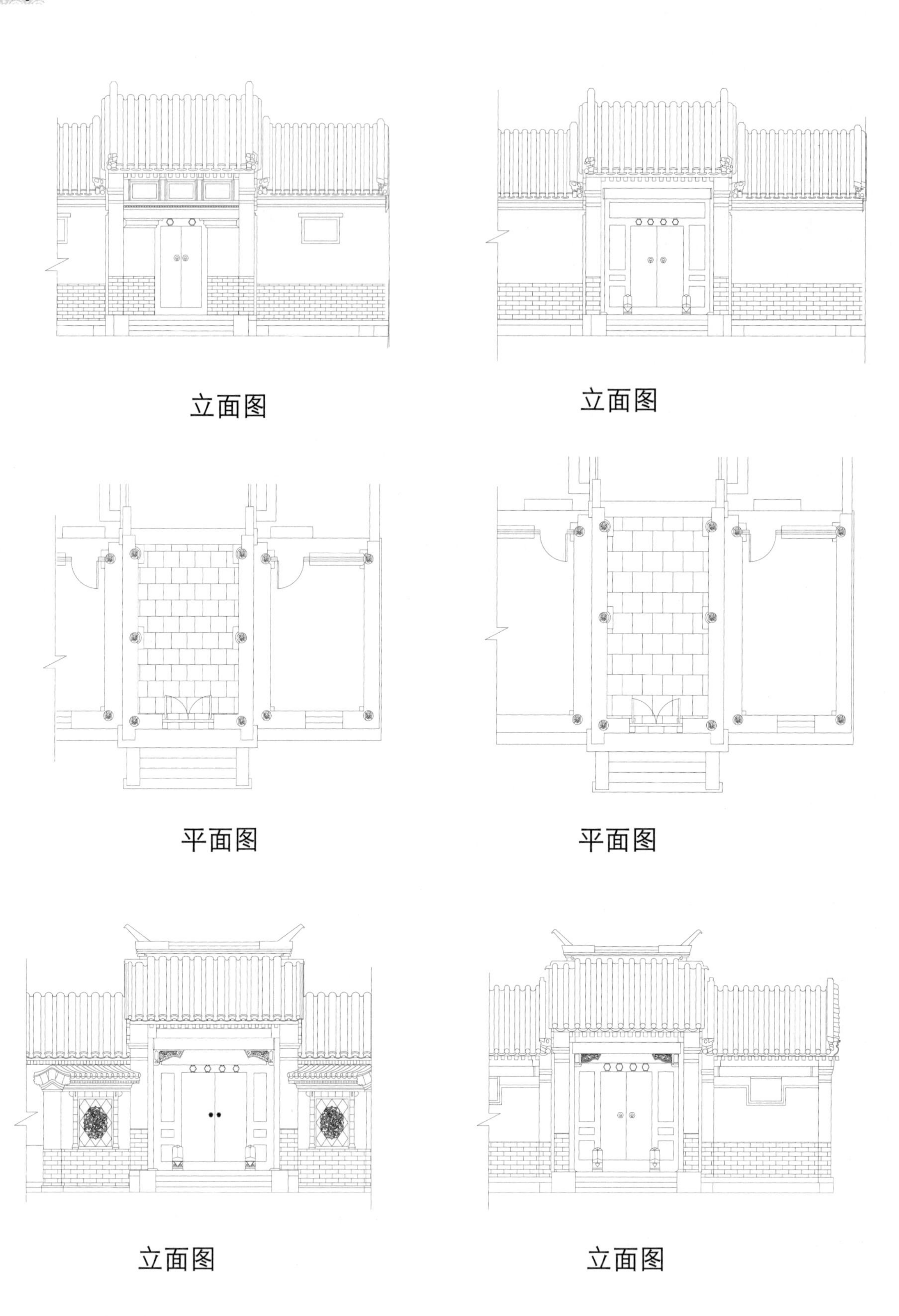

立面图

立面图

平面图

平面图

立面图

立面图

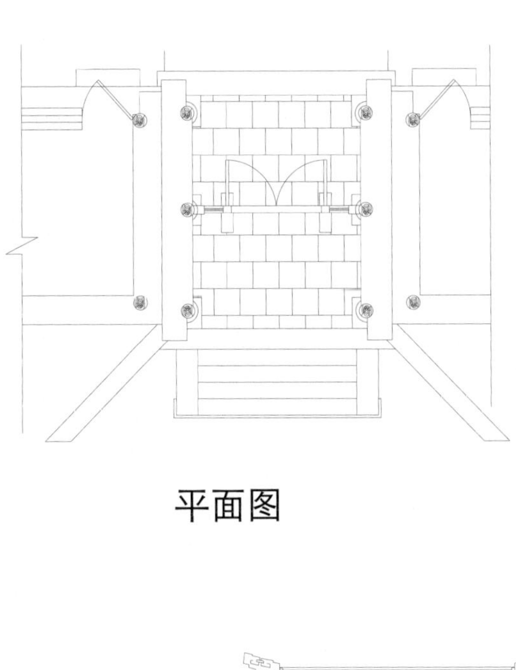

平面图

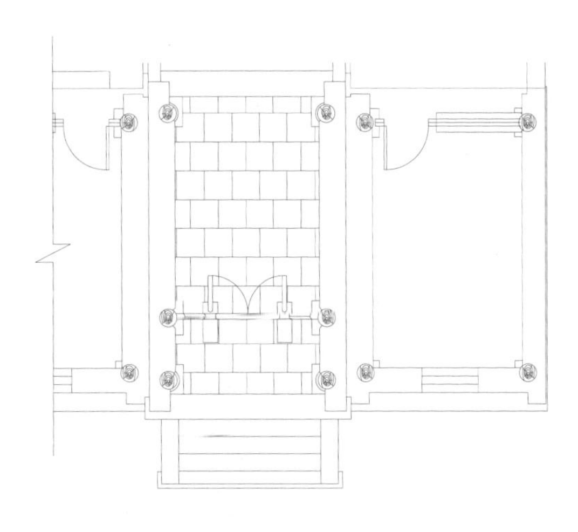

平面图

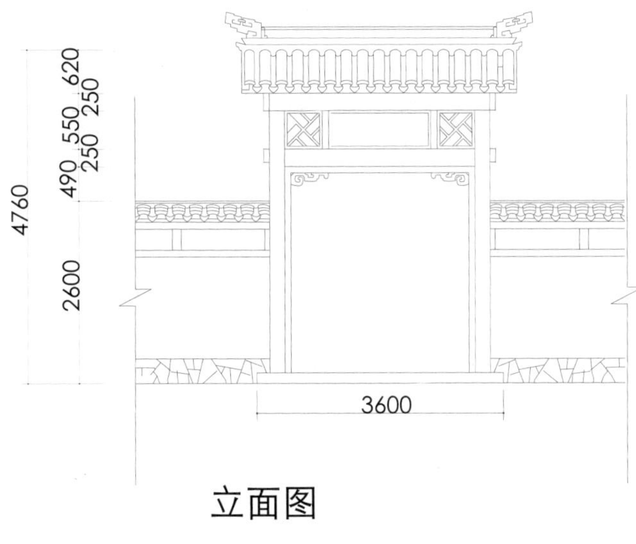

立面图

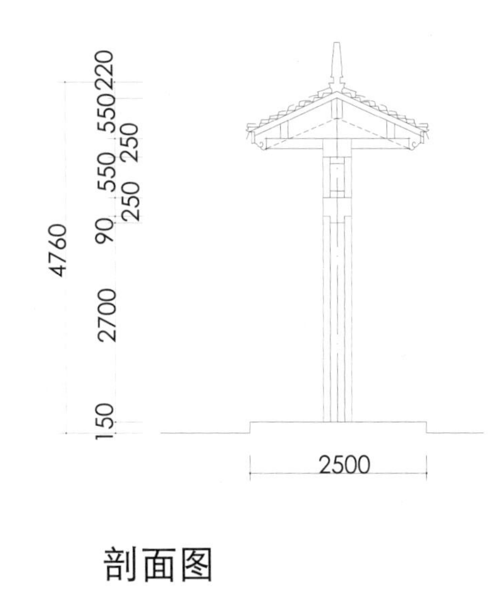

剖面图

第三章
廊架

中国古代建筑构件——廊

“廊”是一种“虚”的建筑形式，由两排列柱顶着一个不太厚实的屋顶，其作用是把园内各单体建筑连在一起。廊一边通透，利用列柱、横楣构成一个取景框架，形成一个过渡 的空间，造型别致曲折、高低错落。我国建筑中的走廊，不但是厅厦内室、楼、亭台 的延伸，也是由主体建筑通向各处的纽带，而园林中的廊子，既起到园林建筑的穿插、联系的作用，又是园林景色的导游线。

“廊”是指屋檐下的过道、房屋内的通道或独立有顶的通道。包括回廊和游廊，具有遮阳、防雨、小憩等功能。廊是建筑的组成部分，也是构成建筑外观特点和划分空间格局的重要手段。如围合庭院的回廊，对庭院空间的处理、体量的美化十分关键；园林中的游廊则可以划分景区，形成空间的变化，增加景深和引导游人。中国古代建筑中的廊常配有几何纹样的栏杆、坐凳、鹅项椅（即美人靠）、挂落、彩画；隔墙上常饰以什锦灯窗、漏窗、月洞门、瓶门等各种装饰构件。

一、廊的分类

从横剖面的形状看，廊可以分为四种类型：

双面空廊（两边通透）、单面空廊、复廊（在双面空廊的中间加一道墙）、双层廊（上下两层）

从整体造型及所处位置来看又可以分为：直廊、曲廊、回廊、爬山廊和桥廊等。

1. 双面空廊

两侧均为列柱，没有实墙，在廊中可以观赏两面景色。双面空廊不论直廊、曲廊、回廊、抄手廊等都可采用，不论在风景层次深远的大空间中，或在曲折灵巧的小空间中都可运用。

2. 单面空廊

有两种：一种是在双面空廊的一侧列柱间砌上实墙或半实墙而成的；一种是一侧完全贴在墙或建筑物边沿上。单面空廊的廊顶有时作成单坡形，以利排水。

3. 长廊

北京颐和园内的长廊，就是双面空廊，全长 728 米，北依万寿山，南临昆明湖，穿花透树，把万寿山前十几组建筑群联系起来，对丰富园林景色起着突出的作用。

4. 复廊

中间为墙，墙的两边设廊，墙上开设漏窗，人行两边，通过漏窗可以看到隔墙之景，这就是园林的空间艺术了。

5. 双层廊

上下两层的廊，又称“楼廊”。它为游人提供了在上下两层不同高程的廊中观赏景色的条件，也便于联系不同标高的建筑物或风景点以组织人流，可以丰富园林建筑的空间构图。

6. 直廊

走廊的栏杆笔直向前方延伸，此种廊多为过道，以方便游人行走为主，给人以干净整齐的感觉，增强了建筑无限延伸的空间感。

7. 曲廊

依墙又离墙，因而在廊与墙之间组成各式小院，空间交错，穿插流动，曲折有法或在其间栽花置石，或略添小景而成曲廊，不曲则成修廊。

8. 回廊

（1）在建筑物门斗、大厅内设置在二层或二层以上的回形走廊。

（2）曲折环绕的走廊。

9. 桥廊

桥廊是在桥上布置亭子，既有桥梁的交通作用，又具有廊的休息功能。

10. 爬山廊

廊顺地势起伏蜿蜒曲折，犹如伏地游龙而成爬山廊。常见的有跌落爬山廊和竖曲线爬山廊。

爬山廊都建于山际，不仅可以使山坡上下的建筑之间有所联系，而且廊子随地形有高低起伏变化，使得园景丰富。

二、廊的结构设计

1. 木结构

有利于发扬江南传统的园林建筑风格，形体玲珑小巧，视线通透。

2. 钢结构

钢的或钢与木结合构成的画廊也是很多见的，轻巧，灵活，机动性强。

3. 钢筋混凝土结构

多为平顶与小坡顶。

4. 其他结构，如：竹结构、木结构、钢结构、竹结构等。

三、 廊的应用

廊具有引导人流，引导视线，连接景观节点和供人休息的功能，其造型和长度也形成了自身有韵律感的连续景观效果。廊与景墙、花墙相结合增加了观赏价值和文化内涵。

廊的形式以玲珑轻巧为上，尺度不宜过大，一般净宽 1.2~1.5m 左右，柱距 3m 以上，柱径 15m 左右，柱高 2.5m 左右。沿墙走廊的屋顶多采用单面坡式，其他廊子的屋面形式多采用两坡顶。

廊的宽度和高度设定应按人的尺度比例关系加以控制，避免过宽过高，一般高度宜在 2.2~2.5m 之间，宽度宜在 1.8~2.5m 之间。居住区内建筑与建筑之间的连廊尺度控制必须与主体建筑相适应。

柱廊是以柱构成的廊式空间，是一个既有开放性，又有限定性的空间，能增加环境景观的层次感。柱廊一般无顶盖或在柱头上加设装饰构架，靠柱子的排列产生效果，柱间距较大，纵列间距 4~6m 为宜，横列间距 6~8m 为宜，柱廊多用于广场、居住区主入口处。

四、廊的施工工艺

1. 施工流程

连廊内包钢主梁及次梁制作→ 各层内包钢主梁吊装→第一层内包钢主梁斜拉杆安装→第一层连廊预制砼次梁（或者钢次梁）吊装→第一层水平支撑安装→悬浮脚手架安装→第一层模板、钢筋制作安装→第一层连廊梁板混凝土浇捣→外架搭设→以上各层连廊模板、钢筋、混凝土施工→连廊外墙及底板装修→外架拆除→悬浮脚手架拆除。

2. 各流程的具体施工要点

（1）连廊内包钢主梁制作；

（2）连廊内包钢主梁吊装；

（3）斜拉杆安装；

（4）预制砼次梁（或者钢次梁）制作及吊装；

（5）悬浮脚手架安装；

（6）第一层悬浮脚手架外侧架的安装。

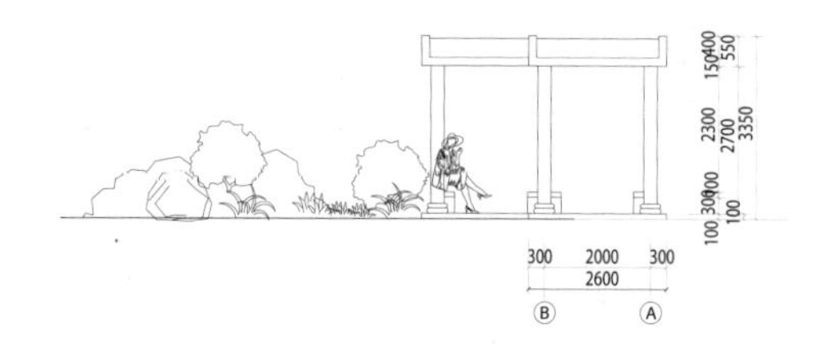

曲廊侧立面图

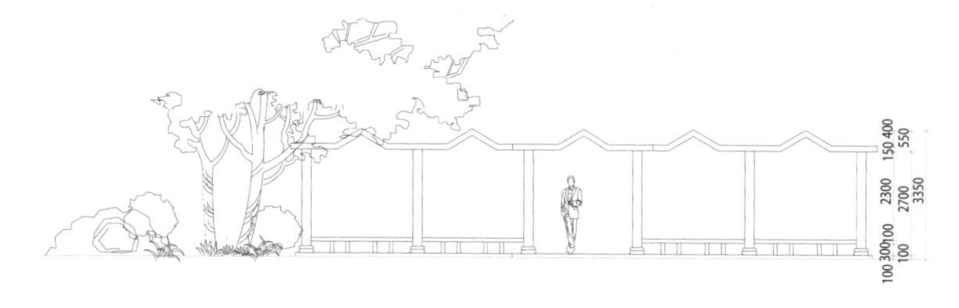

曲廊立面图

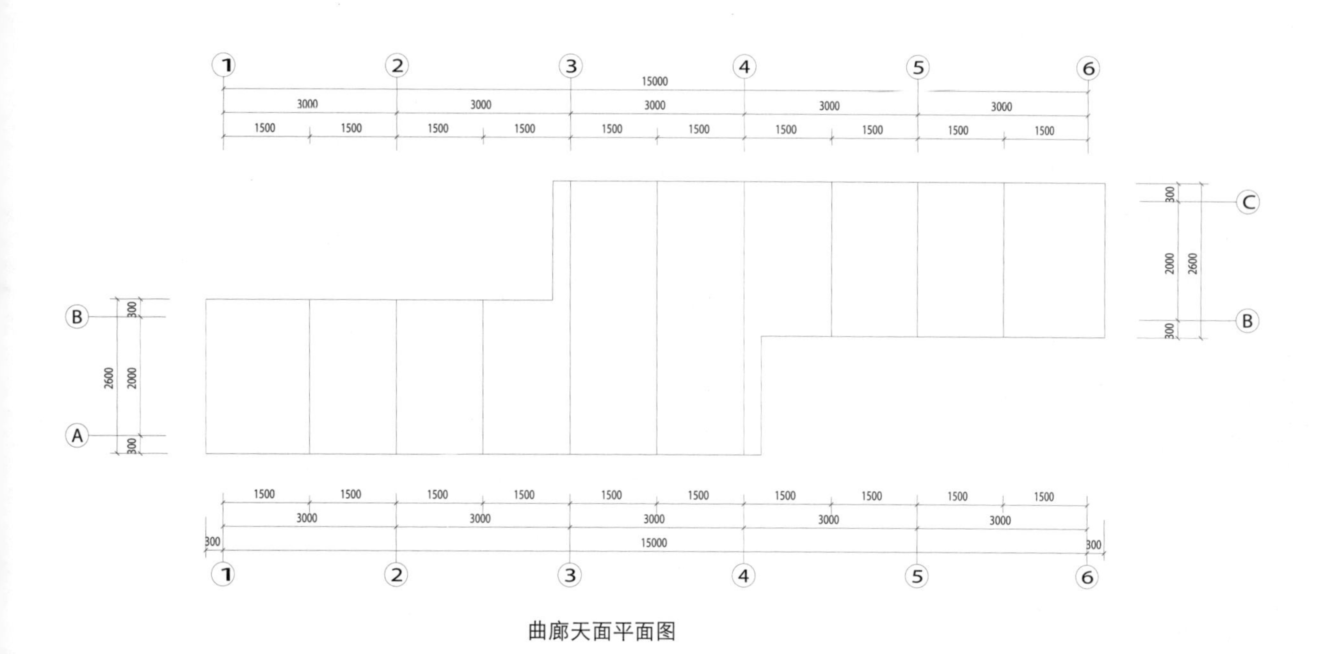

曲廊天面平面图

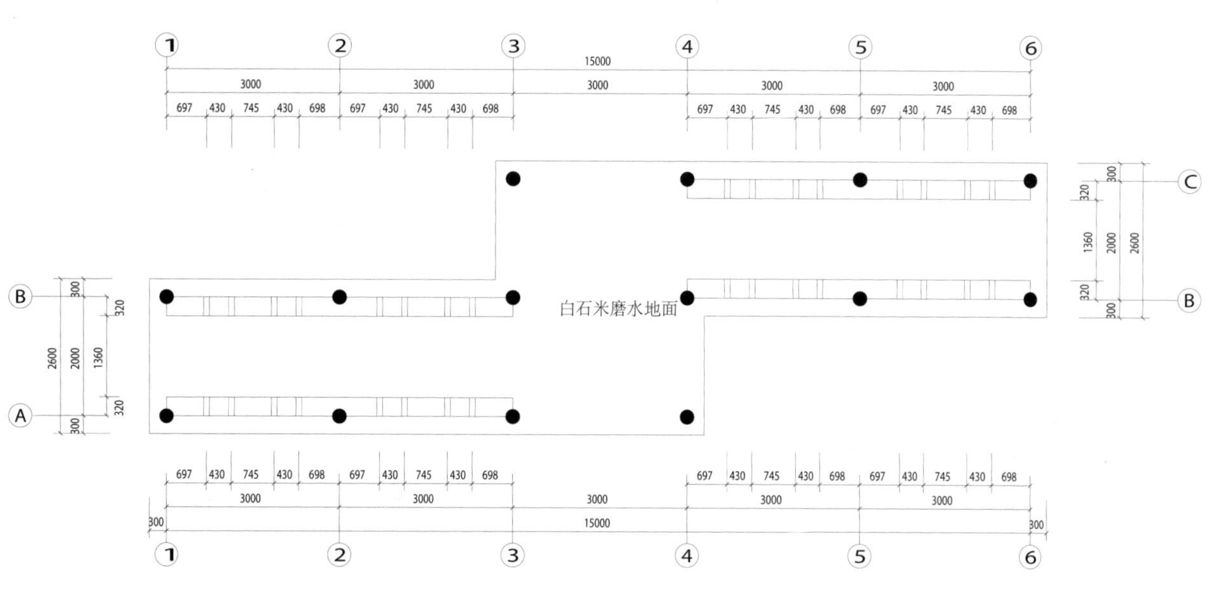

曲廊平面图

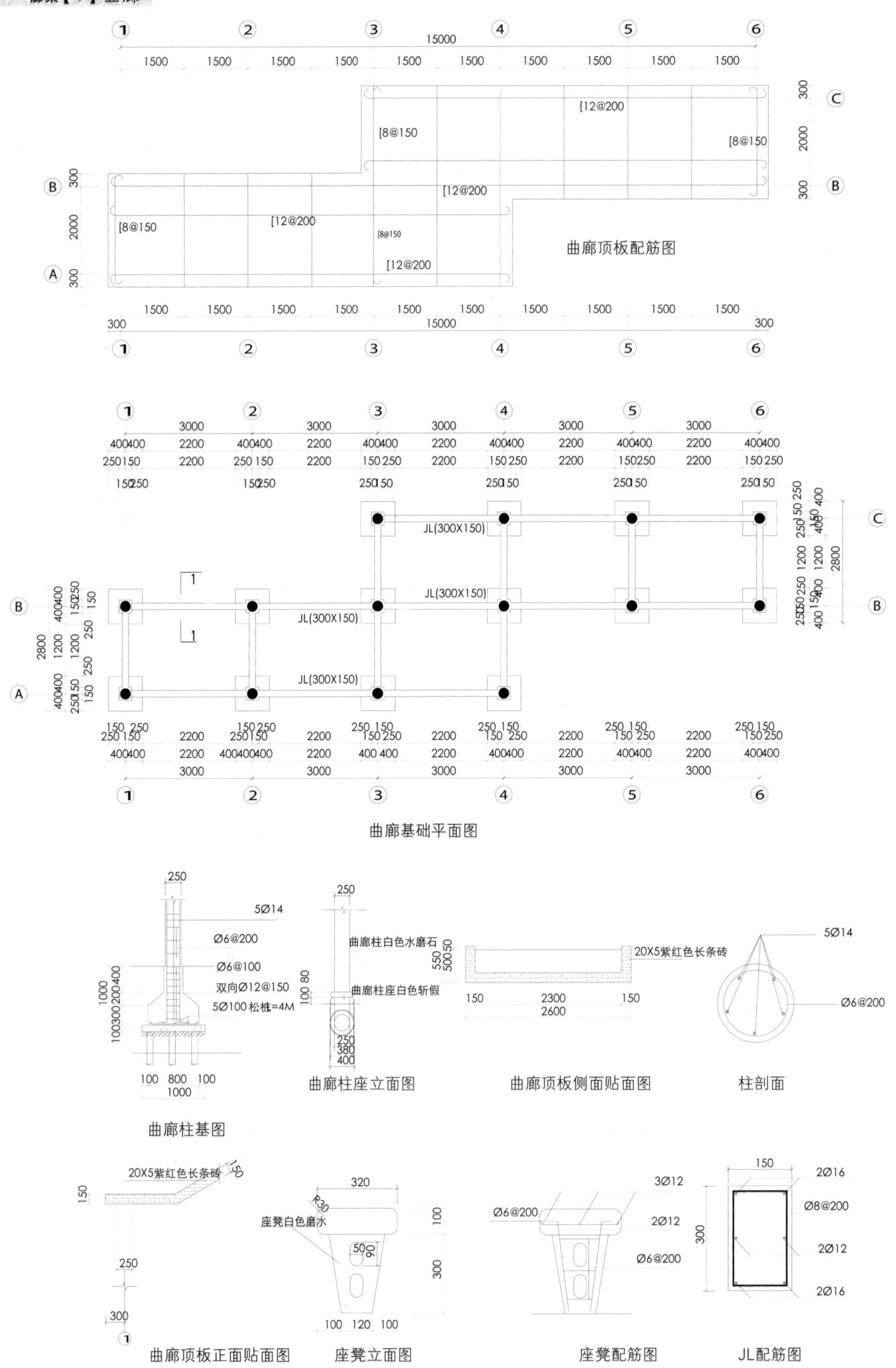

曲廊基础平面图

曲廊柱基图

曲廊柱座立面图

曲廊顶板侧面贴面图

柱剖面

曲廊顶板正面贴面图

座凳立面图

座凳配筋图

JL配筋图

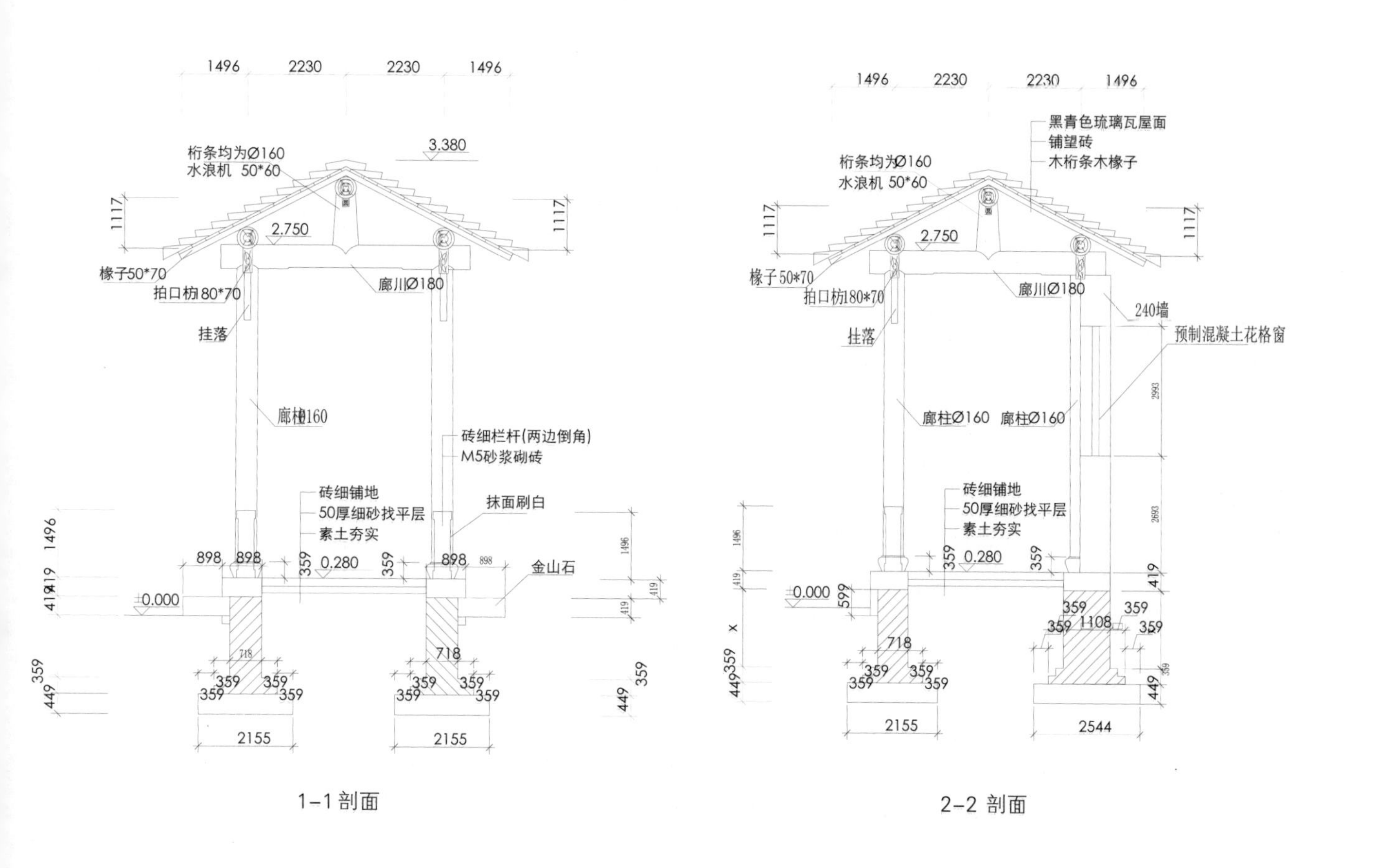

1-1 剖面

2-2 剖面

混凝土预制花格样式

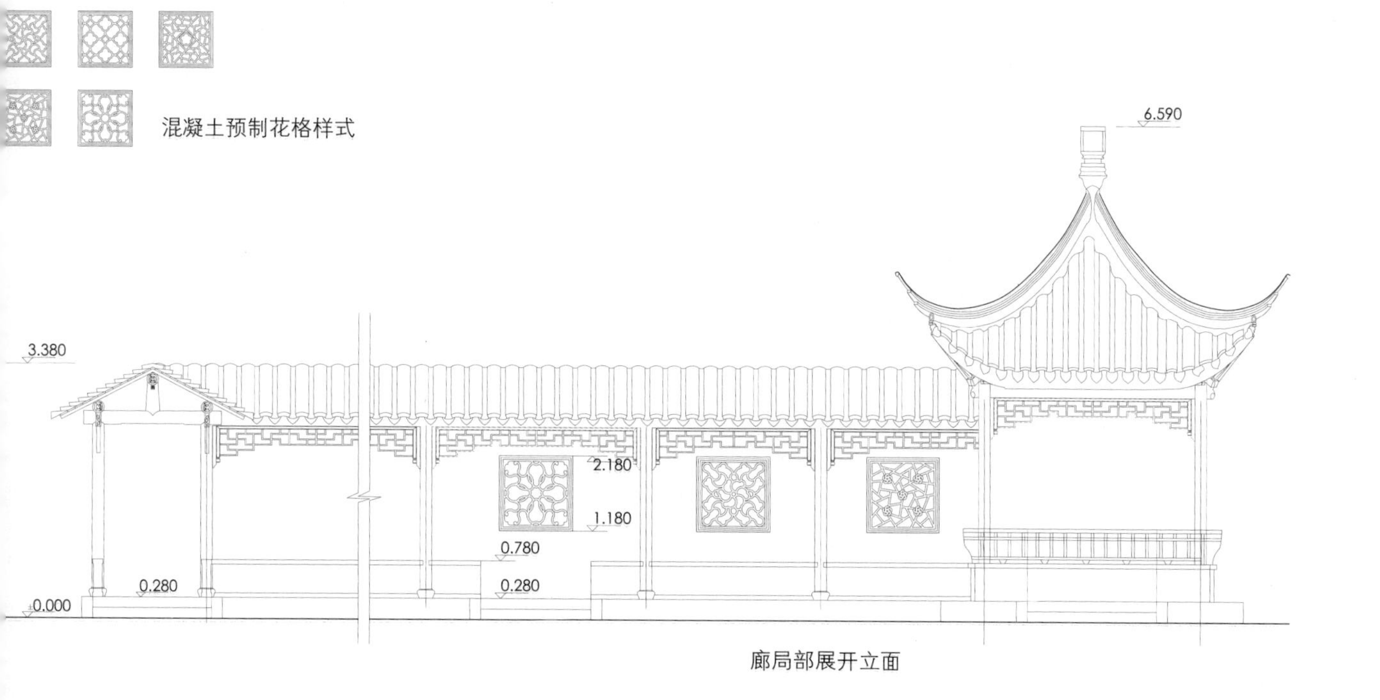

廊局部展开立面

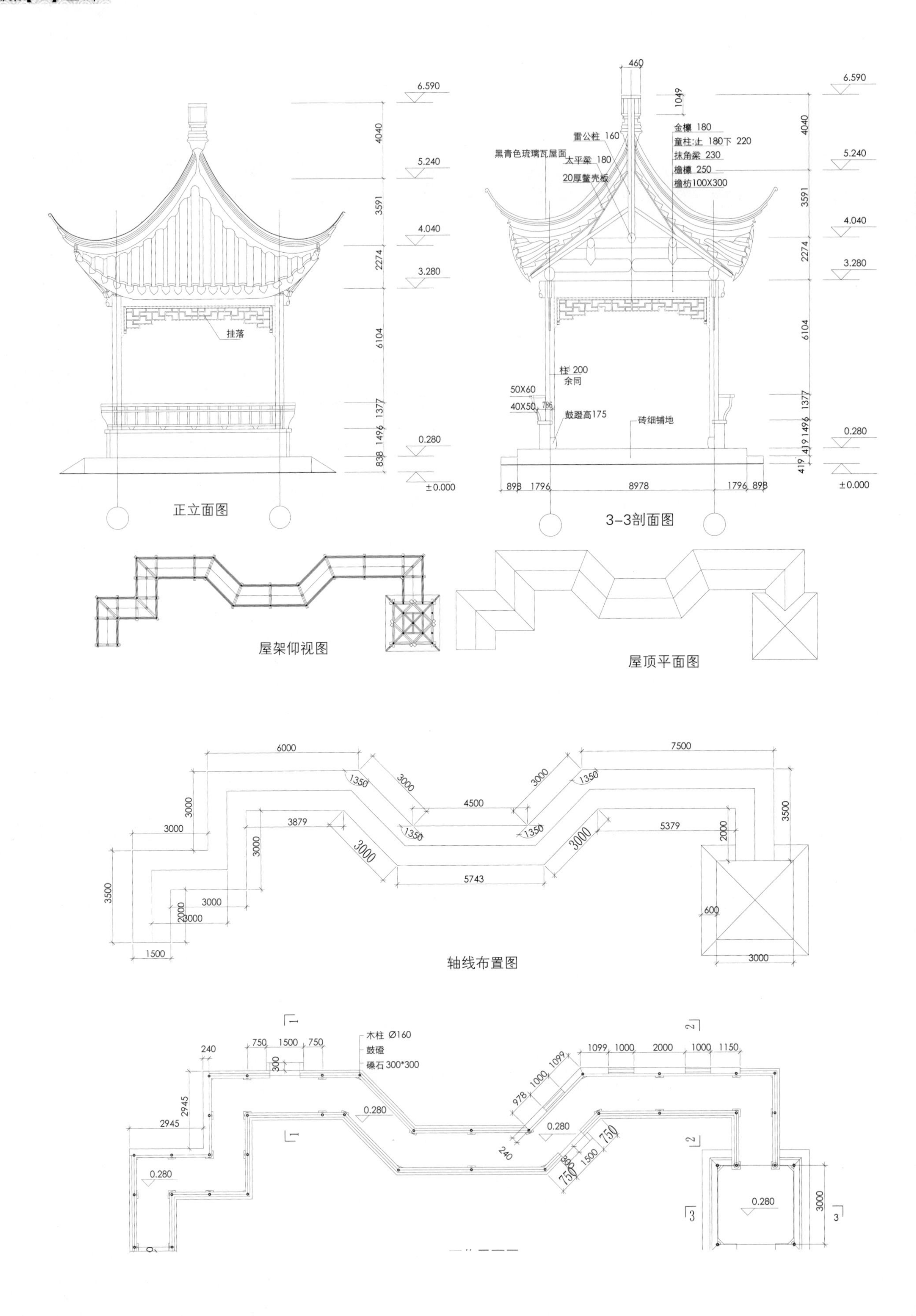

正立面图

3-3剖面图

屋架仰视图

屋顶平面图

轴线布置图

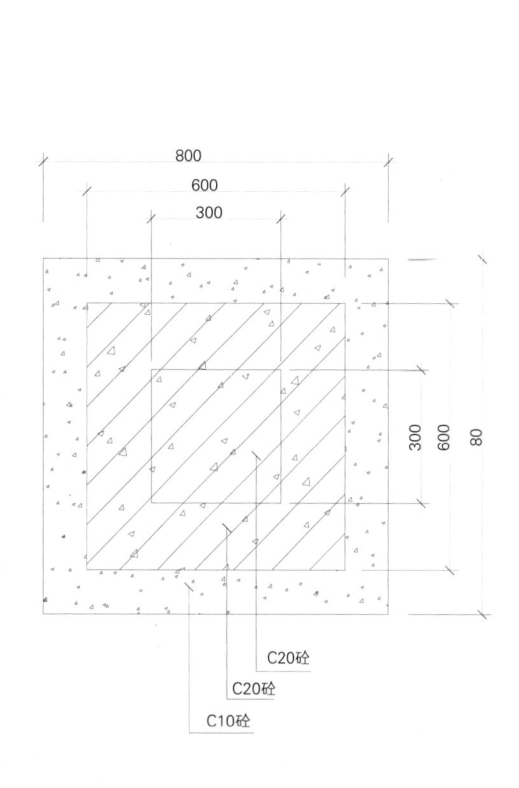

花架柱基础平面图

4
地坪(56.00)
300
60C
C20砼
1000
150
150
100
200
100
100
600
100
C10砼

花架柱基础立面图

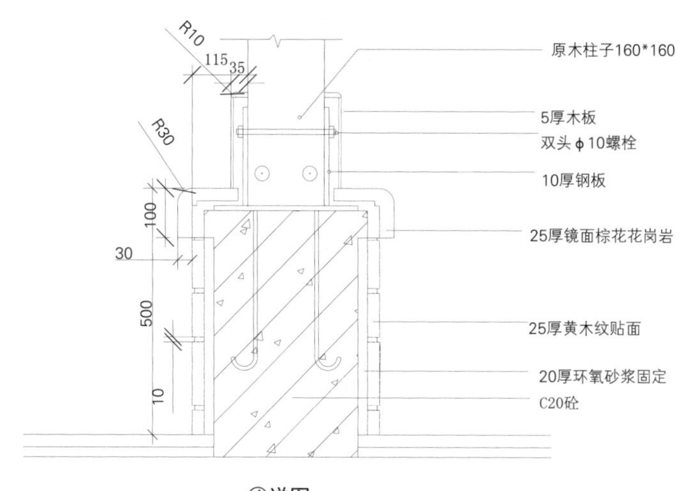

④详图

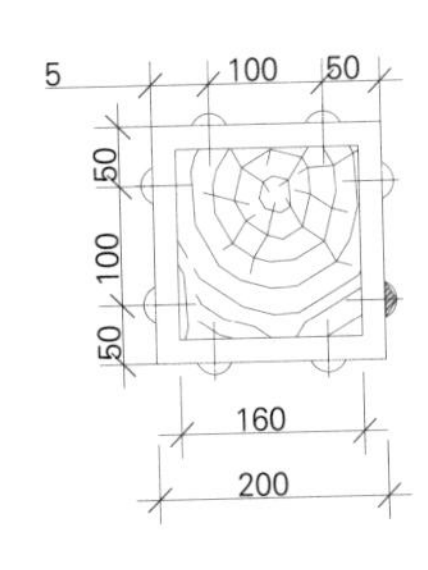

木柱平面图

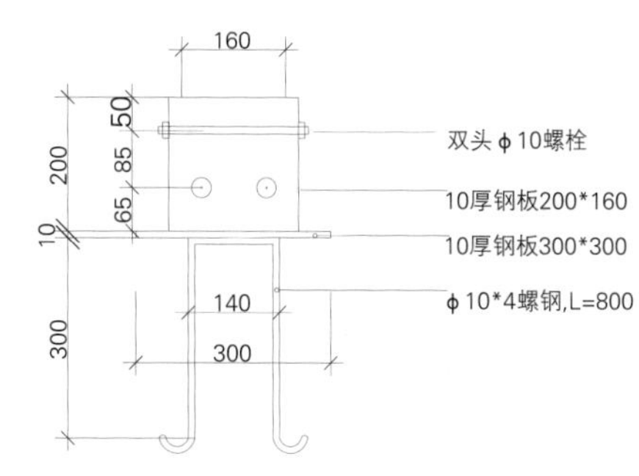

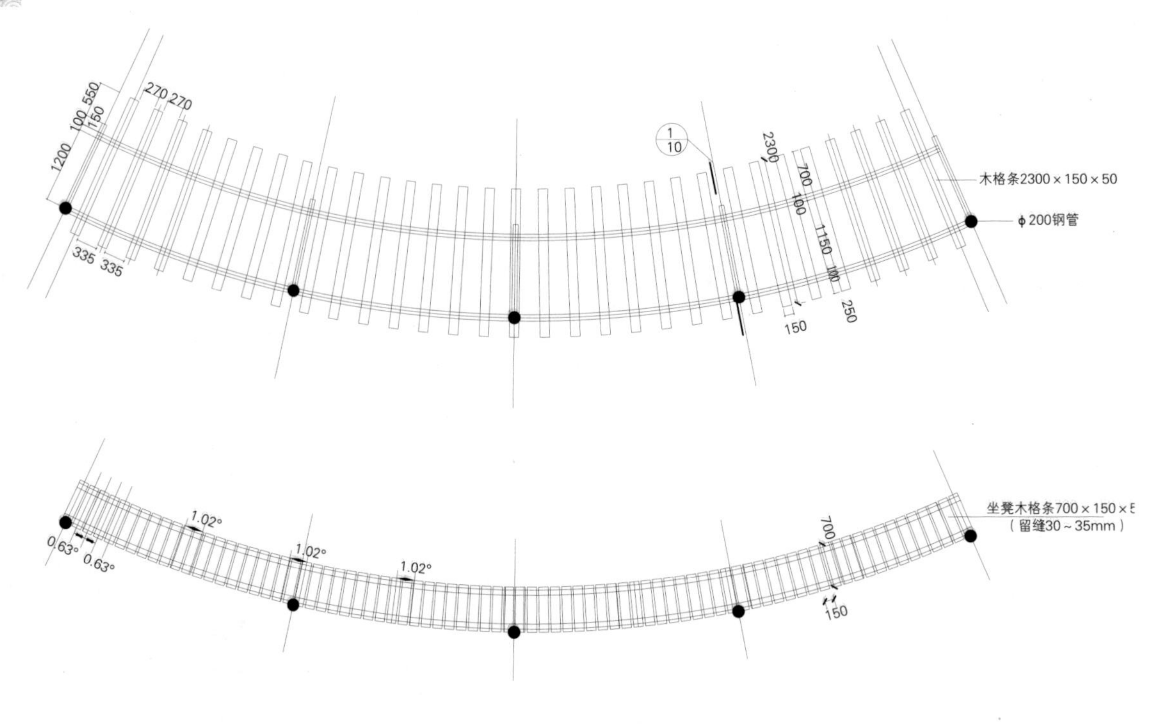

花架坐凳平面图

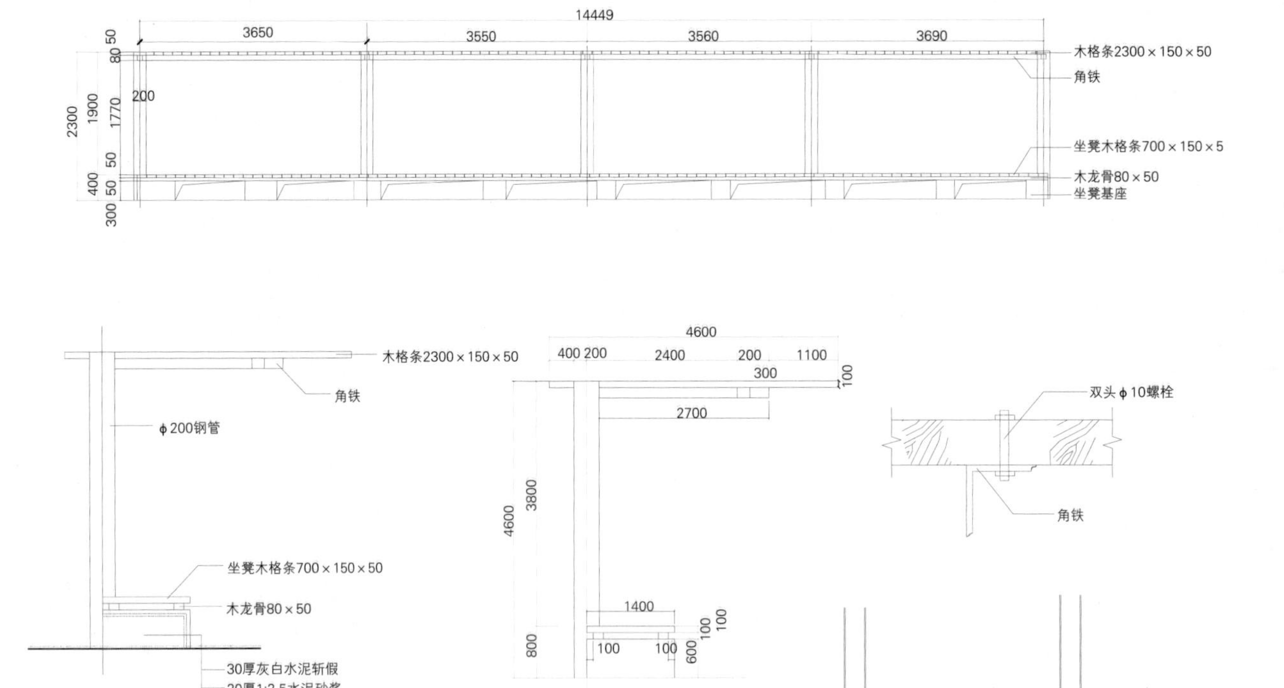

侧立面图

注：

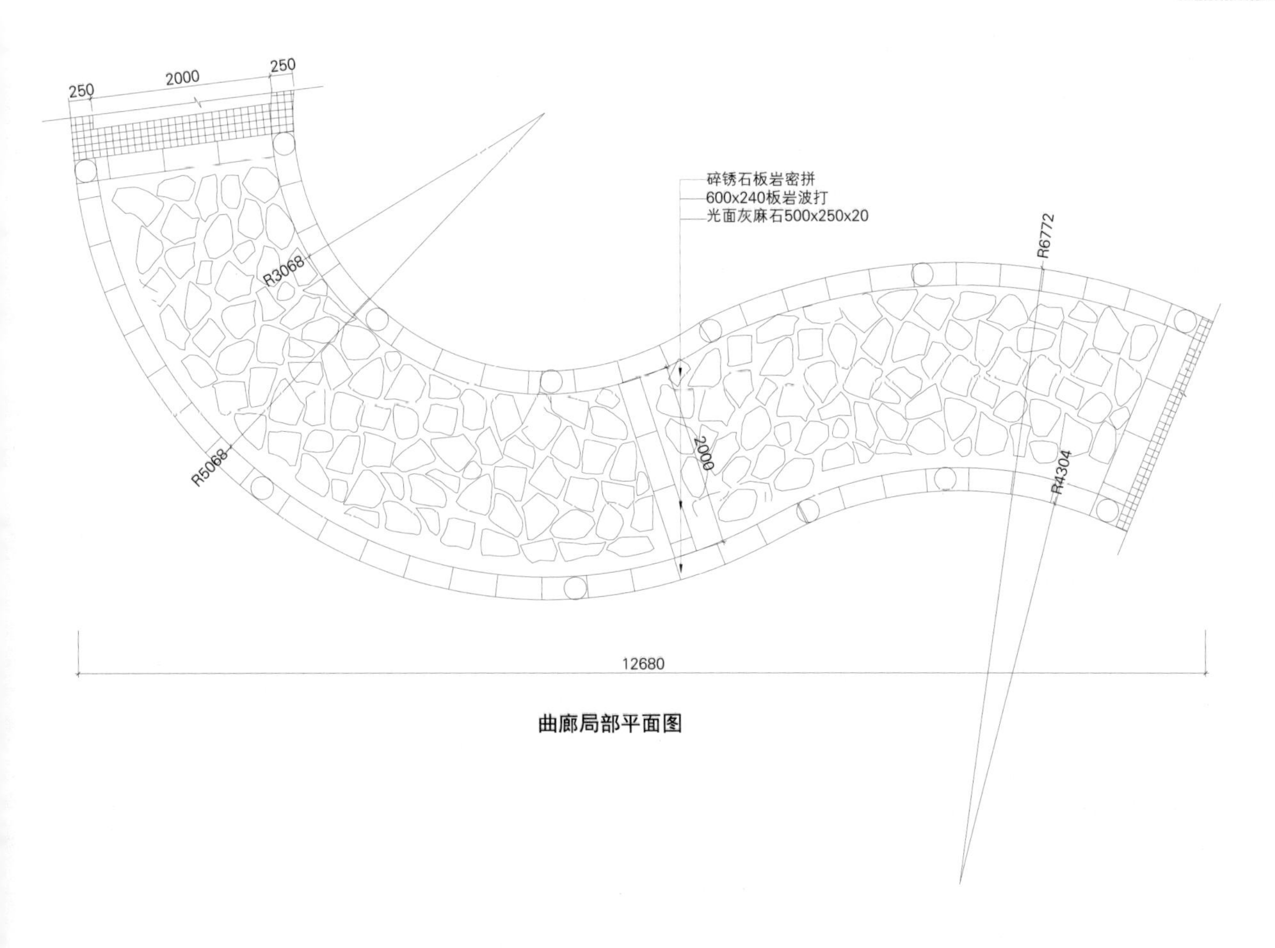

曲廊局部平面图

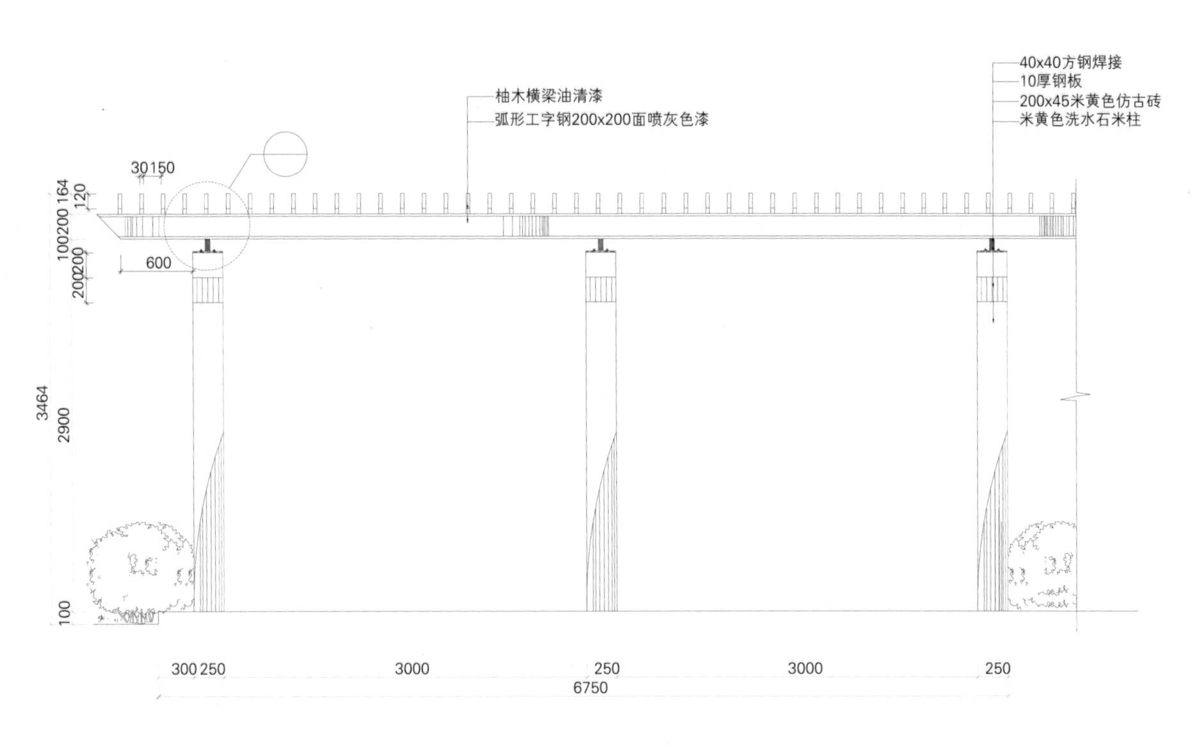

曲廊局部立面图

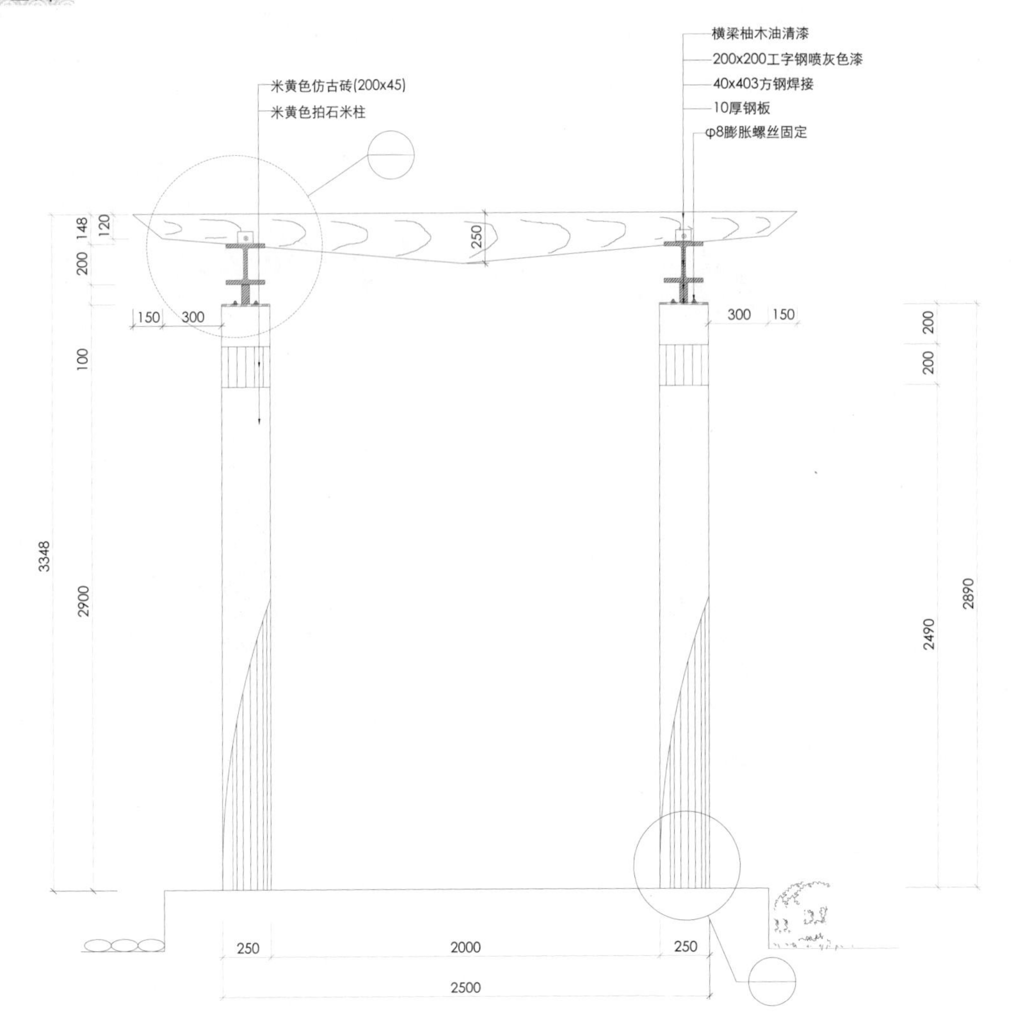

曲廊局部立面图

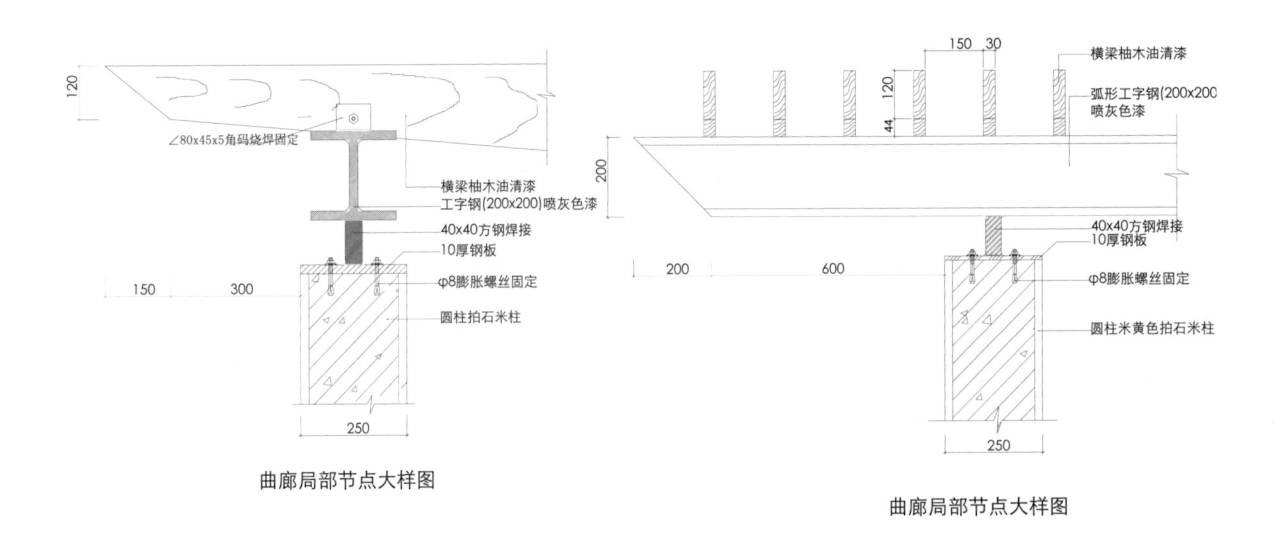

曲廊局部节点大样图

曲廊局部节点大样图

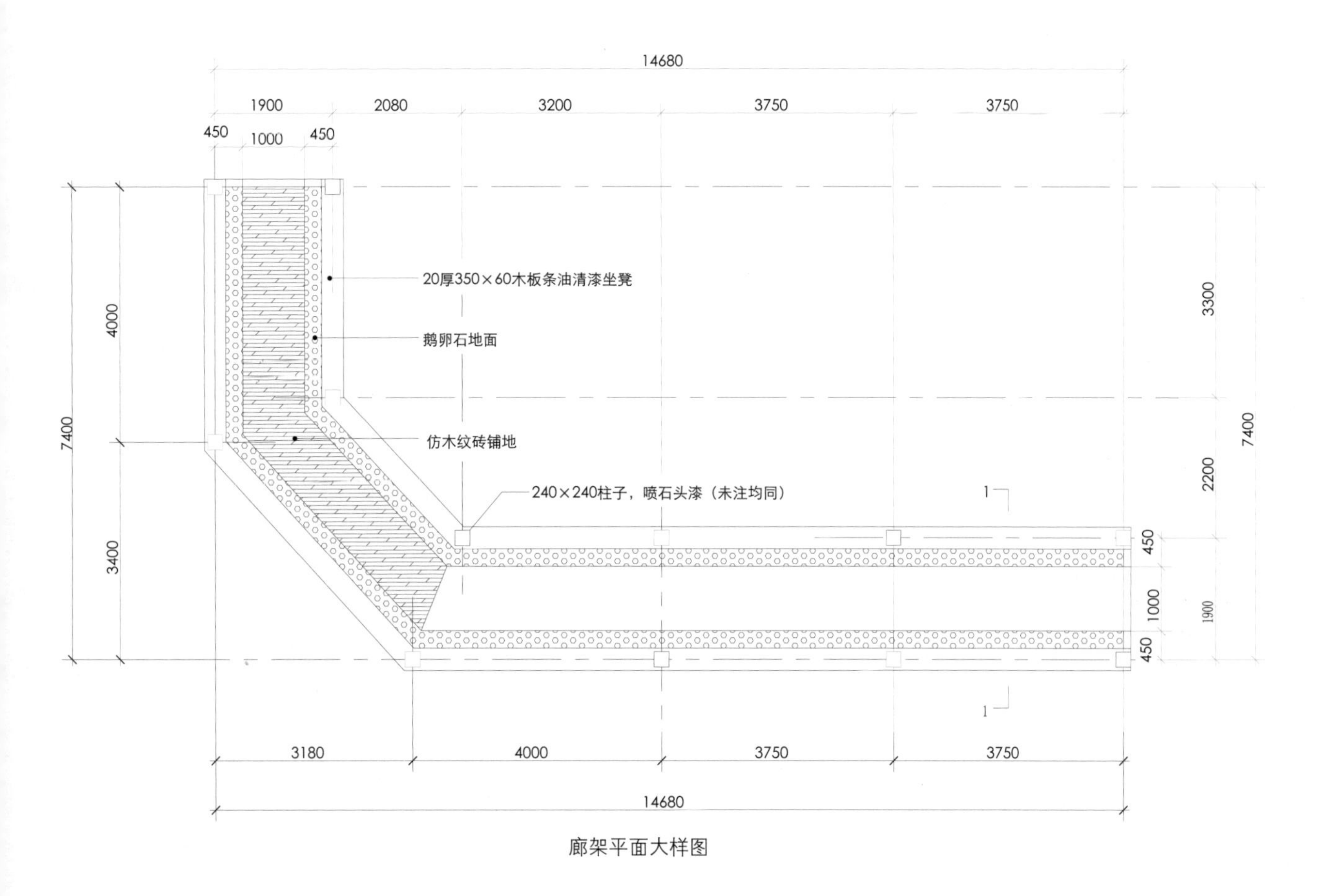

廊架平面大样图

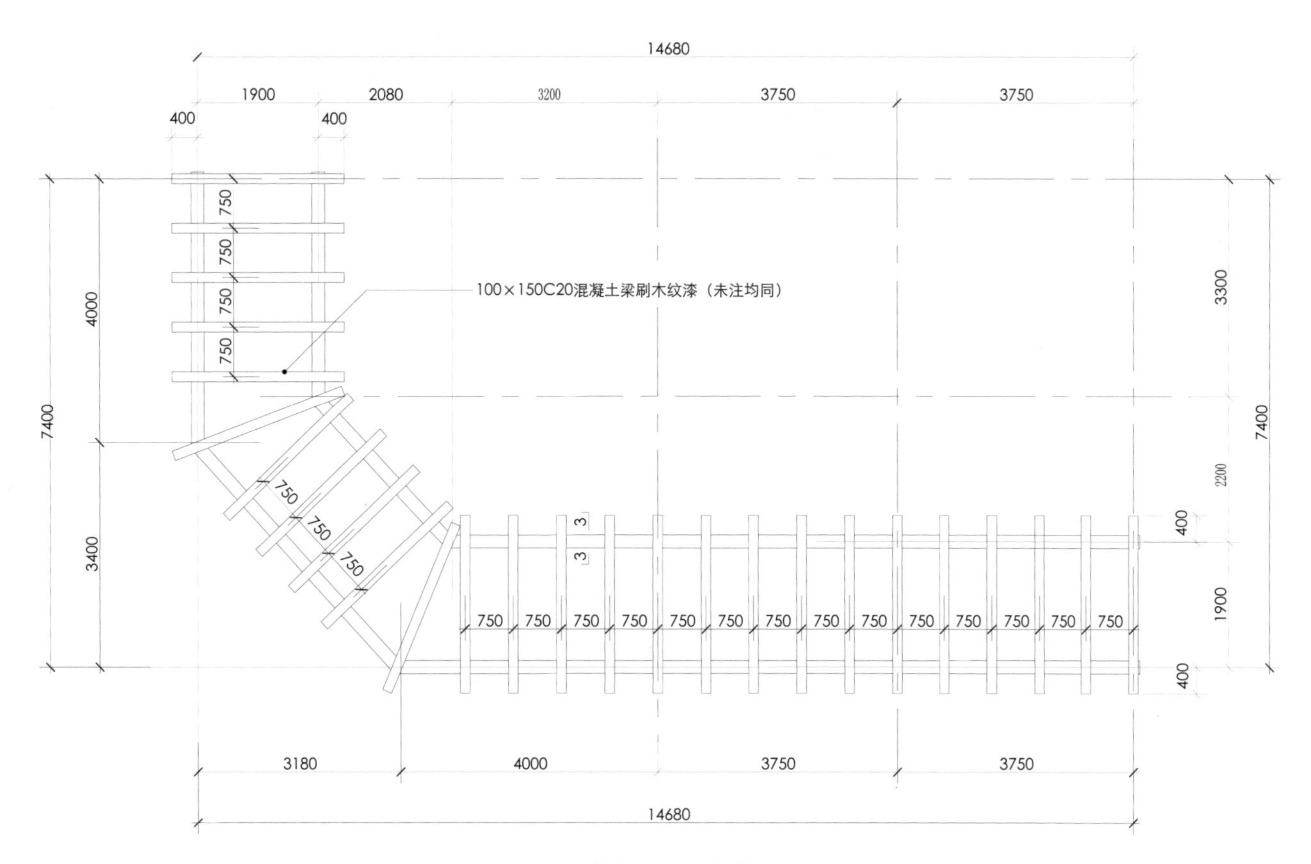

廊架顶平面大样图

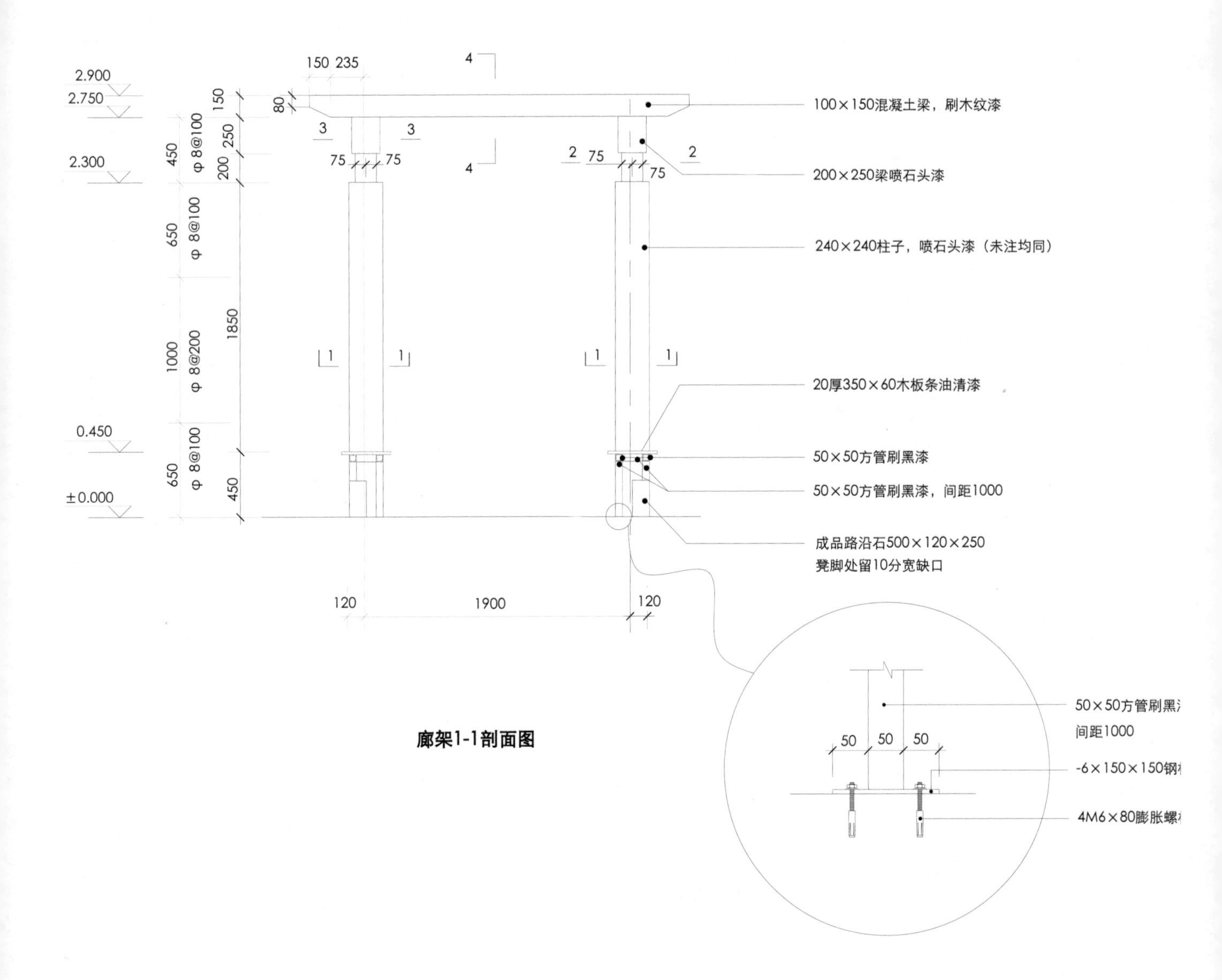

2.900
2.750
2.300
0.450
±0.000
150 235
150
80
450
250
200
650
1850
1000
450
φ 8@100
φ 8@200
75
100×150混凝土梁，刷木纹漆
200×250梁喷石头漆
240×240柱子，喷石头漆（未注均同）
20厚350×60木板条油清漆
50×50方管刷黑漆
50×50方管刷黑漆，间距1000
成品路沿石500×120×250
凳脚处留10分宽缺口
120
1900
50
间距1000

廊架1-1剖面图

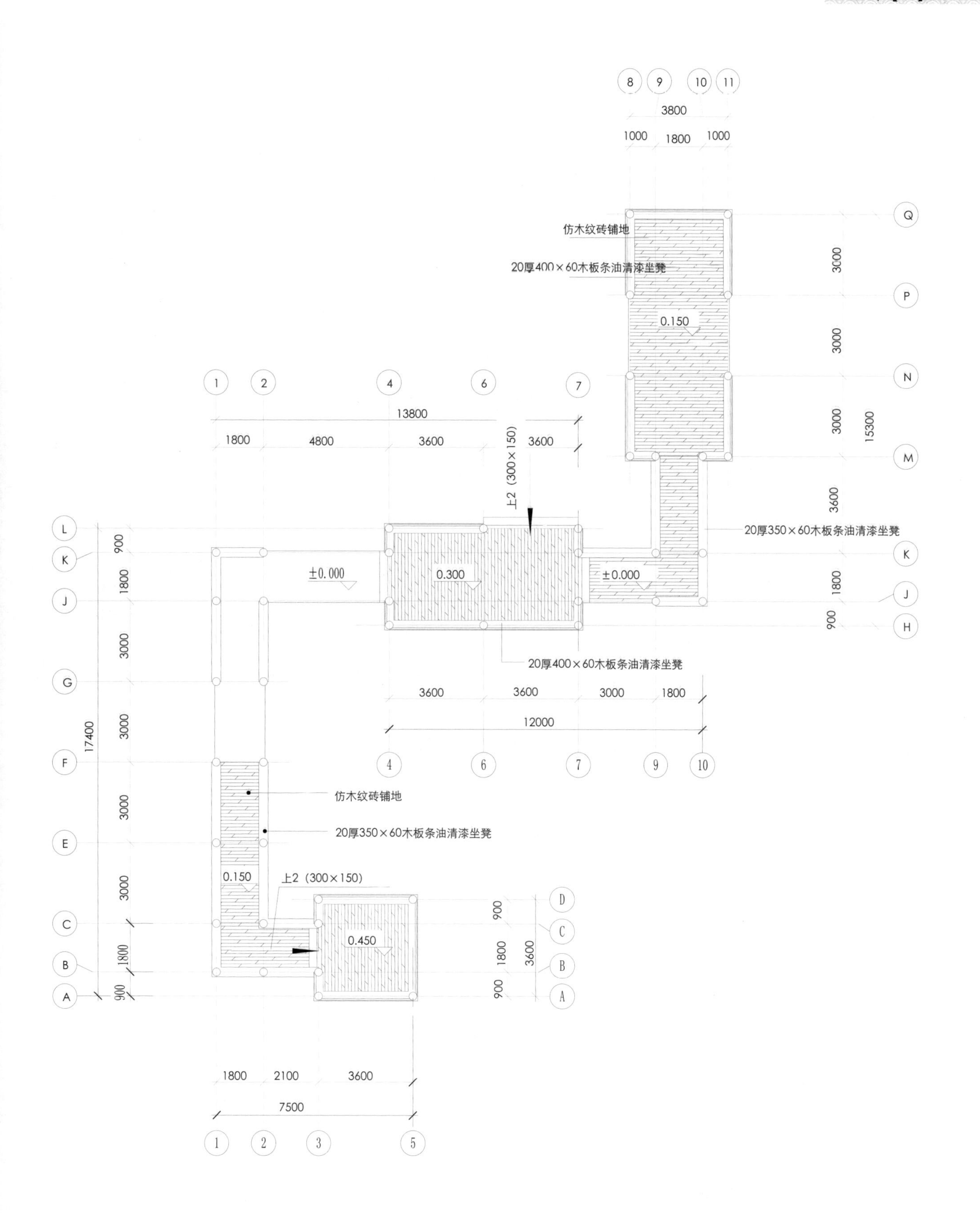
仿木纹砖铺地
20厚400×60木板条油清漆坐凳
0.150
20厚350×60木板条油清漆坐凳
上2（300×150）
±0.000
0.300
20厚400×60木板条油清漆坐凳
仿木纹砖铺地
20厚350×60木板条油清漆坐凳
0.150
上2（300×150）
0.450
13800
12000
7500
17400
15300
3800

联系长廊平面图

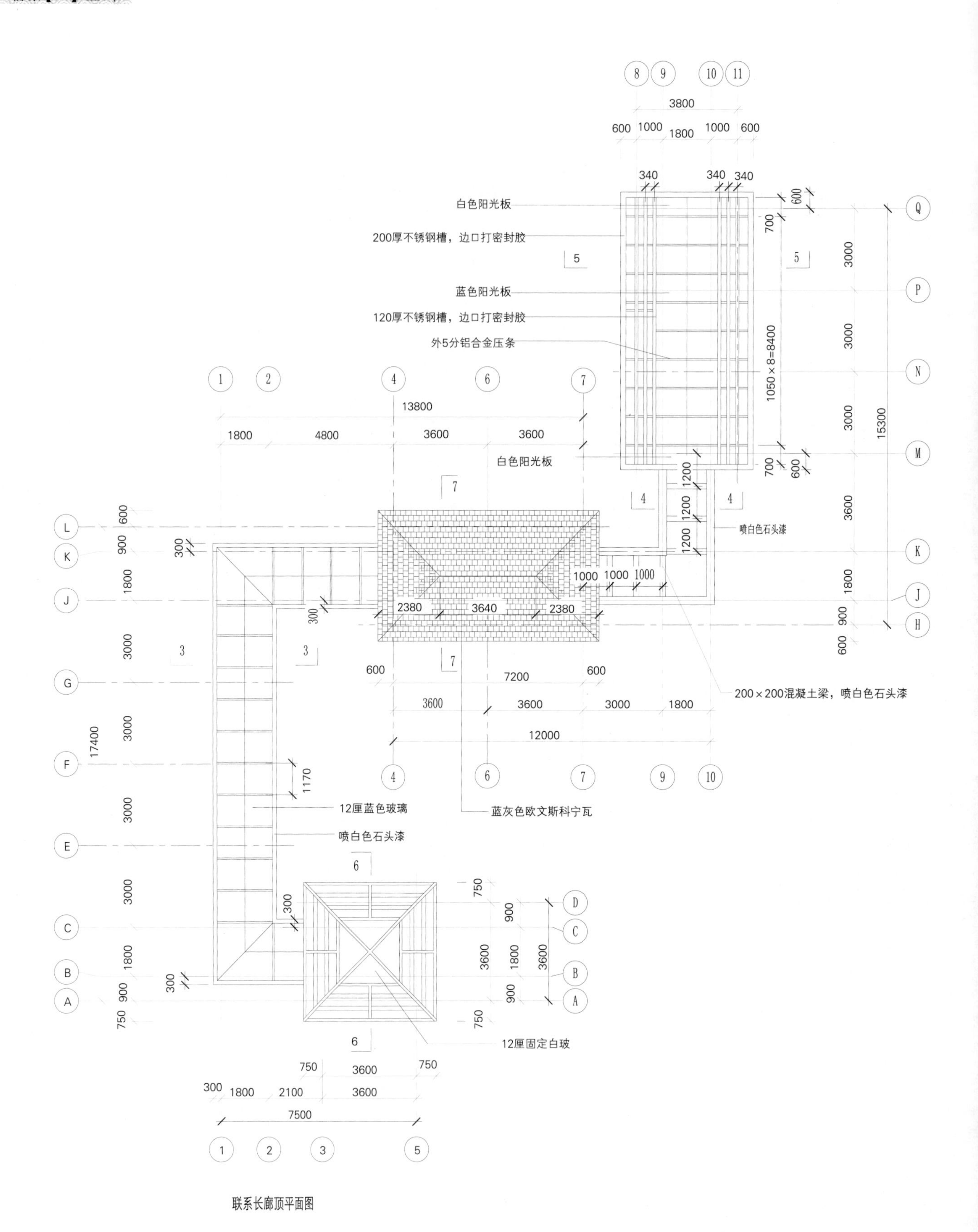
白色阳光板
200厚不锈钢槽，边口打密封胶
蓝色阳光板
120厚不锈钢槽，边口打密封胶
外5分铝合金压条
白色阳光板
喷白色石头漆
200×200混凝土梁，喷白色石头漆
12厘蓝色玻璃
喷白色石头漆
蓝灰色欧文斯科宁瓦
12厘固定白玻

联系长廊顶平面图

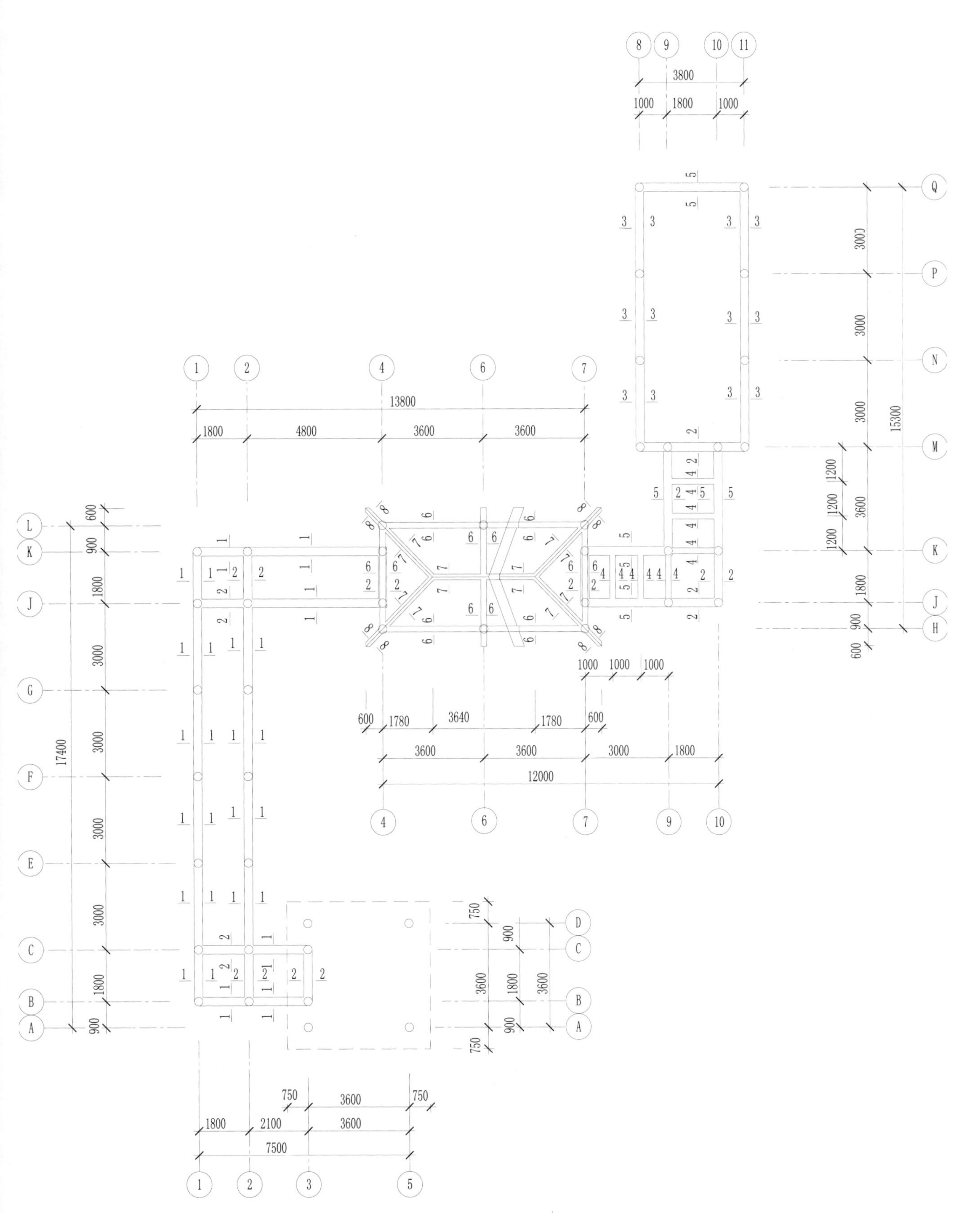

联系长廊梁结构平面图

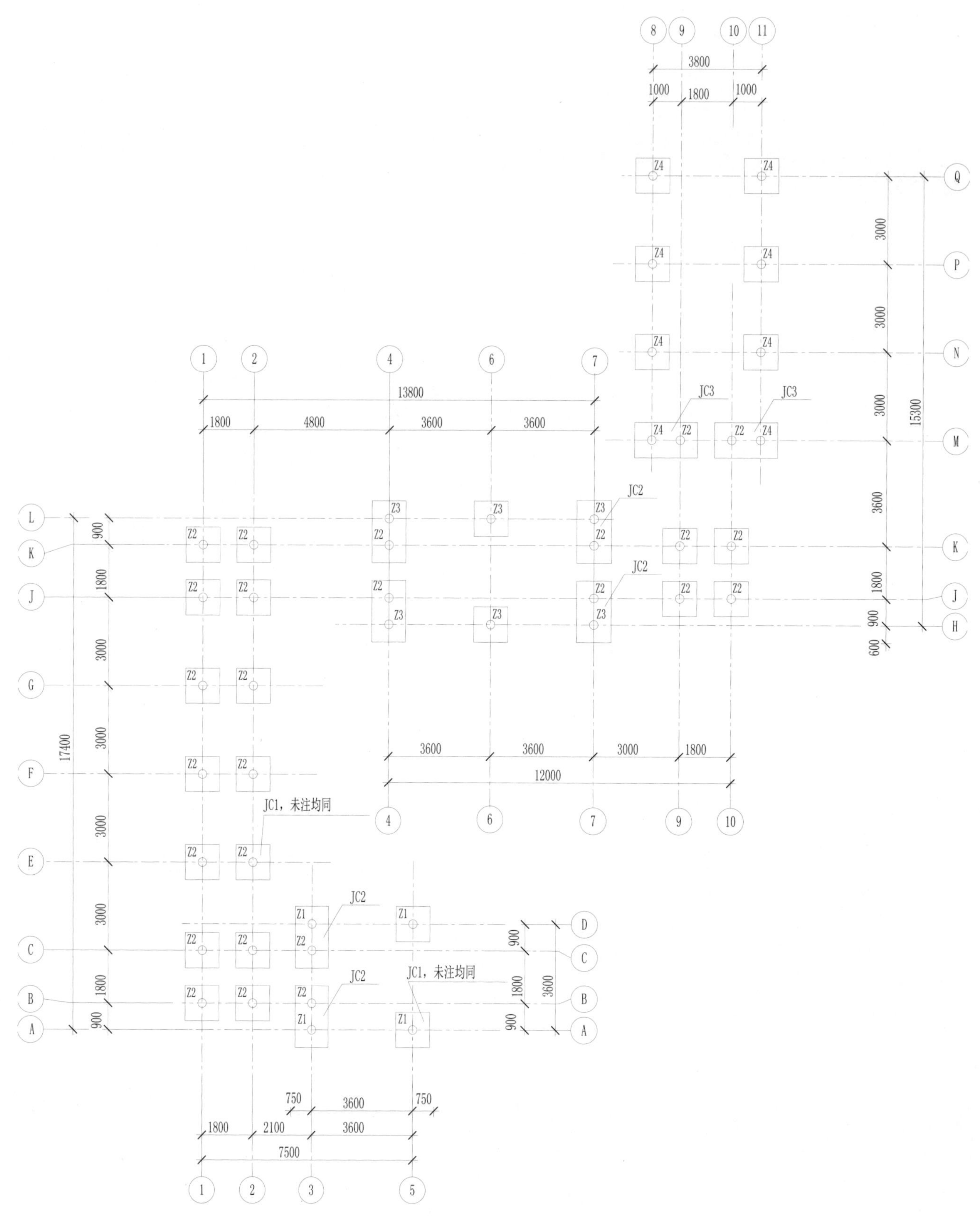

联系长廊基础及柱结构平面图

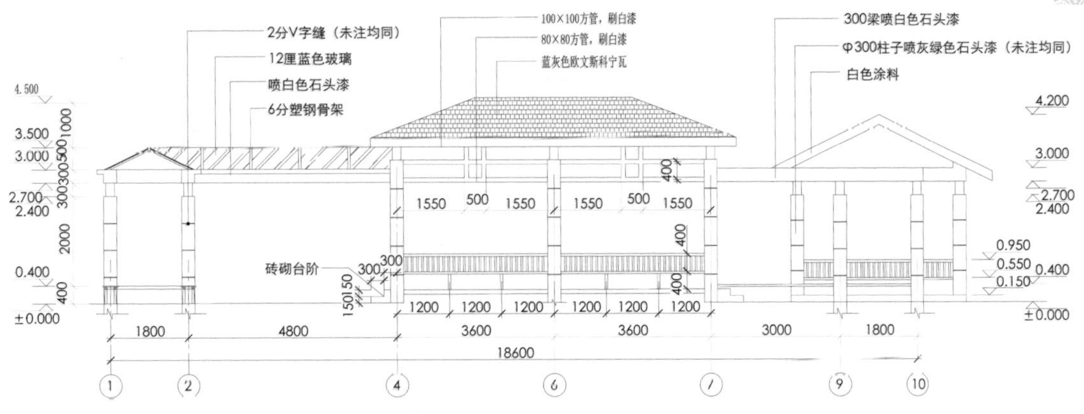

联系长廊3-3剖面图

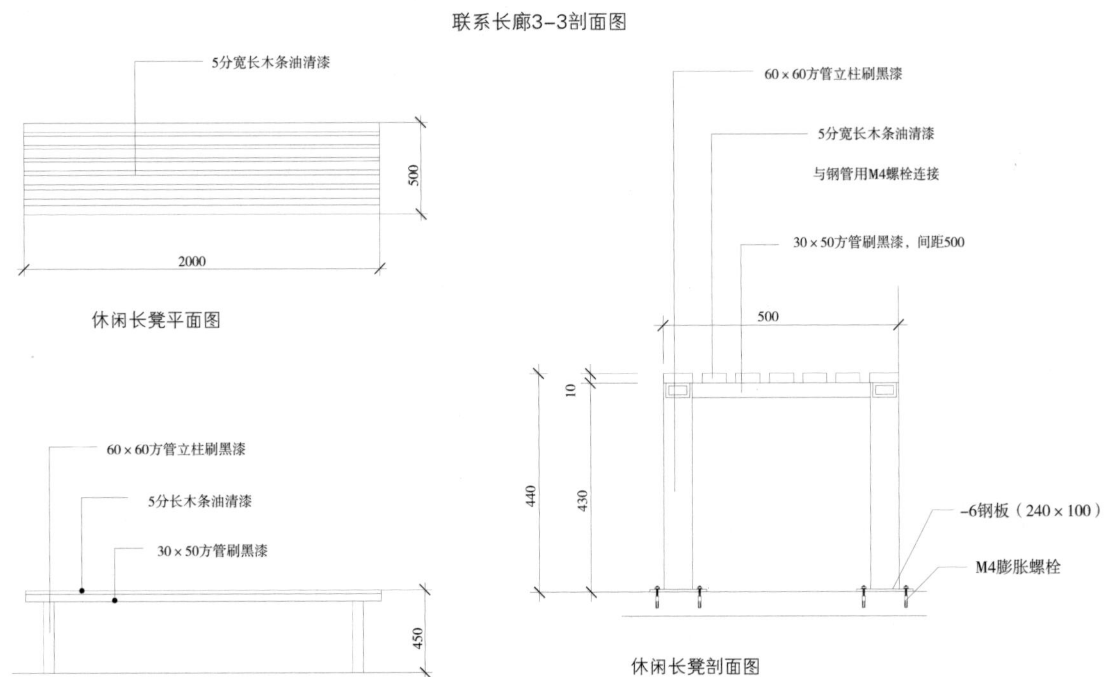

休闲长凳平面图

休闲长凳剖面图

休闲长凳立面图

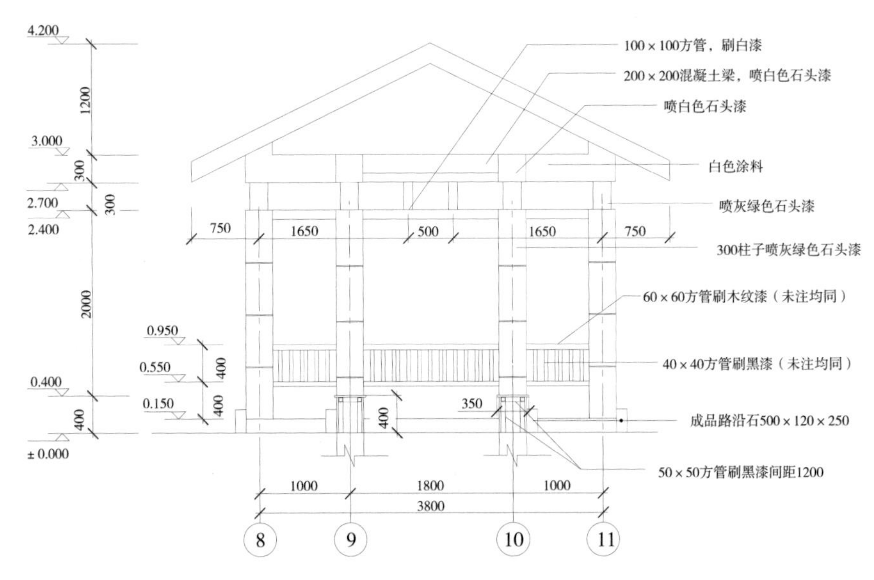

联系长廊4-4剖面图

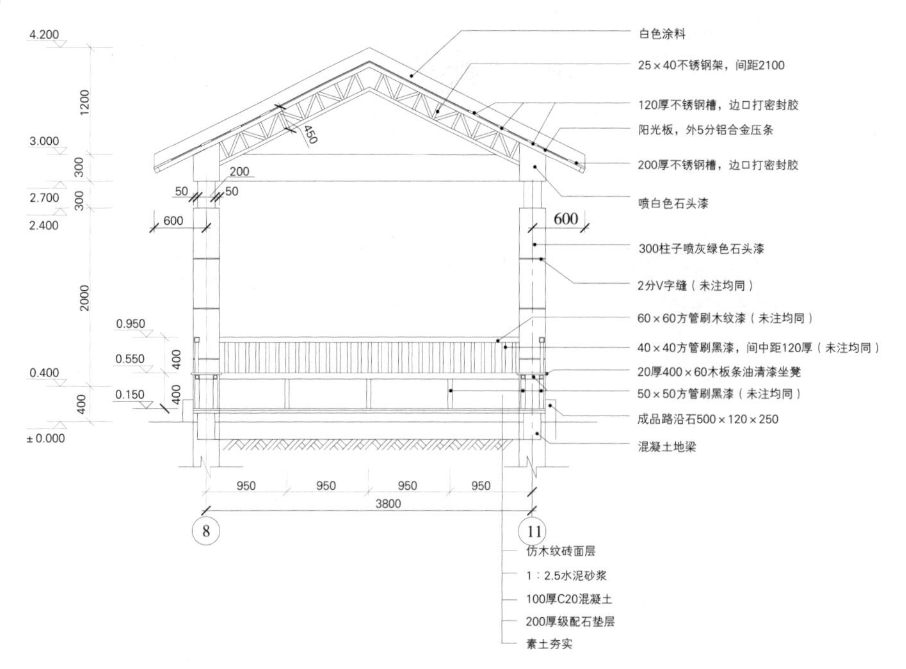

联系长廊5-5剖面图

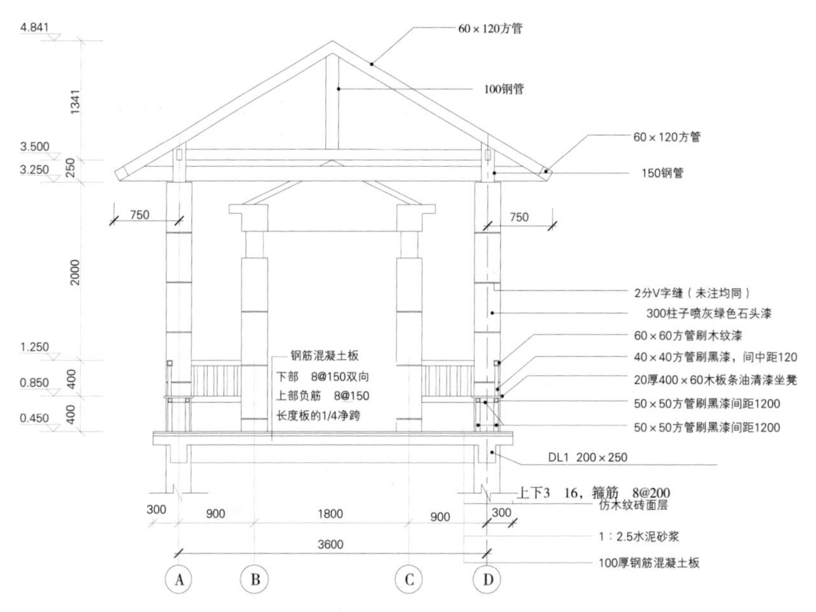

联系长廊6-6剖面图

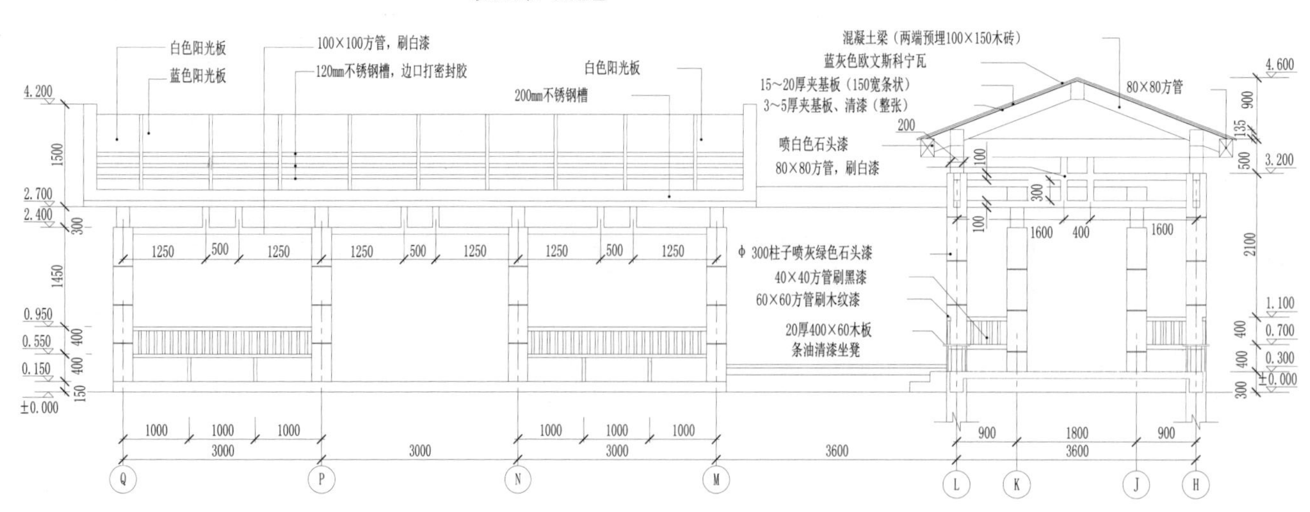

联系长廊7-7剖面图

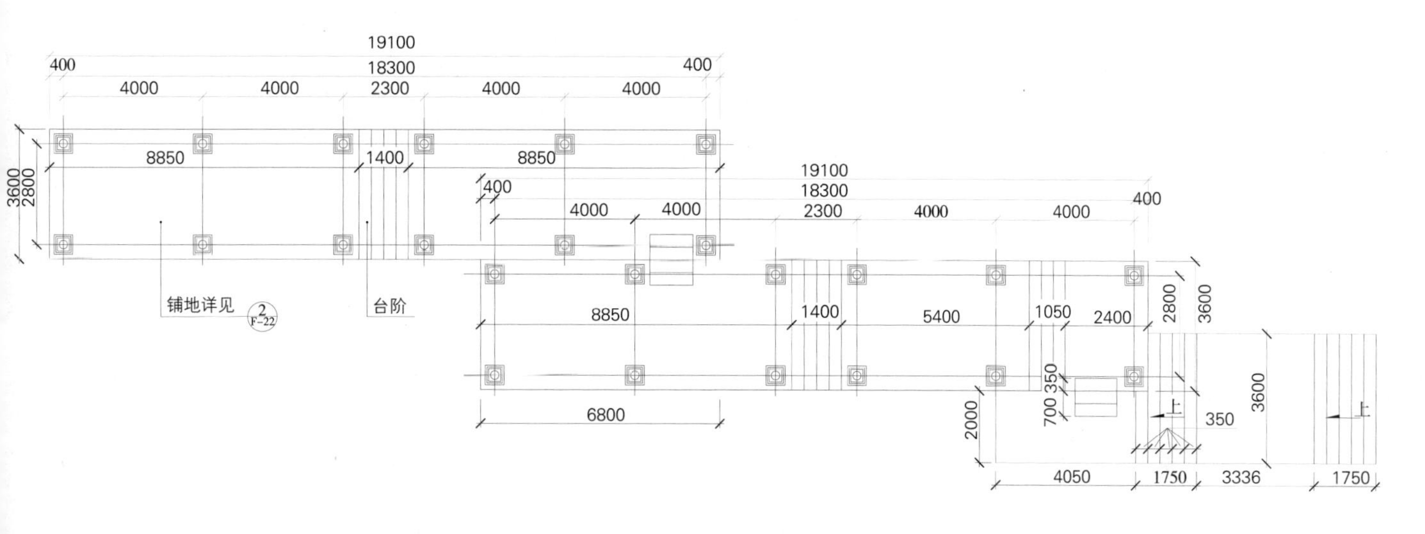

爬山廊平面图

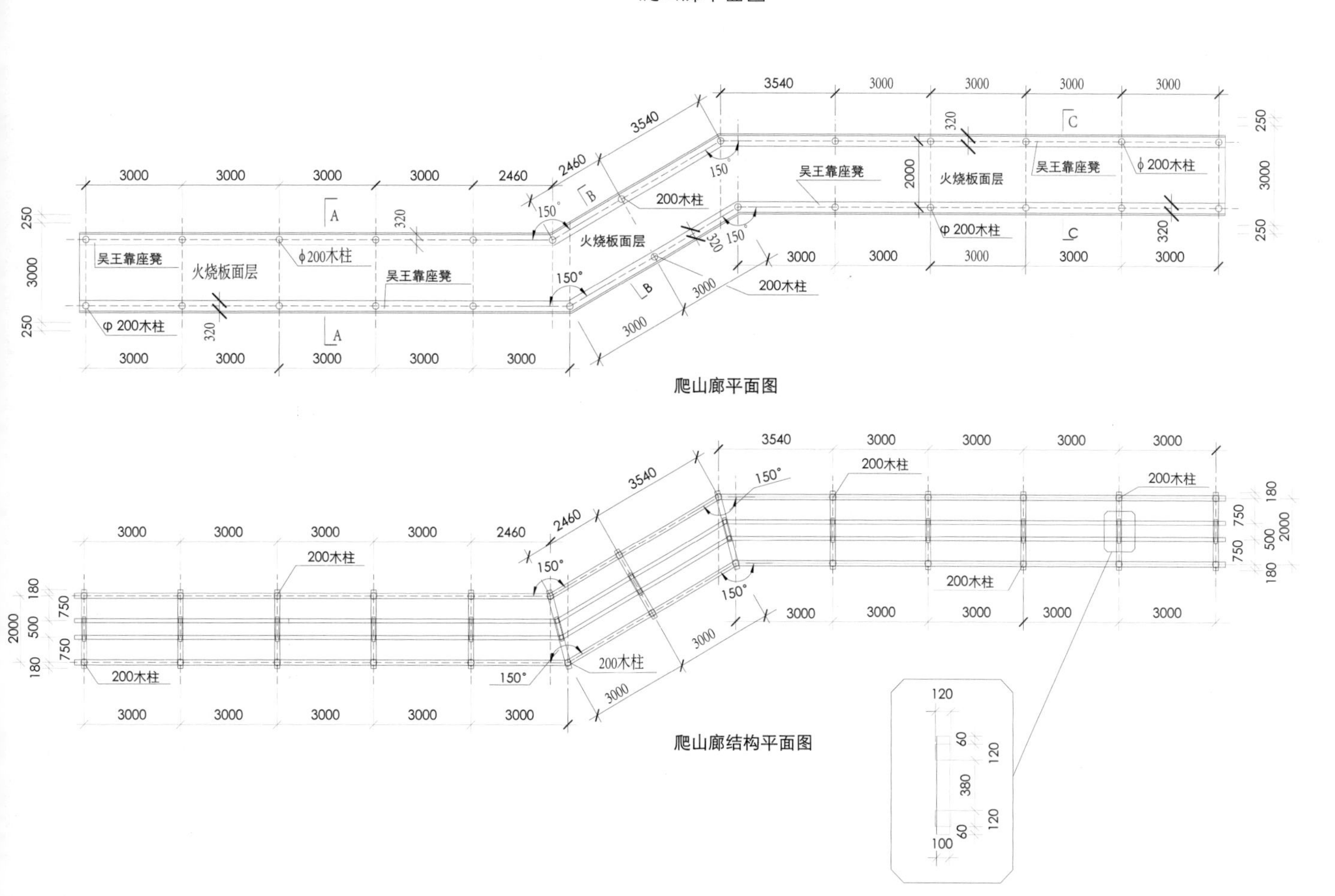

爬山廊平面图

爬山廊结构平面图

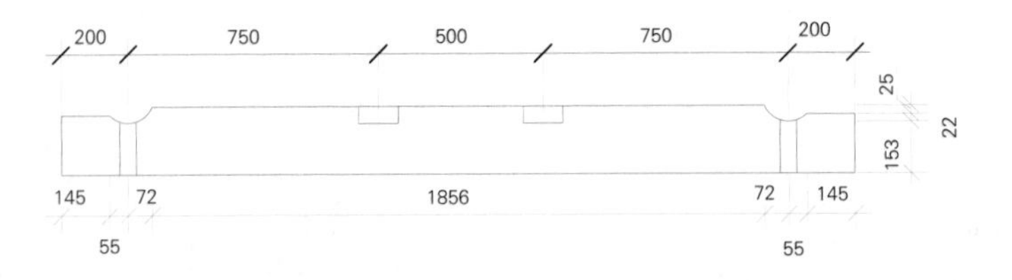

四架梁

月梁透视

檩

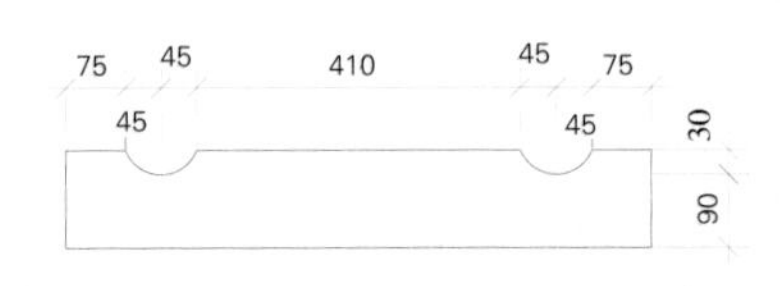

月梁

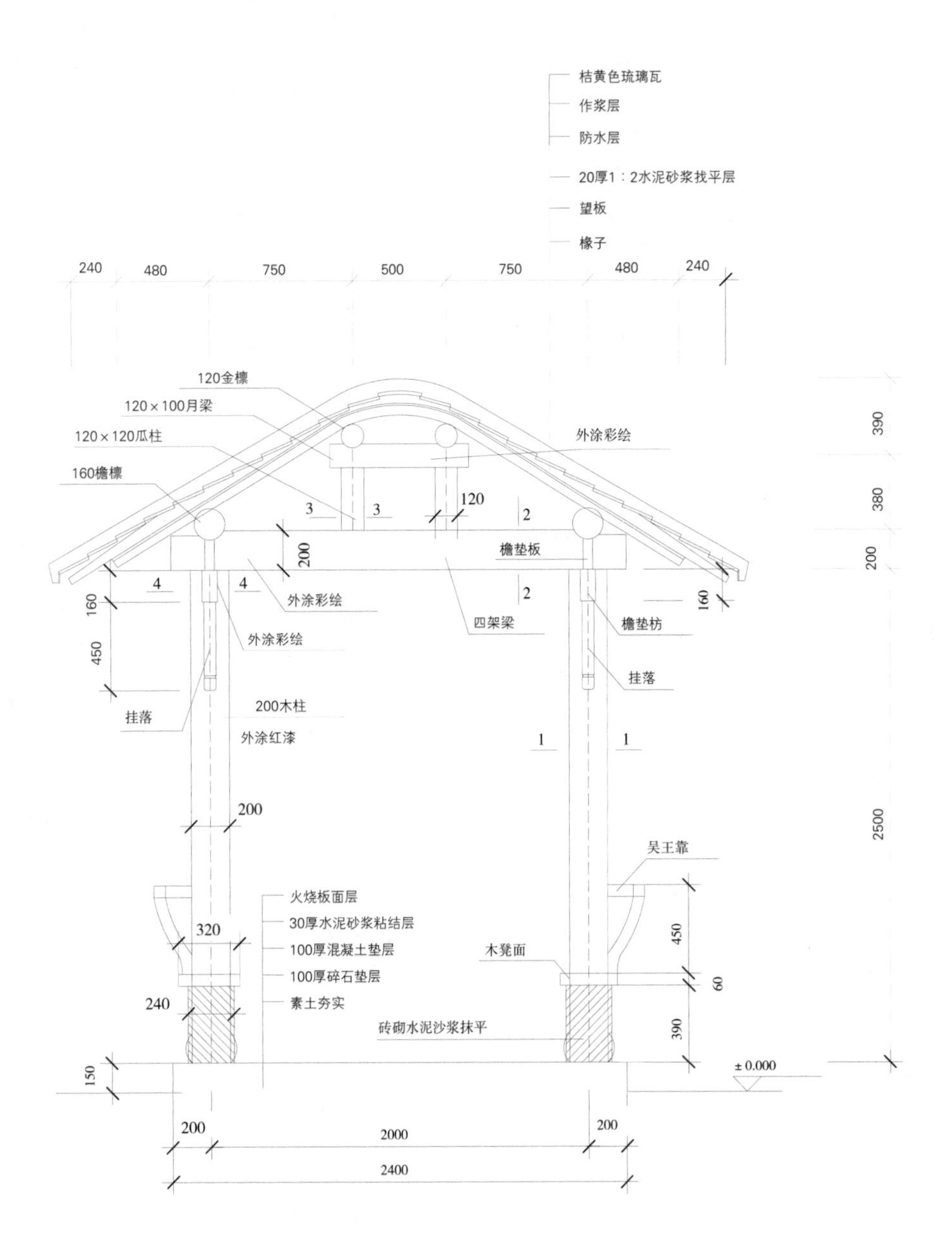

爬山廊A–A剖面图

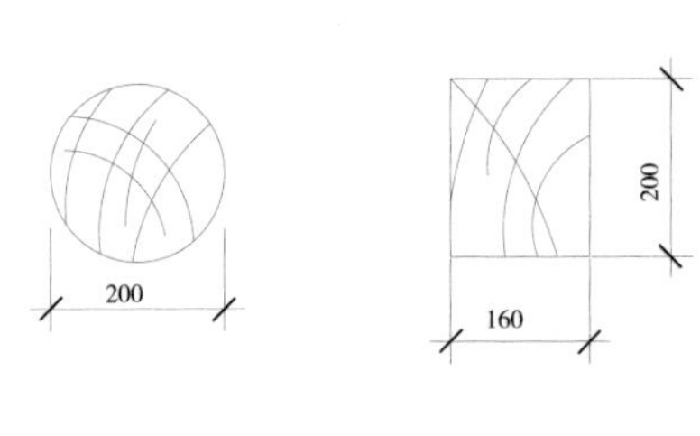

1–1

2–2

120

120

3–3

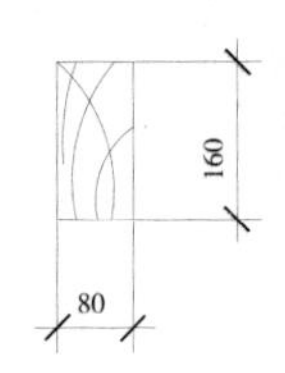

4–4

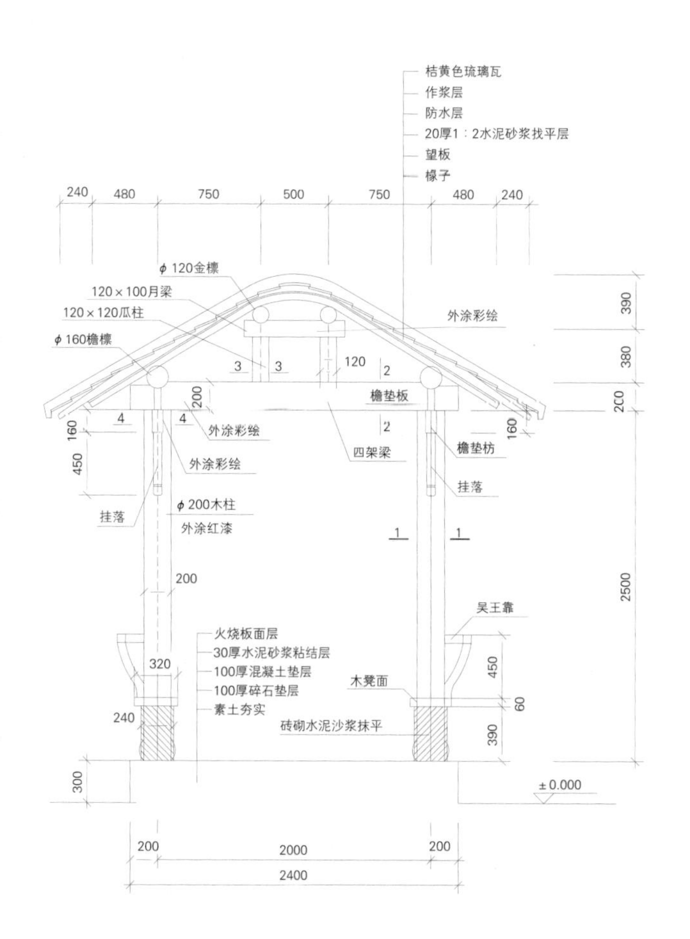

爬山廊B-B剖面图

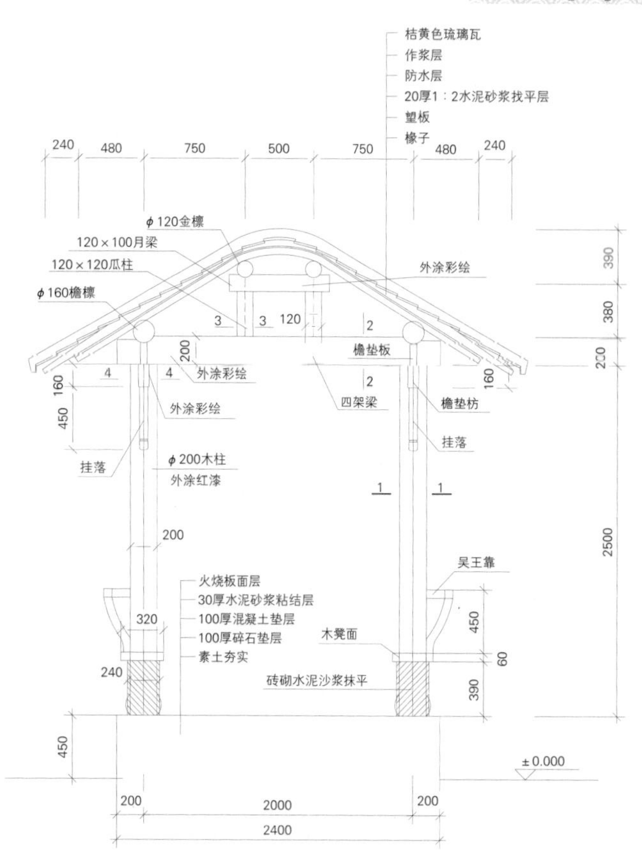

爬山廊C-C剖面图

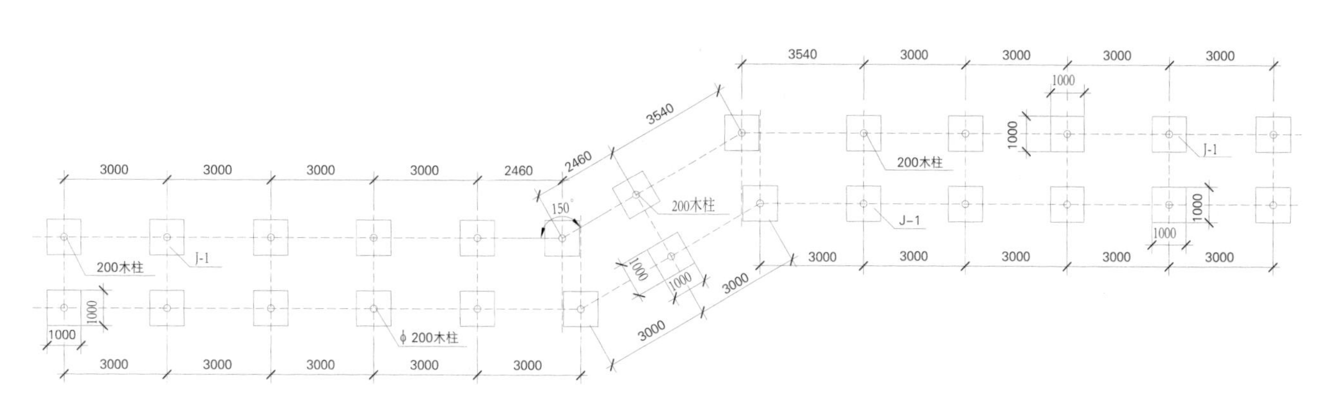

爬山廊基础平面图

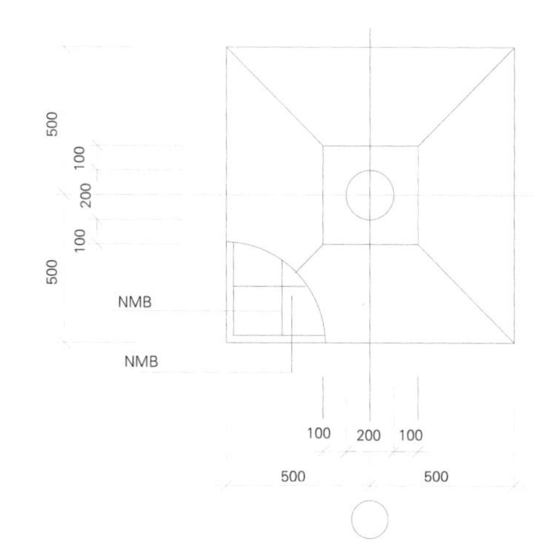

J-1

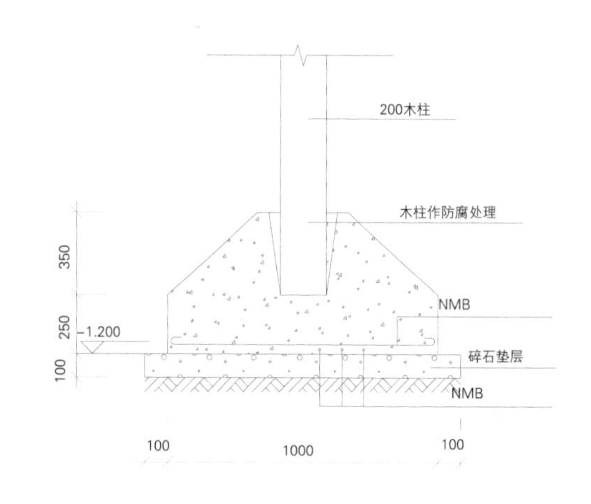

J-1

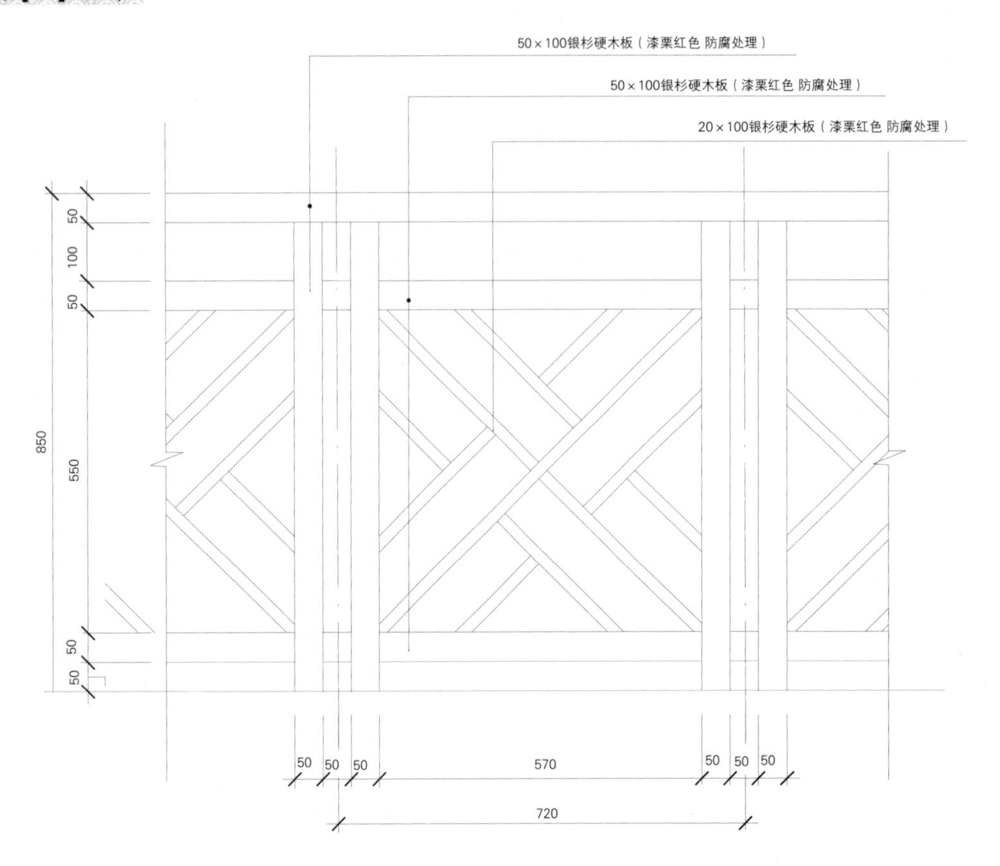

爬山廊护栏立面图

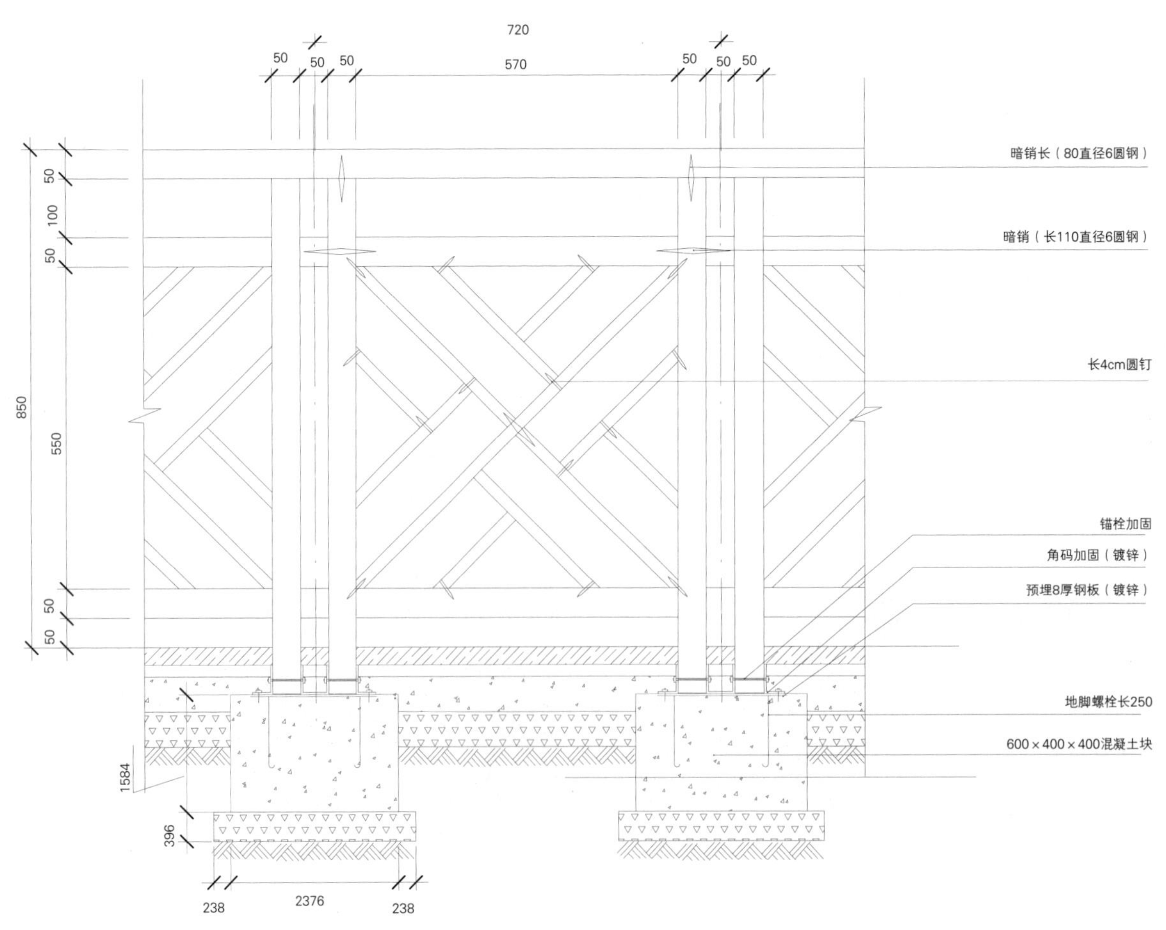

爬山廊护栏剖面图

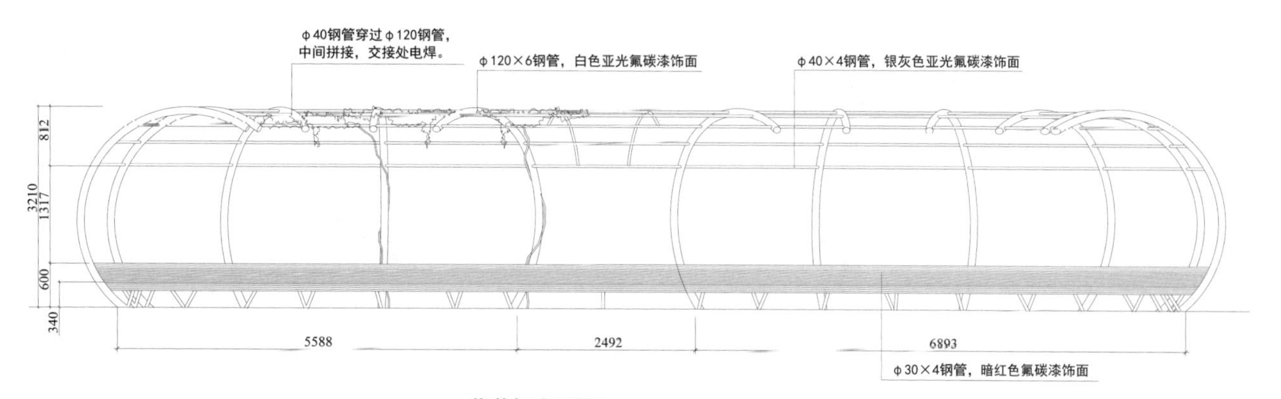

紫藤架立面图

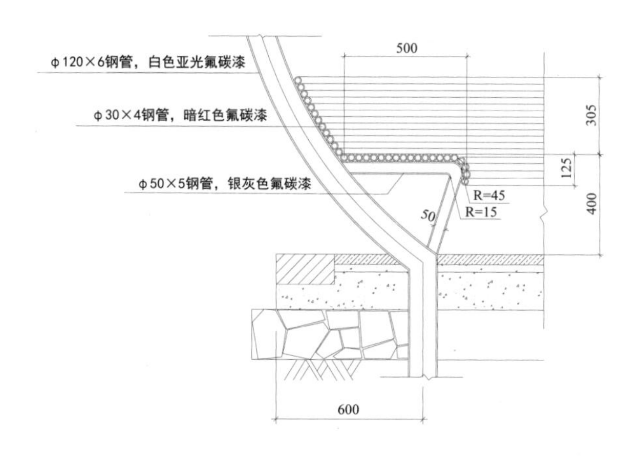

钢管座椅剖面

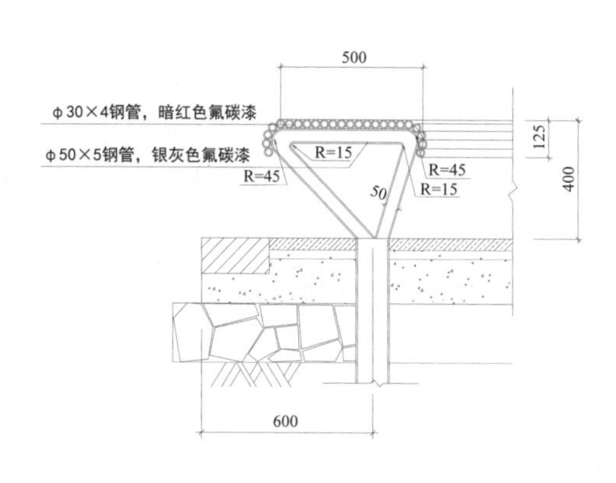

钢管座椅剖面

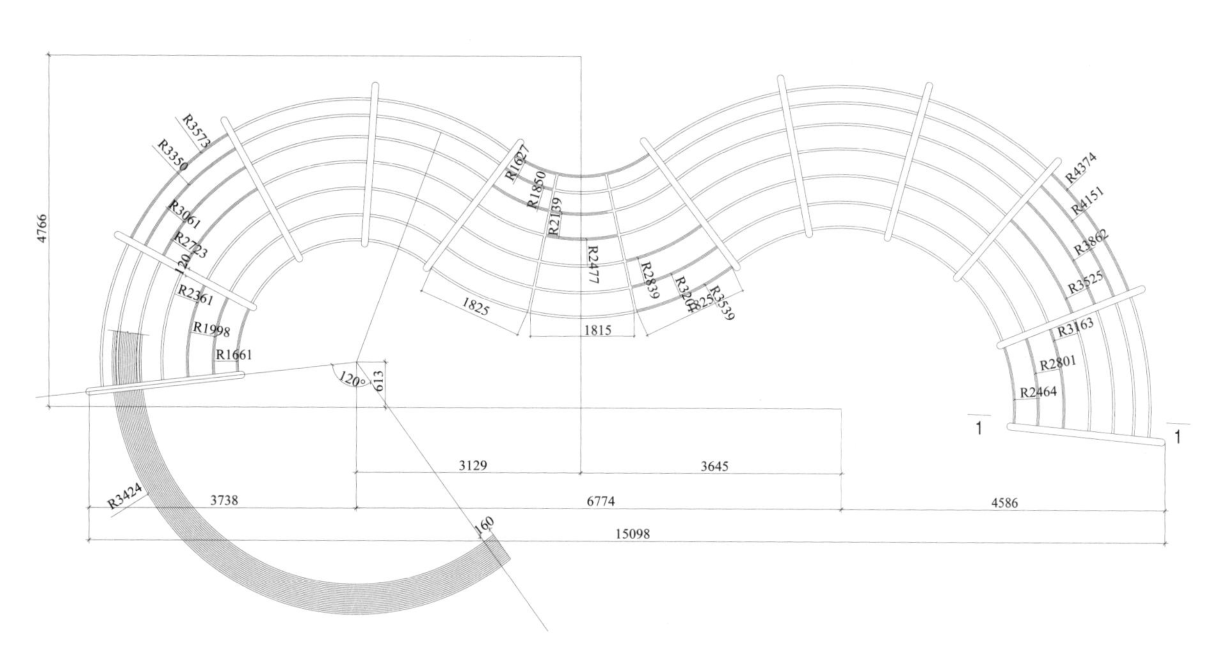

花架系列

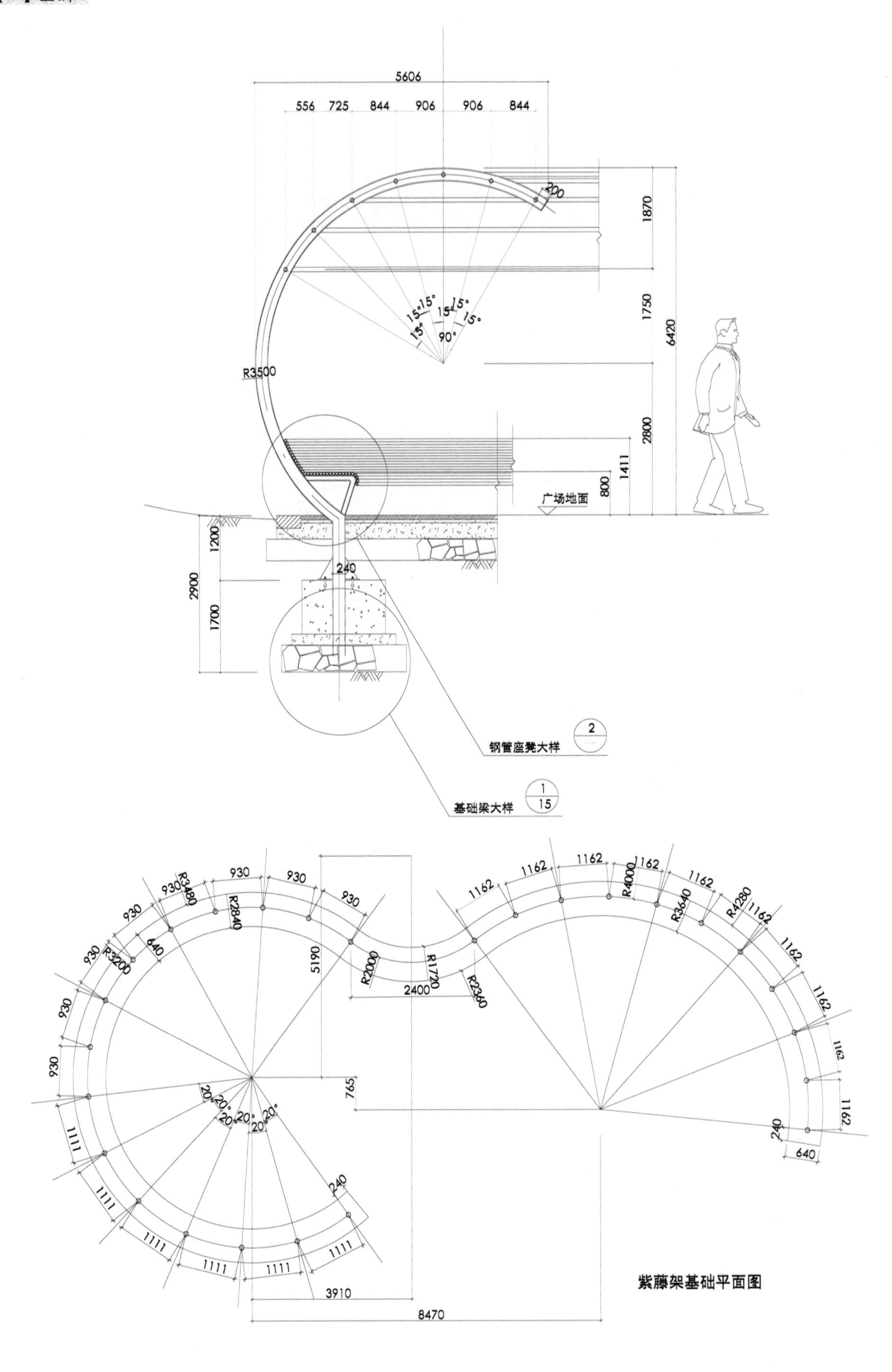
5606
556
725
844
906
906
844
200
1870
1750
6420
2800
1411
800
15°
90°
R3500
广场地面
1200
2900
1700
240
钢管座凳大样
2
基础梁大样
1
15
930
R3480
R2840
R3200
640
5190
R2000
R1720
2400
R2360
1162
R4000
R3640
R4280
765
20°
1111
240
640
3910
8470
紫藤架基础平面图

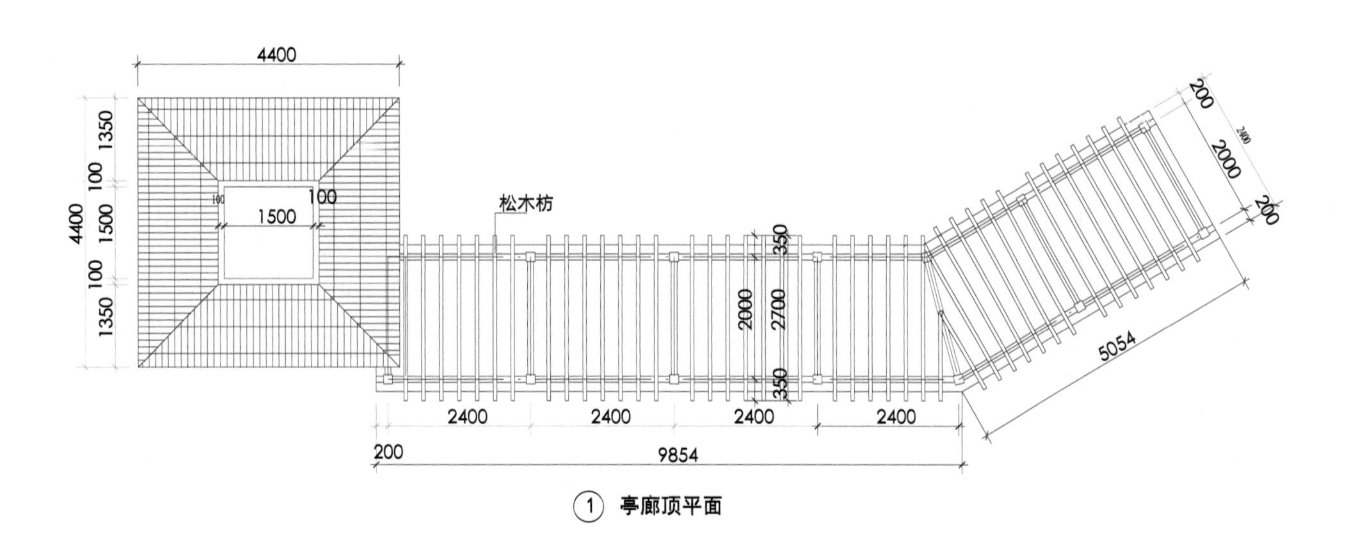

① 亭廊顶平面

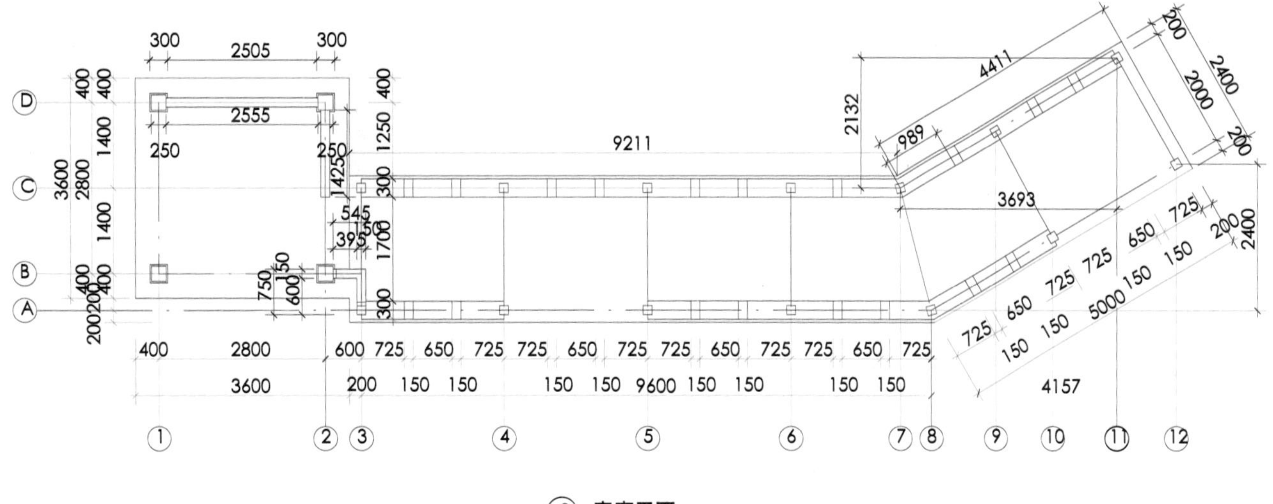

② 亭廊平面

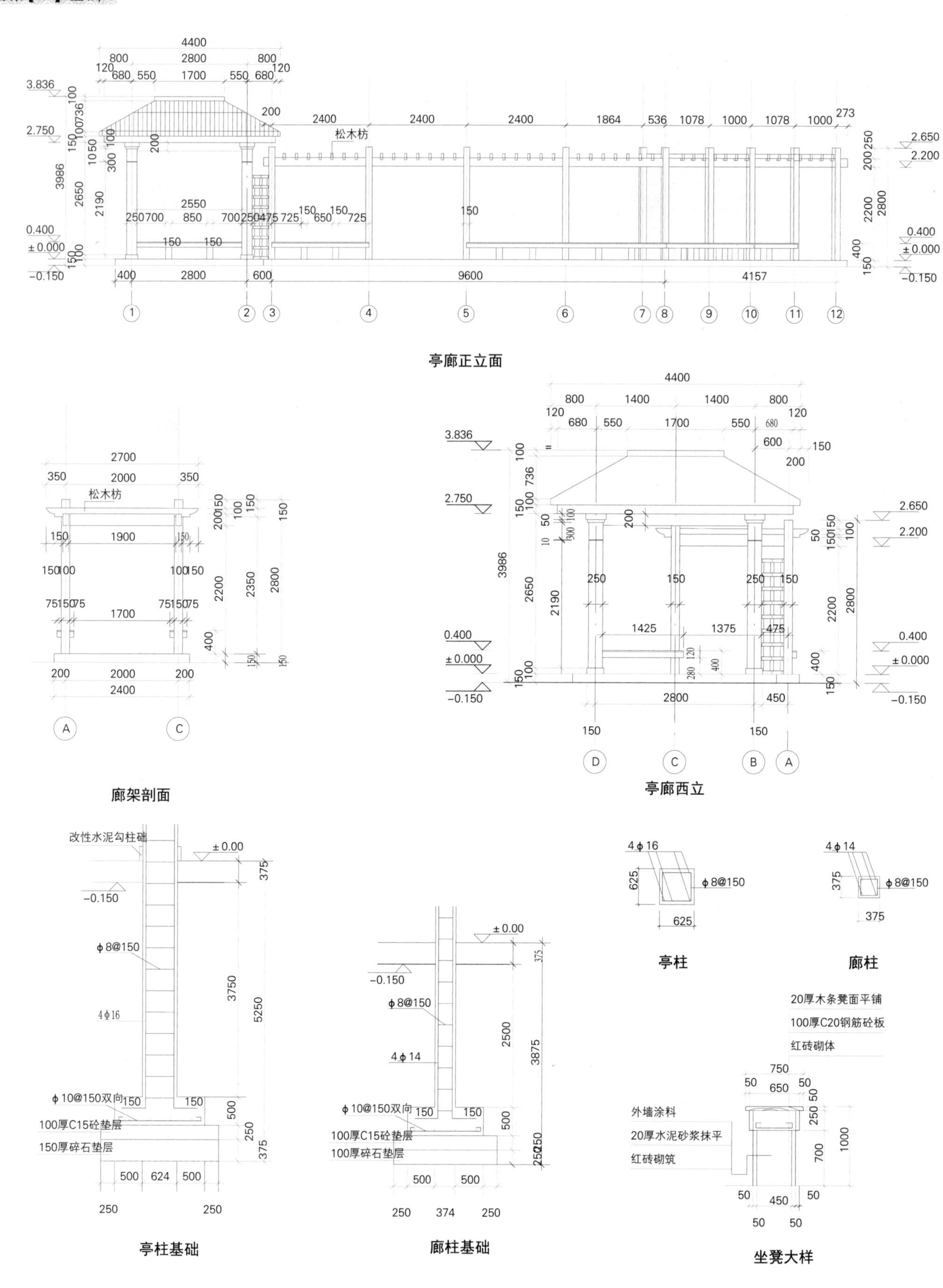
亭廊正立面
松木枋
廊架剖面
松木枋
亭廊西立
改性水泥勾柱础
φ8@150
4φ16
φ10@150双向
100厚C15砼垫层
150厚碎石垫层
亭柱基础
φ8@150
4φ14
φ10@150双向
100厚C15砼垫层
100厚碎石垫层
廊柱基础
4φ16
φ8@150
亭柱
4φ14
φ8@150
廊柱
20厚木条凳面平铺
100厚C20钢筋砼板
红砖砌体
外墙涂料
20厚水泥砂浆抹平
红砖砌筑
坐凳大样

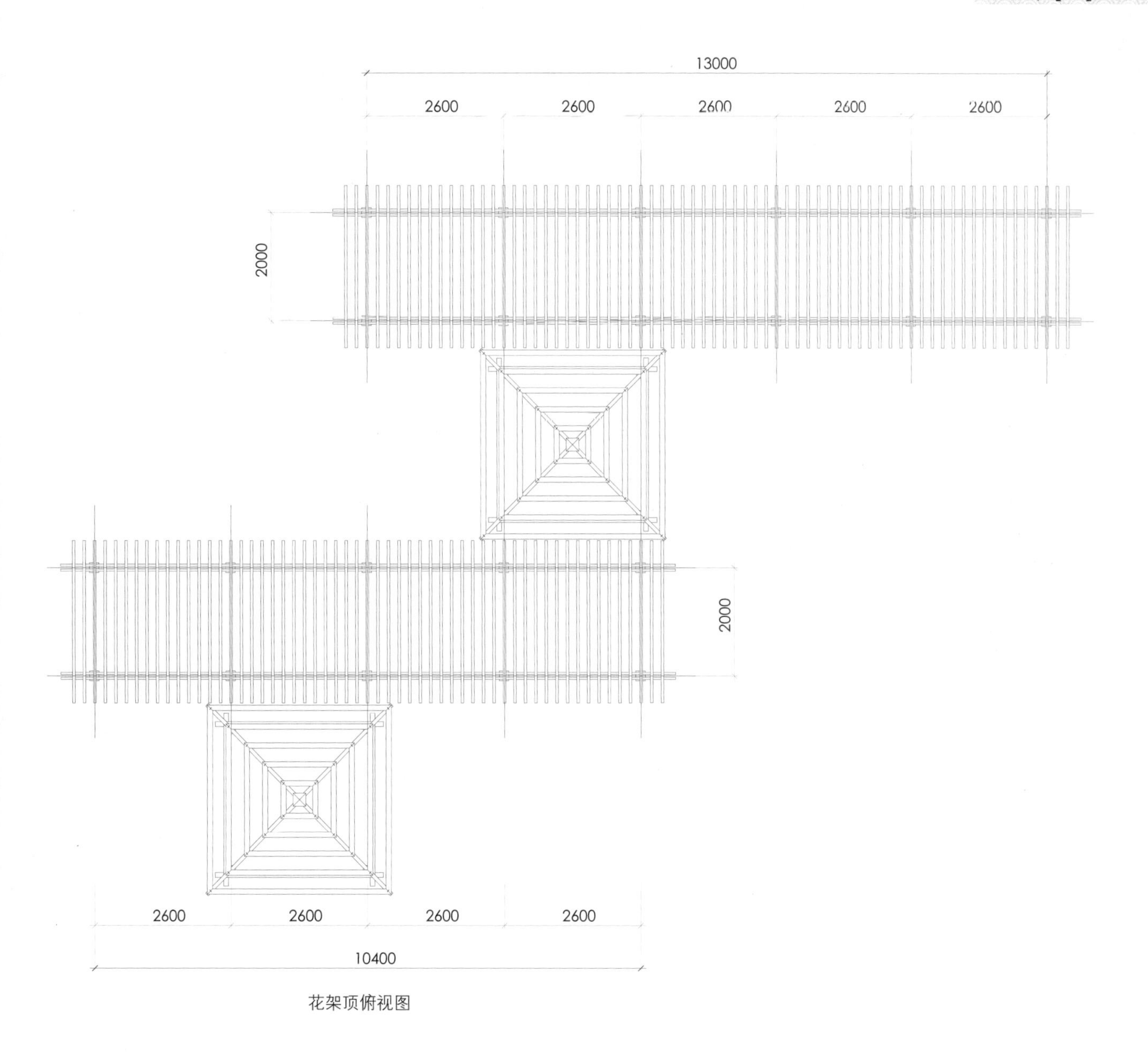

花架顶俯视图

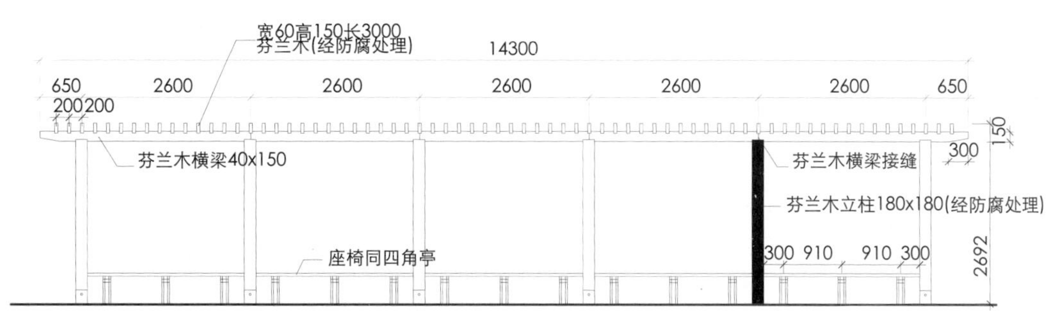

花架正立面图

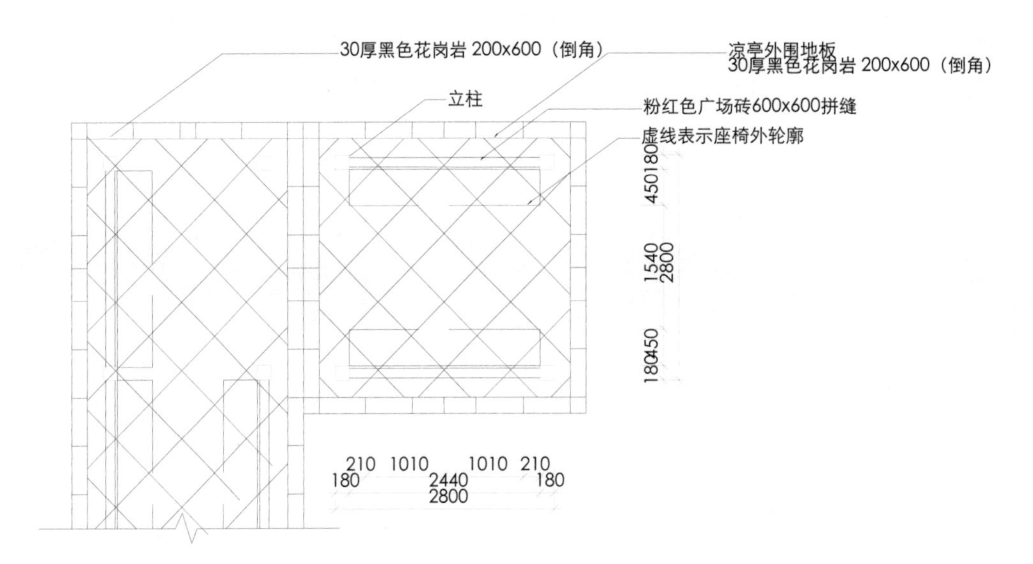

②铺装平面图

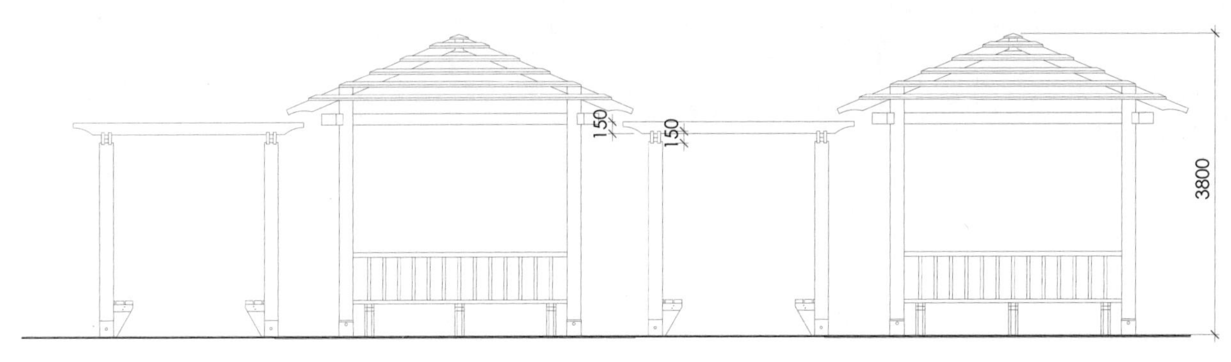

2 建施-16 花架四角凉亭正立面

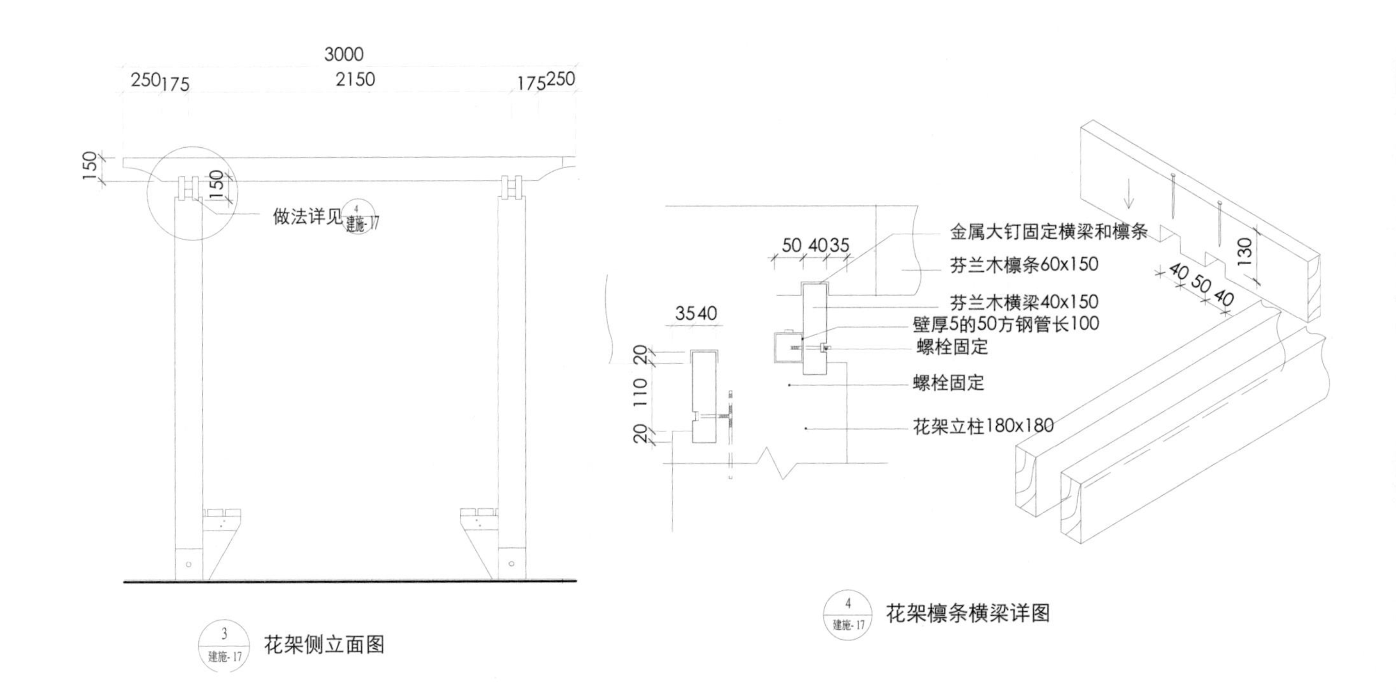

3 建施-17 花架侧立面图

4 建施-17 花架檩条横梁详图

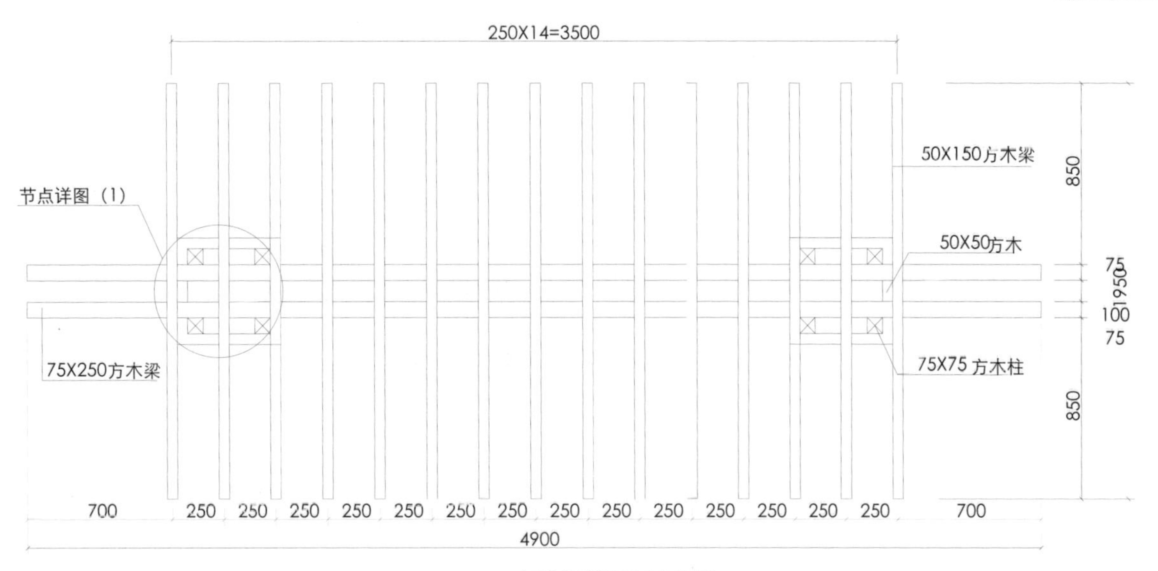

标准门道B平面布置图

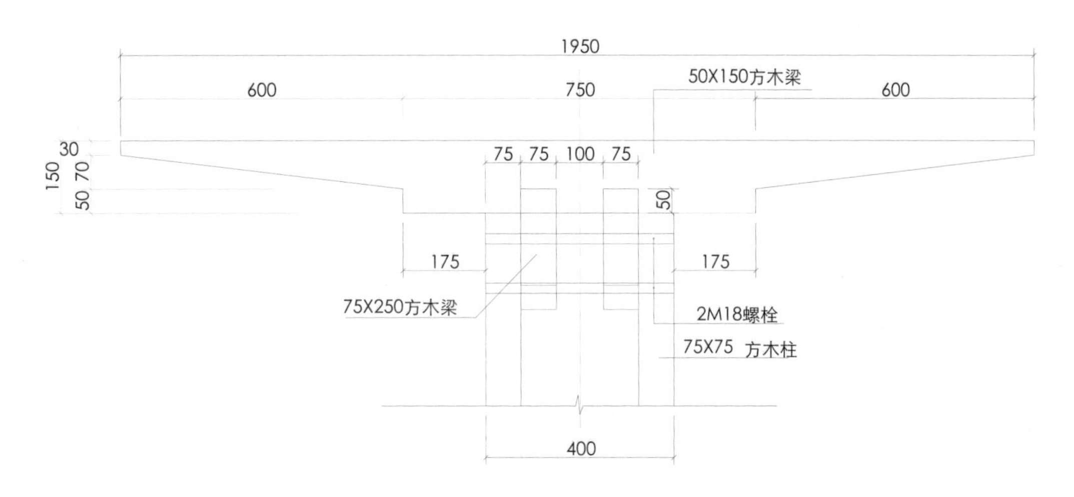

节点详图（2）

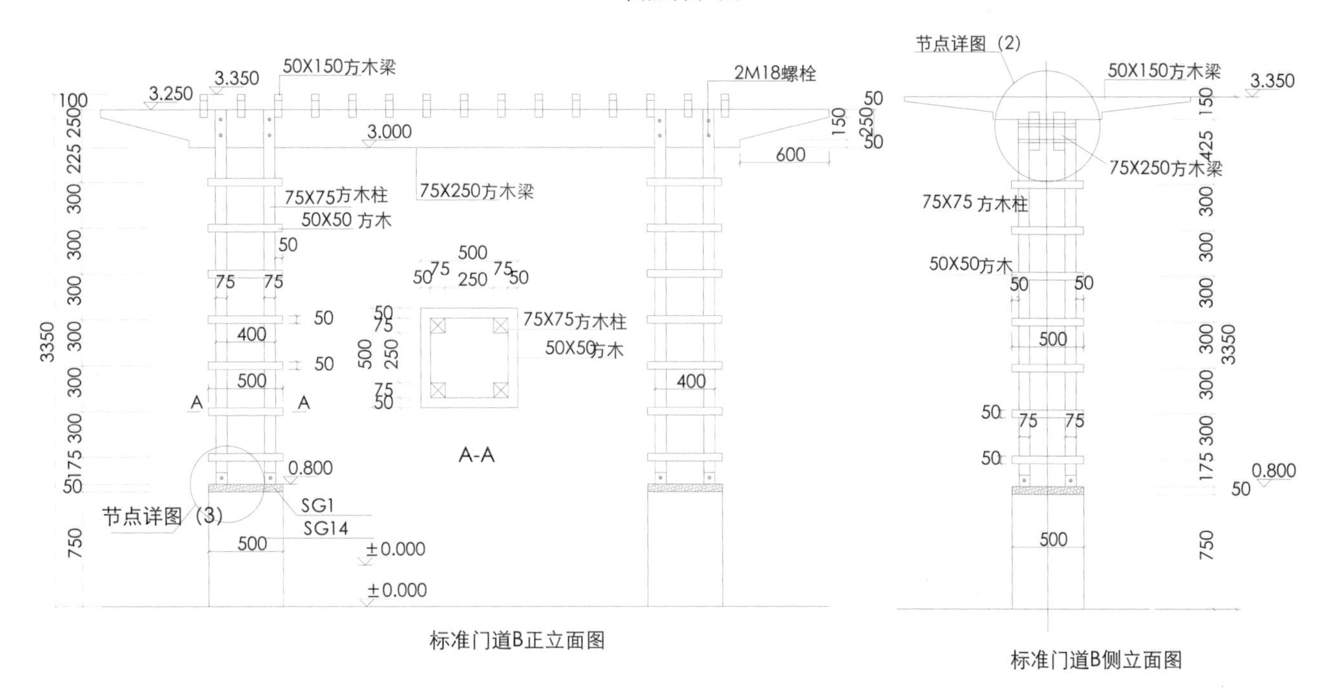

标准门道B正立面图

标准门道B侧立面图

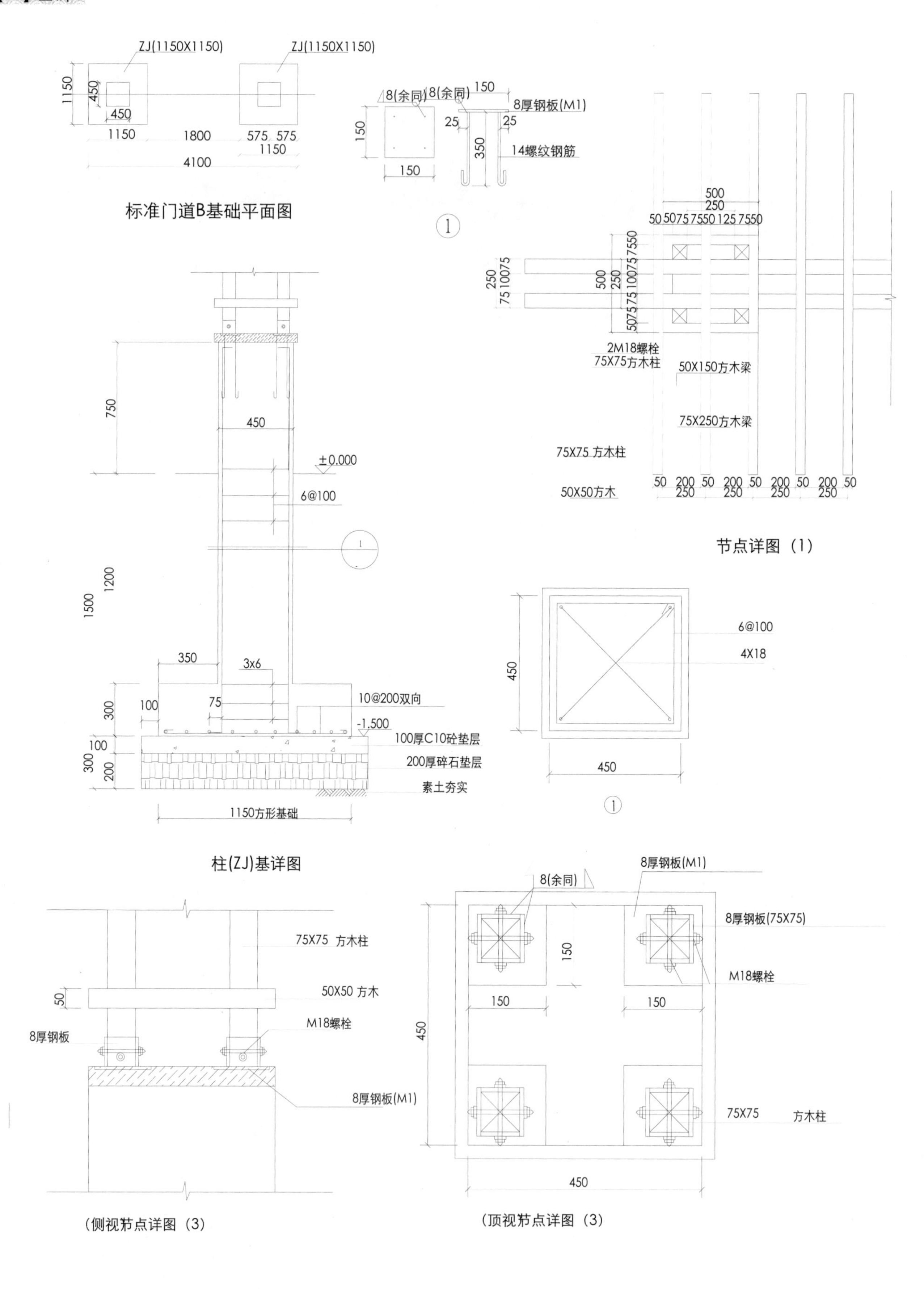

标准门道B基础平面图

节点详图（1）

柱(ZJ)基详图

(侧视节点详图（3)

(顶视节点详图（3)

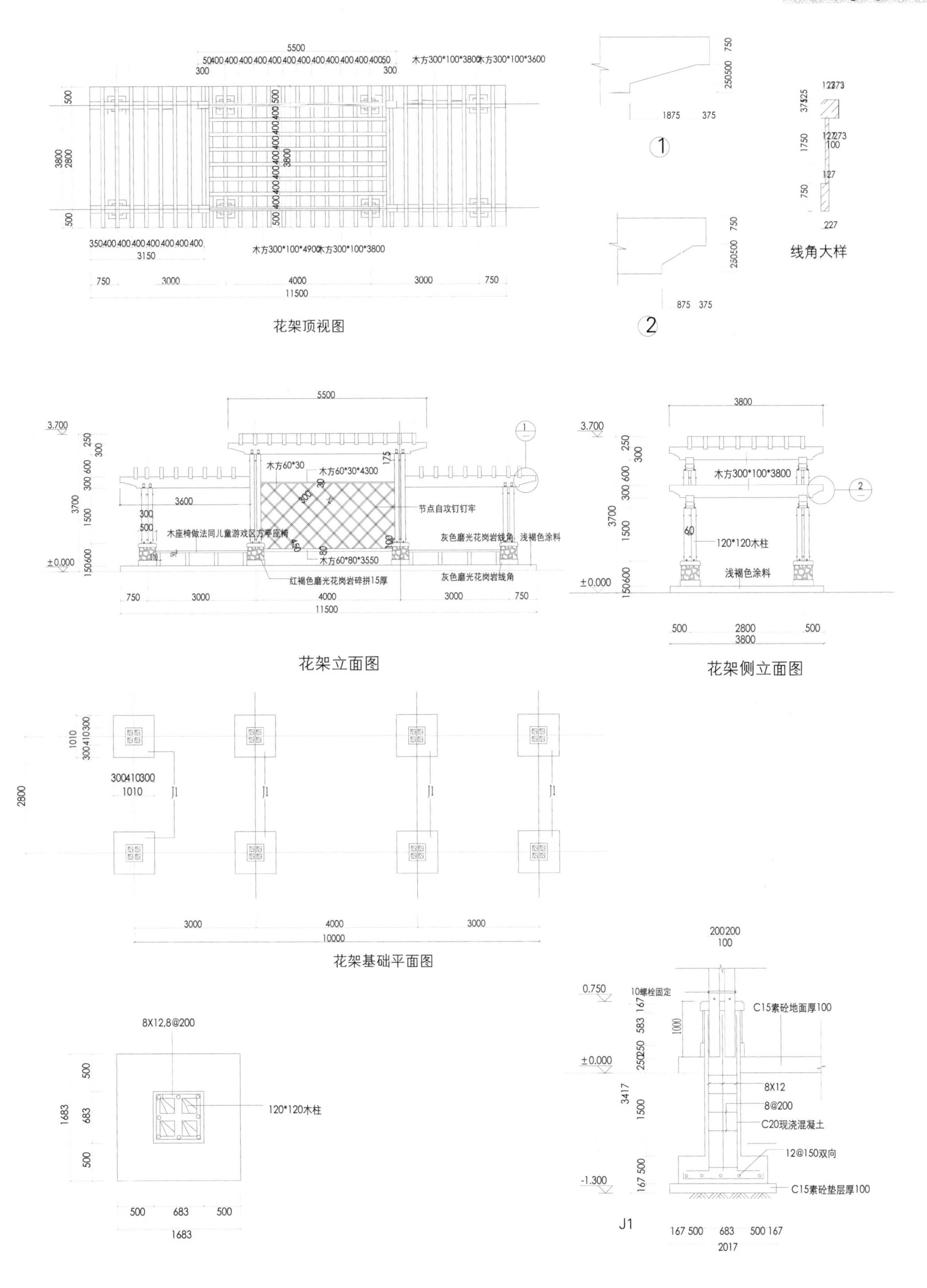

5500
木方300*100*3800
木方300*100*3600
木方300*100*4900
木方300*100*3800
11500
花架顶视图
线角大样
木方60*30
木方60*30*4300
节点自攻钉钉牢
木座椅做法同儿童游戏区方亭座椅
灰色磨光花岗岩线角
浅褐色涂料
木方60*80*3550
红褐色磨光花岗岩碎拼15厚
灰色磨光花岗岩线角
花架立面图
木方300*100*3800
120*120木柱
浅褐色涂料
花架侧立面图
花架基础平面图
8X12,8@200
120*120木柱
10螺栓固定
C15素砼地面厚100
8X12
8@200
C20现浇混凝土
12@150双向
C15素砼垫层厚100
J1

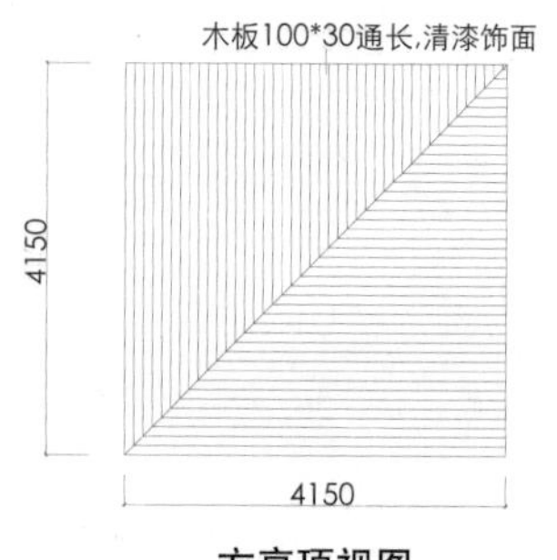

方亭顶视图

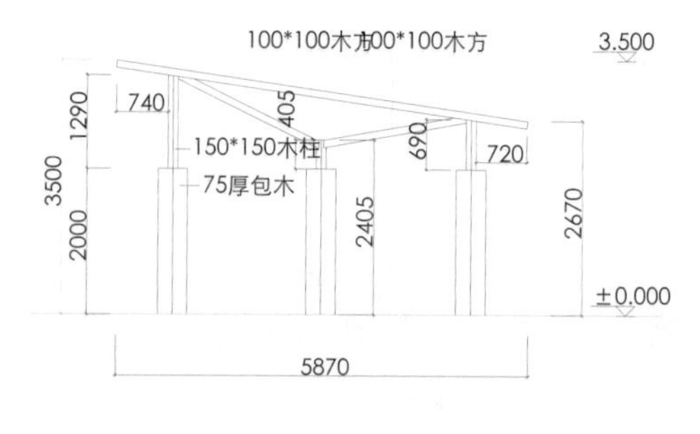

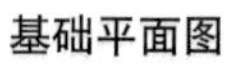

方亭立面构架图

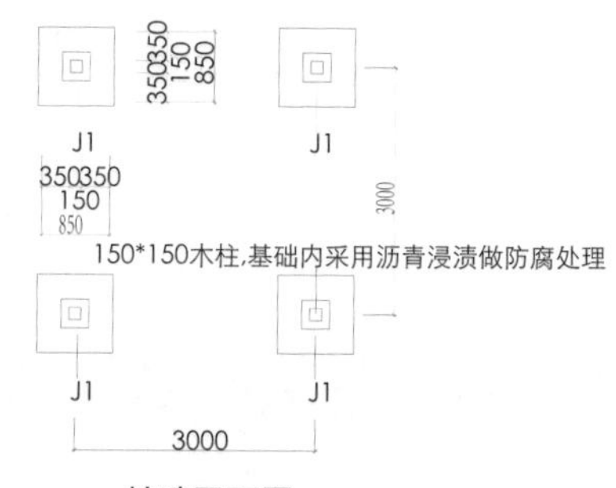

基础平面图

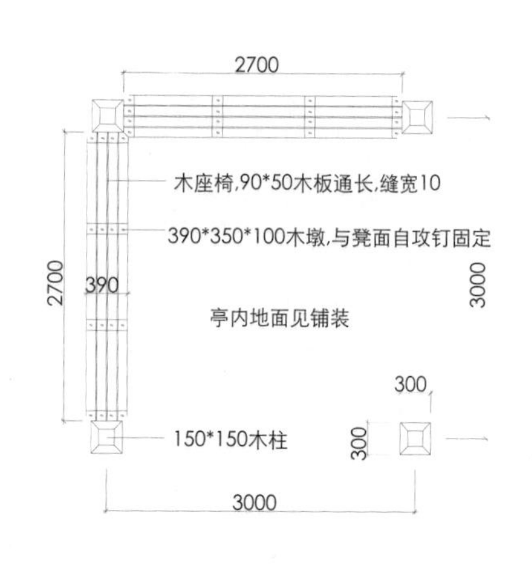

方亭平面图

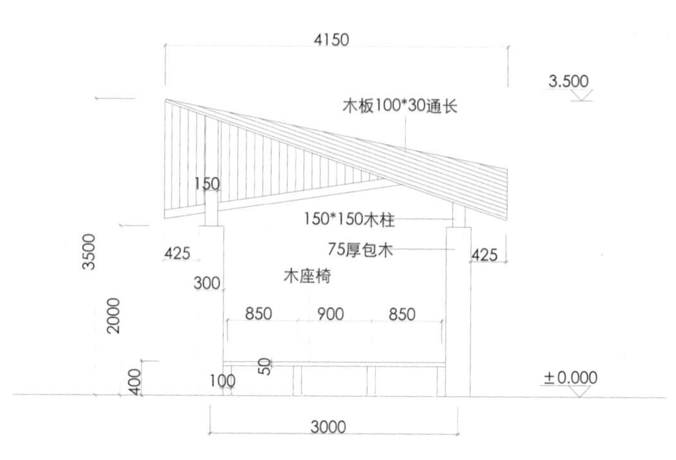

方亭立面图

注:方亭所用木料需做防腐处理,整体外饰清漆木本色.

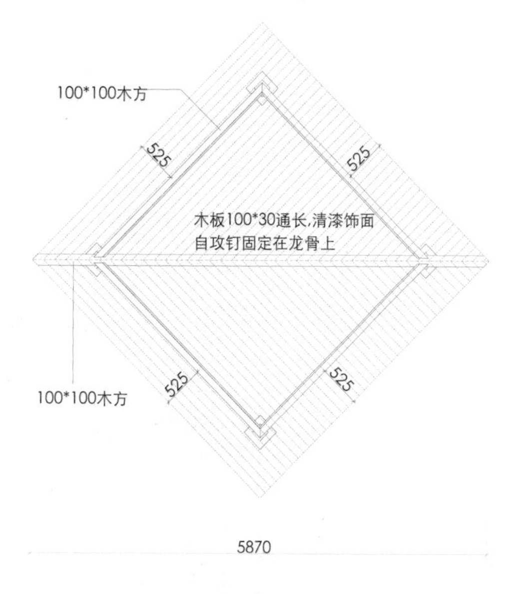

方亭平面构架图

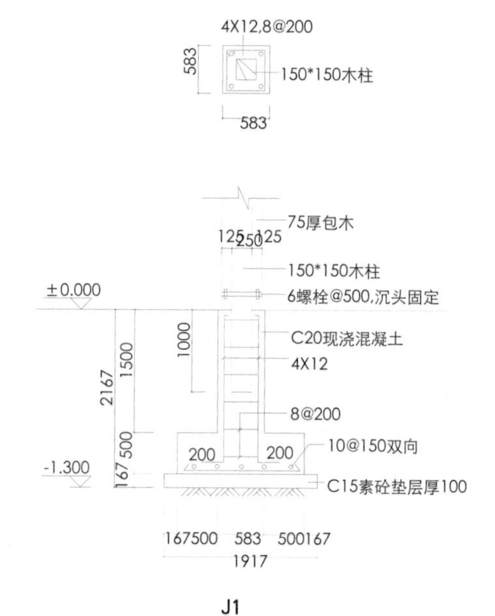

J1

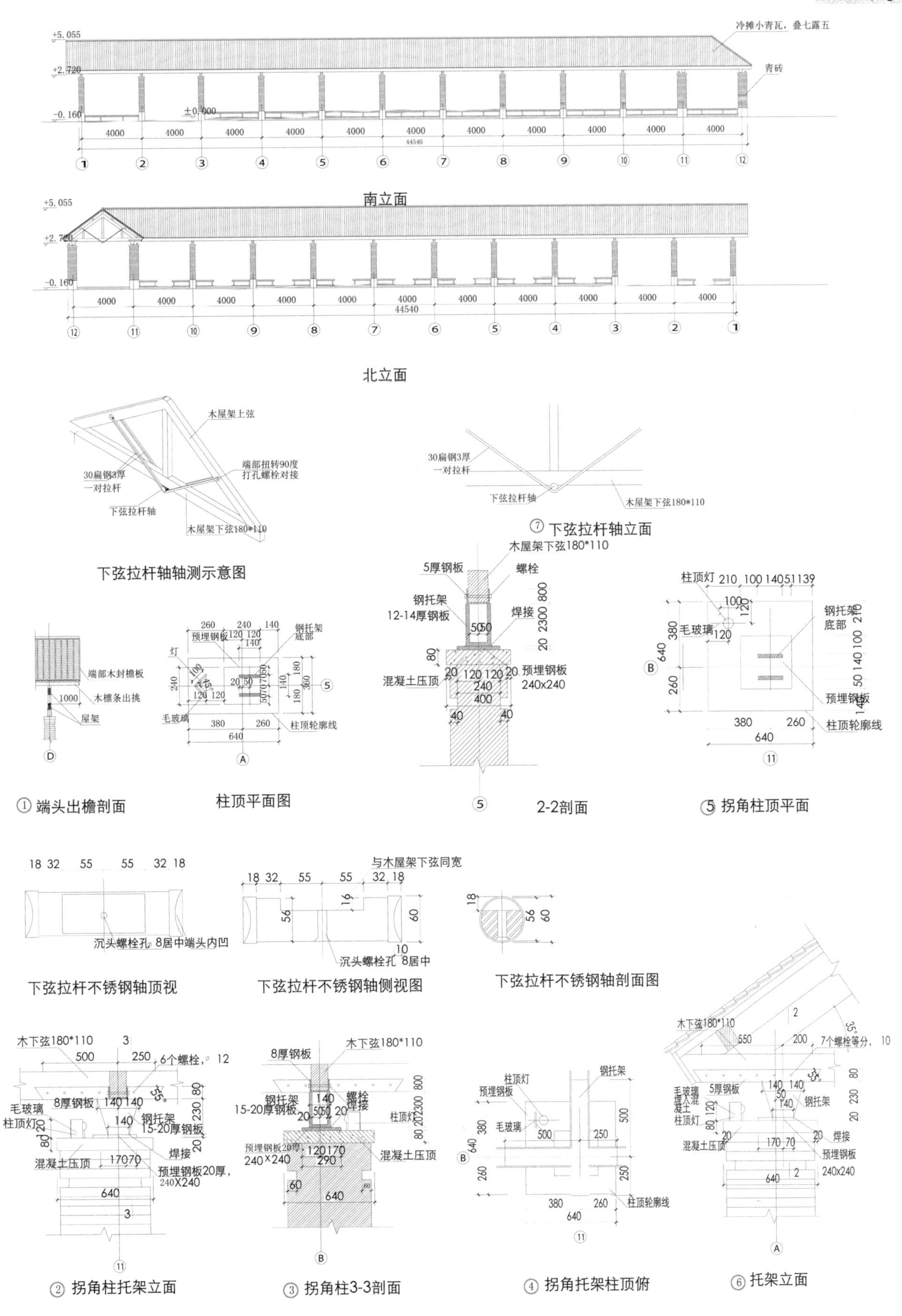
冷摊小青瓦，叠七露五
青砖
南立面
北立面
木屋架上弦
端部扭转90度
打孔螺栓对接
30扁钢3厚
一对拉杆
下弦拉杆轴
木屋架下弦180*110
下弦拉杆轴轴测示意图
下弦拉杆轴立面
5厚钢板
螺栓
钢托架
12-14厚钢板
焊接
混凝土压顶
预埋钢板
240x240
柱顶灯
毛玻璃
钢托架
底部
预埋钢板
柱顶轮廓线
端部木封檐板
木檩条出挑
屋架
端头出檐剖面
柱顶平面图
2-2剖面
拐角柱顶平面
与木屋架下弦同宽
沉头螺栓孔 8居中端头内凹
沉头螺栓孔 8居中
下弦拉杆不锈钢轴顶视
下弦拉杆不锈钢轴侧视图
下弦拉杆不锈钢轴剖面图
木下弦180*110
6个螺栓，
8厚钢板
15-20厚钢板
预埋钢板20厚，
7个螺栓等分，
拐角柱托架立面
拐角柱3-3剖面
拐角托架柱顶俯
托架立面

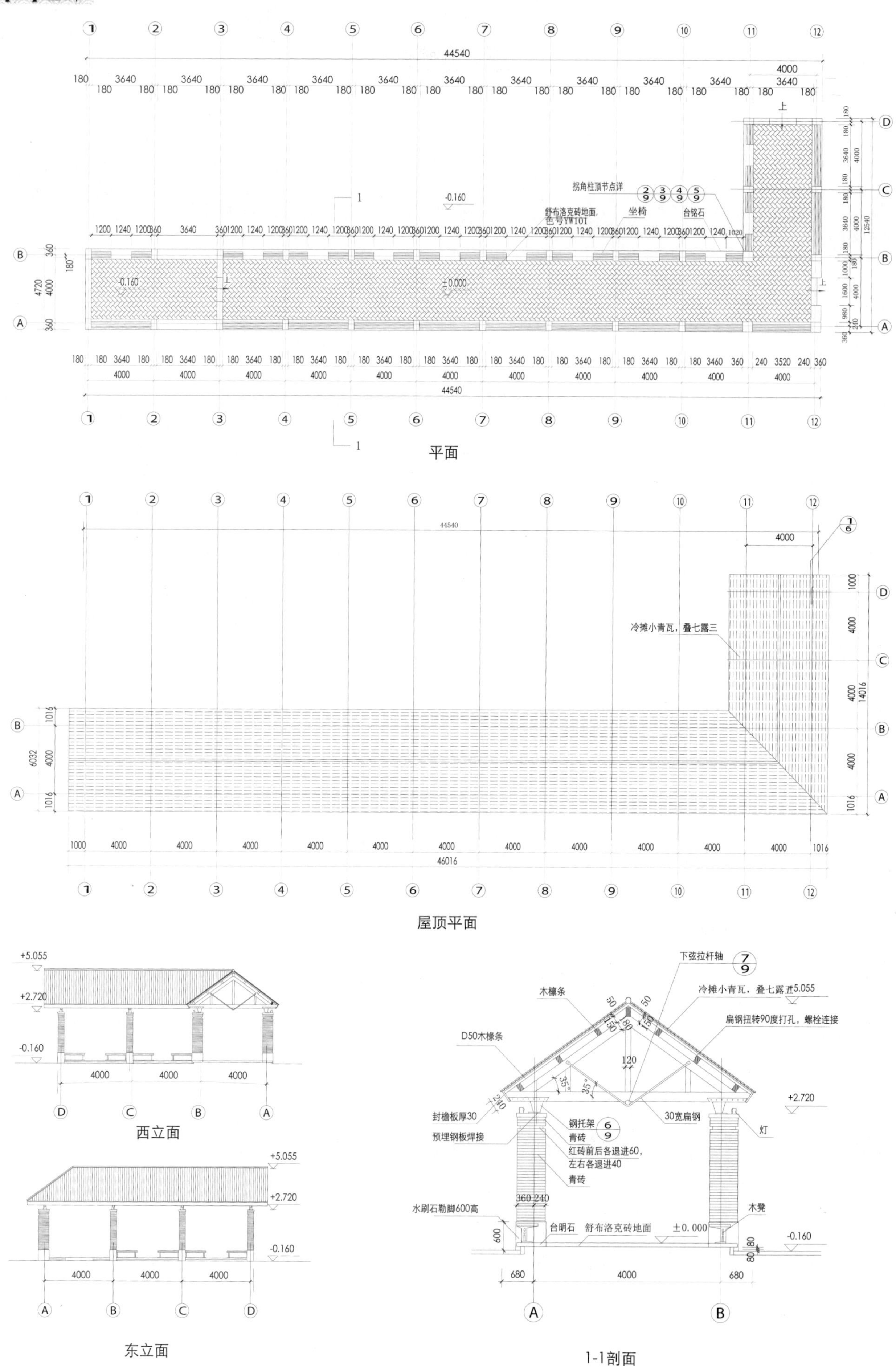

平面

屋顶平面

西立面

东立面

1-1剖面

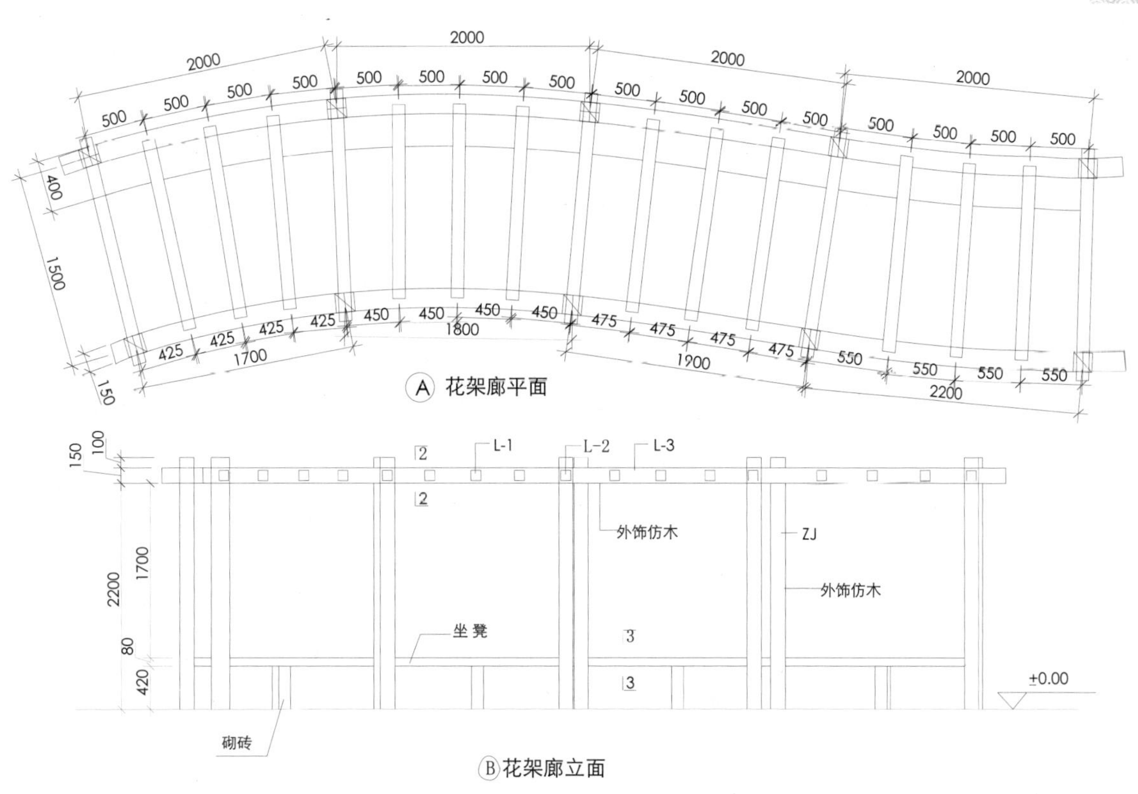

Ⓐ 花架廊平面

Ⓑ 花架廊立面

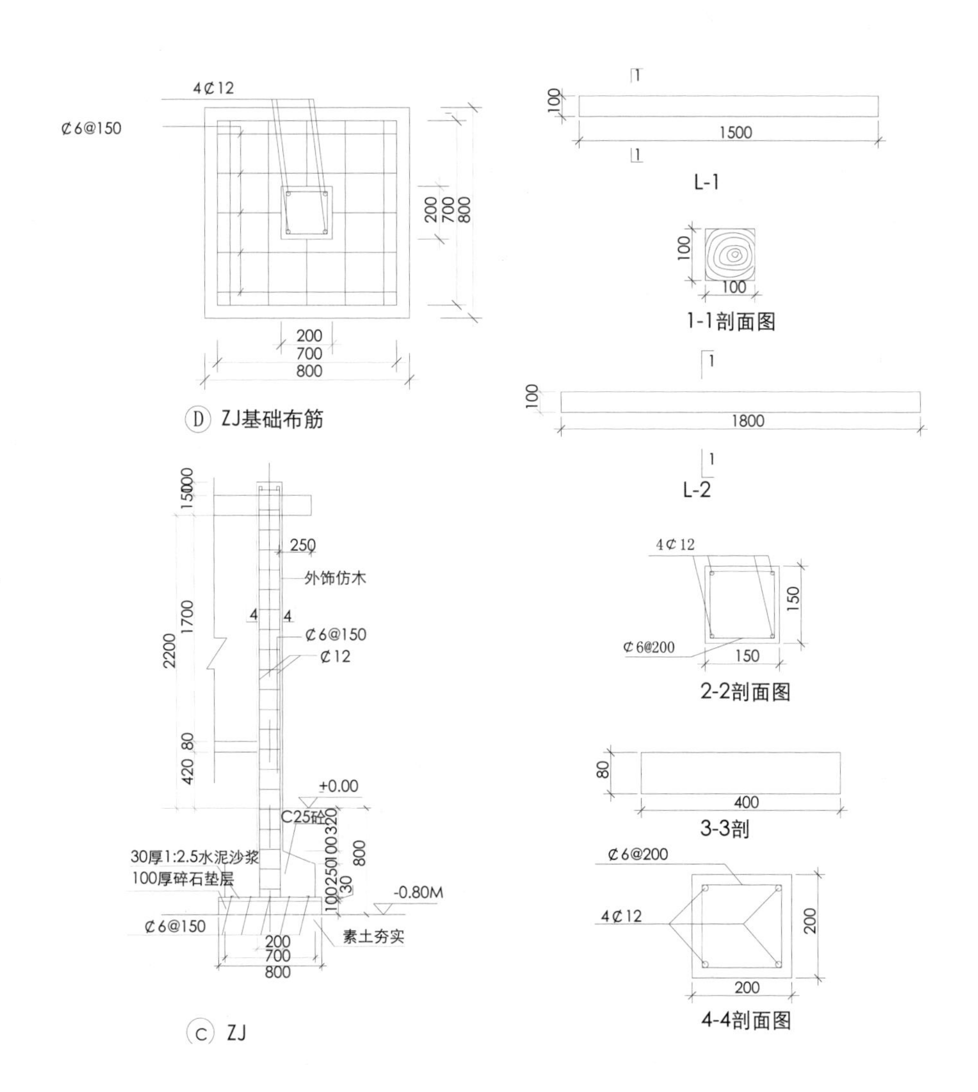

Ⓓ ZJ基础布筋

L-1

1-1剖面图

L-2

2-2剖面图

3-3剖

Ⓒ ZJ

4-4剖面图

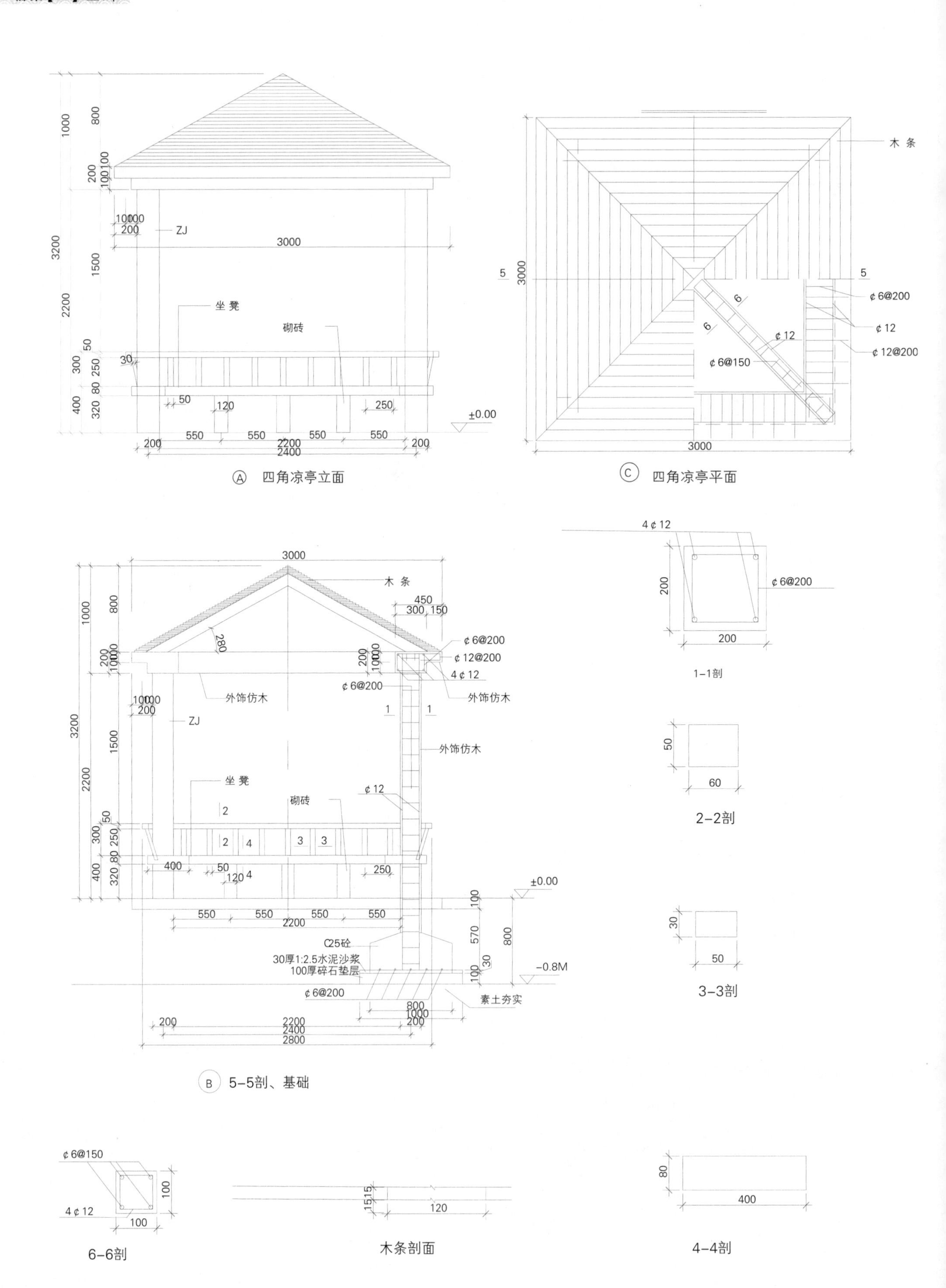

Ⓐ 四角凉亭立面

Ⓒ 四角凉亭平面

Ⓑ 5-5剖、基础

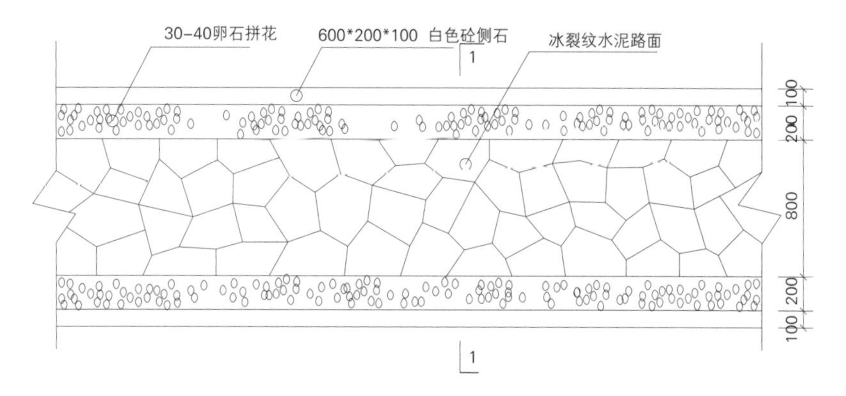

园路（一）铺装平面详图

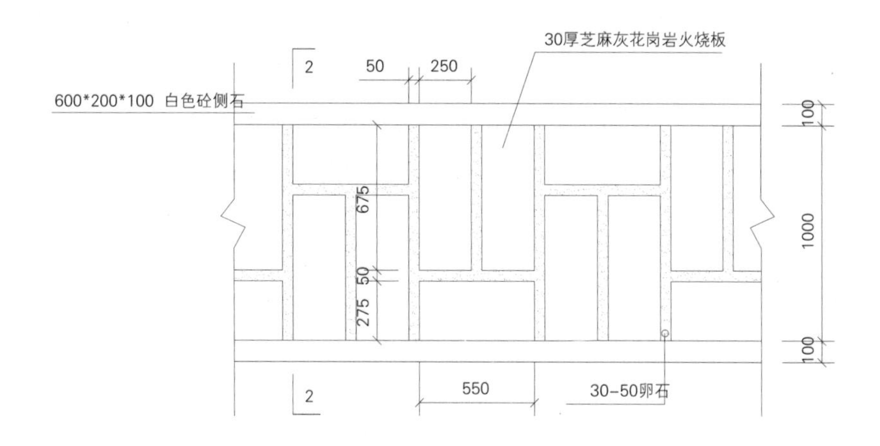

园路(二）铺装平面详图

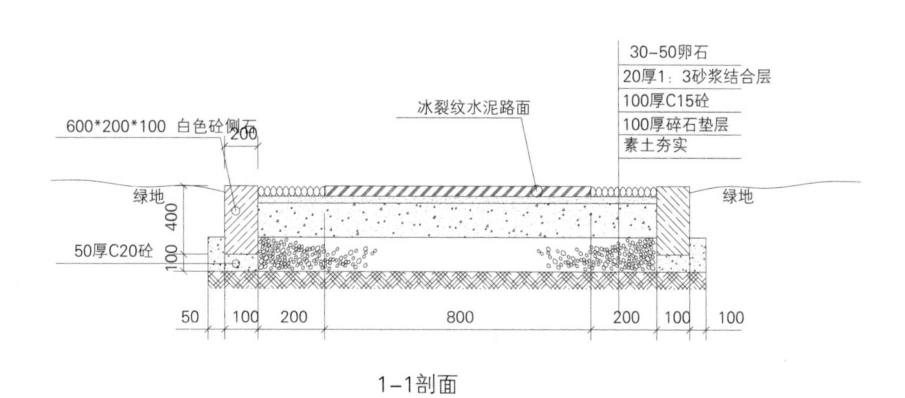

1-1剖面

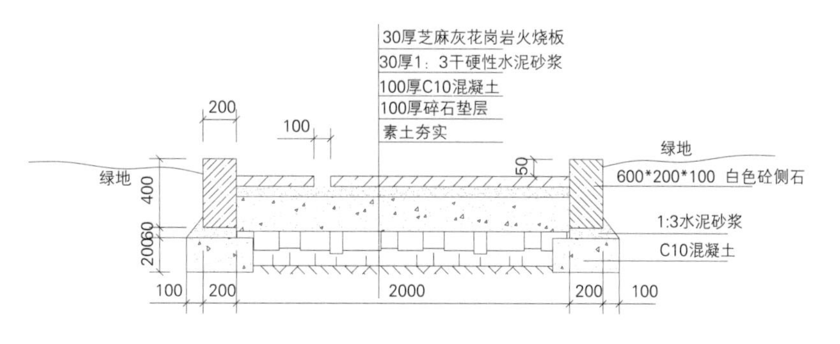

1-1剖面

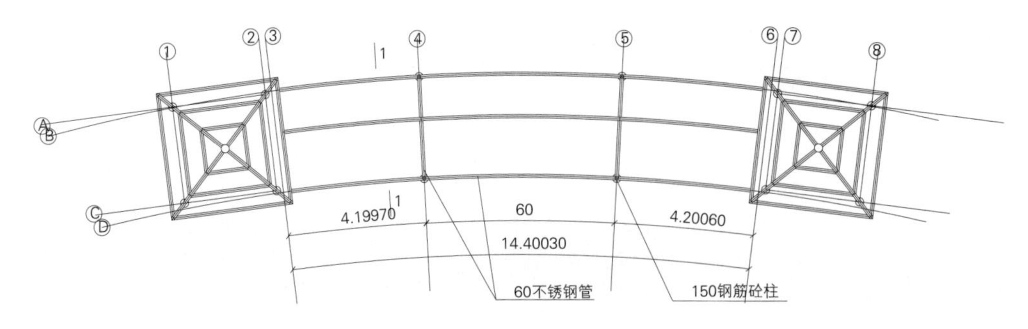

休息廊架屋顶平面图

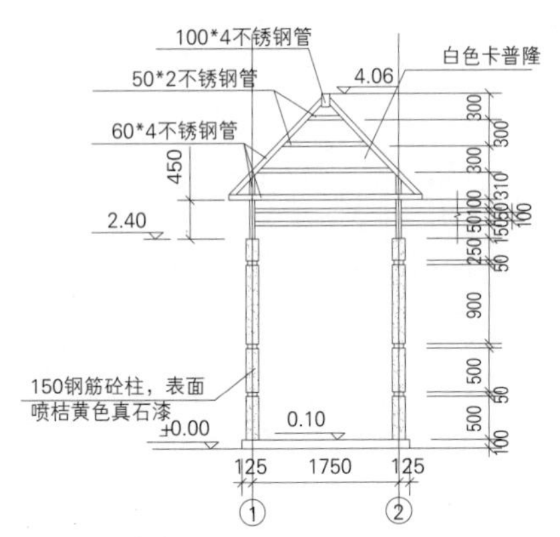

休息廊架侧立面图

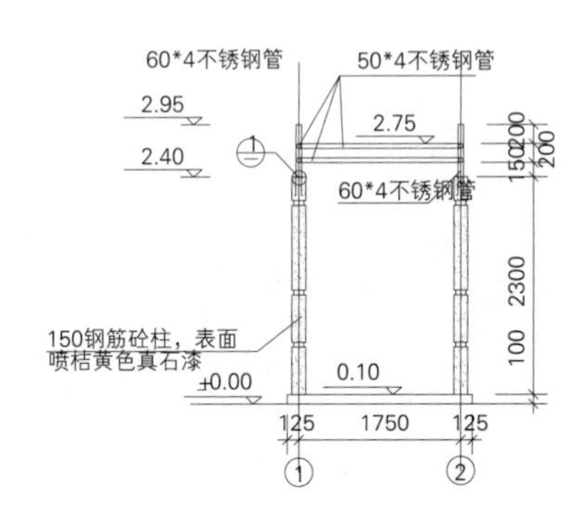

1-1剖面图

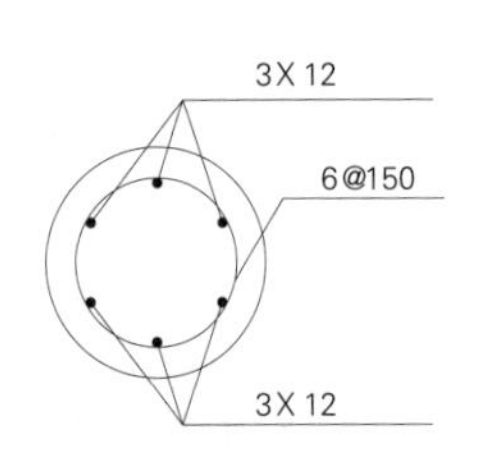

钢筋砼柱配筋图

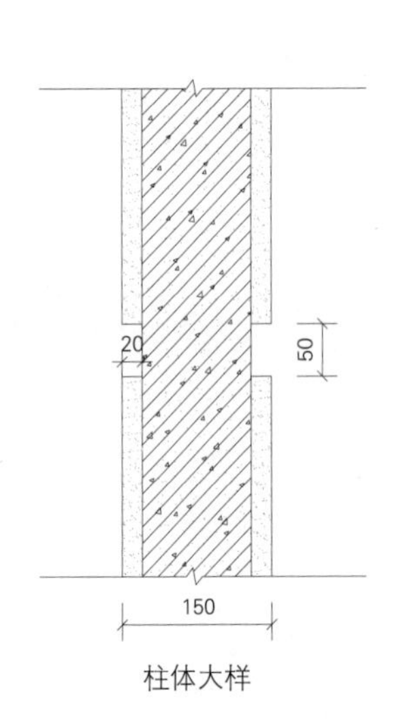

柱体大样

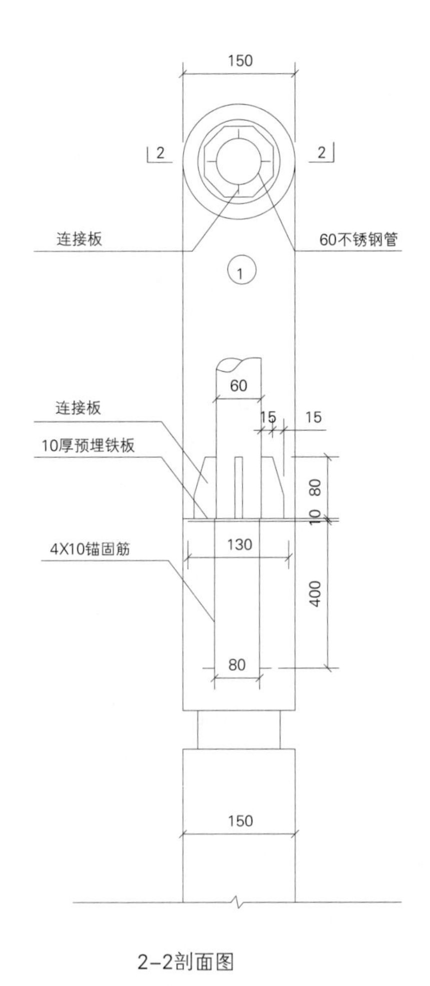

2-2剖面图

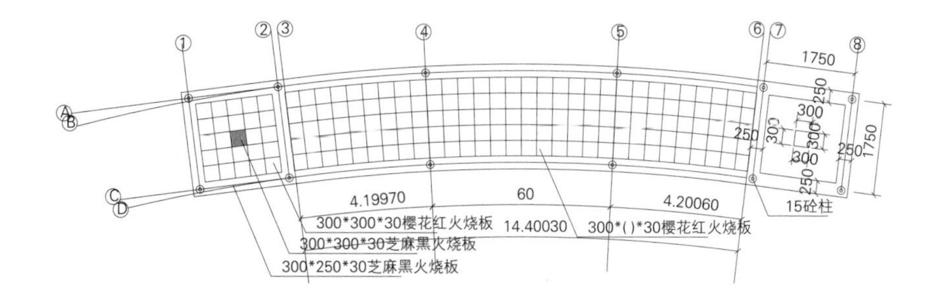

休息廊架平面图

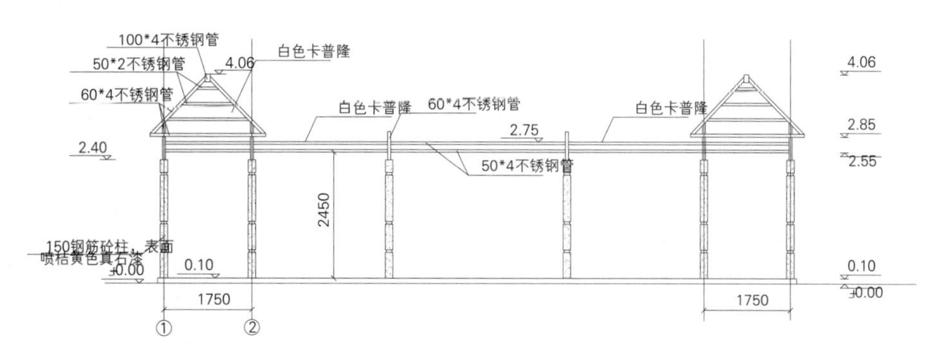

休息廊架立面展开图

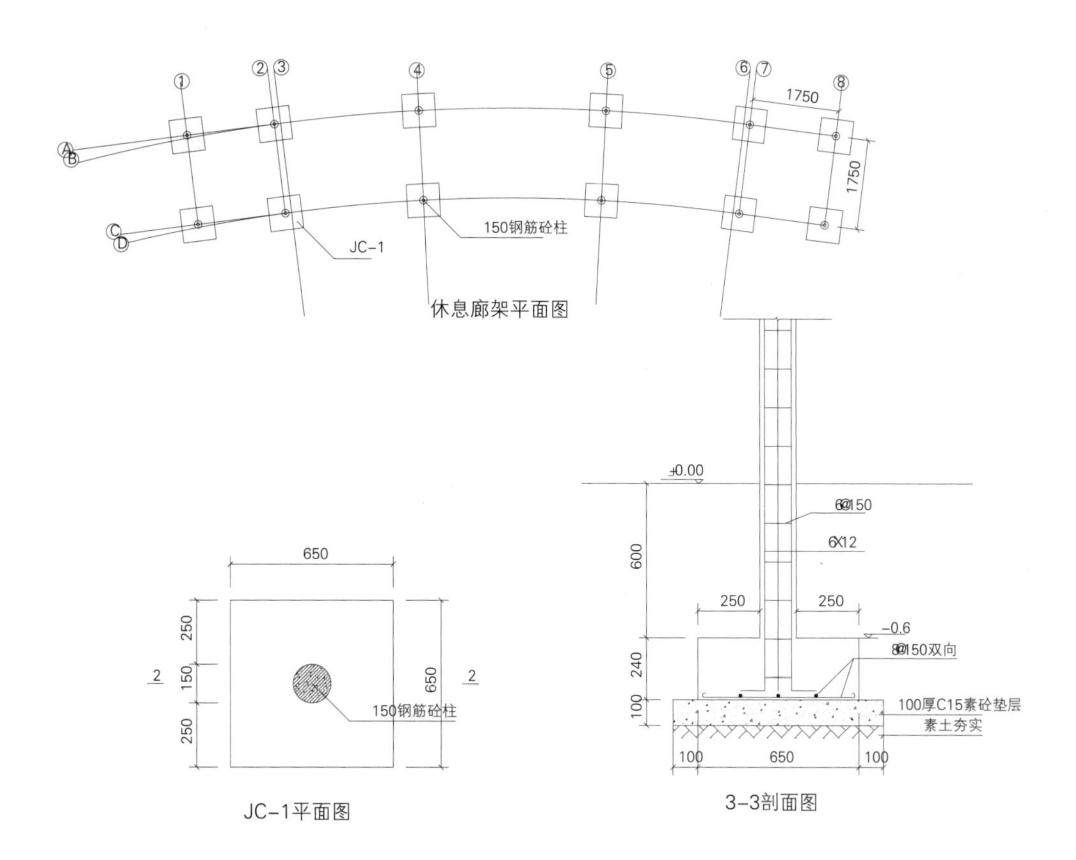

休息廊架平面图

JC-1平面图

3-3剖面图

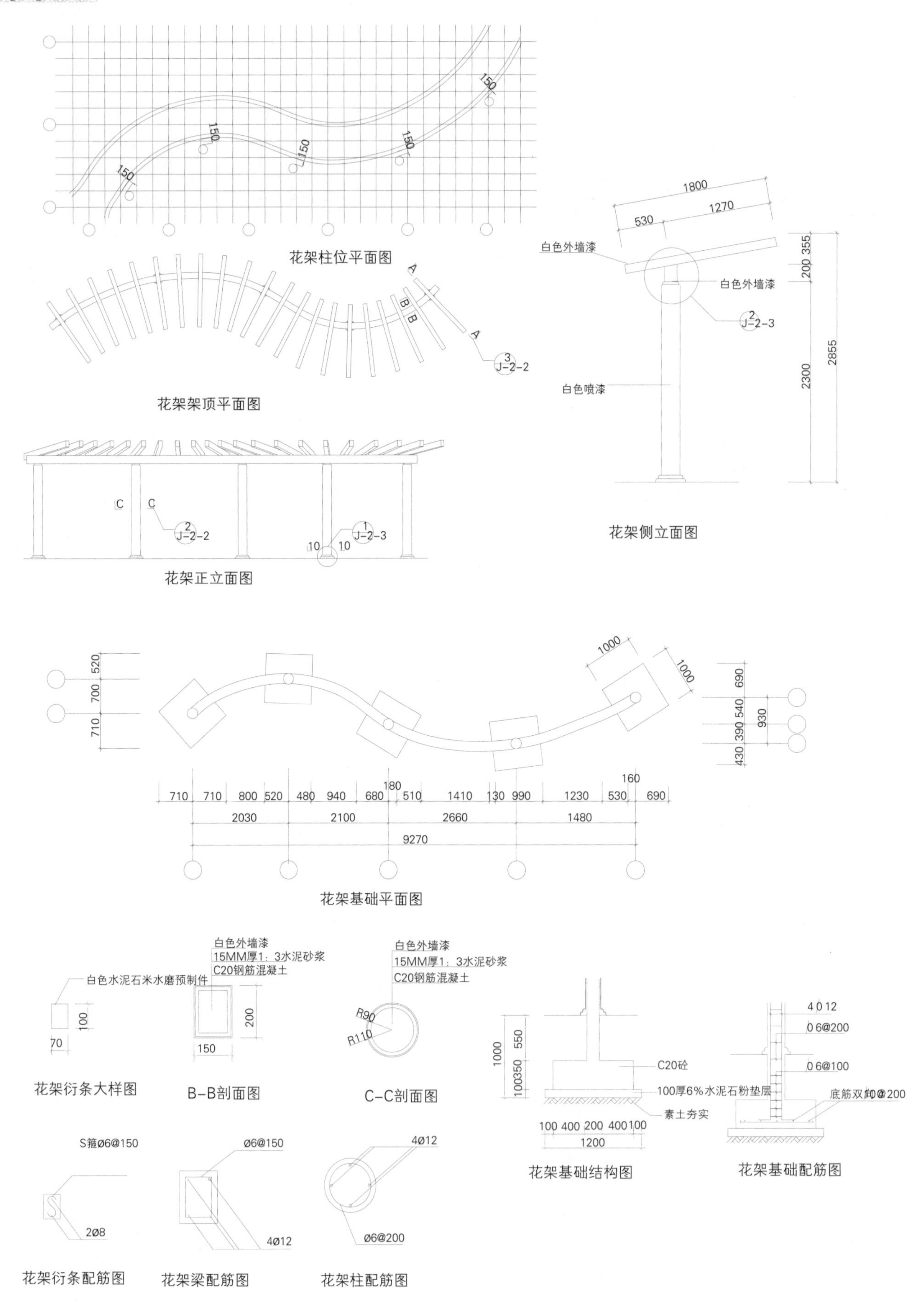

150
150
150
150
150
花架柱位平面图
A
B B
A
3
J-2-2
花架架顶平面图
1800
530
1270
白色外墙漆
白色外墙漆
2
J-2-3
白色喷漆
200 355
2300
2855
C
C
2
J-2-2
1
J-2-3
10
10
花架正立面图
花架侧立面图
1000
1000
520
700
710
690
540
390
430
930
710
710
800
520
480
940
680
180
510
1410
130
990
1230
160
530
690
2030
2100
2660
1480
9270
花架基础平面图
白色水泥石米水磨预制件
100
70
白色外墙漆
15MM厚1：3水泥砂浆
C20钢筋混凝土
200
150
R90
R110
C20砼
100厚6%水泥石粉垫层
素土夯实
1000
550
100350
100 400 200 400100
1200
4012
06@200
06@100
底筋双向10@200
花架衍条大样图
B-B剖面图
C-C剖面图
花架基础结构图
花架基础配筋图
S箍Ø6@150
2Ø8
Ø6@150
4Ø12
4Ø12
Ø6@200
花架衍条配筋图
花架梁配筋图
花架柱配筋图

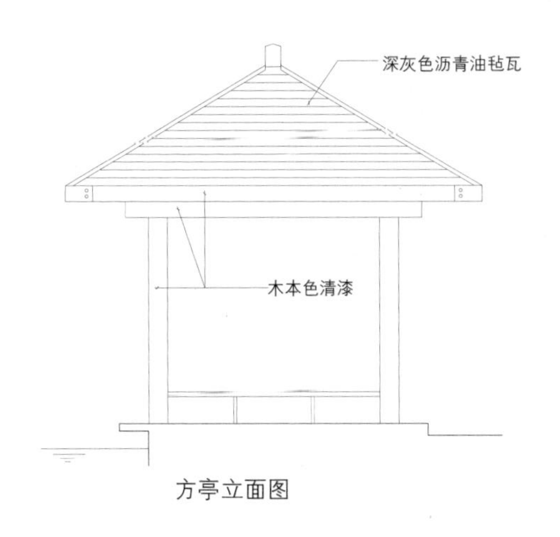

方亭立面图

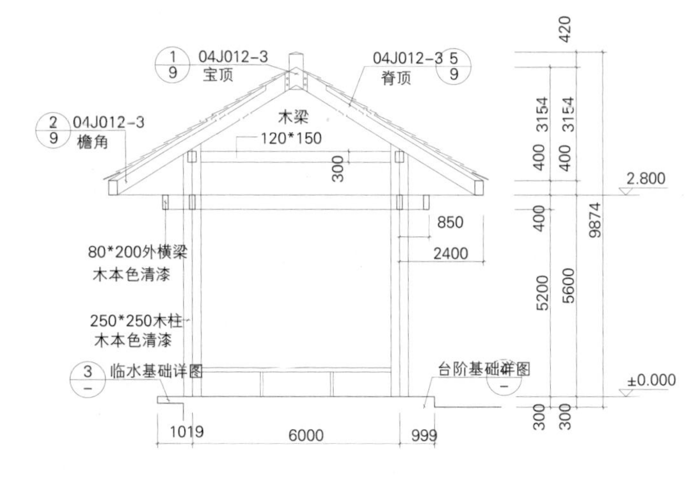

亭顶构架平面图

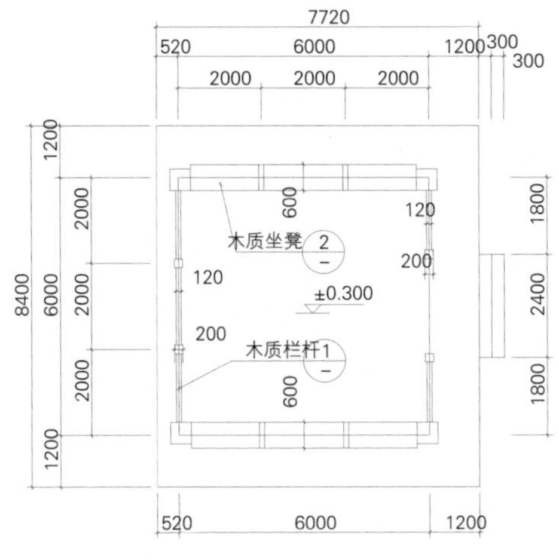

方亭平面图

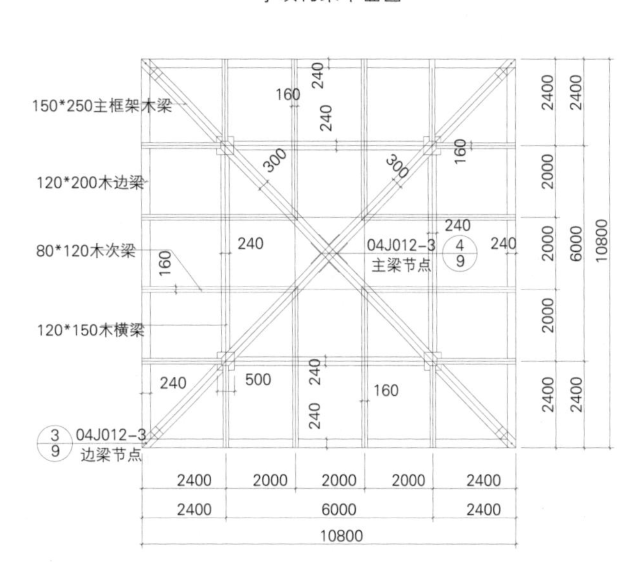

亭顶构架平面图

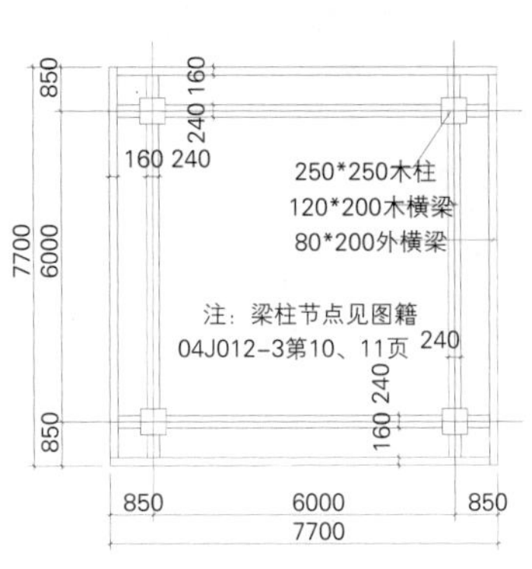

木框架平面图

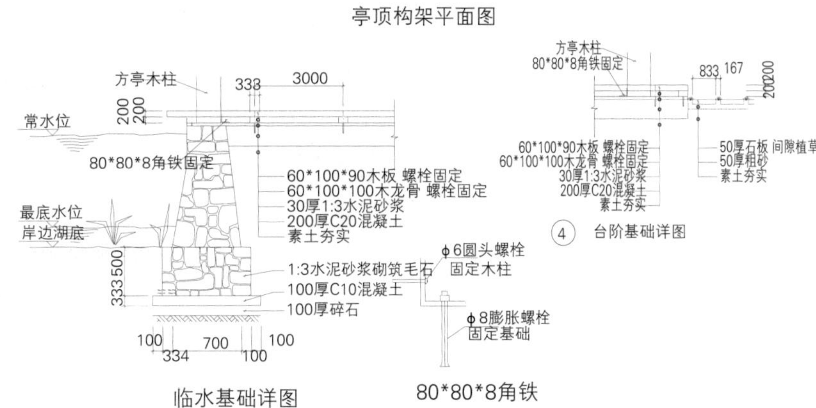

临水基础详图

80*80*8角铁

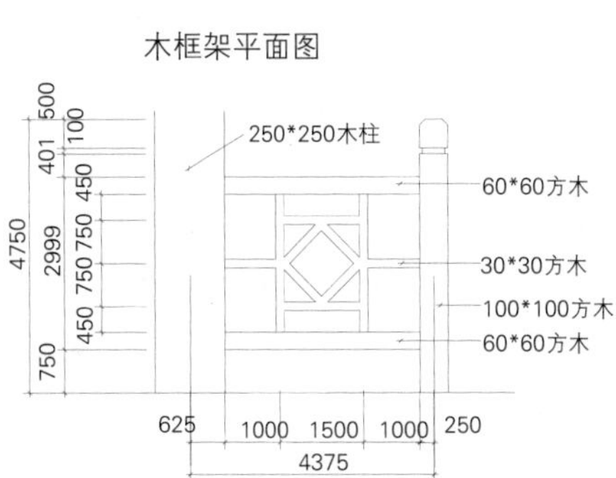

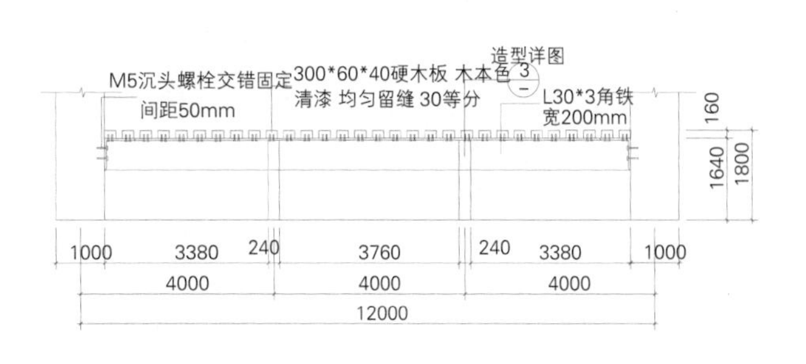

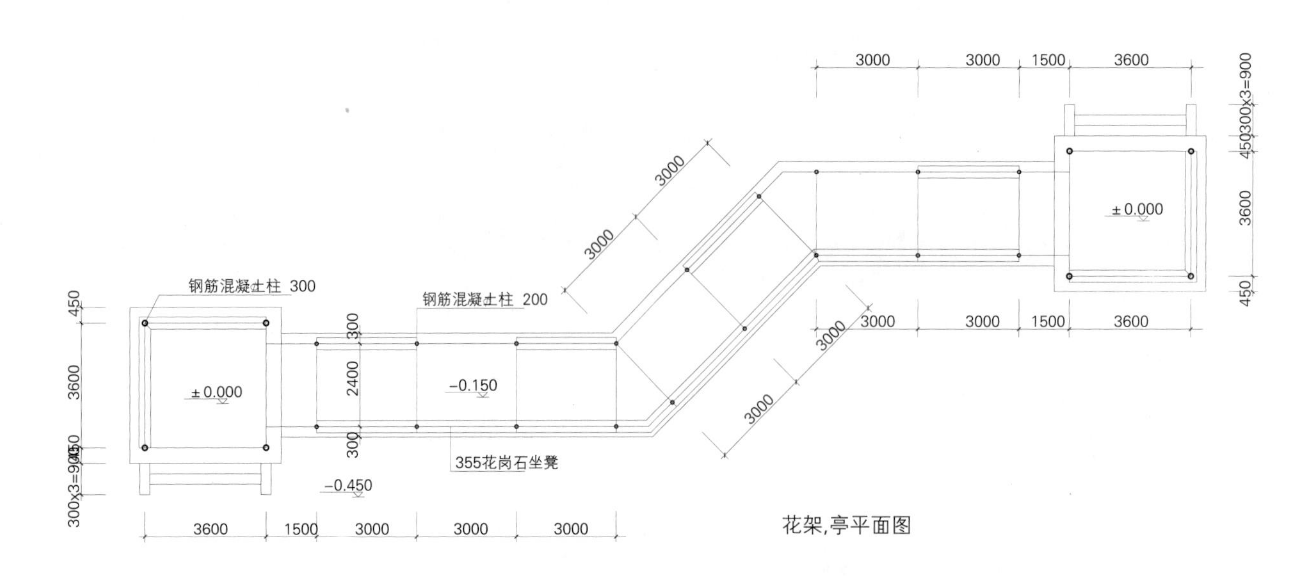

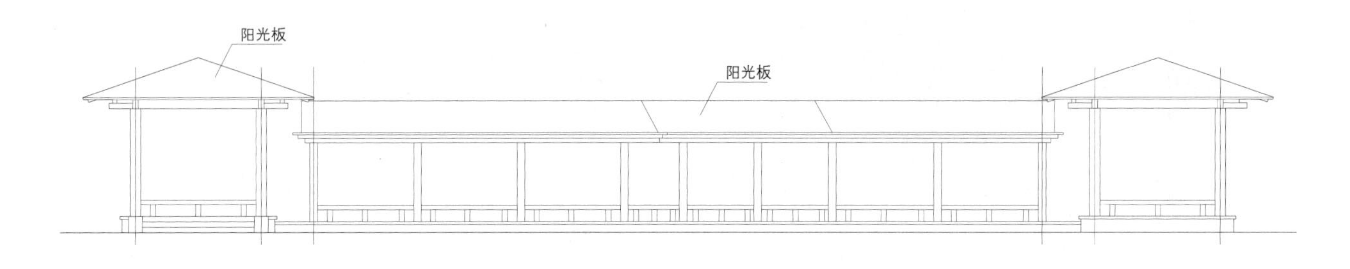

花架,亭立面图

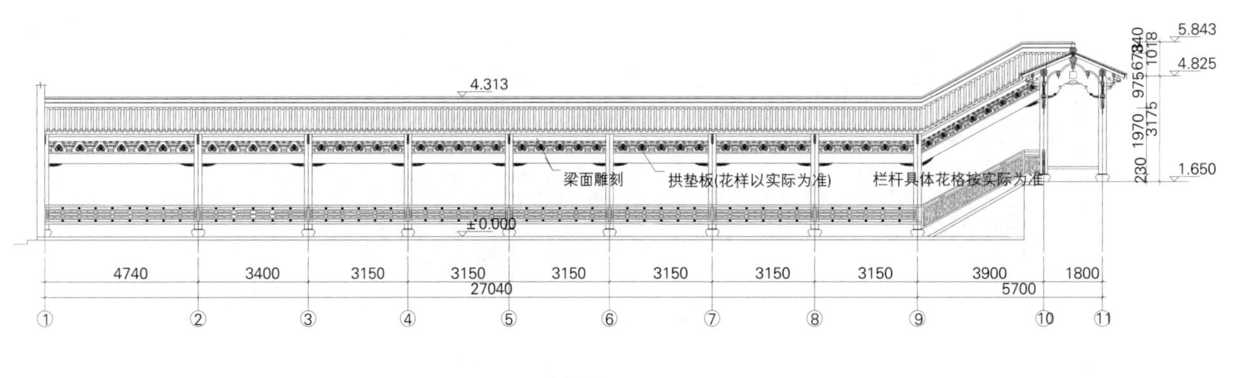

立面图

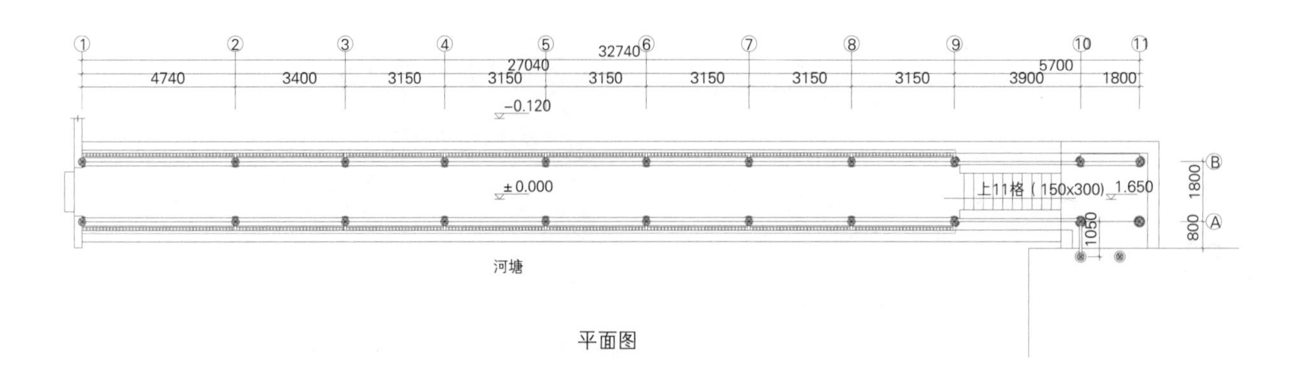

平面图

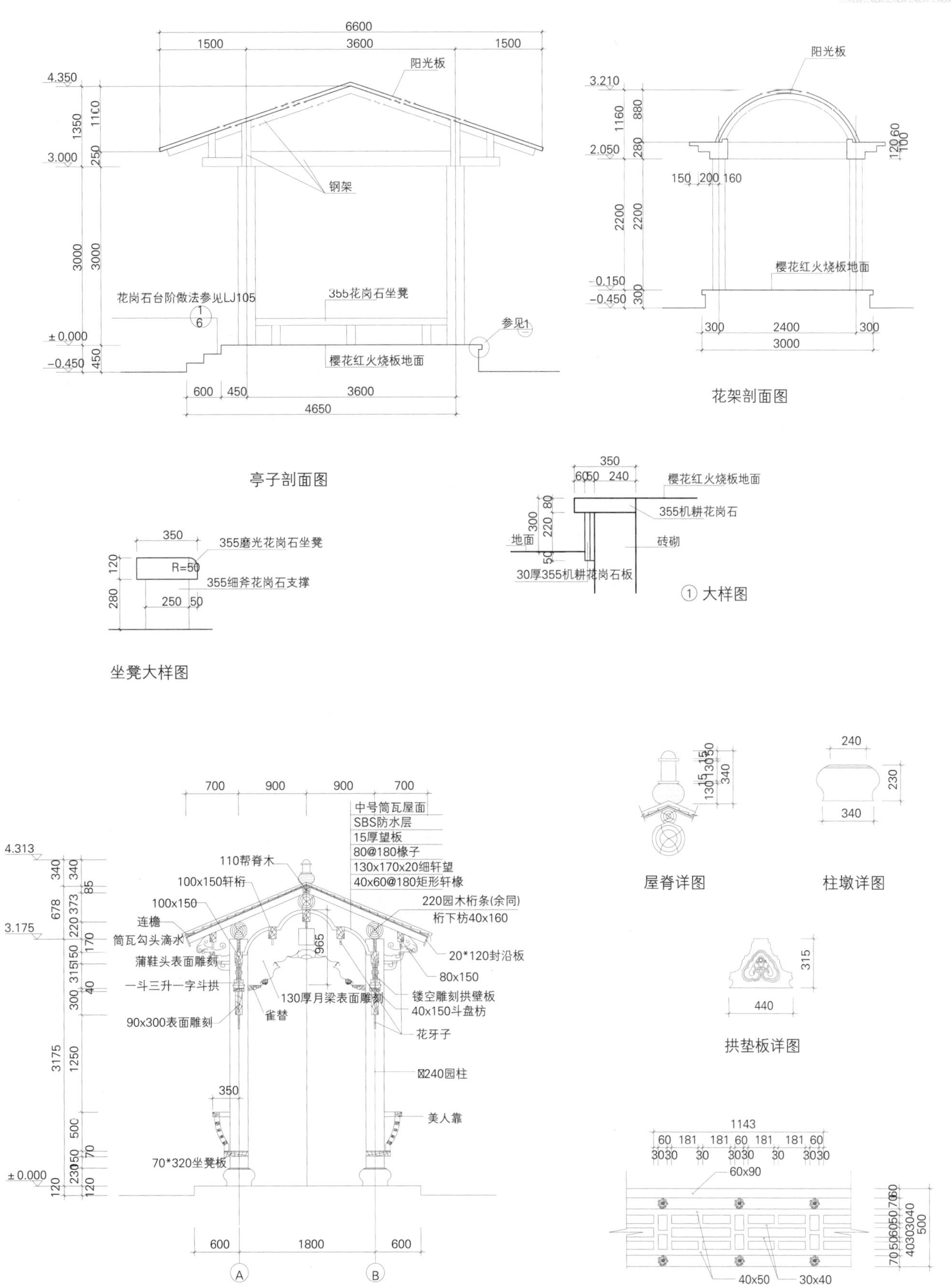

亭子剖面图

花架剖面图

① 大样图

坐凳大样图

屋脊详图

柱墩详图

拱垫板详图

剖面图

栏杆详图

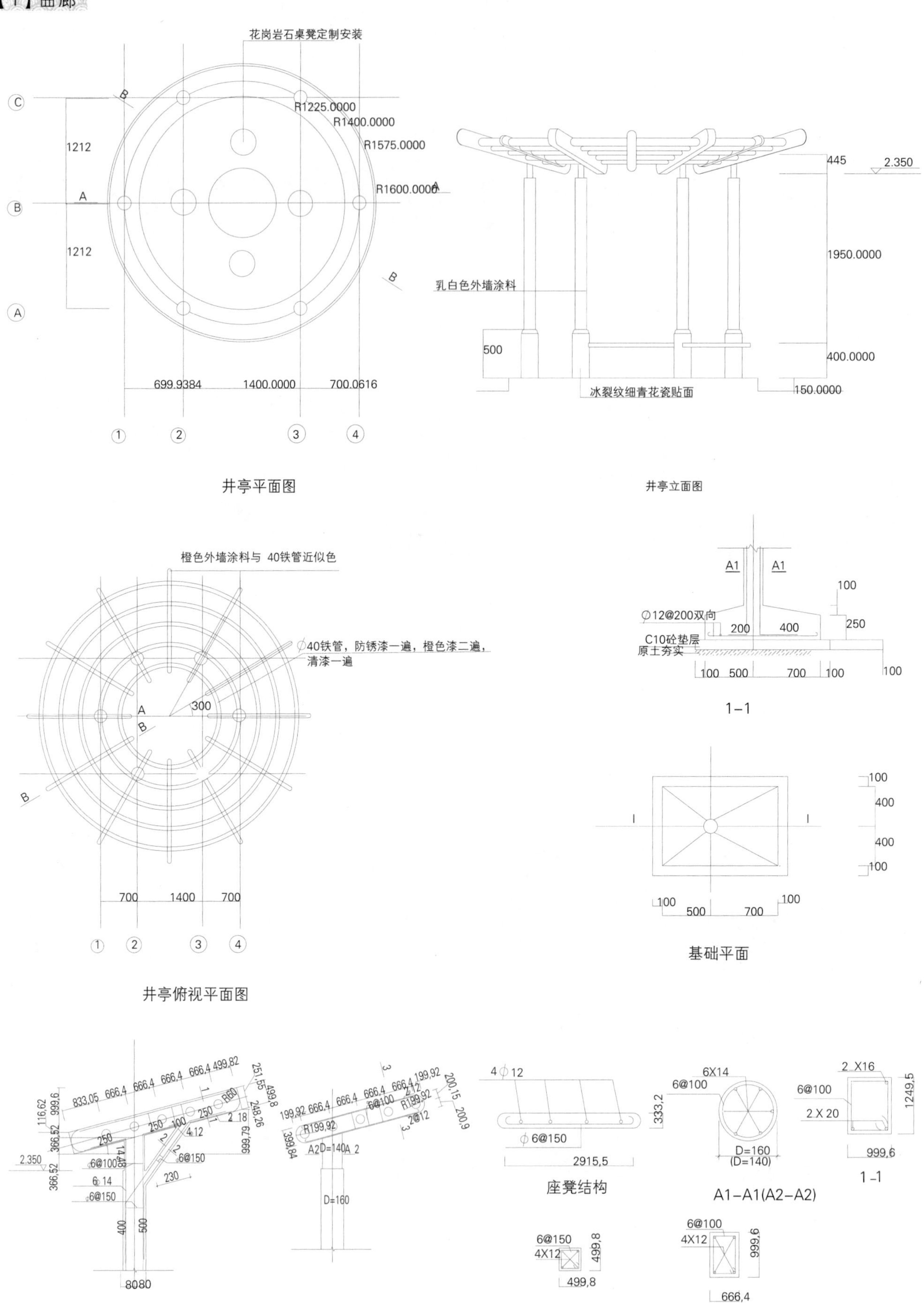
花岗岩石桌凳定制安装
R1225.0000
R1400.0000
R1575.0000
R1600.0000
1212
1212
699.9384
1400.0000
700.0616
445
2.350
1950.0000
乳白色外墙涂料
500
400.0000
冰裂纹细青花瓷贴面
150.0000
井亭平面图
井亭立面图
橙色外墙涂料与 40铁管近似色
φ40铁管，防锈漆一遍，橙色漆二遍，
清漆一遍
300
700
1400
700
井亭俯视平面图
φ12@200双向
C10砼垫层
原土夯实
1-1
基础平面
A-A
B-B
座凳结构
A1-A1(A2-A2)
1-1
2-2
3-3

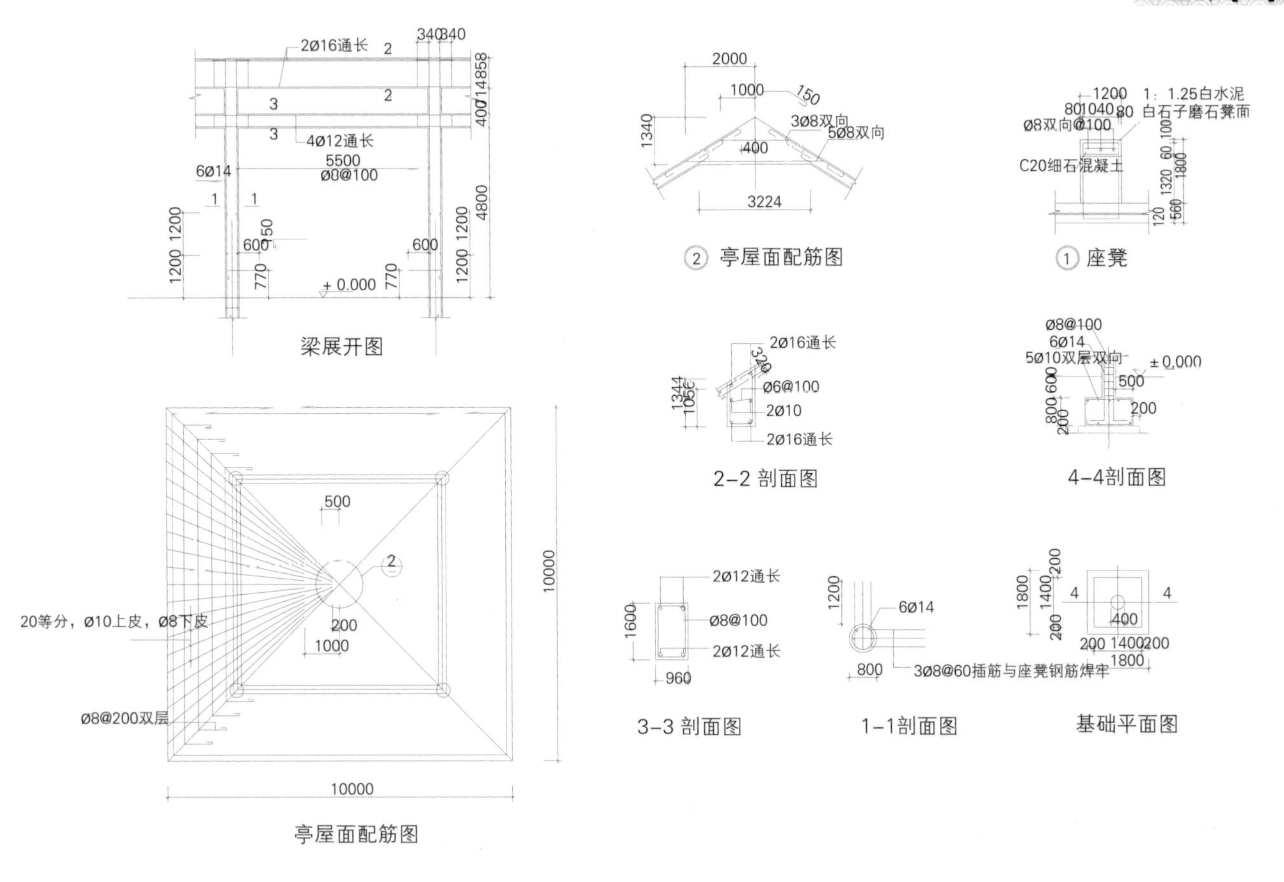

梁展开图

② 亭屋面配筋图

① 座凳

2–2 剖面图

4–4剖面图

亭屋面配筋图

3–3 剖面图

1–1剖面图

基础平面图

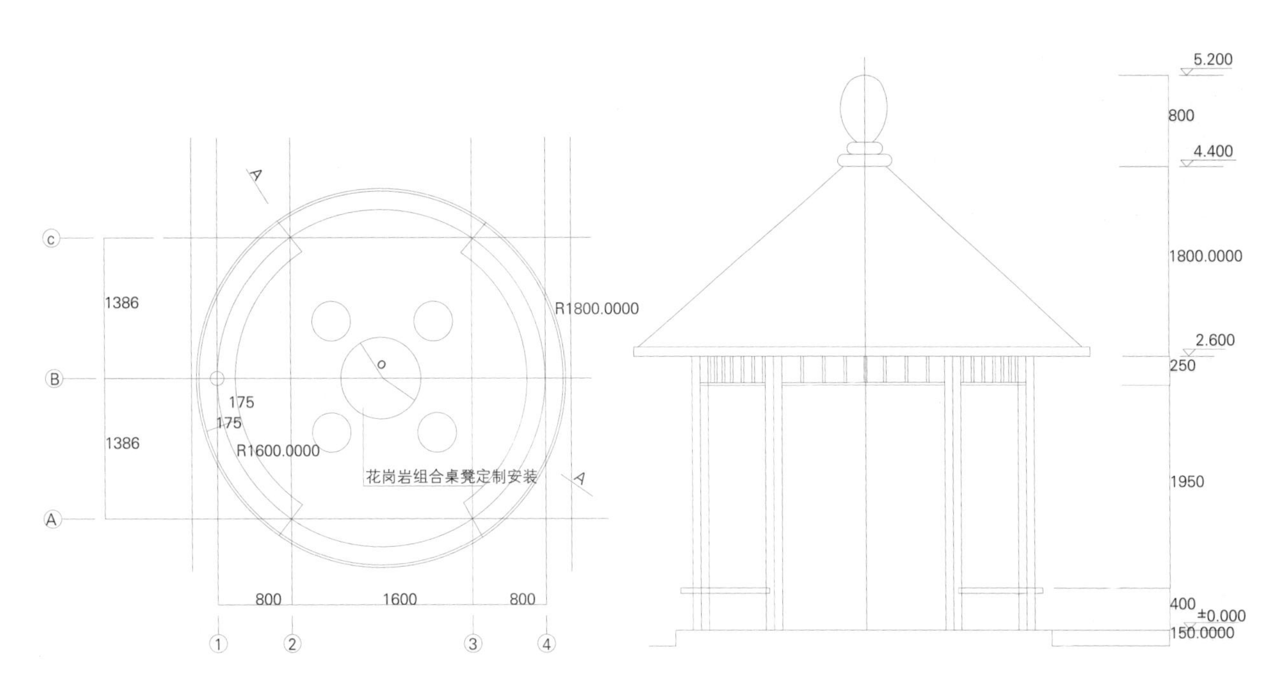

园亭平面图

圆亭立面图

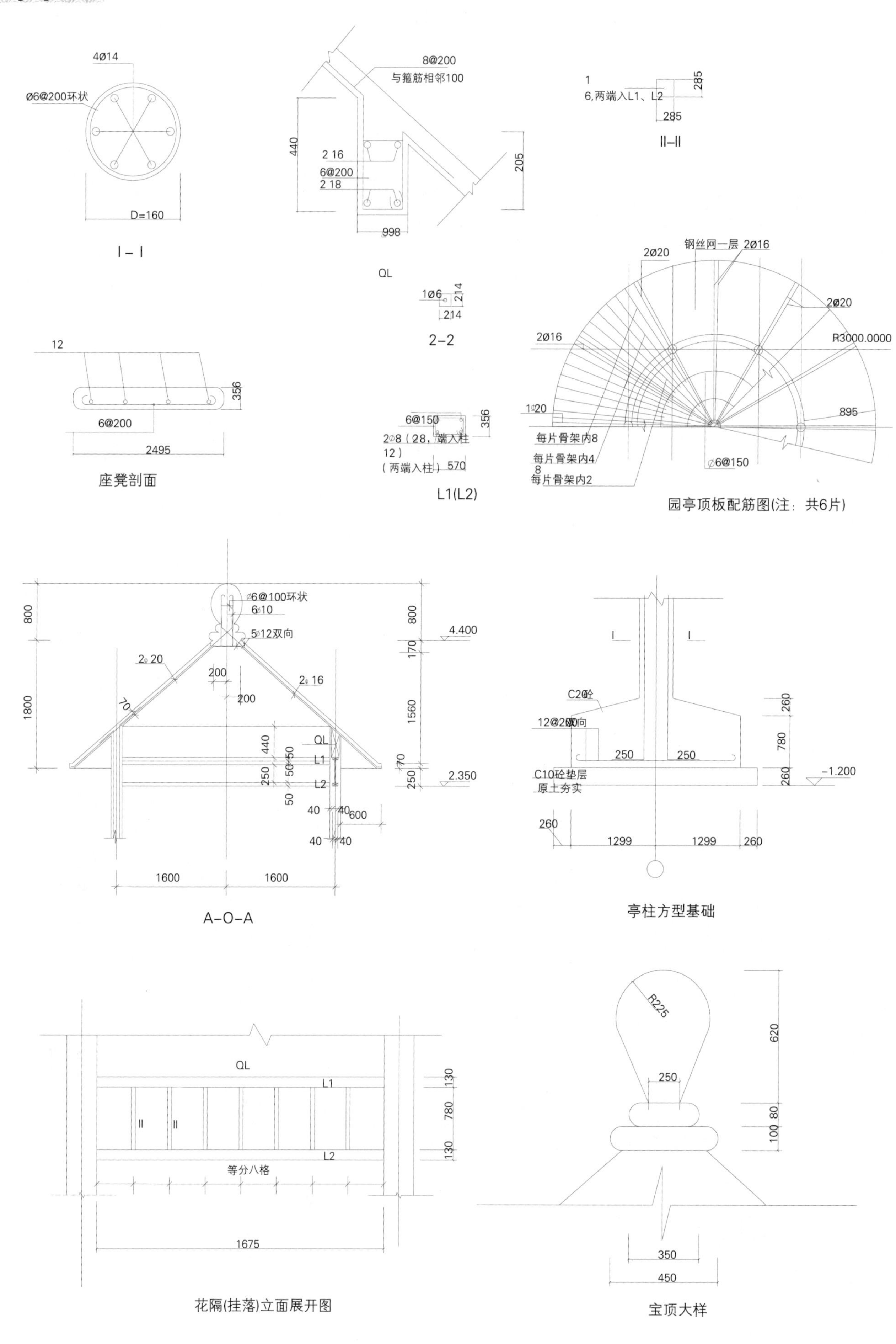
4Ø14
Ø6@200环状
D=160
I－I
8@200
与箍筋相邻100
440
2 16
6@200
2 18
205
998
QL
1
6,两端入L1、L2
285
285
II–II
1Ø6
214
214
2–2
12
356
6@200
2495
座凳剖面
6@150
356
2∅8（28，端入柱
12）
（两端入柱）570
L1(L2)
钢丝网一层 2Ø16
2Ø20
2Ø20
2Ø16
R3000.0000
1∅20
895
每片骨架内8
每片骨架内4
8
每片骨架内2
Ø6@150
园亭顶板配筋图(注：共6片)
∅6@100环状
6 10
5 12双向
2∅20
2∅16
200
200
70
800
1800
800
170
1560
70
250
4.400
2.350
440
250
50
50
50
QL
L1
L2
40
40
600
40
40
1600
1600
A–O–A
I
I
C20砼
12@200双向
250
250
260
780
260
C10砼垫层
原土夯实
–1.200
260
1299
1299
260
亭柱方型基础
QL
L1
II
II
L2
130
780
130
等分八格
1675
花隔(挂落)立面展开图
R225
620
250
80
100
350
450
宝顶大样

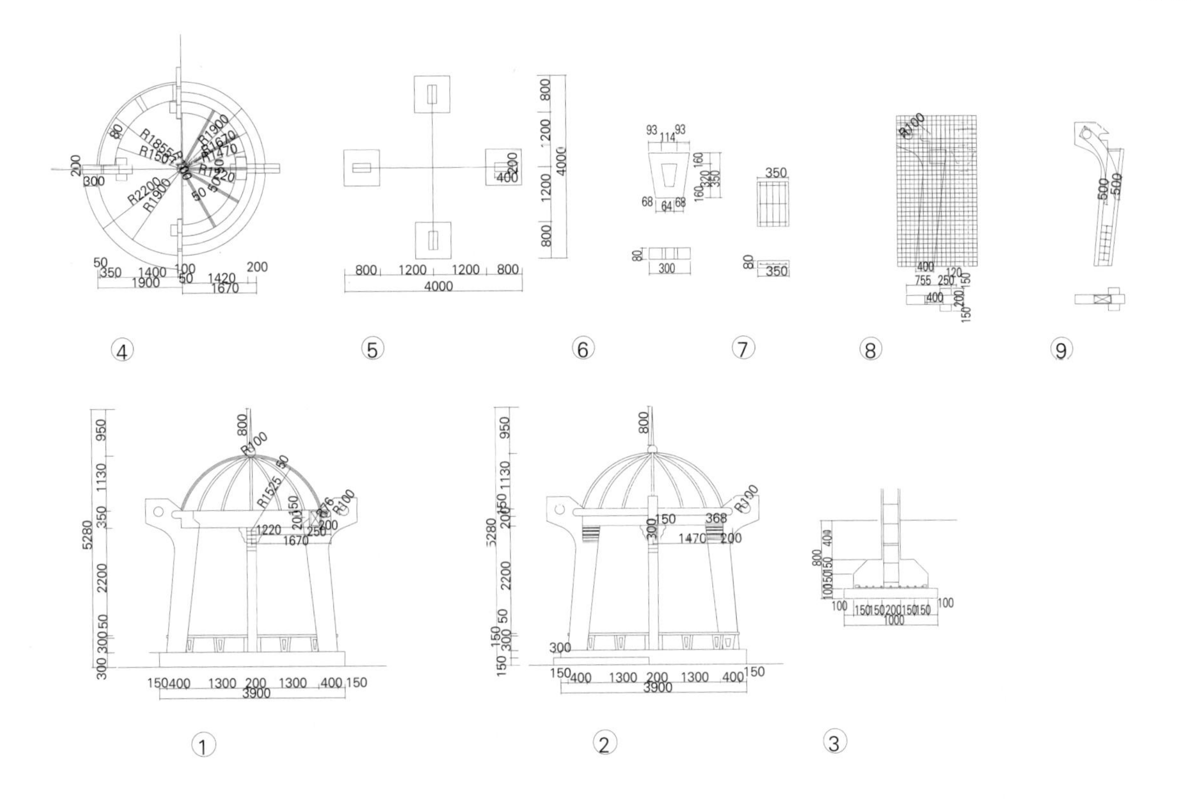

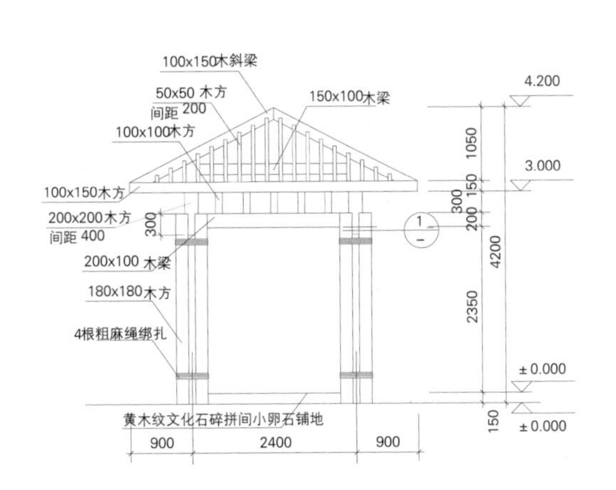

观水亭立面图

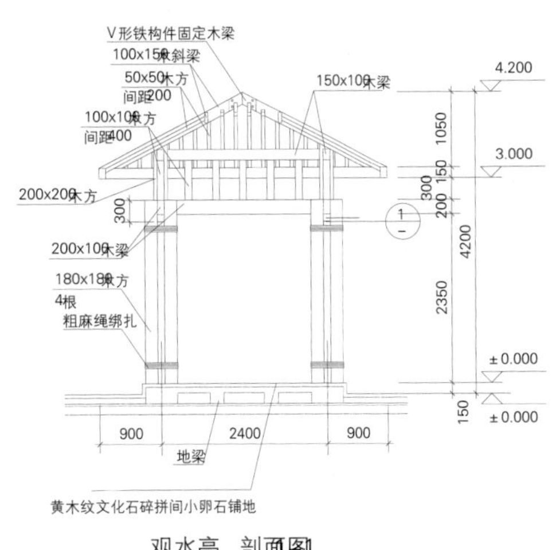

观水亭 剖面图

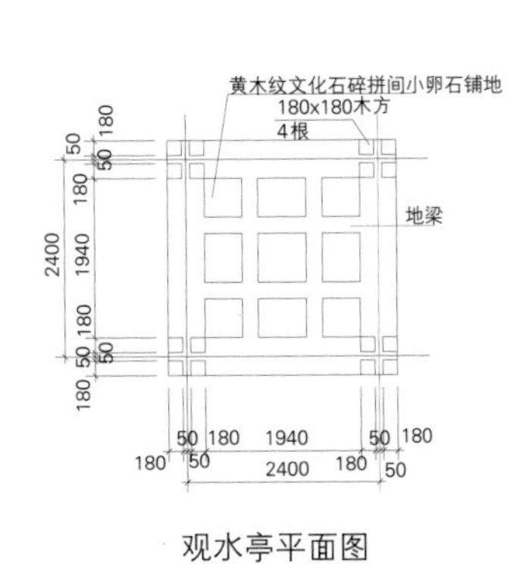

观水亭平面图

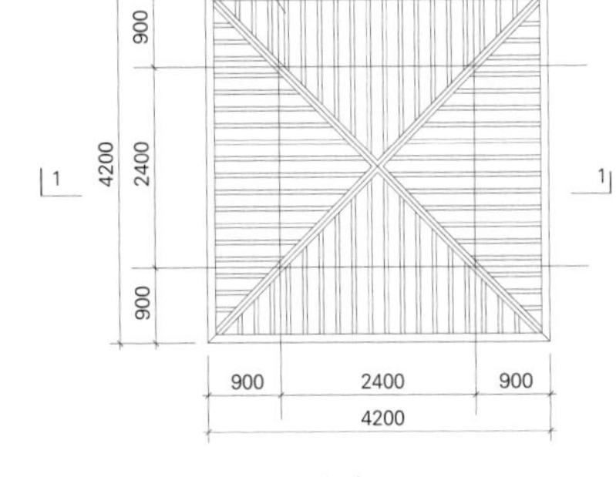

观水亭屋顶平面图

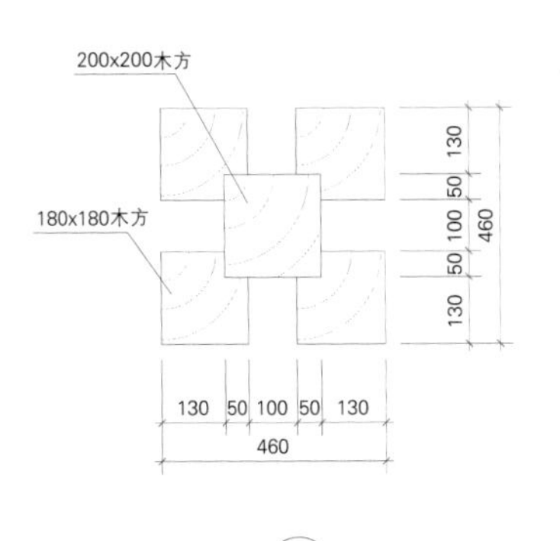

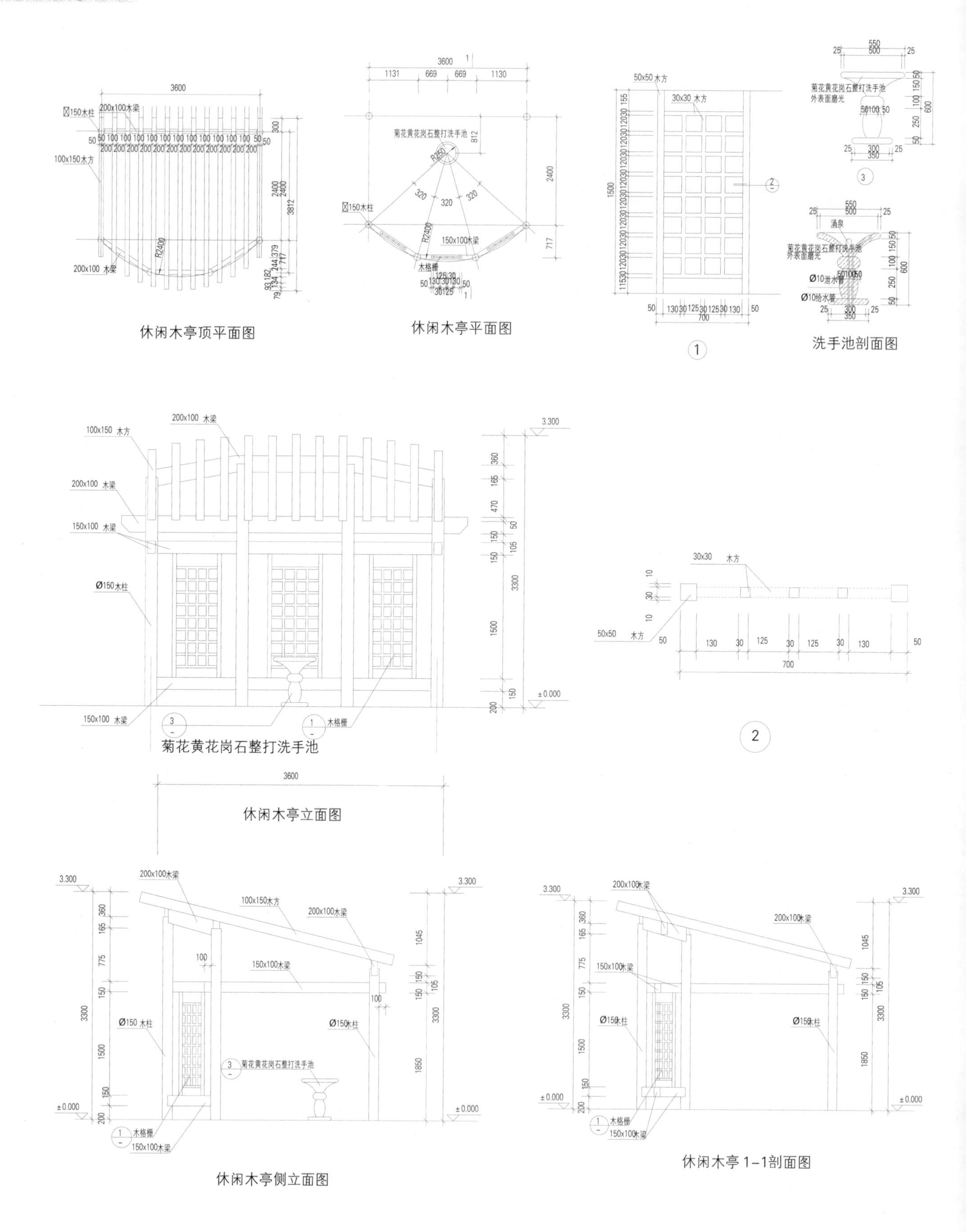
休闲木亭顶平面图
休闲木亭平面图
洗手池剖面图
菊花黄花岗石整打洗手池
休闲木亭立面图
休闲木亭侧立面图
休闲木亭 1-1剖面图
200x100木梁
100x150木方
150x100 木梁
Ø150木柱
木格栅
50x50 木方
30x30 木方
涌泉
Ø10泄水管
Ø10给水管
3600
3.300
±0.000

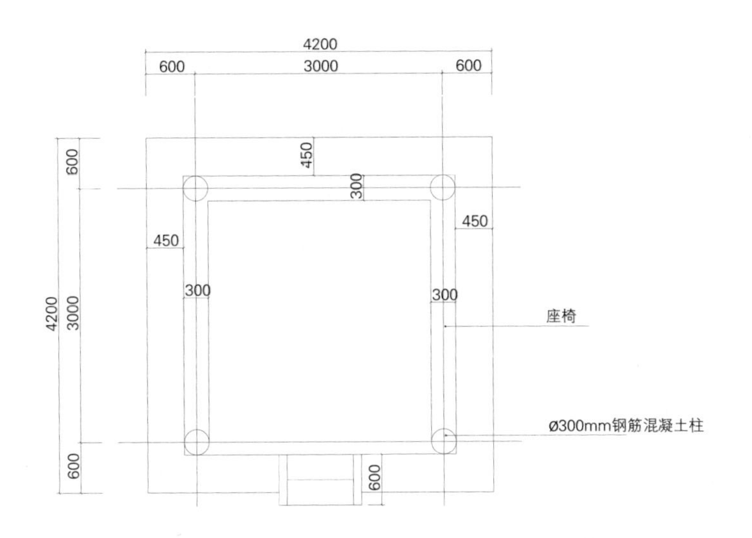

① 景观亭平面图

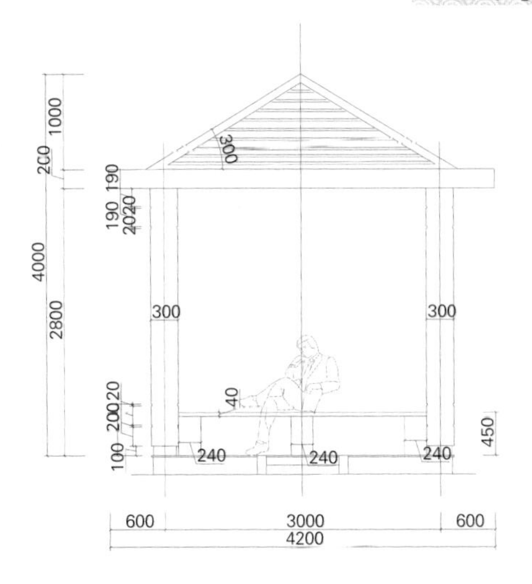

② 景观亭立面图

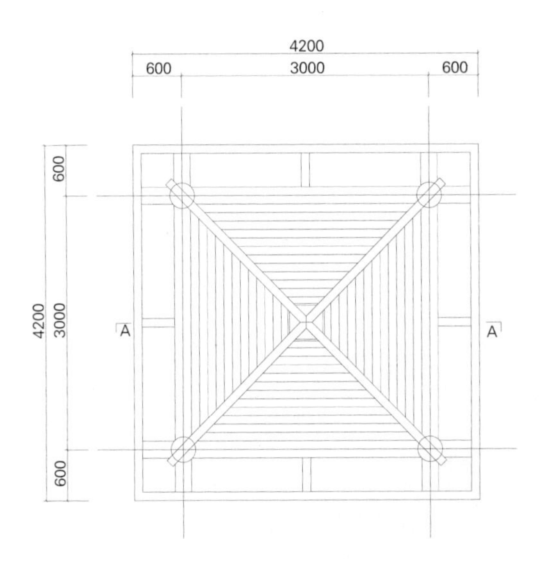

③ 景观亭屋顶平面图

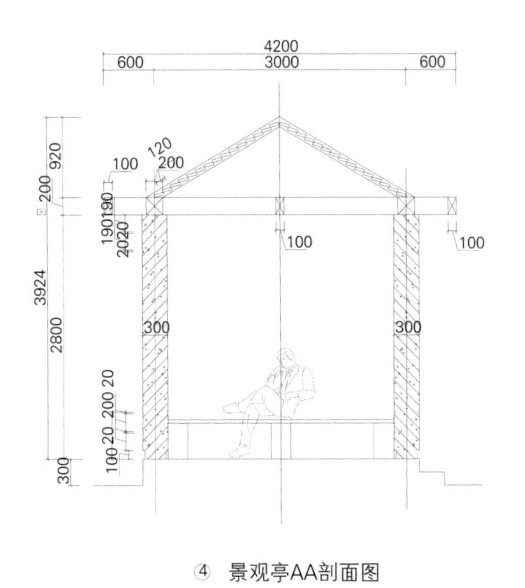

④ 景观亭AA剖面图

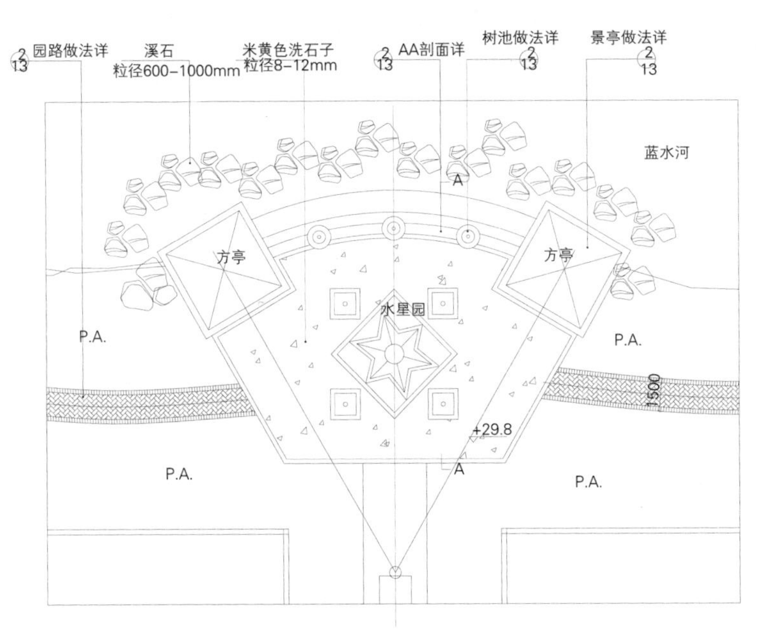

① 景观节点

4200

4200

② 拼花详图

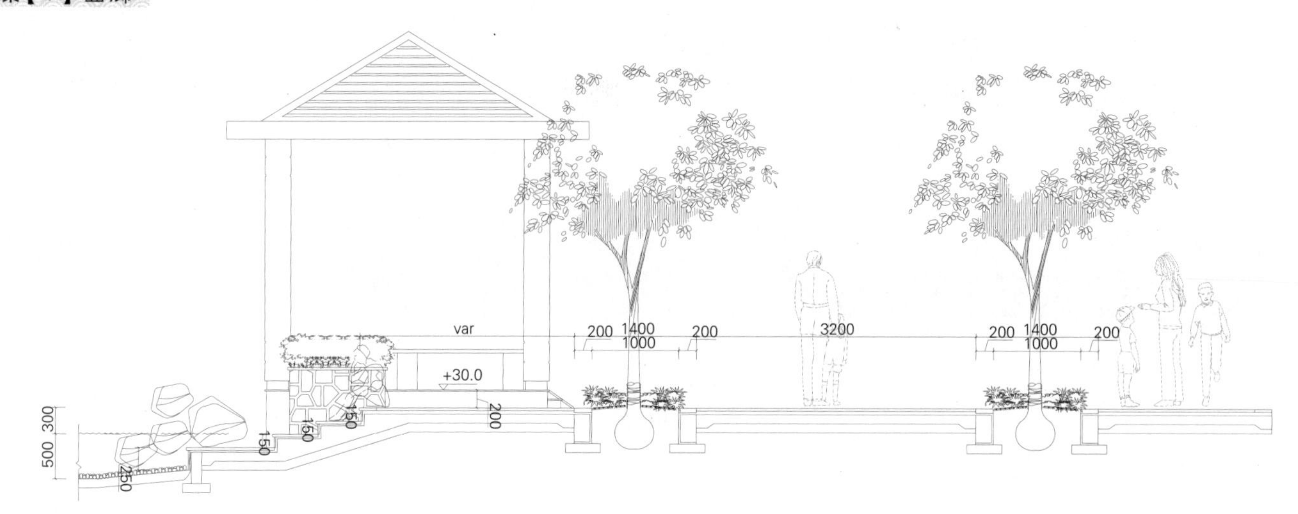

① 景观节点 剖面

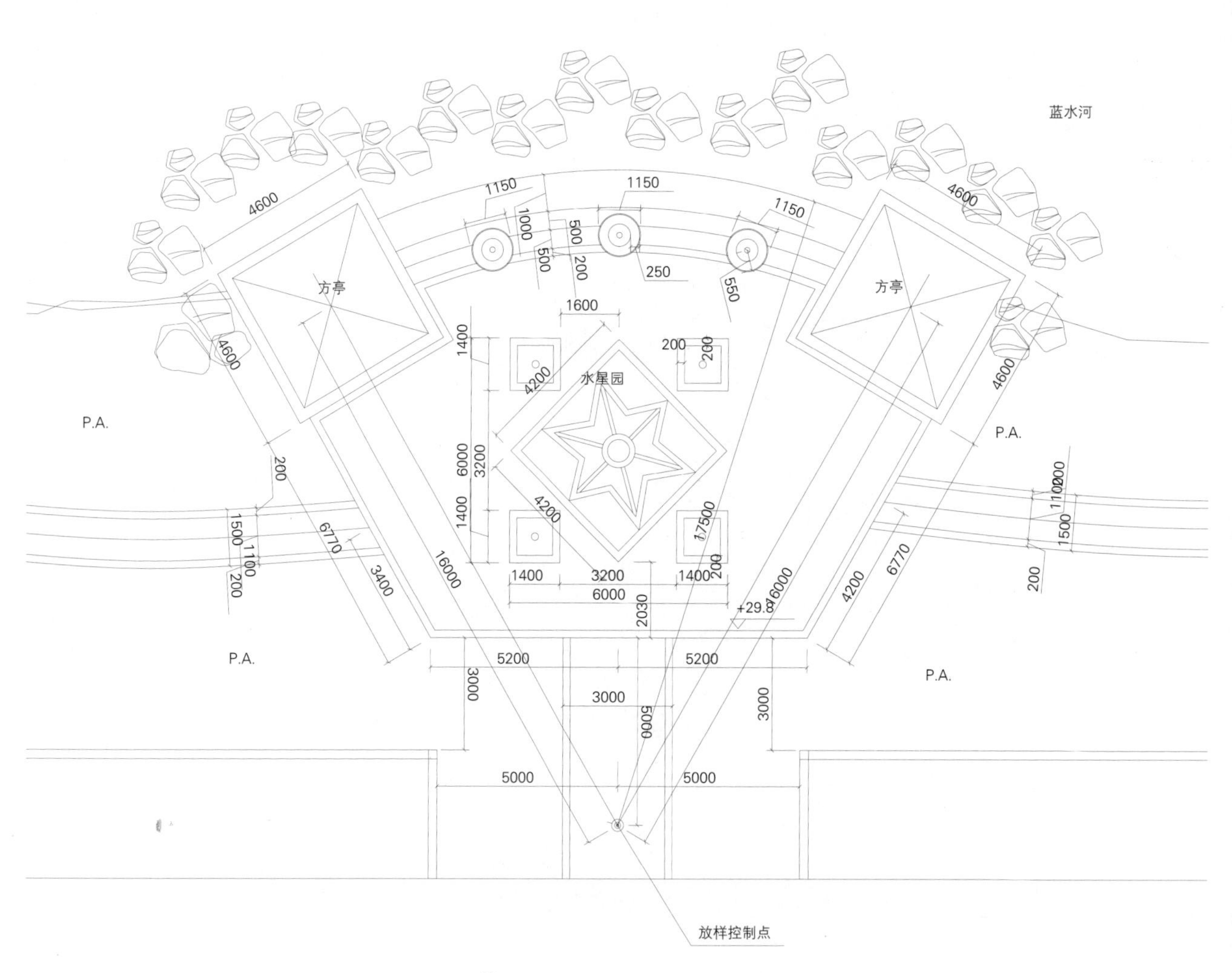

① 景观节点 尺寸定位　　注：P.A.　种植区

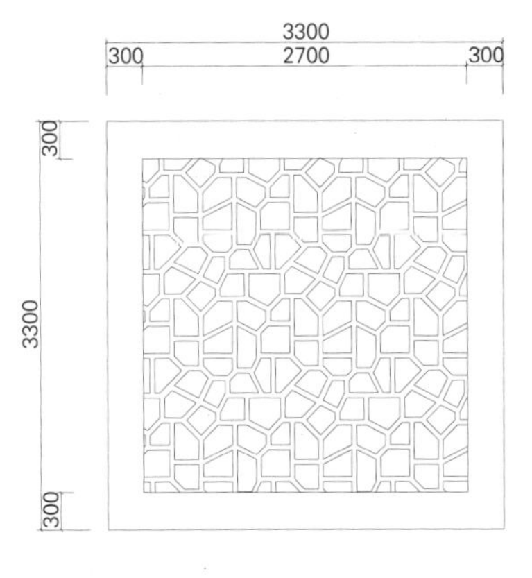

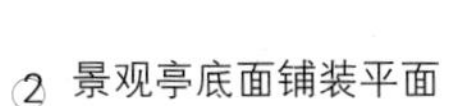
2 景观亭底面铺装平面

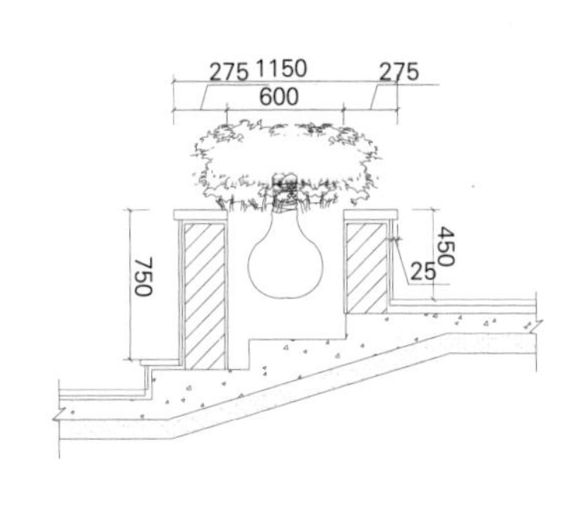

5 花坛剖面

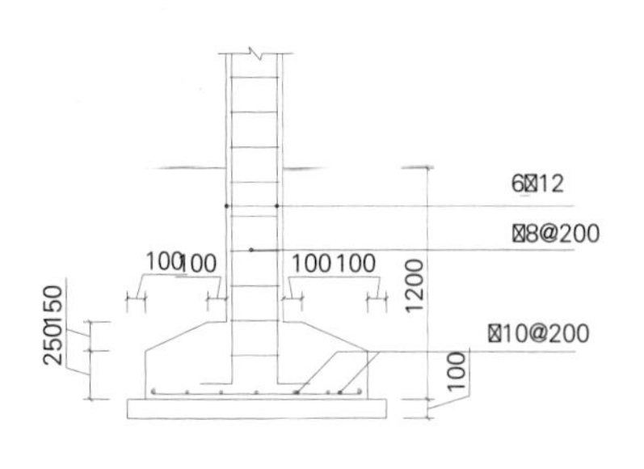

4 景亭柱剖面

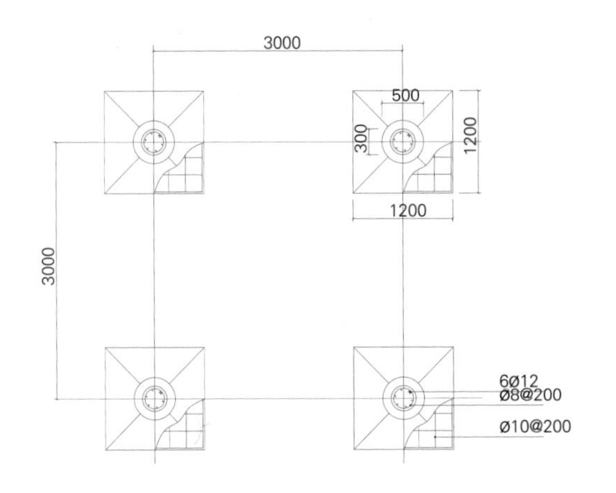

3 景亭基础平面

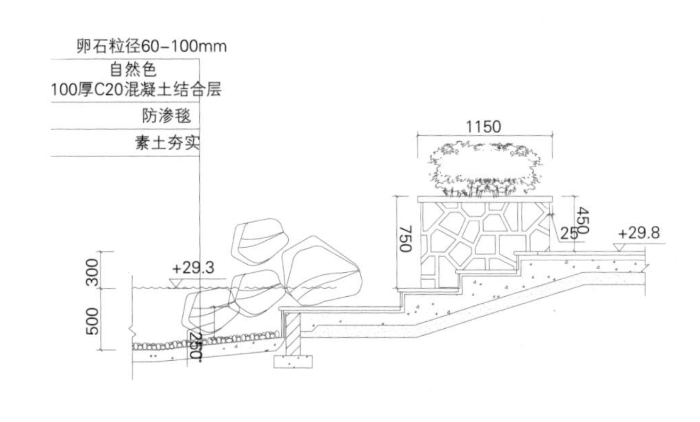

6 台阶剖面

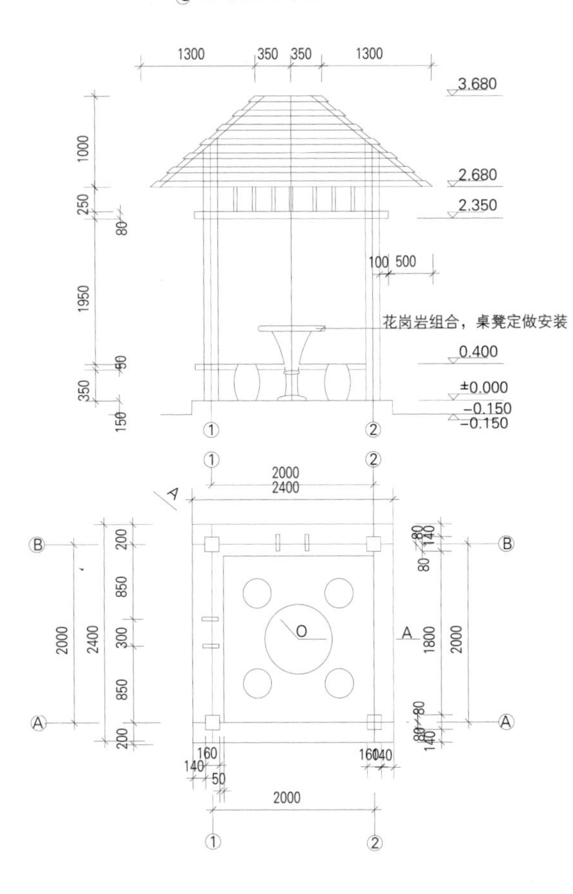

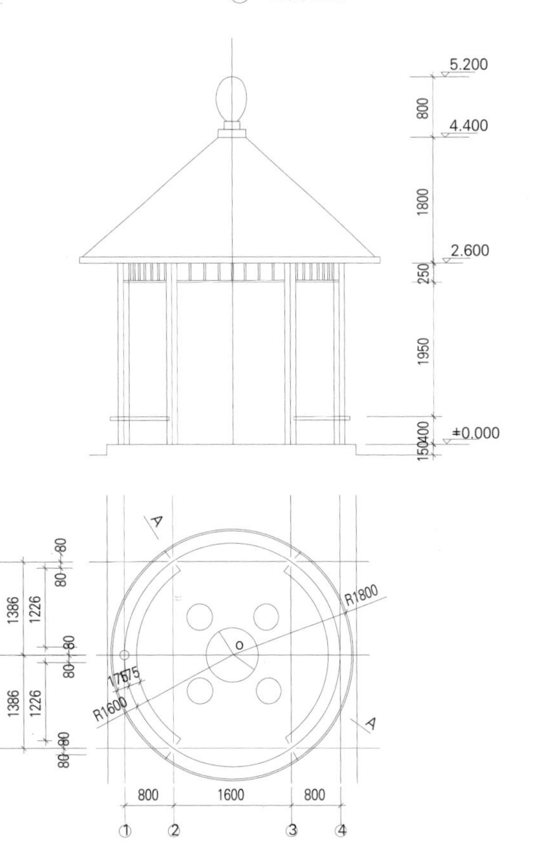

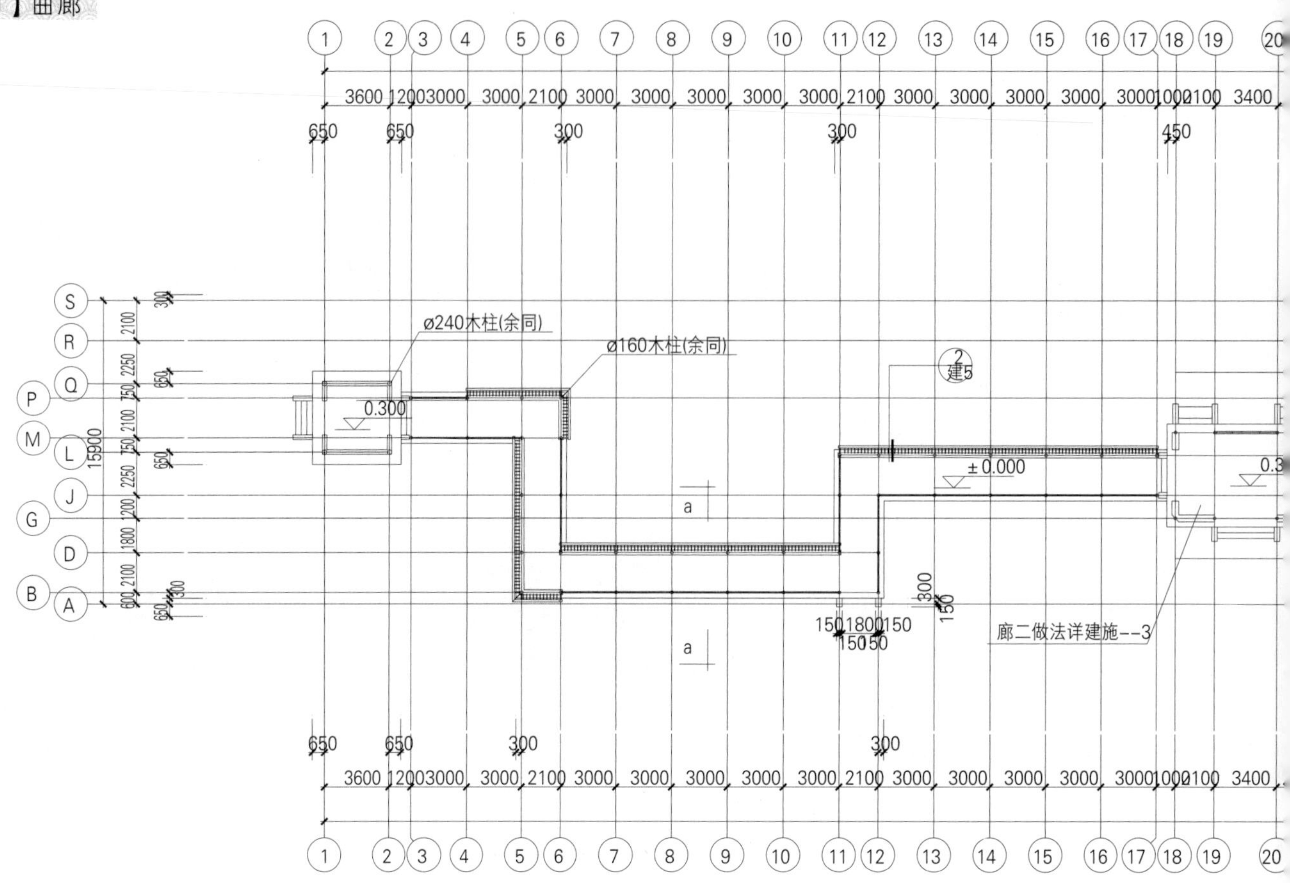
ø240木柱(余同)
ø160木柱(余同)
0.300
±0.000
廊二做法详建施--3
150 1800 150
2
建5

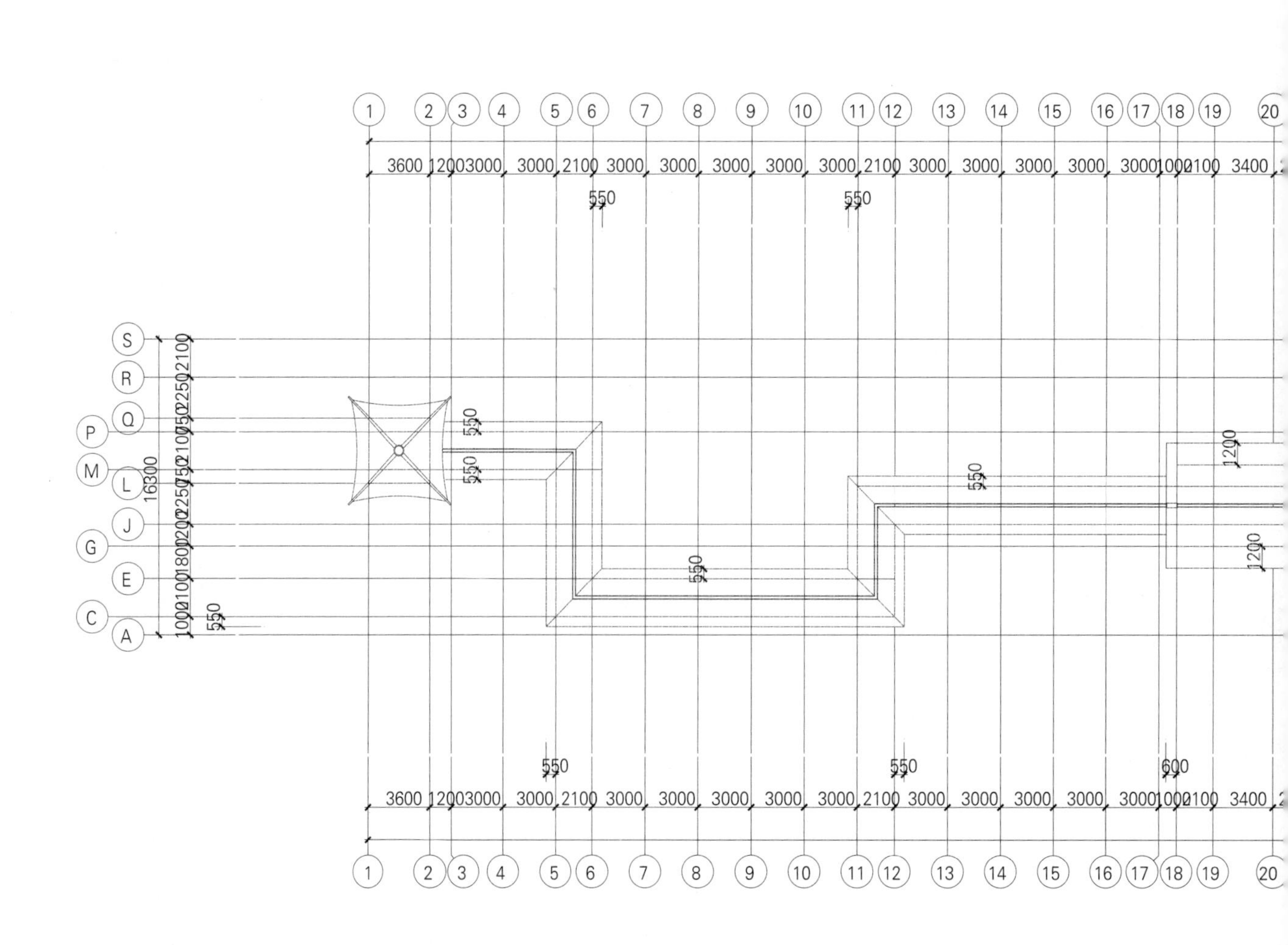

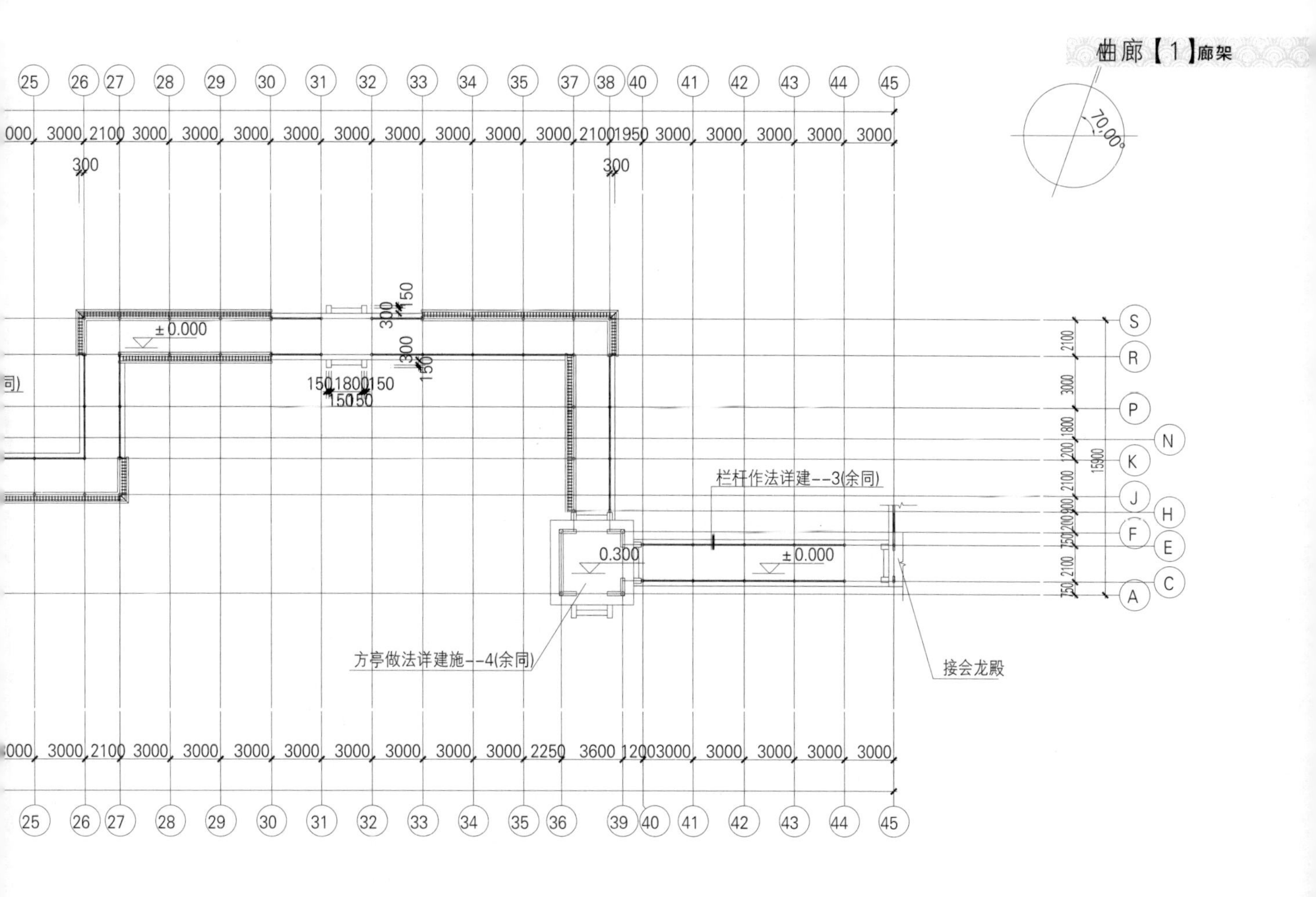

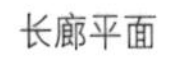

长廊平面

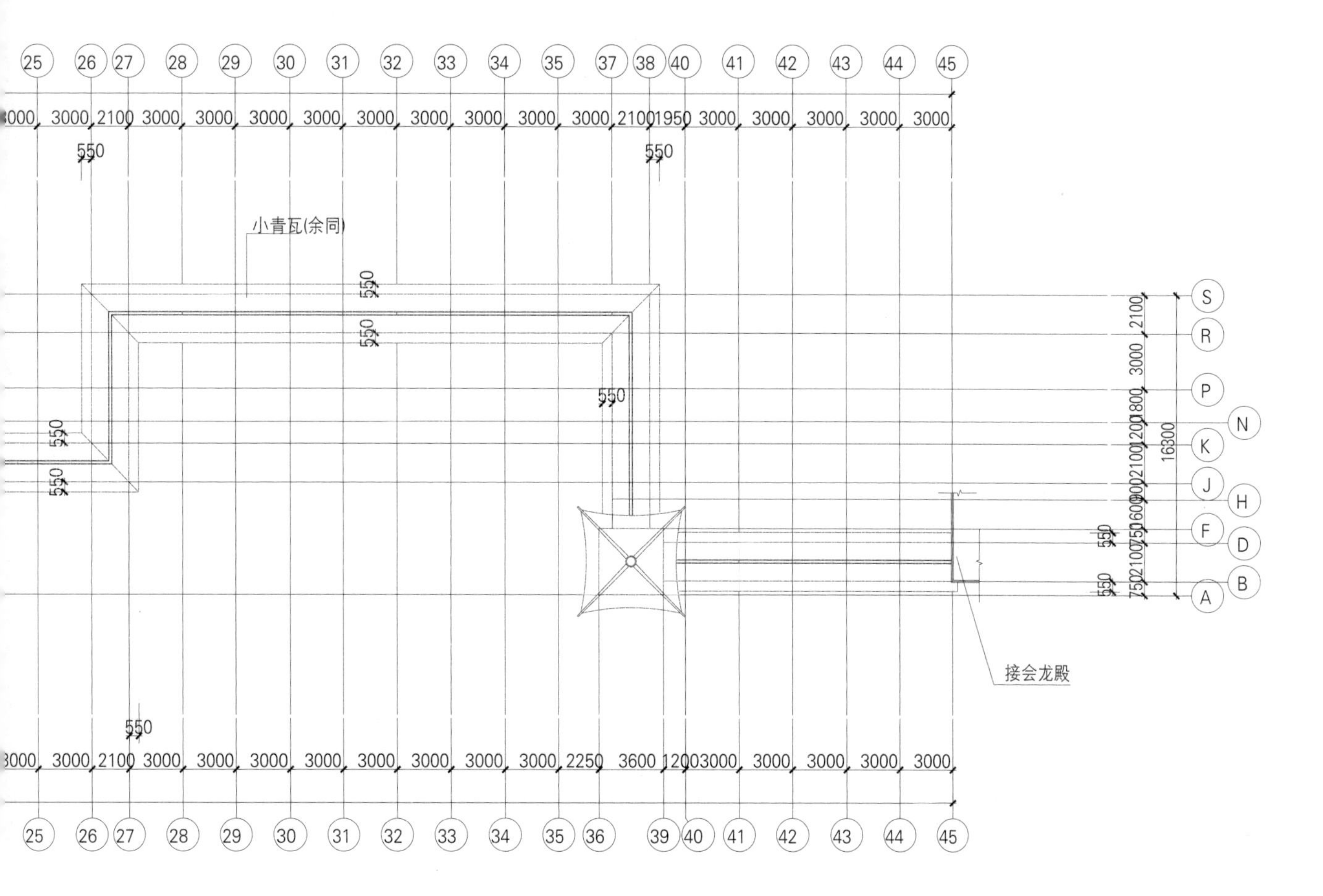

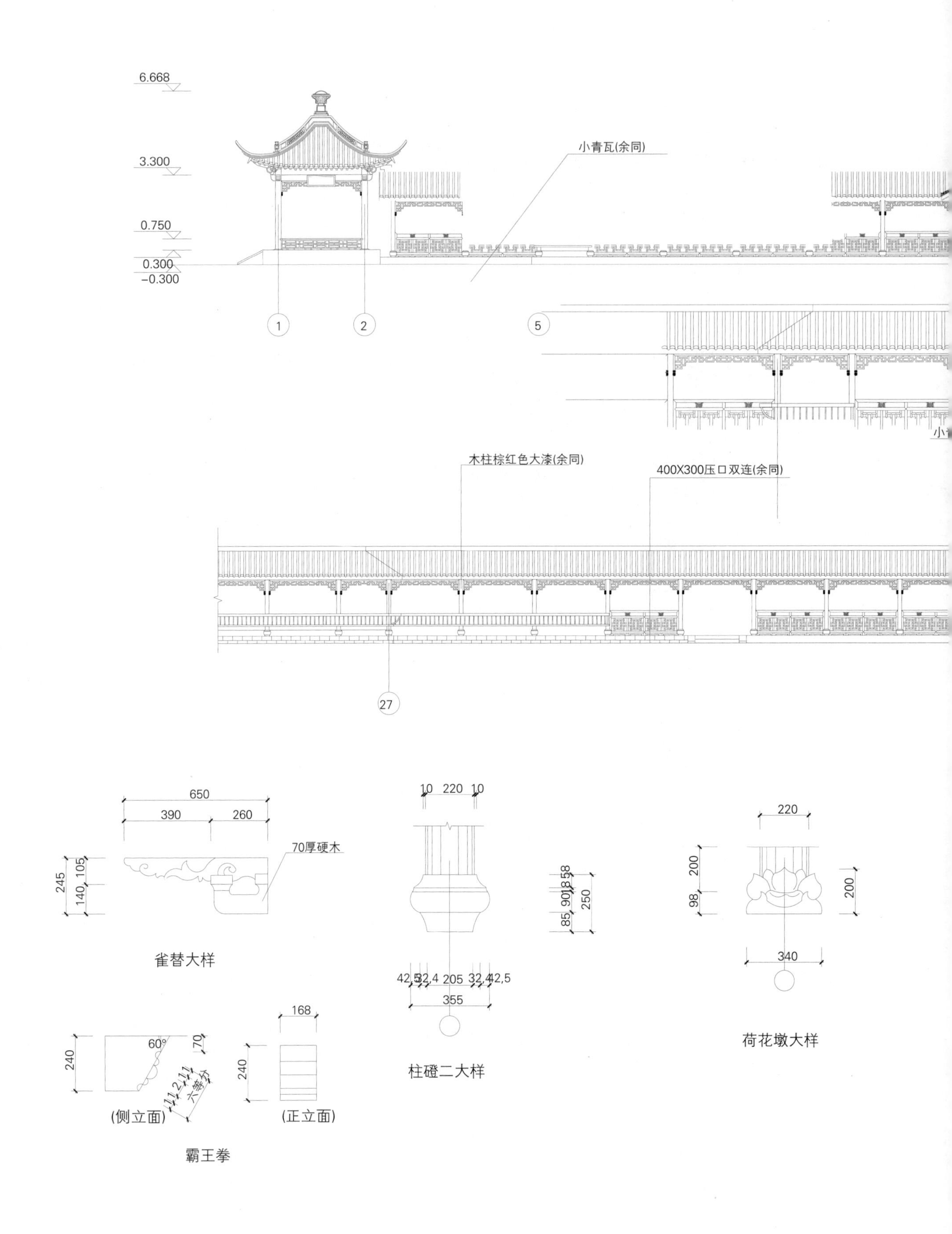
6.668
3.300
0.750
0.300
-0.300
小青瓦(余同)
木柱棕红色大漆(余同)
400X300压口双连(余同)
70厚硬木
雀替大样
柱磴二大样
荷花墩大样
(侧立面)
(正立面)
六等分
霸王拳

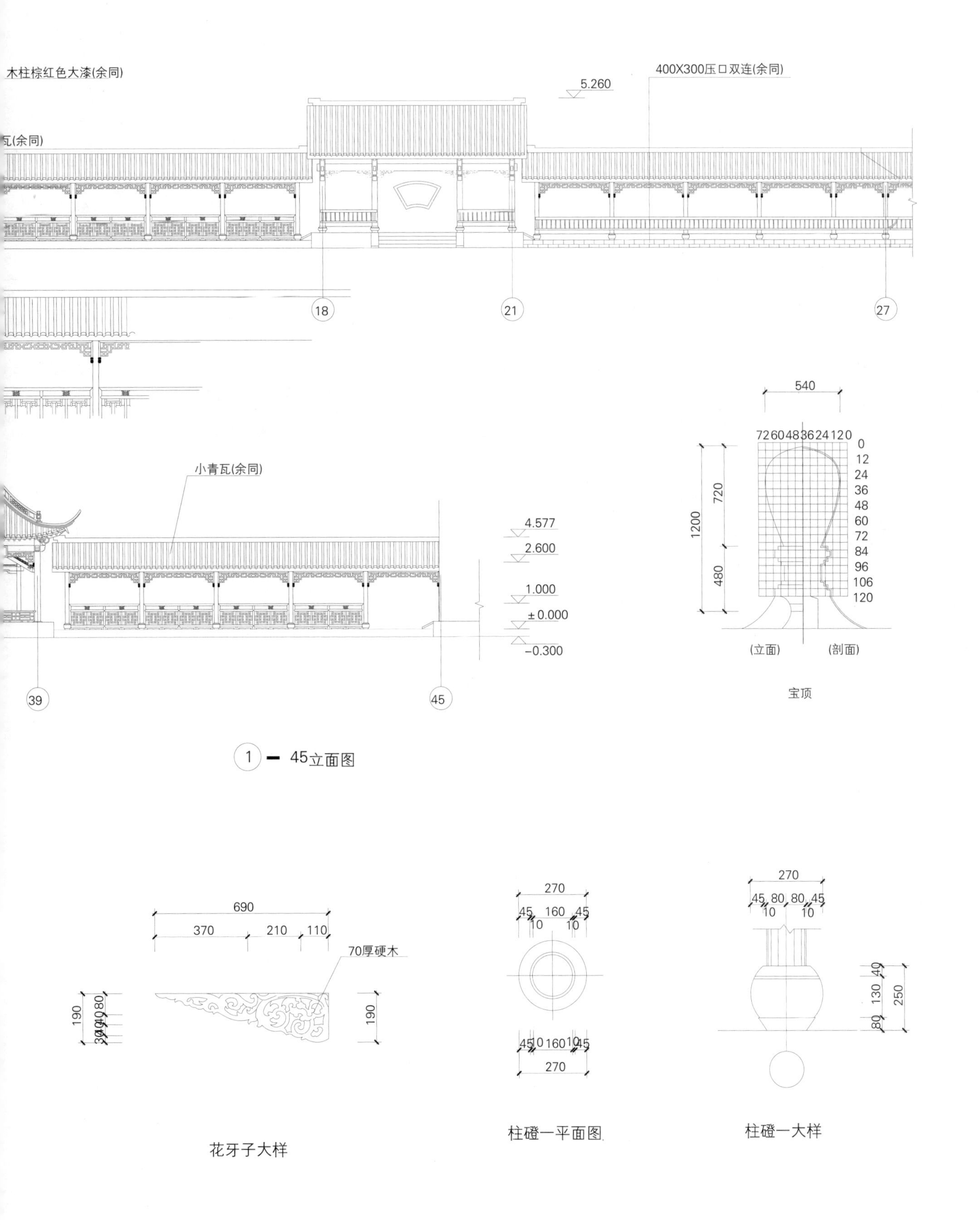
木柱棕红色大漆(余同)
瓦(余同)
400X300压口双连(余同)
5.260
18
21
27
小青瓦(余同)
4.577
2.600
1.000
±0.000
-0.300
39
45
540
72 60 48 36 24 12 0
0
12
24
36
48
60
72
84
96
106
120
1200
720
480
(立面)
(剖面)
宝顶
1 — 45立面图
690
370
210
110
70厚硬木
190
190
花牙子大样
270
45
160
45
10
10
270
柱磴一平面图
270
45 80 80 45
10
10
40
130
80
250
柱磴一大样

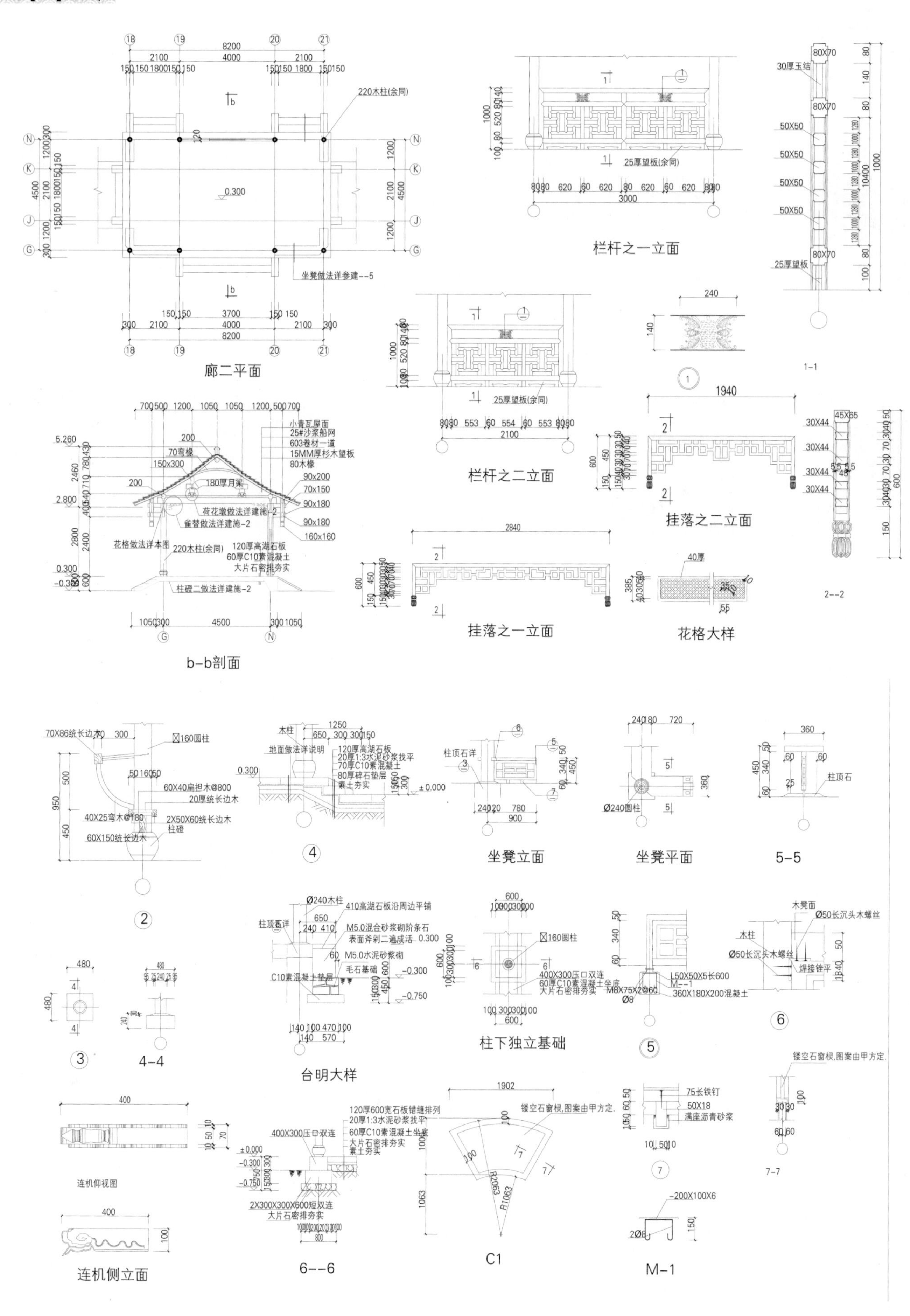

廊二平面
b-b剖面
栏杆之一立面
栏杆之二立面
挂落之二立面
挂落之一立面
花格大样
1-1
2--2
坐凳立面
坐凳平面
5-5
台明大样
柱下独立基础
4-4
连机仰视图
连机侧立面
6--6
C1
M-1
7-7
220木柱(余同)
坐凳做法详参建--5
小青瓦屋面
25#沙浆船网
603卷材一道
15MM厚杉木望板
80木椽
荷花墩做法详建施-2
雀替做法详建施-2
花格做法详本图
120厚高湖石板
60厚C10素混凝土
大片石密排夯实
柱础二做法详建施-2
25厚望板(余同)
30厚玉结
25厚望板
镂空石窗棂,图案由甲方定.

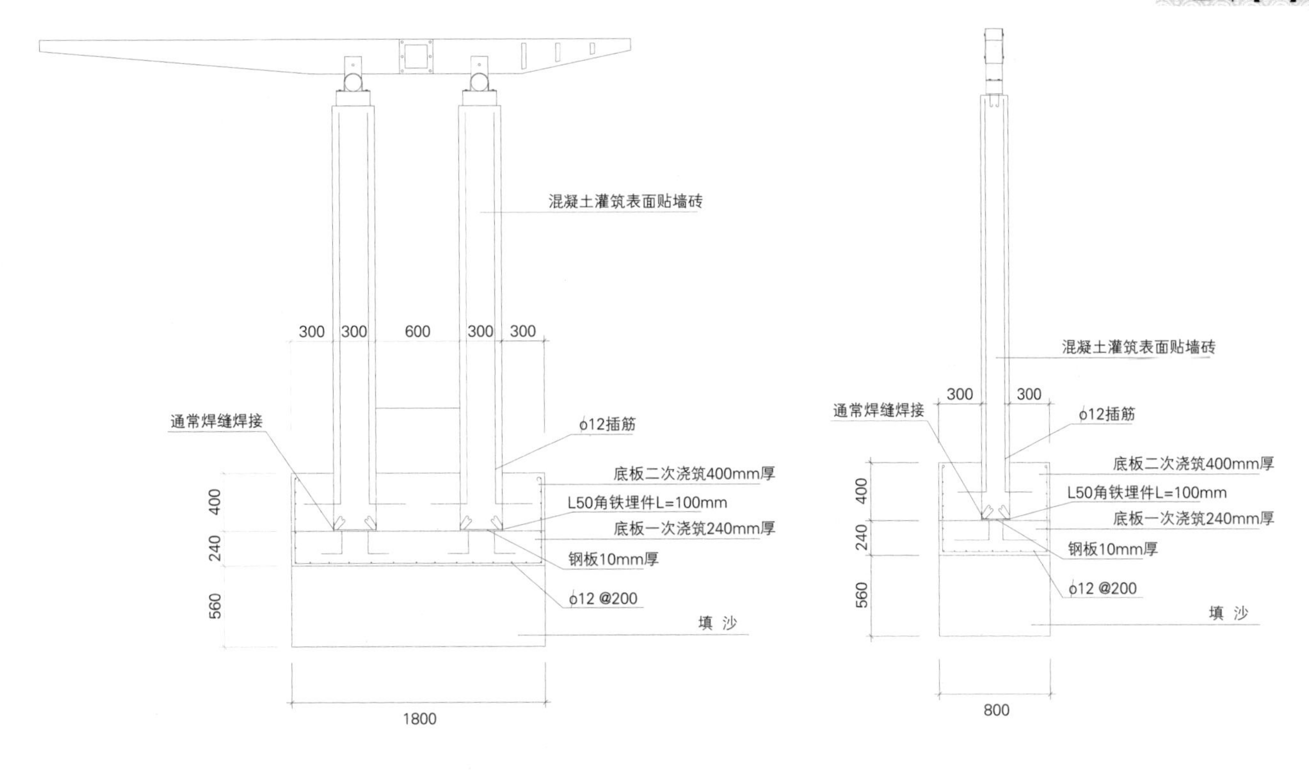

1 基础节点图

2 基础节点图

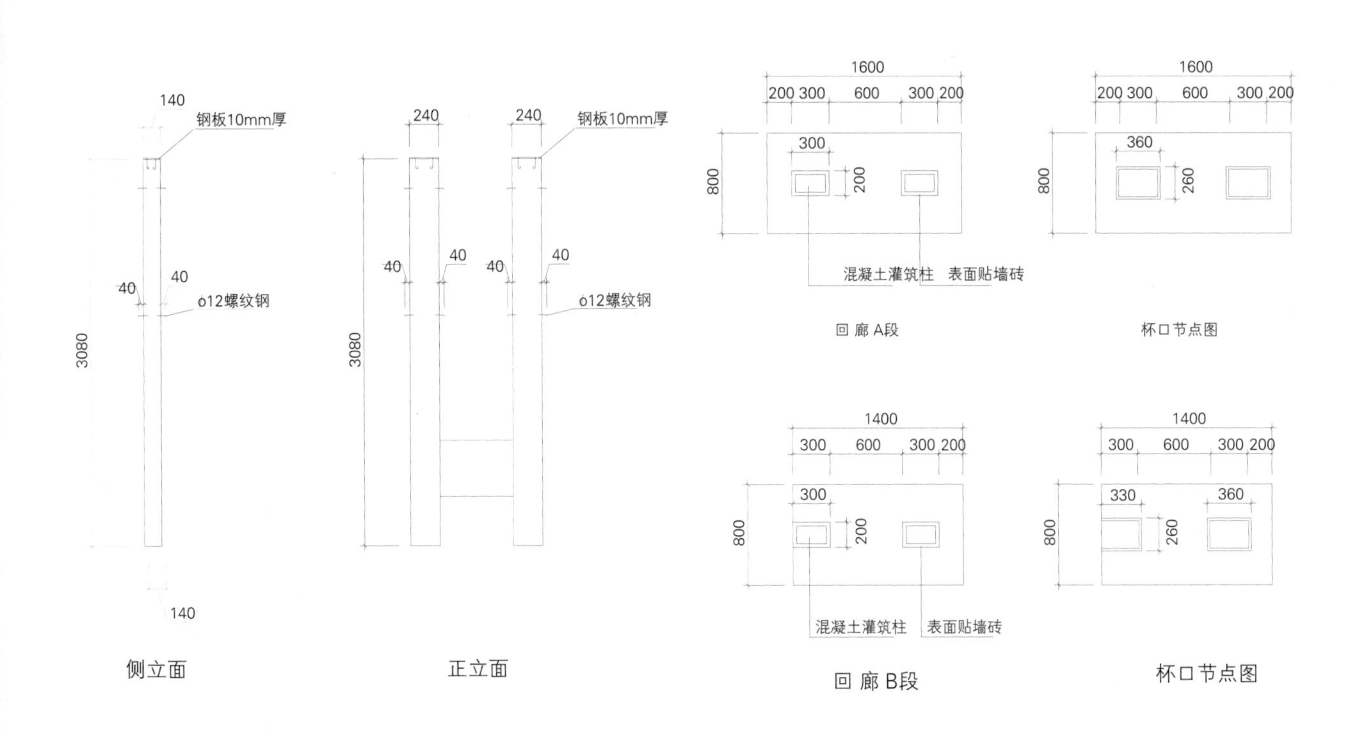

侧立面

正立面

回 廊 A段

杯口节点图

回 廊 B段

杯口节点图

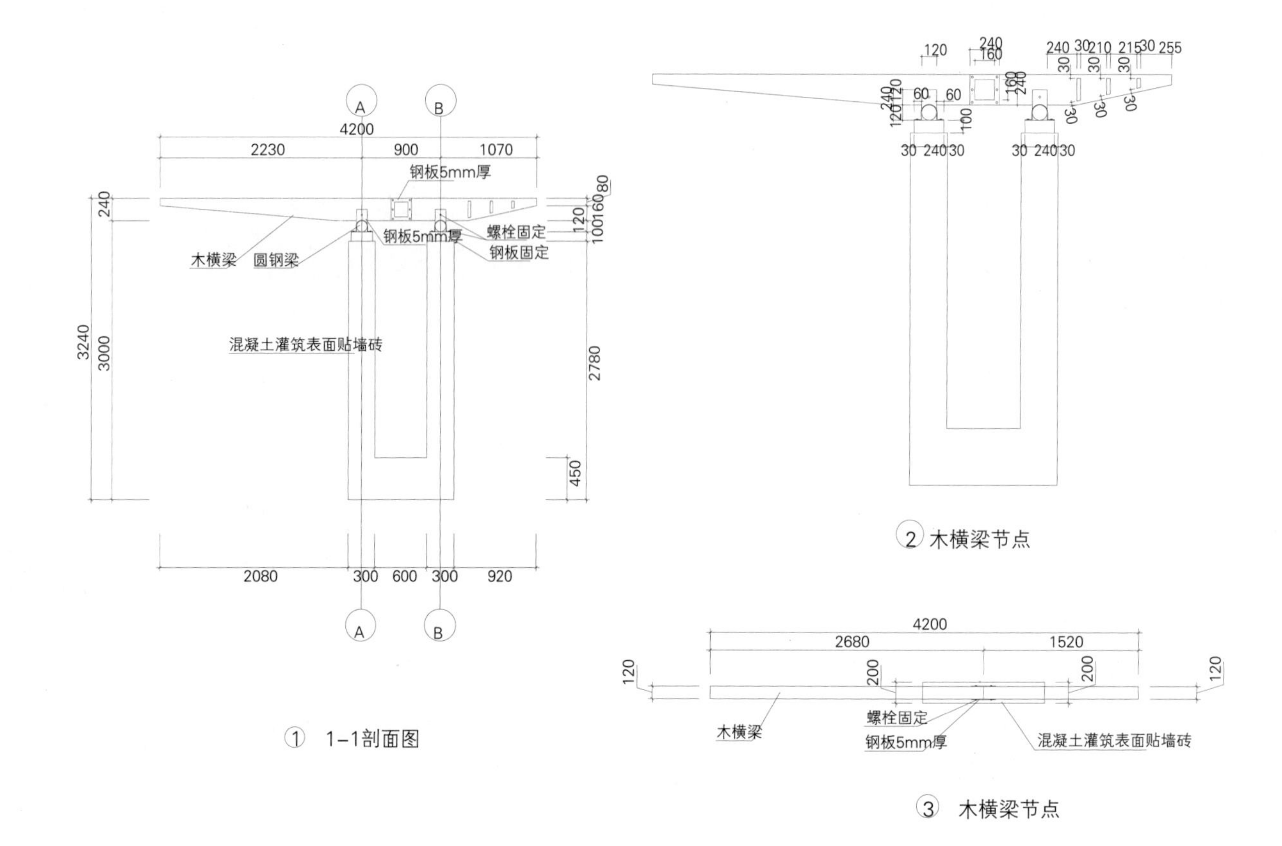

① 1-1剖面图

② 木横梁节点

③ 木横梁节点

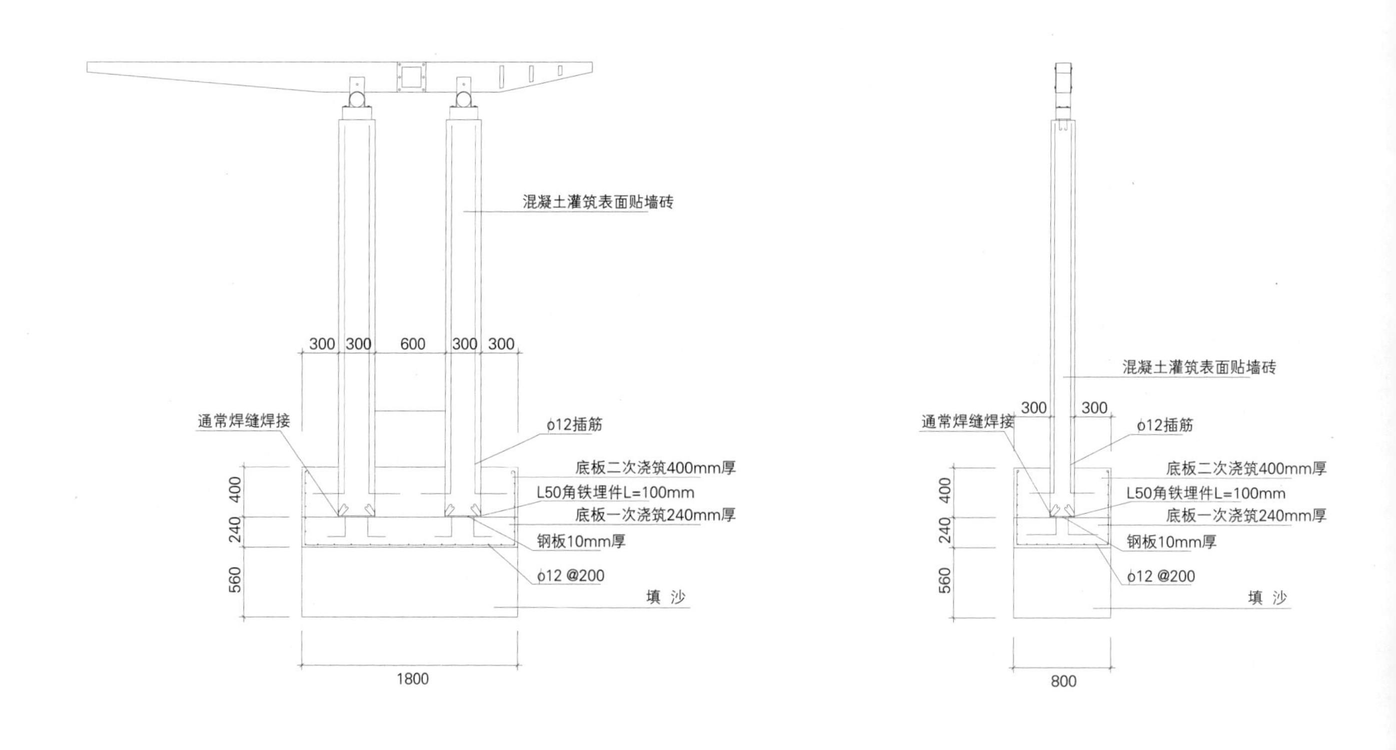

① 基础节点图

② 基础节点图

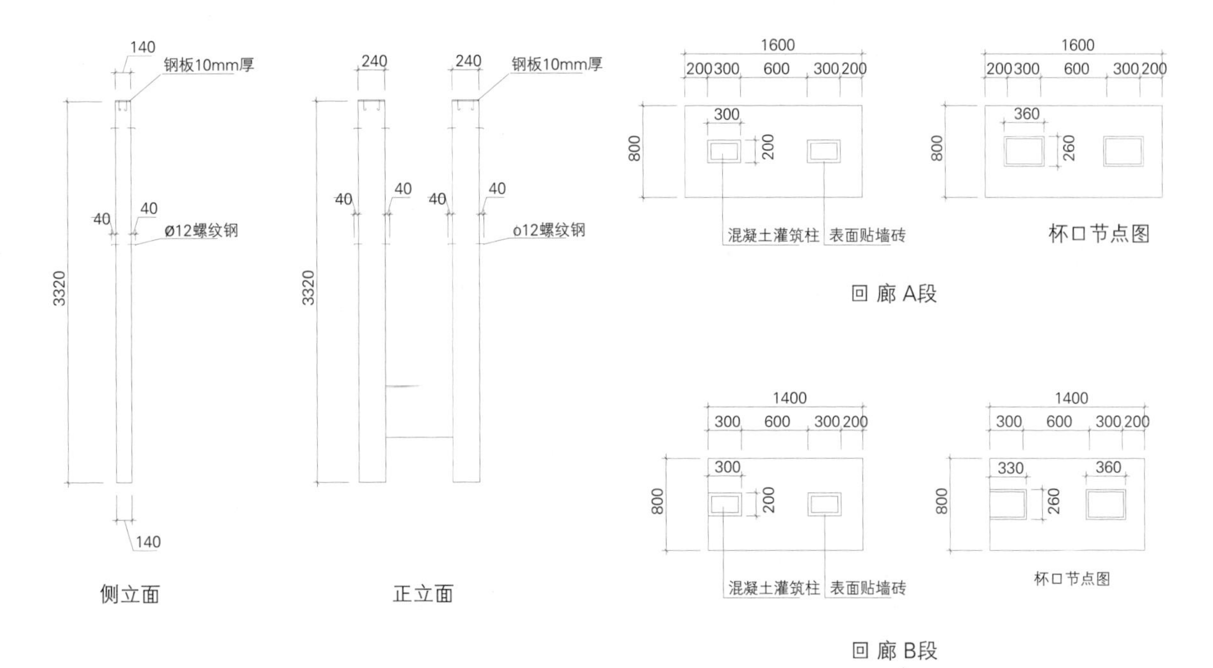

侧立面

正立面

回 廊 A段

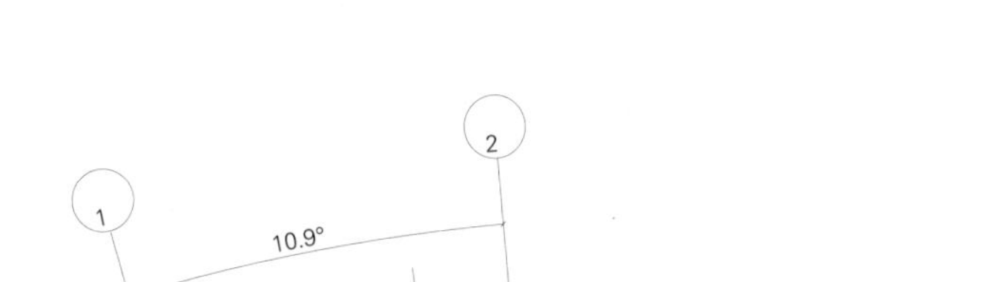

回 廊 B段

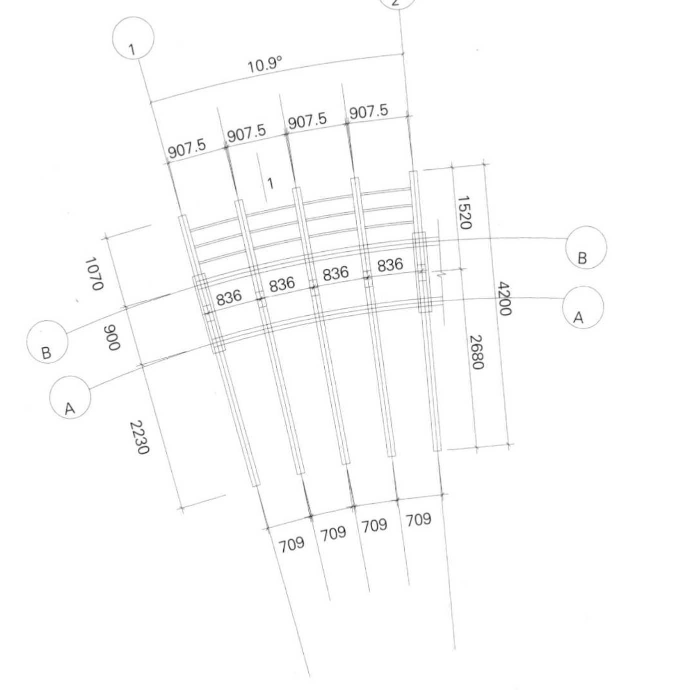

回 廊 A段

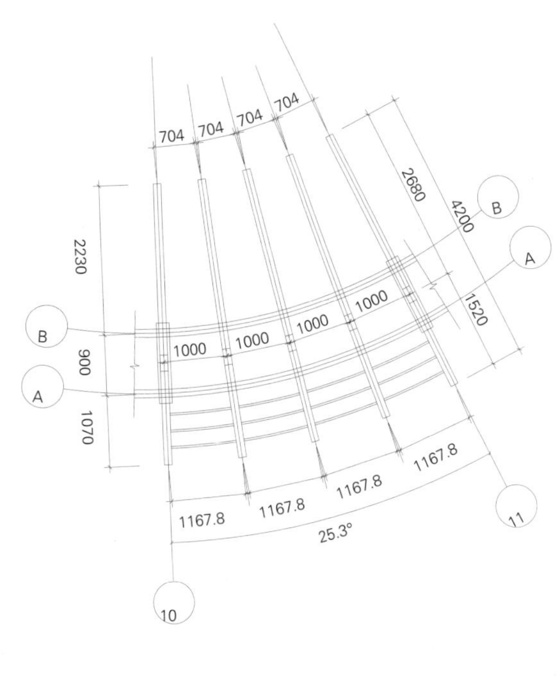

回 廊 B段

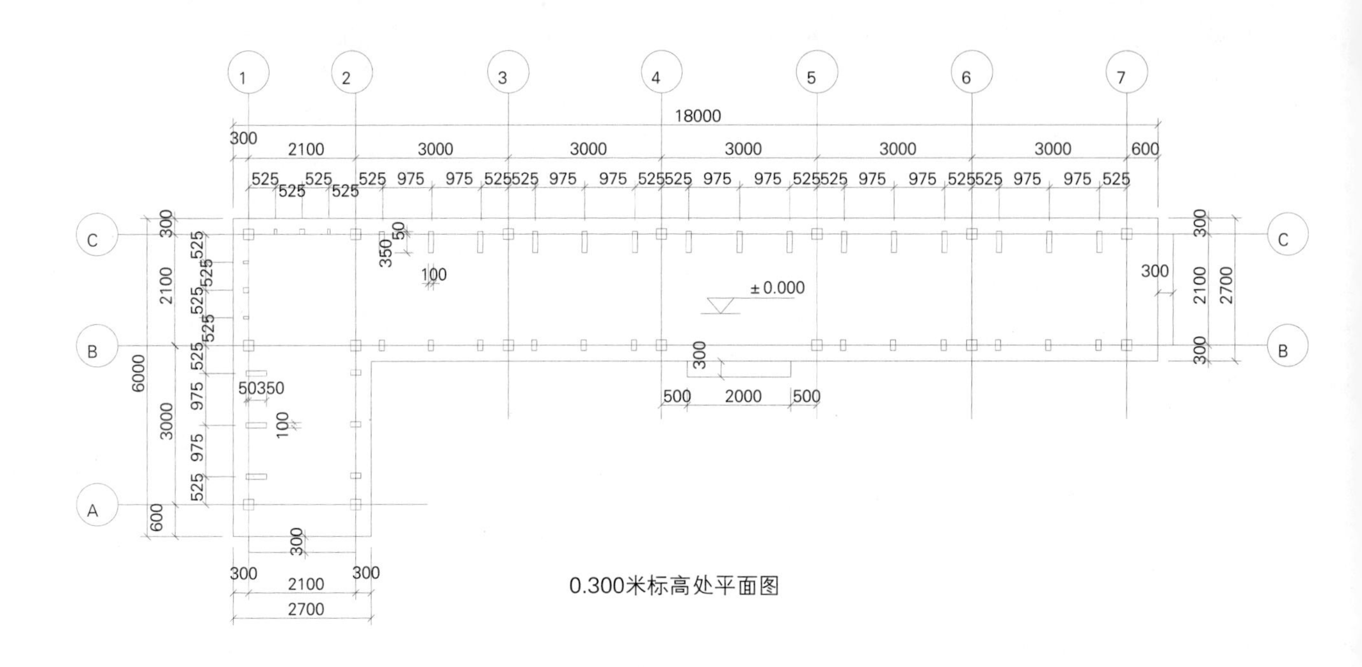

0.300米标高处平面图

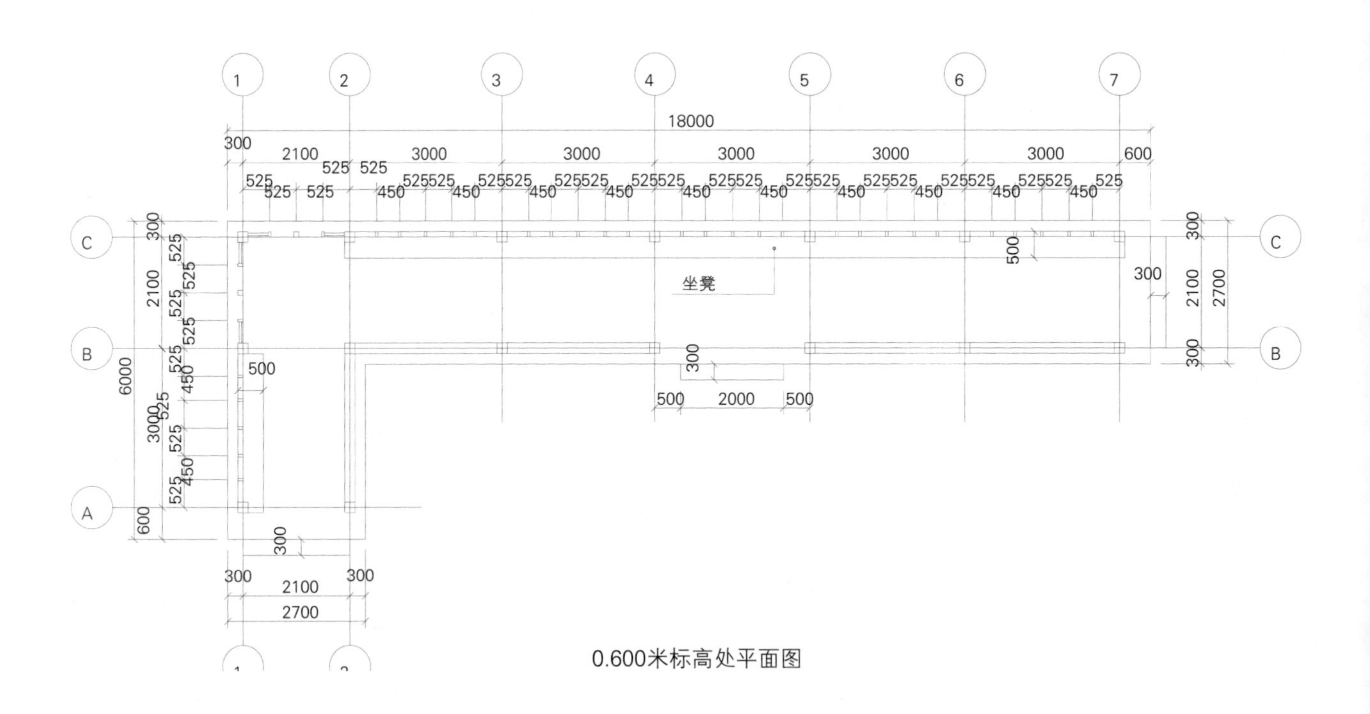

0.600米标高处平面图

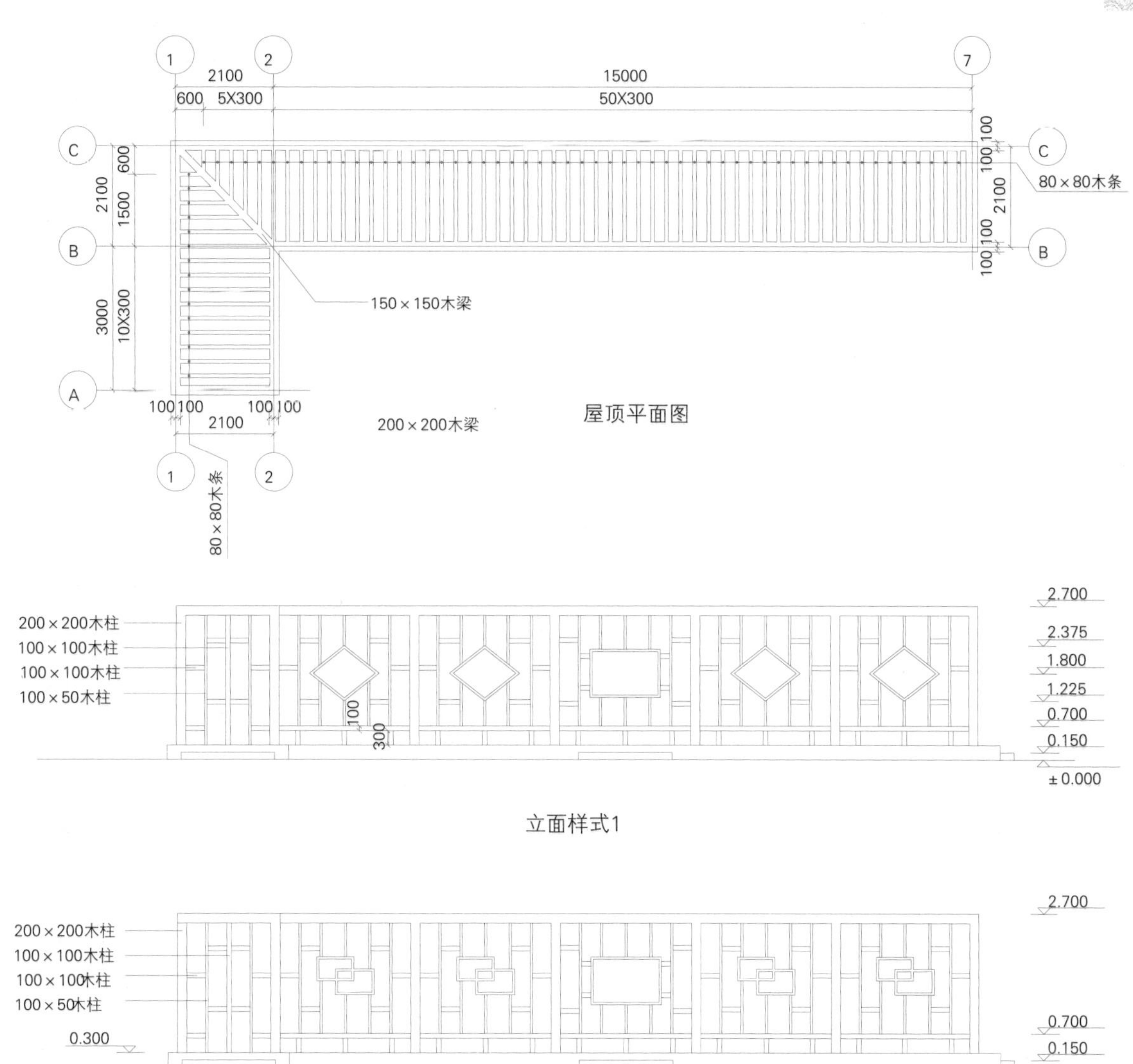

1
2
7
2100
15000
600
5X300
50X300
C
B
A
2100
600
1500
3000
10X300
100
80×80木条
150×150木梁
100 100
100 100
2100
200×200木梁
屋顶平面图
80×80木条
200×200木柱
100×100木柱
100×100木柱
100×50木柱
2.700
2.375
1.800
1.225
0.700
0.150
±0.000
300
立面样式1
0.300
立面样式2

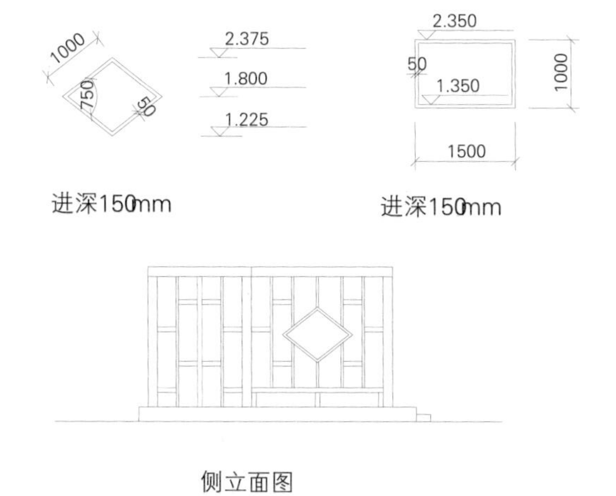

1000
750
50
2.375
1.800
1.225
进深150mm
2.350
50
1.350
1000
1500
进深150mm
侧立面图

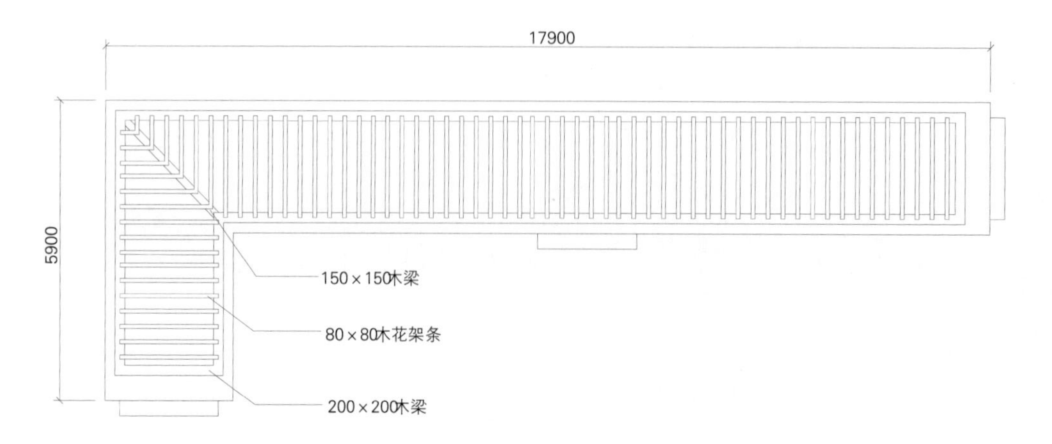

屋顶平面图

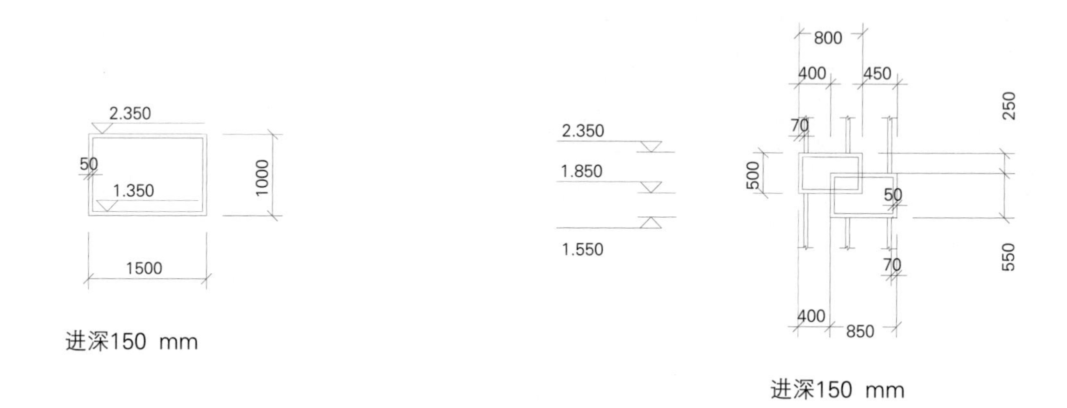

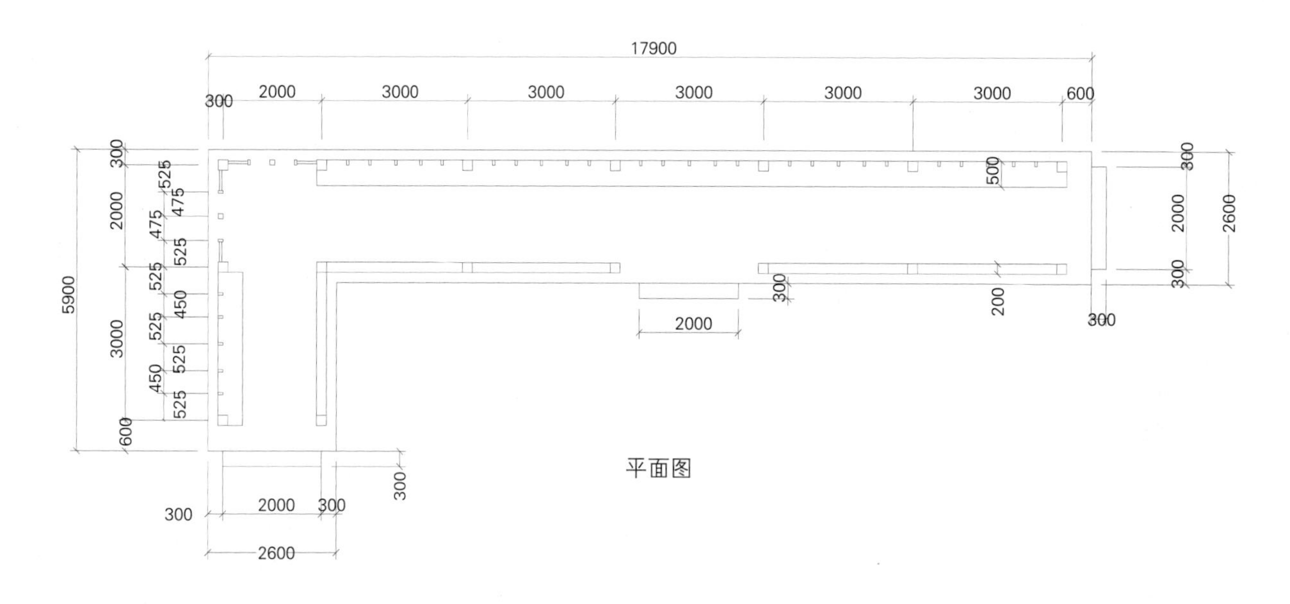

平面图

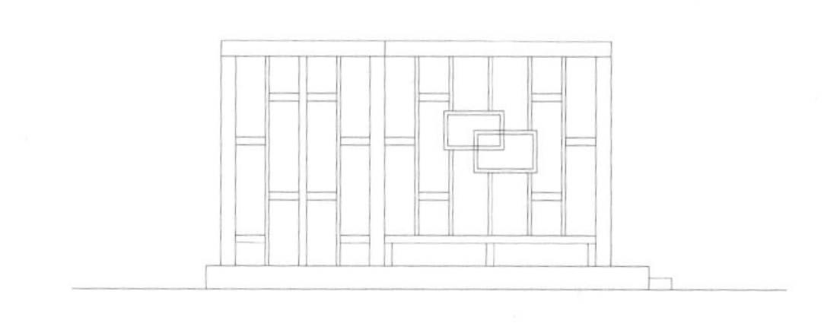

侧立面图

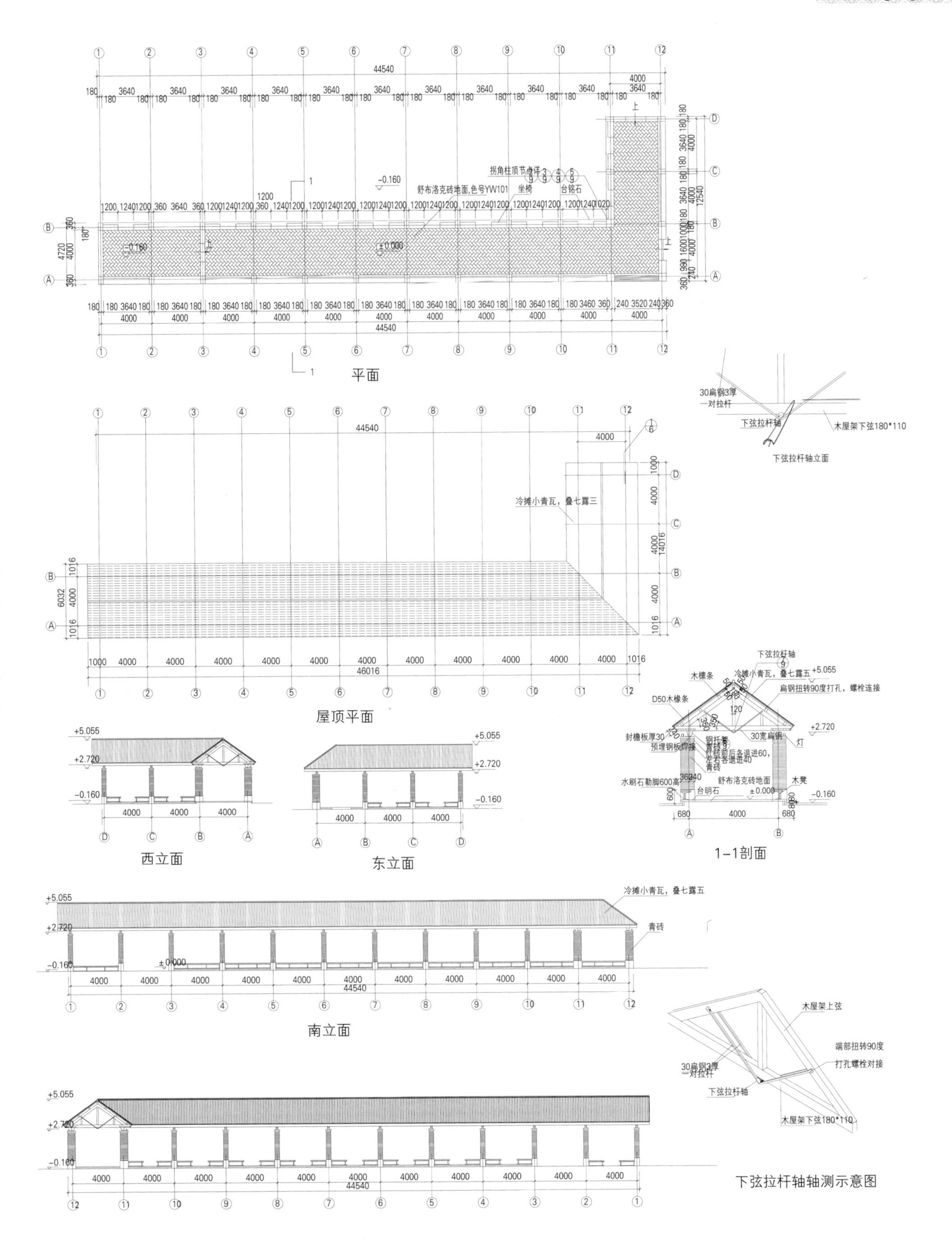
平面
屋顶平面
西立面
东立面
1-1剖面
南立面
下弦拉杆轴立面
下弦拉杆轴轴测示意图
拐角柱顶节点详
舒布洛克砖地面,色号YW101
坐椅
台铭石
冷摊小青瓦，叠七露三
冷摊小青瓦，叠七露五
青砖
木檩条
D50木椽条
封檐板厚30
预埋钢板焊接
30宽扁钢
扁钢扭转90度打孔，螺栓连接
水刷石勒脚600高
舒布洛克砖地面
台明石
木凳
灯
30扁钢3厚
一对拉杆
下弦拉杆轴
木屋架下弦180*110
木屋架上弦
端部扭转90度
打孔螺栓对接
44540
46016

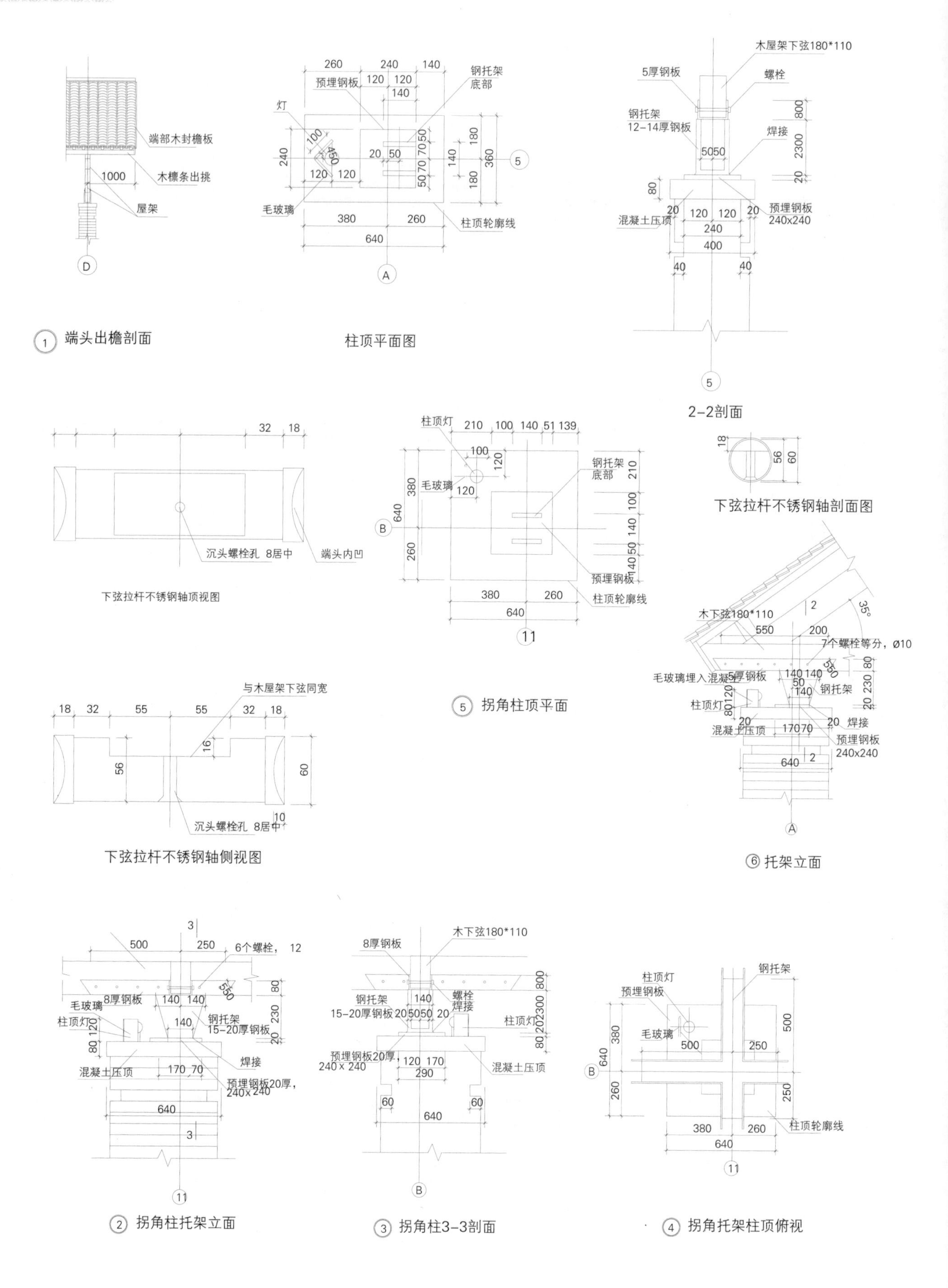

1 端头出檐剖面

柱顶平面图

2-2剖面

下弦拉杆不锈钢轴剖面图

5 拐角柱顶平面

下弦拉杆不锈钢轴侧视图

6 托架立面

2 拐角柱托架立面

3 拐角柱3-3剖面

4 拐角托架柱顶俯视

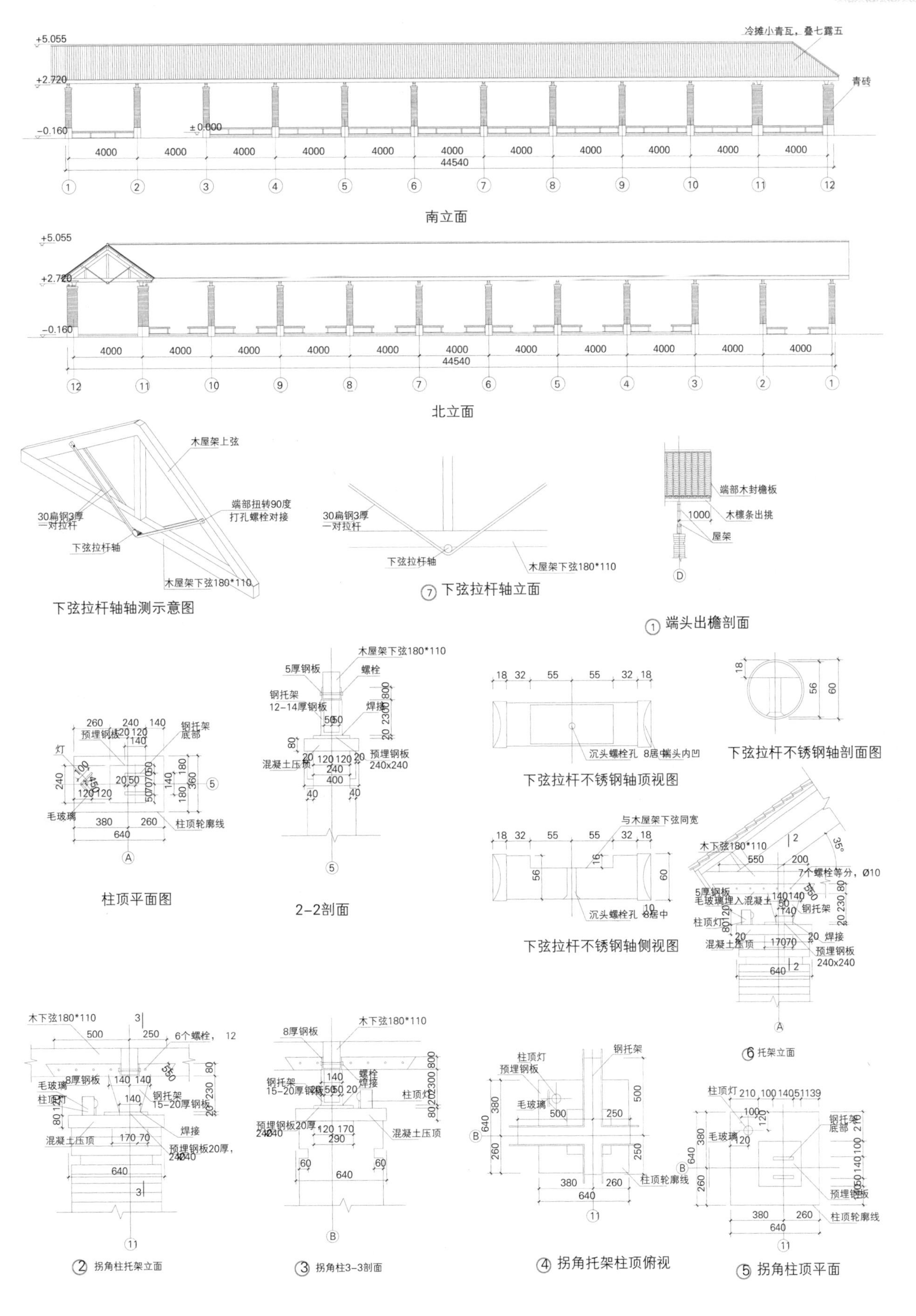

+5.055
+2.720
-0.160
±0.000
冷摊小青瓦，叠七露五
青砖
4000
44540
南立面
北立面
木屋架上弦
端部扭转90度
打孔螺栓对接
30扁钢3厚
一对拉杆
下弦拉杆轴
木屋架下弦180*110
下弦拉杆轴轴测示意图
⑦ 下弦拉杆轴立面
端部木封檐板
木檩条出挑
屋架
① 端头出檐剖面
柱顶平面图
2-2剖面
下弦拉杆不锈钢轴顶视图
下弦拉杆不锈钢轴剖面图
下弦拉杆不锈钢轴侧视图
沉头螺栓孔 8居中
与木屋架下弦同宽
7个螺栓等分，Ø10
钢托架
预埋钢板
毛玻璃
柱顶灯
混凝土压顶
柱顶轮廓线
⑥ 托架立面
② 拐角柱托架立面
③ 拐角柱3-3剖面
④ 拐角托架柱顶俯视
⑤ 拐角柱顶平面

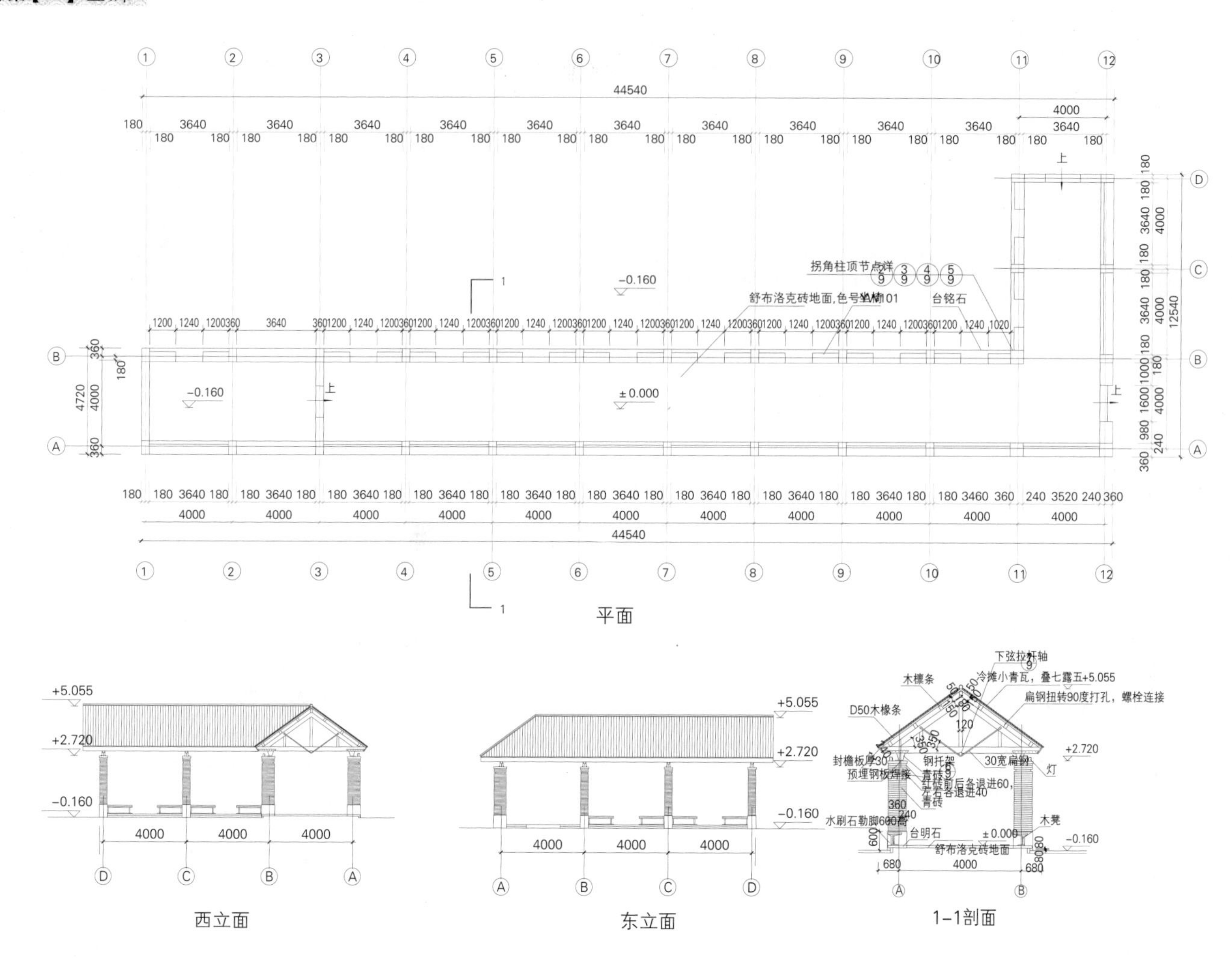

平面

西立面

东立面

1-1剖面

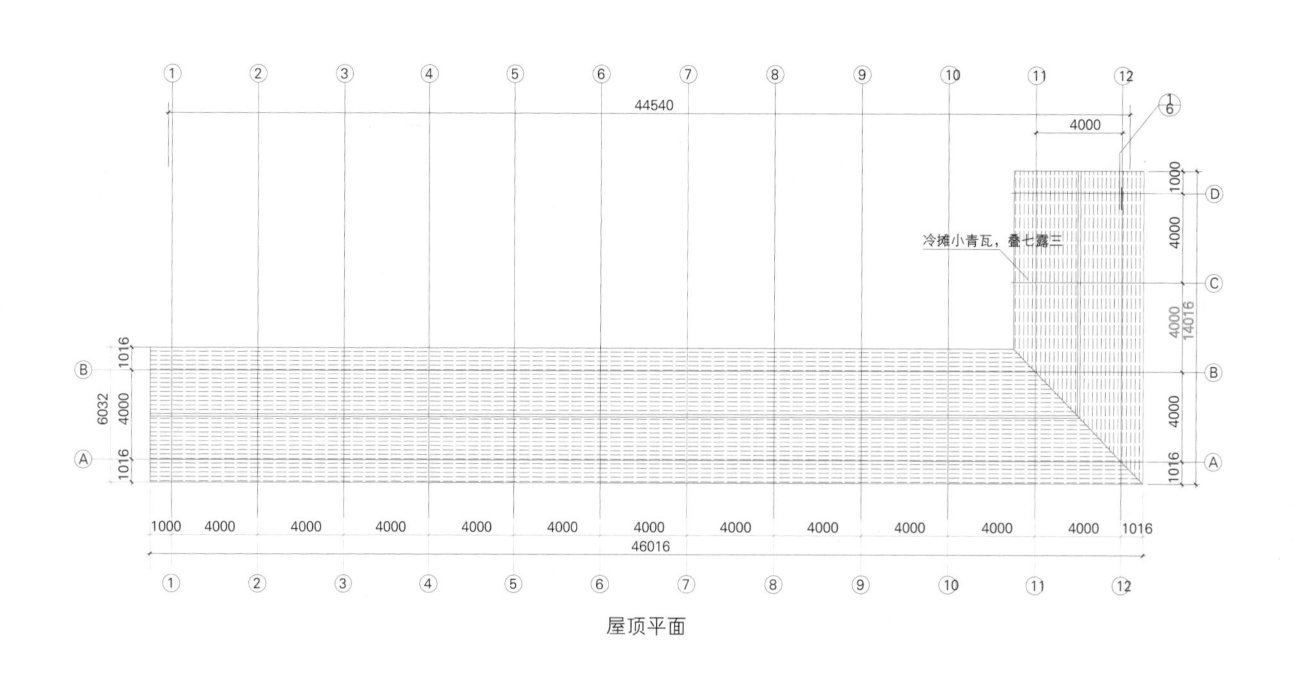

屋顶平面

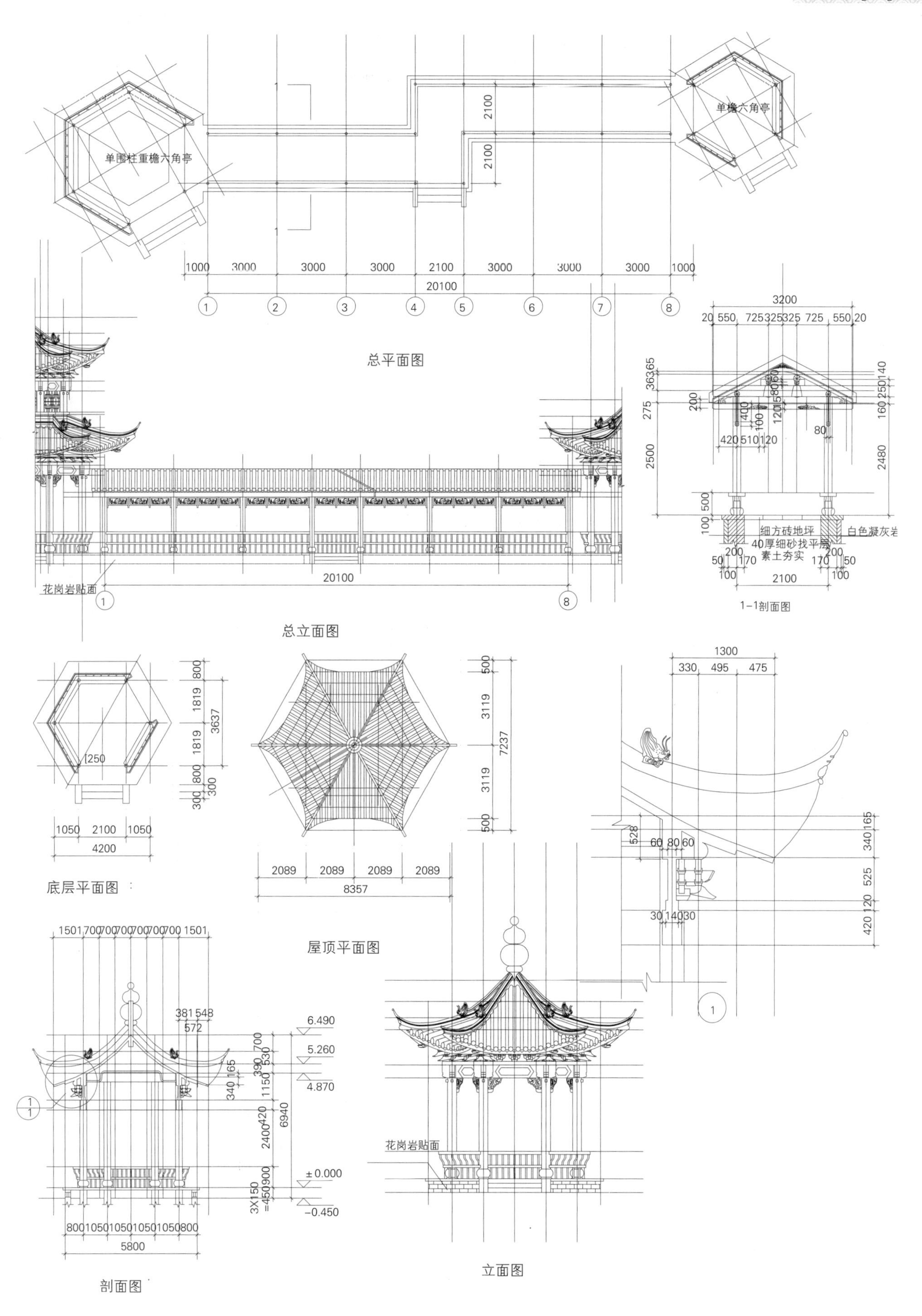
单围柱重檐六角亭
单檐六角亭
1000 3000 3000 3000 2100 3000 3000 3000 1000
20100
2100
2100
总平面图
花岗岩贴面
20100
总立面图
3200
细方砖地坪
白色凝灰岩
40厚细砂找平层
素土夯实
1-1剖面图
底层平面图
1050 2100 1050
4200
屋顶平面图
2089 2089 2089 2089
8357
7237
1300
330 495 475
6.490
5.260
4.870
±0.000
−0.450
6940
3X150 =450
800 1050 1050 1050 1050 800
5800
剖面图
花岗岩贴面
立面图

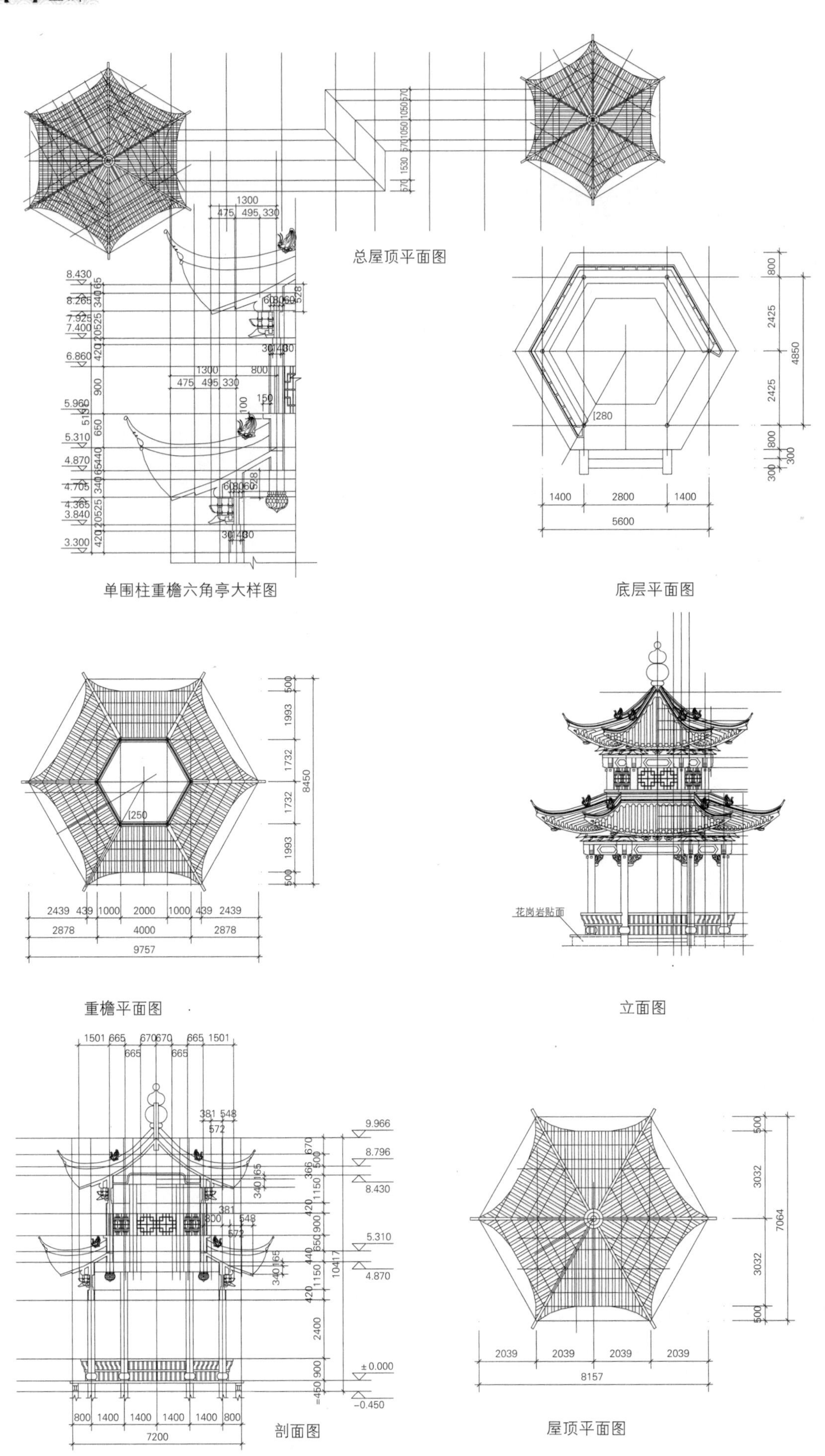

总屋顶平面图

单围柱重檐六角亭大样图

底层平面图

重檐平面图

立面图

剖面图

屋顶平面图

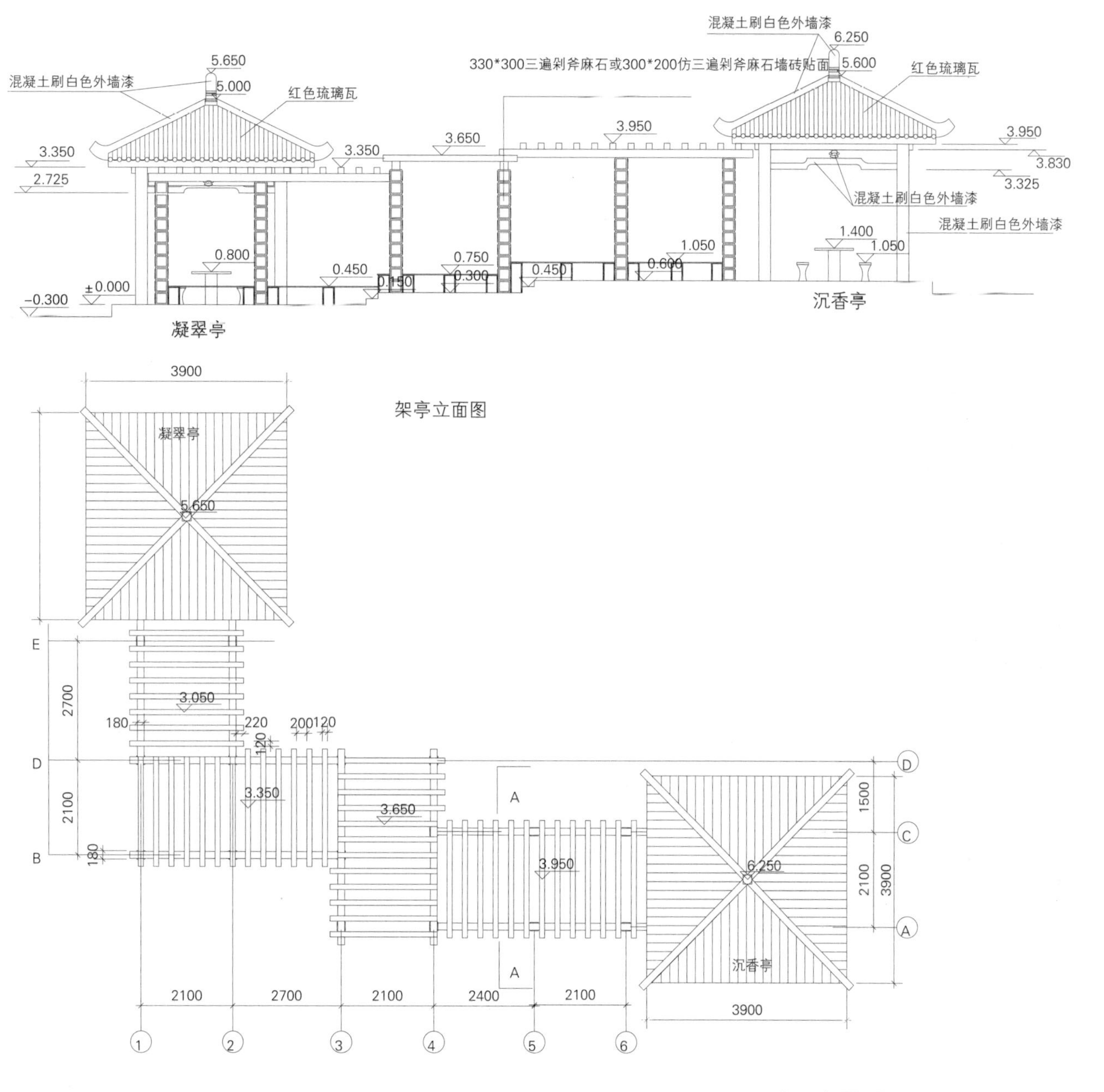
混凝土刷白色外墙漆
6.250
330*300三遍剁斧麻石或300*200仿三遍剁斧麻石墙砖贴面
5.600
红色琉璃瓦
5.650
5.000
3.350
2.725
3.650
3.950
3.830
3.325
混凝土刷白色外墙漆
1.400
1.050
0.800
0.450
0.750
0.150
0.300
0.600
±0.000
-0.300
凝翠亭
沉香亭
架亭立面图
3900
凝翠亭
3.050
3.350
3.650
3.950
6.250
沉香亭
2700
2100
2400
1500
180
220
200
120
E
D
B
C
A
架、亭顶面图

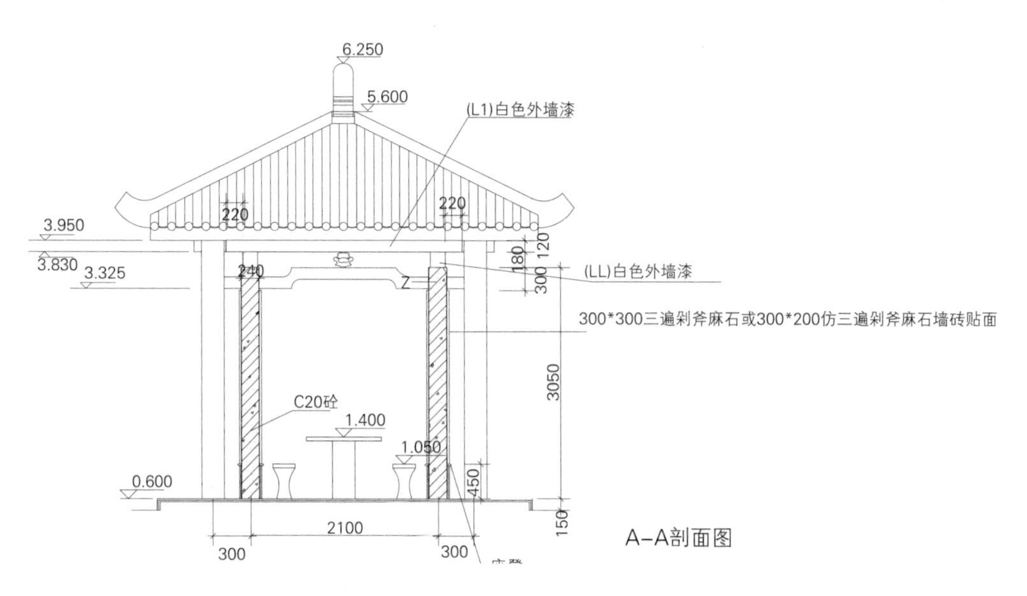
6.250
5.600
(L1)白色外墙漆
220
3.950
3.830
3.325
240
180
120
300
(LL)白色外墙漆
300*300三遍剁斧麻石或300*200仿三遍剁斧麻石墙砖贴面
3050
C20砼
1.400
1.050
0.600
450
150
2100
300
A–A剖面图

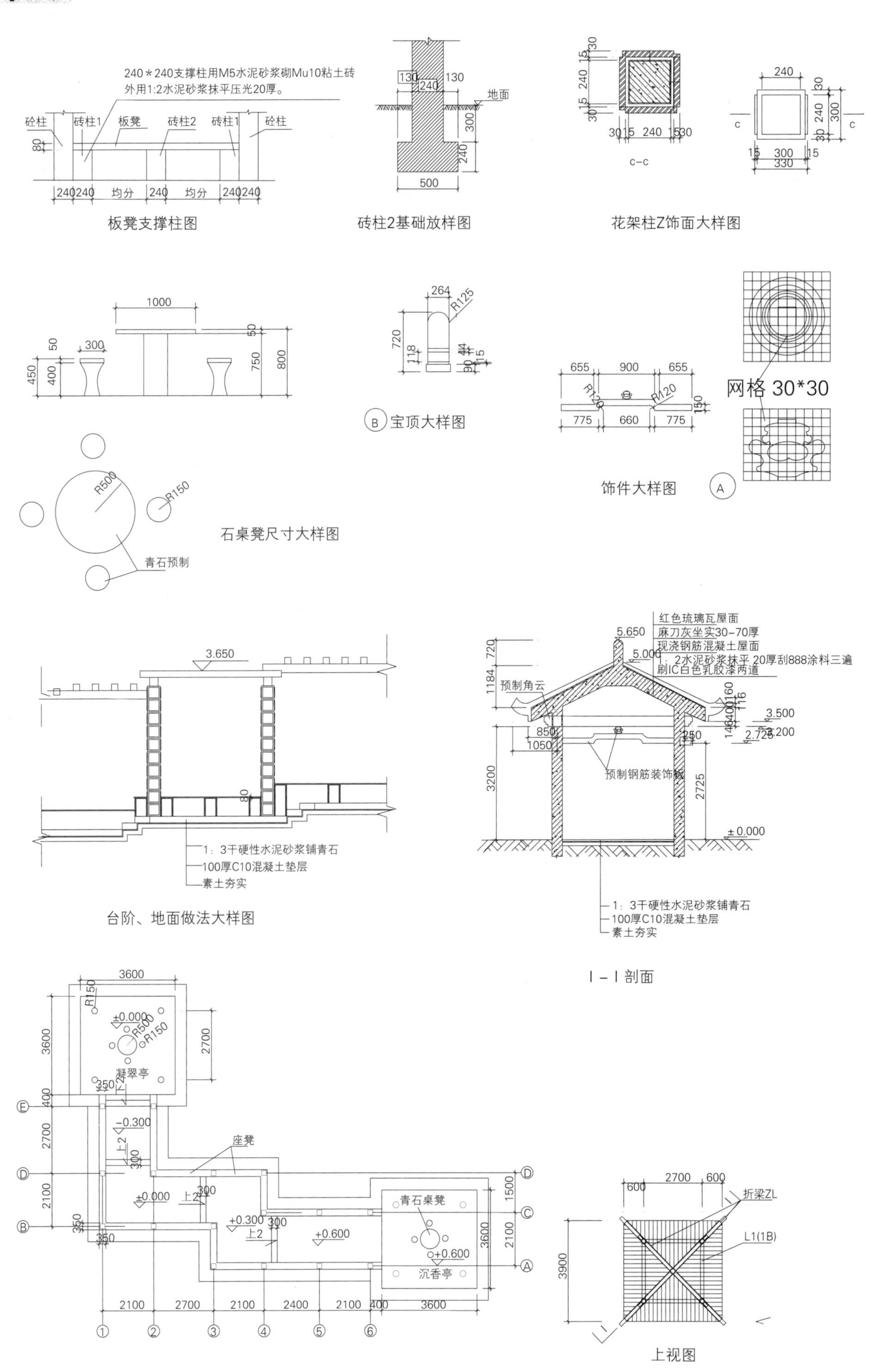
240＊240支撑柱用M5水泥砂浆砌Mu10粘土砖
外用1:2水泥砂浆抹平压光20厚。
砼柱
砖柱1
板凳
砖柱2
均分
板凳支撑柱图
地面
砖柱2基础放样图
花架柱Z饰面大样图
石桌凳尺寸大样图
青石预制
宝顶大样图
饰件大样图
网格 30*30
红色琉璃瓦屋面
麻刀灰坐实30-70厚
现浇钢筋混凝土屋面
1：2水泥砂浆抹平 20厚刮888涂料三遍
刷IC白色乳胶漆两道
预制角云
预制钢筋装饰板
1：3干硬性水泥砂浆铺青石
100厚C10混凝土垫层
素土夯实
台阶、地面做法大样图
Ⅰ－Ⅰ剖面
凝翠亭
座凳
青石桌凳
沉香亭
折梁ZL
上视图

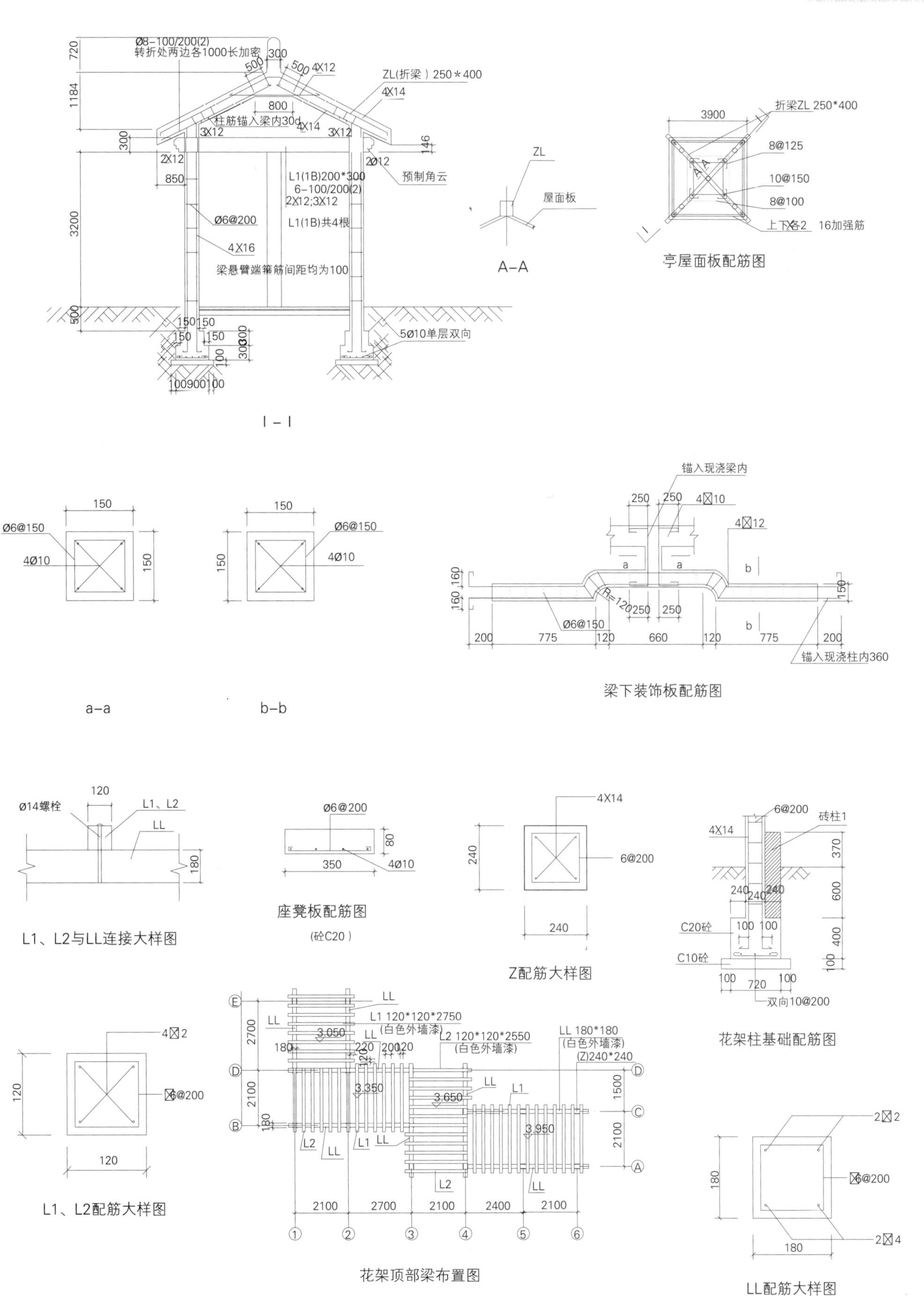
Ø8-100/200(2)
转折处两边各1000长加密
ZL(折梁）250＊400
柱筋锚入梁内30d
L1(1B)200*300
6-100/200(2)
2X12;3X12
L1(1B)共4根
预制角云
Ø6@200
4X16
梁悬臂端箍筋间距均为100
5Ø10单层双向
I－I
ZL
屋面板
A–A
折梁ZL 250*400
8@125
10@150
8@100
上下各2 16加强筋
亭屋面板配筋图
Ø6@150
4Ø10
a–a
b–b
锚入现浇梁内
锚入现浇柱内360
梁下装饰板配筋图
Ø14螺栓
L1、L2
LL
L1、L2与LL连接大样图
Ø6@200
4Ø10
座凳板配筋图
(砼C20）
4X14
6@200
Z配筋大样图
砖柱1
C20砼
C10砼
双向10@200
花架柱基础配筋图
L1 120*120*2750
(白色外墙漆)
L2 120*120*2550
(白色外墙漆)
LL 180*180
(白色外墙漆)
(Z)240*240
花架顶部梁布置图
L1、L2配筋大样图
LL配筋大样图

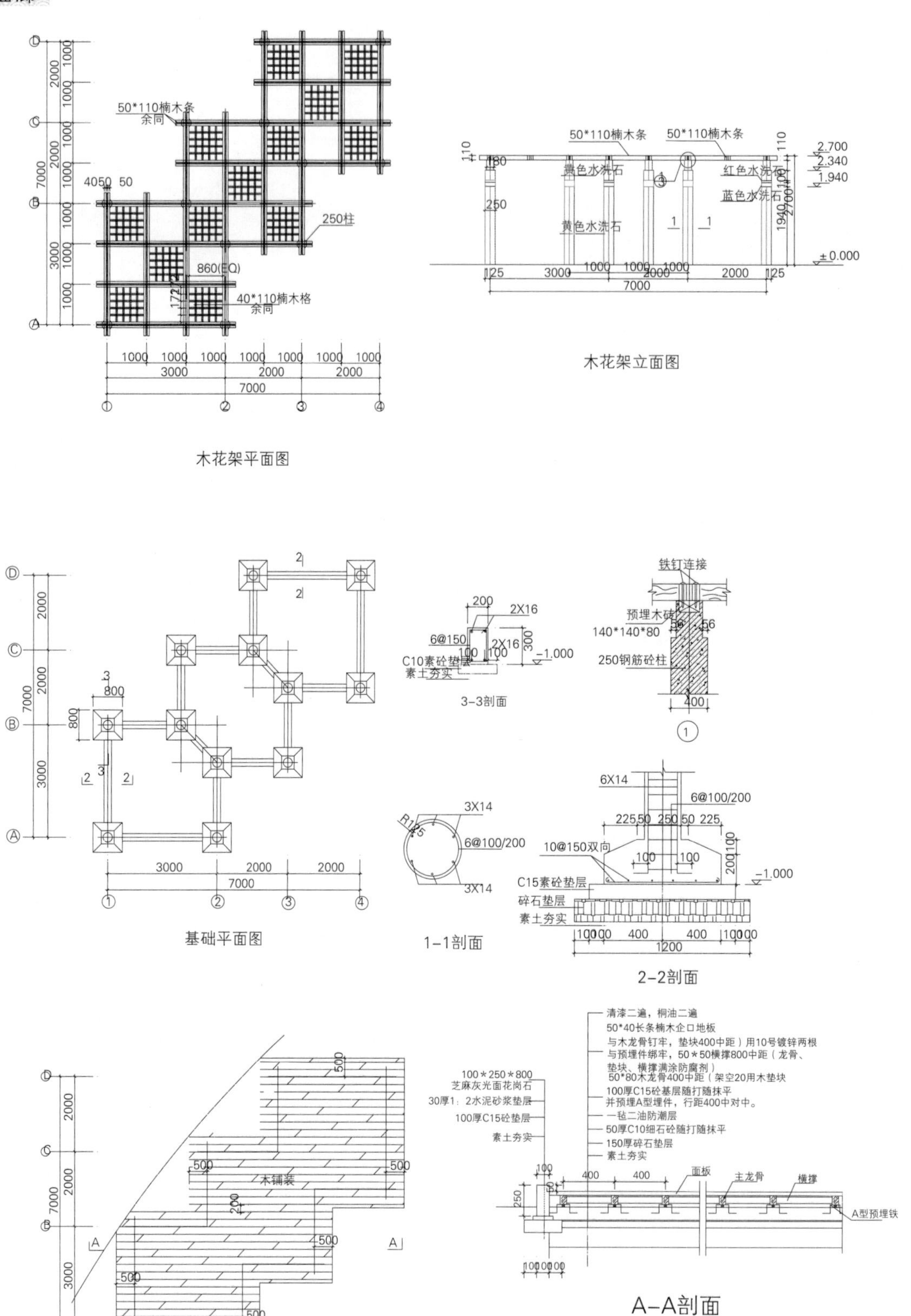
50*110楠木条
余同
250柱
860(EQ)
40*110楠木格
余同
木花架平面图
50*110楠木条
50*110楠木条
黄色水洗石
红色水洗石
蓝色水洗石
黄色水洗石
2.700
2.340
1.940
±0.000
木花架立面图
铁钉连接
预埋木砖
140*140*80
250钢筋砼柱
2X16
6@150
C10素砼垫层
素土夯实
-1.000
3-3剖面
3X14
6@100/200
3X14
1-1剖面
6X14
6@100/200
10@150双向
C15素砼垫层
碎石垫层
素土夯实
-1.000
2-2剖面
基础平面图
清漆二遍，桐油二遍
50*40长条楠木企口地板
与木龙骨钉牢，垫块400中距）用10号镀锌两根
与预埋件绑牢，50＊50横撑800中距（龙骨、
垫块、横撑满涂防腐剂）
50*80木龙骨400中距（架空20用木垫块
100厚C15砼基层随打随抹平
并预埋A型埋件，行距400中对中。
一毡二油防潮层
50厚C10细石砼随打随抹平
150厚碎石垫层
素土夯实
100＊250＊800
芝麻灰光面花岗石
30厚1：2水泥砂浆垫层
100厚C15砼垫层
素土夯实
面板
主龙骨
横撑
A型预埋铁
木铺装
A-A剖面
A型预埋铁
基础平面图

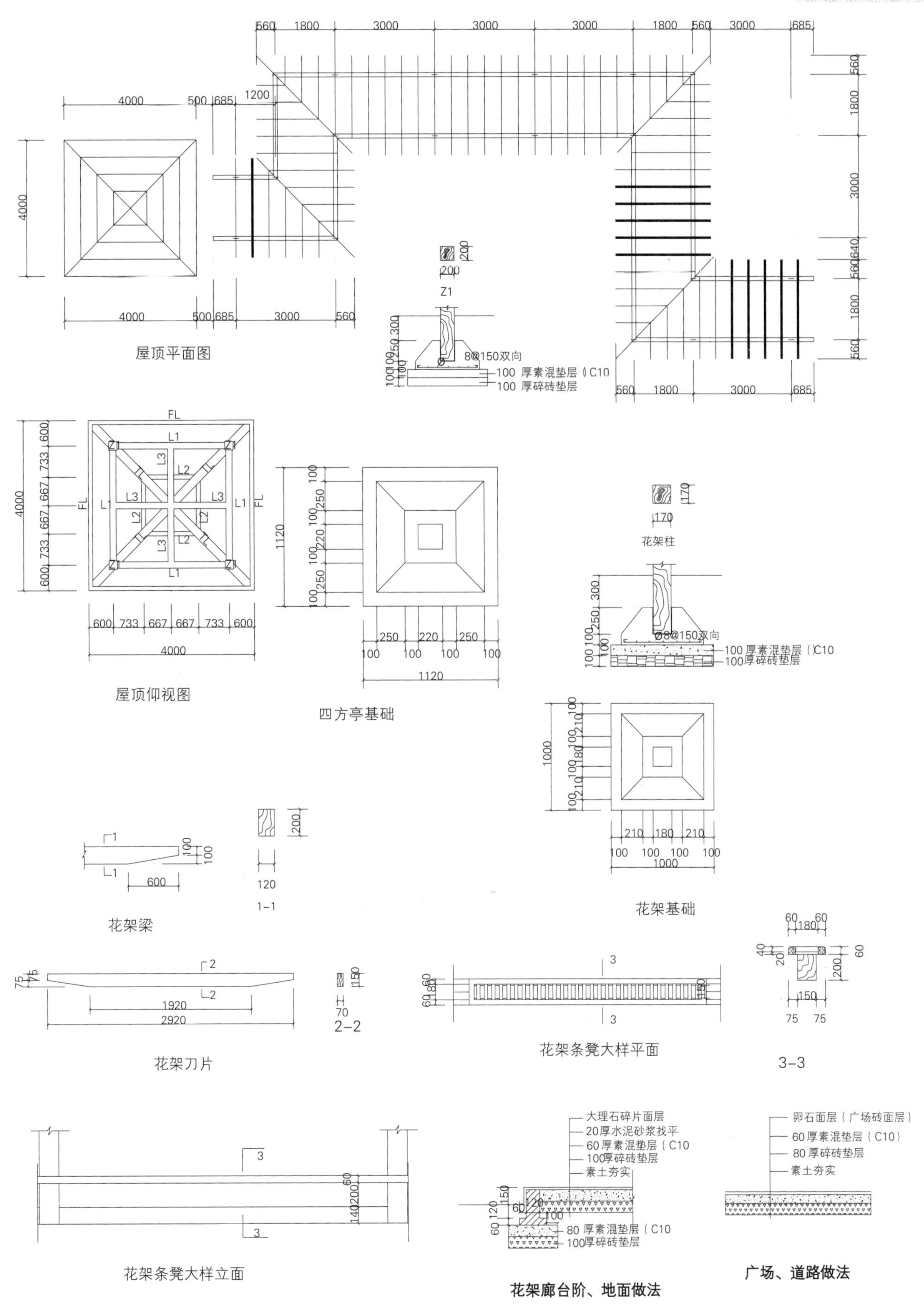

花架廊台阶、地面做法

广场、道路做法

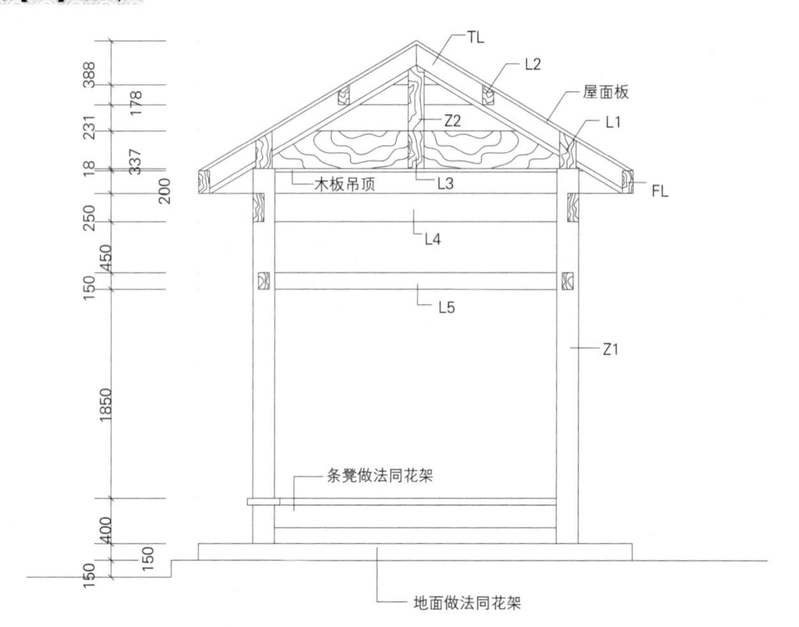

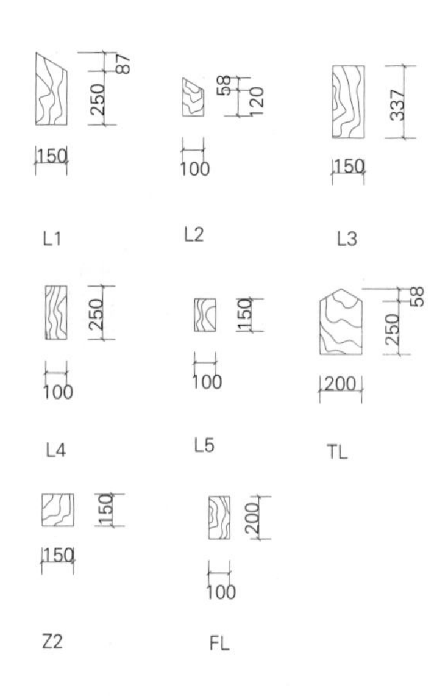

剖面图

说明

1、本图中花架廊、四方亭除基础部分外均采用木结构

2、基础部分混凝土未标明处均为 C20

3、花架廊、四方亭油漆均用清水树脂漆两道

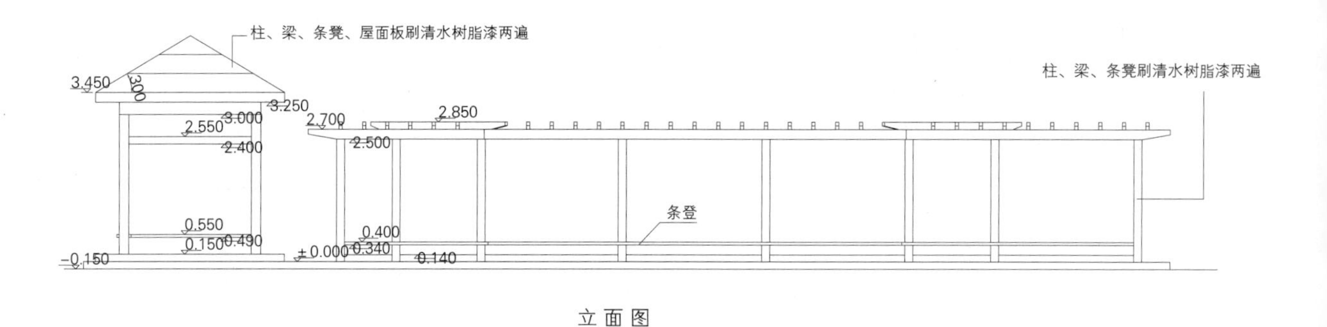

立面图

平面图

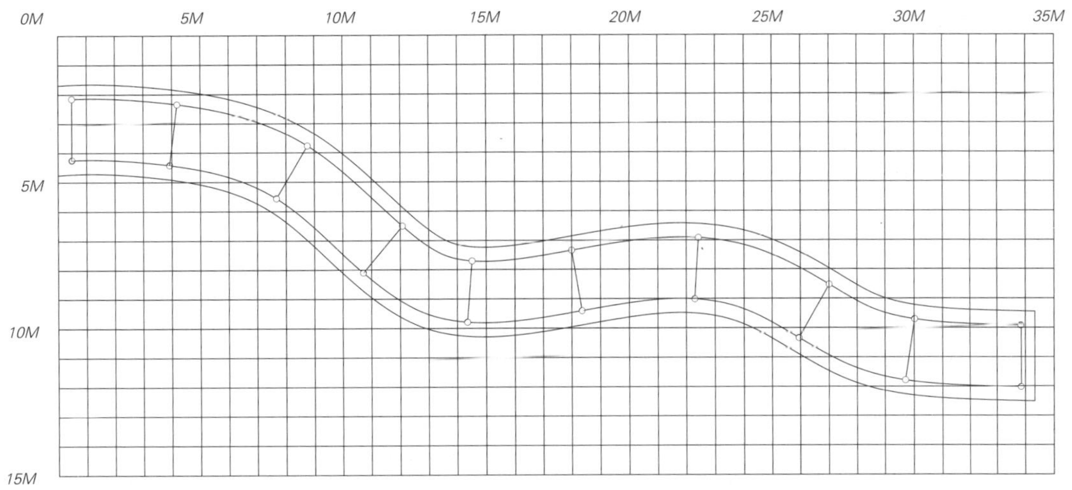

欧式廊平面图

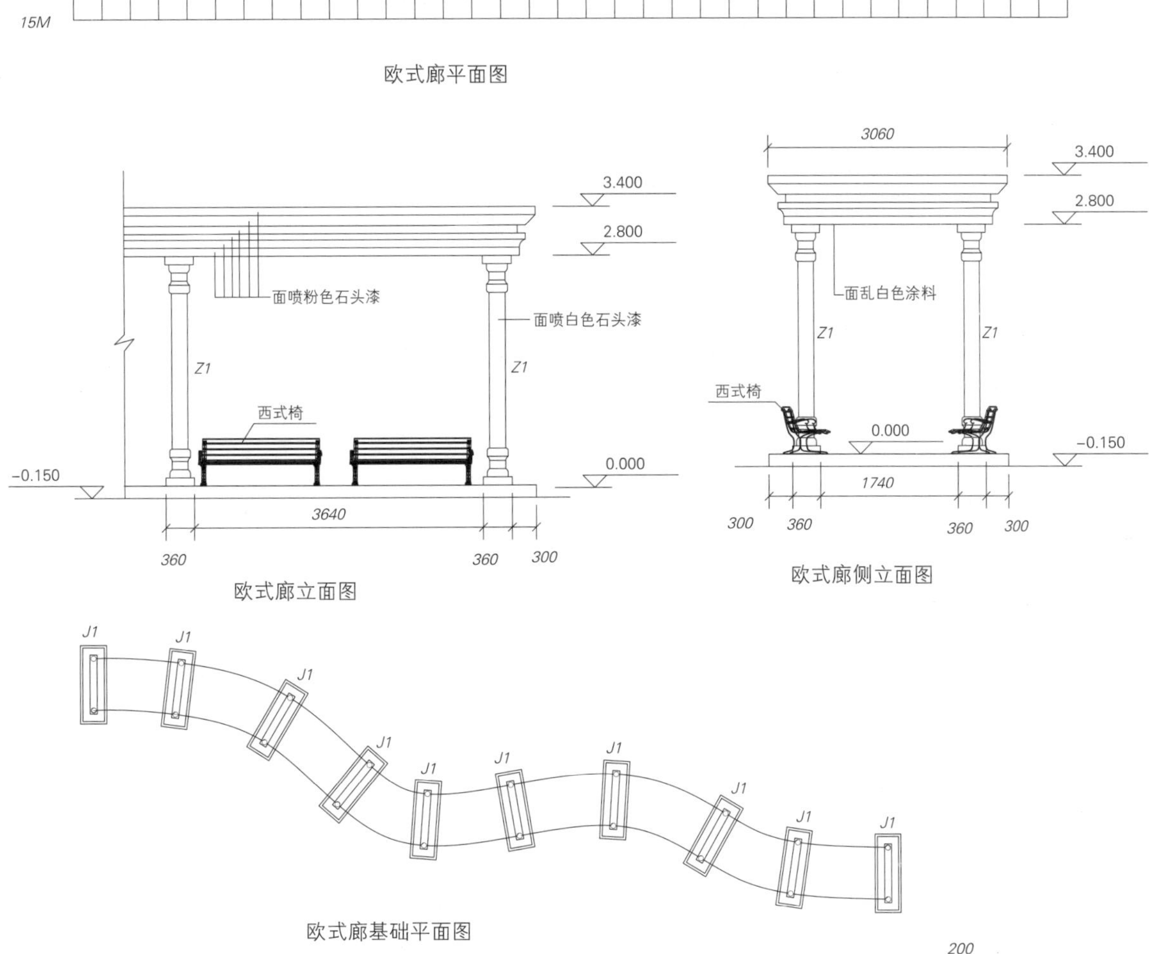

欧式廊立面图

欧式廊侧立面图

欧式廊基础平面图

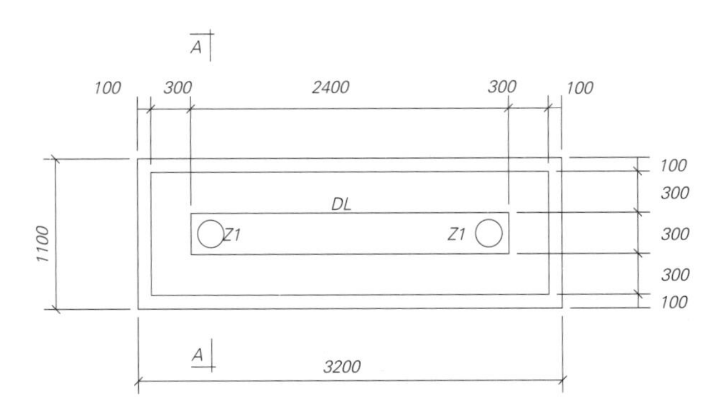

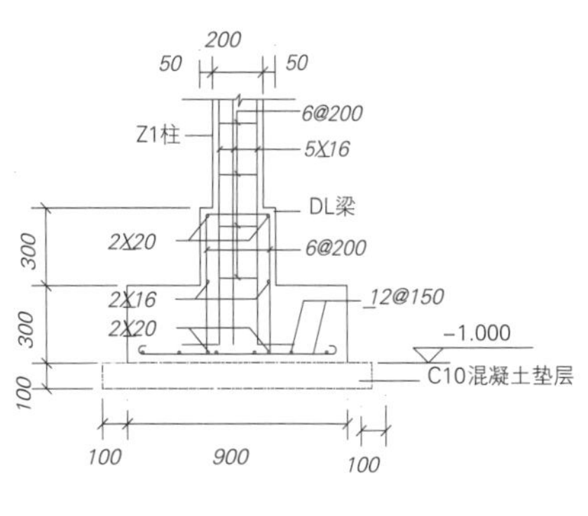

A-A 剖面图

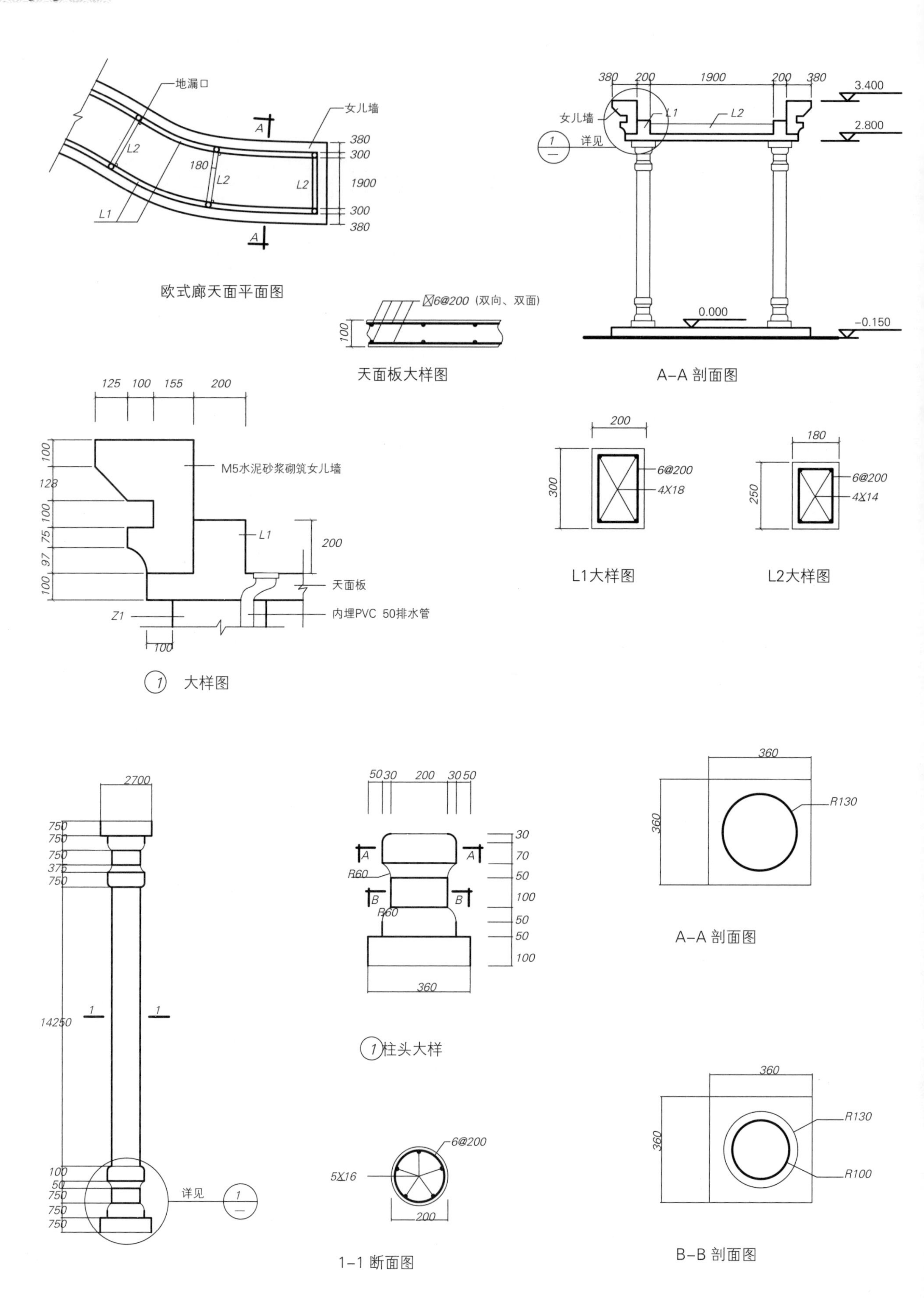

欧式廊天面平面图

天面板大样图

A-A 剖面图

1 大样图

L1大样图

L2大样图

1 柱头大样

1-1 断面图

A-A 剖面图

B-B 剖面图

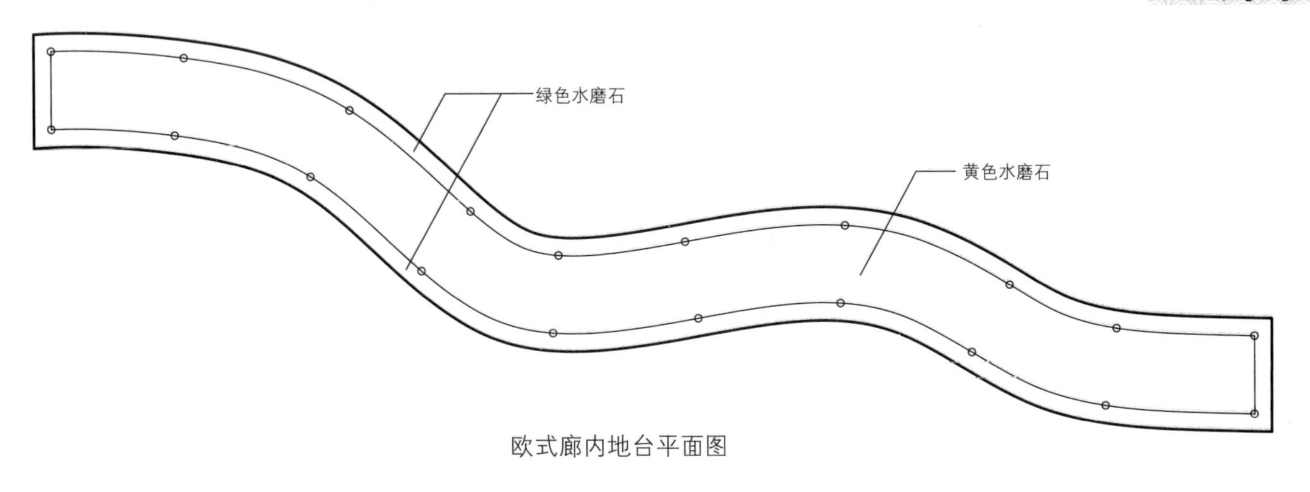

欧式廊内地台平面图

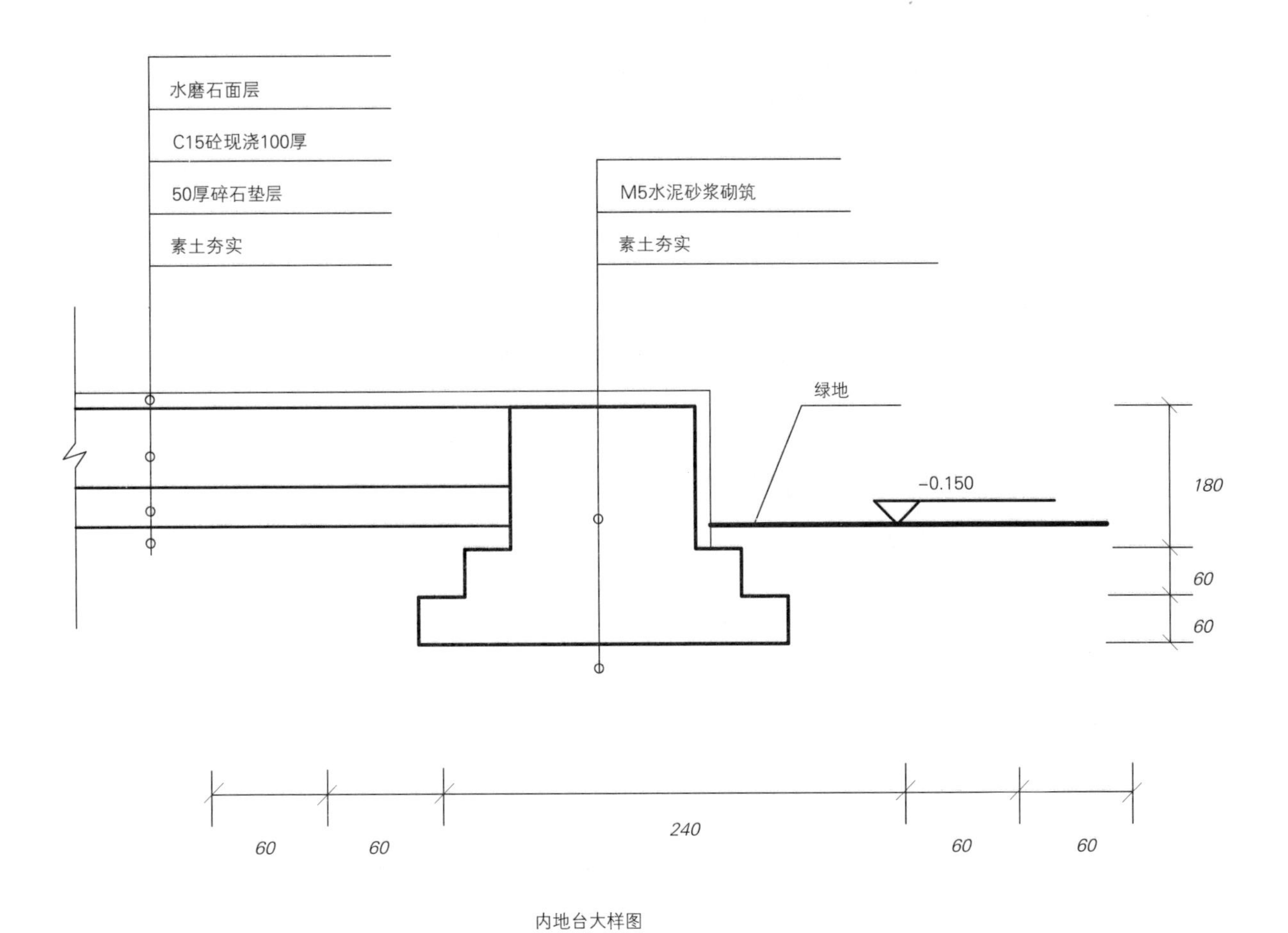

内地台大样图

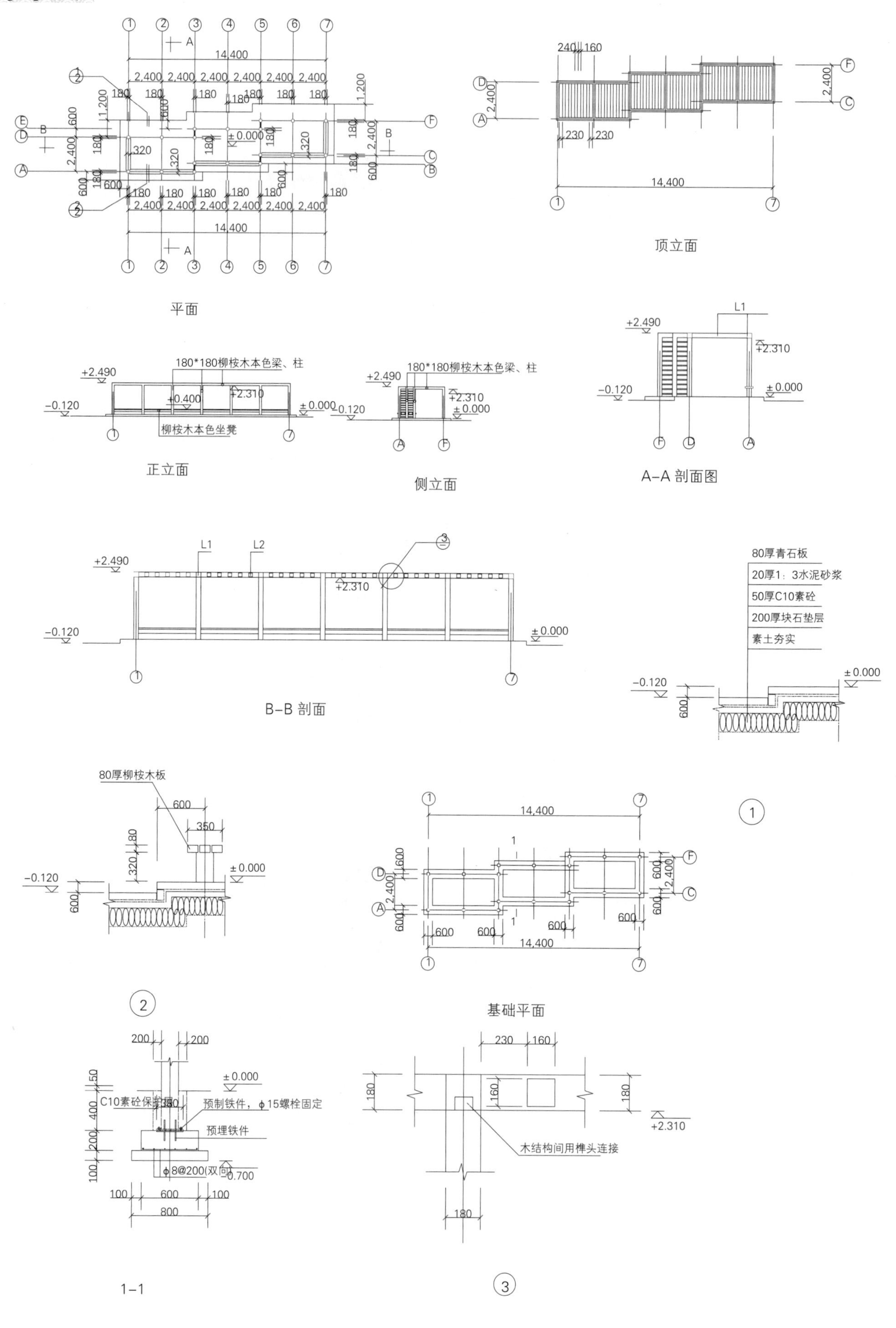

平面
顶立面
180*180柳桉木本色梁、柱
柳桉木本色坐凳
正立面
侧立面
A–A 剖面图
B–B 剖面
80厚青石板
20厚1：3水泥砂浆
50厚C10素砼
200厚块石垫层
素土夯实
80厚柳桉木板
基础平面
C10素砼保护层
预制铁件，ф15螺栓固定
预埋铁件
ф8@200(双向)
木结构间用榫头连接
1–1

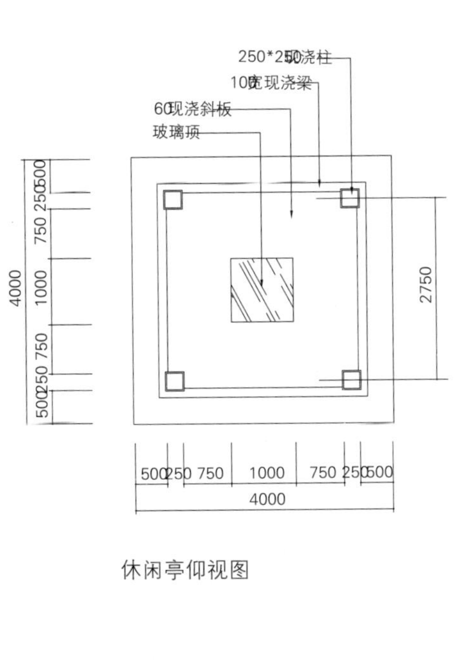

休闲亭仰视图

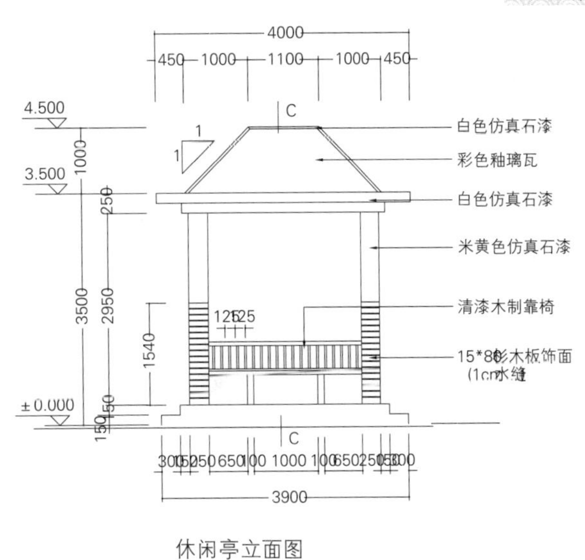

休闲亭立面图

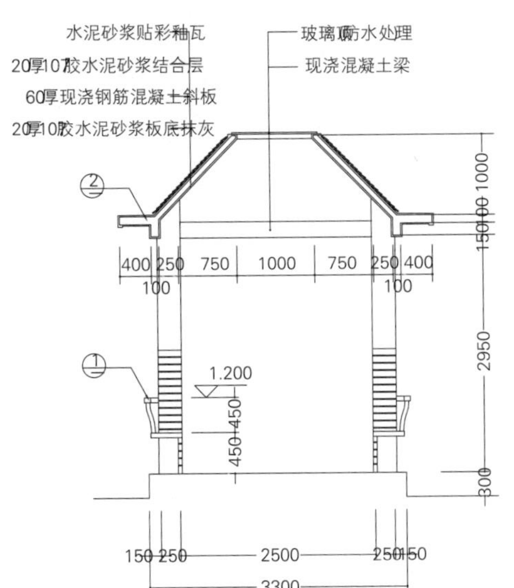

C－C 剖面图

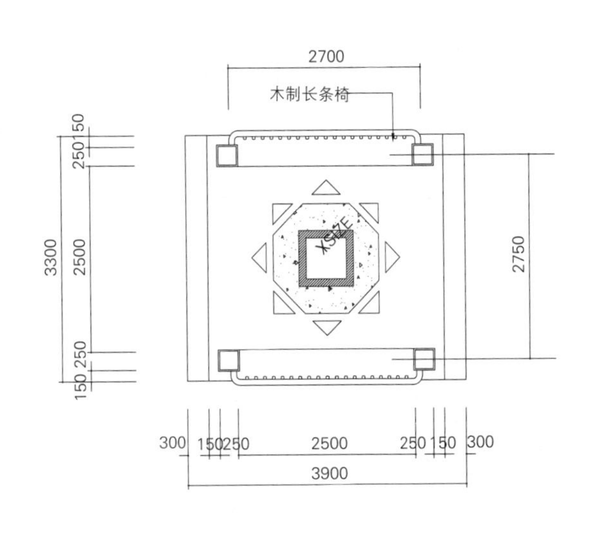

休闲亭平面图

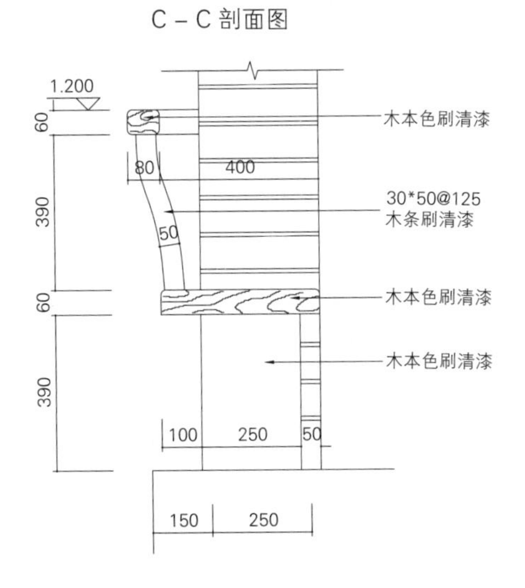

1 木靠椅

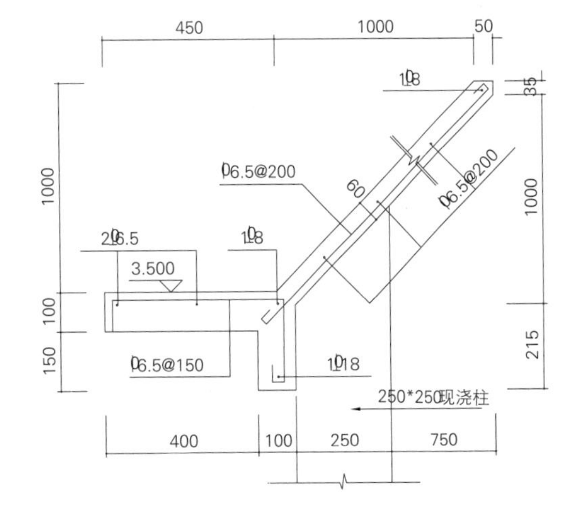

2 屋面梁板

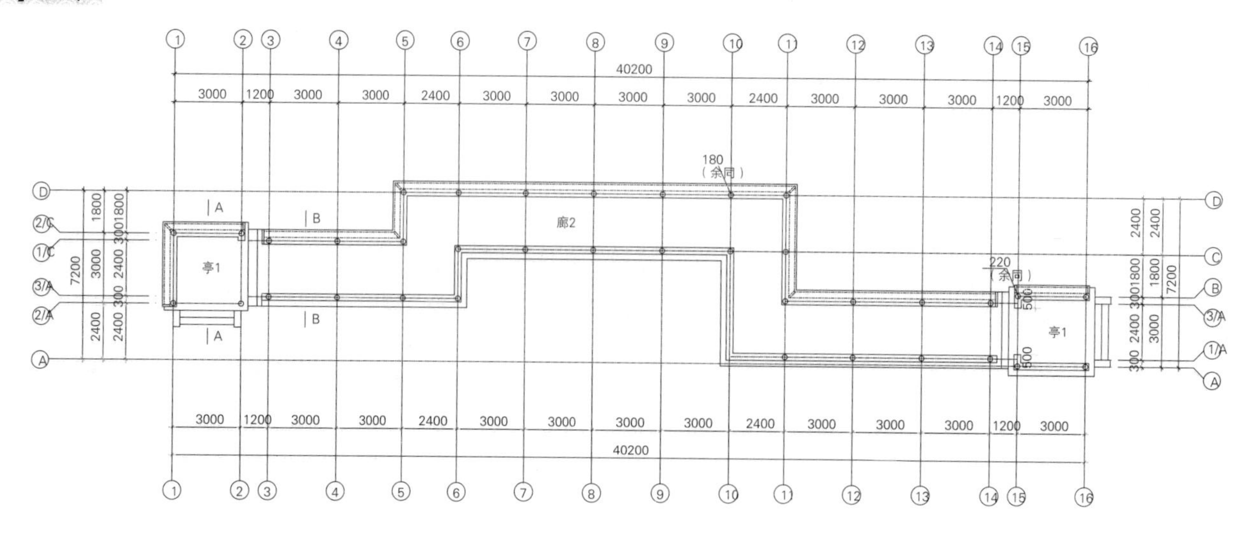

亭子,廊二平面图

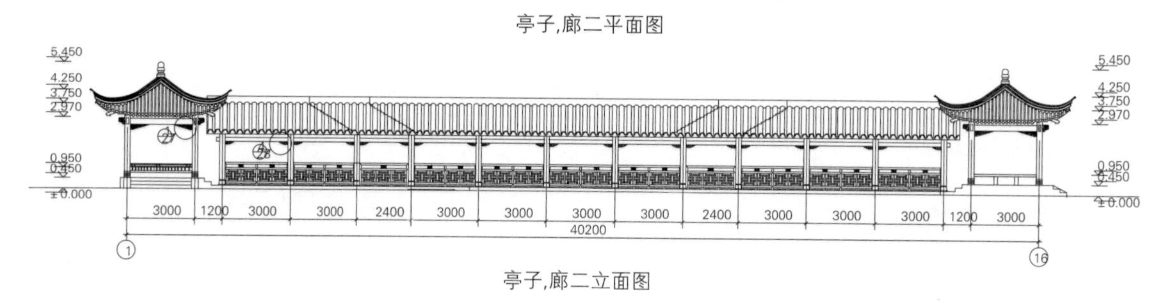

亭子,廊二立面图

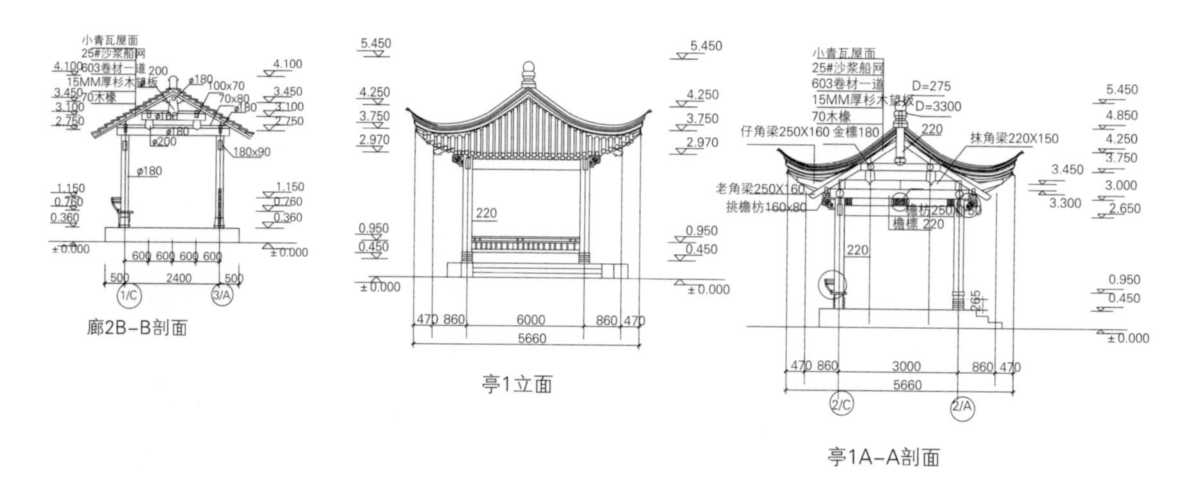

廊2B-B剖面

亭1立面

亭1A-A剖面

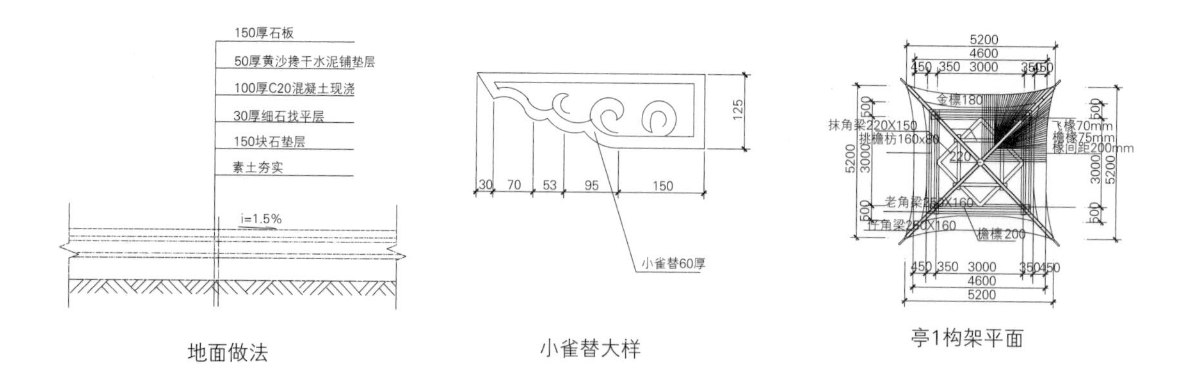

地面做法

小雀替大样

亭1构架平面

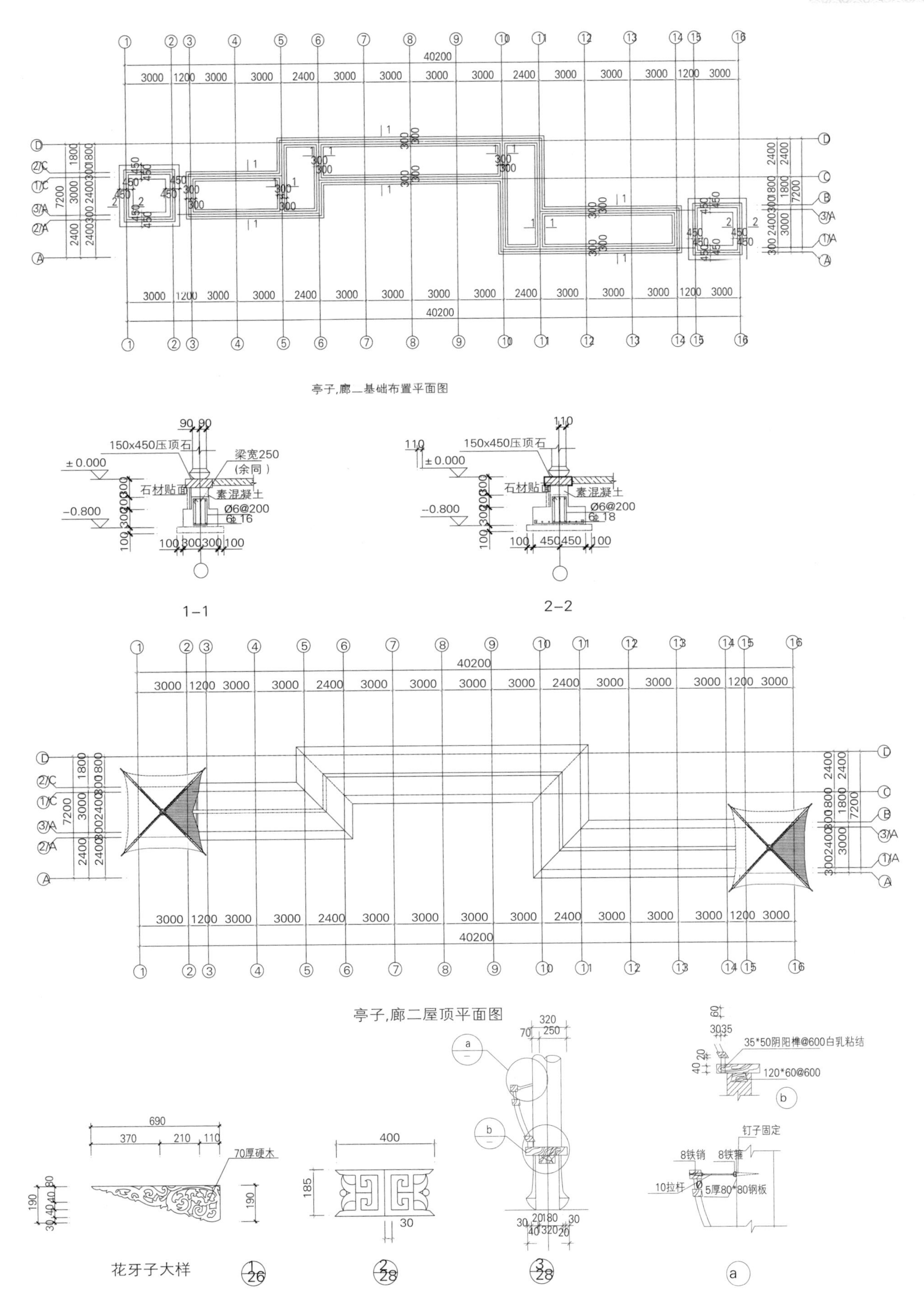
亭子,廊一基础布置平面图
150x450压顶石
梁宽250
(余同)
石材贴面
素混凝土
Ø6@200
1-1
2-2
亭子,廊二屋顶平面图
70厚硬木
花牙子大样
35*50阴阳榫@600白乳粘结
120*60@600
钉子固定
8铁销
8铁箍
10拉杆
5厚80*80钢板

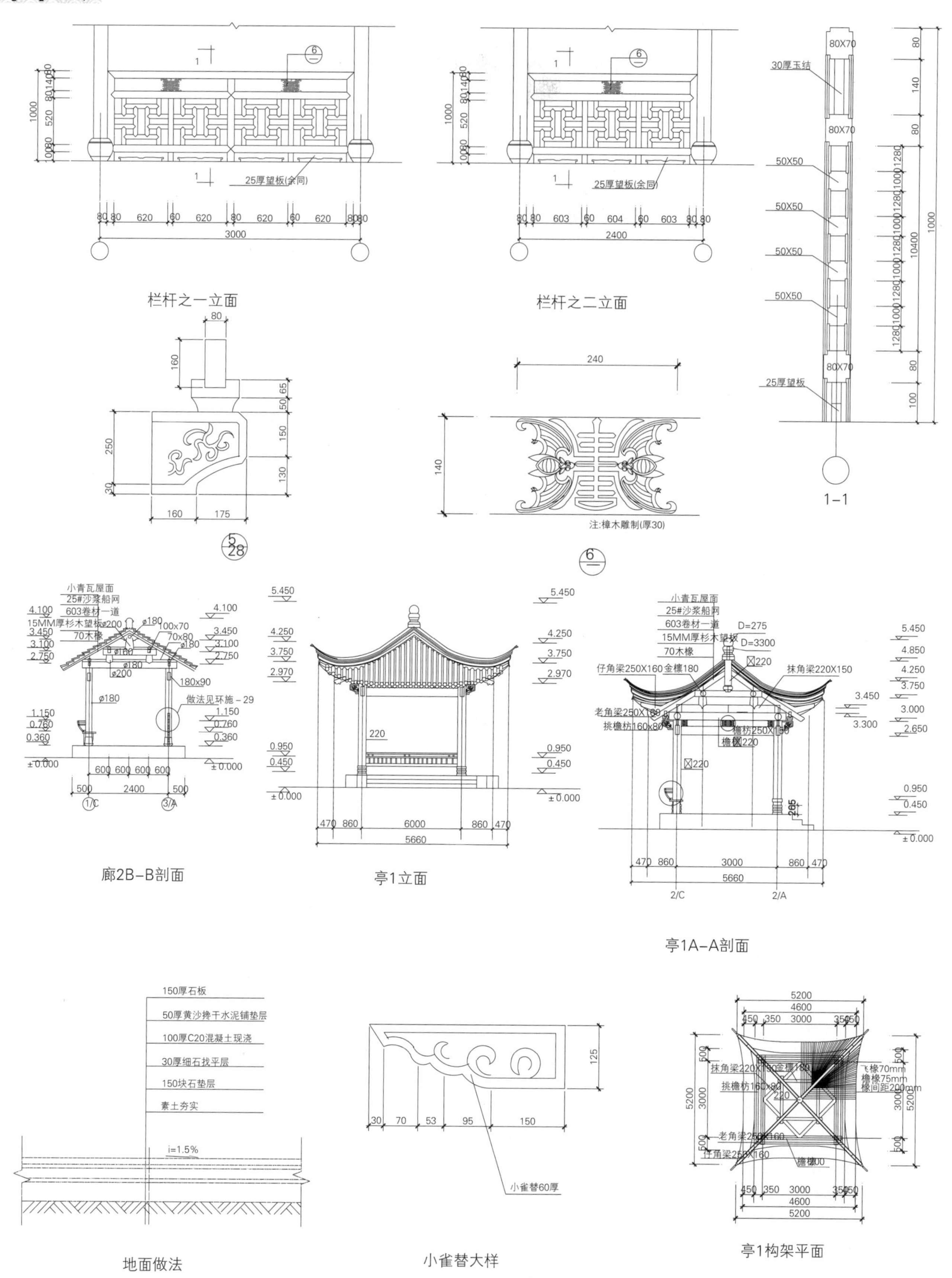

栏杆之一立面

栏杆之二立面

1-1

廊2B-B剖面

亭1立面

亭1A-A剖面

地面做法

小雀替大样

亭1构架平面

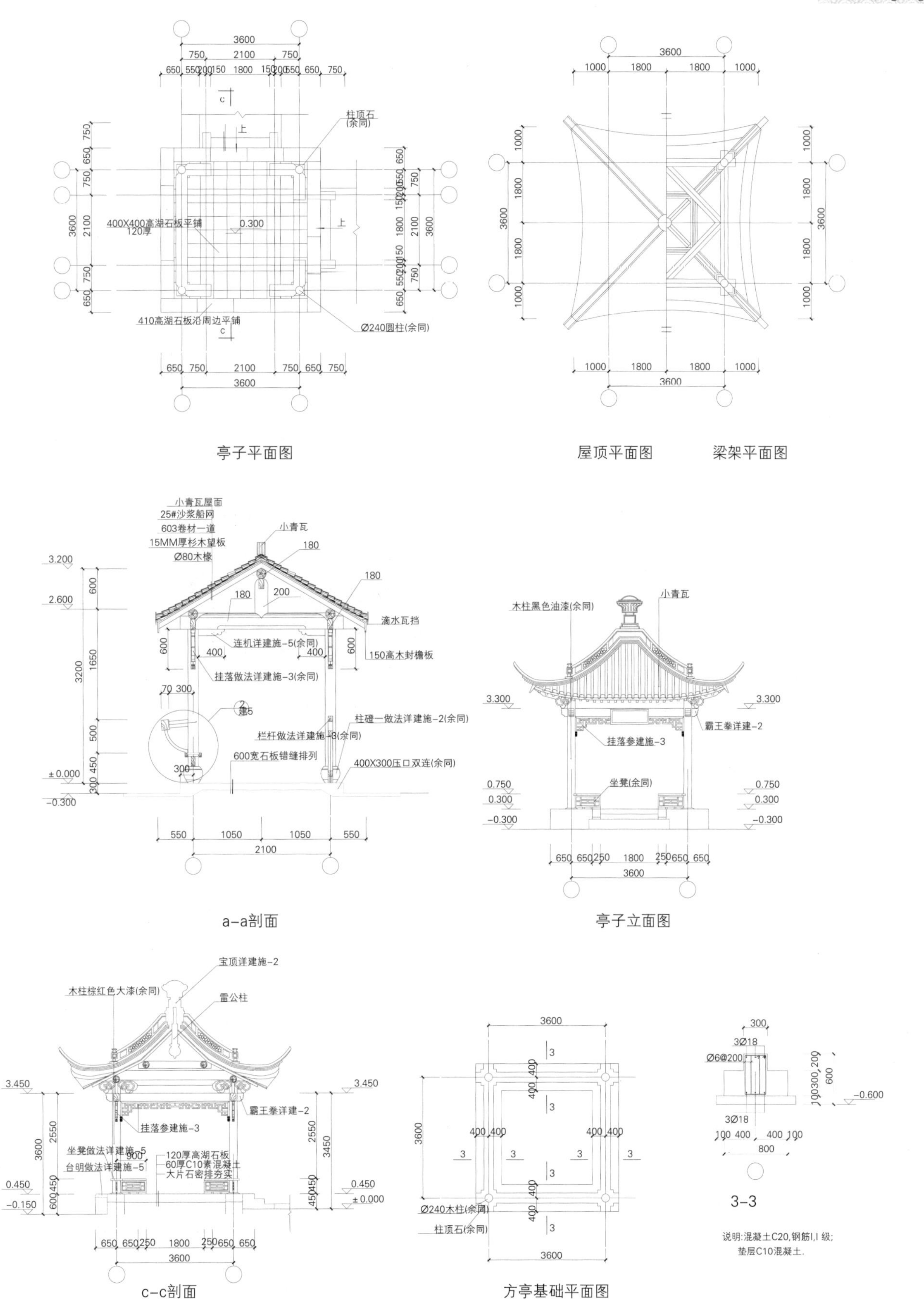
柱顶石(余同)
400X400高湖石板平铺 120厚
410高湖石板沿周边平铺
Ø240圆柱(余同)
亭子平面图
屋顶平面图
梁架平面图
小青瓦屋面
25#沙浆船网
603卷材一道
15MM厚杉木望板
Ø80木椽
小青瓦
滴水瓦挡
连机详建施-5(余同)
150高木封檐板
挂落做法详建施-3(余同)
柱础一做法详建施-2(余同)
栏杆做法详建施-3(余同)
600宽石板错缝排列
400X300压口双连(余同)
a-a剖面
木柱黑色油漆(余同)
霸王拳详建-2
挂落参建施-3
坐凳(余同)
亭子立面图
宝顶详建施-2
木柱棕红色大漆(余同)
雷公柱
挂落参建施-3
坐凳做法详建施-5
台明做法详建施-5
120厚高湖石板
60厚C10素混凝土
大片石密排夯实
c-c剖面
Ø240木柱(余同)
柱顶石(余同)
方亭基础平面图
3-3
说明:混凝土C20,钢筋I,I 级;
垫层C10混凝土.

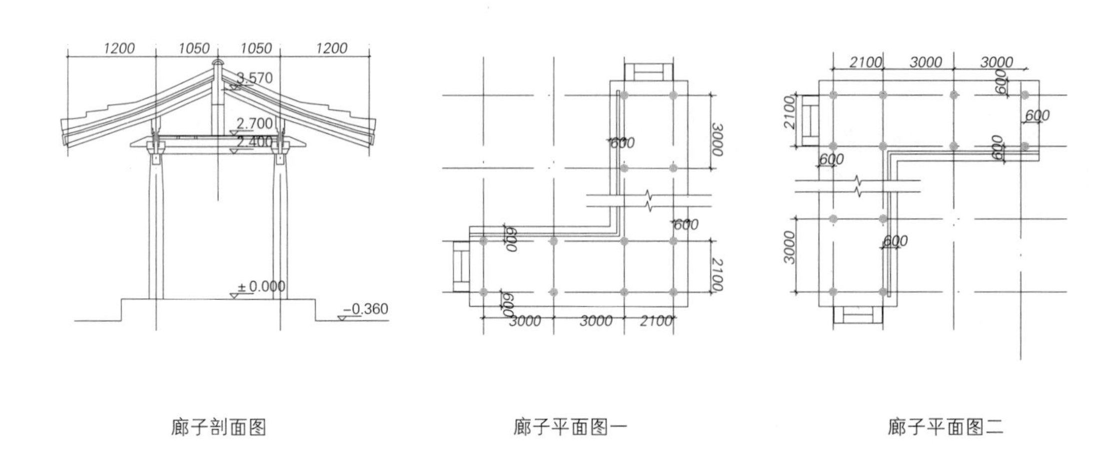

廊子剖面图　　廊子平面图一　　廊子平面图二

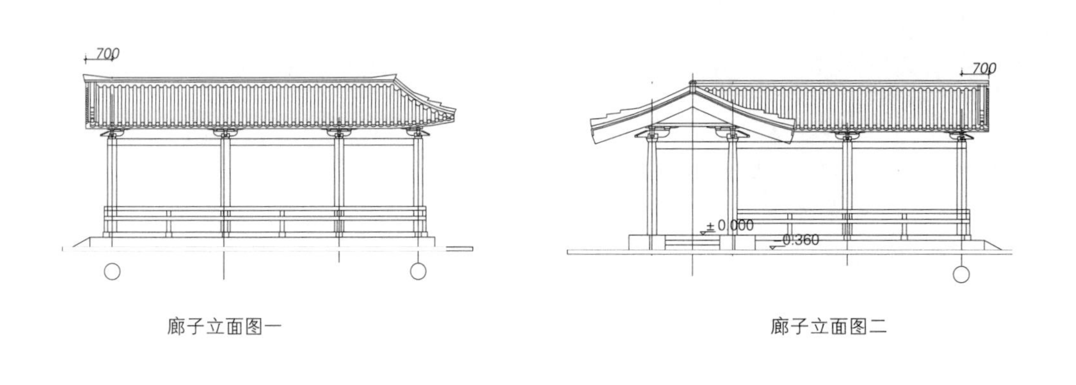

廊子立面图一　　廊子立面图二

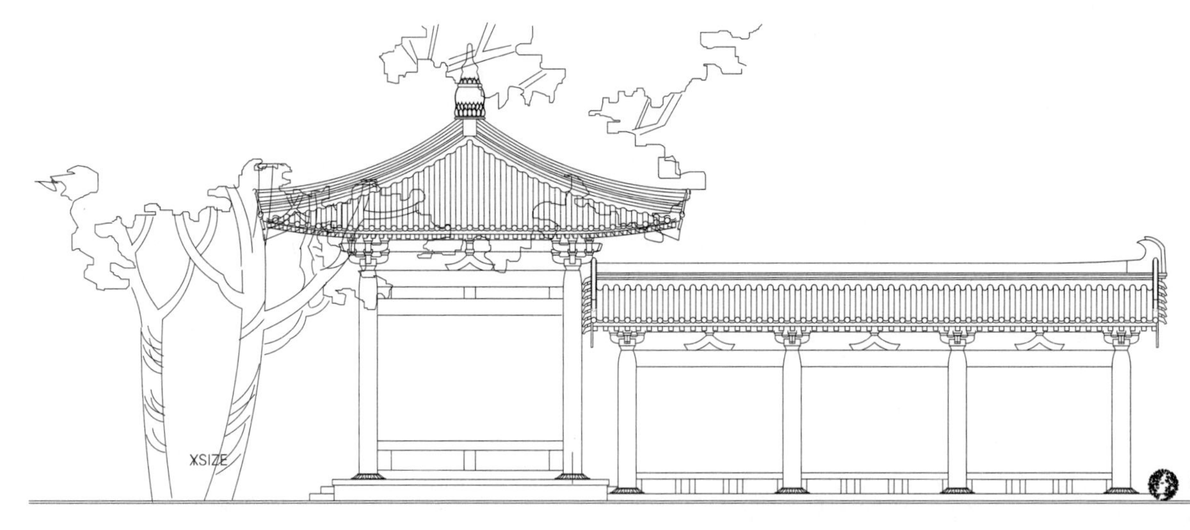

正立面图

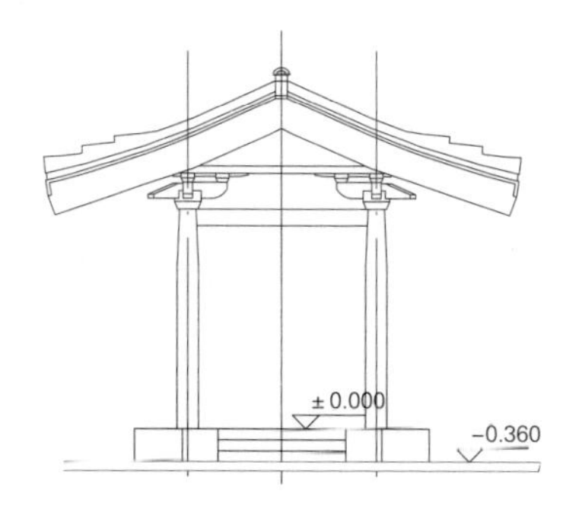

廊子侧面图

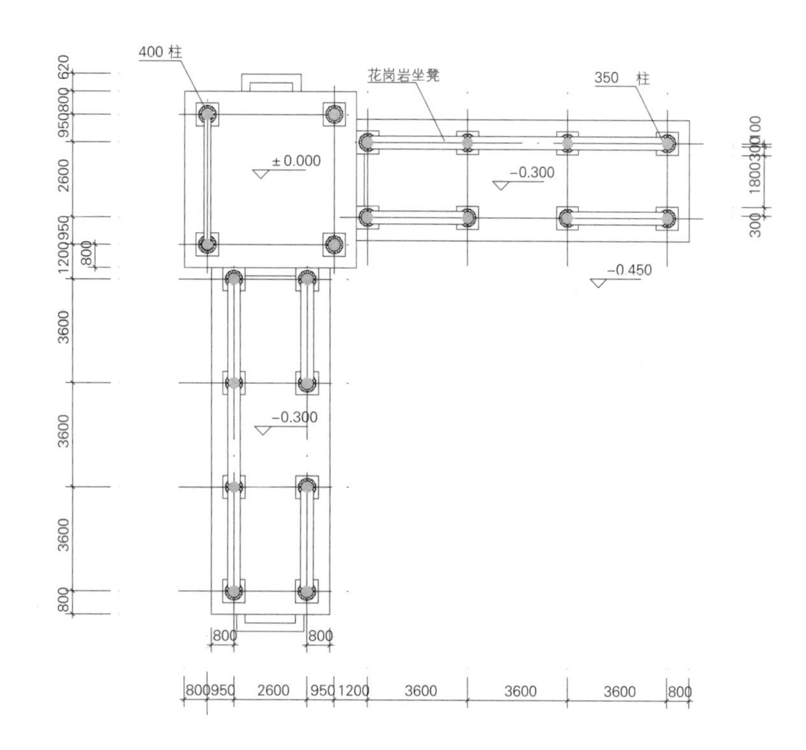

平面图

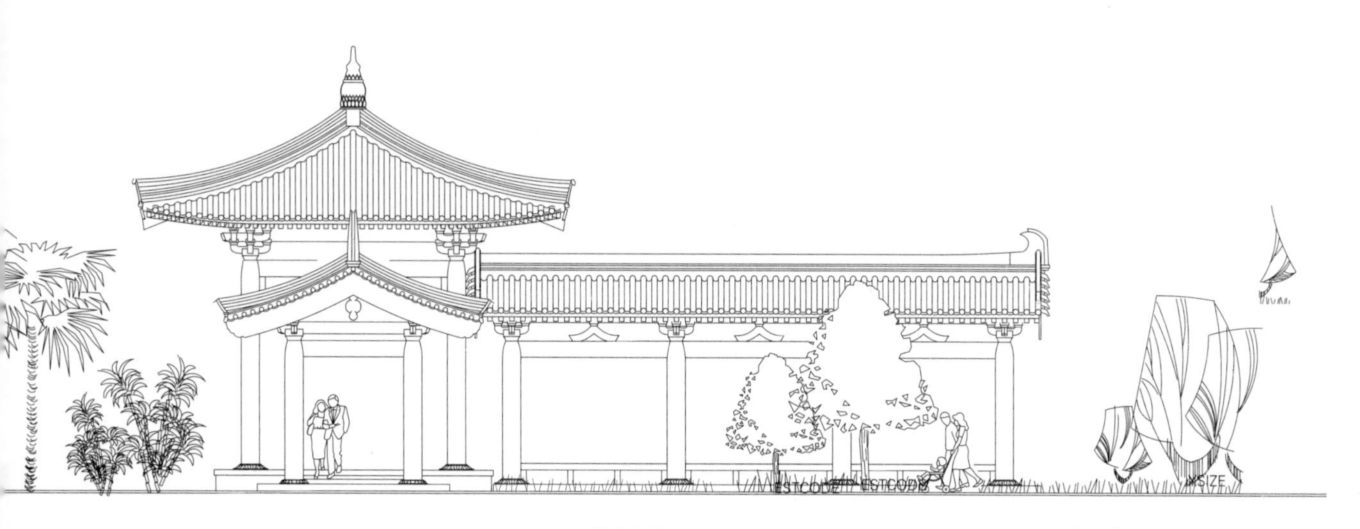

背立面图

驿馆连廊形式

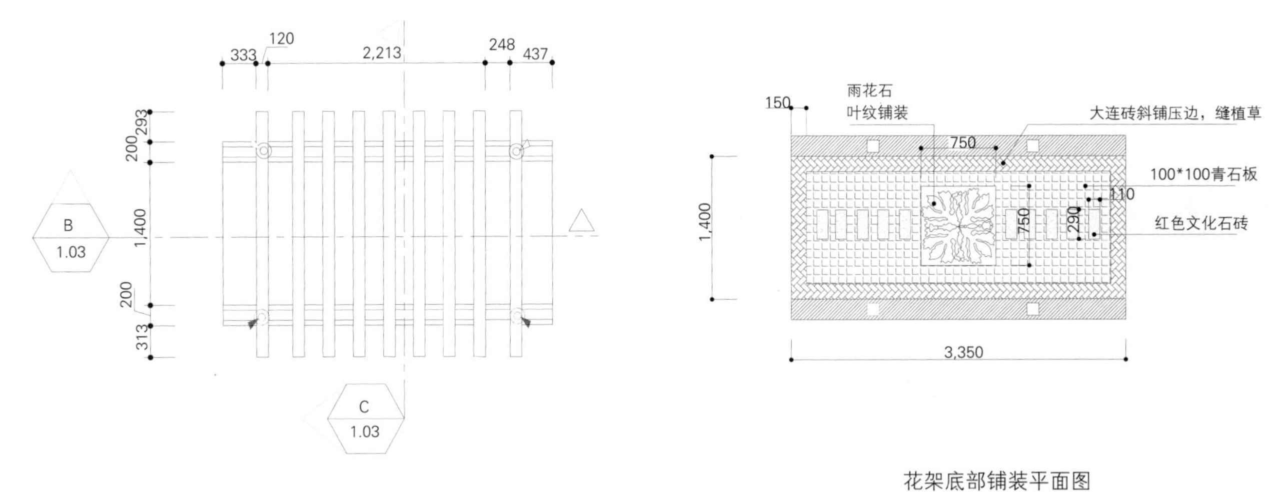

过道花架平面图

花架底部铺装平面图

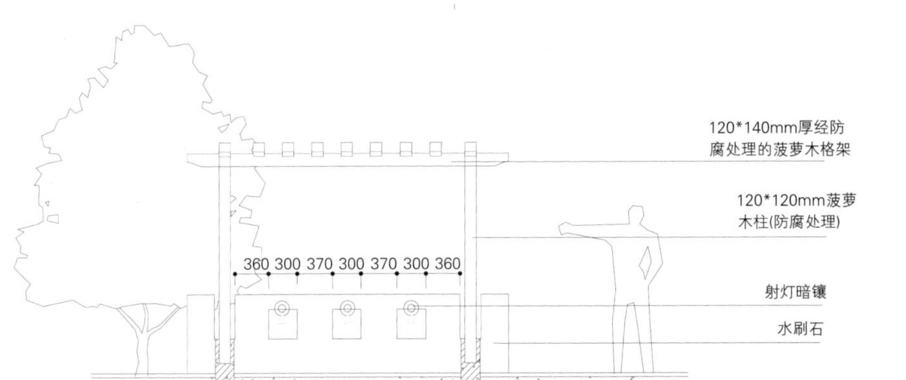

过道花架侧立面

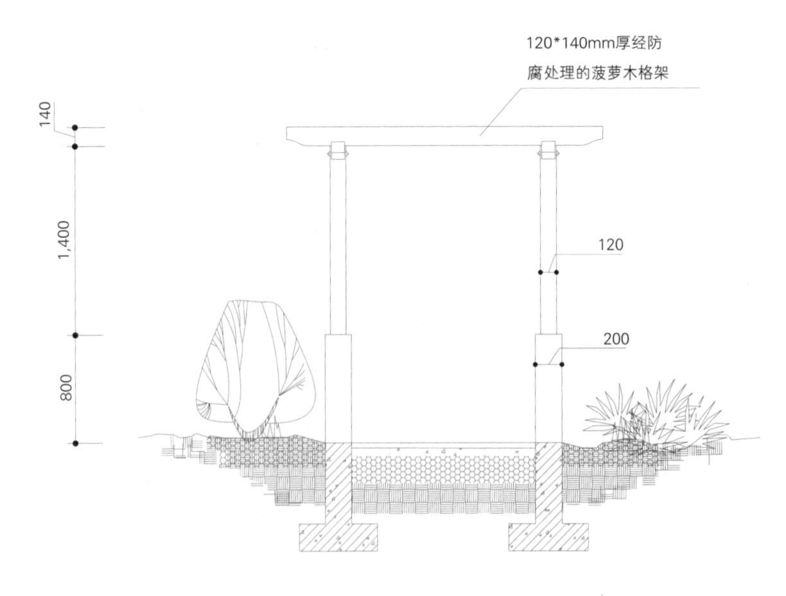

过道花架正立面

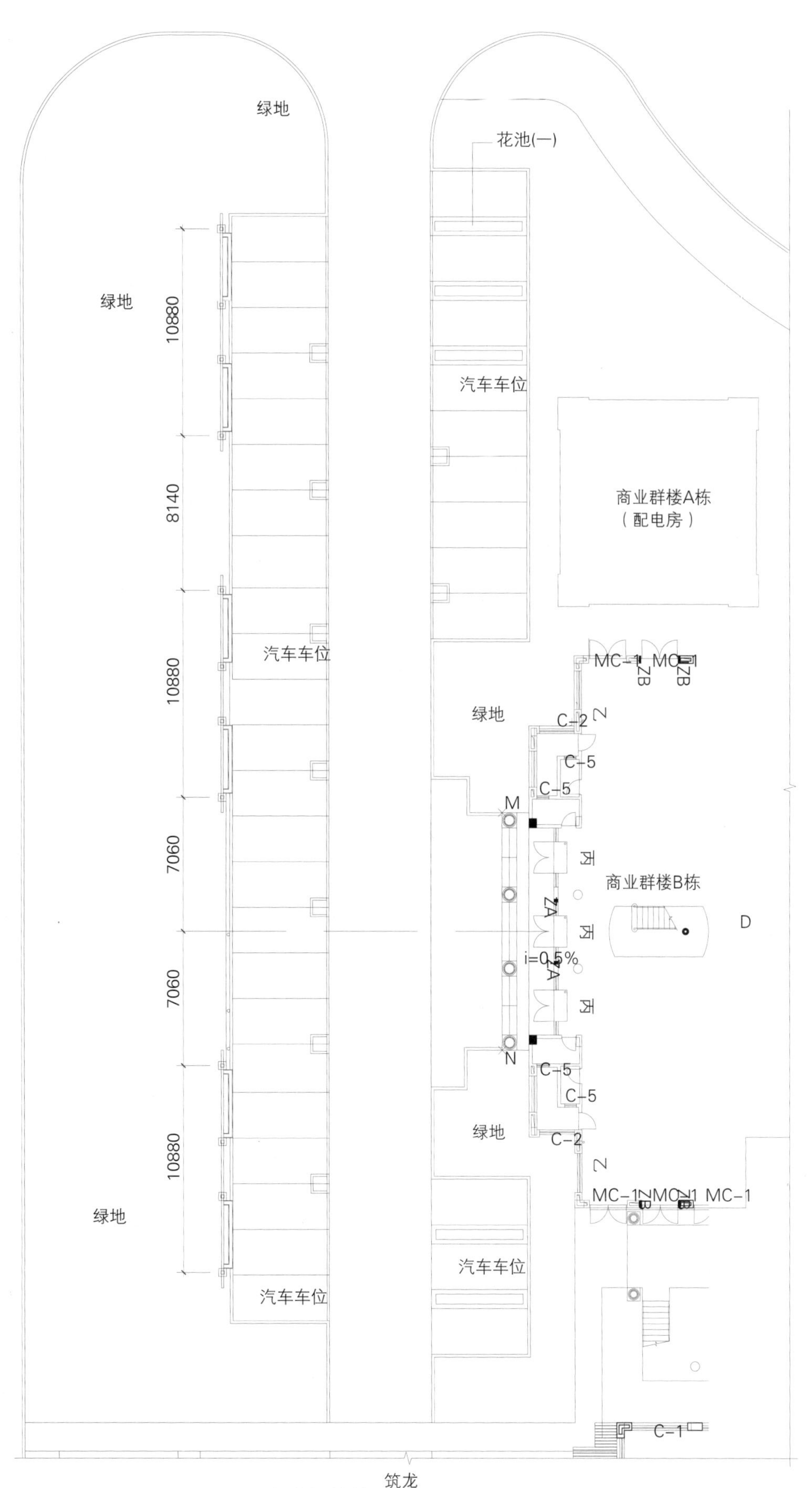
绿地
花池(一)
绿地
10880
汽车车位
8140
商业群楼A栋
（配电房）
10880
汽车车位
MC-1
MC-1
ZB
ZB
绿地
C-2
C-5
C-5
M
7060
丙
商业群楼B栋
ZA
丙
D
i=0.5%
ZA
7060
丙
N
C-5
C-5
绿地
C-2
10880
MC-1
MC-1
MC-1
ZB
ZB
绿地
汽车车位
汽车车位
C-1
筑龙

木廊架放线图

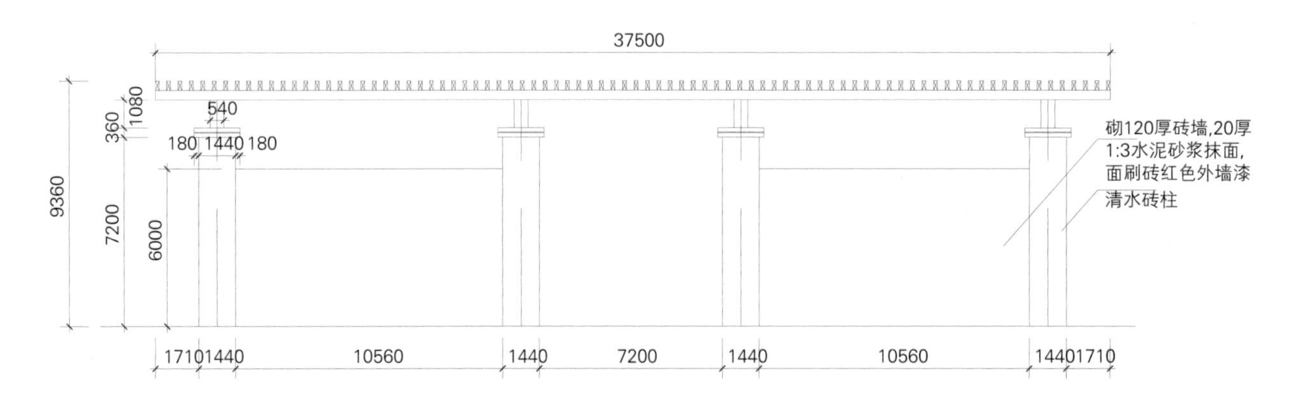

木廊架立面图(绿地方向)

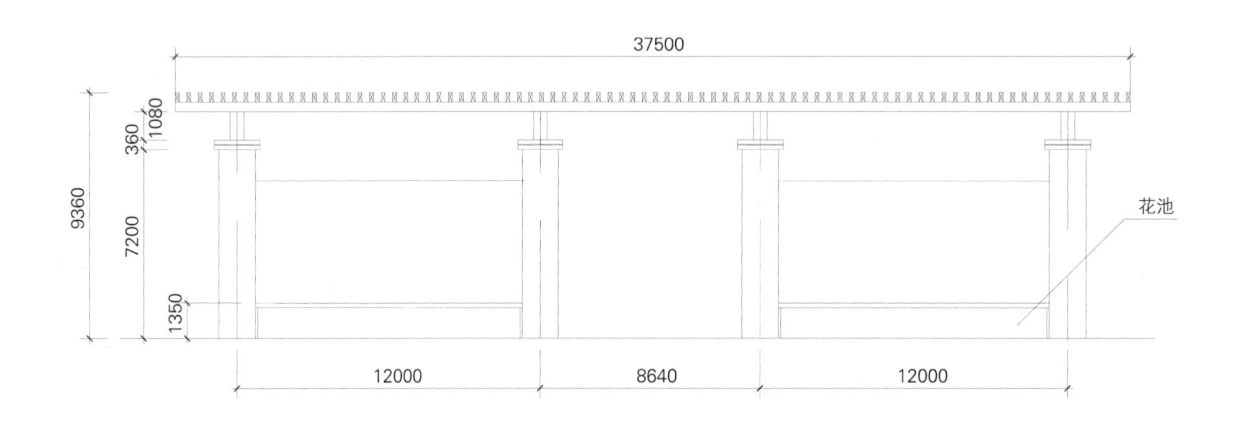

木廊架立面图(车位方向)

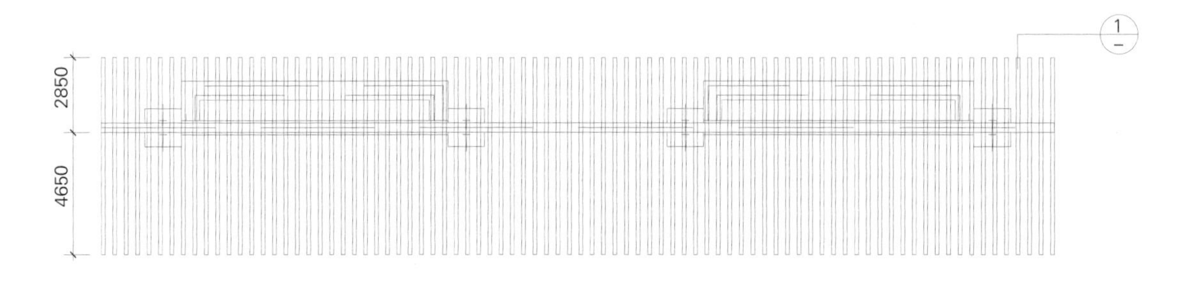

木廊架平面图

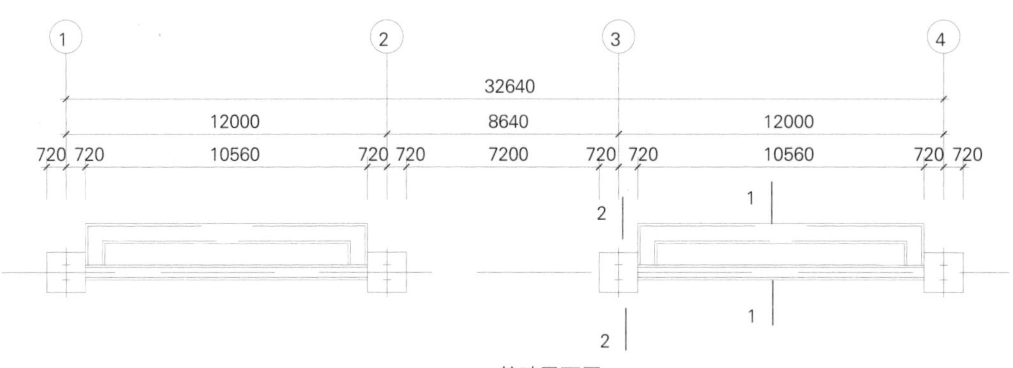

基础平面图

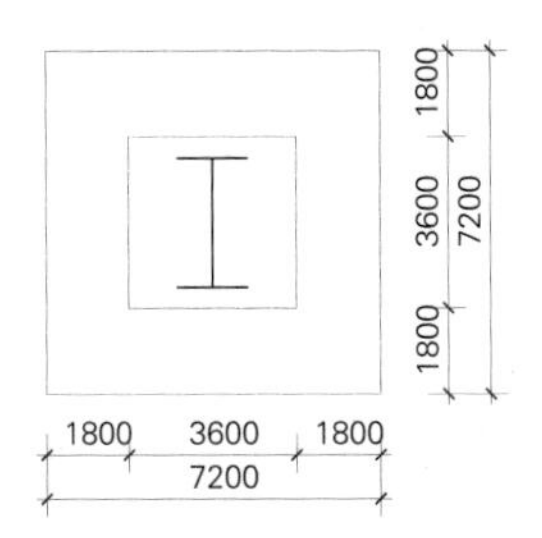

廊架立柱平面图

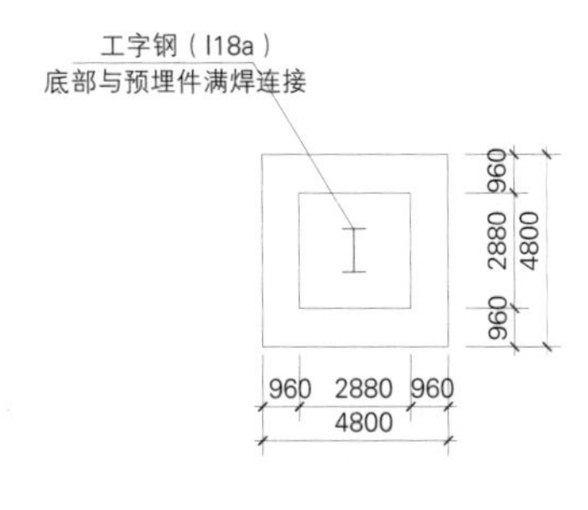

柱基础平面

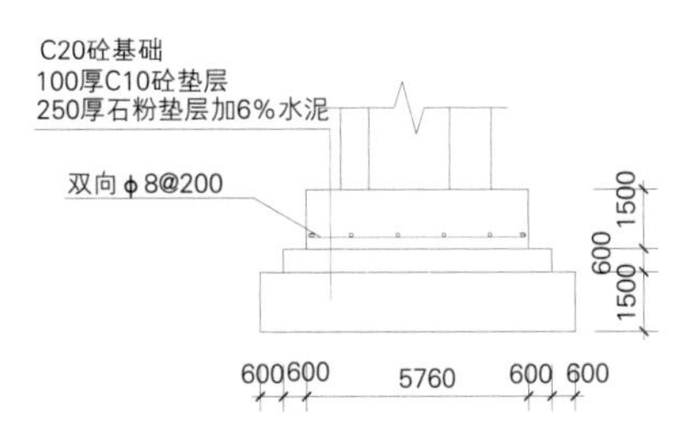

1-1剖面图

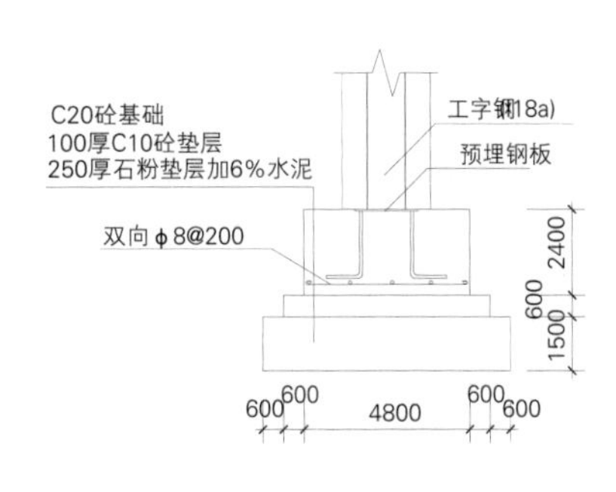

2-2剖面图

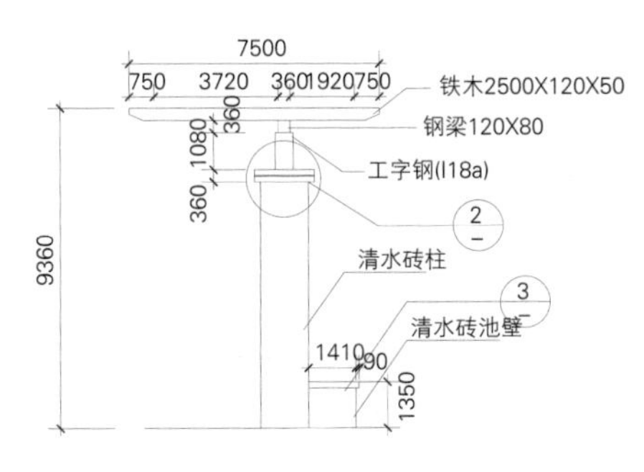

廊架侧立面图

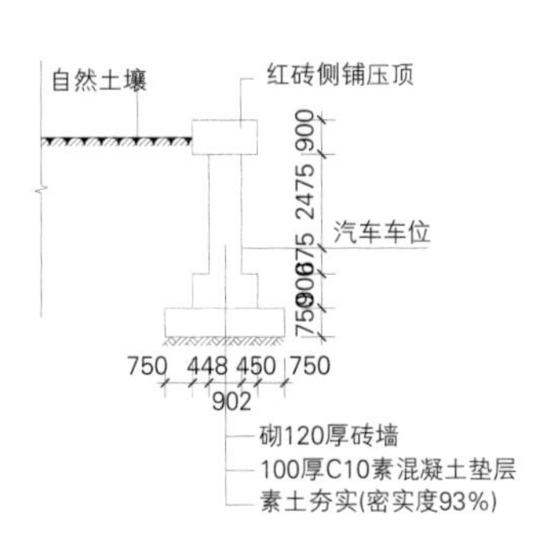

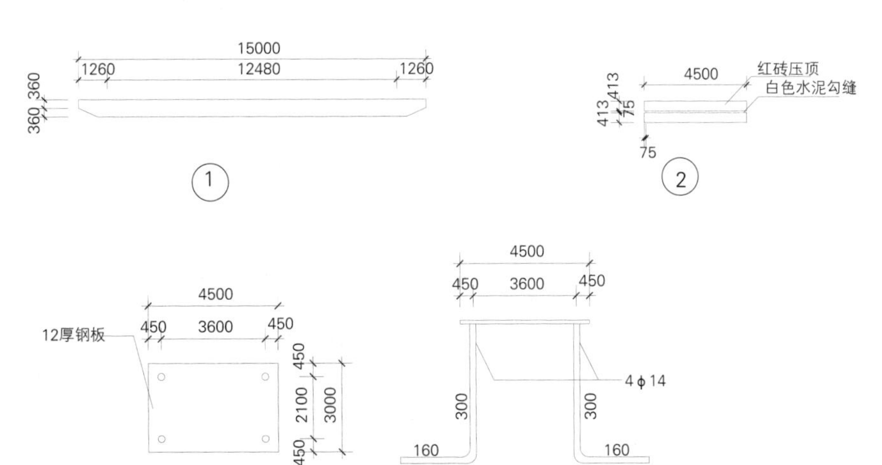

预埋铁件大样

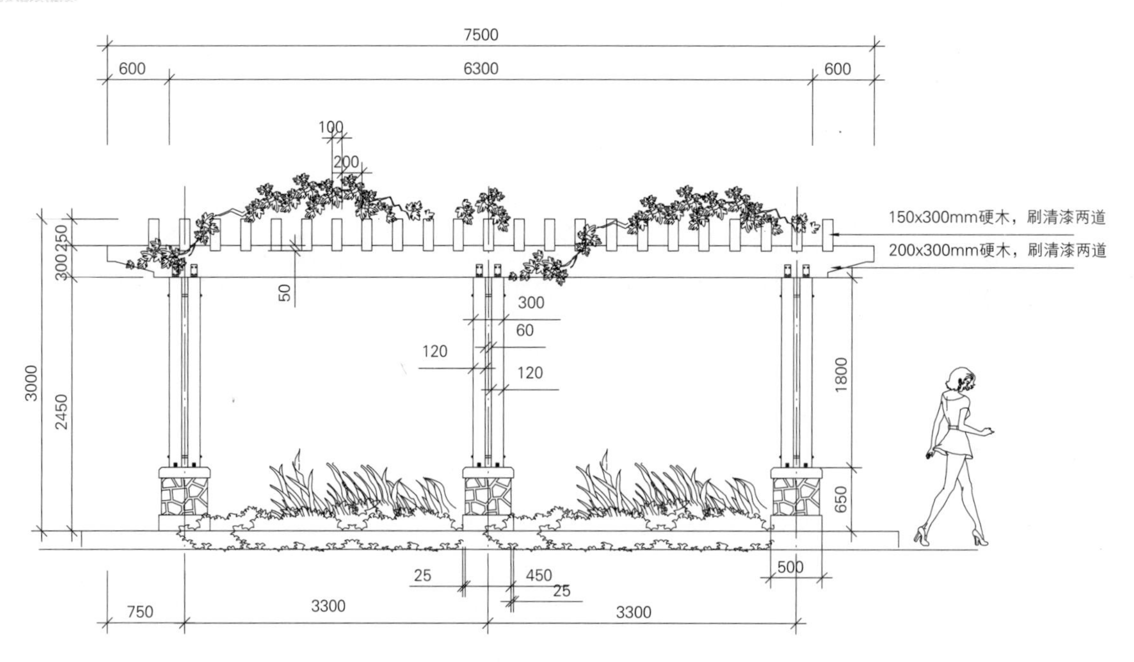

花架立面大样

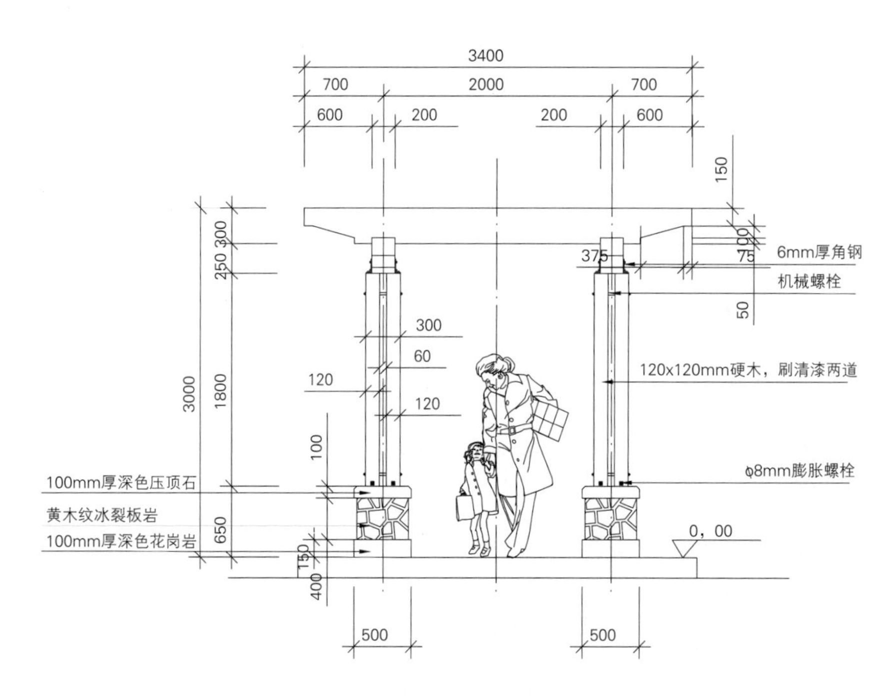

花架侧立面大样

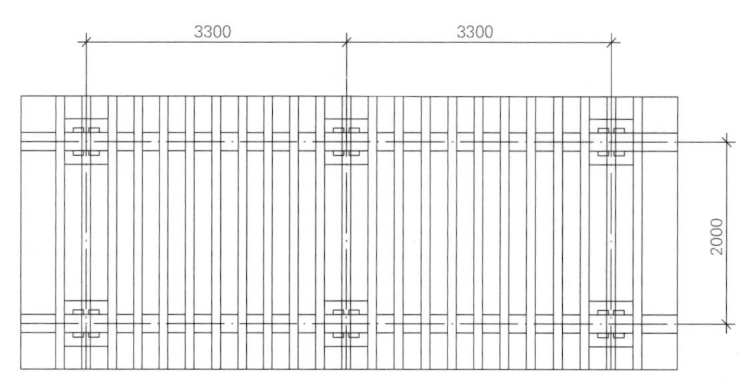

花架平面图

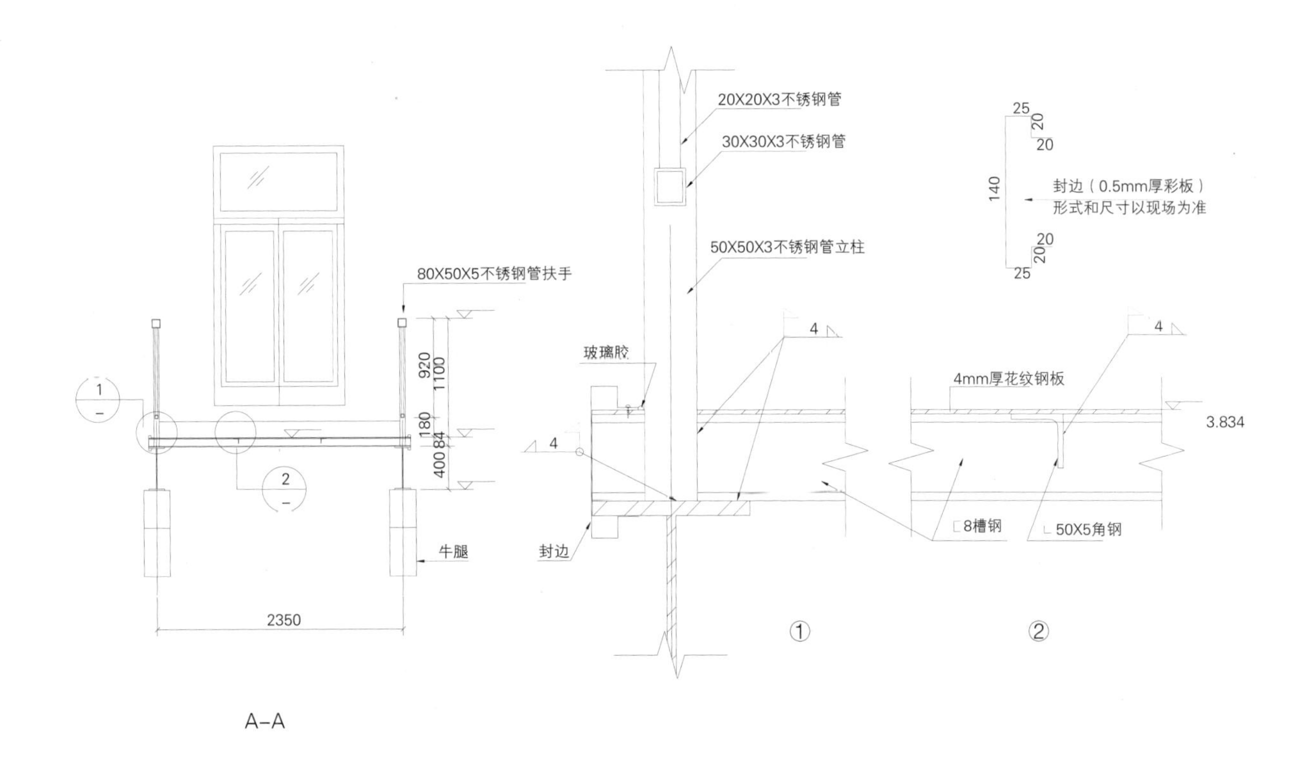
80X50X5不锈钢管扶手
920
1100
180
84
400
牛腿
2350
20X20X3不锈钢管
30X30X3不锈钢管
50X50X3不锈钢管立柱
玻璃胶
封边
4mm厚花纹钢板
3.834
8槽钢
50X5角钢
封边（0.5mm厚彩板）
形式和尺寸以现场为准
140
25
20
①
②

A-A

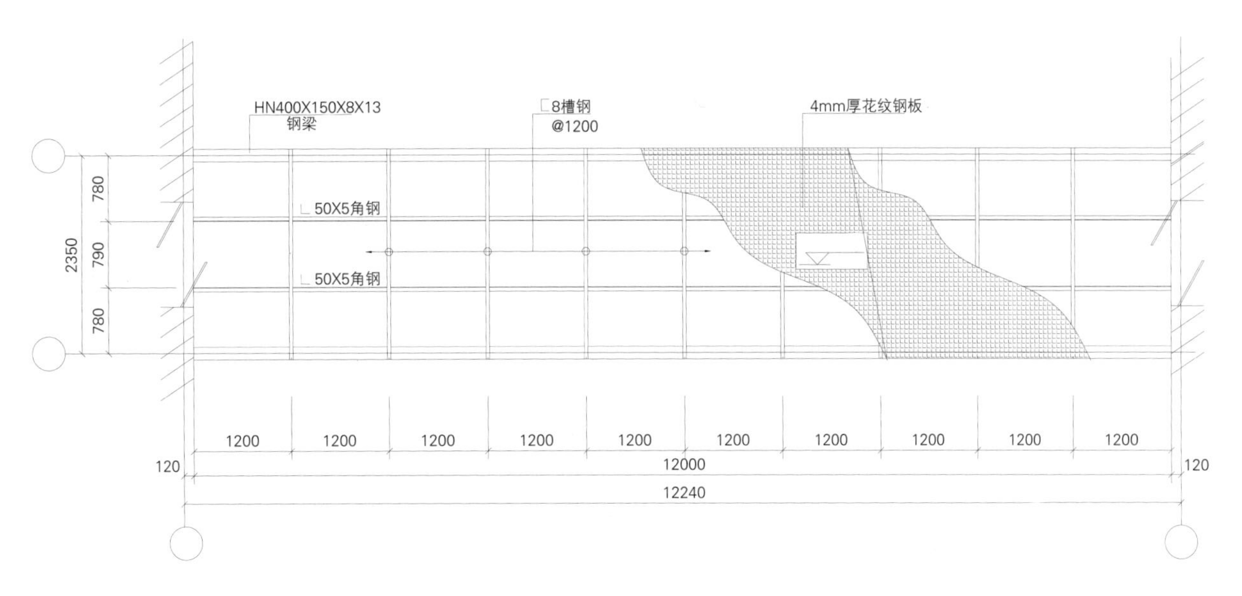
HN400X150X8X13
钢梁
8槽钢
@1200
4mm厚花纹钢板
50X5角钢
50X5角钢
2350
780
790
780
1200
120
12000
12240

结构平面布置图

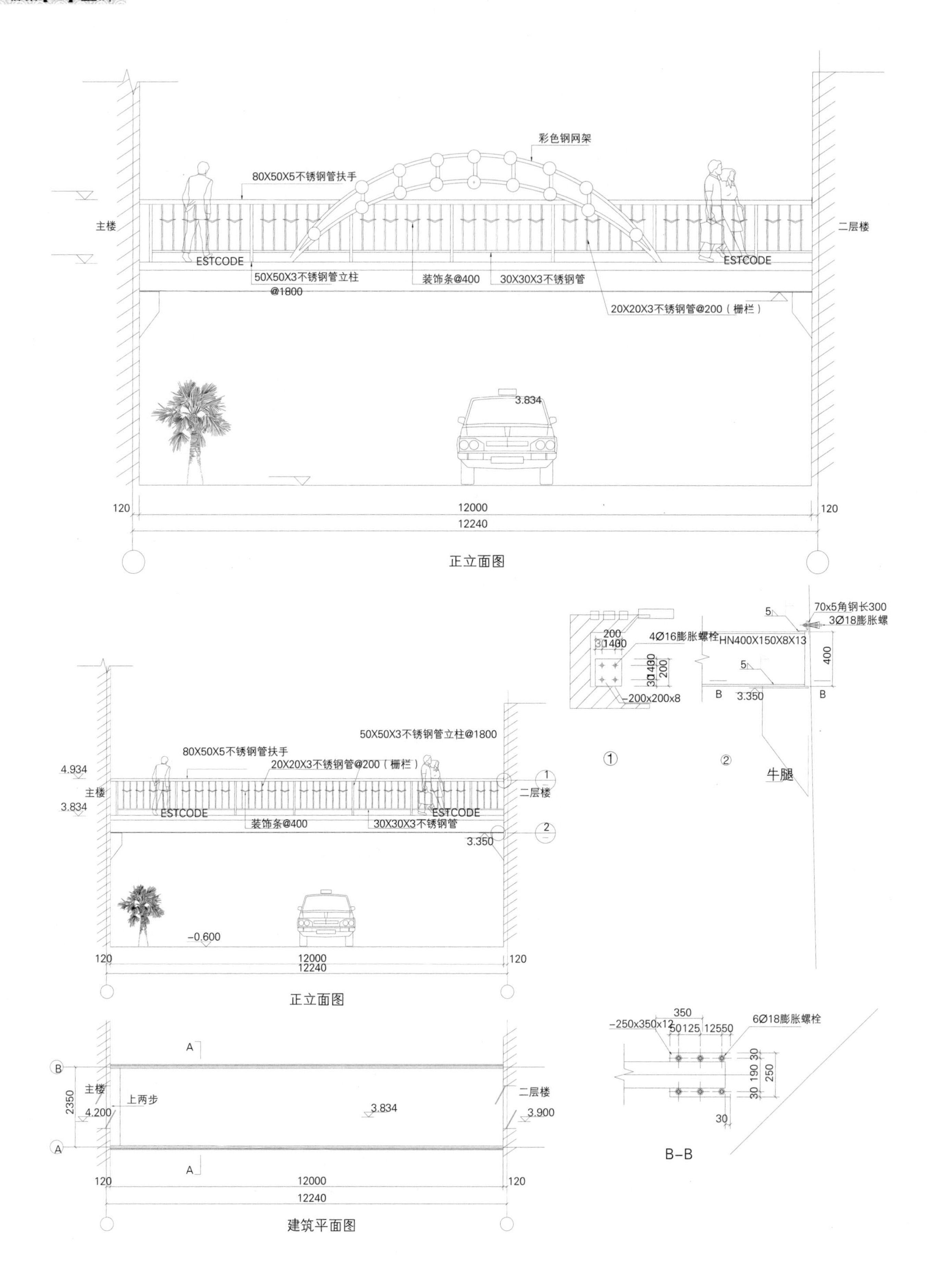
彩色钢网架
80X50X5不锈钢管扶手
主楼
二层楼
ESTCODE
ESTCODE
50X50X3不锈钢管立柱
@1800
装饰条@400
30X30X3不锈钢管
20X20X3不锈钢管@200（栅栏）
3.834
120
12000
120
12240
正立面图
70x5角钢长300
3Ø18膨胀螺
200
4Ø16膨胀螺栓
HN400X150X8X13
400
-200x200x8
3.350
B
B
①
②
牛腿
50X50X3不锈钢管立柱@1800
80X50X5不锈钢管扶手
20X20X3不锈钢管@200（栅栏）
4.934
3.834
装饰条@400
30X30X3不锈钢管
-0.600
正立面图
A
B
2350
上两步
4.200
3.834
3.900
建筑平面图
350
-250x350x12
6Ø18膨胀螺栓
250
B-B

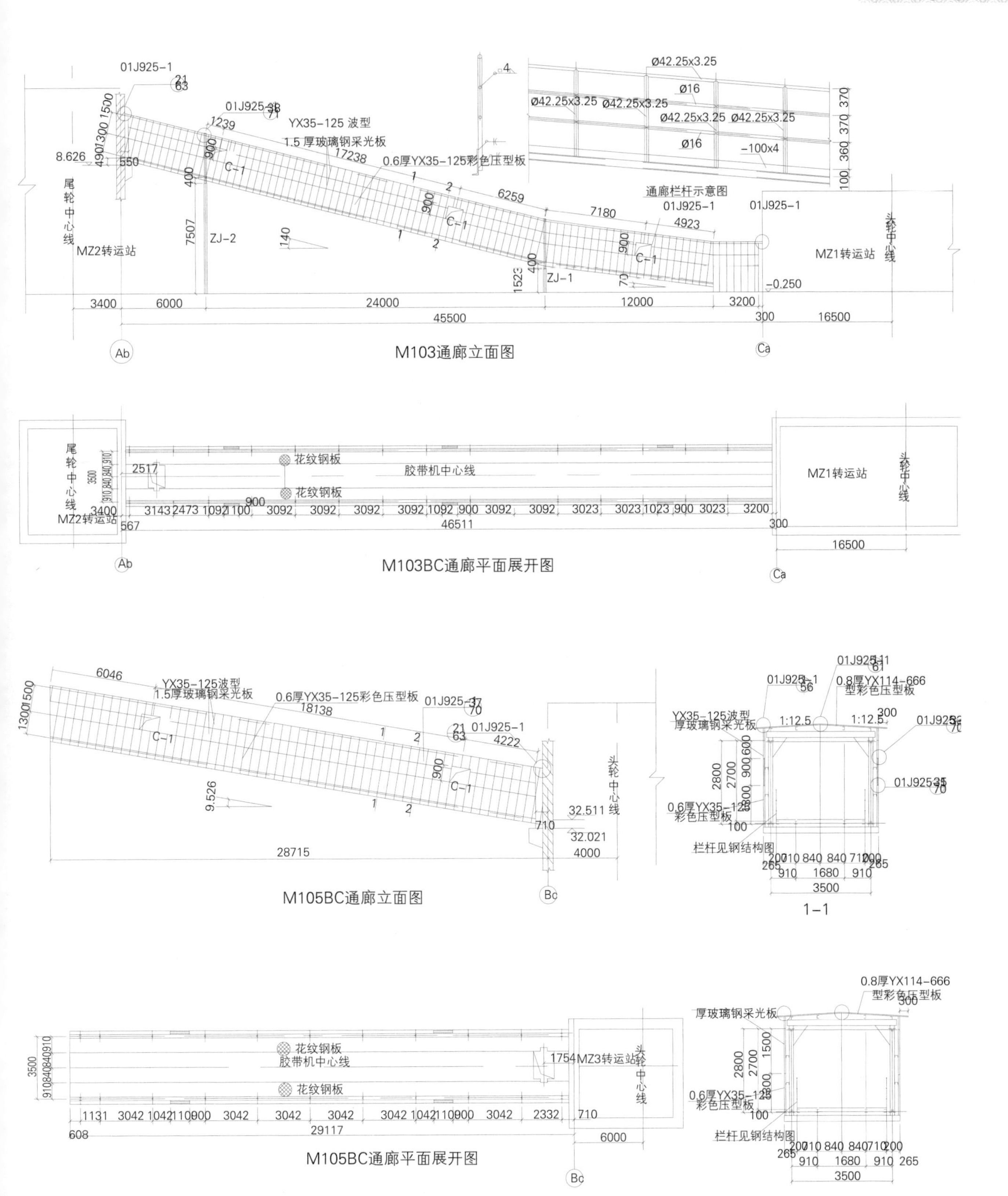
01J925-1
YX35-125 波型
1.5 厚玻璃钢采光板
0.6厚YX35-125彩色压型板
尾轮中心线
MZ2转运站
ZJ-2
ZJ-1
C-1
通廊栏杆示意图
Ø42.25x3.25
Ø16
-100x4
MZ1转运站
头轮中心线
M103通廊立面图
花纹钢板
胶带机中心线
M103BC通廊平面展开图
M105BC通廊立面图
1-1
0.8厚YX114-666型彩色压型板
厚玻璃钢采光板
栏杆见钢结构图
MZ3转运站
M105BC通廊平面展开图

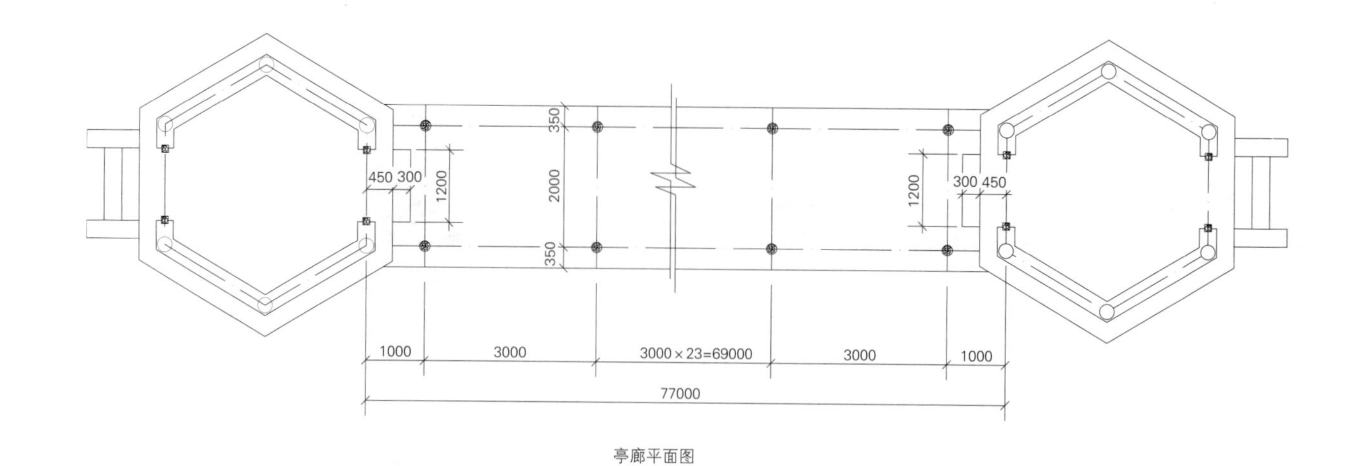

亭廊平面图

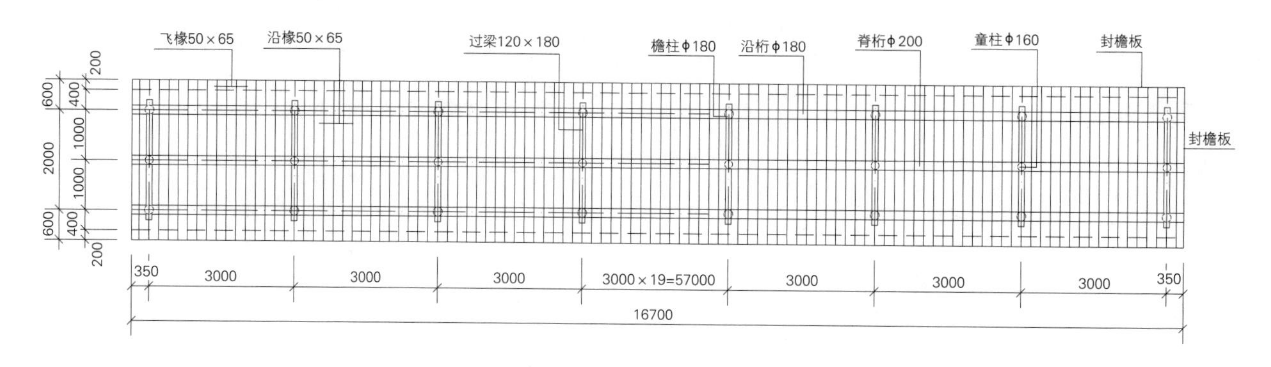

长廊椽架平面图

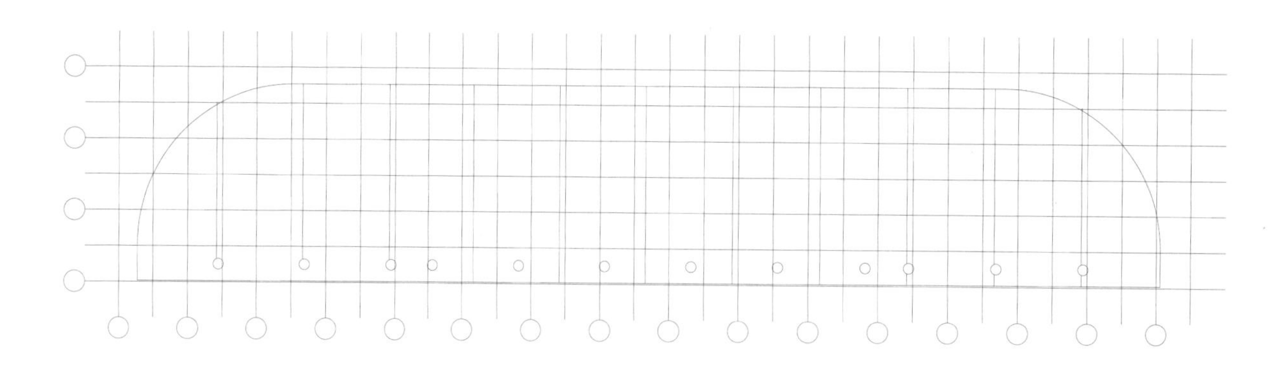

花架柱位平面放线图

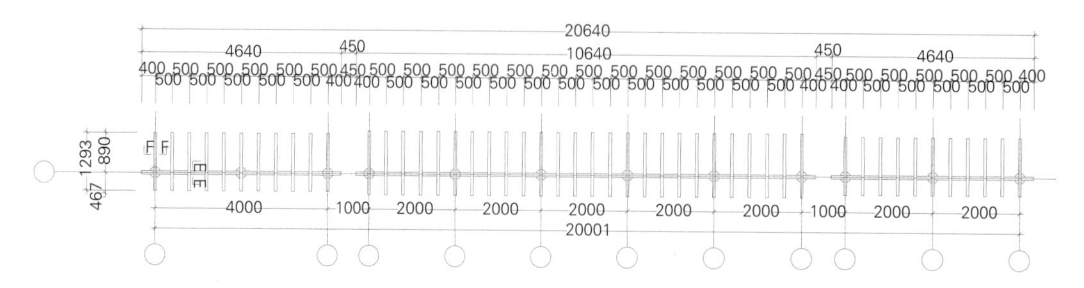

花架架顶平面图

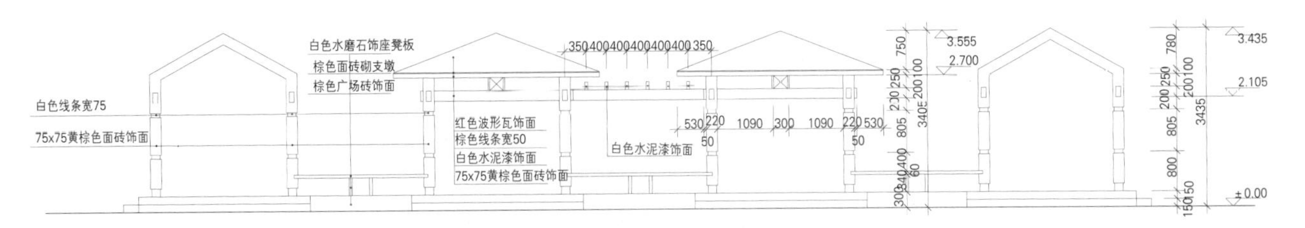

花架.亭子立面图

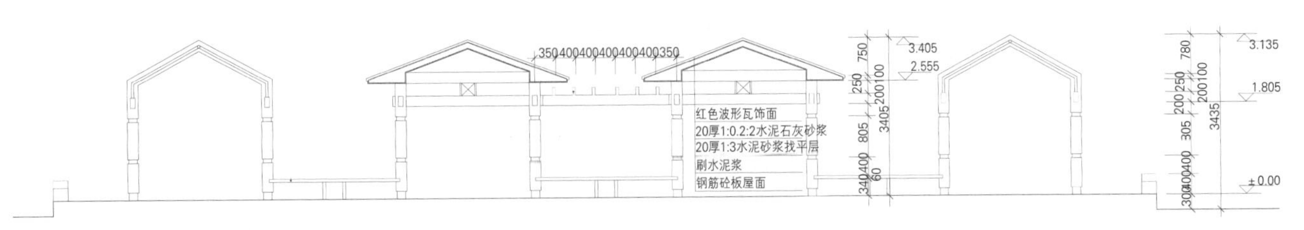

花架.亭子剖面图

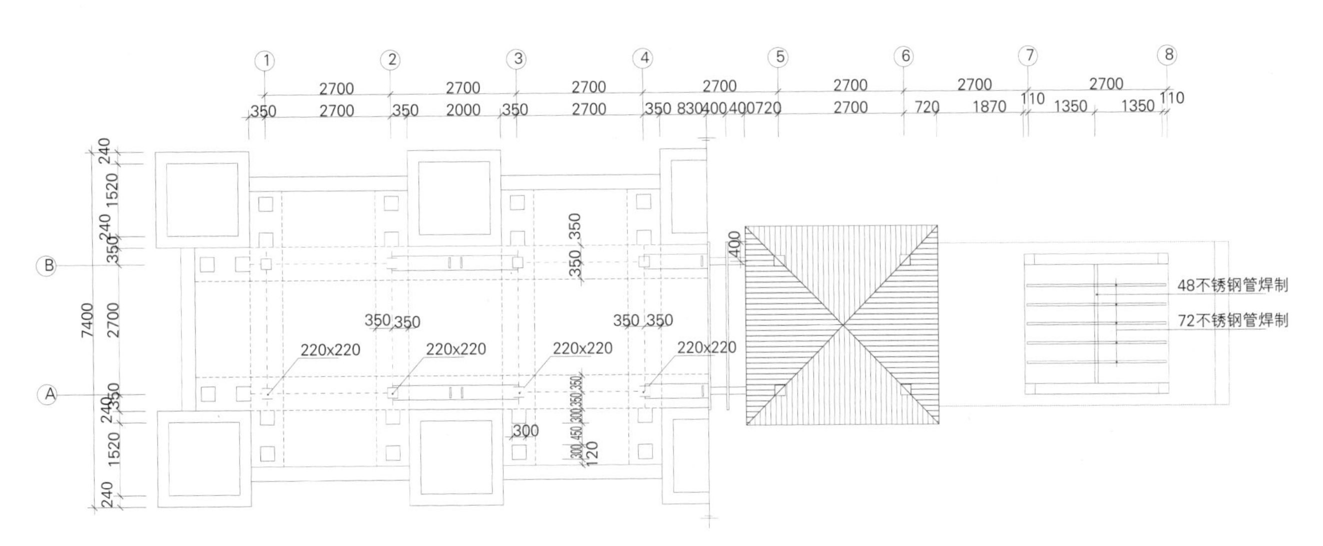

花架.亭子平面I及顶部平面图

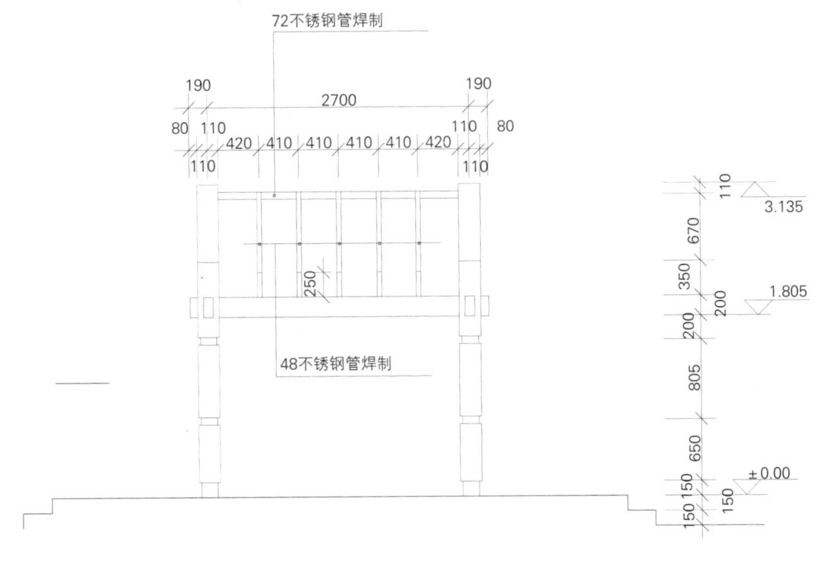

花架侧立面图

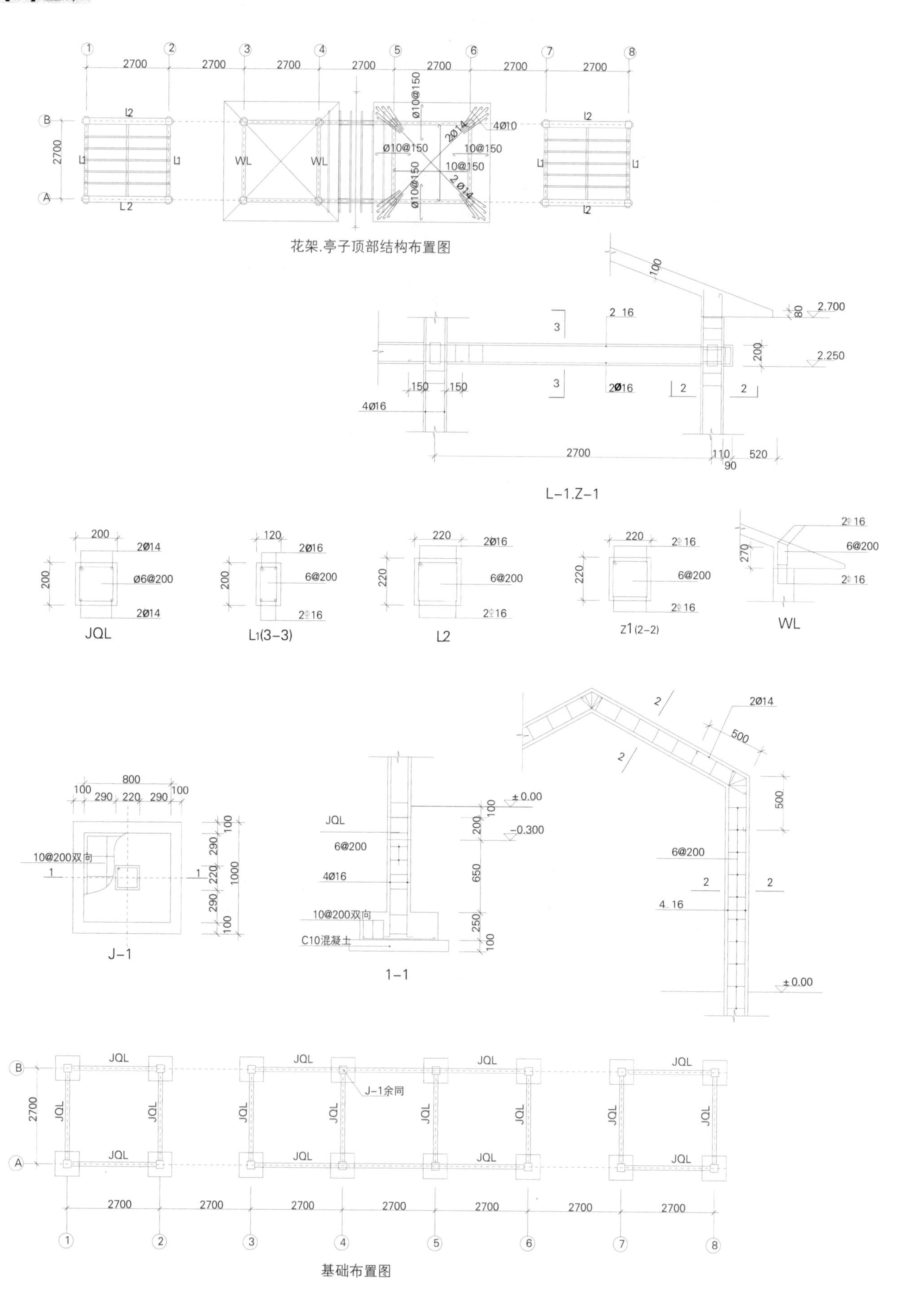

2700
L2
L1
WL
Ø10@150
2Ø14
4Ø10
10@150
花架.亭子顶部结构布置图
100
2 16
2.700
2.250
2Ø16
4Ø16
150
110
520
90
L-1.Z-1
JQL
L1(3-3)
L2
Z1(2-2)
WL
Ø6@200
6@200
800
290
220
10@200双向
1000
J-1
±0.00
-0.300
C10混凝土
1-1
2Ø14
500
4 16
J-1余同
基础布置图

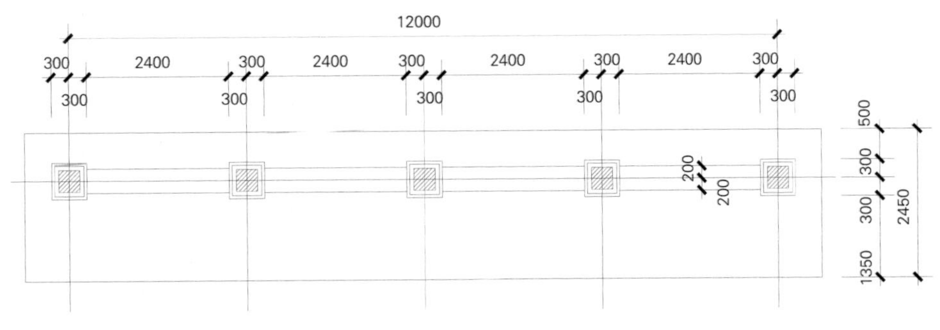

花架平面图

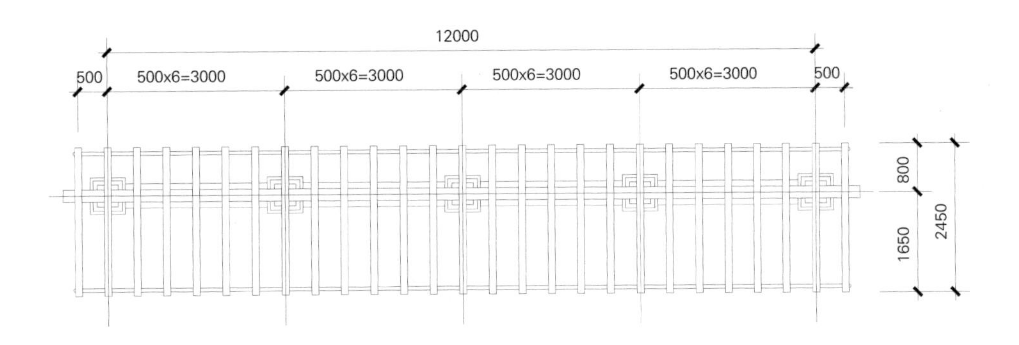

花架顶平面图

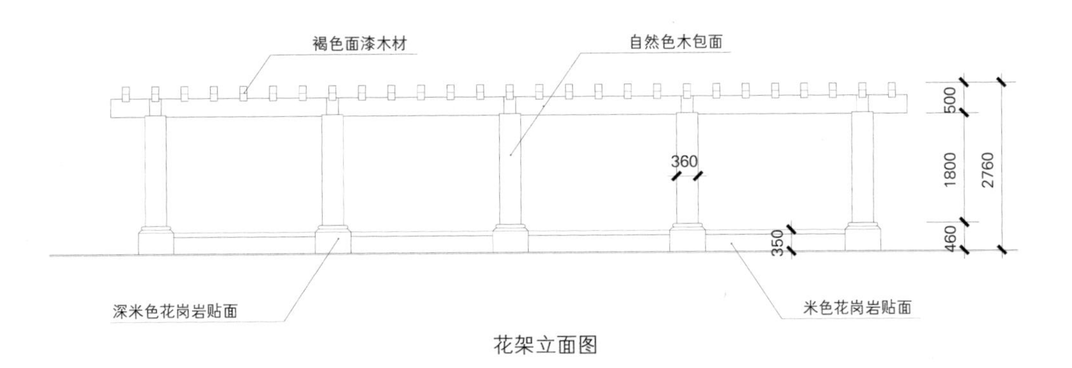

花架立面图

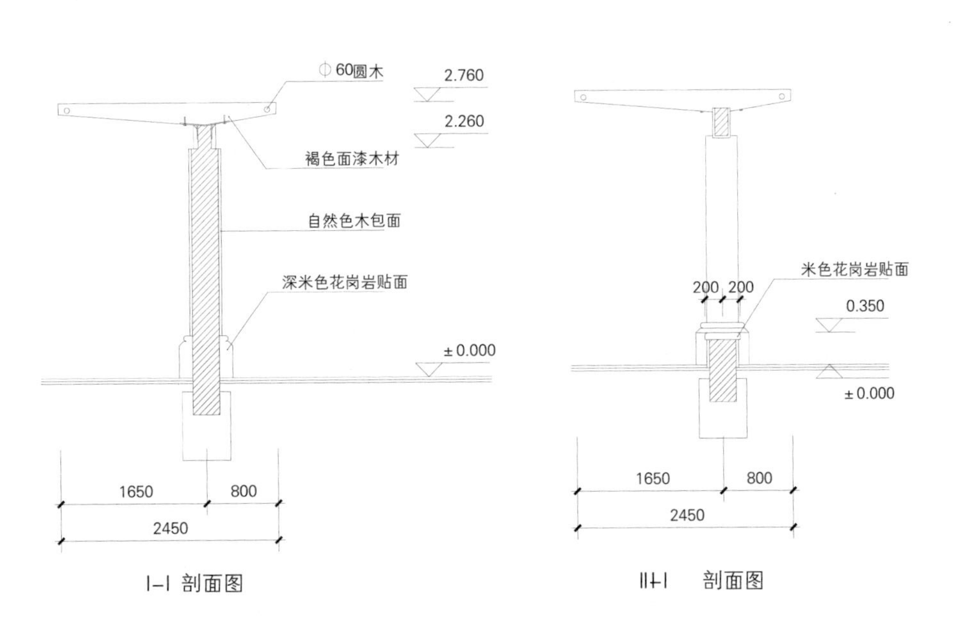

I-I 剖面图

II-II 剖面图

花架平面图

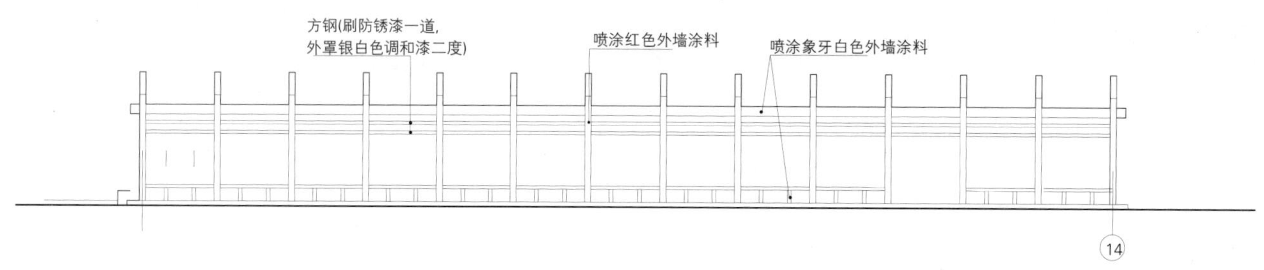

花架立面图

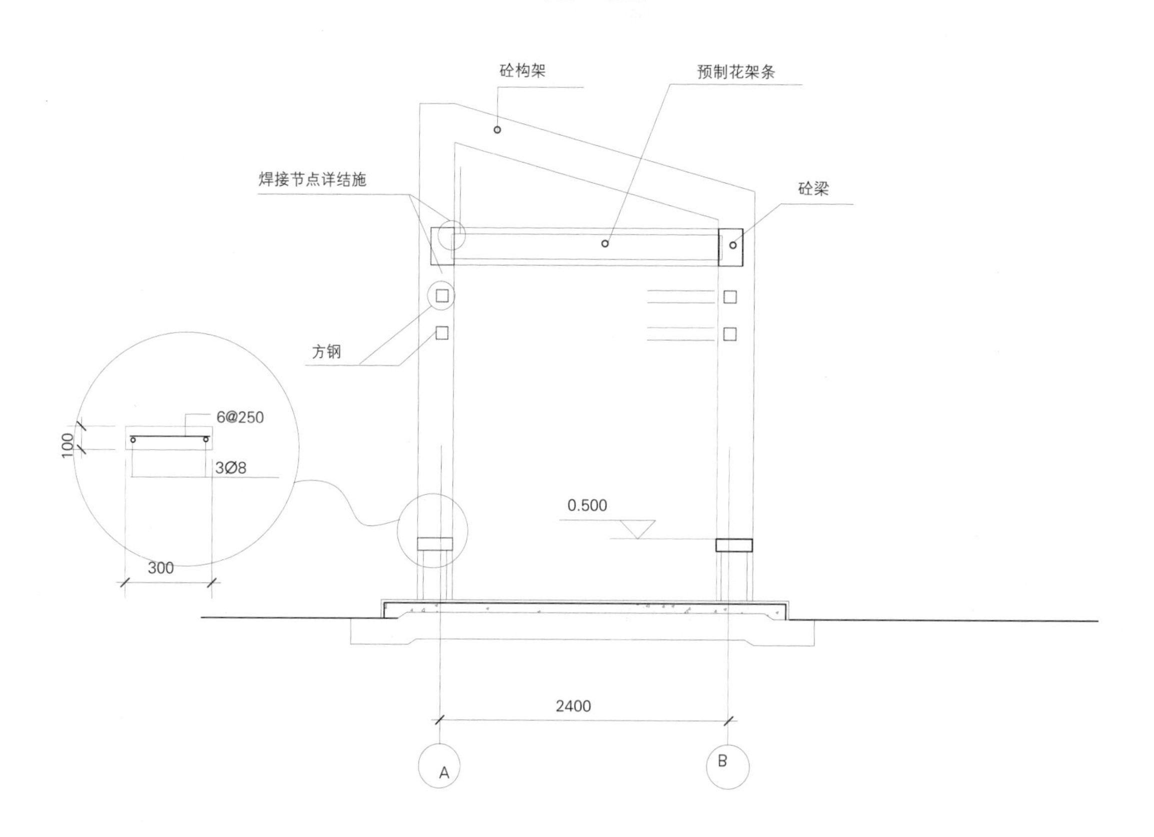

I--I剖面图

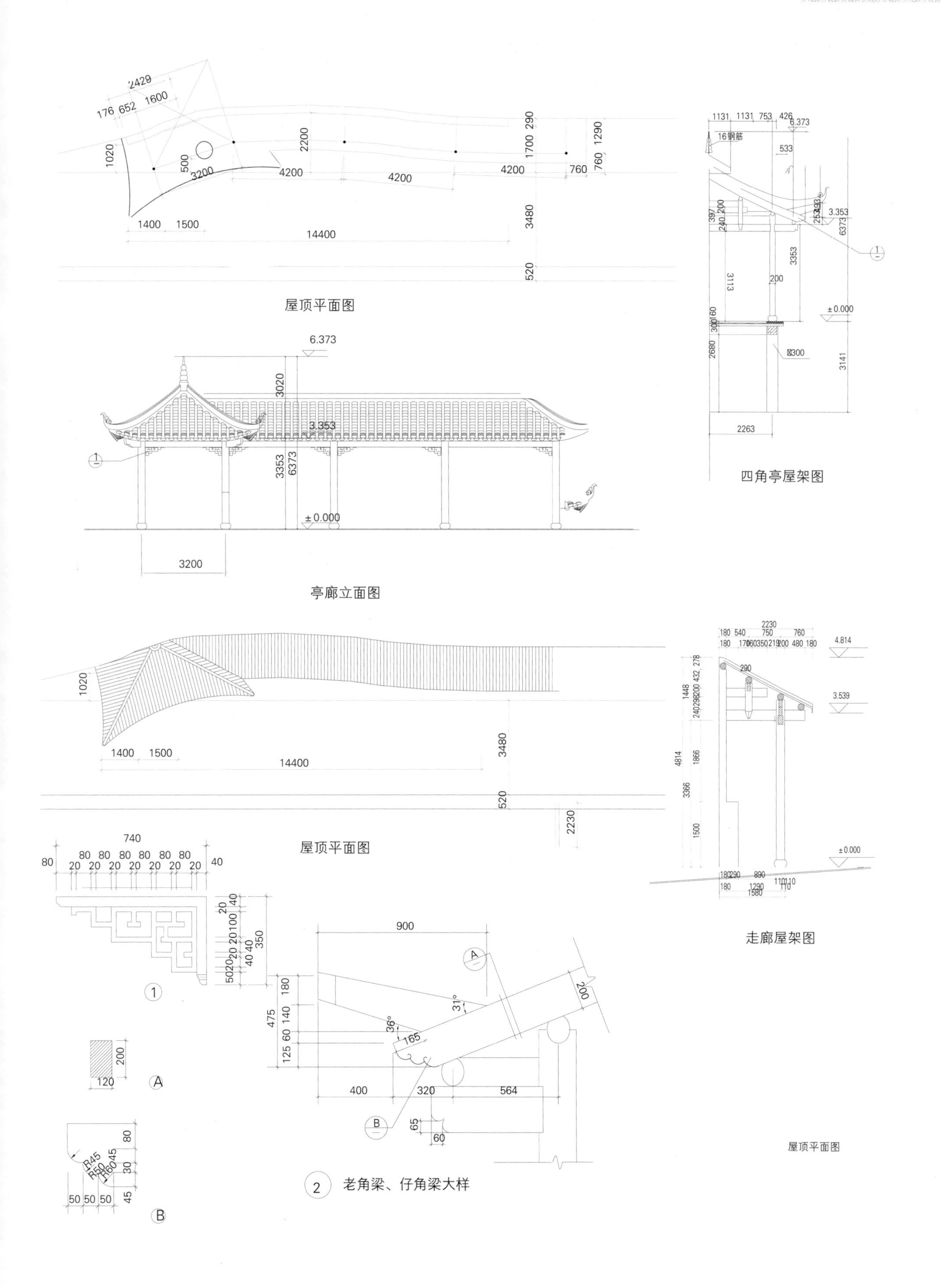

屋顶平面图
亭廊立面图
四角亭屋架图
屋顶平面图
走廊屋架图
2 老角梁、仔角梁大样
屋顶平面图

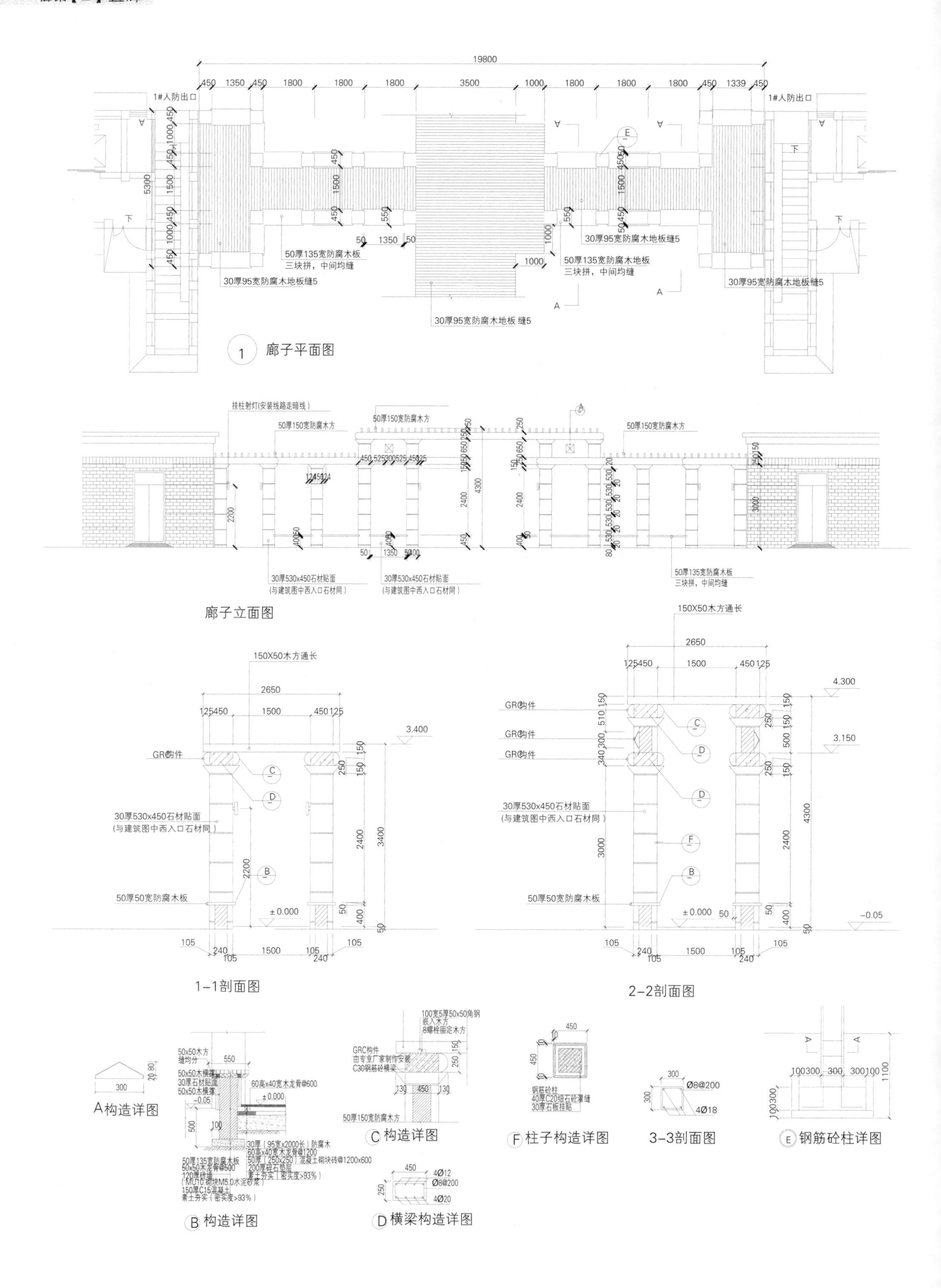
19800
1#人防出口
50厚135宽防腐木板
三块拼，中间均缝
30厚95宽防腐木地板缝5
50厚135宽防腐木地板
30厚95宽防腐木地板 缝5
1 廊子平面图
挂柱射灯(安装线路走暗线)
50厚150宽防腐木方
30厚530x450石材贴面
(与建筑图中西入口石材同)
50厚135宽防腐木板
三块拼，中间均缝
廊子立面图
150X50木方通长
GRC构件
50厚50宽防腐木板
1-1剖面图
2-2剖面图
A构造详图
B构造详图
C构造详图
D横梁构造详图
F柱子构造详图
3-3剖面图
E钢筋砼柱详图

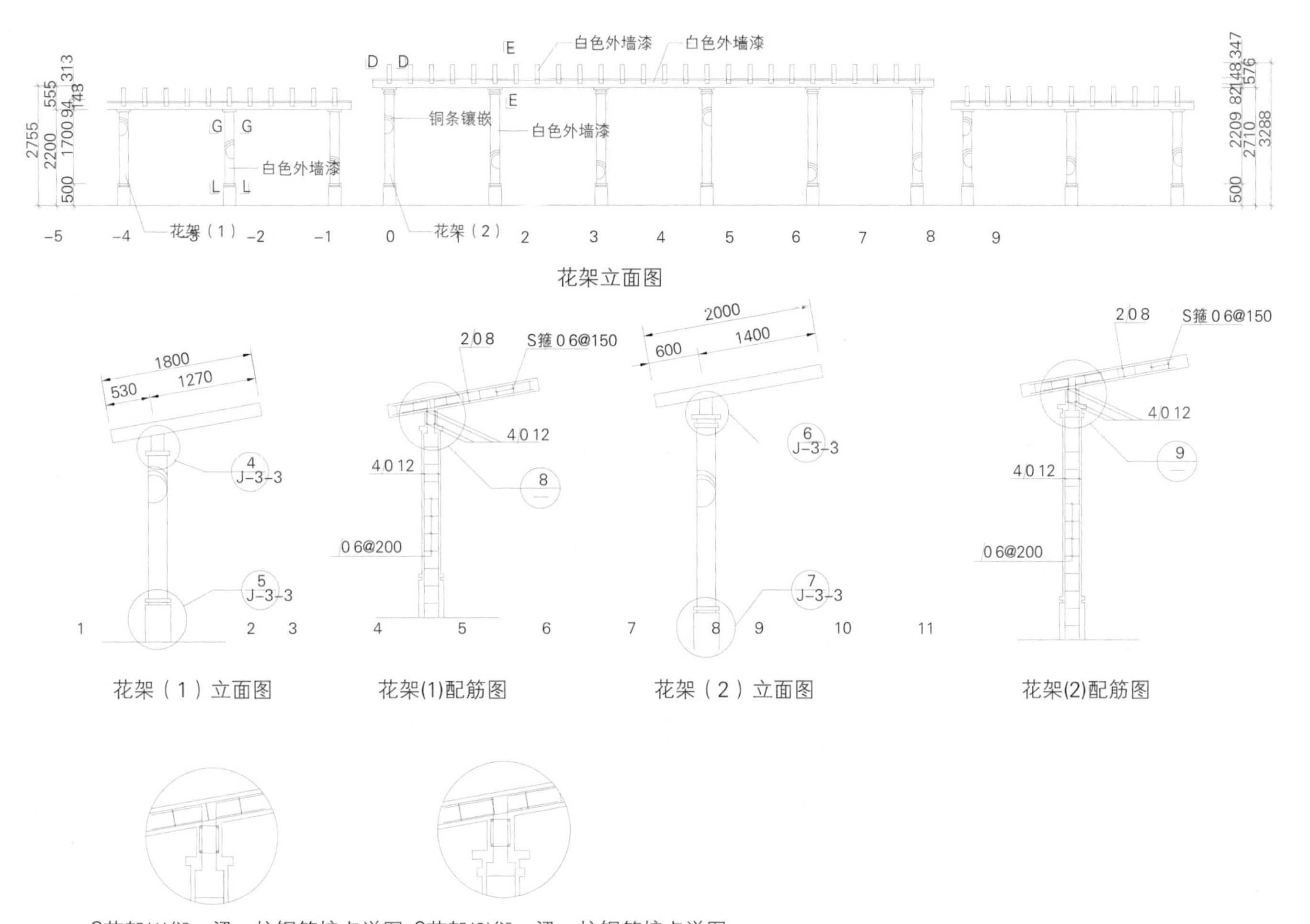

花架立面图

花架（1）立面图　花架(1)配筋图　花架（2）立面图　花架(2)配筋图

8花架(1)衍、梁、柱钢筋接点详图　9花架(2)衍、梁、柱钢筋接点详图

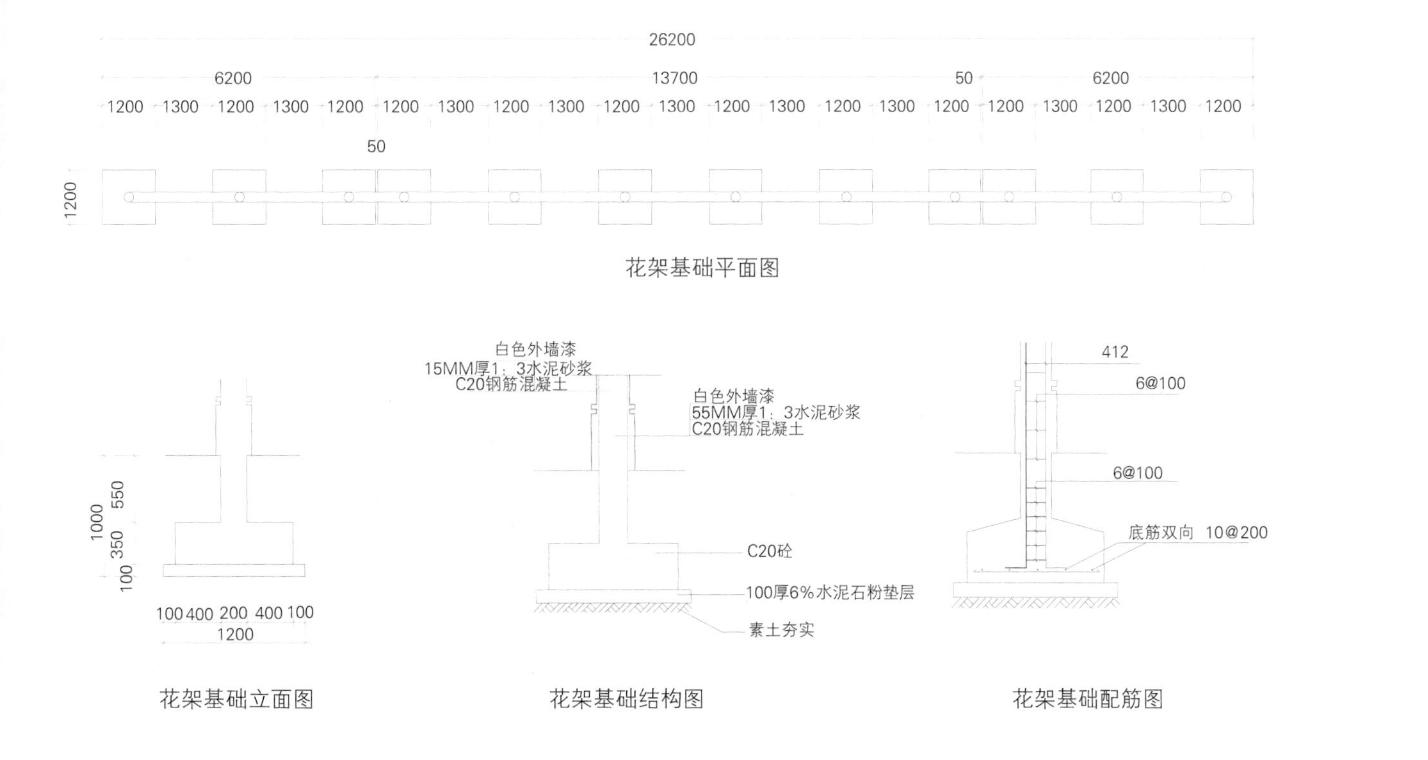

花架基础平面图

花架基础立面图　花架基础结构图　花架基础配筋图

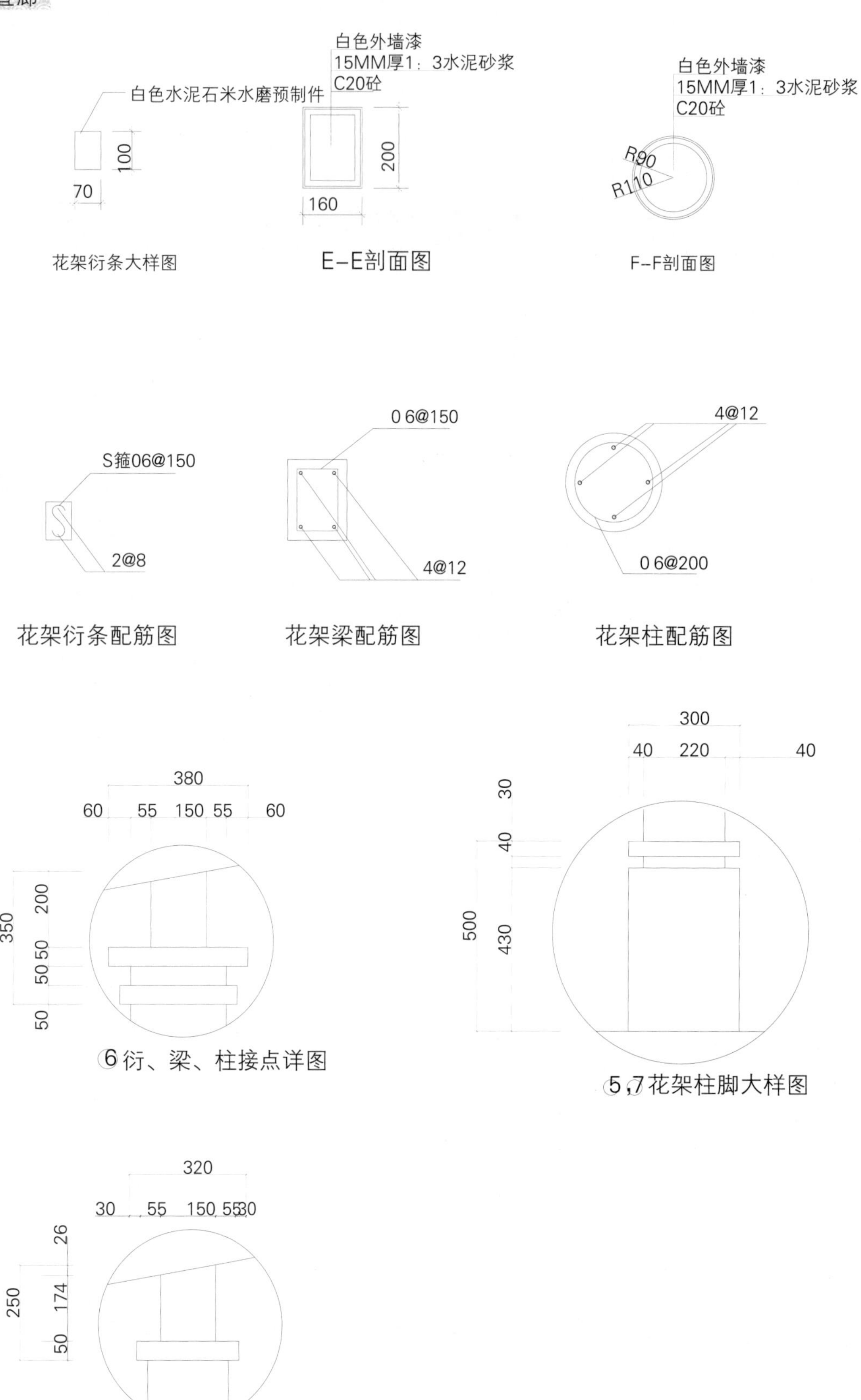

白色水泥石米水磨预制件
100
70
花架衍条大样图
白色外墙漆
15MM厚1：3水泥砂浆
C20砼
200
160
E–E剖面图
白色外墙漆
15MM厚1：3水泥砂浆
C20砼
R90
R110
F–F剖面图
S箍06@150
2@8
花架衍条配筋图
0 6@150
4@12
花架梁配筋图
4@12
0 6@200
花架柱配筋图
380
60 55 150 55 60
350
200
50
50
50
6衍、梁、柱接点详图
300
40 220 40
30
40
500
430
5,7花架柱脚大样图
320
30 55 150 55 30
250
26
174
50
4衍、梁、柱接点详图

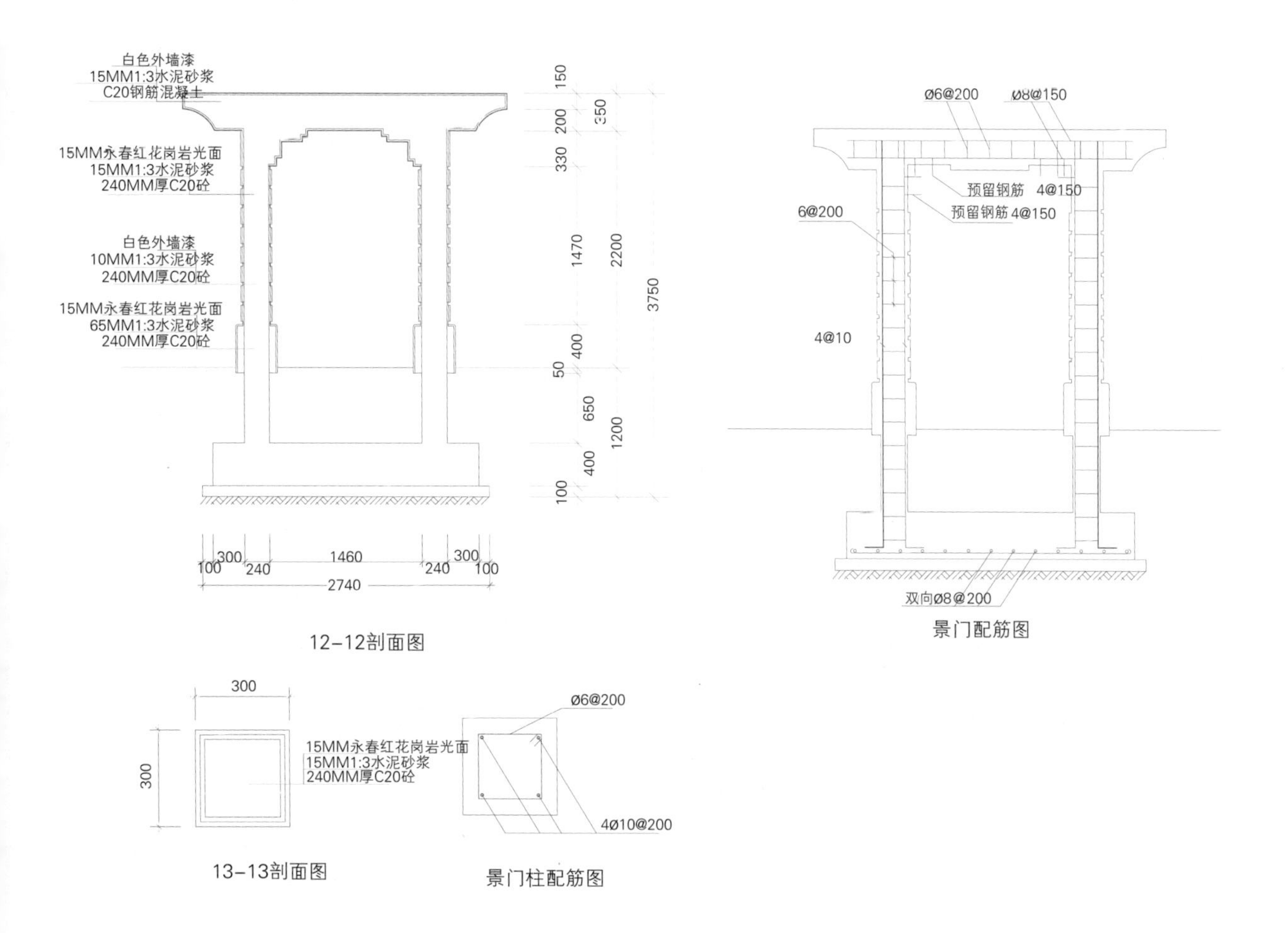

12-12剖面图

景门配筋图

13-13剖面图

景门柱配筋图

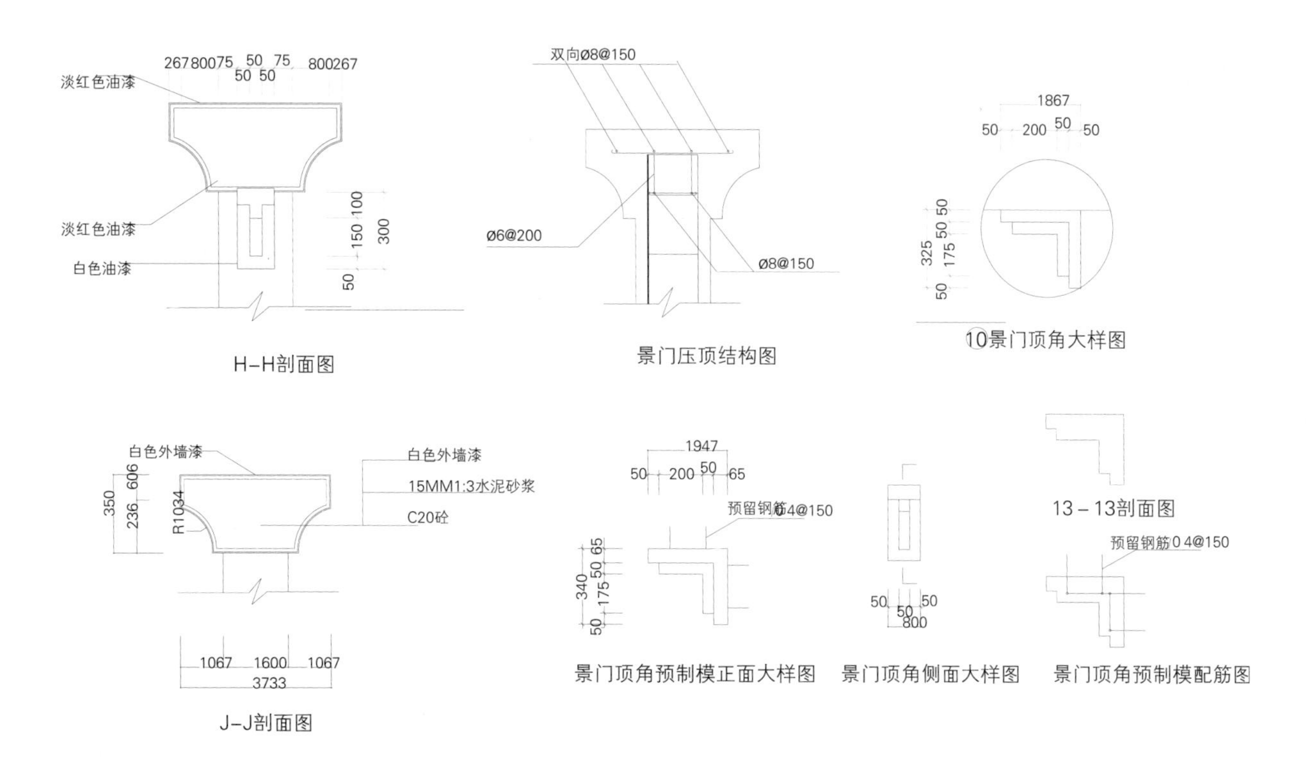

H-H剖面图

景门压顶结构图

10景门顶角大样图

J-J剖面图

景门顶角预制模正面大样图

景门顶角侧面大样图

13－13剖面图

景门顶角预制模配筋图

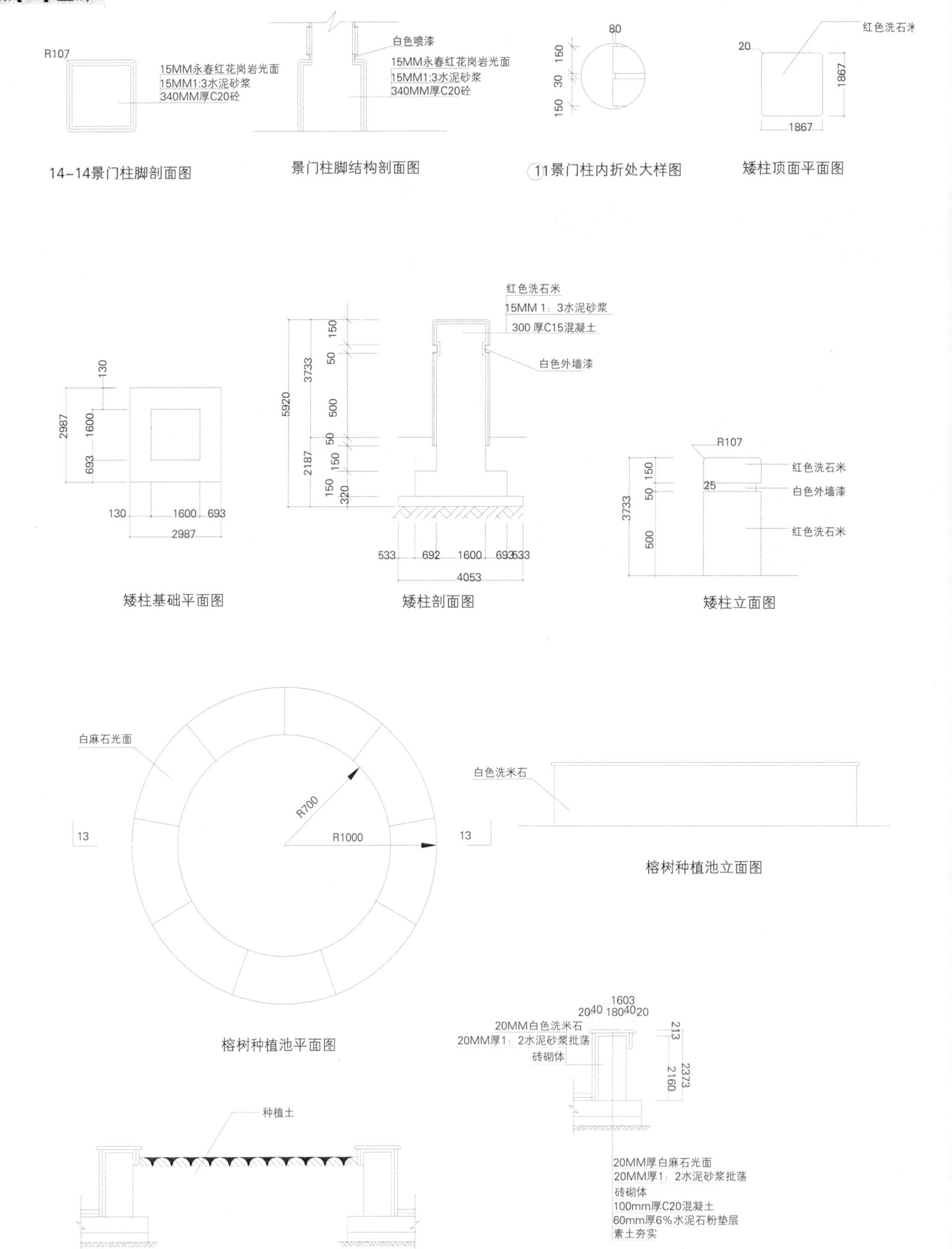

14-14景门柱脚剖面图

景门柱脚结构剖面图

11景门柱内折处大样图

矮柱顶面平面图

矮柱基础平面图

矮柱剖面图

矮柱立面图

榕树种植池立面图

榕树种植池平面图

13-13剖面图

榕树种植池结构图

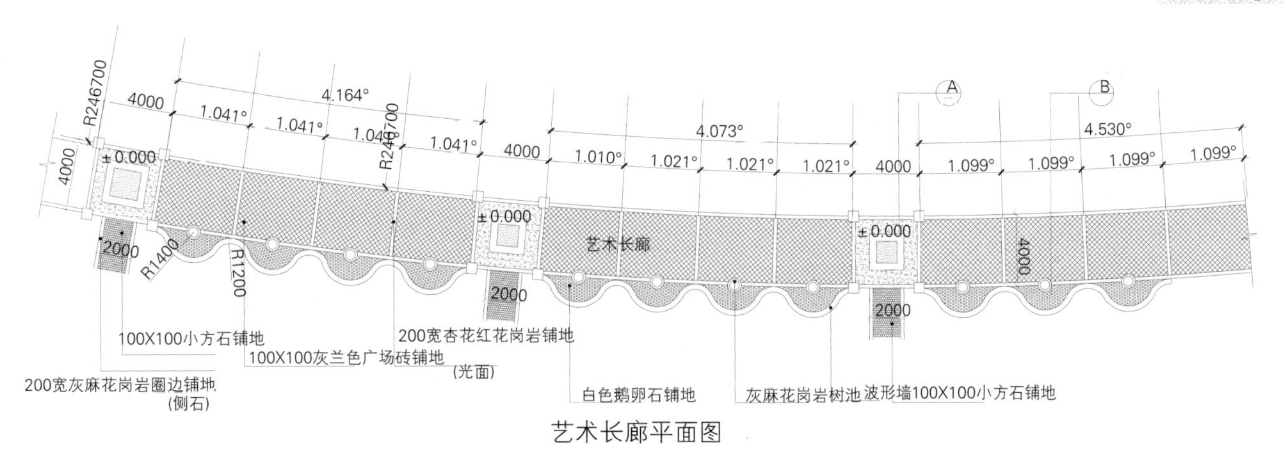

R246700
4000
4.164°
1.041°
1.041°
1.041°
1.041°
R246700
4000
4.073°
1.010°
1.021°
1.021°
1.021°
4000
4.530°
1.099°
1.099°
1.099°
1.099°
±0.000
2000
R1400
R1200
艺术长廊
100X100小方石铺地
100X100灰兰色广场砖铺地
200宽杏花红花岗岩铺地
(光面)
200宽灰麻花岗岩圈边铺地
(侧石)
白色鹅卵石铺地
灰麻花岗岩树池
波形墙
100X100小方石铺地

艺术长廊平面图

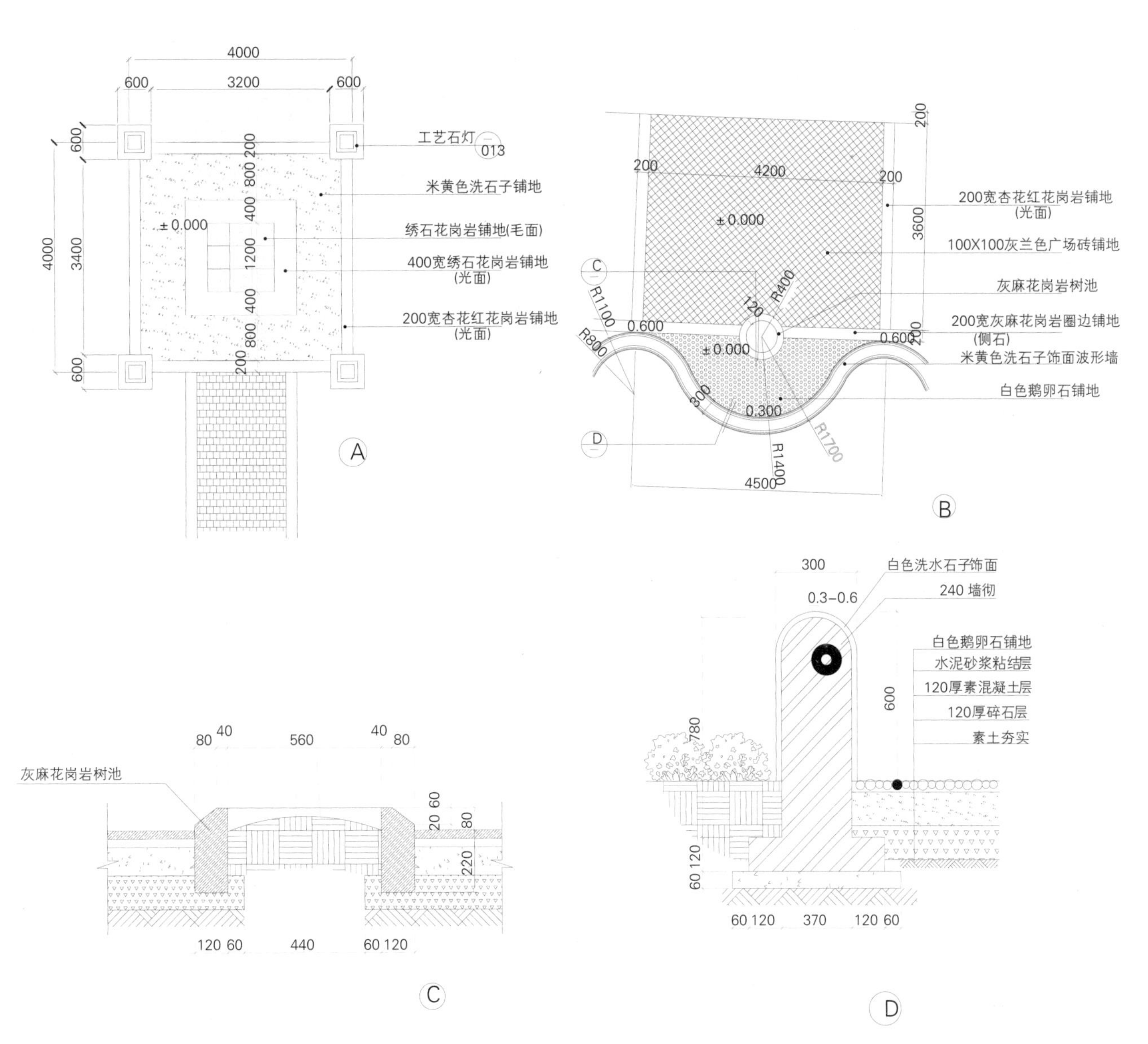

4000
600
3200
600
工艺石灯
013
米黄色洗石子铺地
±0.000
绣石花岗岩铺地(毛面)
400宽绣石花岗岩铺地
(光面)
200宽杏花红花岗岩铺地
(光面)
3400
A
4200
200
3600
200宽杏花红花岗岩铺地
(光面)
100X100灰兰色广场砖铺地
灰麻花岗岩树池
200宽灰麻花岗岩圈边铺地
(侧石)
米黄色洗石子饰面波形墙
白色鹅卵石铺地
R400
R1100
R800
R1700
R1400
0.600
0.300
4500
B
灰麻花岗岩树池
80 40 560 40 80
120 60 440 60 120
C
300
0.3-0.6
白色洗水石子饰面
240 墙砌
白色鹅卵石铺地
水泥砂浆粘结层
120厚素混凝土层
120厚碎石层
素土夯实
600
780
60 120 370 120 60
D

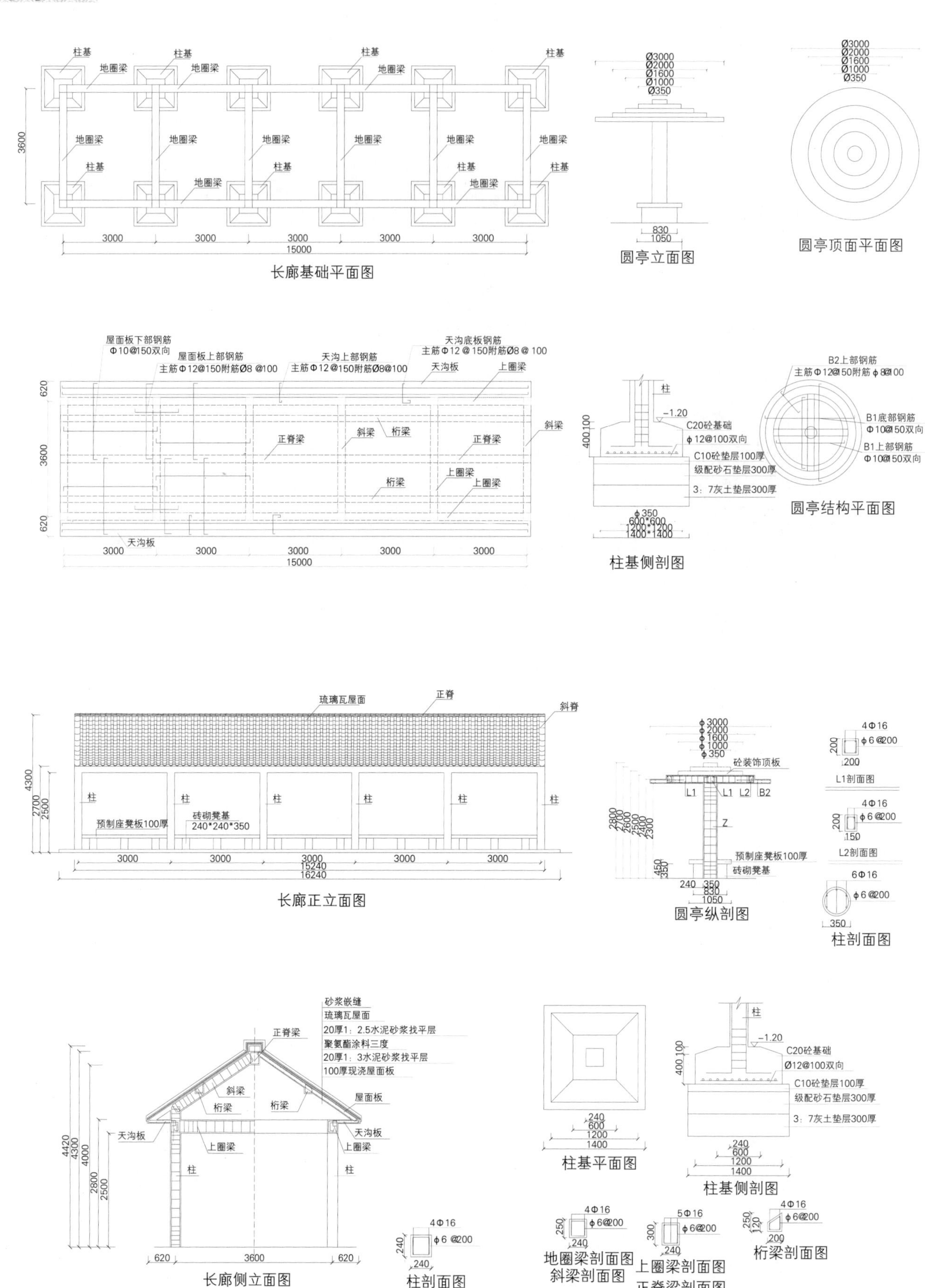
柱基
地圈梁
长廊基础平面图
圆亭立面图
圆亭顶面平面图
屋面板下部钢筋
Φ10@150双向
屋面板上部钢筋
主筋Φ12@150附筋Ø8 @100
天沟上部钢筋
主筋Φ12@150附筋Ø8@100
天沟底板钢筋
主筋Φ12@150附筋Ø8@100
天沟板
上圈梁
正脊梁
斜梁
桁梁
C20砼基础
ϕ12@100双向
C10砼垫层100厚
级配砂石垫层300厚
3：7灰土垫层300厚
柱基侧剖图
B2上部钢筋
B1底部钢筋
Φ10@150双向
B1上部钢筋
圆亭结构平面图
琉璃瓦屋面
正脊
斜脊
柱
预制座凳板100厚
砖砌凳基
240*240*350
长廊正立面图
砼装饰顶板
圆亭纵剖图
L1剖面图
L2剖面图
柱剖面图
砂浆嵌缝
琉璃瓦屋面
20厚1：2.5水泥砂浆找平层
聚氨酯涂料三度
20厚1：3水泥砂浆找平层
100厚现浇屋面板
正脊梁
屋面板
长廊侧立面图
柱基平面图
地圈梁剖面图
斜梁剖面图
上圈梁剖面图
正脊梁剖面图
桁梁剖面图

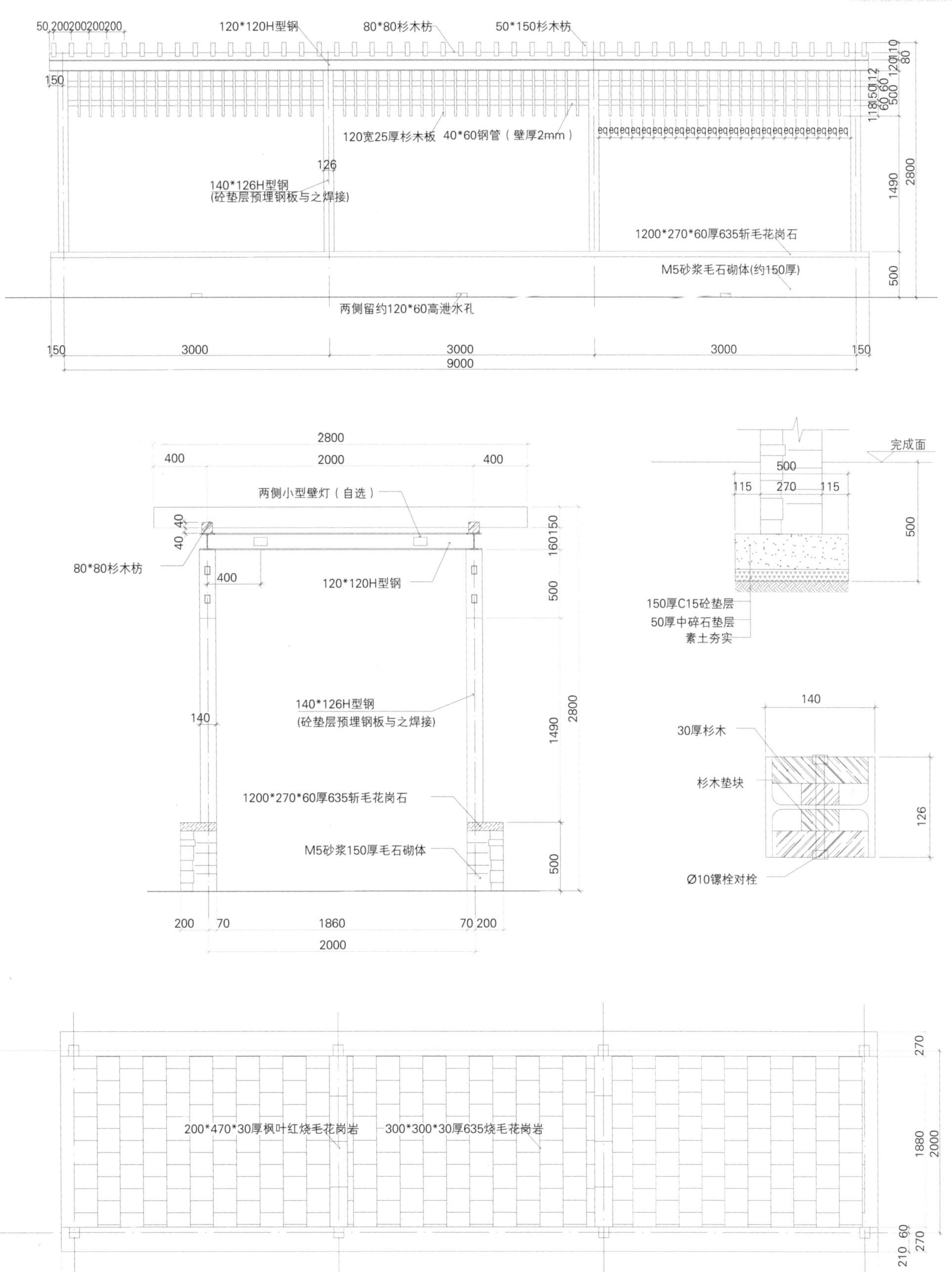

50 200200200200
120*120H型钢
80*80杉木枋
50*150杉木枋
150
120宽25厚杉木板
40*60钢管（壁厚2mm）
126
140*126H型钢
(砼垫层预埋钢板与之焊接)
1200*270*60厚635斩毛花岗石
M5砂浆毛石砌体(约150厚)
两侧留约120*60高泄水孔
1490
2800
500
150
3000
3000
3000
150
9000
2800
400
2000
400
两侧小型壁灯（自选）
80*80杉木枋
400
120*120H型钢
140*126H型钢
(砼垫层预埋钢板与之焊接)
140
1200*270*60厚635斩毛花岗石
M5砂浆150厚毛石砌体
200
70
1860
70
200
2000
完成面
500
115
270
115
150厚C15砼垫层
50厚中碎石垫层
素土夯实
140
30厚杉木
杉木垫块
126
Ø10镙栓对栓
200*470*30厚枫叶红烧毛花岗岩
300*300*30厚635烧毛花岗岩
270
1880
2000
210
60
270
150
3000
3000
3000
150
9000

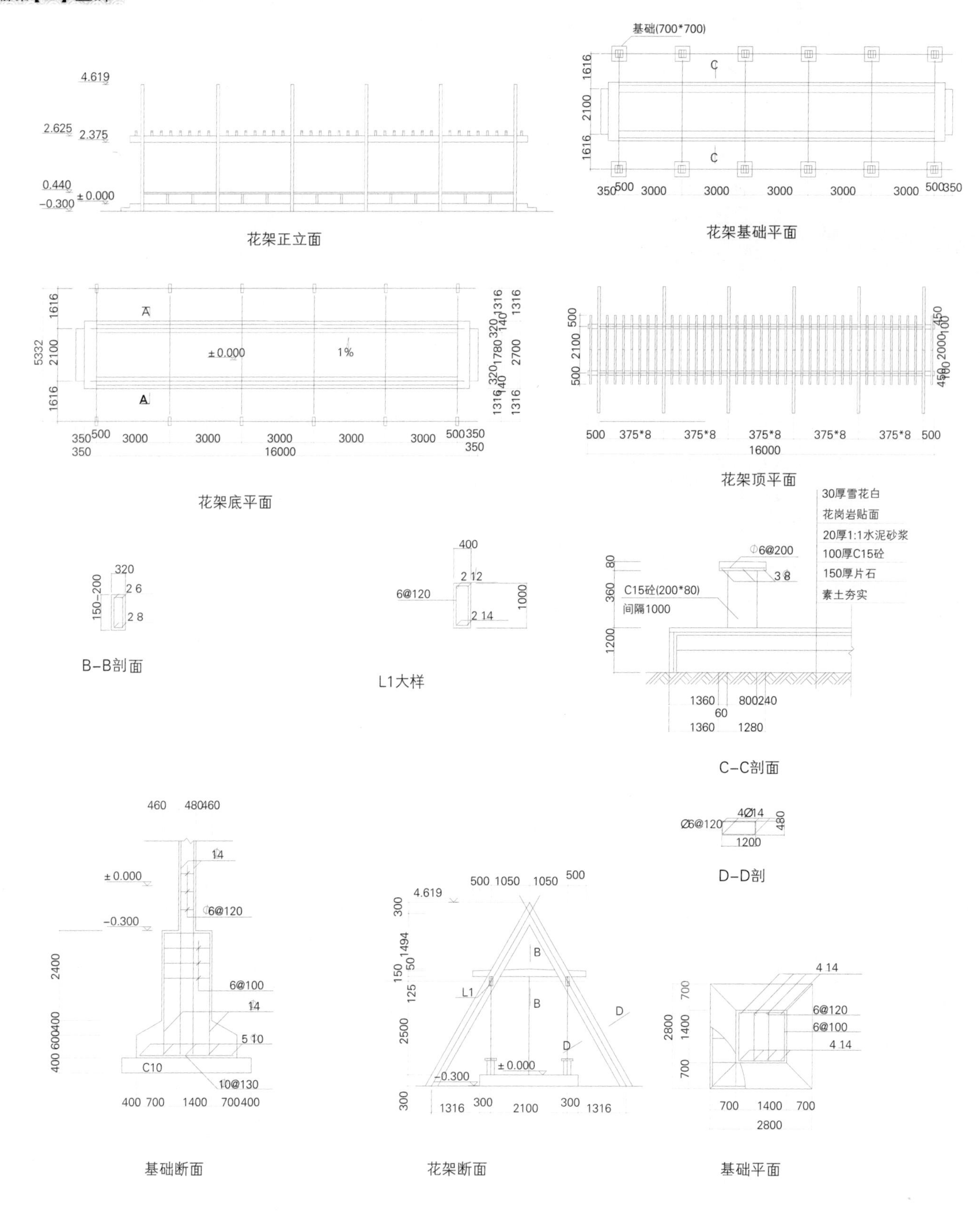

4.619
2.625
2.375
0.440
±0.000
-0.300
花架正立面
基础(700*700)
1616
2100
1616
350 500 3000 3000 3000 3000 3000 500 350
花架基础平面
5332
±0.000
1%
16000
花架底平面
375*8
花架顶平面
30厚雪花白
花岗岩贴面
20厚1:1水泥砂浆
100厚C15砼
150厚片石
素土夯实
C15砼(200*80)
间隔1000
B-B剖面
L1大样
C-C剖面
D-D剖
基础断面
花架断面
基础平面

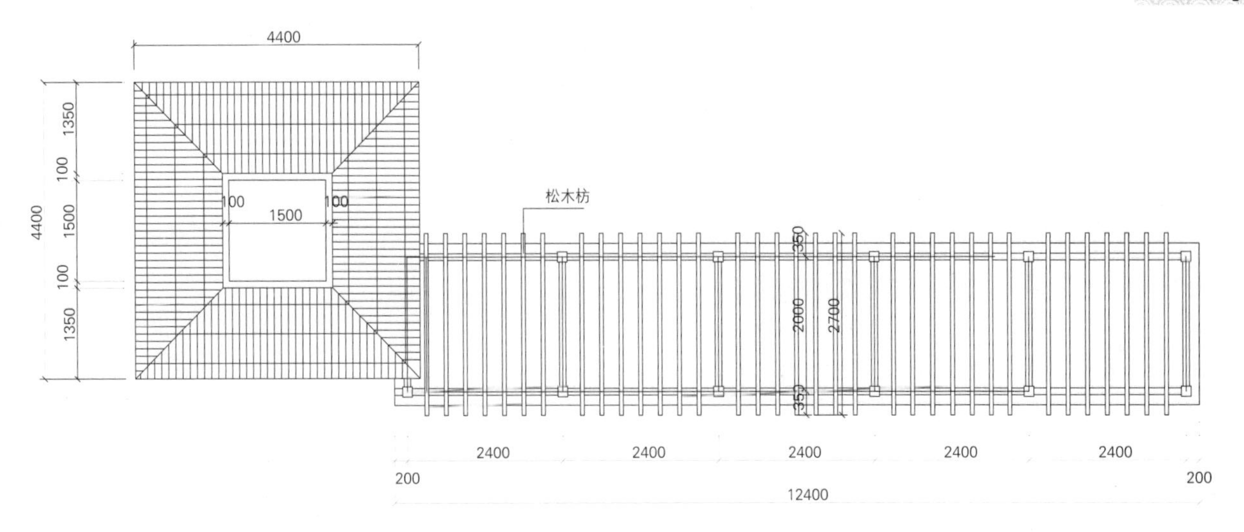

① 亭廊顶平面

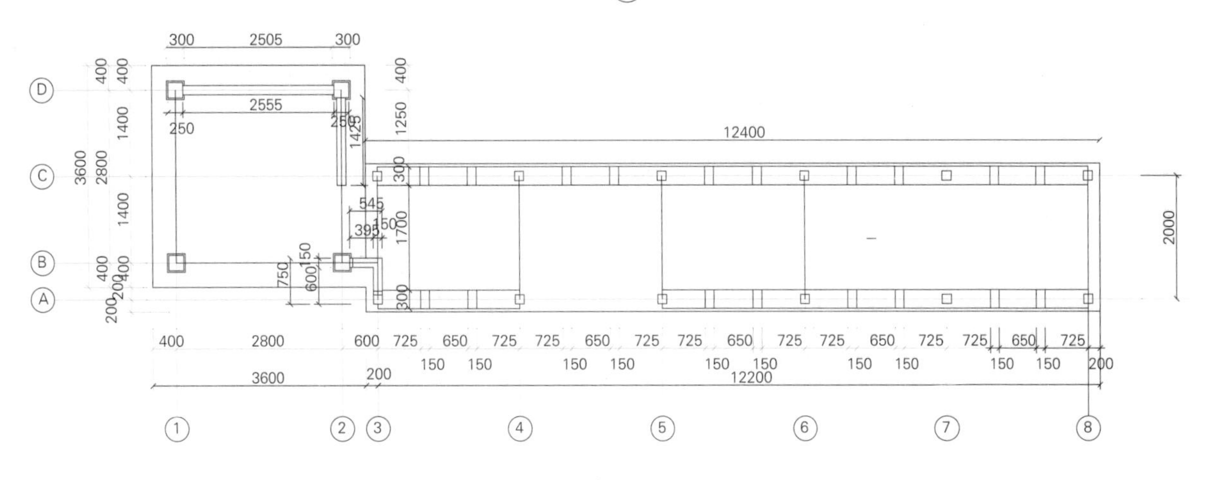

亭廊平面

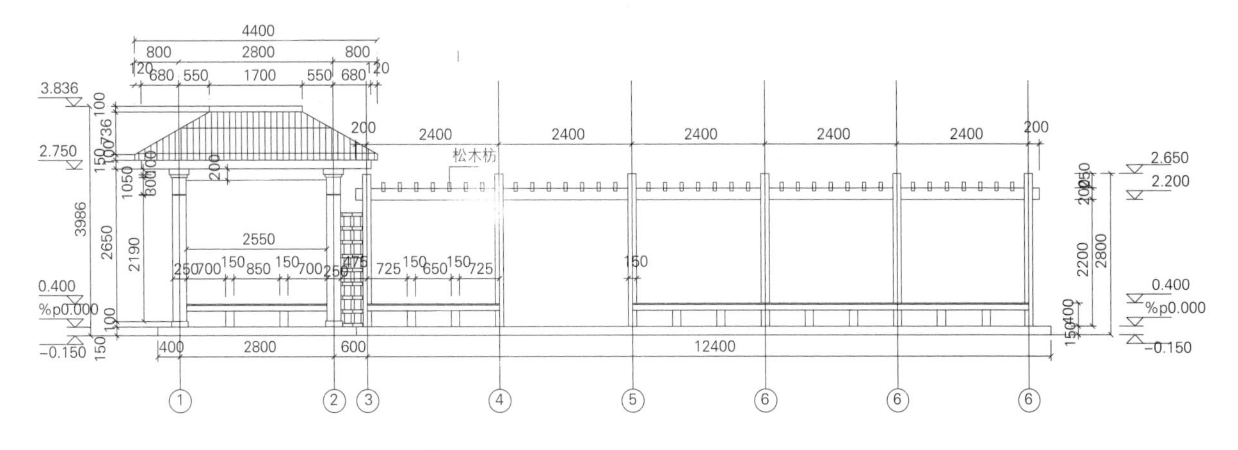

① 亭廊正立面

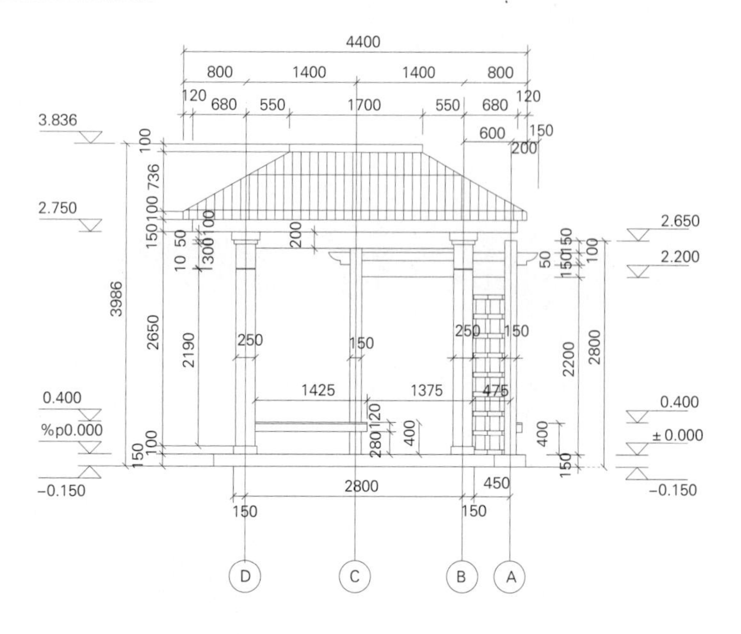

③ 亭廊西立面

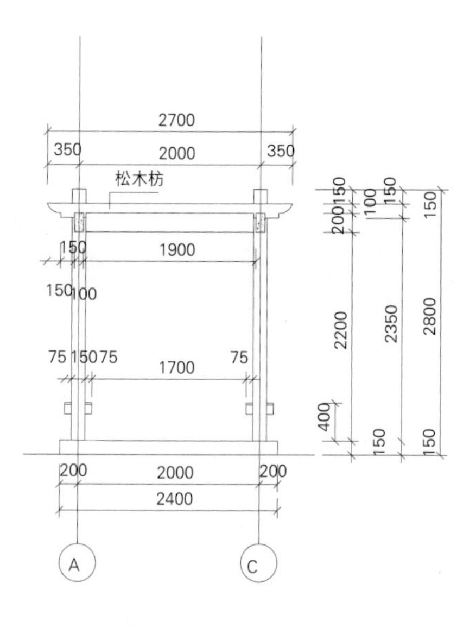

② 廊架剖面

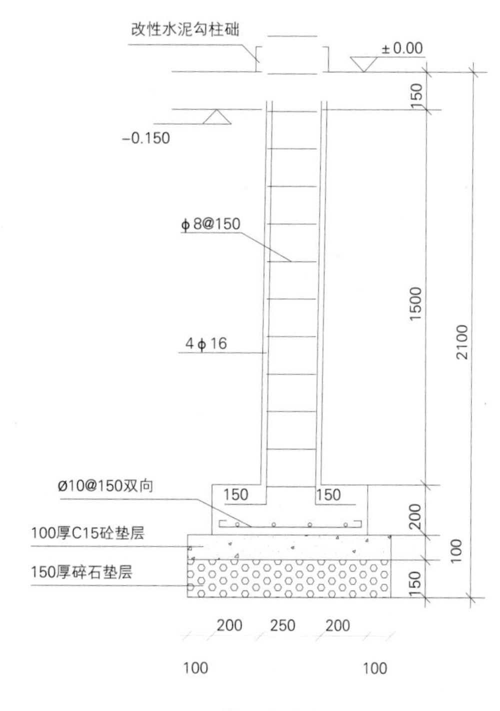

⑤ 亭柱基础

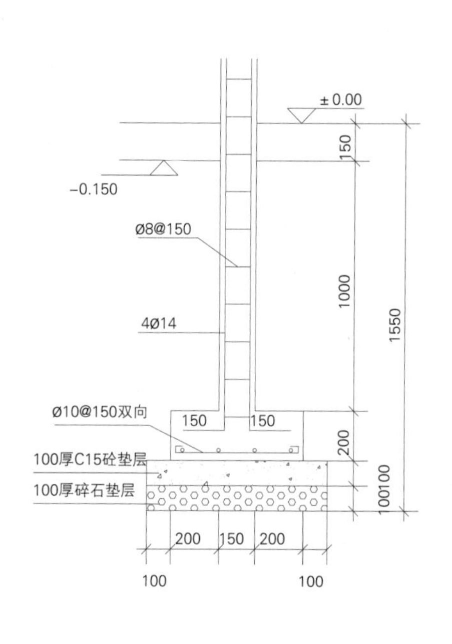

⑤ 廊柱基础

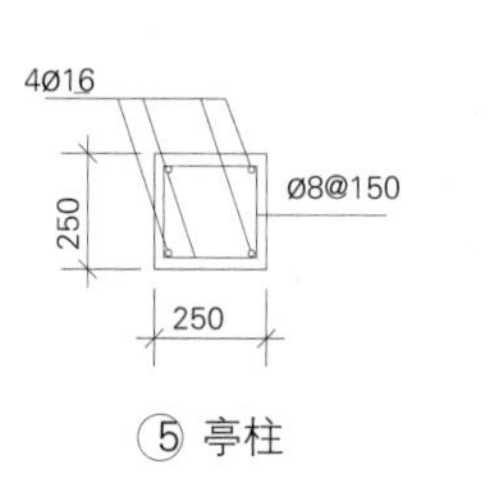

⑤ 亭柱

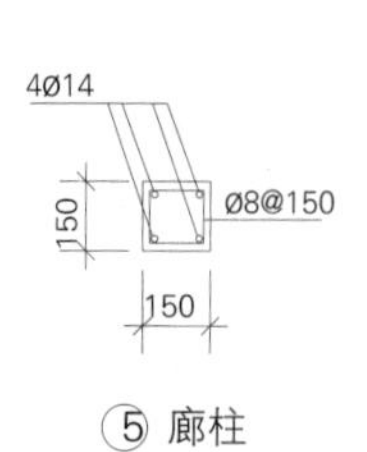

⑤ 廊柱

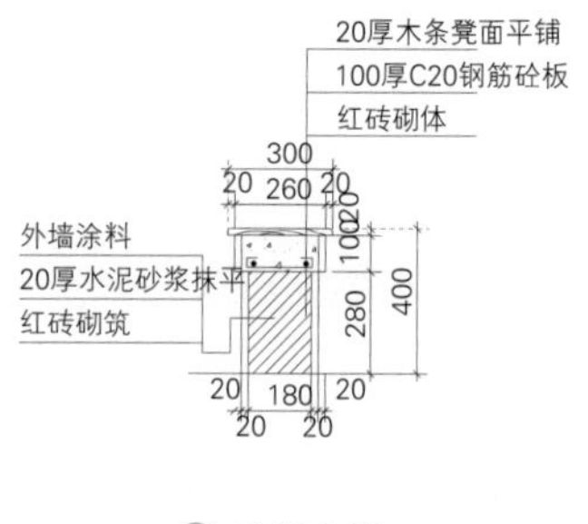

⑤ 坐凳大样

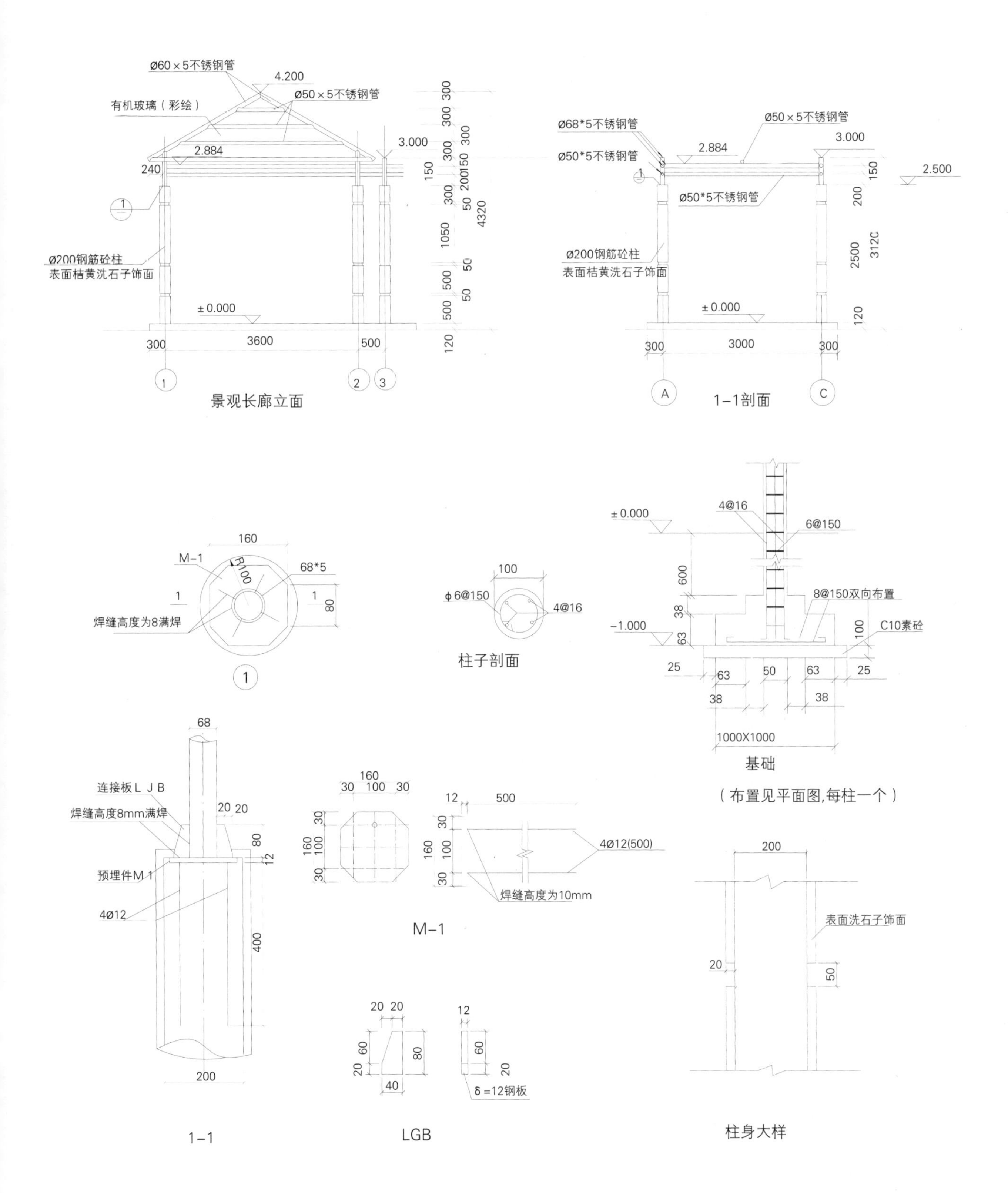

景观长廊立面

1-1剖面

1

柱子剖面

基础

（布置见平面图,每柱一个）

1-1

M-1

LGB

柱身大样

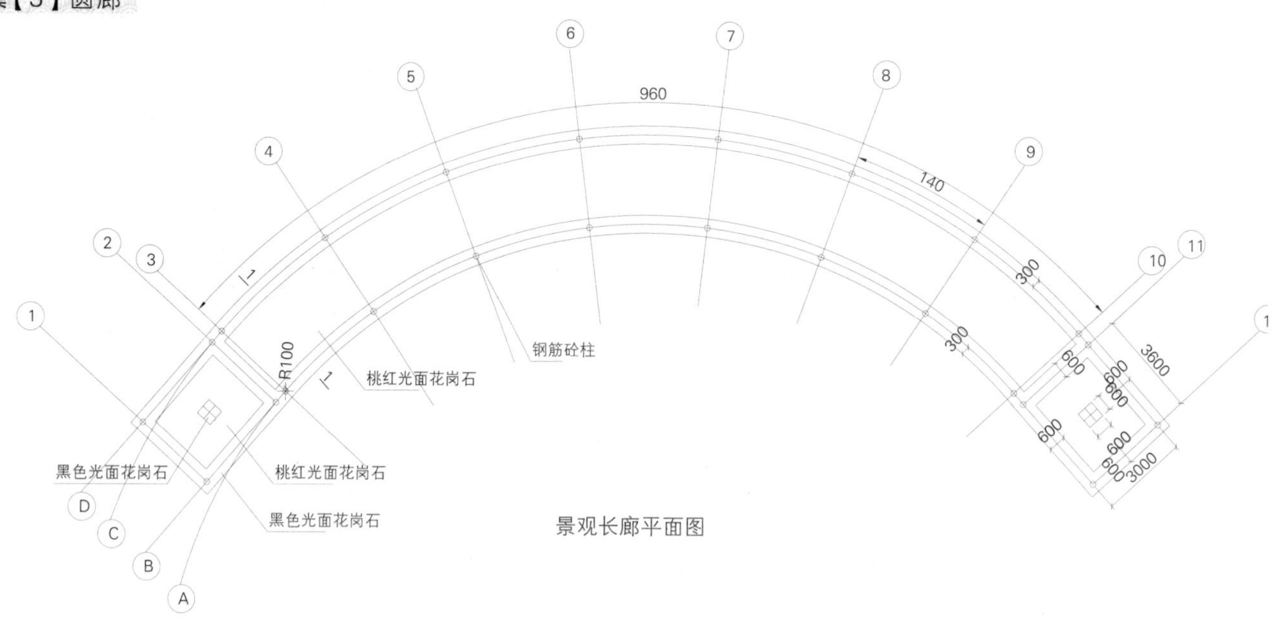

景观长廊平面图

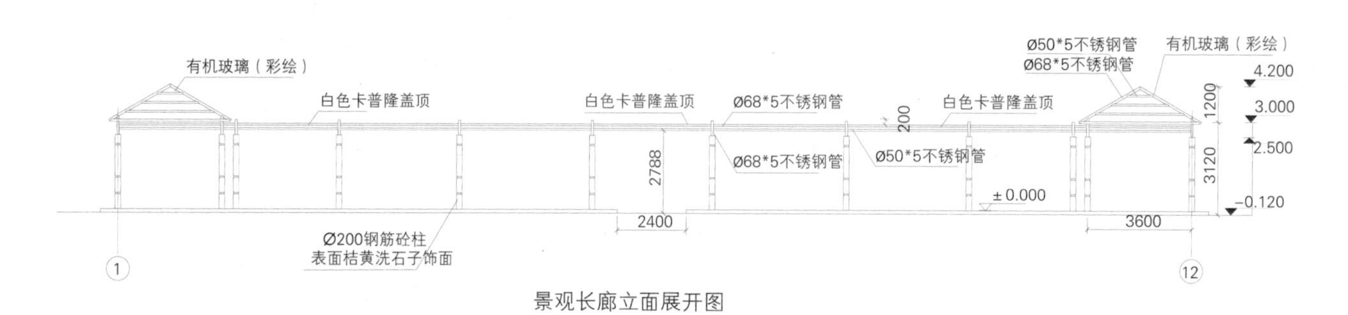

景观长廊立面展开图

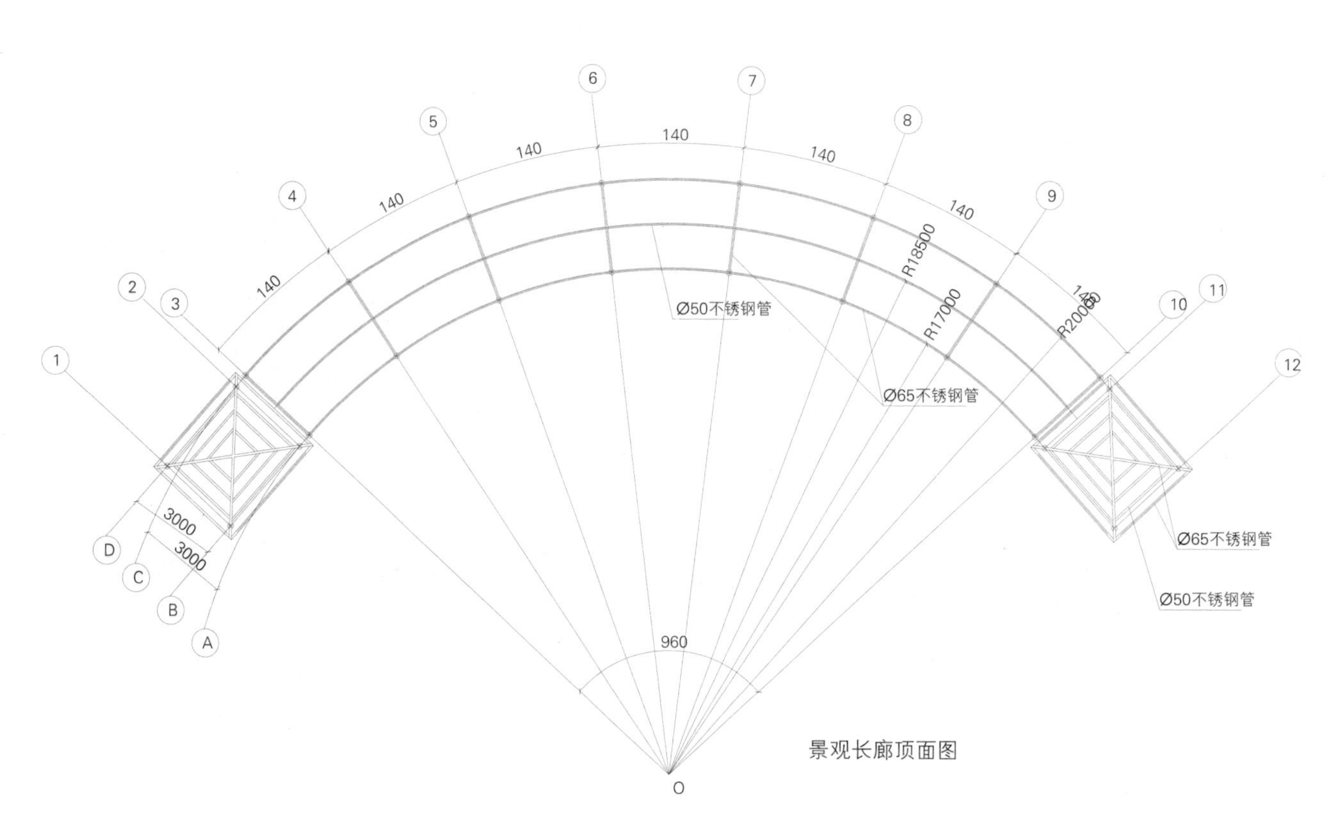

景观长廊顶面图

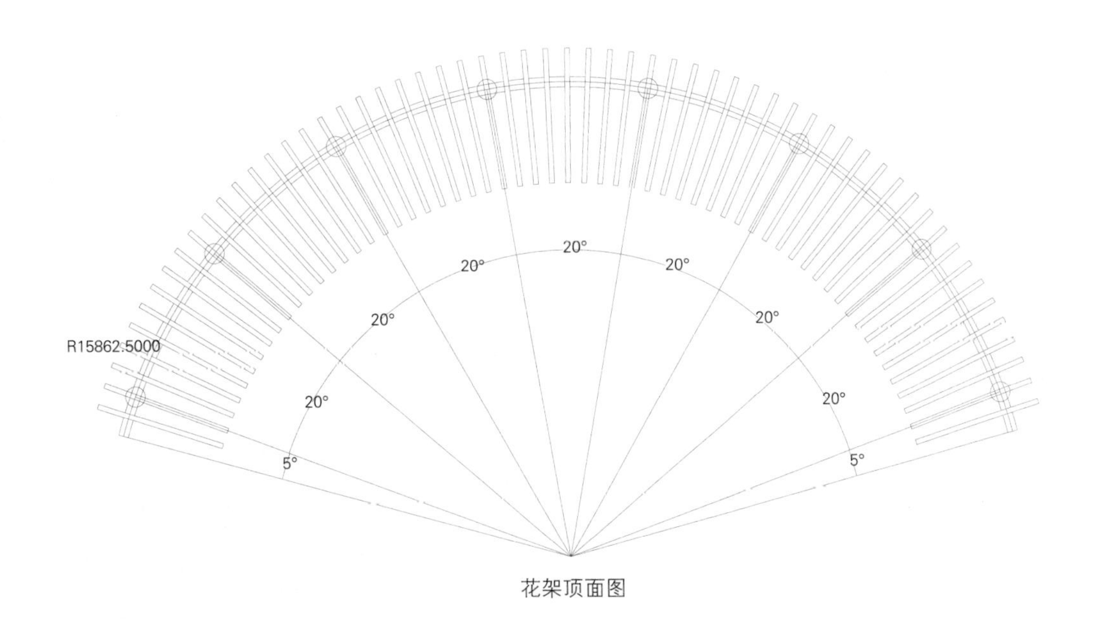

花架顶面图

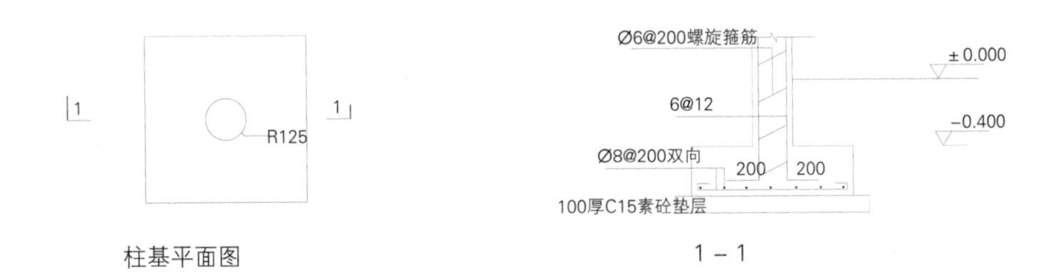

柱基平面图

1－1

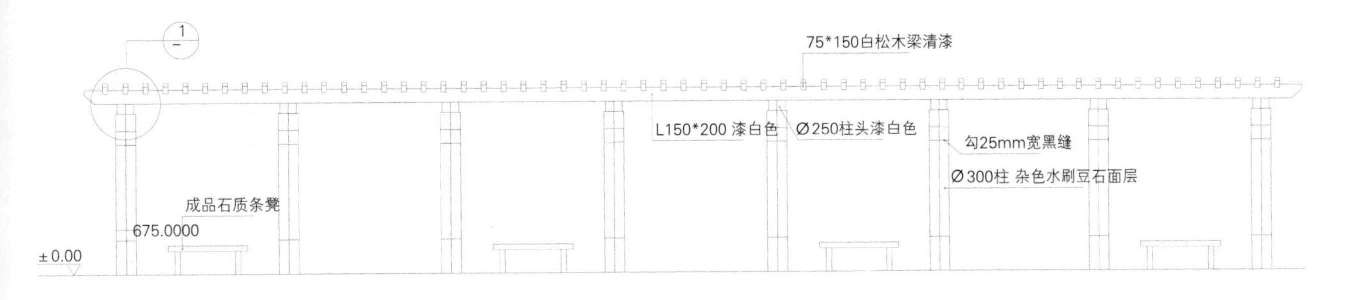

花架立面展开图

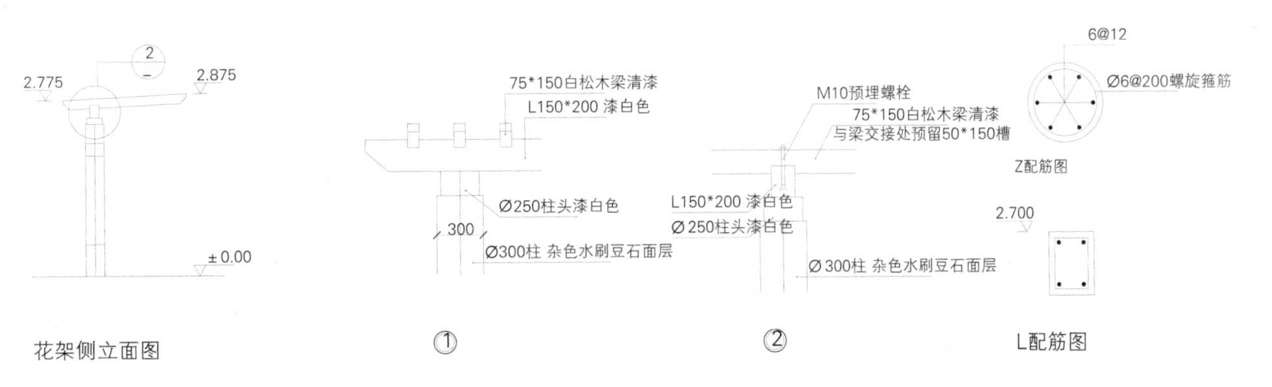

花架侧立面图

①

②

L配筋图

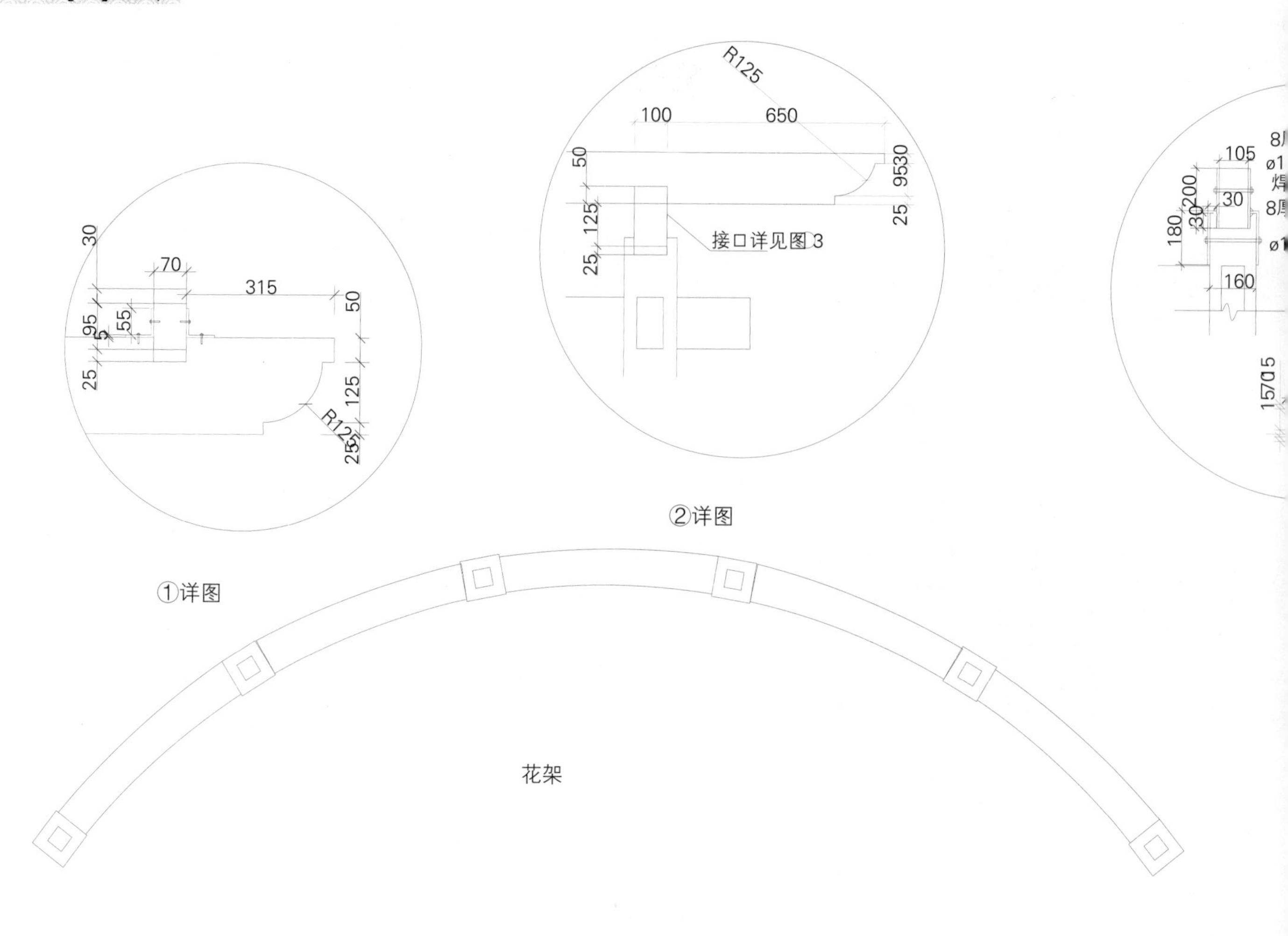
30
70
315
50
95
55
5
25
125
R125
25
①详图
R125
100
650
50
9530
125
25
25
接口详见图 3
②详图
105
200
30
180
30
160
1575
花架
筑龙

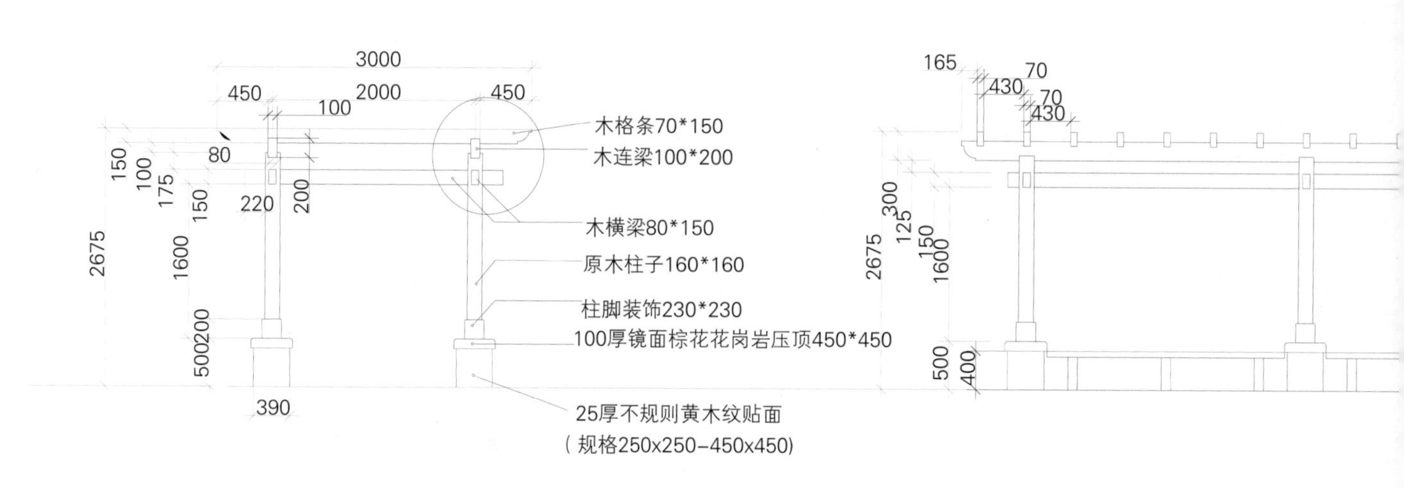
3000
450
2000
450
100
80
150
100
175
150
220
200
2675
1600
500200
390
木格条70*150
木连梁100*200
木横梁80*150
原木柱子160*160
柱脚装饰230*230
100厚镜面棕花花岗岩压顶450*450
25厚不规则黄木纹贴面
（规格250x250-450x450）
165
430
70
70
430
2675
300
125
150
1600
500
400

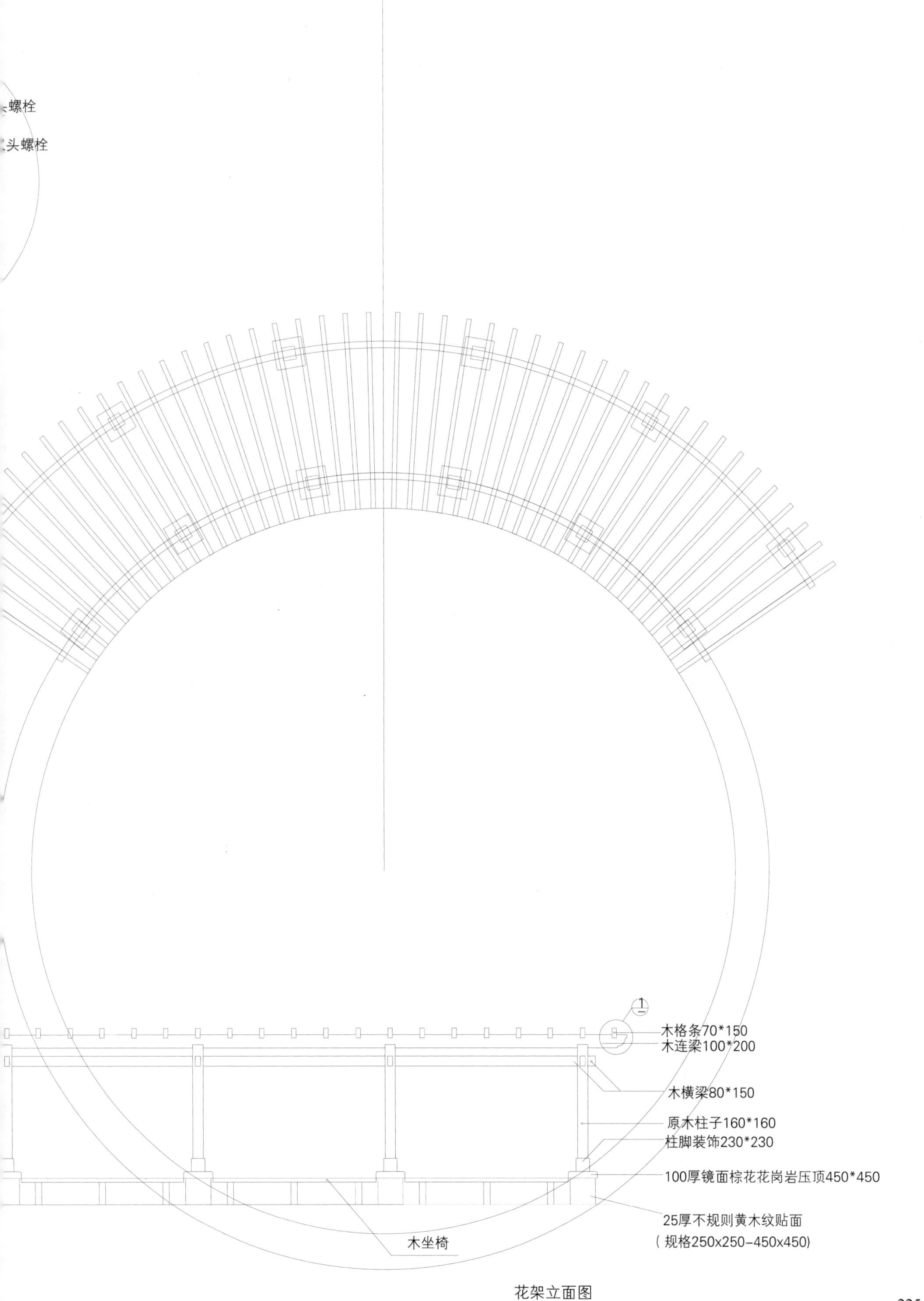
螺栓
头螺栓
1
木格条70*150
木连梁100*200
木横梁80*150
原木柱子160*160
柱脚装饰230*230
100厚镜面棕花花岗岩压顶450*450
25厚不规则黄木纹贴面
（规格250x250-450x450）
木坐椅

花架立面图

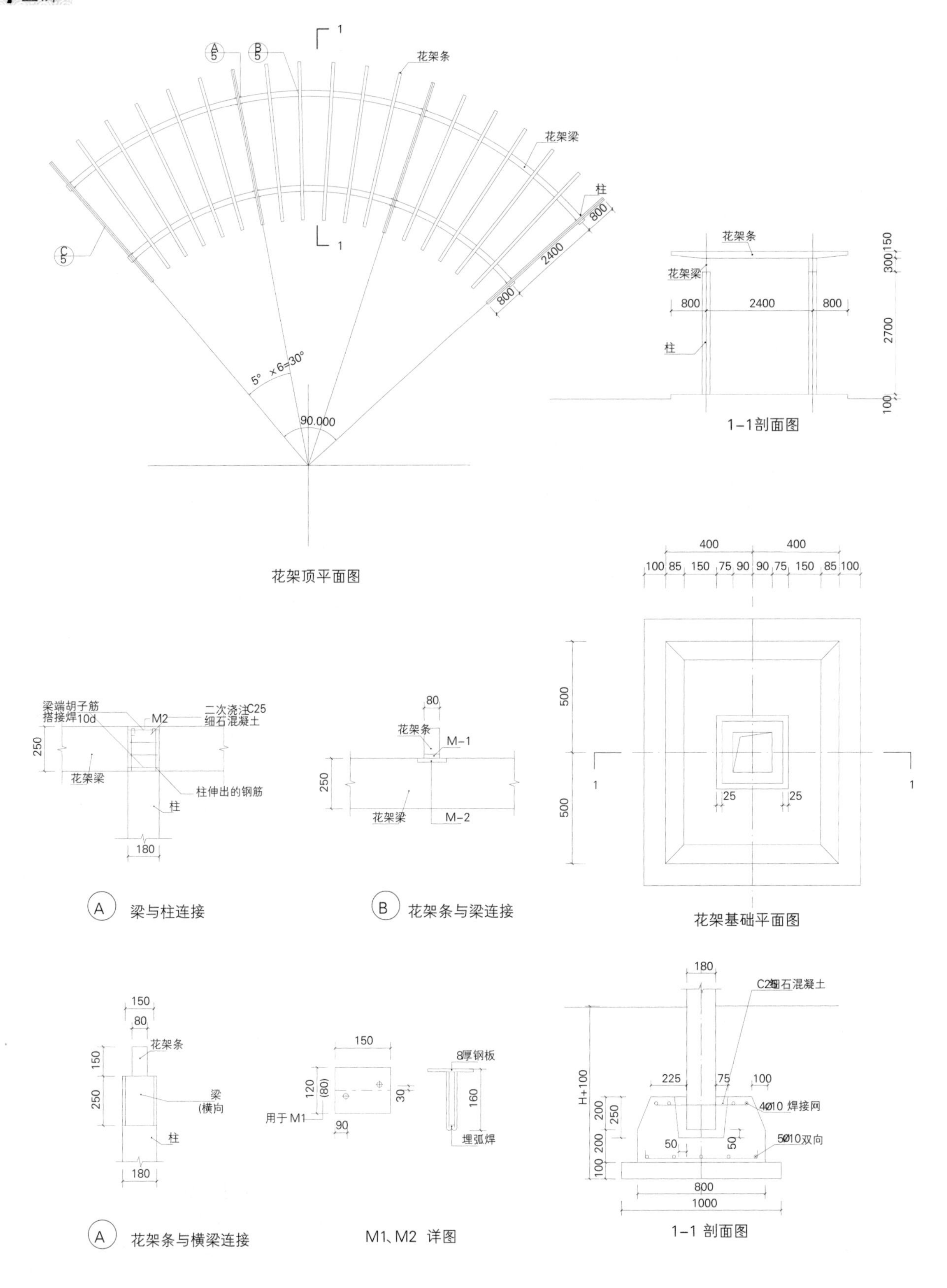
花架条
花架梁
柱
800
2400
800
5° ×6=30°
90.000
1-1剖面图
300
150
2700
100
花架顶平面图
400
400
100 85 150 75 90 90 75 150 85 100
500
500
25
25
花架基础平面图
梁端胡子筋搭接焊10d
M2
二次浇注C25细石混凝土
250
柱伸出的钢筋
180
梁与柱连接
80
M-1
M-2
花架条与梁连接
180
C25细石混凝土
H+100
225
75
100
4Ø10 焊接网
5Ø10双向
50
200
1000
1-1 剖面图
150
梁(横向
花架条与横梁连接
120
(80)
30
用于M1
90
8厚钢板
160
埋弧焊
M1、M2 详图

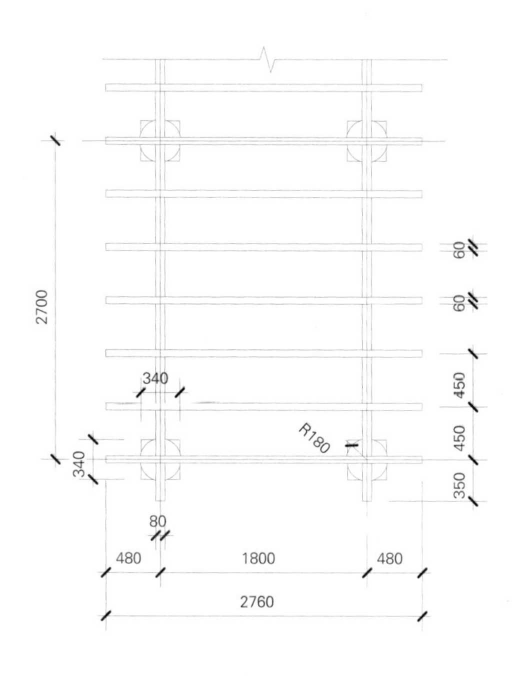

①廊架平面　　廊架平面

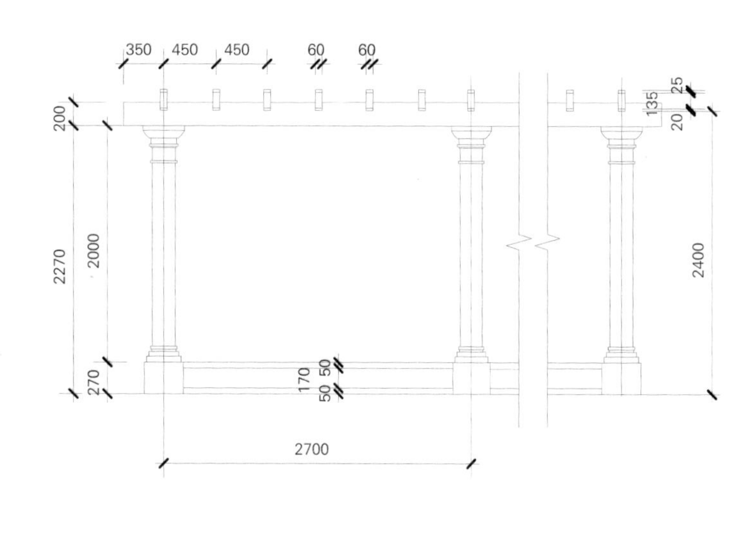

③廊架立面一

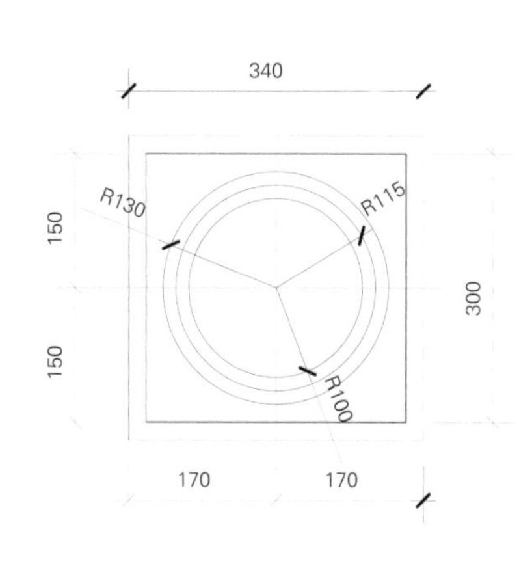

④a-a

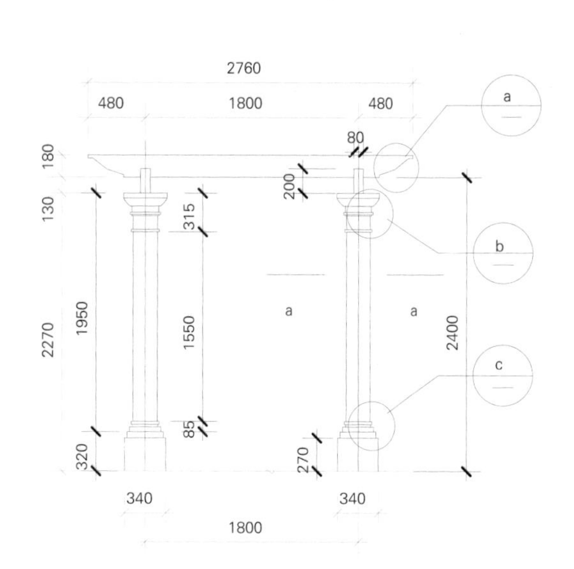

②廊架立面二

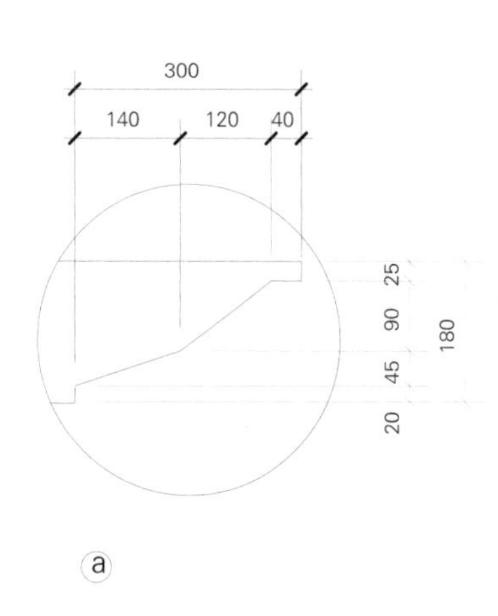

a

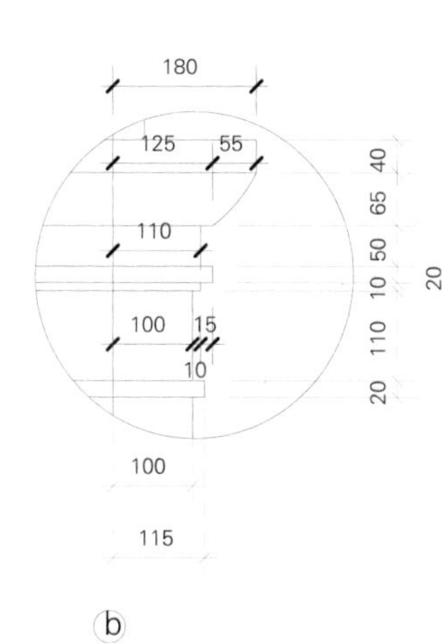

b

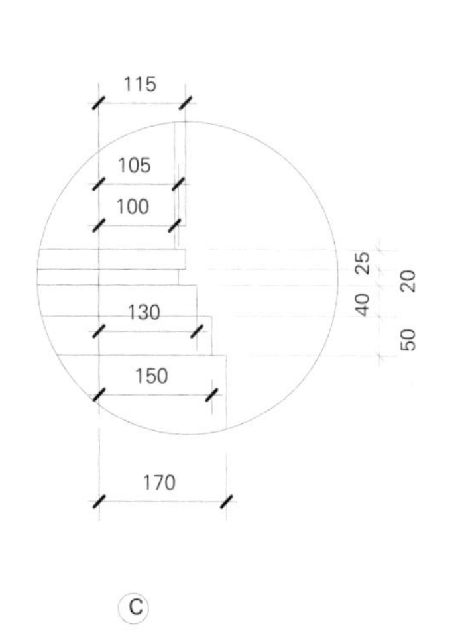

c

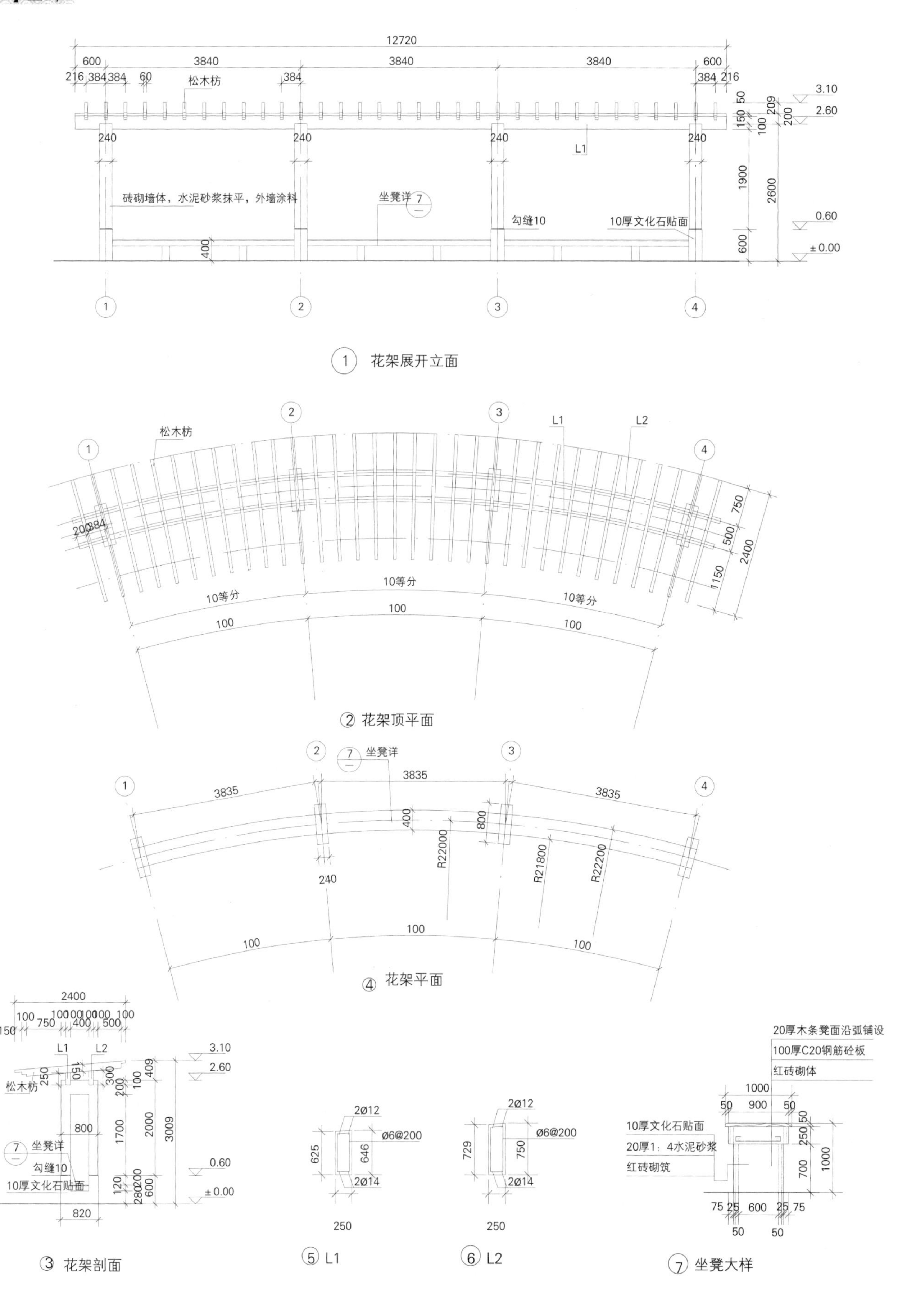

① 花架展开立面

② 花架顶平面

④ 花架平面

③ 花架剖面

⑤ L1

⑥ L2

⑦ 坐凳大样

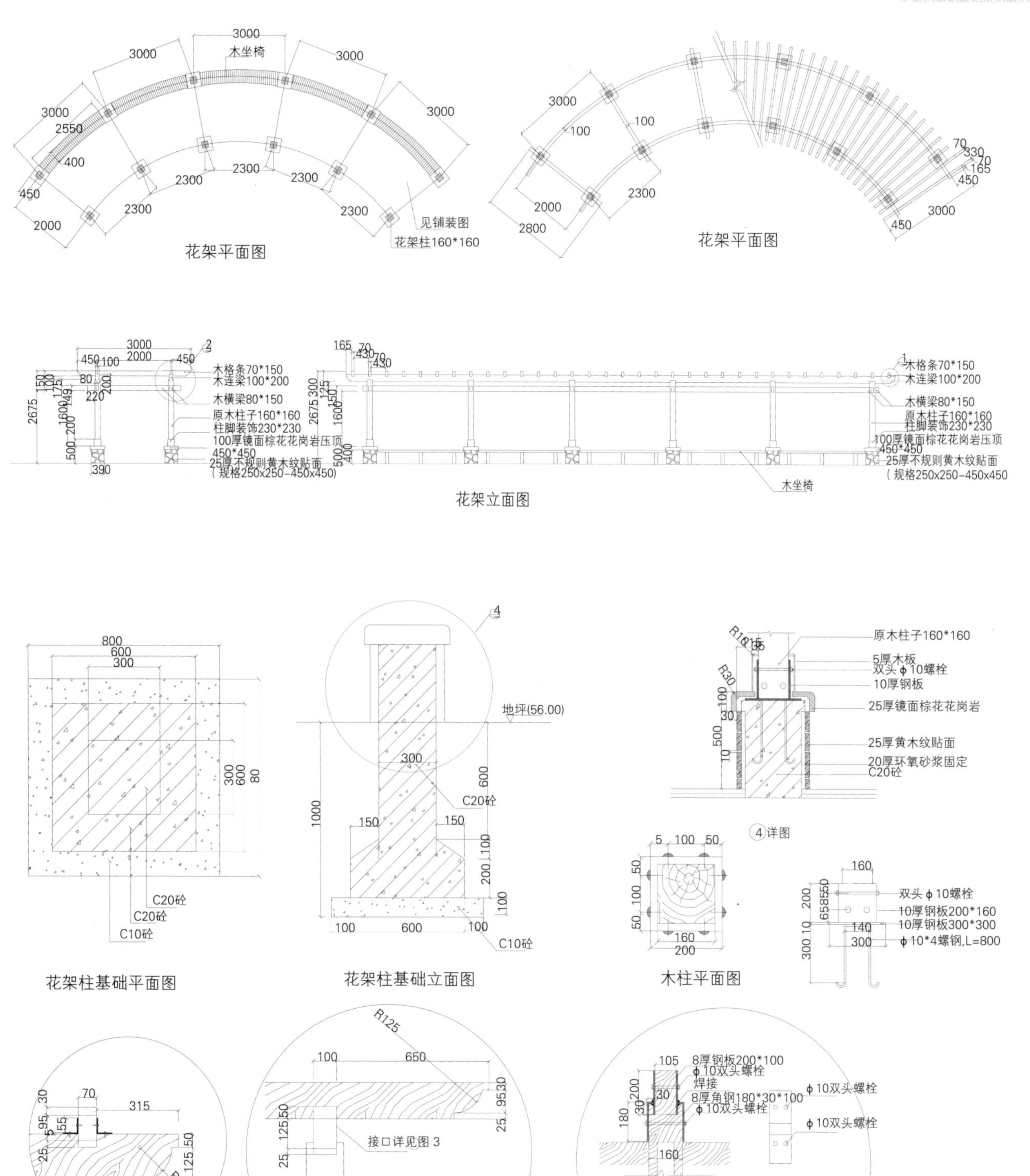
3000
木坐椅
3000
3000
3000
2550
3000
400
450
2300
2300
2300
2300
2300
2000
见铺装图
花架柱160*160
花架平面图
3000
100
100
2000
2300
2800
70
330
70
165
450
3000
450
花架平面图
木格条70*150
木连梁100*200
木横梁80*150
原木柱子160*160
柱脚装饰230*230
100厚镜面棕花岗岩压顶
450*450
25厚不规则黄木纹贴面
（规格250x250-450x450)
木坐椅
花架立面图
地坪(56.00)
C20砼
C10砼
花架柱基础平面图
花架柱基础立面图
原木柱子160*160
5厚木板
双头ϕ10螺栓
10厚钢板
25厚镜面棕花岗岩
25厚黄木纹贴面
20厚环氧砂浆固定
C20砼
④详图
木柱平面图
双头ϕ10螺栓
10厚钢板200*160
10厚钢板300*300
ϕ10*4螺钢,L=800
接口详见图 3
8厚钢板200*100
ϕ10双头螺栓
焊接
8厚角钢180*30*100
ϕ10双头螺栓
ϕ10双头螺栓
ϕ10双头螺栓

①详图

②详图

③详图

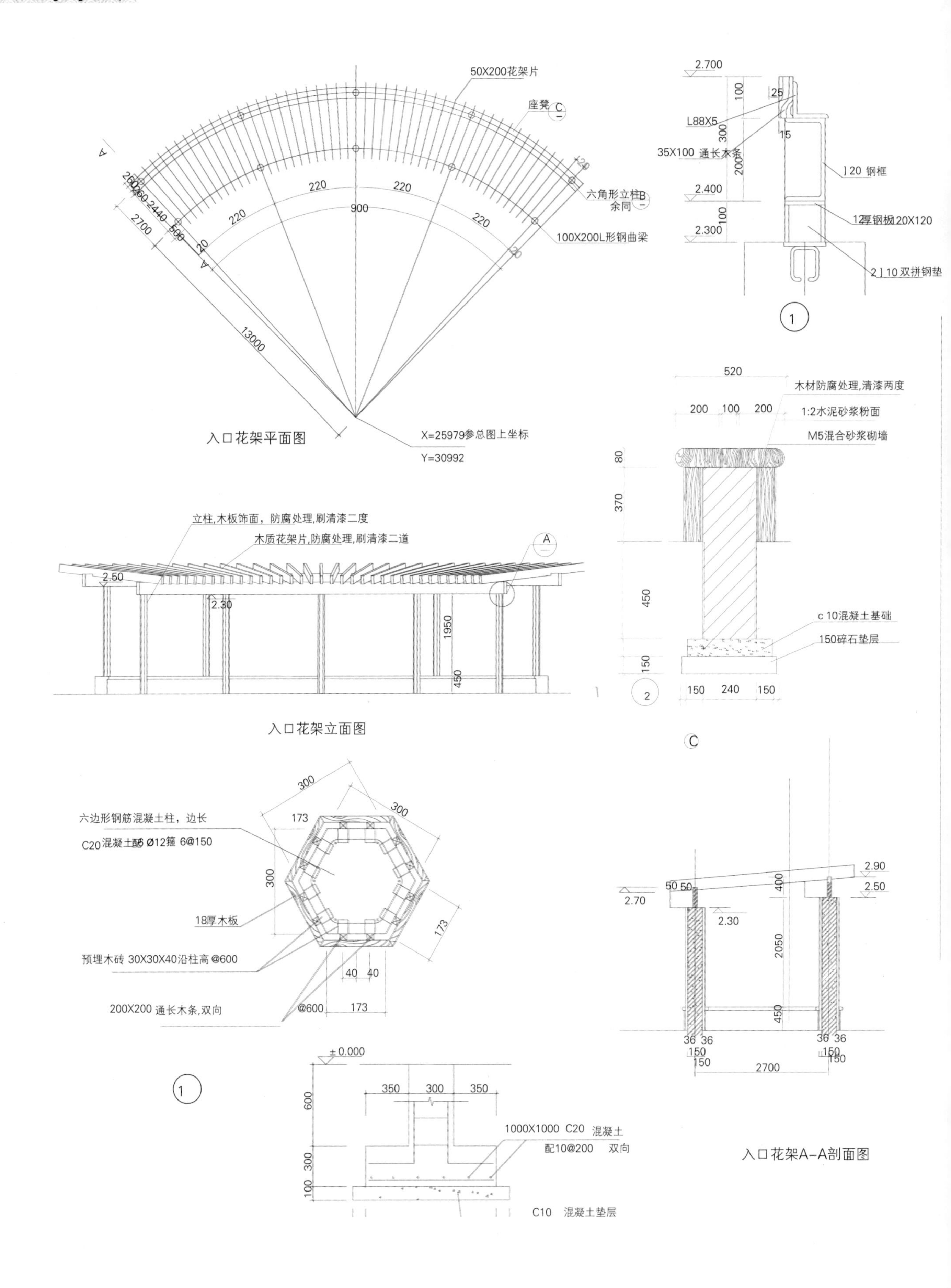

50X200花架片
座凳 C
六角形立柱 B
余同
100X200L形钢曲梁
220
220
220
220
900
2700
2440
500
13000
X=25979参总图上坐标
Y=30992
入口花架平面图
2.700
L88X5
35X100 通长木条
]20 钢框
2.400
2.300
12厚钢板120X120
2]10双拼钢垫
木材防腐处理,清漆两度
1:2水泥砂浆粉面
M5混合砂浆砌墙
c10混凝土基础
150碎石垫层
520
200
100
200
150
240
150
立柱,木板饰面，防腐处理,刷清漆二度
木质花架片,防腐处理,刷清漆二道
2.50
2.30
1950
450
入口花架立面图
六边形钢筋混凝土柱，边长
C20混凝土配6 Ø12箍 6@150
18厚木板
预埋木砖 30X30X40沿柱高@600
200X200 通长木条,双向
300
173
@600
±0.000
350
300
350
1000X1000 C20 混凝土
配10@200 双向
C10 混凝土垫层
2.90
2.50
2.70
2.30
2050
2700
入口花架A-A剖面图

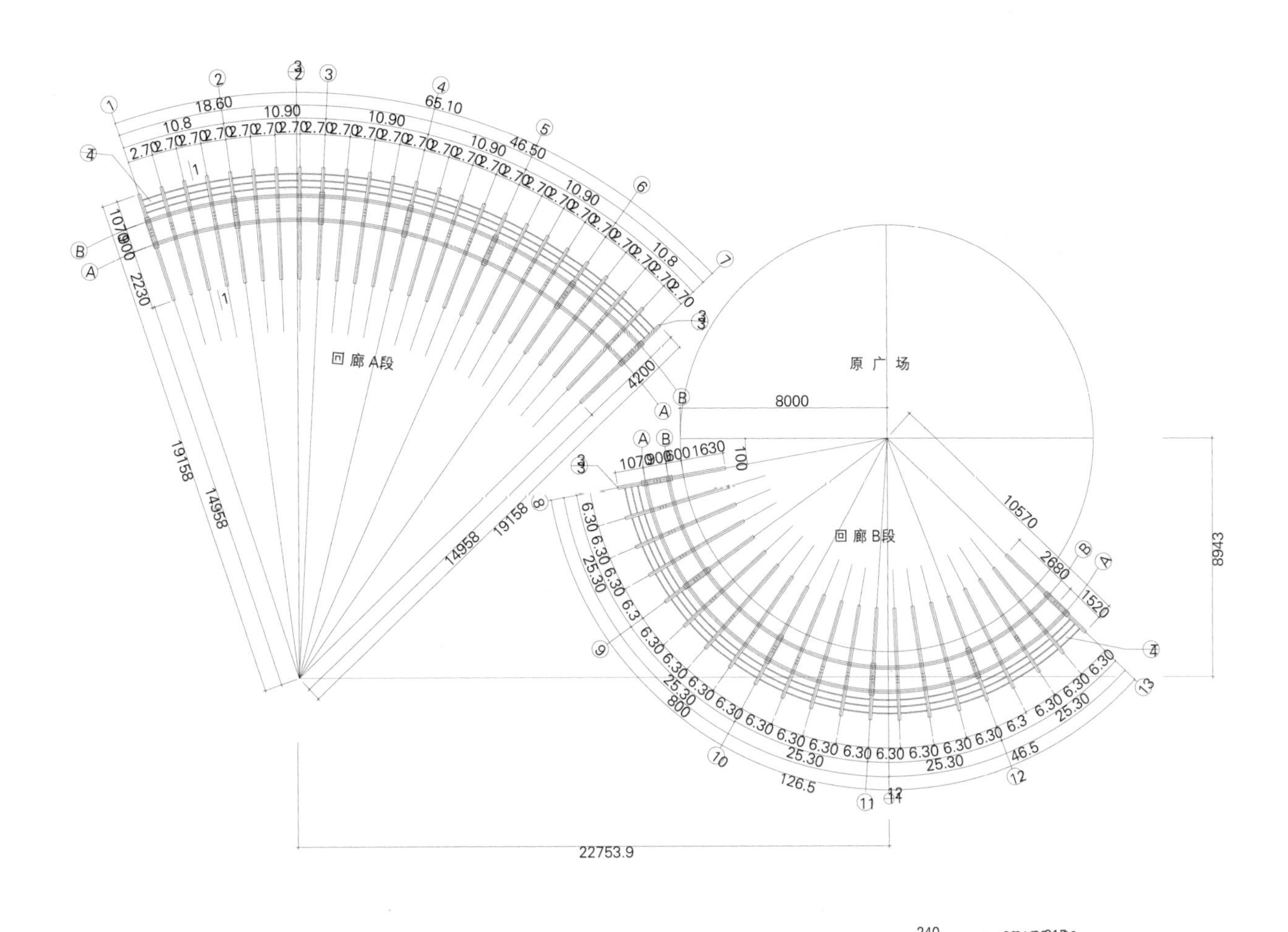

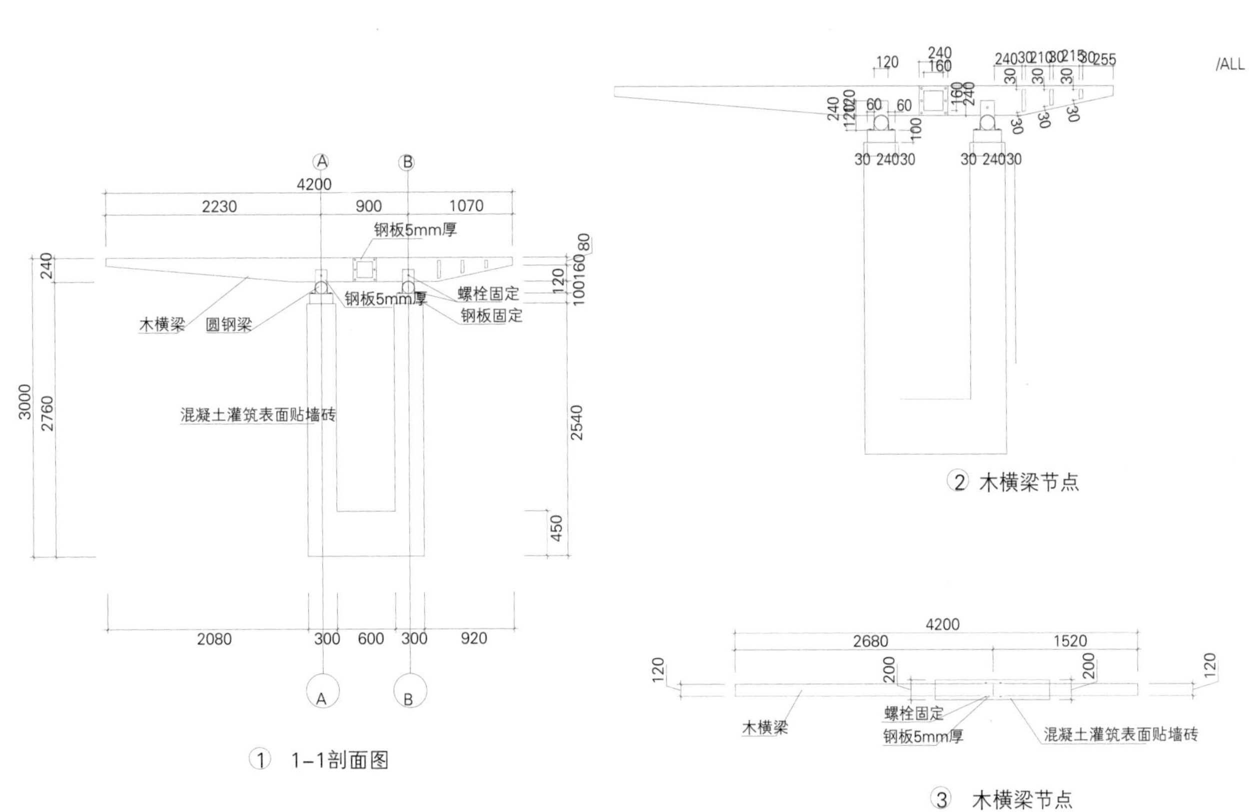

① 1-1剖面图

② 木横梁节点

③ 木横梁节点

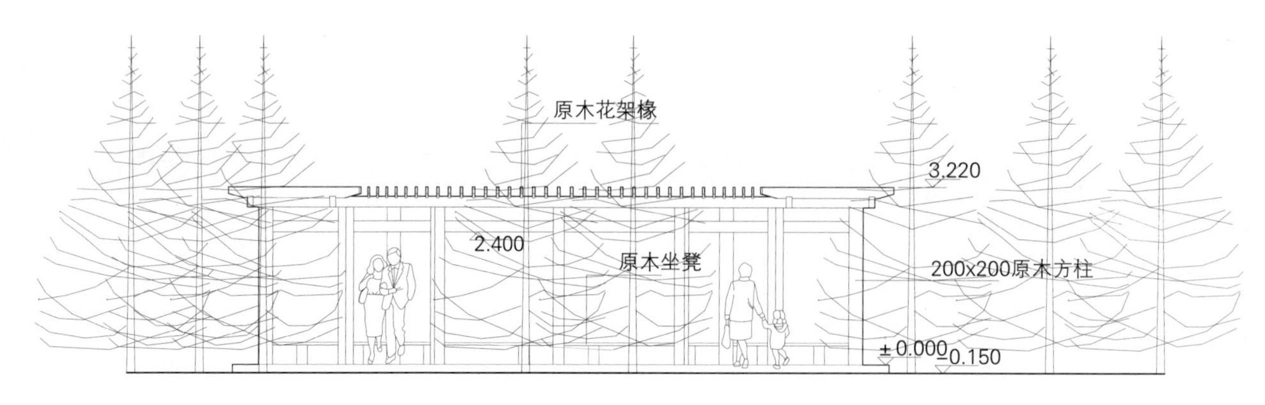

立面图

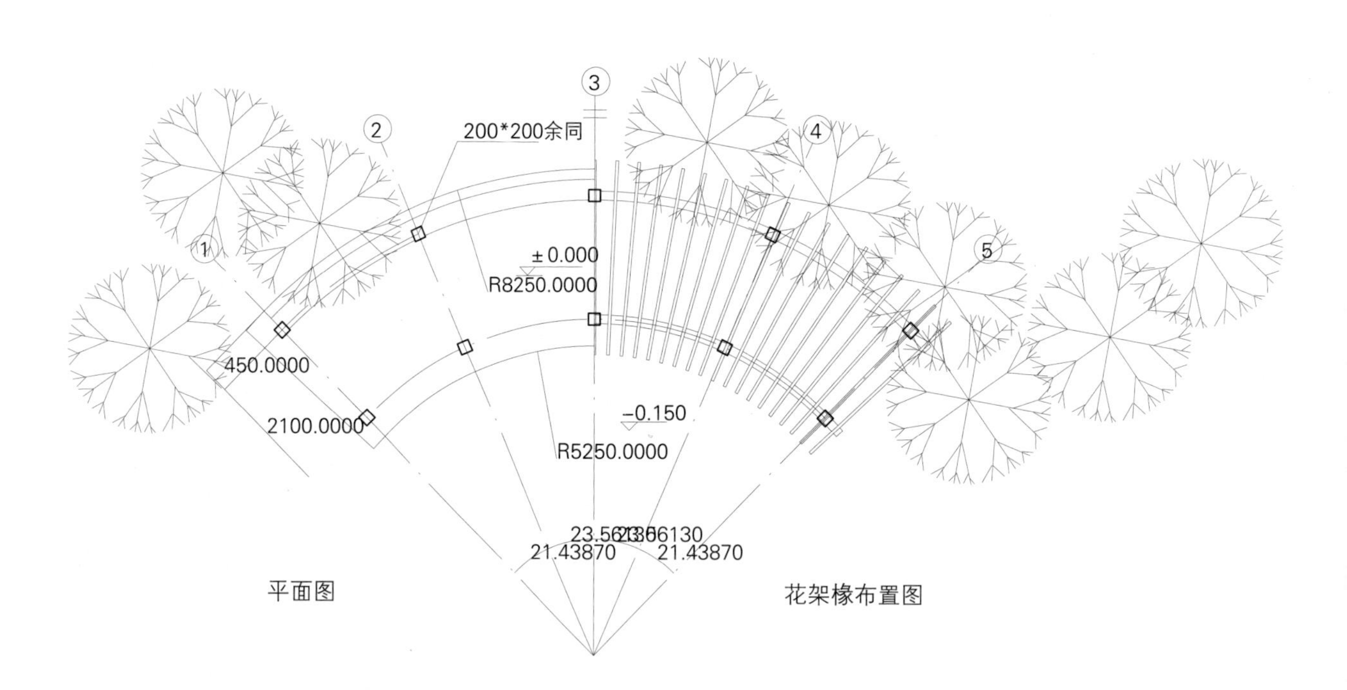

平面图

花架椽布置图

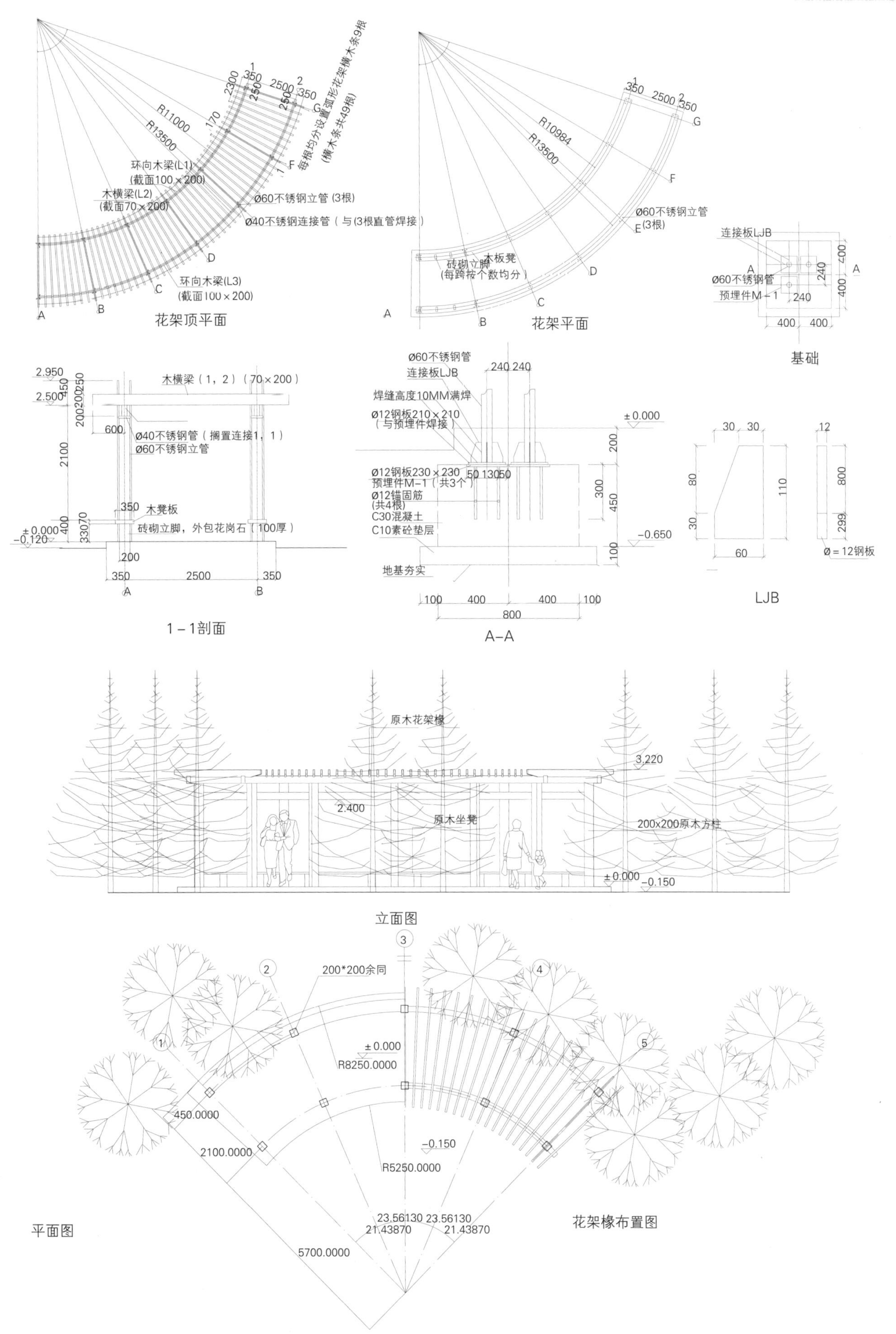

花架顶平面
环向木梁(L1)
(截面100×200)
木横梁(L2)
(截面70×200)
环向木梁(L3)
(截面100×200)
ø60不锈钢立管(3根)
ø40不锈钢连接管（与(3根直管焊接）
每根均分设置弧形花架横木条9根
(横木条共49根)
R11000
R13500
花架平面
R10984
砖砌立脚
木板凳
(每跨按个数均分)
基础
连接板LJB
ø60不锈钢管
预埋件M－1
1－1剖面
木横梁（1，2）（70×200）
ø40不锈钢管（搁置连接1，1）
ø60不锈钢立管
木凳板
砖砌立脚，外包花岗石（100厚）
A－A
焊缝高度10MM满焊
ø12钢板210×210
（与预埋件焊接）
ø12钢板230×230
预埋件M－1（共3个）
ø12锚固筋
(共4根)
C30混凝土
C10素砼垫层
地基夯实
LJB
ø＝12钢板
立面图
原木花架椽
原木坐凳
200x200原木方柱
平面图
200*200余同
R8250.0000
R5250.0000
花架椽布置图

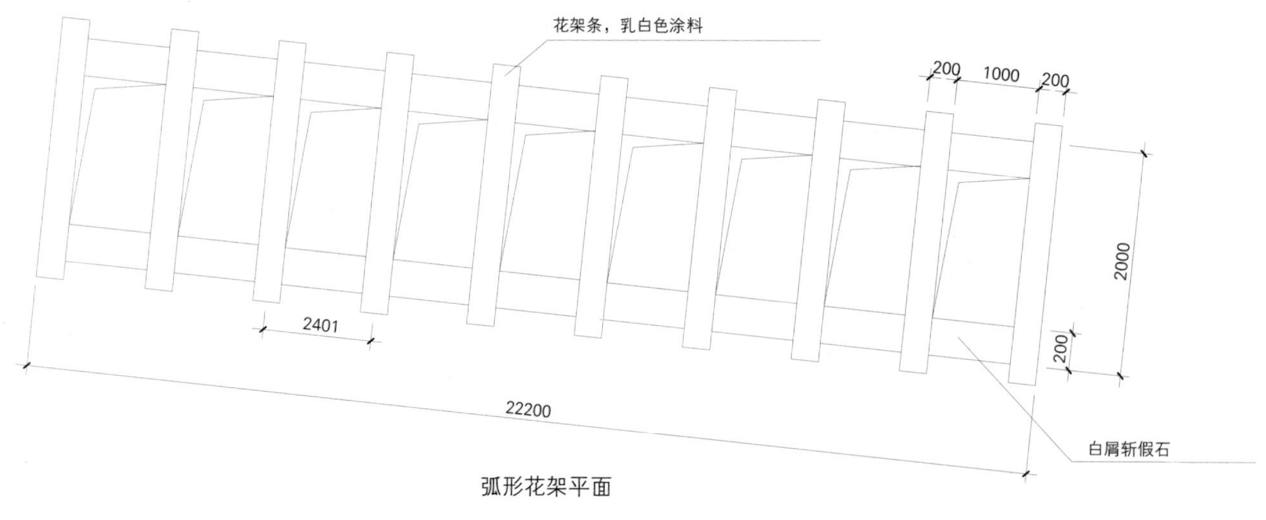

弧形花架平面

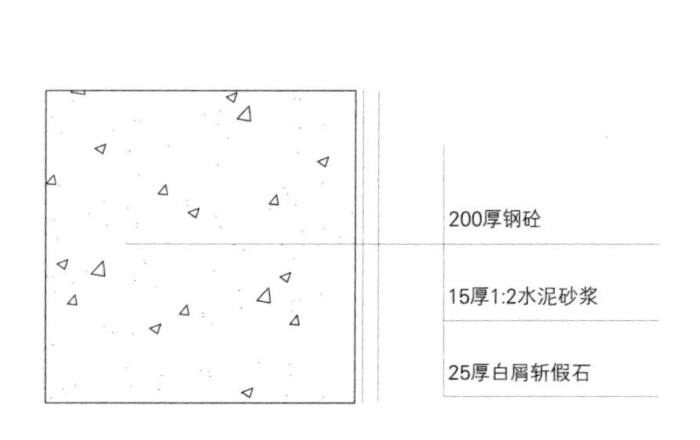

弧形梁大样

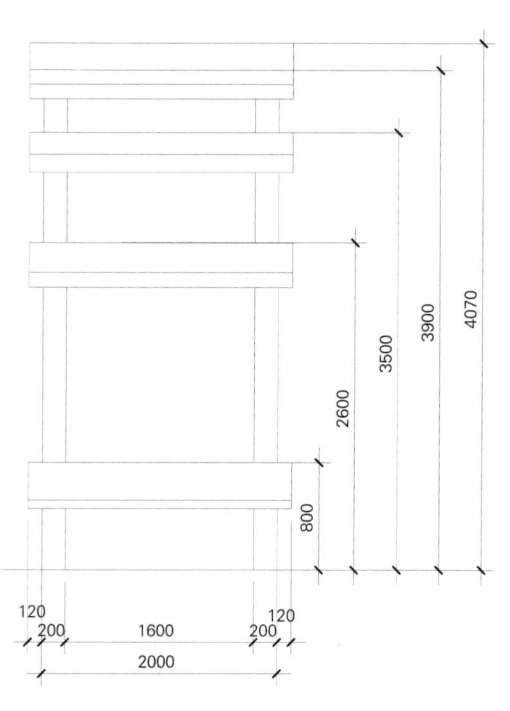

弧形花架侧立面

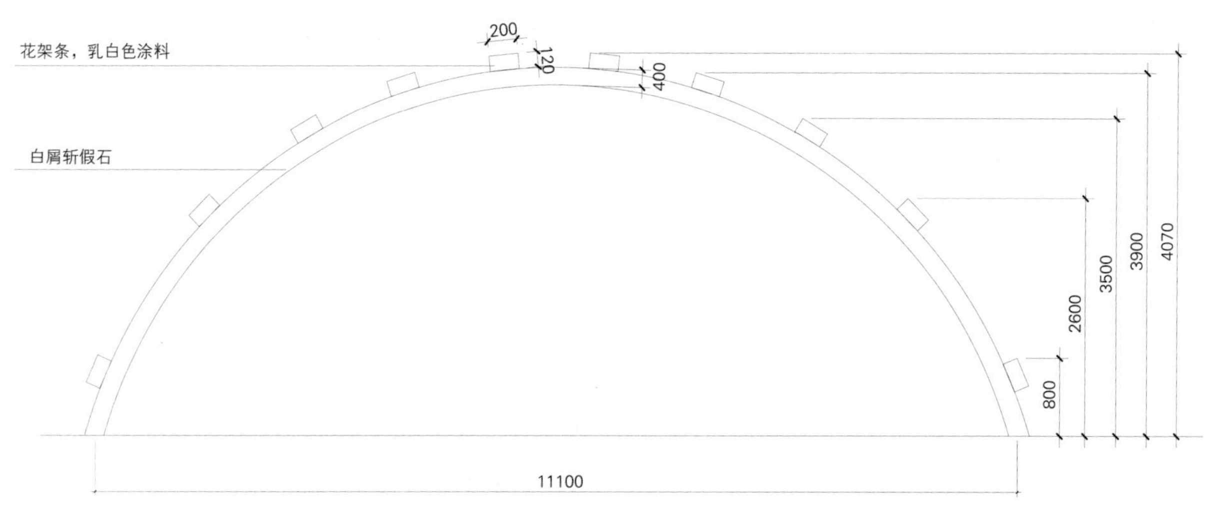

弧形花架正立面

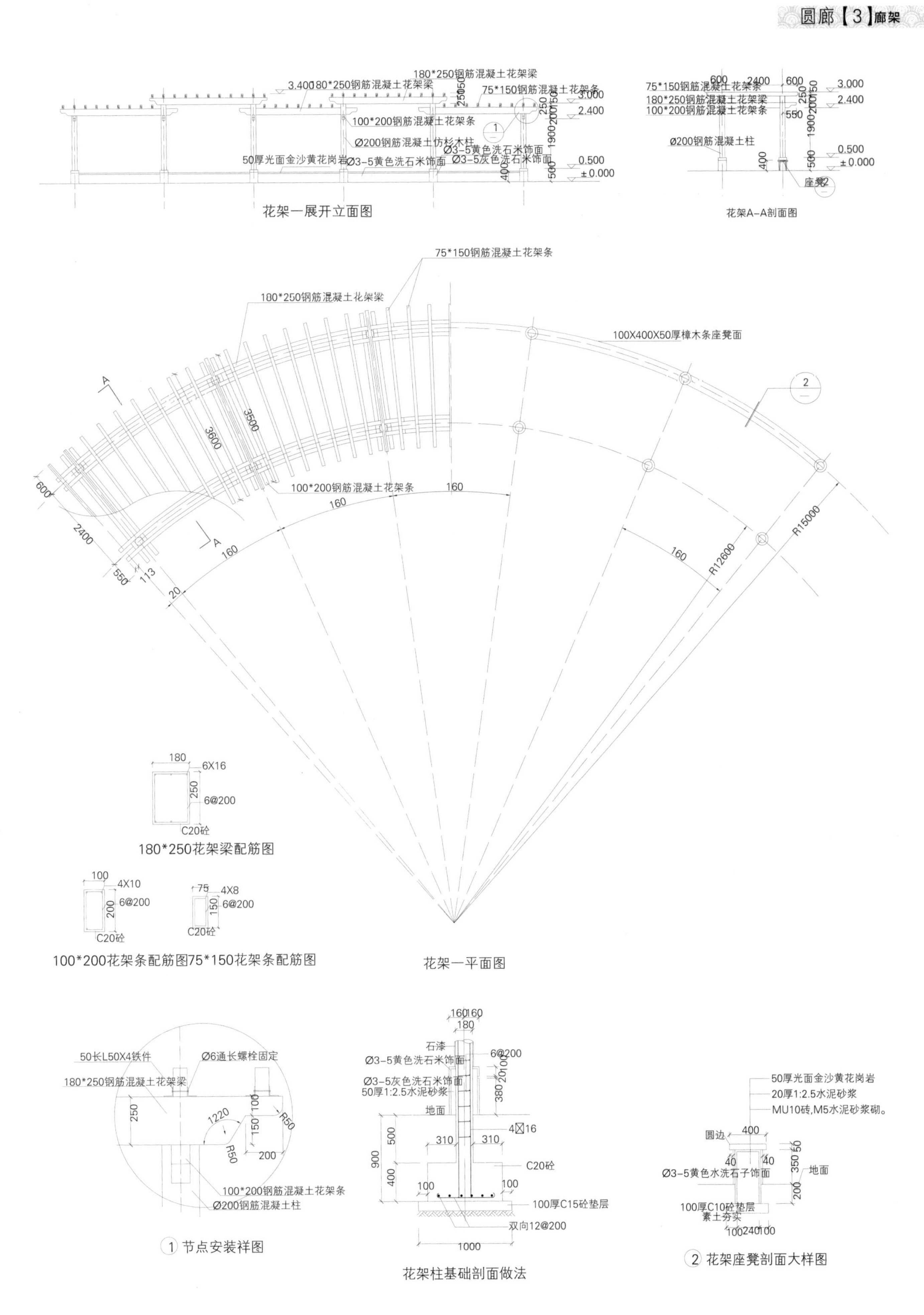
3.400
180*250钢筋混凝土花架梁
75*150钢筋混凝土花架条
100*200钢筋混凝土花架条
Ø200钢筋混凝土仿杉木柱
Ø3-5黄色洗石米饰面
Ø3-5灰色洗石米饰面
50厚光面金沙黄花岗岩
3.000
2.400
0.500
±0.000
花架一展开立面图
75*150钢筋混凝土花架条
180*250钢筋混凝土花架梁
100*200钢筋混凝土花架条
Ø200钢筋混凝土柱
座凳
花架A-A剖面图
100X400X50厚樟木条座凳面
R12600
R15000
180*250花架梁配筋图
100*200花架条配筋图
75*150花架条配筋图
花架一平面图
50长L50X4铁件
Ø6通长螺栓固定
180*250钢筋混凝土花架梁
100*200钢筋混凝土花架条
Ø200钢筋混凝土柱
1 节点安装祥图
石漆
Ø3-5黄色洗石米饰面
Ø3-5灰色洗石米饰面
50厚1:2.5水泥砂浆
地面
C20砼
100厚C15砼垫层
双向12@200
花架柱基础剖面做法
50厚光面金沙黄花岗岩
20厚1:2.5水泥砂浆
MU10砖,M5水泥砂浆砌。
圆边
Ø3-5黄色水洗石子饰面
地面
100厚C10砼垫层
素土夯实
2 花架座凳剖面大样图

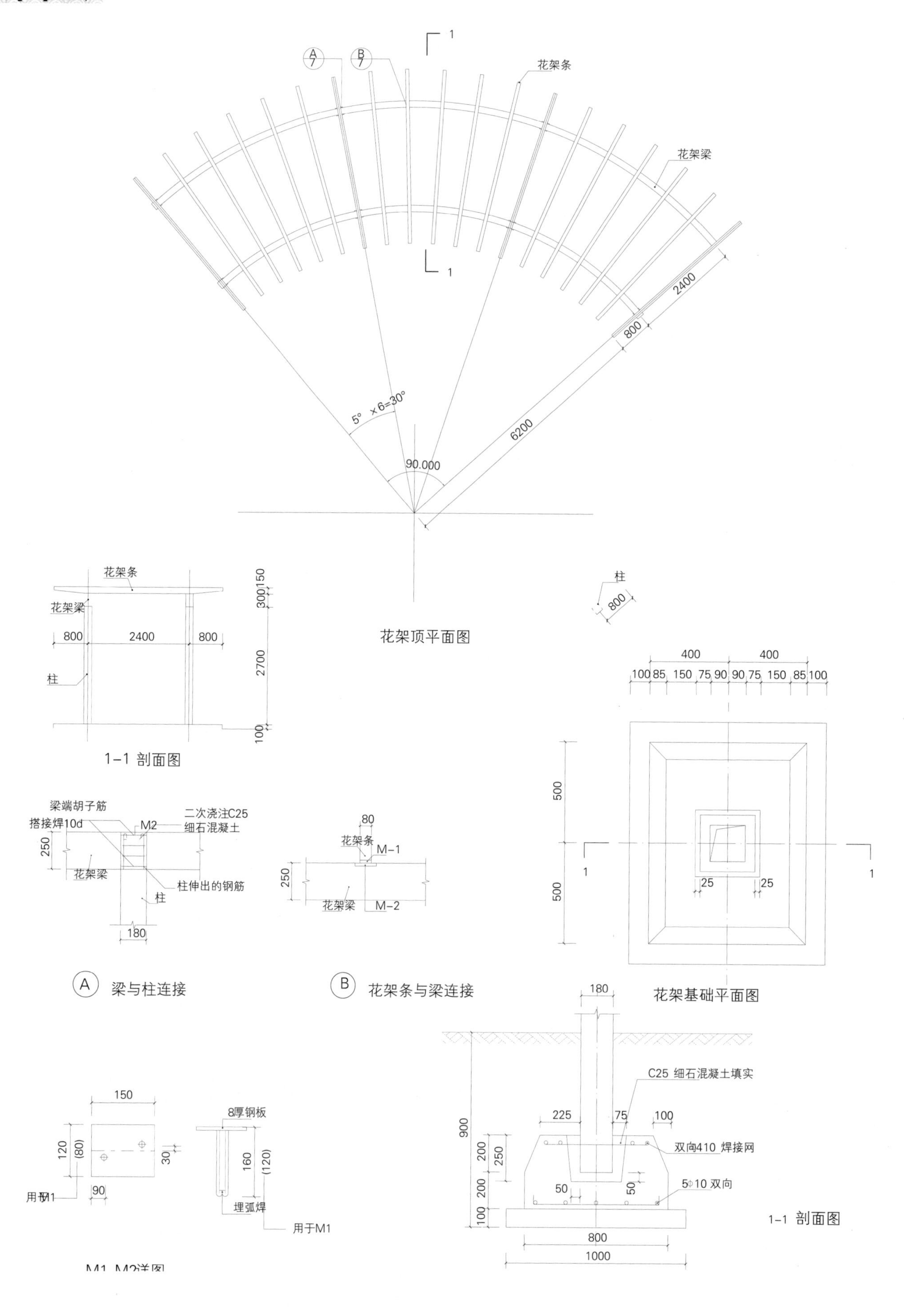
A 7
B 7
1
花架条
花架梁
2400
800
5° ×6=30°
6200
90.000
1
花架顶平面图
花架条
花架梁
800
2400
800
300
150
2700
100
柱
1-1 剖面图
柱
800
400
400
100 85 150 75 90 90 75 150 85 100
500
500
1
1
25
25
花架基础平面图
梁端胡子筋
搭接焊10d
M2
二次浇注C25
细石混凝土
250
花架梁
柱伸出的钢筋
柱
180
A 梁与柱连接
80
花架条
M-1
250
花架梁
M-2
B 花架条与梁连接
180
C25 细石混凝土填实
225
75
100
900
200
250
双向Φ10 焊接网
200
50
50
5Φ10 双向
100
800
1000
1-1 剖面图
150
120
(80)
30
90
用于M1
8厚钢板
160
(120)
埋弧焊
用于M1
M1、M2详图

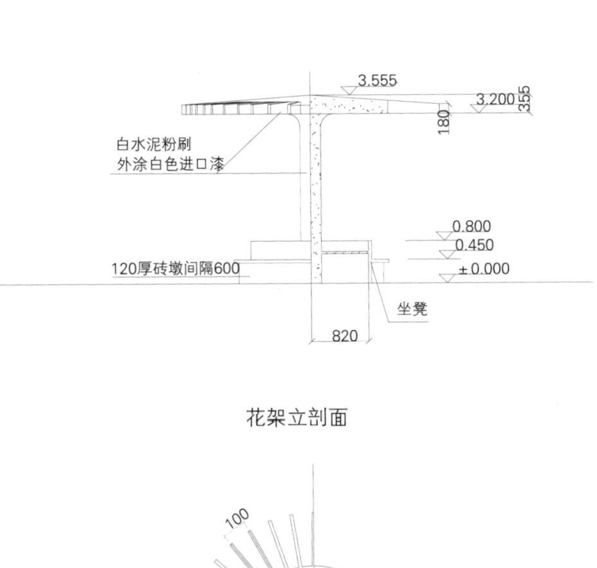

花架立剖面

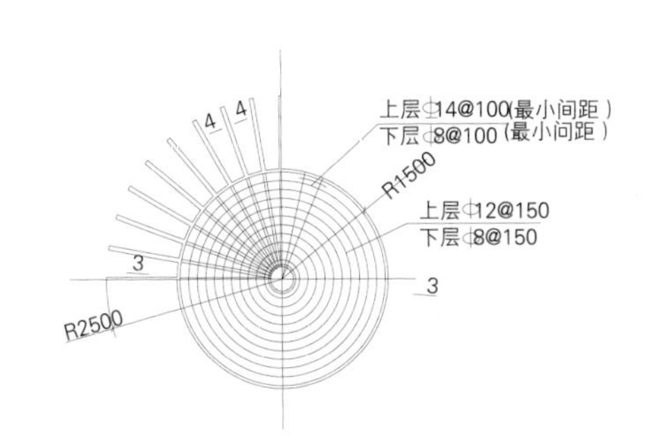

花架结构平面

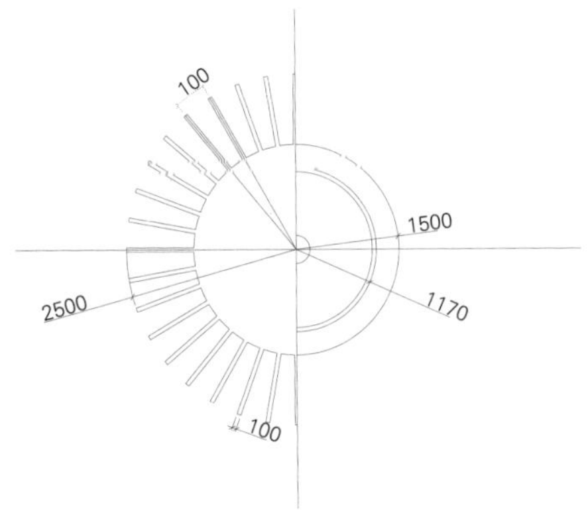

花架平面

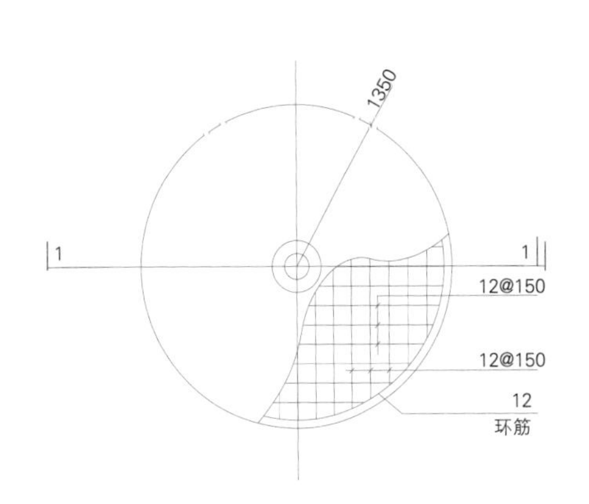

花架基础平面

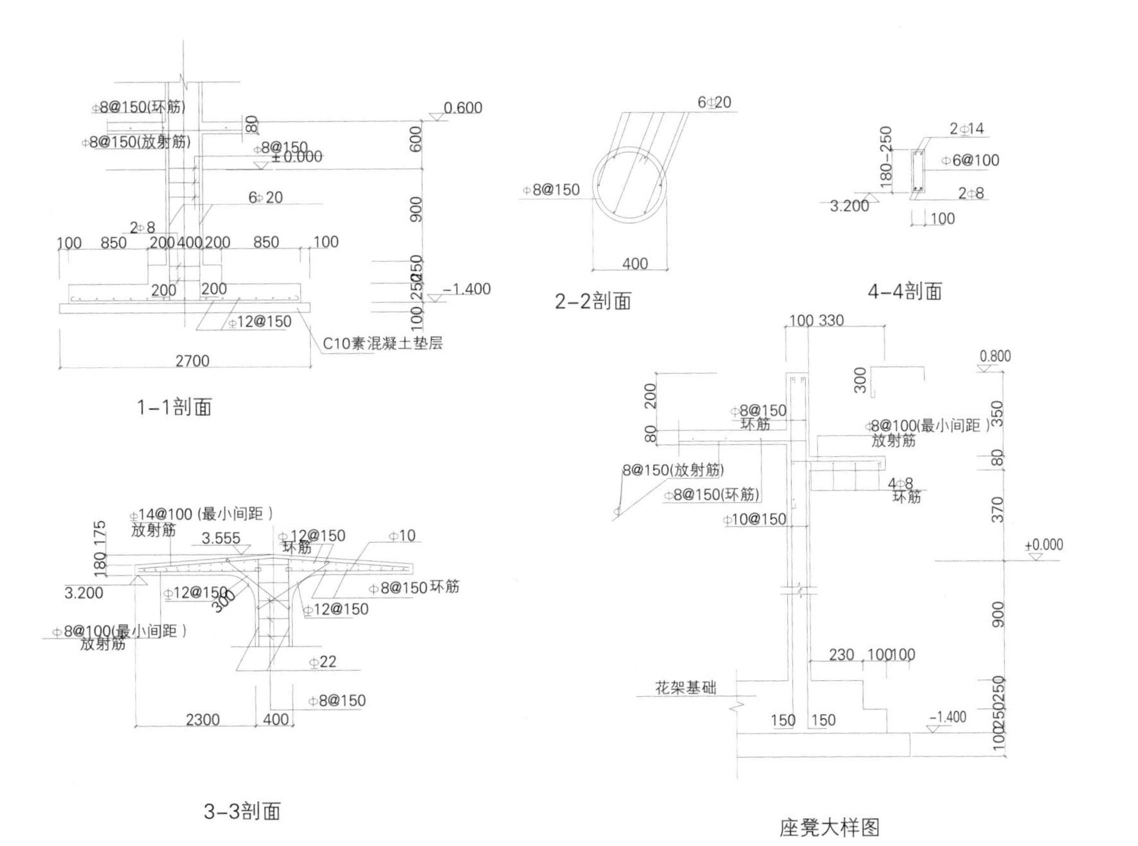

1-1剖面

2-2剖面

4-4剖面

3-3剖面

座凳大样图

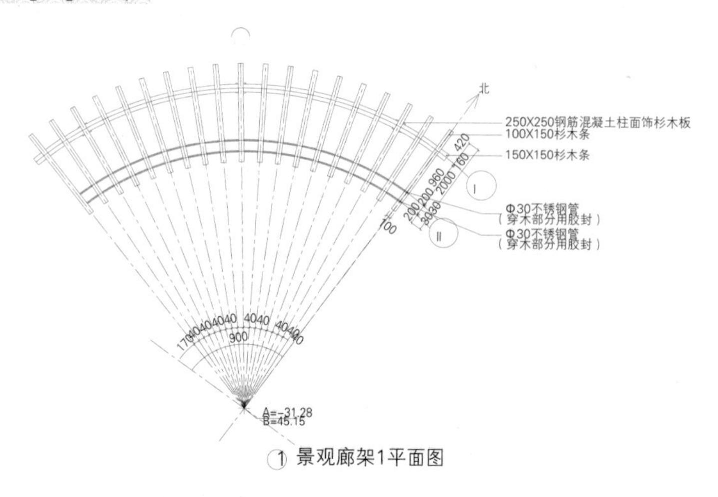

1 景观廊架1平面图

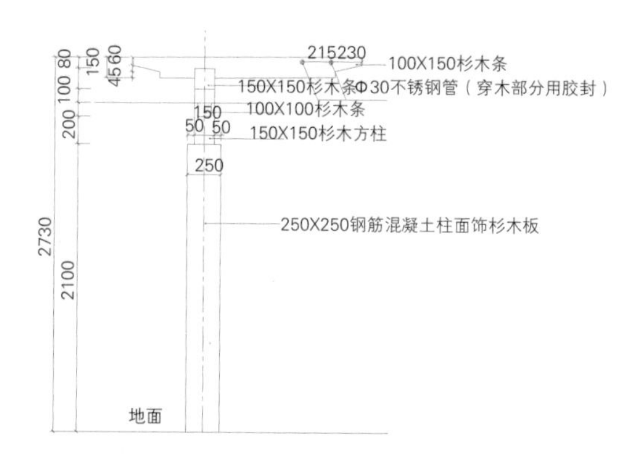

2 景观廊架1侧立面图

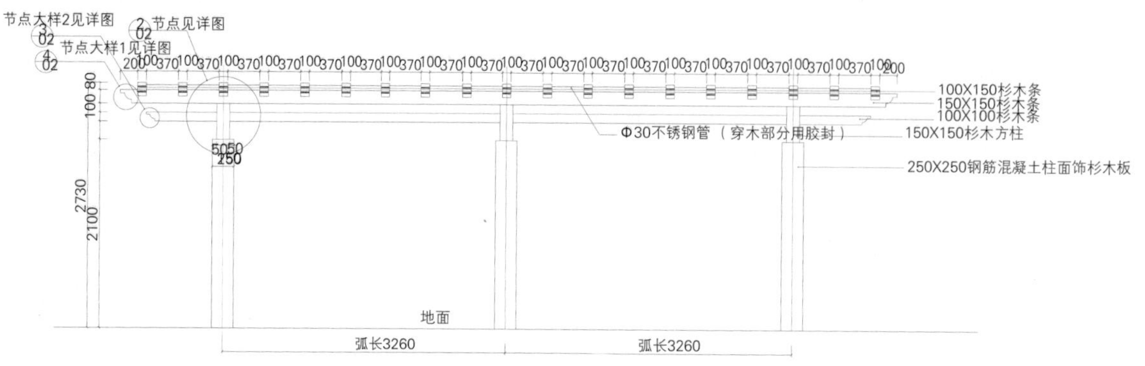

3 景观廊架A展开立面图

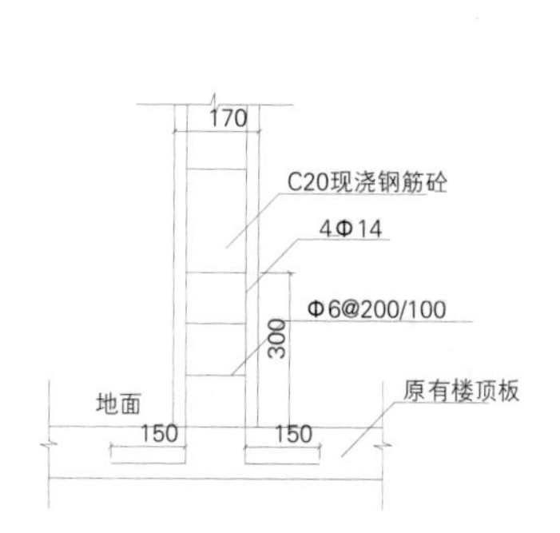

1 景观廊架柱基配筋图

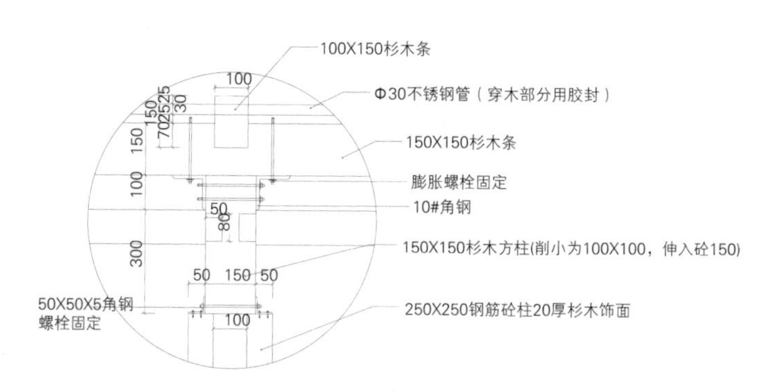

2 景观廊架节点大样图

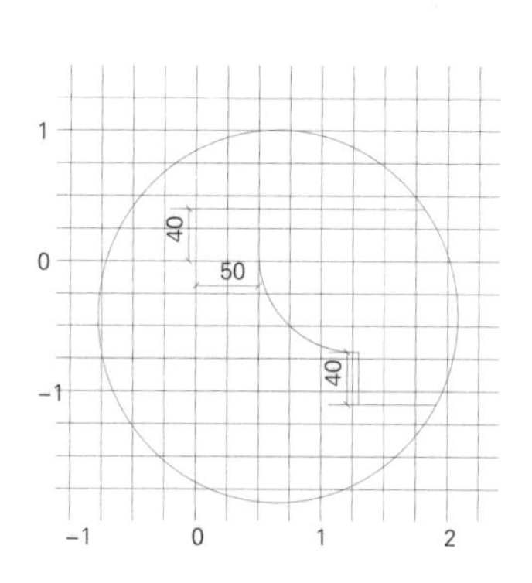

3 景观廊架大样1定位图

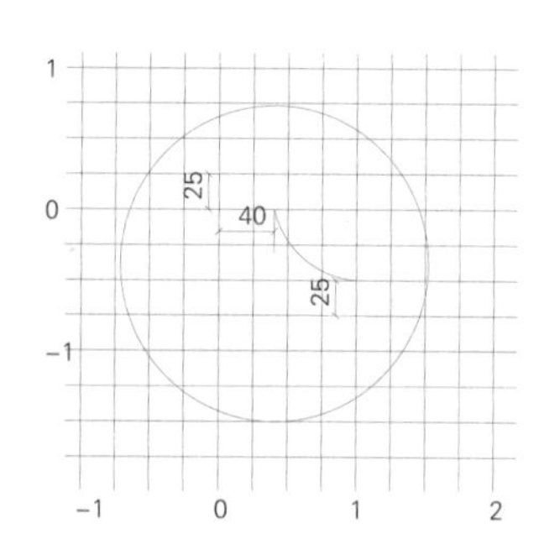

4 景观廊架大样2定位图

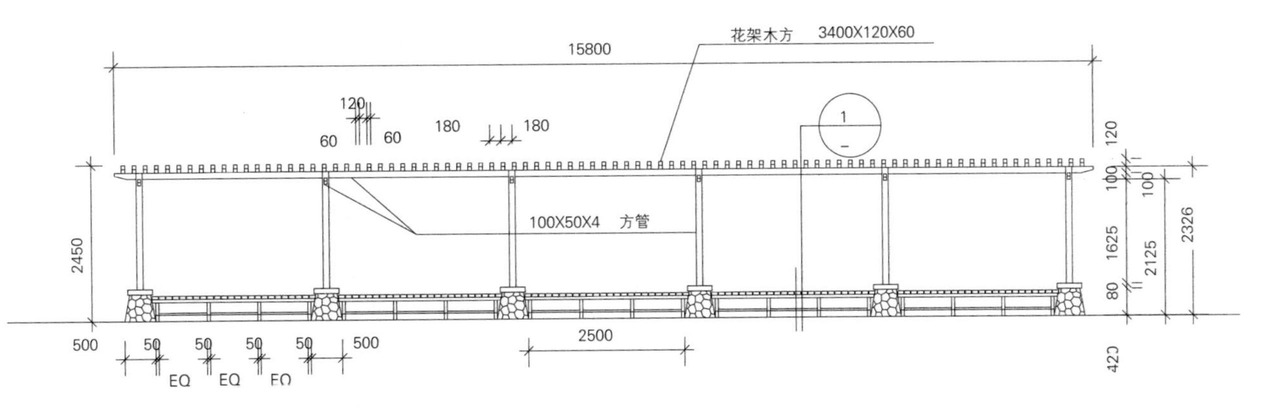

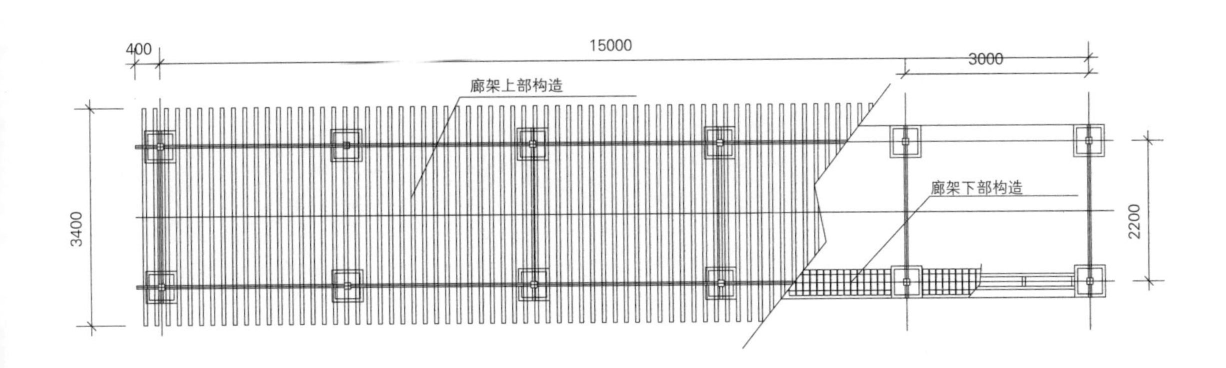

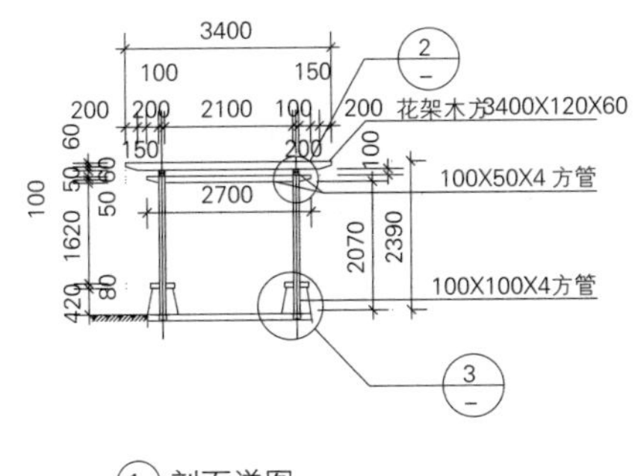

① 剖面详图

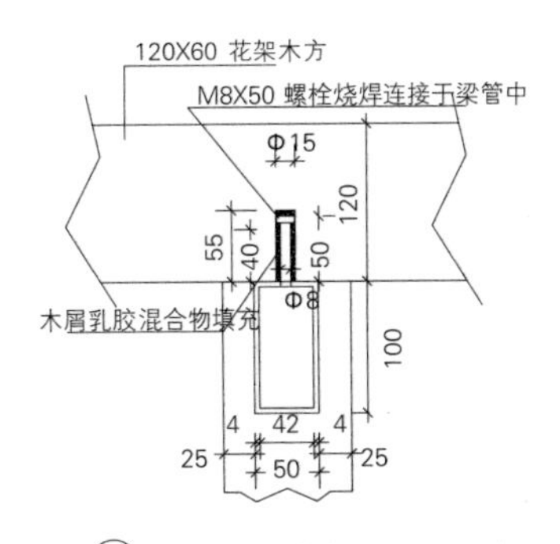

② 花架条连接大样

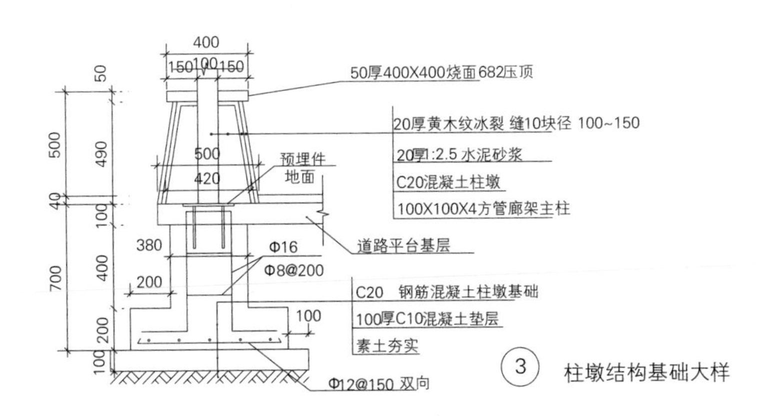

③ 柱墩结构基础大样

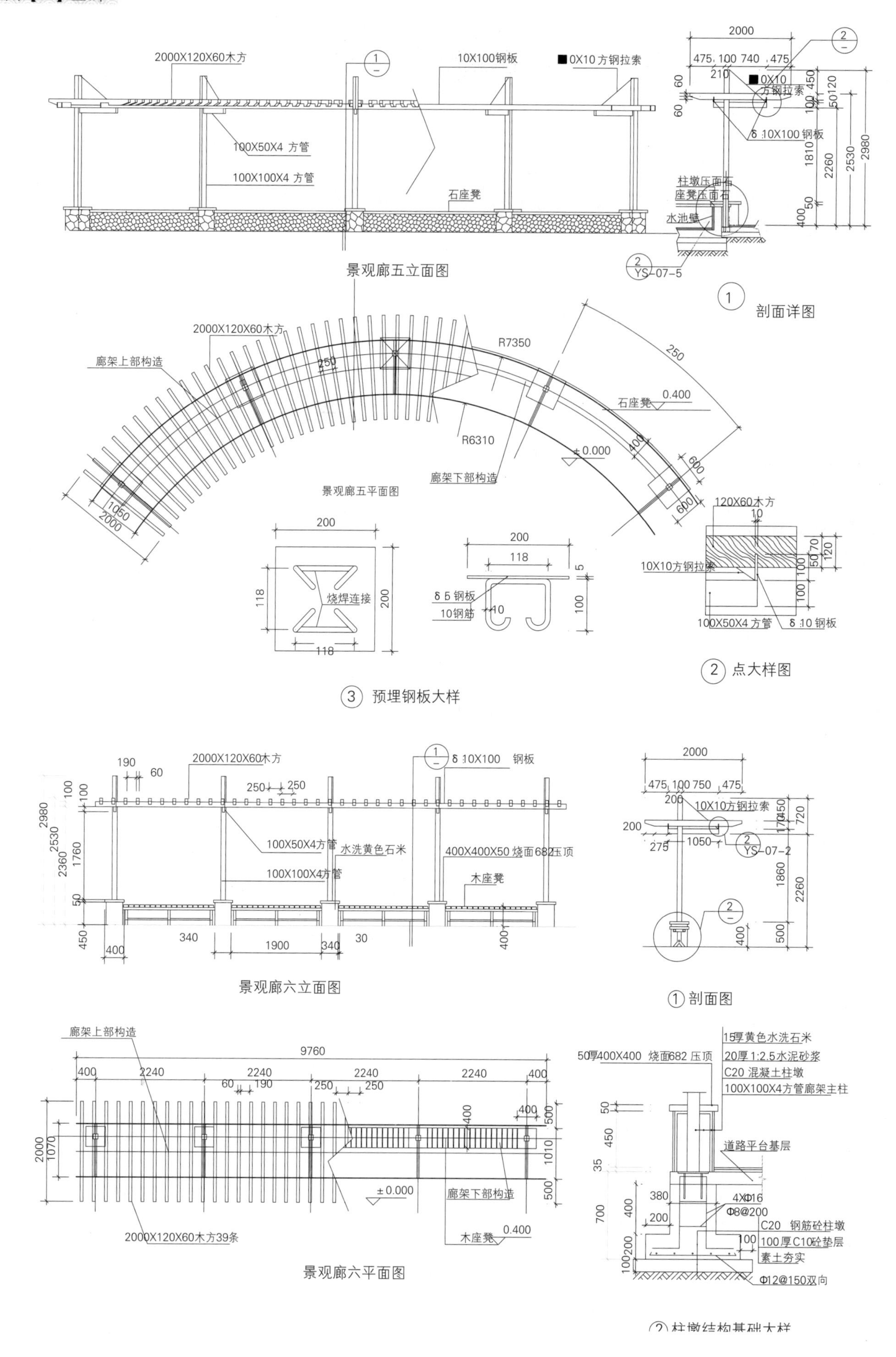
2000X120X60木方
10X100钢板
■0X10 方钢拉索
100X50X4 方管
100X100X4 方管
石座凳
景观廊五立面图
2000
475 100 740 475
210
■0X10
方钢拉索
δ 10X100 钢板
柱墩压面石
座凳压面石
水池壁
YS-07-5
① 剖面详图
2000X120X60木方
廊架上部构造
R7350
250
石座凳
0.400
R6310
±0.000
廊架下部构造
景观廊五平面图
1050
2000
600
200
118
烧焊连接
δ 5 钢板
10钢筋
120X60木方
10X10方钢拉索
100X50X4 方管
δ 10 钢板
② 点大样图
③ 预埋钢板大样
2000X120X60木方
δ 10X100 钢板
100X50X4方管
水洗黄色石米
400X400X50 烧面682压顶
100X100X4方管
木座凳
1900
景观廊六立面图
2000
475 100 750 475
10X10方钢拉索
1050
YS-07-2
① 剖面图
廊架上部构造
9760
400 2240 2240 2240 2240 400
±0.000
廊架下部构造
2000X120X60木方39条
木座凳
0.400
景观廊六平面图
15厚黄色水洗石米
50厚400X400 烧面682 压顶
20厚 1:2.5水泥砂浆
C20 混凝土柱墩
100X100X4方管廊架主柱
道路平台基层
4Φ16
Φ8@200
C20 钢筋砼柱墩
100厚C10砼垫层
素土夯实
Φ12@150双向
② 柱墩结构基础大样

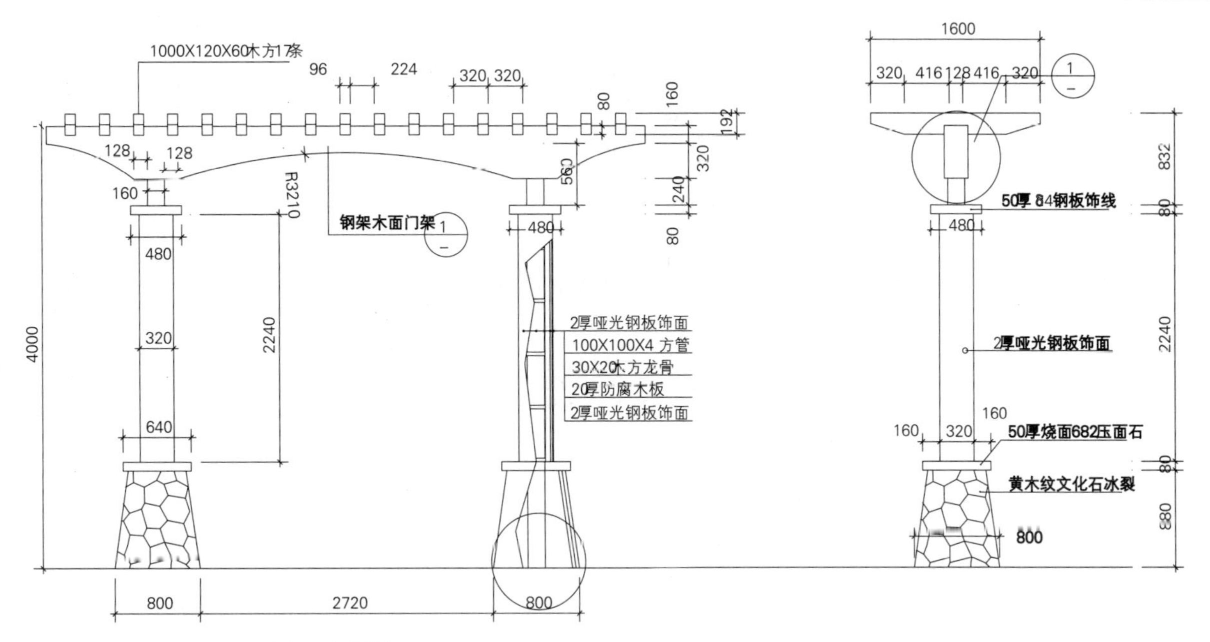

木门架立面图

侧立面图

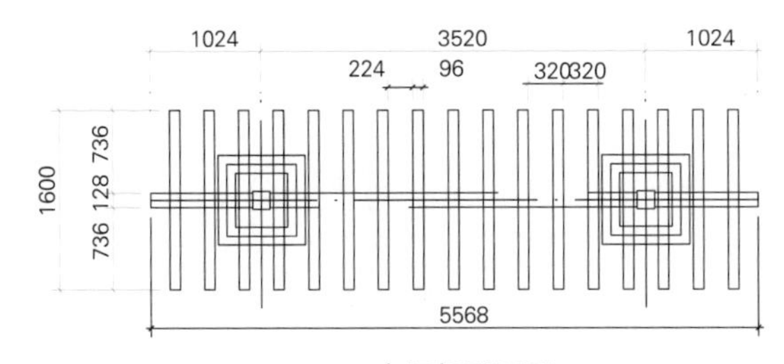

木门架平面图

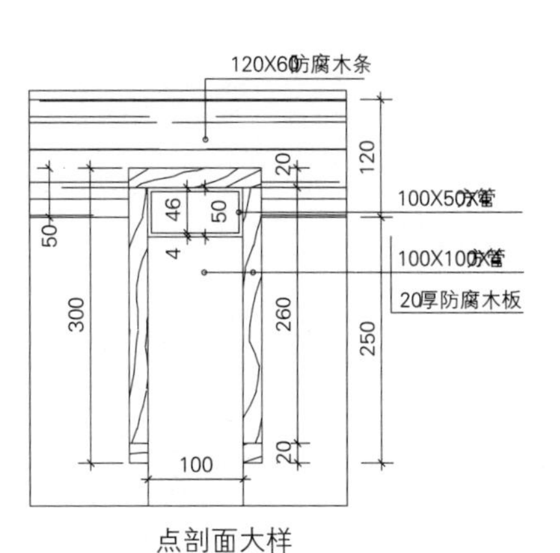

点剖面大样

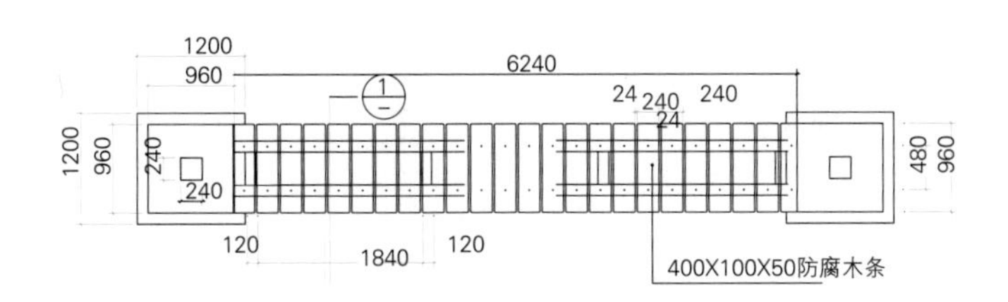

木座凳平面详图

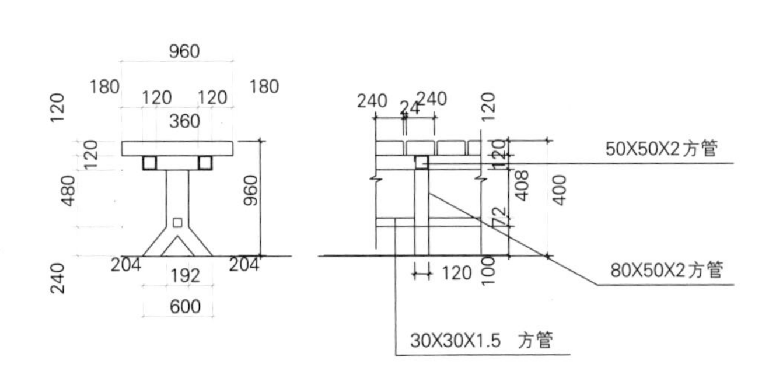

木座凳结构详图

20厚黄木纹冰裂 缝10块径200~250
20厚 1:2.5 水泥砂浆
C20混凝土柱墩
100X100X4方管廊架主柱
50厚600X600 烧面682压顶
水池结构
预埋件
3
YS-07-2
道路平台基层
4Φ16
Φ8@200
C20钢筋砼基础
100厚 C10砼垫层
素土夯实
Φ12@150双向

廊五柱墩基础结构大样

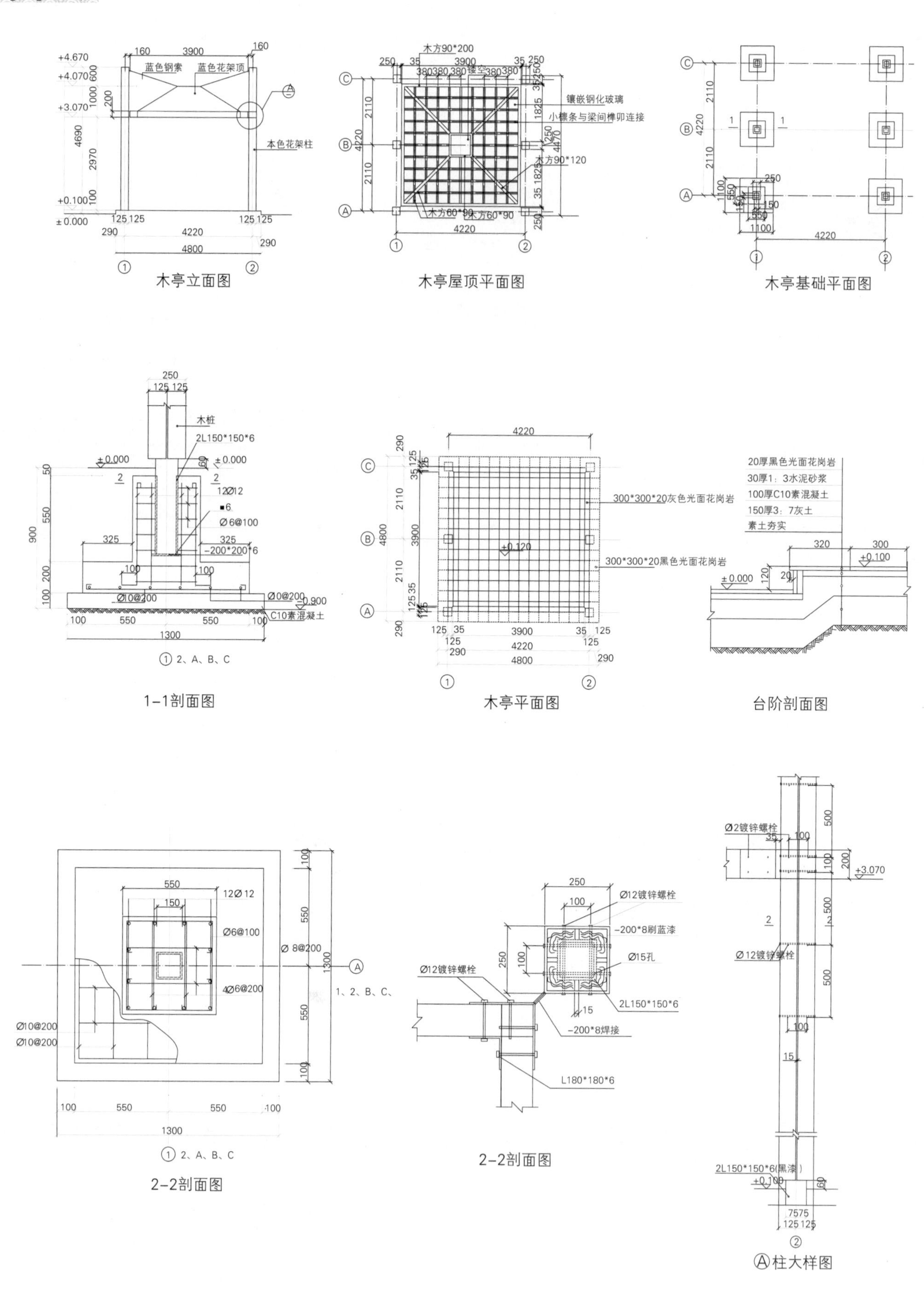

木亭立面图

木亭屋顶平面图

木亭基础平面图

1-1剖面图

木亭平面图

台阶剖面图

2-2剖面图

2-2剖面图

Ⓐ柱大样图

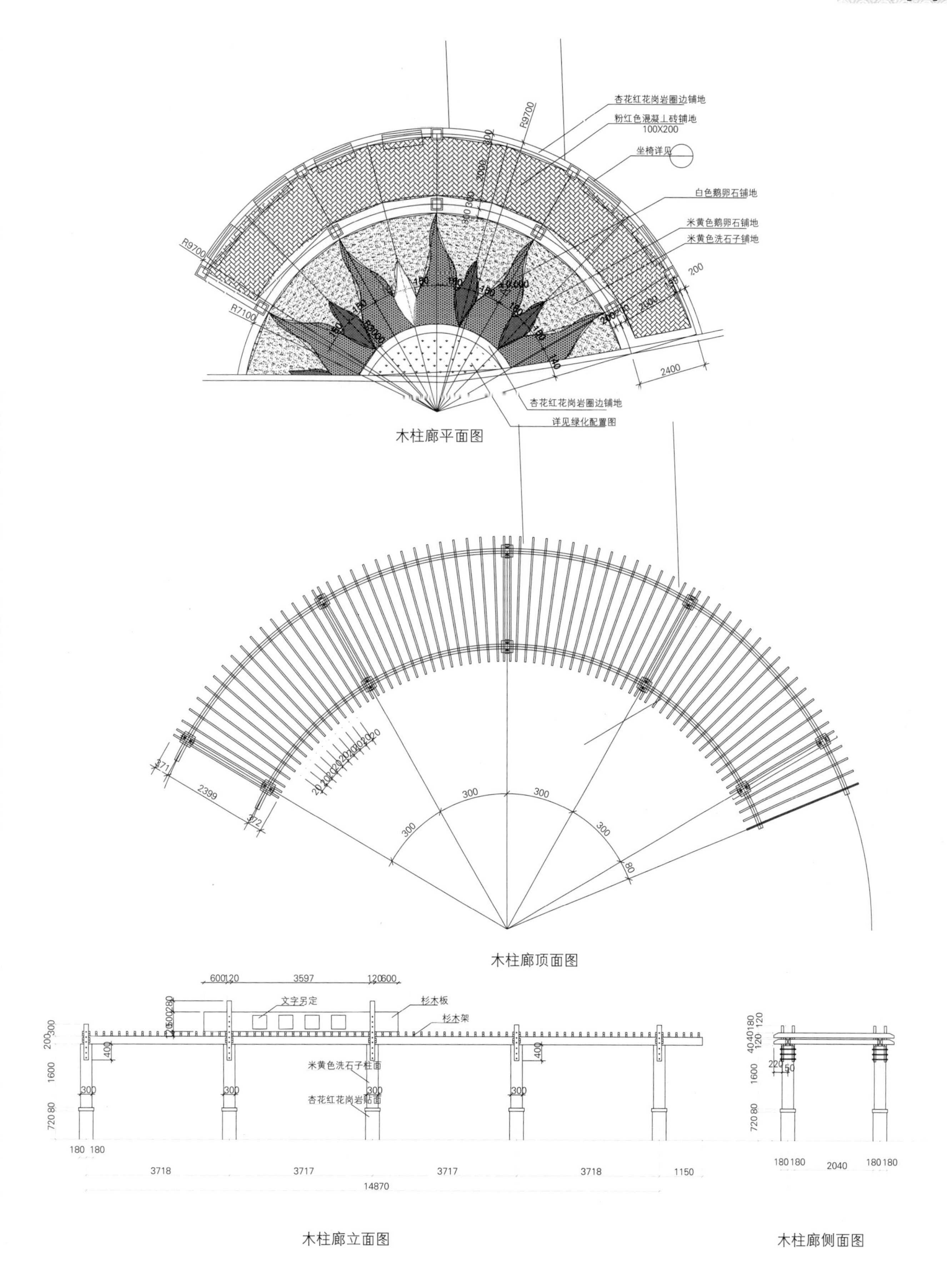

木柱廊平面图

木柱廊顶面图

木柱廊立面图

木柱廊侧面图

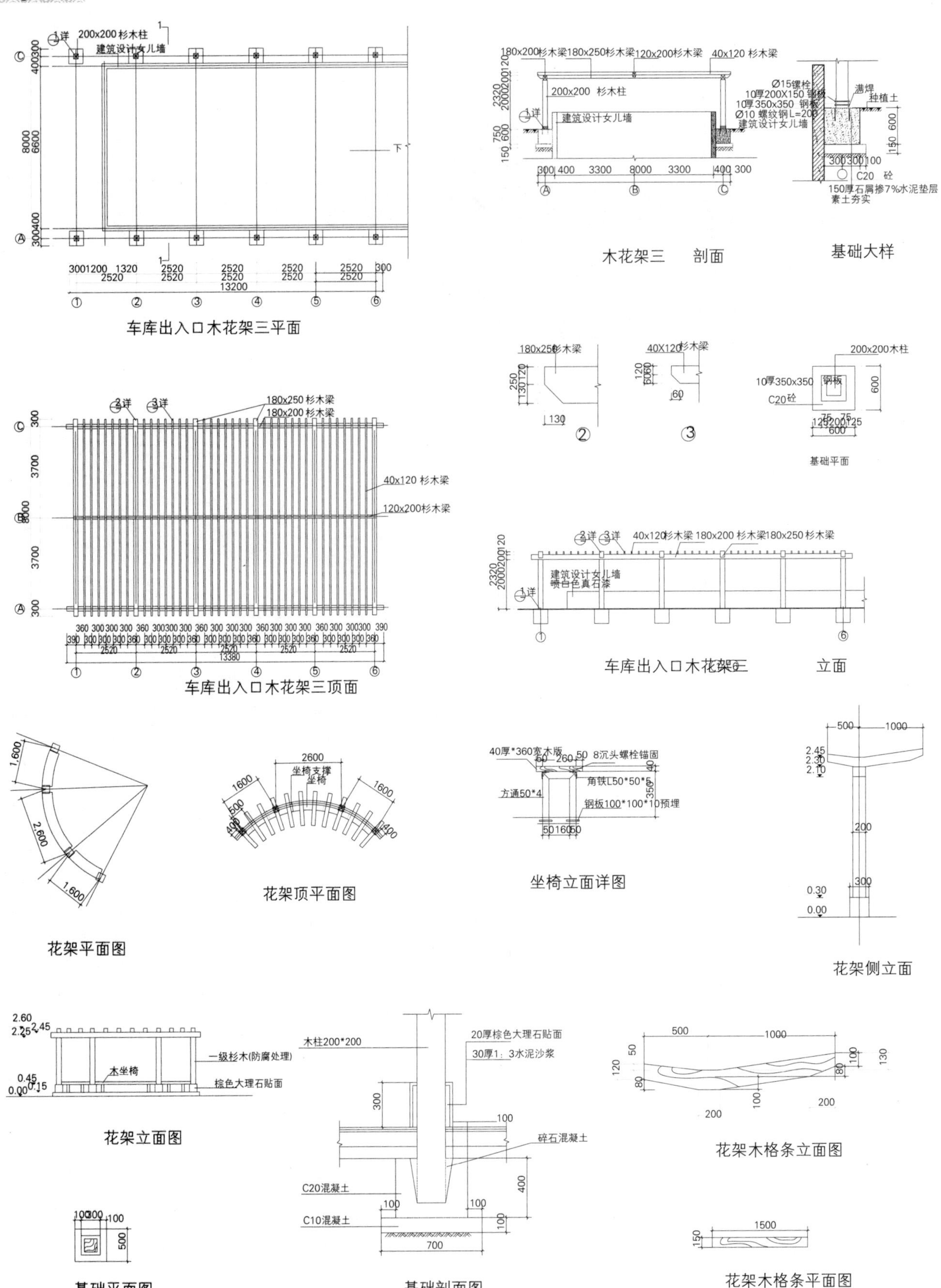
200x200 杉木柱
建筑设计女儿墙
车库出入口木花架三平面
木花架三 剖面
基础大样
车库出入口木花架三顶面
车库出入口木花架三 立面
花架平面图
花架顶平面图
坐椅立面详图
花架侧立面
花架立面图
基础剖面图
花架木格条立面图
基础平面图
花架木格条平面图

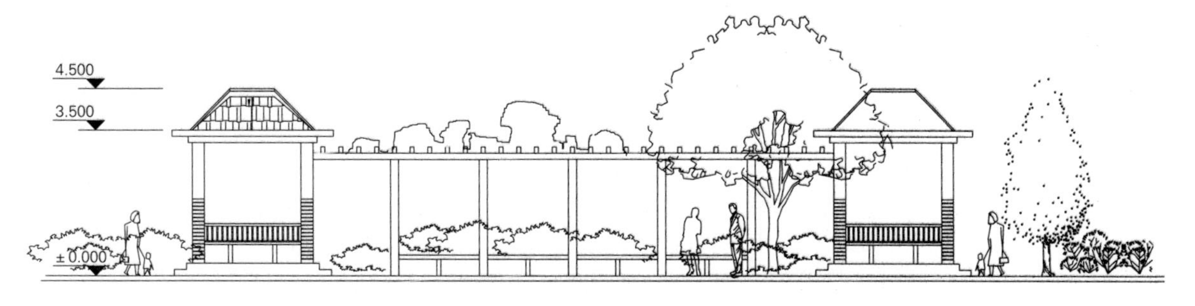

南方临里中心花架展开立面

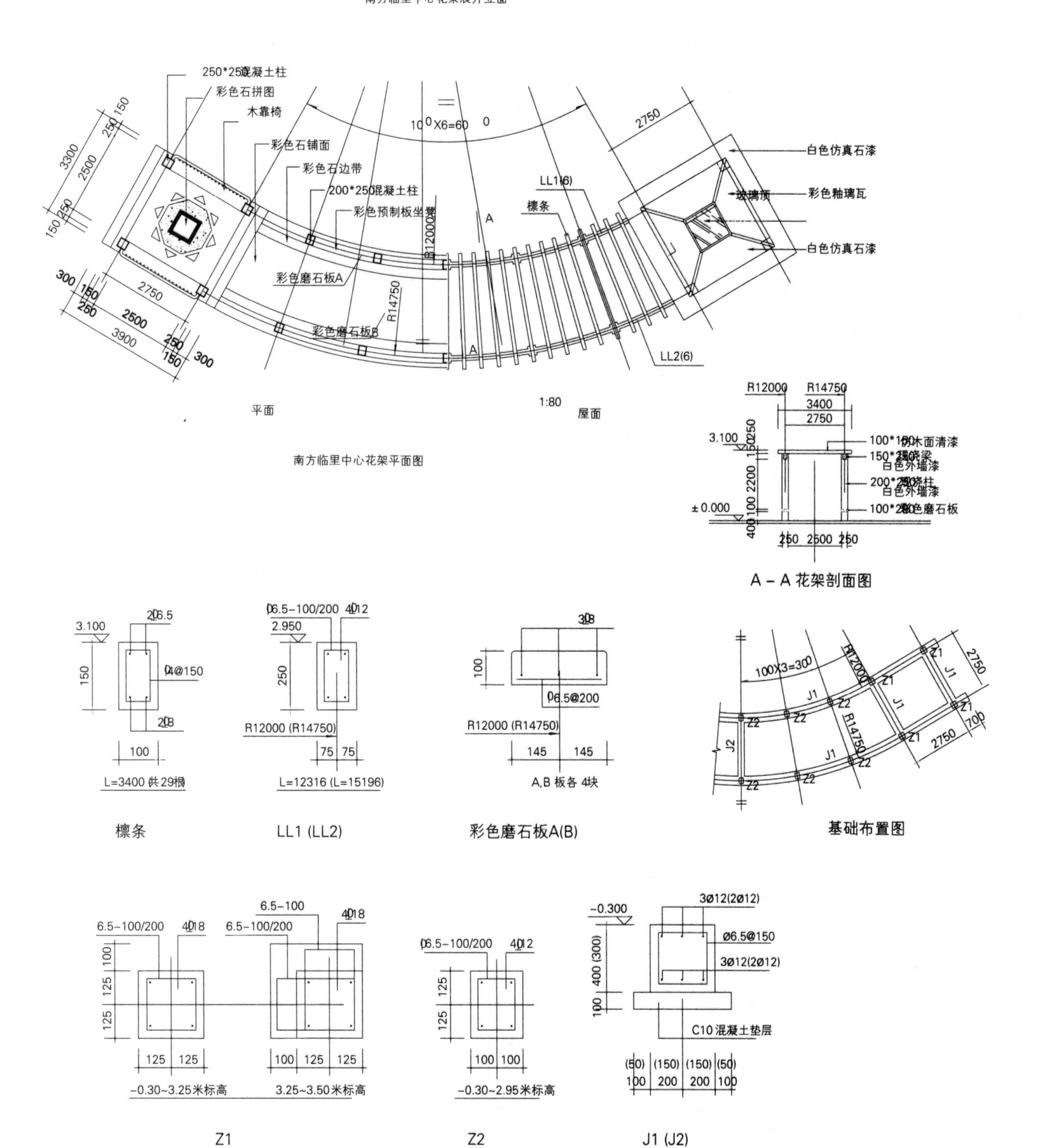

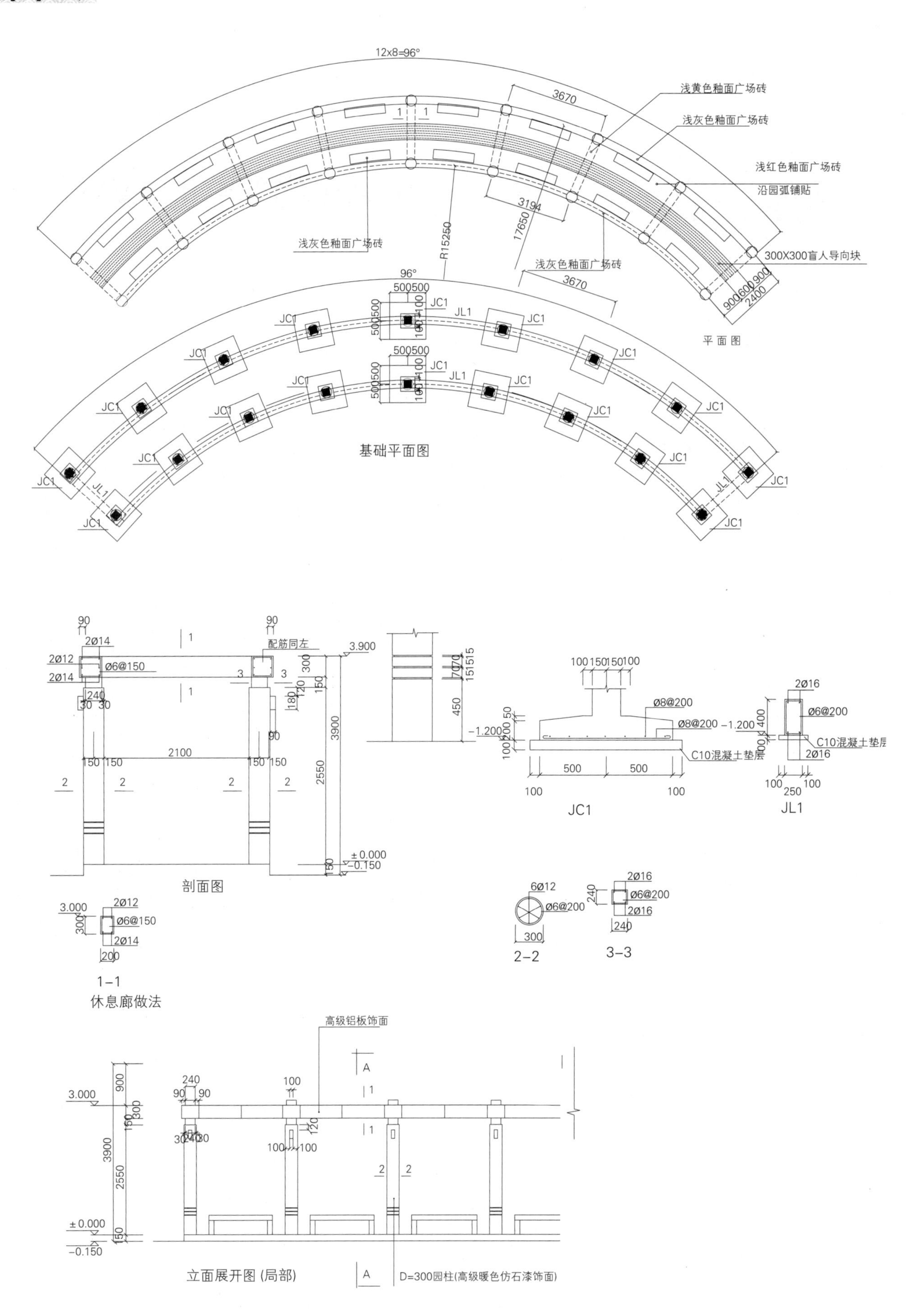

12x8=96°
3670
浅黄色釉面广场砖
浅灰色釉面广场砖
浅红色釉面广场砖
沿园弧铺贴
3194
17650
R15250
浅灰色釉面广场砖
浅灰色釉面广场砖
300X300盲人导向块
3670
平面图
JC1
JL1
基础平面图
配筋同左
3.900
Ø6@150
2100
3900
2550
±0.000
-0.150
剖面图
Ø8@200
-1.200
C10混凝土垫层
JC1
2Ø16
Ø6@200
JL1
3.000
2Ø12
Ø6@150
2Ø14
1-1
休息廊做法
6Ø12
Ø6@200
2-2
3-3
高级铝板饰面
立面展开图(局部)
D=300园柱(高级暖色仿石漆饰面)

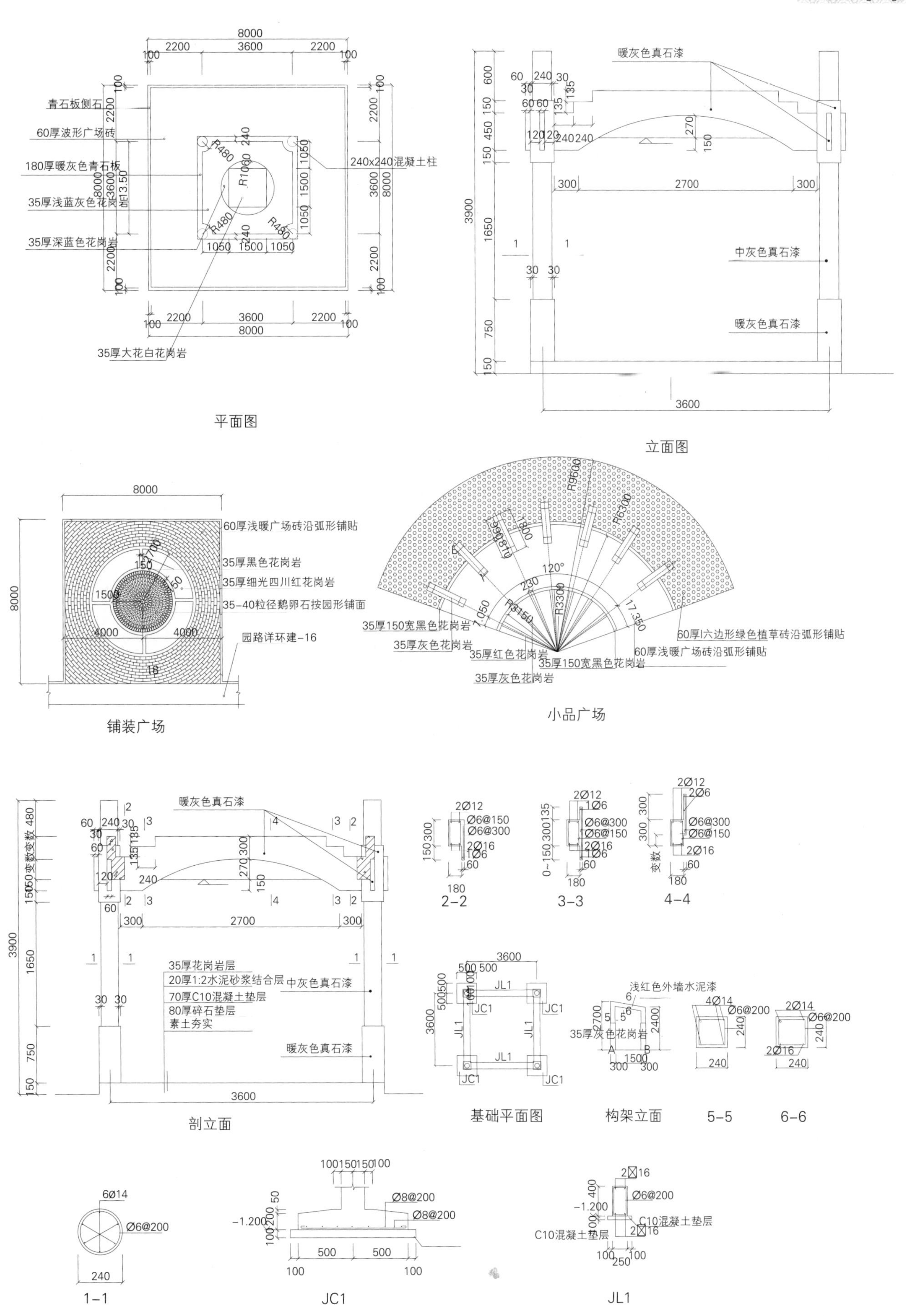
青石板侧石
60厚波形广场砖
180厚暖灰色青石板
35厚浅蓝灰色花岗岩
35厚深蓝色花岗岩
240x240混凝土柱
35厚大花白花岗岩
平面图
暖灰色真石漆
中灰色真石漆
暖灰色真石漆
立面图
60厚浅暖广场砖沿弧形铺贴
35厚黑色花岗岩
35厚细光四川红花岗岩
35-40粒径鹅卵石按园形铺面
园路详环建-16
铺装广场
60厚l六边形绿色植草砖沿弧形铺贴
60厚浅暖广场砖沿弧形铺贴
35厚150宽黑色花岗岩
35厚灰色花岗岩
35厚红色花岗岩
35厚150宽黑色花岗岩
35厚灰色花岗岩
小品广场
暖灰色真石漆
35厚花岗岩层
20厚1:2水泥砂浆结合层
70厚C10混凝土垫层
80厚碎石垫层
素土夯实
中灰色真石漆
暖灰色真石漆
剖立面
2-2
3-3
4-4
基础平面图
浅红色外墙水泥漆
35厚灰色花岗岩
构架立面
5-5
6-6
1-1
JC1
C10混凝土垫层
C10混凝土垫层
JL1

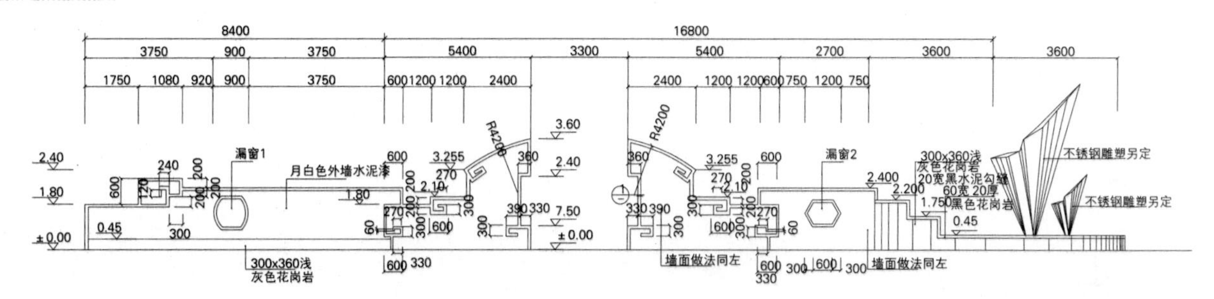

广场正立面图

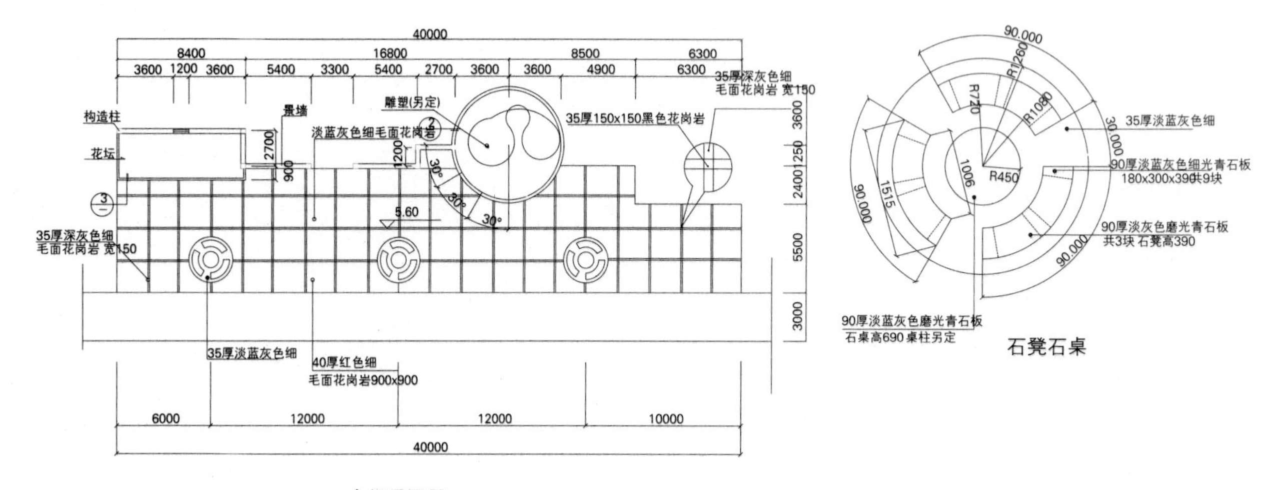

广场平面图

石凳石桌

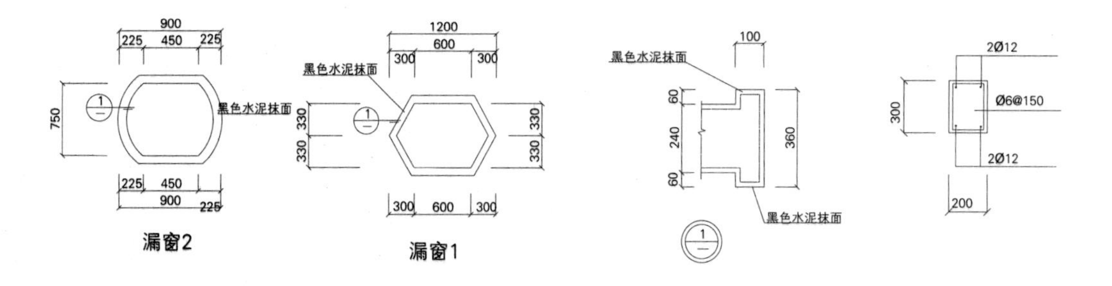

漏窗2

漏窗1

构造柱配筋

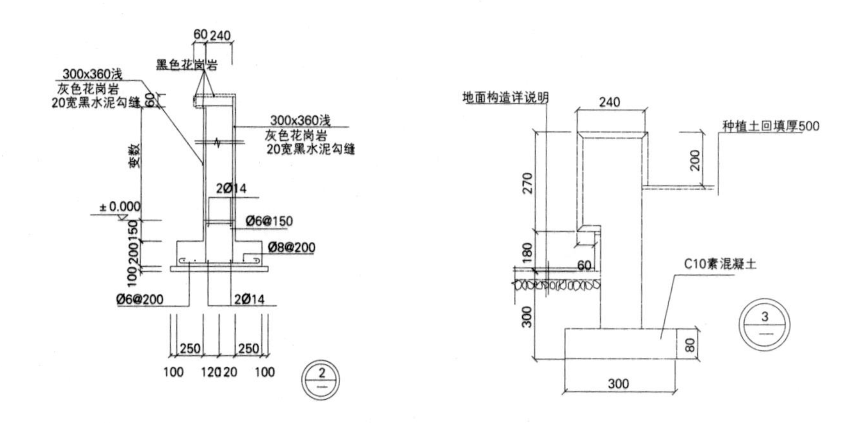

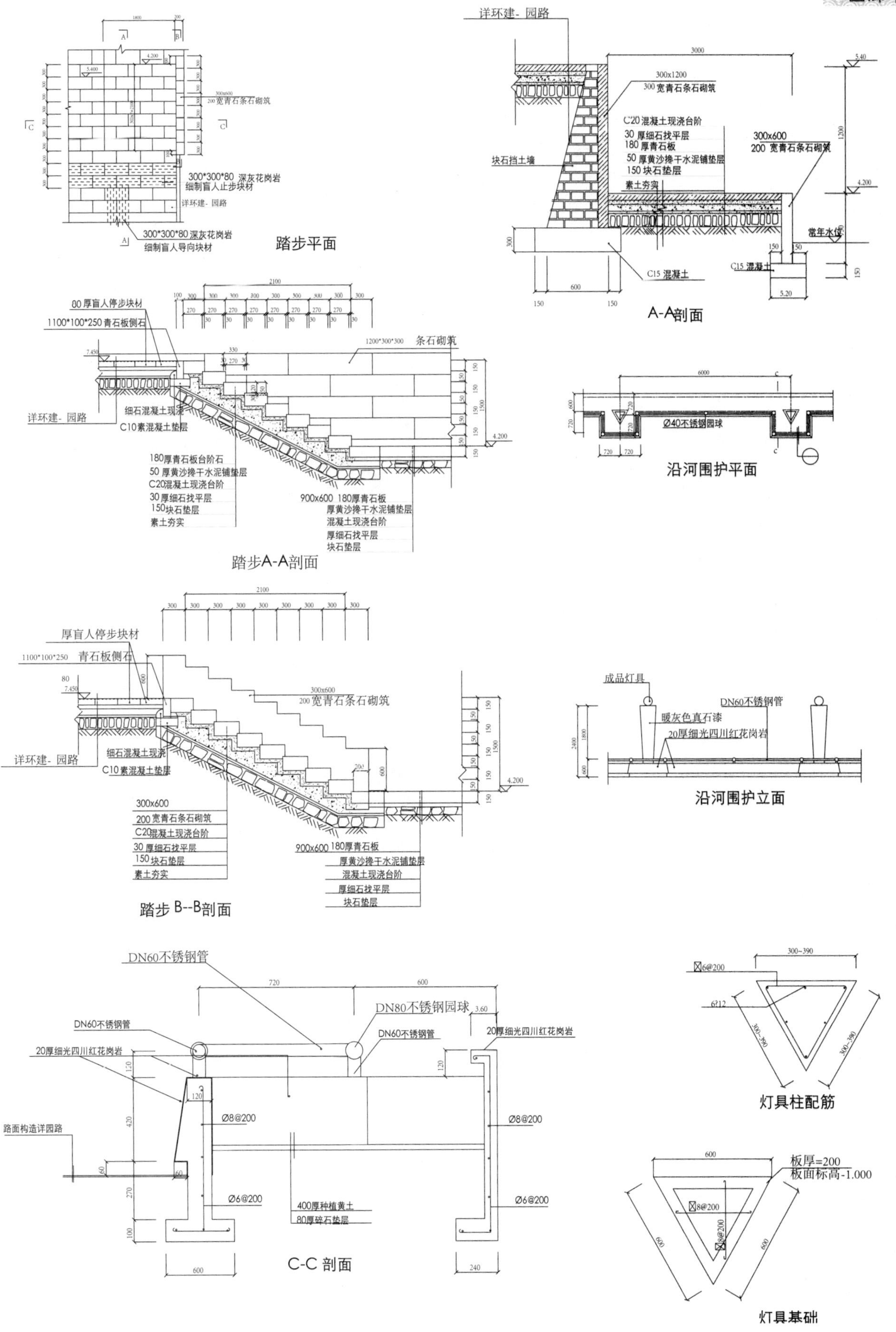

300*300*80 深灰花岗岩
细制盲人止步块材
详环建- 园路
300*300*80 深灰花岗岩
细制盲人导向块材
踏步平面
详环建- 园路
300x1200
300 宽青石条石砌筑
C20 混凝土现浇台阶
30 厚细石找平层
180 厚青石板
50 厚黄沙搀干水泥铺垫层
150 块石垫层
素土夯实
块石挡土墙
300x600
200 宽青石条石砌筑
常年水位
C15 混凝土
C15 混凝土
A-A剖面
80 厚盲人停步块材
1100*100*250 青石板侧石
条石砌筑
详环建- 园路
细石混凝土现浇
C10素混凝土垫层
180厚青石板台阶石
50 厚黄沙搀干水泥铺垫层
C20混凝土现浇台阶
30 厚细石找平层
150块石垫层
素土夯实
900x600 180厚青石板
厚黄沙搀干水泥铺垫层
混凝土现浇台阶
厚细石找平层
块石垫层
踏步A-A剖面
Ø40不锈钢园球
沿河围护平面
厚盲人停步块材
1100*100*250 青石板侧石
300x600
200 宽青石条石砌筑
详环建- 园路
细石混凝土现浇
C10 素混凝土垫层
300x600
200 宽青石条石砌筑
C20混凝土现浇台阶
30 厚细石找平层
150 块石垫层
素土夯实
900x600 180厚青石板
厚黄沙搀干水泥铺垫层
混凝土现浇台阶
厚细石找平层
块石垫层
踏步 B--B剖面
成品灯具
DN60不锈钢管
暖灰色真石漆
20厚细光四川红花岗岩
沿河围护立面
DN60不锈钢管
DN80不锈钢园球
DN60不锈钢管
DN60不锈钢管
20厚细光四川红花岗岩
20厚细光四川红花岗岩
路面构造详园路
Ø8@200
Ø8@200
Ø6@200
Ø6@200
400厚种植黄土
80厚碎石垫层
C-C 剖面
灯具柱配筋
板厚=200
板面标高-1.000
灯具基础

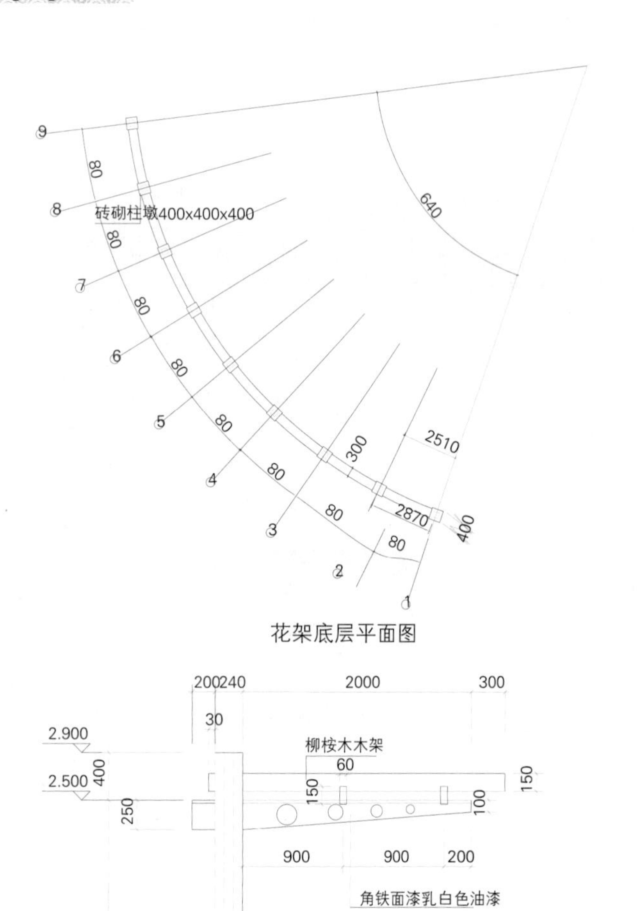

花架底层平面图

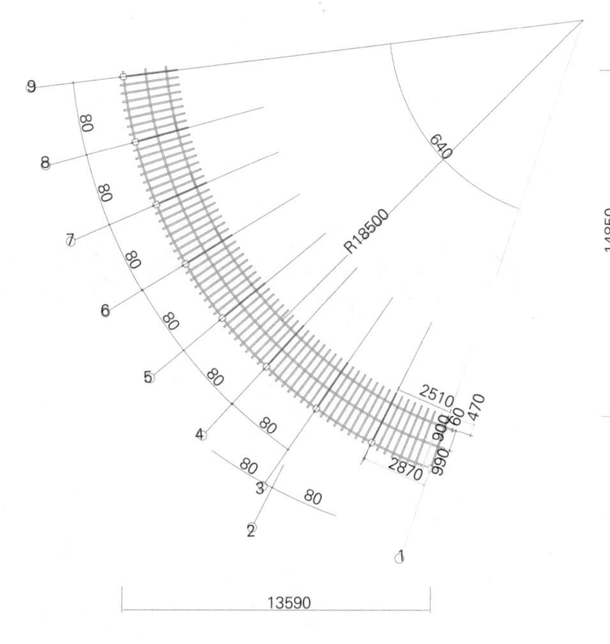

花架顶面图

200240
2000
300
30
2.900
柳桉木木架
60
2.500
400
150
250
100
900
900
200
角铁面漆乳白色油漆
2400
柱表面贴20厚柳桉木装饰板
80 80 80
0.100
-0.300
400
柱墩20厚花岗岩贴面

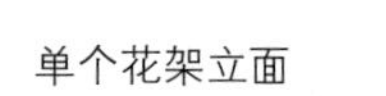

单个花架立面

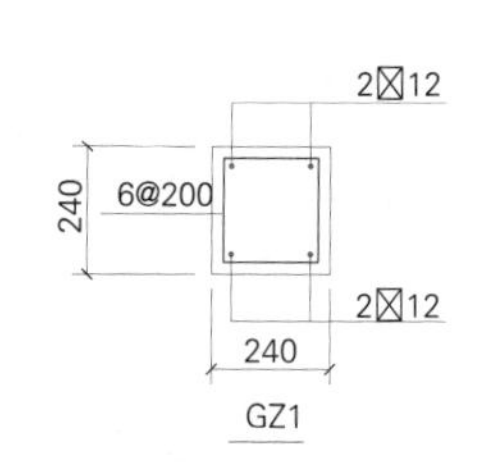

柱顶标高为

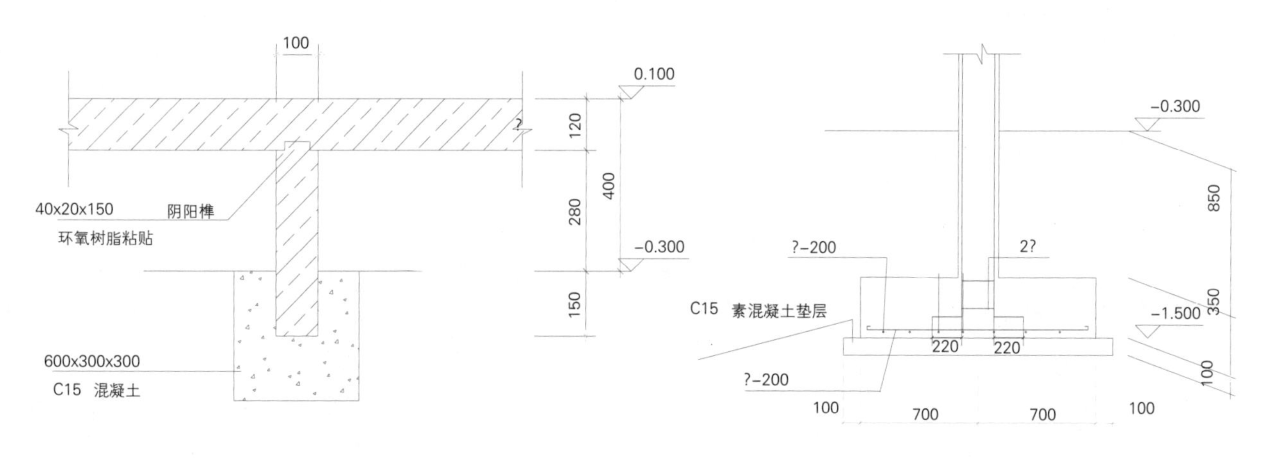

1-1

柱基详图

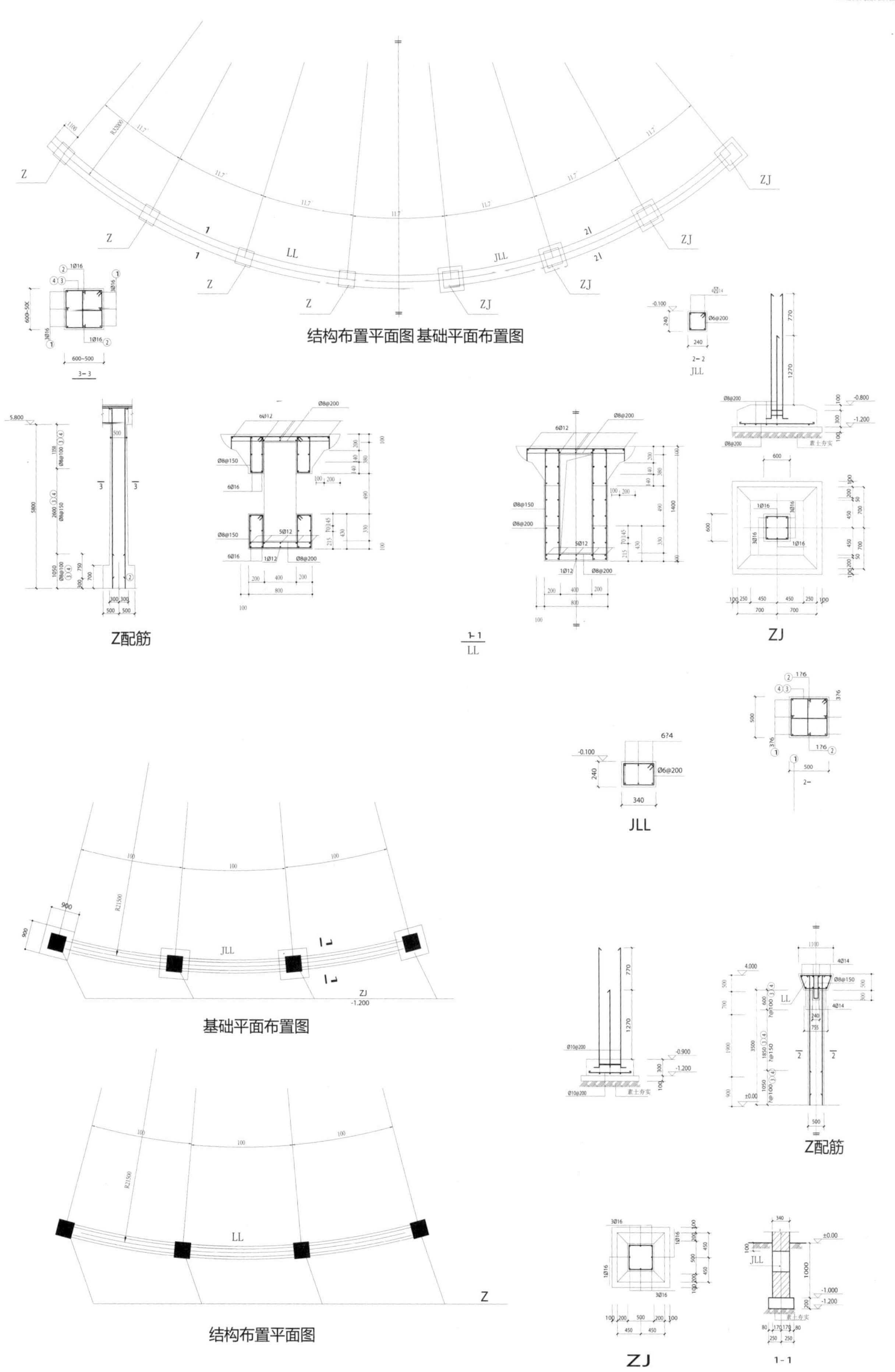

结构布置平面图 基础平面布置图

Z配筋

1-1 LL

ZJ

JLL

基础平面布置图

Z配筋

结构布置平面图

ZJ

1-1

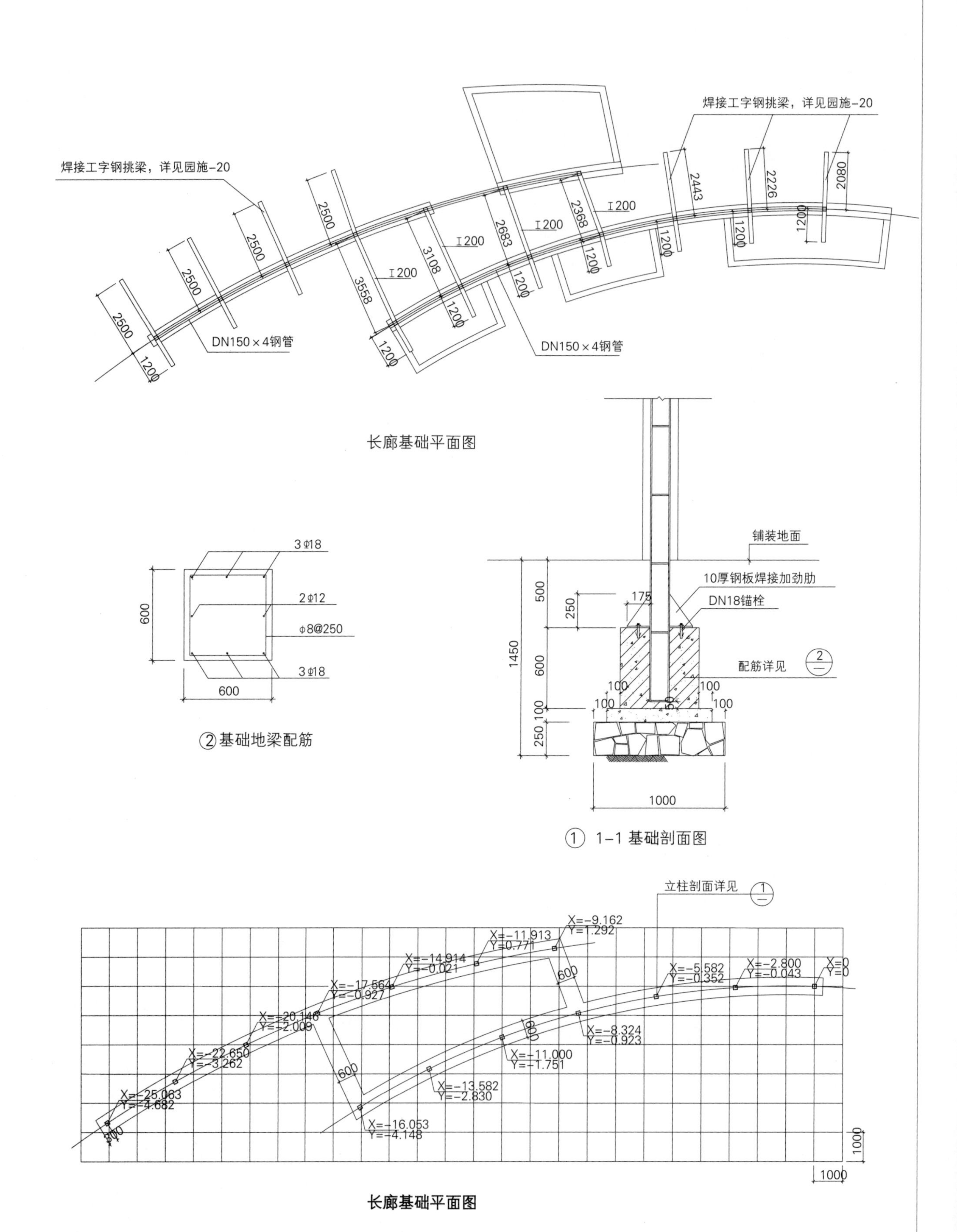

长廊基础平面图

② 基础地梁配筋

① 1-1 基础剖面图

长廊基础平面图

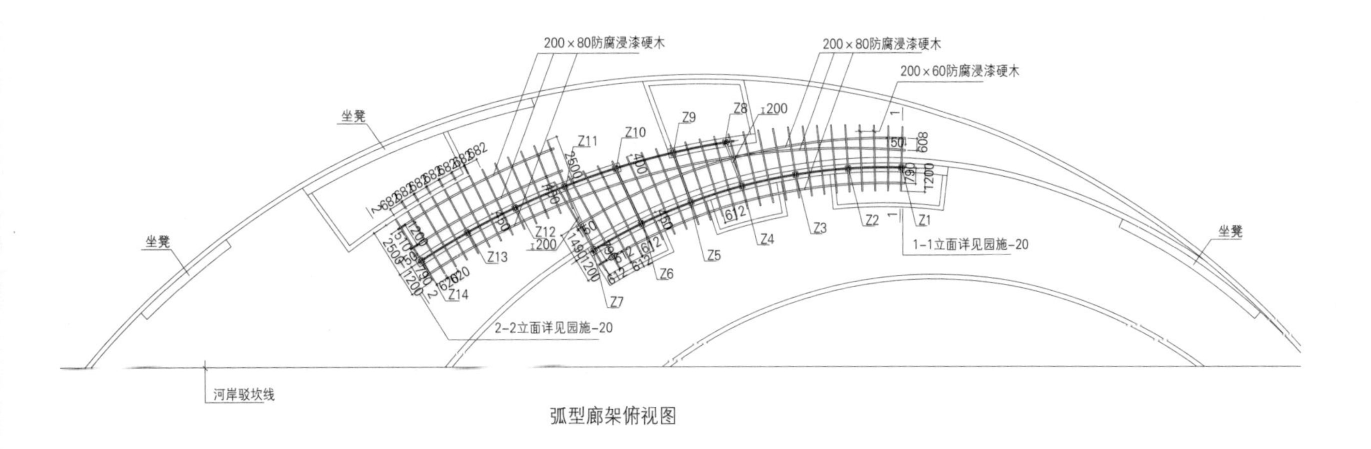

弧型廊架俯视图

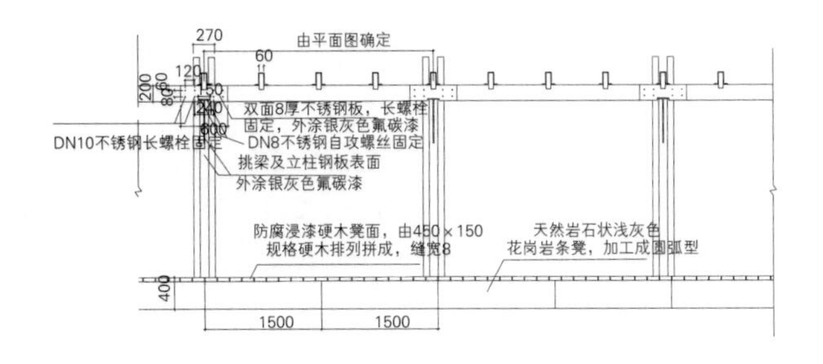

廊架立面图

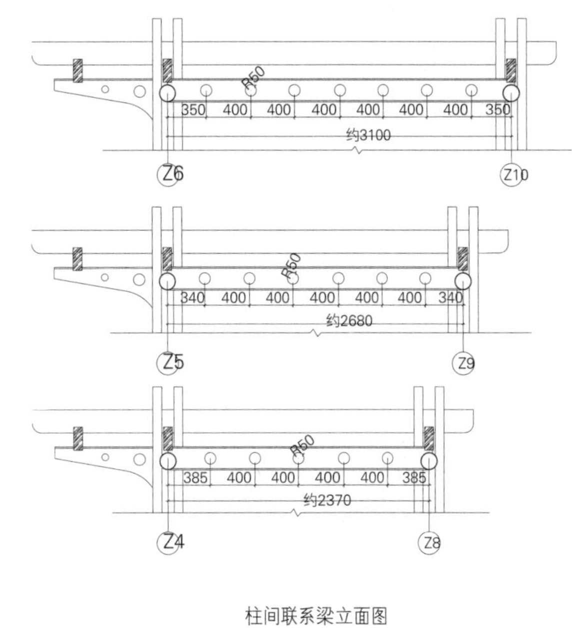

柱间联系梁立面图

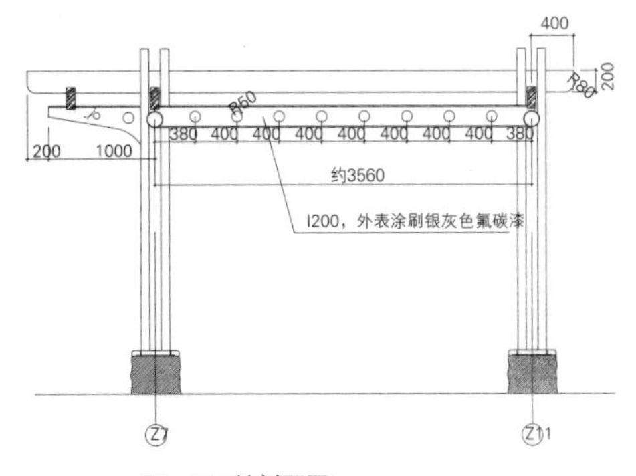

Z7～Z11轴剖面图

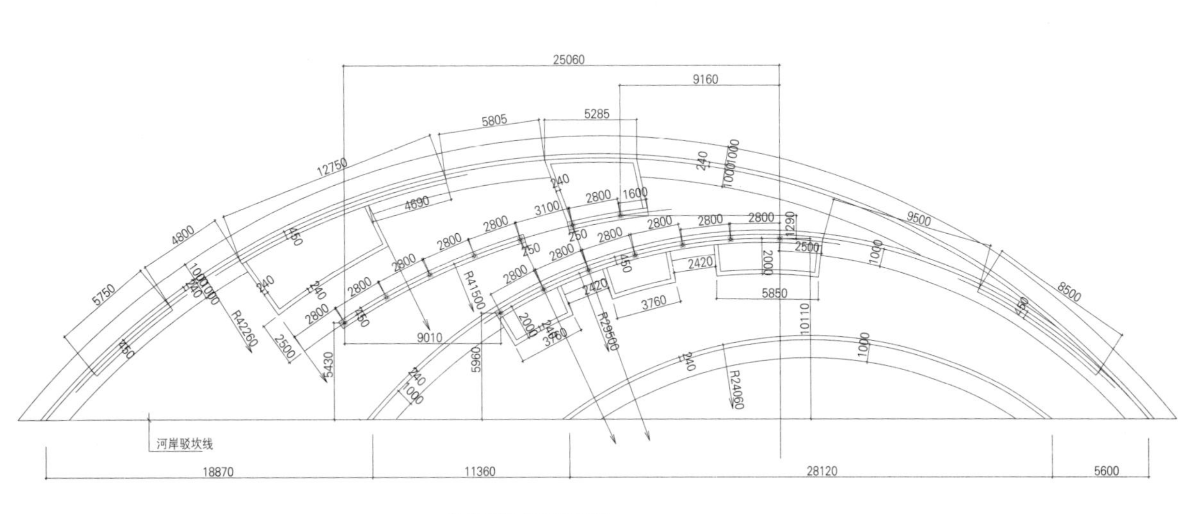

弧型廊架放样平面图

第四章 窗

中国古代建筑构件——窗

窗，本作“囱”，同“窻”，“窓”，“牎”，“牕”。古人在古建筑中置窗，主要是为了“通”的功能，即通风和采光。《说文·穴部》云：“在墙曰牖，在屋曰窗。”段玉裁注“屋，在上者也。”这就是说，牖和窗意义相同，但位置不一样。窗专指天窗，是开在屋顶上的，而牖才是开在墙壁上的。到后来，窗和牖分别不甚分明，以至于渐渐通用。如近代《西京杂记》描述赵飞燕所居昭阳殿“窗扉多是绿琉璃，亦皆照达，毛发不得藏焉。”又晚唐温飞卿有词曰“绿窗残梦迷”。出现在这里的窗，大约与牖已同义了。

从西安半坡村原始社会房屋复原图来看，那时还没有窗，但从西周青铜器中便可窥见窗的影子了。唐，宋，辽，金，元建筑物的窗格以直棂为多，棂子称为破子棂，截面三角形，尖端朝外，里面是平的，以便糊纱或糊纸。明清以后，窗的装饰日趋精巧，形制也更为丰富，在宫殿建筑中更多采用菱花窗。

一、几种常见的形制

与西方古建筑相比，中国古建筑中窗的式样和图案变化要灵活得多，丰富得多。它并不是如同西方古建筑那样，在一个个窗洞上安装窗扇，而是整片连续组合成为通透的墓式墙。其实，在一般殿堂正面，门和窗在形式上没有明显区别，门实际上就是落地的窗。

用于厅堂殿阁的窗有如下几种：

1. 格窗，一般用于厅堂前檐，常以四扇或六扇作为一樘。

2. 半窗，多用于厅堂的次间以及暖阁，暖廊之类的檐柱间，与下部的白粉或清水磨砖的半墙配合使用

3. 花窗，是一种开在房屋壁面上，仅供换气用的固定窗式。多用木格，以便夹纱，糊纸或夹砺壳（也称明瓦），云母片。

此外，还有落地长窗和拆装灵便，遮挡视线的窗栅和单取装饰效果的假窗。山村民居中，又常设置带壁柜的宽窗台窗。一般民用的厨房及杂用间仅安放简易粗朴的直棂栅窗。

二、装饰图案

窗在图案装饰上又有种种不同，明清以后的宫廷中，格扇窗的细棂常有很细巧的图案，如三交六椀、双交四椀等菱花，周边并配以精致的雕刻，造成一种淡雅肃穆的气氛，与宫廷建筑中的富丽堂皇相谐调，而一般民居中棂条多组成步步紧，灯笼框等图案。庭院建筑中则采用自由的，变化丰富的冰裂纹，冰裂纹加梅花等图案，显得飞动和轻盈。

三、审美功能

由于中国古建筑的框架结构所决定，窗也就较少受功能上的限制，更多地具有审美功能。我国古代诗词很早就表达了对窗的审美意识，如“绿窗春梦轻”(陈克)，“午窗残梦鸟相呼”（王安石），无论是轻梦还是浓睡，都要凭借窗户，捕捉天籁，

将自然界种种微妙变化，融入人的意识，以铸就一个迷离幻妙的梦境。《红楼梦》中林黛玉的《秋窗风雨夕》云："寒烟小院转萧条，疏灯虚窗时滴漏。不知风雨几时休，已叫泪洒窗纱湿。"窗带来了秋风冷雨，而一腔悲绪也化作滴滴清泪，浸透窗纱……

窗的功用被移植到园林建筑中，其意义更为丰富。它巧妙利用人们视线的局限，增加空间变化，而引出朦胧的诗意。如园林中粉墙上的洞窗或漏窗，隔开两个空间，使人在此一边看到彼一边，二者构成对景，本是咫尺相望的景物变得含蓄幽深了。它利用人们视觉上的错觉，起到扩展景深的作用。

此外，一段粉墙，几竿修竹，这是一个幽雅的小景，但稍嫌"突"了些。在墙上开一方漏窗，阳光洒下来，筛下斑驳的图案，与婆娑的竹影互为映衬，实墙的封闭感便消失于竹木风姿之外，是园林风景有加，韵味无穷。

如同我国古典诗词一样，我国古建筑中的窗，已是抒情的，它或潇洒疏朗，或玲珑秀巧，抑或透漏幽邃。这需要我们结合中国传统艺术去细细体味，方能解得其中深味。

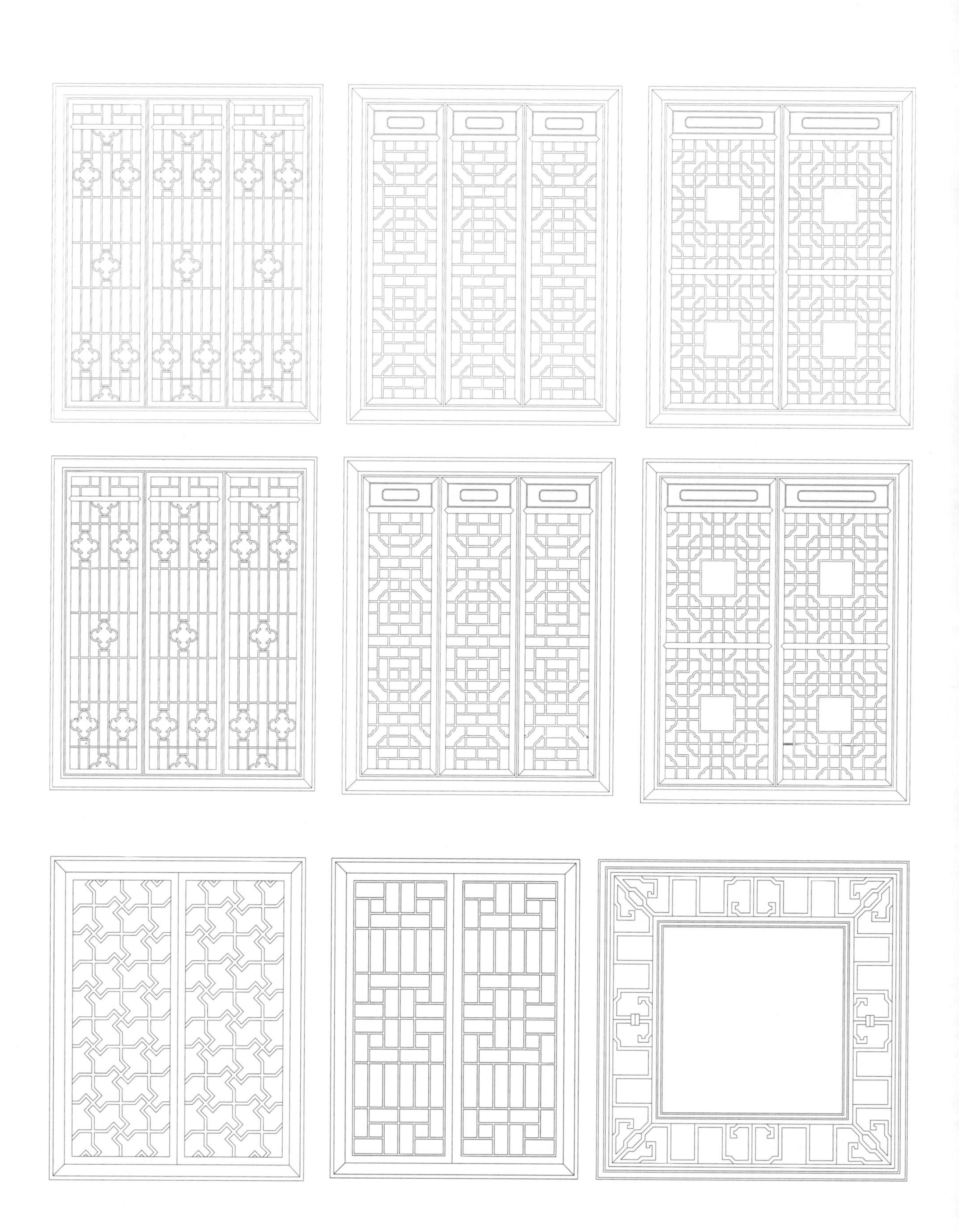

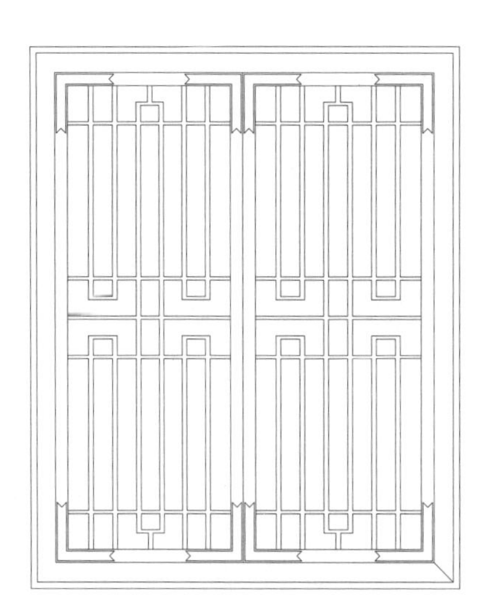
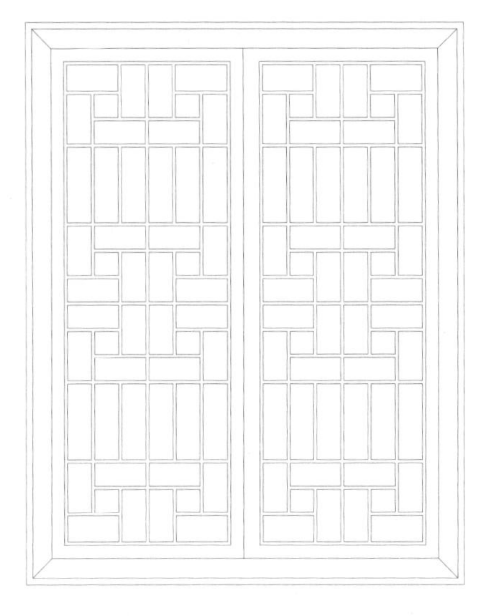

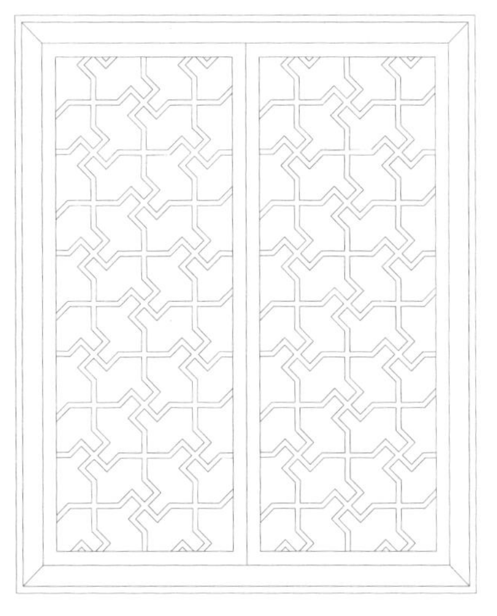

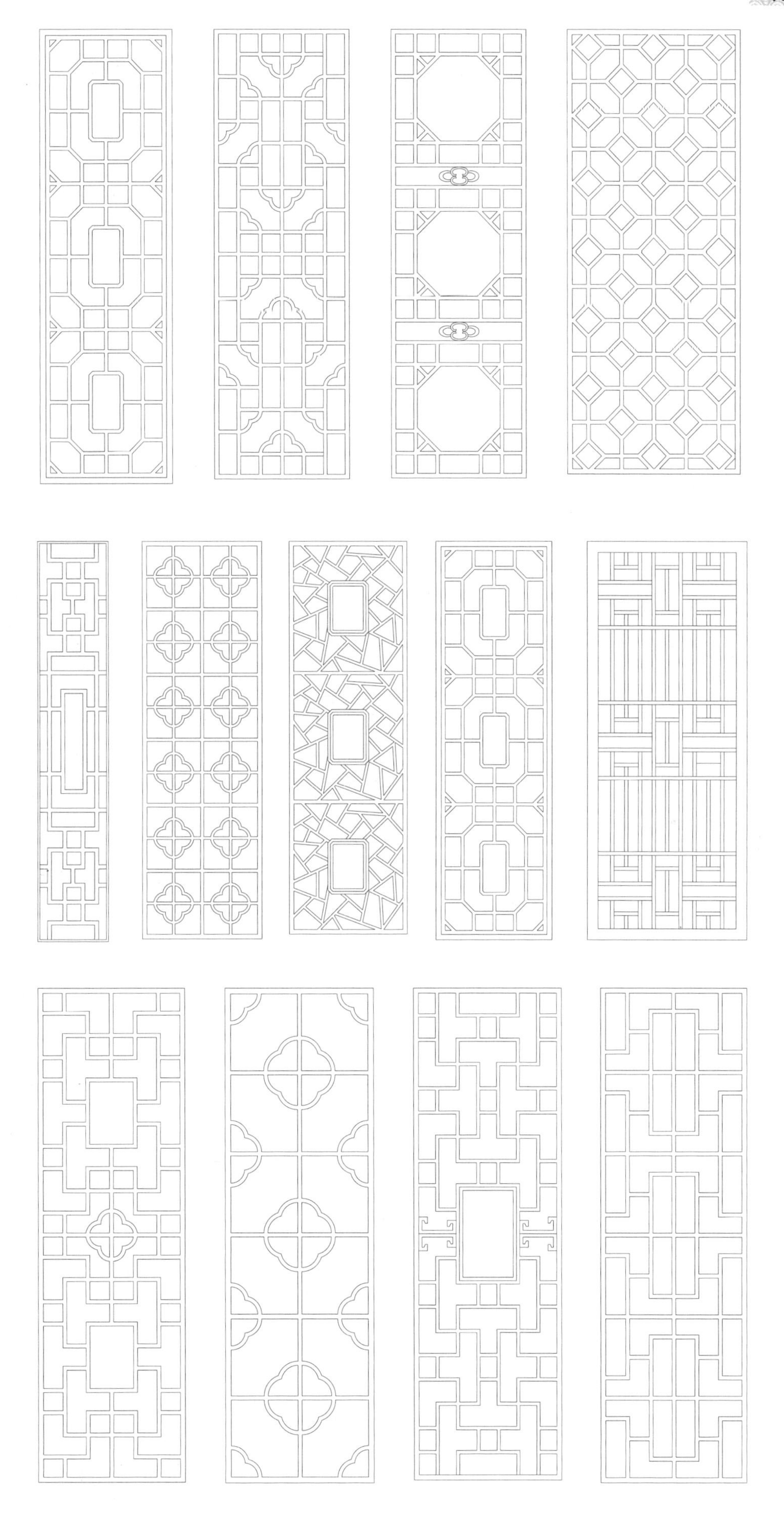

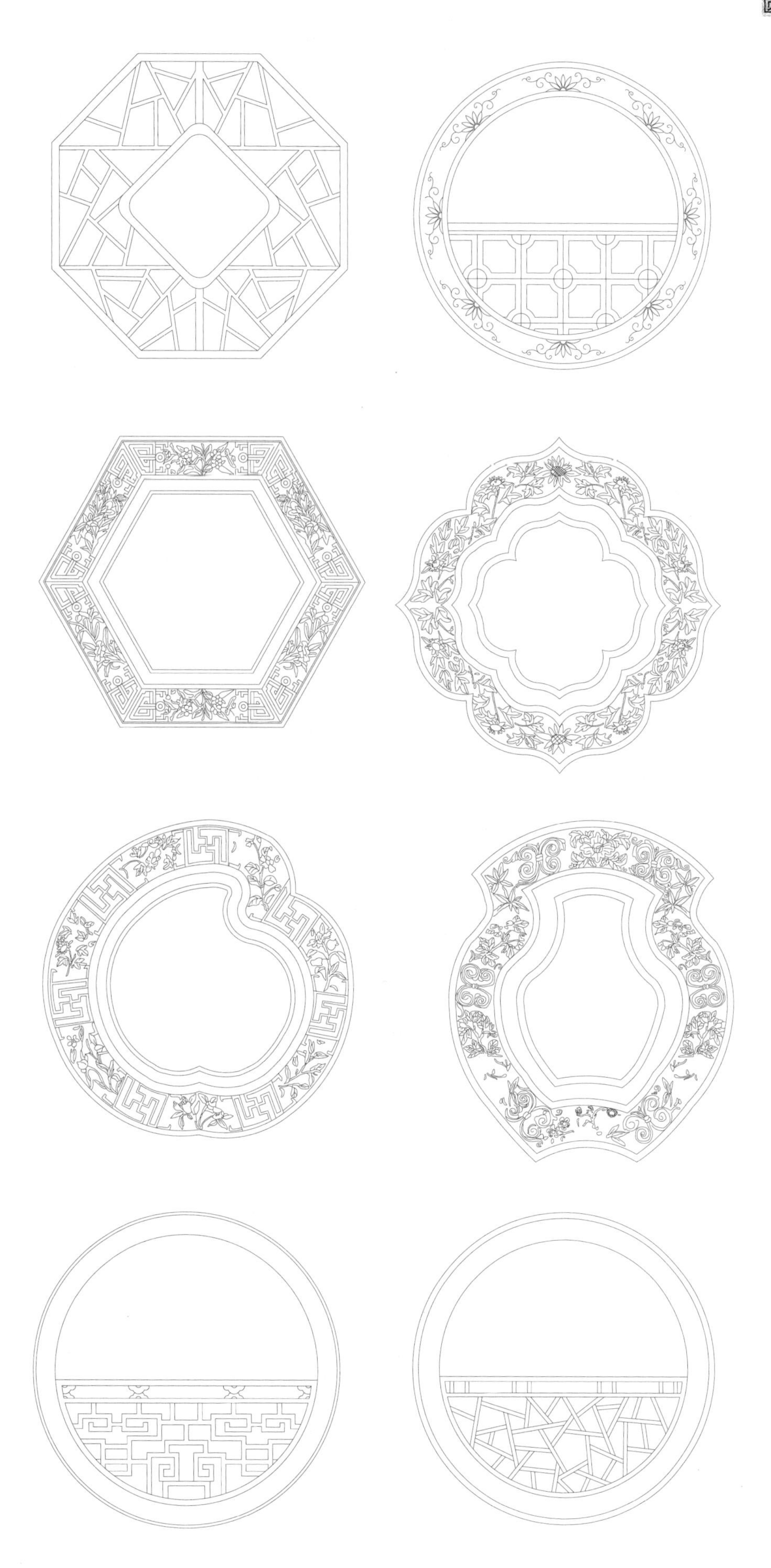

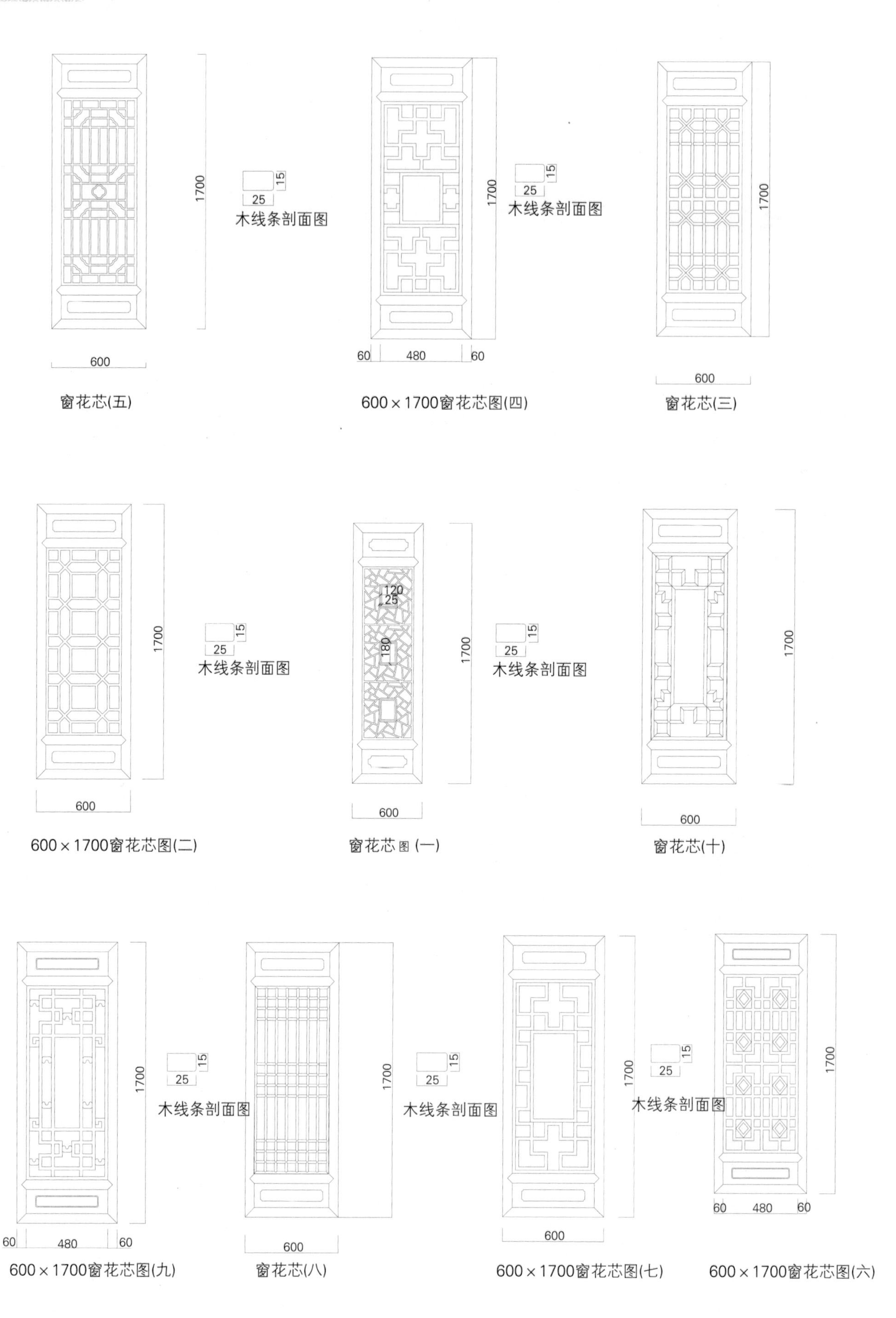
1700
15
25
木线条剖面图
600
窗花芯(五)
1700
15
25
木线条剖面图
60
480
60
600×1700窗花芯图(四)
1700
600
窗花芯(三)
1700
15
25
木线条剖面图
600
600×1700窗花芯图(二)
120
25
180
1700
600
窗花芯图(一)
15
25
木线条剖面图
1700
600
窗花芯(十)
1700
15
25
木线条剖面图
60
480
60
600×1700窗花芯图(九)
1700
600
窗花芯(八)
15
25
木线条剖面图
1700
600
600×1700窗花芯图(七)
15
25
木线条剖面图
1700
60
480
60
600×1700窗花芯图(六)

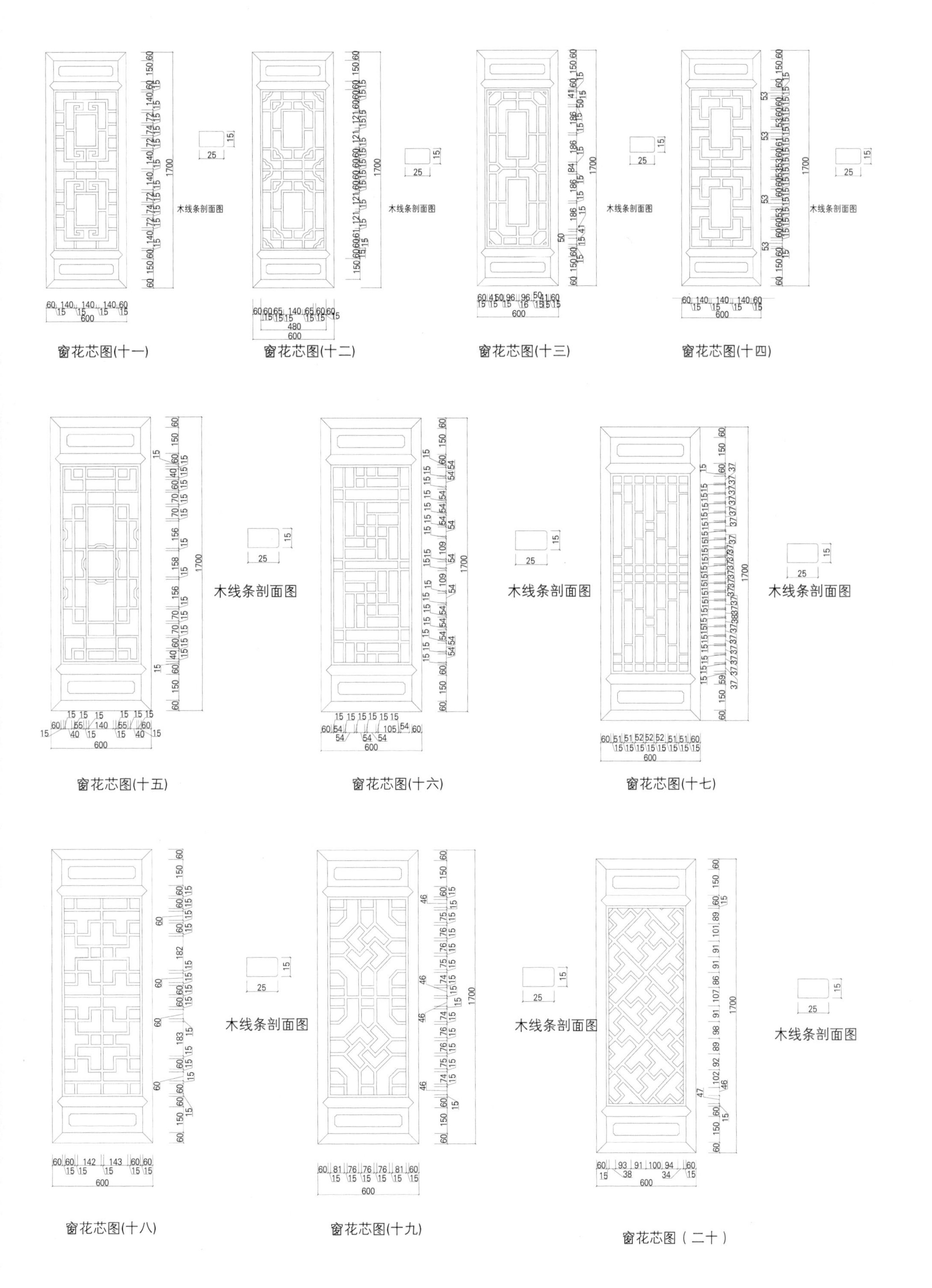

窗花芯图(十一)

窗花芯图(十二)

窗花芯图(十三)

窗花芯图(十四)

窗花芯图(十五)

窗花芯图(十六)

窗花芯图(十七)

窗花芯图(十八)

窗花芯图(十九)

窗花芯图（二十）

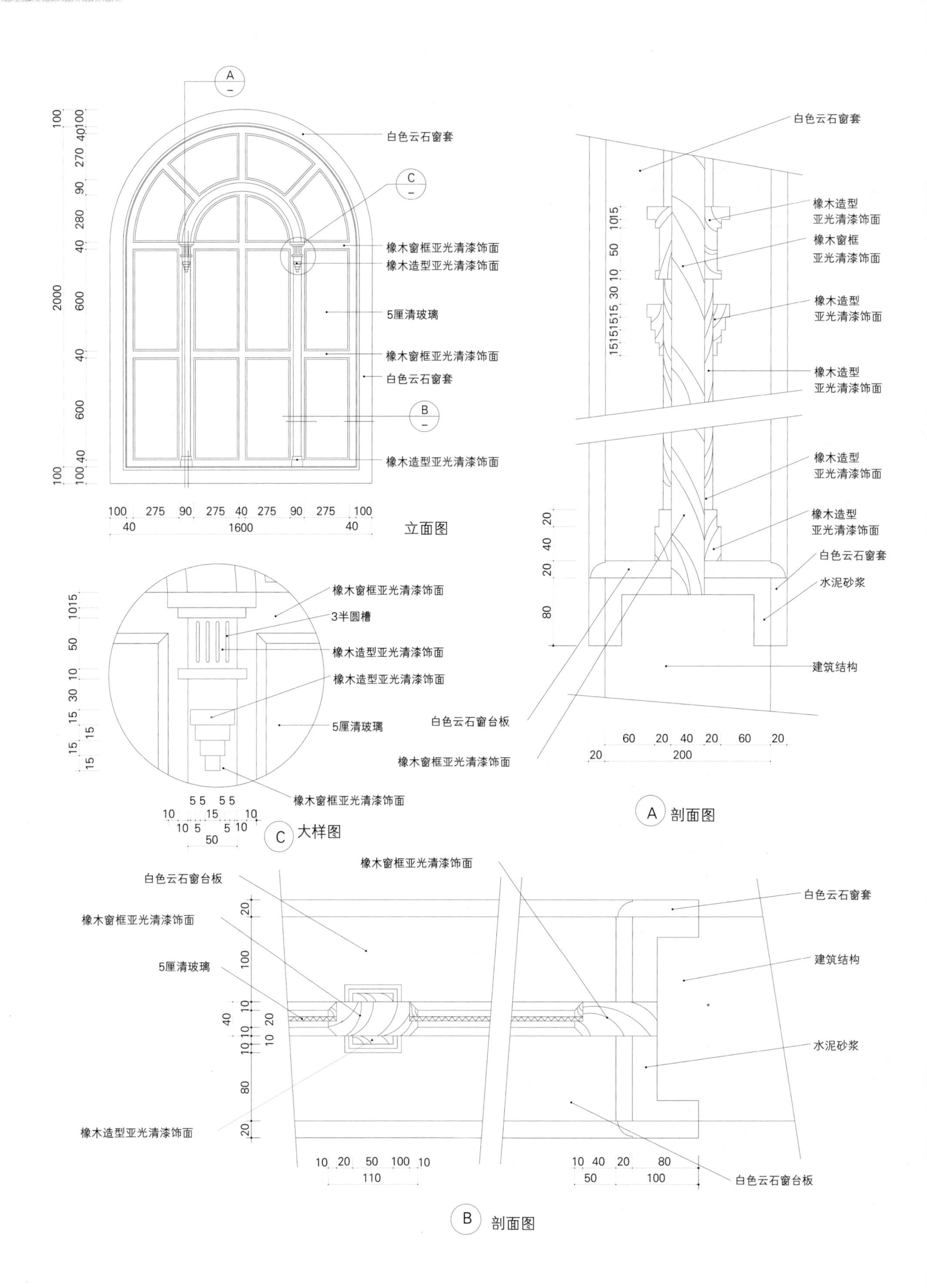
白色云石窗套
橡木窗框亚光清漆饰面
橡木造型亚光清漆饰面
5厘清玻璃
立面图
3半圆槽
C 大样图
橡木造型
亚光清漆饰面
橡木窗框
亚光清漆饰面
水泥砂浆
建筑结构
白色云石窗台板
A 剖面图
B 剖面图

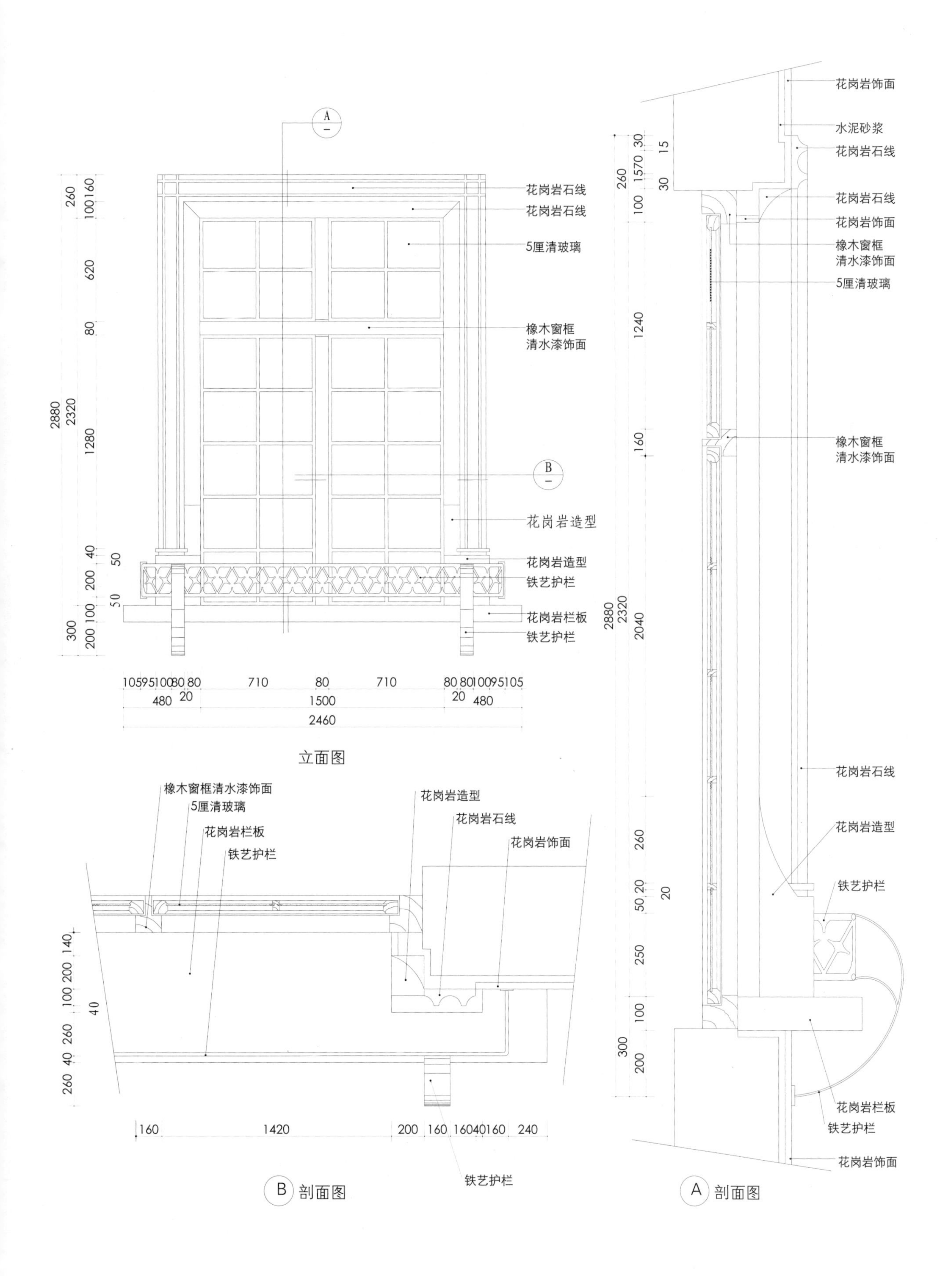
花岗岩石线
花岗岩石线
5厘清玻璃
橡木窗框
清水漆饰面
花岗岩造型
花岗岩造型
铁艺护栏
花岗岩栏板
铁艺护栏
2460
1500
480
480
立面图
橡木窗框清水漆饰面
5厘清玻璃
花岗岩栏板
铁艺护栏
花岗岩造型
花岗岩石线
花岗岩饰面
铁艺护栏
B 剖面图
花岗岩饰面
水泥砂浆
花岗岩石线
花岗岩石线
花岗岩饰面
橡木窗框
清水漆饰面
5厘清玻璃
橡木窗框
清水漆饰面
花岗岩石线
花岗岩造型
铁艺护栏
花岗岩栏板
铁艺护栏
花岗岩饰面
A 剖面图

中国古建筑名词表

三角尖顶	两弧间形成的突起，特别指石造的哥德式窗花。
大乘佛教	相对于小乘佛教，得道度化层面较宽广的佛教。
女儿墙	矮墙，通常用于防御。
小乘佛教	在得道度化层面较狭隘的佛教。与大乘佛教相对。
山墙	斜屋顶的倾斜平面端构成的垂直三角部分。
升	小方块，多为木造，用在栱上来支撑梁。
反回文	波浪状装饰线条，上凸下凹。
天花	天花板或穹窿顶的装饰，为凹下的方格或多边形木片构成。
支柱	木制构件，通常用于支撑椽。
支架	突出的建筑构件，用于支撑。
支提	佛龛或是其他圣地、圣物。
支提窟	一种佛教佛龛，从会议厅演变而来。
斗	通常为木造方块，于柱子顶端，支撑上部构件。
斗栱	柱子顶端的斗与栱合称，支撑主梁。
火焰纹	由两个反回文线条顶端相接所构成的形状。
半圆壁龛	半圆或穹窿状空间，特别指位于庙宇一端的部分。
古典柱式结构	建筑部分正面直接位于柱头上，通常由支撑的阑额、装饰的壁缘以及突出的檐口构成。
台基	建筑下突出的平台。
平坐	廊台出于建筑主空间（通常为内部）的上层构造。
光塔	清真寺中的塔楼，用于呼唤回教徒做礼拜。
列柱	一整排间隔规律的柱子。
多柱式建筑	由多根间隔约略均等的柱子支撑屋顶的厅堂。
寺	佛教庙宇。
尖顶饰	山墙或是屋顶顶端的饰物。
曲面屋顶	由尾端弯曲的平面接合成的斜截头屋顶。
考工记	中国古代城市规划著述。
佛塔	楼阁形的塔，各层大小由下而上递减，每层都有装饰精美的屋檐。
材	依斗的宽度而定的测量单位。
赤陶土	一种用于塑像的建筑或装饰用陶土。
里	长度单位，一里约 500 米。
昂	斜出的梁桁。
枋	水平构件，位于如窗户或走道之上，或是连接两柱或两框架的构件。
泥笆墙	以竹或木条编墙，然后涂以草泥。
门厅	房屋入门前的院落；通往建筑的门廊；大堂邻接的空间。
亭	构造简单的建筑，通常形似帐篷，位于园林中。
城墙	土造防御工事，通常见于碉堡及要塞四周，多半附有石造女儿墙。
屋脊	斜面屋顶两面相接所形成的角度。
屋檐	屋顶的一部分，突出于外墙之外。
拱廊	一连串由柱子支撑的拱形结构，有时成对，上有遮盖，形成走道。
柱	梁柱结构中的垂直构件。
柱子	建筑垂直构件，通常横切面为圆形，功能为结构支撑或装饰，或兼而有之，包括柱础、柱身和柱头。
柱身	柱子圆柱状，从柱础到柱头间的部分。
柱廊	建筑有列柱的门廊。
柱头	柱子顶端部分，支撑古典柱式结构比柱身宽，通常会刻意加以修饰或装饰。
相轮	伞状穹顶或亭，有时作为佛塔顶端的塔刹。
祇	天意，自然的精灵。
浮雕	有凹凸的雕刻，依凿除部分多寡，分深刻与浅刻。
粉饰灰泥	灰泥的一种，专用于施加装饰处。

脊饰	装饰用的尖顶饰，通常位于墩、三角墙顶端或侧面。
轩	消暑的小屋，或是作为书房用的凉亭。
问廊	半圆形或多边形的拱廊或走道。
马赛克	以小片彩色瓦片或玻璃镶嵌成的装饰。
栱	雕刻成的突出横梁，通常为木质，位于斗之上，支撑主梁。
密教	与神秘仪式有关的佛教宗派。
密道	地下通道，通常位于柱廊下方。
斜截头屋顶	由两个倾斜平面构成的屋顶。接合部分为屋脊或是建筑最高的线条。
凉亭	位于观景点的开放式建筑，位于园林或是屋顶上。
清真寺	回教寺院，为回教意识型态的具体呈现。
喇嘛	藏传佛教的宗师或僧侣。
喇嘛寺	藏传佛教寺院的俗称。
喇嘛塔	藏传佛教墓塔，通常为瓶状。
棋盘花纹	以小块个体镶嵌成的棋盘状表面，如马赛克。
菩萨	佛的前身，有悲悯之心的灵体。
开间	量度中国建筑内部空间的标准单位。
园	花园或庭院。
冢	古代埋葬用的土丘。
暗层	夹层，通常位于一楼与二楼之间。
殿	高大的厅堂，用于举行庆典或宗教仪式。
碑	直立石造标记，以墓碑最常见，呈柱状或板状，上有雕饰或题字。
经	佛教神圣文字。
道	自然隐藏的力量。
椽	屋顶的木件，通常由屋檐边缘斜铺而下，支撑表层屋顶。
榭	凉亭或轩。
墩	长方形的基础；柱子或墙基部的支撑。
德	儒家的理想品行。
椁	石造外棺，通常装饰精美。
梁	如梁柱结构中的水平构件。
梁柱结构	依靠直线条的柱与梁支撑的结构。
闾里	城镇中有围墙的住宅区。
壁缘	古典柱式建筑的中间构件，位于阑额之上，檐口之下副阶　宋称，殿阁等个体建筑周围环绕的廊子（形成重檐屋顶），称为副阶。
间	四柱之间的空间或两榀梁架之间的空间（一般指第二种），若两排柱子很近则其中间部分称之为出廊（周围廊，前后廊，前出廊，不出廊四种）。
卷杀	对木构件曲线轮廓的一种加工方法。
伏脊木	被脊固定于脊桁上，截面为六角形，在伏脊木两侧朝下的斜面上开椽窝以插脑椽。伏脊木仅在明清才出现的（唐宋时期没有），且仅用于大式建筑中。
合角吻	重檐建筑的下檐榑（tuan）脊或屋顶转角处的装饰兽。
螭首	①传说中的怪兽，用于建筑屋顶的装饰，是套兽采用的主要形式。 ②古代彝器，碑额，庭柱，殿阶上及印章上的螭龙头像。
经幢	①刻有佛的名字或经咒的石柱子，柱身多为六角形或圆形（现代汉语词典）；②在八角形的石柱上刻经文（陀罗尼经），用以宣扬佛法的纪念性建筑物。始见于唐，到宋辽时颇有发展，以后又少见。一般由基座，幢身，幢顶三部分组成。
覆盆	柱础的露明部分加工成外凸的束线线脚，如盆覆盖。
垂带踏跺	高等级建筑的台阶做法，其正面轴线上称正阶踏跺，两旁称垂手踏跺，侧面称抄手踏跺。
角柱石	立在台基角部，其间砌陡板石与角柱齐平，上盖阶条石，下部为土衬石。

柱顶石　　下衬磉墩，上附柱础，长为两倍的柱径，厚为柱径。

垂带石　　在垂带踏跺两旁，其中线与明间檐柱中线重合，尺寸同阶条石，清代不砌象眼。

象眼石　　清代用三角石砌成的垂带石侧面。

砚窝石　　埋在台阶底下，用以抵抗台阶推力。

须弥座　　高级建筑的台基。源于佛座，由多层砖石构件叠埋而成，一般多用于宫殿，庙宇等重要建筑物上。

抱鼓石　　用于石栏结束处，阻住栏杆不使它掉下来。另为优美形象，作为栏杆尽端处理。

步架　　檩与檩之间的距离称为步架，一般情况下一步架为 22 斗口。

檐　　不过步指从挑檐檩到檐端的距离小于一步架（22 斗口）。

举折法　　宋代建筑屋顶构架的做法，求得的屋面由若干折线构成。

举架法　　清代大屋顶的构架做法，其举高通过步架求得。殿。有单檐，重檐两种，单檐又称五脊殿。

歇山　　中国古代建筑中等级仅次于庑殿的屋顶样式，形式上看是两坡顶加周围廊的结果。宋称九脊殿，有单檐，重檐，卷棚等形式。

如意踏步　　是不用垂带石，只用踏跺的做法，形式比较自由。

叉柱造　　将上层檐柱底部十字开口，插在平座柱上的斗拱内，而平座柱又插在下檐柱斗拱上，但向内退半柱径。

缠柱造　　它是在下层柱端增加一根斜梁，将上层柱立于此梁上。在结构上和外观上都比较妥善。但需增加梁，角部每面还要增加一组斗拱——附斛（音胡 hu)。

圭角　　清式须弥座的最下层部分，整个高度分 51 份，圭角高度为 51 份。

墀（chi）头　　山墙的侧面（即建筑的正立面方向）在连檐与拔檐砖之间嵌放一块雕刻花纹或人物的戗脊砖。称为墀头。

霸王拳　　额枋在角柱处出头的一种艺术处理式样。清代老角梁头也作成霸王拳式样。

雀台　　飞檐椽头钉连檐及瓦口，钉时连檐需距椽头半斗口，称为雀台。

槅扇　　用以隔断，带槅扇门的可做建筑的外门，槅扇由边梃和抹头组成，大致划分为花心（槅心）和裙版两部。

花心　　是透光通气的部分５５，戗脊：歇山顶上连接两坡厦宇的脊称戗脊。

九脊顶　　歇山顶的宋唐说法，是两坡顶加周围廊的结果，它由正脊，四条垂脊，四条戗脊组成，故称九脊殿。

双杪双下昂　　双杪即出两个华拱，双下昂即设两个下昂（元代以后柱头铺作不用真昂，至清代，带下昂的平身科又转化为溜金斗拱的做法，原来斜昂的结构作用丧失殆尽）。

６０，平水：　　是指未进行建筑施工之前，先决定一个高度标准，然后根据这个高度标准决定所有建筑物的标高。这样一个高度标准就是古建施工中的＂平水＂。平水不但决定整个建筑群的高度，也决定着台基的实际高度。

６１，斗拱：　　中国古建筑中用以连结柱，梁，桁，枋的一种独特构件。斗拱是我国木构架建筑特有的结构构件，由方形的斗升和矩形的拱以及斜的昂组成。在结构上挑出承重，并将屋面的大面积荷载传到柱上。

斗拱的作用：　　①增加承托的作用。②增加挤压面（原始作用）。③撑跳檐檩。以上两点是斗拱的最基本的功能。④防雨，早期用夯土墙，怕雨水，但挑檐长度有限，只好再置一檩，以增其长。⑤抗震，纯靠榫（音损 sun）卯结构，在外力不大时是刚性的，外力大时是可活动的，抵消了地震所产生的能量。⑥装饰作用。⑦等级标志，明清结构作用已渐消失，成了纯粹的装饰，等级的标志。⑧模数作用。斗拱一般使用在高级的官式建筑上，大体分为外檐斗拱和内檐两类。从具体部位分为柱头斗拱，柱间斗拱，转角斗拱。

６２，罩：　　用于室内，用硬木浮雕或透雕成图案，在室内起隔断作用和装饰作用。

６３，一整两破：　　旋子彩画中藻头部分的图案的一种形式。具体表现为一个整圆和两个半圆，以抽象的牡丹花——旋子为母题。是旋子彩画的基本形式，藻头由短至长形式为①勾丝绕（３份）②喜相逢（４份）③一整两破（６份）④一整两破加一路（７份）⑤一整两破加金道冠（７。５份）⑥一整两破加二路（８份）⑦一整两破加勾丝绕（９份）⑧一整两破加喜相逢（１０份）

６４，楣子：　　苏式彩画中，撩檐枋下部的透构件。花牙子：位于楣子下部，代替雀替的透空构件。

６５，礓嚓（应为足字旁）：　　在斜道上用砖石露挂侧砌，可以防滑，用于室外，６６，雀替：位于梁枋下与柱相交处连接体之间的短木，减少梁枋净跨。作用：增加挤压面，减小净距，艺术上的过渡。

６７，栌斗：　　斗拱的最下层，重量集中处最大的拱。

华拱：　　宋式的一种拱的名称，垂直于立面，向内外挑出的拱。

下昂：　　斗拱中斜置的构件，起杠杆作用。华拱以下，向外斜下方伸出者，出栌斗左右的第一层横拱。

泥道拱：　　栌斗口内与华拱相交者，最下方的横拱（宋称）。最外跳在挑檐檩下，最内跳的单层横拱。

令拱：　　每一跳的跳头，单层横拱。

双层斗拱：　分别叫瓜子拱（下方短粗），慢拱（上方细长）。（宋）

交互斗：　为于横拱与华拱相交处，承托横拱和华拱传来的双向合力的拱。

齐心斗：　在华拱或横拱正中承托上一层拱正中的斗。在令拱上方中心，承托枋传来的力的斗。一般有两个。

耍头：　最上一层拱或昂之上，与令拱相交而向外伸出如蚂蚱头状者。

柱头枋：　在各跳横拱上均施横枋，在柱心中心上的枋。（正心枋——清）

撩檐枋：　在令拱上的枋，最外部。（宋）（挑檐枋）

平棊枋：　最内部令拱上的枋。（井口枋——清）

罗汉枋：　在内外跳慢拱上者。（拽枋——清）宋用来表示斗拱出跳。

铺作：　斗拱的出跳，1跳＝4铺作。

计心造：　在一跳上置横拱的做法。

偷心造：　在一跳上不置横拱的做法。

插拱：　全部都是偷心造的做法。

６８，清斗拱称谓，坐斗：最大的又称大斗，位于一组斗拱最下的构件。

十八斗：　除了大斗以外的斗都是十八斗。

槽升子：　正心拱（正心瓜拱及正心万拱）两端的升，这种升的外侧有槽以固定拱垫板。早期两朵斗拱之间用泥土来封护，明清采用木板——拱垫板来封，所以早期没有槽升子，封护是为了防止鸟，虫飞入建筑内。

三才升：　除了槽升子，其他的升都是三才升。另，对宋来说，除了齐心斗（一朵仅一枚）其余的"升"都是散斗。

６９，单槽／双槽／分心槽：以内柱将平面划分为大小不等的两区／三区。用中柱一列将平面等分。

７０，斗口：　坐斗正面的槽口叫斗口，在清代作为衡量建筑尺度的标准，即清代模数制。

７１，穿斗式构架：①又称立帖式。②这是用柱距较密，柱径较细的落地柱与短柱直接承檩，柱间不施梁而用若干穿枋联系，并以挑枋承托出檐。③这种结构在我国南方使用普遍，优点是用料较小，山面抗风性能好；缺点是室内柱密而空间不开阔。④因此，它有时和叠梁式构架混合使用。适用不同地势，基本构件，柱檩穿挑。

７２，抬梁式构架：①（叠梁式）是一种梁架结构体系，水平构件为梁，垂直的为柱，梁是受弯构件，靠自重稳定建筑。②就是在屋基上立柱，柱上支梁，梁上放短柱，其上在置梁。梁的两端并承檩；如是层叠而上，在最上的梁中央放脊瓜柱的承脊檩。③这种结构在我国应用很广，多用于官式和北方民间建筑，特别北方更是如此。优点是室内少柱或无柱，可获得较大的空间；缺点是柱梁等用材较大，消耗木材较多。④重要建筑则用斗拱承载出挑。主要构件，梁，柱，檩，枋。

７３，井干式：　将木材层层相叠，既是围护结构，又是承重结构。

７４，干阑式：　西双版纳的傣族村寨为了避免贴地潮湿，使楼面通风，防避虫兽侵害，防洪排涝，随形就势等原因。形成了一种上下两层的建筑，上层住人，下层喂养牲畜。

７５，云南一颗印：云南高原地区，四季如春，无严寒，多风。故住房墙厚重。最常见的形式是毗连式三间四耳，即子房三间，耳房东西各两间。子房常为楼房（由于山区，地方小，潮湿），为节省用地，改善房间的气候，促成阴凉，采用了小天井。一颗印住宅高墙型小窗是为了挡风沙和防火，住宅地盘方整，外观方整，当地称"一颗印"。

７６，圜丘：　位于北京天坛的轴线上，祈年殿往南。坛三层，上层径２６米余，底层径５５米。天为阳性，故此一切尺寸，石　料件数均须阳数。圜丘四周绕以圆形平面和方形平面的壝（音陪 pei）墙各一重，高度甚低，不过一米余；壝墙　内空阔不植树，壝墙外森林茂密，用以扩大形象来表现崇天。

７７，祈年殿：　它的形制，原是天地合祀时的大祀殿；平面正圆形，上为三重檐圆形攒尖顶，外檐柱１２根，内檐柱１２根，象征十二时辰和二十四节气，同时井口柱４根，象征四季，与内外檐柱和起象征二十八星宿。祈年殿立于三层汉白玉须弥座台基上（底层径约９０米），柱枋隔扇为朱红色，上为三重青（蓝）色琉璃瓦檐，顶尖以鎏金宝顶结束，檐下彩绘金碧辉煌；整个建筑色调纯净，造型典雅。祈年殿用台基提高，用矮墙来扩大形象，表现崇天的境界。

７８，应县木塔（佛宫寺释伽塔）：

位于山西应县，又称应州塔，建于辽清宁二年（公元１０５６年），它位于寺南北中轴线上的山门与大殿之间，塔建在方形及八角形的二层砖台基上，塔身也是八角形，底径３０米，高九层６７。３１米（外观5层，暗层四层）。塔身的收分合理，暗层用来结构处理以加固塔身，使其在经过数次地震，仍安然无恙。是世界现存木塔中最高的，也是我国仅存两个木塔之一，是现存最早的木塔。

７９，装修：①宋代称小木作指装修，装修为外檐装修和内檐装修两类。②外檐装修指内部空间和外部空间的分隔物，门，窗栏杆等。③内檐装修指内部空间和内部空间的隔断，如罩，博古架，天花板等。④装修多元功能：a。流通与防护的双向功能 b。组织室内空间的基本手段 c。性格的渲染要素。装修的特点是作承重构件，有很强的装饰性。但不同于装饰。

８０，太和殿：明代原为重檐庑殿九间殿，清代改为十一间。它和明长陵祾恩殿并列为我国现存最大的木构建筑。太和殿体量宏伟，造型庄重，具备故宫主殿应有的崇高庄严的形象。太和殿一切构件规格均属最高级。太和殿用于最高级隆重的仪式：皇帝登基，皇帝生日，冬至朝会，大年初一，颁诏等。不仅殿前有宽阔的月台，而且还有面积达三万多平方米的广场，可容万人的聚集和陈列各色仪仗陈设。皇宫一律用黄琉璃瓦，是明代开始的规矩，使总体效果更加突出。

８１，佛光寺大殿：①位于山西五台山，大殿建于唐（公元８５７年）。②面阔七开间（等开间），进深八架椽（四间），单檐四阿殿，屋面坡度较平缓，举方约１／４。７７。③正脊和檐口都有升起曲线，有侧脚，采用了叉手和托脚，屋面筒瓦虽然是后代铺作，但鸱（音吃 chi）尾式样及叠瓦脊仍尊旧制，无仙人走兽。④柱高与开间的比例略呈方形，斗拱高度约为柱高的１／２。⑤粗壮的柱身肥。

官式等级

1 殿顶　宫殿、房舍的顶部，是整座建筑物暴露最多、最为醒目的地方，也是等级观念最强之处。清朝把《工程做法则例》中规定的 27 种房屋规格，纳入《大清会典》，作为法律等级制度固定下来。本节择有典型意义的几种殿顶介绍于后：

重檐庑殿顶　这种顶式是清代所有殿顶中最高等级。庑殿顶又叫四阿顶，是"四出水"的五脊四坡式，又叫五脊殿。这种殿顶构成的殿宇平面呈矩形，面宽大于进深，前后两坡相交处是正脊，左右两坡有四条垂脊，分别交于正脊的一端。重檐庑殿顶，是在庑殿顶之下，又有短檐，四角各有一条短垂脊，共九脊。现存的古建筑物中，如太和殿、长陵譎恩殿即此种殿顶。

重檐歇山顶　歇山顶亦叫九脊殿。除正脊、垂脊外，还有四条戗脊。正脊的前后两坡是整坡，左右两坡是半坡。重檐歇山顶的第二檐与庑殿顶的第二檐基本相同。整座建筑物造型富丽堂皇。在等级上仅次于重檐庑殿顶。目前的古建筑中如天安门、太和门、保和殿、乾清宫等均为此种形式。

单檐庑殿顶　其外形即重檐庑殿顶的上半部，是标准的五脊殿，四阿顶。故宫中配庑的主殿，如体仁阁，弘义阁等均是。

单檐歇山顶　其外形一如重檐歇山顶的上半部。配殿的大部分是这种顶式，如故宫中的东、西六宫的殿宇等。

悬山顶　悬山顶是两坡出水的殿顶，五脊二坡。两侧的山墙凹进殿顶，使顶上的檩端伸出墙外，钉以搏风板。此种殿顶，用处不少，如神橱、神库中的房屋等。

硬山顶　硬山顶亦是五脊二坡的殿顶，与悬山顶不同之处在于，两侧山墙从下到上把檩头全部封住，宫墙中两庑殿房以此顶为多。

攒尖顶　攒尖顶有多种形式，且易辨认。无论什么形式，顶部都有一个集中点，即宝顶。攒尖顶有四角、六角和圆形之分。角式攒尖顶有与其角数相同的垂脊，圆攒尖顶则由竹节瓦逐渐收小，故无垂脊。故宫中和殿、天坛祈年殿属攒尖顶。

顶　　顶亦分多角，但垂脊上端有横脊，横脊的数目与角数相同。各条横脊首尾相连，故亦称圈脊，如故宫御花园及太庙中的井亭即是六角顶。

卷棚顶　　卷棚顶的最明显的标志是没有外露的主脊，两坡出水的瓦陇一脉相通。左右两山墙可有悬山和硬山的不同。此种建筑，园林中居多。宫殿建筑群中，太监、佣人等居住的边房，多为此顶。官式殿顶，　多以上述形式为基础，然后派生或融合出其他形式。

2 吻兽　　殿宇屋顶的吻兽，是一种装饰性建筑构件，在封建社会中，构件的造型与安装位置，都被蒙上迷信色彩。《唐会要》中记载，汉代的柏梁殿上已有"鱼虬尾似鸱"一类的东西，其作用有"避火"之意。

晋代之后的记载中，出现"鸱尾"一词。中唐之后，"尾"字变成"吻"字，故又称为鸱吻，官式建筑殿宇屋顶上的正脊和垂脊上，各有不同形状和名称的吻兽，以其形状之大小和数目之多少，代表殿宇等级之高低。

①大吻（正脊吻）　大吻，即殿宇顶上正脊两端的吻兽，一般是龙头形，张大口衔住脊端，故又称吞脊兽。目前我国最大的吞脊兽，在故宫太和殿的殿顶上。太和殿的大吻，由 13 块琉璃件构成，总高 34 米，重 43 吨，是我国明清时代宫殿正脊吻的典型作品。

②垂脊吻　　殿宇顶上除正脊外，还有垂脊。垂脊上的吻兽名称较多，除叫垂脊吻外，还叫屋脊走兽，檐角走兽，仙人走兽等。檐角最前面的一个叫"骑凤仙人"，也叫"仙人骑鸡"。它的作用是固定垂脊下端第一块瓦件。在未形成"仙人骑鸡"这一造型之前，是用一个大长钉来固定的。

从"仙人骑鸡"向后上方排列着若干小兽，均称垂脊兽，随着殿宇等级的不同而数目不一。最高等级的殿宇，如太和殿，垂脊兽的数目最多，有 11 个。殿宇降级，垂脊兽的数目也随之减少。如乾清宫 9 个，坤宁宫 7 个，东西六宫的殿顶上大部是 5 个。每个垂脊兽都有自己的名称和含意。它们从前面向后上方依次排列的顺序是：

龙：古代传说中的一种神奇动物，有鳞有须有爪，能兴云作雨，在封建社会被看作是皇帝的象征。

凤：古代传说中的鸟王，雄的叫凤，雌的叫凰，通称凤。是封建时代吉瑞的象征，亦是皇后的代称。

狮：古代人们认为它是兽中之王，是威武的象征。

天马：意为神马。汉朝时，对来自西域良马的统称。

海马：亦叫落龙子，海龙科动物，可入中药。天马和海马象征着皇家的威德可通天入海。

狻猊：古代传说中能食虎豹的猛兽，亦是威武百兽率从之意。

押鱼：海中异兽，亦可兴云作雨。

獬豸：传说中能辨别是非曲直的一种独角猛兽。是皇帝"正大光明"、"清平公正"的象征。

斗牛：亦叫蚪牛，是古代传说中的一种龙，即虬、螭之类。虬有独角，螭无角。

行什：一种带翅膀猴面孔的人像，是压尾兽。

垂脊兽的递减从后面的"行什"开始

3 彩绘　　彩绘是我国古典建筑不可缺少的一个组成部分。它同样具有悠久的历史，形成了一种特有的建筑装饰艺术。

檩枋部位名称

枋心：　　檩枋中心，可随檩枋本身的长短而增减，但其长度以不影响谐调感为宜。

找头：　　是指檩端至枋心的中间部位，由找头本身、皮条线、盒子、箍头等部分组成。如檩枋较长，找头部分可延长，皮条线沿边用双线，加箍头、盒子等。

箍头：　　是檩枋尽端处的彩绘线。盒子：是找头部分的一段小空间。

皮条线：　　是五大线之一，亦是组成找头的一个部分。

种类和等级

①和玺彩绘　和玺彩绘是彩绘等级中的最高级，用于宫殿、坛庙等大建筑物的主殿。梁枋上的各个部位是用 " 　" 线条分开。主要线条全部沥粉贴金。金线一侧衬白粉或加晕。用青、绿、红三种底色衬托金色，看起来非常华贵。

和玺彩绘分为数级，重点有：

金龙和玺：　整组图案用各种姿态的龙为主要内容。枋心是二龙戏珠，找头中青地画升龙（龙头向上），绿地画降龙（头向下）。盒子中 画坐龙。如果找头较长，可画双龙。除龙之外，再衬以云气、火焰等图案，具有强烈的神威气氛。

龙凤和玺：　其级别低于金龙和玺，枋心、找头、盒子等主要部位由龙凤二种图案组成。一般是青地画龙，绿地画凤。图案中亦有双龙或双凤。龙凤和玺中有"龙凤呈祥"、"双凤昭富"等名称。

龙草和玺：　其级别低于龙凤和玺，主要由龙和大草构图组成。绿地画龙，红地画草。大草图案配以"法轮"，又称"法轮吉祥草"，简称"轱辘草"。

②旋子彩绘　在等级上次于和玺彩绘，在构图上有明显区别，但也可以根据不同要求做得很华贵或很素雅。这种彩绘用途广，一般官衙、庙宇、牌楼和园林中都采用。

旋花：是构成旋子彩绘的主要图案，在找头内用旋涡状的几何图形构成一组圆形的花纹图案。

旋眼：旋花的中心。

旋瓣：旋子花圈由三层组成，最外一层为一路瓣，依次是二路和三路瓣，一般找头内，由一个整圆的旋子图案和二个半圆旋子组成一个单元图案，俗称："一整两破"。

头部位经常出现的图案：

找头部位大于"一整两破"的面积时采用"一整两破加金道冠"和"一整两破加两道"等形式。找头部位小于"一整两破"单元图案时，采用"喜相逢"即整旋花与半旋花，公用一路瓣。"勾丝咬"，即只用一路瓣组成图案。"四分之一旋子"，即只用两个半旋花的一半。旋子彩绘中的等级：

金琢墨石碾玉：　这种是旋子彩绘中的最高级，各大线及各路瓣都沥粉贴金，相当华贵。

烟琢墨石碾玉：　是次一级旋子彩绘，图案中"五大线"贴金，各路瓣用墨线。

旋子彩绘中的等级，基本上以用金量的多少为依据。其等级依次为金线大点金，墨线大点金，金线小点金，墨线小点金，雅伍墨，雄黄玉等。

③苏式彩绘　苏式彩绘是另一种风格的彩绘，多用于园林和住宅。最近修饰复古的琉璃厂街道的铺面，多用这种彩绘。苏式彩绘除了有生动活泼的图案外，"包袱"内还有人物、故事、山水等。颐和园中的长廊，可以说是苏式彩绘的展览画廊。

典型的苏式彩绘是将檩枋联在一起，画成半圆形的"包袱"，内层"烟云"，外层"托子"。

金琢墨苏画：　这是苏式彩绘中最华丽的一种，用金量大，包袱内的画面很精致。

金线苏画：　这是一种常用的苏式彩绘，主要线条用贴金法。其他还有海漫苏画等。这些苏画内均无大型包袱，花型、图案等也较简单。

④其他　古典建筑的形式多种多样，部位很多，凡外露部位的木结构，大都有彩绘装饰。于是形成了不同形式和风格的彩绘，如斗拱、天花、角梁、金瓶、椽头等。